工业和信息化部“十二五”规划教材

物理性污染控制工程

刘惠玲　辛言君　编著

電子工業出版社
Publishing House of Electronics Industry
北京·BEIJING

内 容 简 介

本书是根据教育部全国高等学校环境工程专业规范中核心专业课程“物理性污染控制”而编写的本科生教材。

全书系统地阐述了当前的环境物理性污染控制工程的基本理论知识和控制方法。论述了环境噪声与振动污染控制、电磁辐射污染及其防治、放射性污染及其防治、热污染及其防治和环境光污染及其防治的基本概念、原理；阐明了环境物理性污染对人体健康和环境的危害与影响；重点介绍了各种环境物理性污染的控制和防范措施，以及人们对环境物理性污染利用的最新科研动态，为改善人类生活环境质量、创建环境友好型和资源节约型和谐社会提供理论基础。

本书注重理论与工程实际相结合，可作为高等学校环境工程、环境科学、环保设备工程及其相关专业的本专科生教材，也可作为从事环境保护、城市规划和建筑设计等工作的专业技术人员和科研人员的参考书。

图书在版编目(CIP)数据

物理性污染控制工程 / 刘惠玲，辛言君编著. —北京：电子工业出版社，2015.3
工业和信息化部“十二五”规划教材
ISBN 978-7-121-25510-6

I. ①物… II. ①刘… ②辛… III. ①环境物理学－高等学校－教材 IV. ①X12

中国版本图书馆 CIP 数据核字(2015)第 026825 号

责任编辑：竺南直
印　　刷：北京七彩京通数码快印有限公司
装　　订：北京七彩京通数码快印有限公司
出版发行：电子工业出版社
　　　　　北京市海淀区万寿路 173 信箱　　邮编　100036
开　　本：787×1 092　1/16　印张：22.5　字数：576 千字
版　　次：2015 年 3 月第 1 版
印　　次：2024 年 12 月第 13 次印刷
定　　价：49.00 元

凡所购买电子工业出版社图书有缺损问题，请向购买书店调换。若书店售缺，请与本社发行部联系，联系及邮购电话：(010)88254888。

质量投诉请发邮件至 zlts@phei.com.cn，盗版侵权举报请发邮件至 dbqq@phei.com.cn。

服务热线：(010)88258888。

前　言

随着现代化工业生产、交通运输和城市建设的发展，环境污染日益严重，环境污染防治问题越来越受到人们的高度重视。继大气污染、水污染、固体废物污染之后，环境噪声污染、环境振动污染、环境电磁辐射污染、环境放射性辐射污染、环境热污染、环境光污染等这类环境物理性污染也越来越突出，已引起人们的高度关注。物理性污染和化学性、生物性污染相比有两个特点：第一，物理性污染是局部性的，区域性和全球性污染较少见；第二，物理性污染在环境中不会有残余的物质存在，一旦污染源消除，物理性污染即会消失。物理性污染严重地危害着人类的身体健康和生存环境，必须对其进行控制和治理。

环境工程是一门综合性和边缘性较强的学科，物理性污染控制作为环境工程专业一门重要的专业课程，其内容既涉及物理学的基本概念、基本理论，又涉及机械、材料、化工等许多学科的理论和过程。本书力求物理概念清晰、内容广泛，并注重其工程实用性。通过对本课程的学习，不仅能够使学生扎实地掌握噪声控制的理论基础知识，具备运用现有知识解决实际问题的能力，而且能够启发学生在该技术领域开拓思想和培养他们的创新能力。

本书系统地介绍了当今前沿的环境物理性污染的基本概念、原理、控制理论及方法，并引入了近两三年来典型的污染治理案例。力求全面、细致地阐述目前已开展研究的声、振动、电磁场、热、光和射线等对人类的影响及其评价，以及消除这些影响的技术途径和控制措施。本书分绪论、上篇和下篇三大部分，上篇第1～8章包括环境噪声与振动污染控制两部分，下篇第9～12章包括电磁辐射污染及其防治、放射性污染及其防治、热污染及其防治和环境光污染及其防治。通过对本书的阅读和学习，引起人们对环境物理性污染的重视，指导在实践中采取措施改善生存物理环境，从而获得更好的生活质量，为创建资源节约型、环境友好型和谐社会提供必要的理论基础和技术方法。该教材既保持了前版的实用性和系统性，同时又在此基础上对其前沿性进行了补充修改，更适用于当前飞速发展所导致的物理性污染领域的环境治理。

根据教育部环境工程专业课程改革要求和近年来的发展变化，该教材在哈尔滨工业大学刘惠玲教授编写的《环境噪声控制》教材基础上，由刘惠玲教授和青岛农业大学辛言君副教授进行了补充修订。上篇主要由刘惠玲教授编写，辛言君参与了修订补充，下篇主要由辛言君编写，刘惠玲进行了审核，其中辛言君编写了第9、10、11、12章。哈尔滨工业大学叶暾旻老师参与了第7章和第8章的编写工作，青岛农业大学陈翔老师参与了第10章的编写工作，教材中部分案例由上海世静环保科技有限公司提供。全书由刘惠玲统稿、审查。

本书在编写过程中得到许多兄弟院校老师和同事的大力支持，上海世静环保科技有限公司、出版社领导和编辑的大力帮助，同时参阅并引用了国内外的有关文献资料。在此，一并向他们表示衷心的感谢。

由于编者学识水平所限，书中错误与不足之处在所难免，热诚欢迎读者批评指正。

作　者

2014年12月

目　录

绪论……1
0.1　物理环境与环境物理学……1
0.1.1　物理环境……1
0.1.2　环境物理学……2
0.2　物理性污染及物理性污染控制工程……3
0.2.1　物理性污染……3
0.2.2　环境物理性污染控制工程……4
第1章　环境噪声概述……5
1.1　噪声的基本概念……5
1.1.1　声音及其物理特性……5
1.1.2　噪声污染……6
1.1.3　我国噪声的概况……7
1.2　噪声的危害……9
1.2.1　噪声干扰人们的正常生活……9
1.2.2　噪声可诱发疾病……9
1.2.3　噪声损害设备和建筑物……10
1.3　环境噪声控制概述……10
1.3.1　环境声学研究的内容……10
1.3.2　噪声控制的方法……11
1.3.3　噪声的利用……12
习题1……13
第2章　噪声控制中的声学基础……14
2.1　声音的基本性质与声的量度……14
2.1.1　声波的产生……14
2.1.2　声波的描述……14
2.2　平面声波……15
2.3　声波的能量、声功率和声强……18
2.3.1　声能量和声功率……18
2.3.2　声强和声能密度……18
2.4　声波的传播……19
2.4.1　声波的反射、折射和透射……19
2.4.2　声波的衍射……22
2.4.3　声源的指向性……22
2.4.4　声波的叠加……23
2.5　声级及其运算……24
2.5.1　声级的定义……24
2.5.2　声级的计算……25
2.5.3　声音的频谱……28
2.5.4　响度与响度级……30
2.5.5　计权声级……31
2.6　声波的衰减……31
2.6.1　点声源的声波衰减……32
2.6.2　线声源的声波衰减……32
2.6.3　圆柱面声源的声波衰减……32
2.6.4　长方形声源的声波衰减……33
习题2……33
第3章　噪声测量、评价与影响预测……35
3.1　噪声测量……35
3.1.1　测量仪器……35
3.1.2　测量方法……41
3.2　噪声评价……51
3.2.1　噪声评价方法……52
3.2.2　噪声标准……61
3.3　环境噪声预测……63
3.3.1　道路交通噪声预测……64
3.3.2　工业企业生产噪声预测……69
3.3.3　工程施工噪声预测……70
3.3.4　环境噪声影响评价……71
习题3……71
第4章　吸声降噪……73
4.1　概述……73
4.1.1　材料的声学分类和吸声结构……73
4.1.2　吸声评价方法……74
4.1.3　吸声降噪特性……76
4.2　多孔吸声材料……77
4.2.1　多孔吸声材料的结构特征和吸声机理……77

4.2.2 影响多孔吸声材料吸声性能的因素……78
4.2.3 空间吸声体……81
4.3 共振吸声结构……82
4.3.1 共振吸声原理……82
4.3.2 常用吸声结构……83
4.4 室内吸声降噪……90
4.4.1 室内声压级……90
4.4.2 室内声场的衰减和混响时间……93
4.4.3 室内吸声降噪计算……94
4.4.4 室内吸声设计……95
4.5 吸声降噪工程应用实例……96
习题 4……100
第 5 章 隔声技术……101
5.1 隔声原理……101
5.1.1 透射系数与隔声量……101
5.1.2 单层匀质构件的隔声性能……103
5.1.3 双层墙的隔声性能……107
5.1.4 多层复合隔声结构……111
5.1.5 孔洞和缝隙对墙体隔声的影响……111
5.2 隔声间……115
5.2.1 隔声间的降噪量……115
5.2.2 隔声门和隔声窗……116
5.3 隔声罩……118
5.3.1 隔声罩的降噪量……118
5.3.2 隔声罩设计要求……119
5.3.3 隔声罩通风降温设计……119
5.4 隔声屏障……120
5.5 管道隔声……122
5.6 隔声设计……123
5.7 隔声技术工程应用实例……125
习题 5……133
第 6 章 消声器……134
6.1 消声器的分类、性能评价和设计程序……134
6.1.1 消声器的分类……134
6.1.2 消声器的基本要求……134
6.1.3 消声器性能评价……135
6.1.4 消声器的设计程序……139
6.2 阻性消声器……140
6.2.1 阻性消声器基本原理……140
6.2.2 阻性消声器的类型……141
6.2.3 气流对阻性消声器消声性能的影响……143
6.2.4 阻性消声器的设计……145
6.3 抗性消声器……147
6.3.1 扩张室消声器……147
6.3.2 共振腔消声器……152
6.4 阻抗复合式消声器……156
6.5 微穿孔板消声器……157
6.6 干涉式消声器……158
6.7 消声器工程应用实例……159
习题 6……165
第 7 章 隔振与阻尼……166
7.1 隔振原理及基本方法……166
7.1.1 隔振原理……166
7.1.2 隔振的基本方法……172
7.2 隔振元件与隔振设计……173
7.2.1 隔振元件……173
7.2.2 隔振设计……176
7.3 阻尼减振……179
7.3.1 阻尼的概念及产生机理……179
7.3.2 阻尼的产生机理……180
7.3.3 阻尼减振原理……183
7.3.4 阻尼材料……183
7.3.5 阻尼的基本结构及其应用……186
7.4 隔振与降噪工程应用实例……189
习题 7……198
第 8 章 噪声的主动控制……199
8.1 概述……199
8.1.1 噪声主动控制系统……199
8.1.2 噪声主动控制方法……200
8.2 噪声主动控制应用……203
8.2.1 管道噪声的主动控制……203
8.2.2 变压器噪声控制……205
8.2.3 汽车内部噪声……206
8.2.4 主动隔振控制……207
8.2.5 反馈控制在主动隔振中的应用……210

习题 8……213

第 9 章 电磁辐射污染及其防治……214
9.1 电磁环境概述……214
9.1.1 电磁环境与电磁辐射污染……214
9.1.2 电磁辐射污染的来源……214
9.1.3 电磁辐射污染的途径……216
9.1.4 电磁辐射污染的危害……217
9.1.5 电磁辐射污染的特点及现状……222
9.2 电磁辐射基础……223
9.2.1 电磁场……223
9.2.2 电磁辐射……225
9.2.3 射频电磁场……226
9.2.4 电磁波的传播特性……229
9.3 电磁辐射污染的监测及评价……231
9.3.1 电磁辐射监测技术……231
9.3.2 电磁辐射评价标准及方法……233
9.4 电磁辐射的预测……238
9.4.1 电磁波的传播……238
9.4.2 环境电磁场预测方法……240
9.4.3 电磁辐射场强的预测……241
9.5 电磁辐射污染防治技术……247
9.5.1 电磁辐射污染防护的基本原则……247
9.5.2 电磁辐射污染的防治措施……248
9.5.3 电磁辐射防治技术……252
9.5.4 高频感应加热设备的屏蔽防护应用实例……256
习题 9……258

第 10 章 放射性污染及其防治……259
10.1 概述……259
10.1.1 放射性污染……259
10.1.2 放射性污染的来源……259
10.1.3 辐射的生物效应……263
10.1.4 放射性污染的危害……265
10.2 放射性基础……267
10.2.1 放射性辐射的基本知识……267
10.2.2 放射性环境保护的相关概念……270
10.2.3 辐射效应的有关概念……270
10.3 放射性污染的测量及评价……271
10.3.1 放射性污染的监测方法……271
10.3.2 放射性污染测量仪器……274
10.3.3 放射性评价标准……275
10.3.4 放射性评价方法……276
10.4 放射性污染防护……277
10.4.1 环境放射性污染特点……277
10.4.2 放射性废物的分类……278
10.4.3 放射性污染防护的基本原则……279
10.4.4 放射性的防护措施……279
10.5 放射性废物处理技术……280
10.5.1 放射性废物的处理原则……280
10.5.2 放射性废物处理技术……280
10.5.3 某核电厂放射性污染的防治实例……288
习题 10……290

第 11 章 热污染及其防治……291
11.1 概述……291
11.1.1 热环境……291
11.1.2 热环境对人的影响……291
11.2 热污染及其影响……293
11.2.1 热污染……293
11.2.2 热污染对水体的影响……295
11.2.3 热污染对大气的影响……296
11.2.4 热岛效应……300
11.3 热污染评价与标准……302
11.3.1 水体热环境评价与标准……302
11.3.2 大气热环境评价与标准……303
11.4 热污染防治……306
11.4.1 水体热污染防治……306
11.4.2 大气热污染防治……308
11.4.3 热岛效应的防治……309
11.4.4 余热利用……310
11.4.5 新型热污染控制技术……312
习题 11……317

第 12 章 光污染及其防治……318
12.1 光环境……318
12.1.1 概述……318
12.1.2 光环境的影响因素……319

12.1.3 光源及其类型 ··············320
12.1.4 光污染 ··························325
12.2 光学基础及测量仪器 ·············330
12.2.1 照明单位及度量 ··············330
12.2.2 光环境测量仪器 ··············333
12.3 光环境的质量评价 ··················334
12.3.1 天然光环境质量评价 ······334
12.3.2 人工光环境质量评价 ······336
12.4 光污染防治技术 ······················340
12.4.1 可见光污染防治 ··············340
12.4.2 红外线、紫外线污染防治 ······································344
12.4.3 激光污染的预防 ··············344
12.5 光污染的防治管理 ··················345
12.5.1 光污染防治相关政策和法律法规 ································345
12.5.2 光污染防治对策与管理 ···345
习题 12 ··347
参考文献 ··348

绪　论

0.1　物理环境与环境物理学

0.1.1　物理环境

人类生存的环境中，存在着各种各样的客观事物。对人类而言，环境是指人类生存的环境，是与之有关的各种事物的总和。人类生存的环境包括自然环境和人为环境。自然环境中包含重力场、电场、电磁场和辐射场等物理因素。各种物质在这些因素的作用下，不停地运转着，进行物质能量的交换和转化，这种物质能量的交换和转化构成了物理环境。人类生存于物理环境中，参与的各种各样活动会对物理环境产生影响。因此，物理环境又可以分为天然物理环境和人工物理环境。

1．天然物理环境

天然物理环境即原生物理环境，如火山爆发、地震、台风以及雷电等自然现象会产生振动和噪声，在局部区域内形成自然声环境和振动环境。火山爆发、太阳黑子活动引起的磁暴以及雷电等现象会产生严重的电磁干扰。地震会引起地磁场的快速变化，影响生物体的磁场。地壳中的许多天然放射性核素在衰变中释放出 α、β、γ 射线，形成自然放射性辐射环境。太阳光的热辐射会影响到地球上的热环境。太阳直射日光和天空扩散光会形成自然光环境。这些自然声环境、振动环境、电磁辐射、放射性辐射、热环境和光环境构成了天然物理环境。

2．人工物理环境

伴随着人类的出现，人类的各种活动不断地对天然物理环境产生干扰，形成人工物理环境。人工物理环境包括人工声环境、人工振动环境、人工电磁环境、人工放射性环境、人工热环境和人工光环境。各种人工物理环境与天然物理环境在地球表面层交替共存，相互作用。

人类生活在有声世界里，声音伴随着人类的生活和生产，声环境中要求需要的声音能高度保真，不需要的声音不致干扰人们工作、学习和休息，这就构成了人类需要的和谐的人工声环境。然而，近年来，城市的工业噪声、交通噪声、建筑施工噪声和社会生活噪声等人为噪声，影响人们的工作和休息，甚至危害人体的健康，形成了不和谐的人工噪声环境。

人类生活中，振动是不可避免的，是一种普遍的运动形式。随着经济的发展、现代生活的改善，人为活动引起的振动也日益增多。工业生产、施工现场、交通运输等方面均会产生振动。如地下核试验和矿山开发会引起地面的振动；地铁运行会使地面上的居民感觉到振动；重型卡车驶过楼房前、建筑工地上汽锤打桩、工厂设备运转等都会产生振动。人类活动中的振动形成了干扰人们生活和工作以及危害人体健康的人工振动环境。

在电气化高度发展的今天，各式各样的电磁波充满人类生活的空间。无线电广播、电视、无线通信、卫星通信、无线电导航、雷达、微波中继站、电子计算机、高压和超高压输电网、变电站、微波炉、手机……的广泛应用，促进了社会进步，给人们的学习、生活带来极大的便利。但是，由于无线电广播、电视、微波技术以及计算机手机等技术的发展，形成了过度的人工电磁场，危害人体健康，产生多方面的负面效应，给环境带来污染和危害。

放射性核同位素被人类应用于医学、核工业、农业育种和生物保鲜等科学研究中，给人们生活带来了巨大的便利；核武器试验和核电站等核工业的发展在各国经济发展中所起的作用也越来越大。尤其是近几年核电站的建造，给社会发展和人们生活带来了巨大的福利。核能的开发利用改变了环境中的天然放射辐射场，形成了次生的人工放射性环境。过度的放射剂量或突发事故会产生放射性环境污染事件。

适合于人类生活的温度范围很窄。但是由于人体的热调节系统有很高的效能，所以人体适应环境冷热变化的范围相当宽。但是，人体感觉舒适的范围却窄得多。由于人体不能完全适应天然环境剧烈的寒暑变化，人类创造了房屋、火炉以及现代的空调系统等设施，以防御和缓和外界气候变化的影响，形成了人工热环境。但是现代工业生产和人类生活排放废热造成的环境热化，达到损害环境质量的程度，形成了热污染。

人眼对光的适应能力较强，瞳孔可随环境的明暗进行调节。但如果长期在弱光下看东西，视力就会受到损伤。相反，强光可使人眼瞬时失明，重则造成永久伤害。人们必须在适宜的光环境下工作、学习和生活。电光源的迅速发展和普及，形成了人工光环境。人工光环境较天然光环境更容易满足人类活动的需要，但光亮过度时，会对人们的生活、工作环境以及人体健康产生不利影响，形成光污染。

各种人工物理环境具有不同的特点和影响，是环境物理学的主要研究对象。

0.1.2 环境物理学

1. 环境物理学的定义

环境物理学是在物理学的基础上发展起来的一门新兴学科，是环境科学的重要组成部分，是研究物理环境同人类相互作用的科学。环境物理学不仅研究污染发生的机理与防治方法，更重要的是研究适宜于人类生活和工作的声、电、热、光等物理条件，同时注重物理现象的定量研究，从物理学角度探讨环境质量的变化规律，寻求保护和改善环境的措施。环境物理学是正在形成中的学科，尚处于创立时期，需要更多的物理学家和物理工作者加入这一行列，从事环境物理学的基础理论和应用技术的研究，促进环境物理学的进一步发展。

2. 环境物理学的产生与发展

环境物理学的形成同其他学科一样，都是人类社会生产力发展到一定程度的产物，是与人类认识水平相适应的。

20 世纪初期，人们开始研究声、振动、电磁辐射、射线、热、光等对人类生活和工作的影响，并逐渐形成了在建筑物内部为人类创造适宜物理环境的学科——建筑物理学。20 世纪 50 年代后，物理性污染日益严重，不仅在建筑物内部，而且在建筑物外部，对人类造成了越来越严重的危害，促使物理学的各分支学科开展对物理环境的研究，逐渐形成一个新兴的边缘学科——环境物理学。

目前，环境物理学的发展还落后于工业生产，亟待完善，需要在实践基础上不断拓宽研究领域，增强自身体系结构与学科建设的发展。随着人们对环境认识的逐步深化和科学技术的快速发展，环境物理学将适应经济与社会发展的需要。在对物理环境全面深入研究的基础上，进一步拓宽研究领域，促进自身基本理论、研究方法及防治技术向微观和宏观、广度和深度的方向深入扩展，在实践中逐渐完善成为一门系统而成熟的学科体系，为实现经济与环境的可持续发展做出贡献。

3．环境物理学的研究内容

环境物理学的研究领域非常广泛，是正在形成中的交叉学科领域，其目标是为人类创造一个舒适的物理环境，通过研究声、振动、电磁辐射、放射性、热和光等物理因素对人类的影响，探索消除其影响的技术途径和控制措施。根据环境物理学研究对象可分为环境声学、环境振动学、环境电磁学、环境放射学、环境热学、环境光学和环境空气动力学等分支学科。各个分支学科中较成熟的是环境声学。

环境声学研究在人类生存环境中声音的产生、传播、接收，噪声的心理、生理、病理效应，噪声污染的成因，监测、评价和预测噪声对人体的影响，制定合适的噪声标准，以及行之有效的噪声控制技术，如吸声、隔声、消声器、隔振、阻尼、有源消声等。环境电磁学探讨天然的和各种人为的电磁波辐射和传播的规律，电磁辐射污染对人类生存环境包括对人类本身和电子仪器设备的影响，拟制电磁辐射标准，探讨电磁污染控制技术和方法，如屏蔽、吸收、反射、滤波等。环境放射学，亦称环境辐射学，主要研究天然的和人为的放射性物质污染在人类生存环境中的分布、转化、迁移、弥散规律，对人类和自然生态环境的影响和危害，风险估计，以及防护措施、体系、标准和方法。环境热学研究热物理环境对人类和生态的影响，以及人类活动与热环境的相互作用，热污染的成因、监测，发展趋势和预测，探讨热污染控制的规划、战略、方法和措施。环境热学中全球暖化、热岛现象、温室效应已经成为当代人类关注的焦点。环境光学研究天然光环境和人工光环境与人类生存环境的关系，光环境对人类的生理和心理影响，如何利用天然光环境，如何防治光污染。太阳是光环境中最为重要的光源，如何充分有效地利用太阳光不仅是环境光学，而且成为当代人类社会最为重要的课题之一。

0.2　物理性污染及物理性污染控制工程

0.2.1　物理性污染

在人们的常规思维中，每谈到环境污染自然会想到水污染、大气污染这种化学性、生物性的污染。实际上，还有另一种形式的污染围绕在我们身边，而且危害正日趋严重，这就是物理性污染。

随着科学技术的发展，人们的生活水平越来越高，各种物理性污染不断出现。机器振动要发出声波，电器设备要发射电磁波，各种热源释放着热。诸如此类的物理运动充满着空间，包围着人群，一旦这些物理运动的强度超过人的忍耐限度，就形成了物理性污染。物理性污染是由于物理因子（声、振动、电、热、光、射线等）的原因产生的物理方面的作用，它是属于物理范畴的一类新型污染，如噪声、电磁辐射、放射性辐射、光线等。物理性污染涉及面广，从工厂到矿山，从城市到农村，从陆地到海洋，从生产场所到生活环境，无处不在。

物理性污染和化学性污染、生物性污染有相同点，就是这些污染都危害人们的身体健康，这种危害有长期的遗留性，主要表现在这些污染引起的慢性疾病、器质性病变和神经系统的损害。

物理性污染也不同于化学性污染和生物性污染。化学性污染和生物性污染是环境中有了有害的物质和生物，或者环境中的某些物质超过正常含量。而引起物理性污染的声、电磁、射线、热、光等往往是人的眼睛看不见的，手摸不到的，因为它没有形状和实体，因此，人们又把物理性污染称为无形污染。但它们在环境中是永远存在的，它们本身对人无害，只是在环境中的量过高或过低时，才造成污染或异常。例如，声音对人是必需的，但是声音过强，又会妨碍或危害人的正常活动。反之，环境中长久没有任何声音，人就会感到恐怖，甚至会疯狂。

与化学性污染和生物性污染相比，物理性污染是局部性的，不会迁移、扩散，区域性或全球性污染现象比较少见；物理性污染在环境中不会有残余物质存在，在污染源停止运转后，污染也就立即消失。

物理性污染的主要研究内容包括物理性污染机理及规律、物理性污染评价方法和标准、物理性污染监测和环境影响评价、物理性污染控制基本方法和技术等。

0.2.2 环境物理性污染控制工程

物理环境和物理性污染的特征决定了环境物理性污染控制工程的研究特点。物理环境的声、电、热、光等要素都是人类所必需的，这决定了环境物理性污染控制工程不仅要研究如何消除污染，而且要研究适宜于人类生活和工作的声、电、热、光等物理条件；物理性污染程度是由声、电、热、光等在环境中的量决定的，这就使环境物理性污染控制工程的研究同其他物理学科一样，注重物理现象的定量研究。环境物理性污染控制工程包括环境噪声污染控制工程、环境振动污染控制工程、环境电磁辐射污染控制工程、环境放射性污染防治工程、环境热污染控制工程和环境光污染控制工程等分支学科。

环境物理性污染控制工程是环境物理学的重要内容，主要侧重环境物理性污染的控制。如物质在作机械运动时，匀速运动对人体没有影响，而加速运动则有影响。当人体受到的加速度与重力加速度相当时，人就会感到不舒适。物理性污染虽然能够利用技术手段进行控制，但是采用各种控制技术要涉及经济、管理和立法等问题，所以要对防治技术进行综合研究，获得最佳方案，为人类创造一个适宜的物理环境。

“十五”以来，我国在噪声与振动污染控制技术和设备的研究开发方面已取得了多项科研成果。传统、经典的噪声与振动污染控制技术，包括吸声、隔声、消声、隔振、阻尼减振技术等，在国内已发展得比较成熟，基本上能够较好解决环境保护和劳动保护中遇到的噪声与振动污染控制问题，与发达国家相比没有多大差距。很多新技术、新材料的研发、应用也基本与国际接轨，有些技术甚至走在了国际前列，处于领先地位。但在一些特殊产品如有源消声器、大型振动控制技术产品的研究开发方面，我国还比较落后。进入 21 世纪以来，随着电子产业及通信业、核工业和现代城市的迅猛发展，电磁辐射污染、放射性污染、热污染和光污染等所造成的环境问题越来越突出，引起了人们的广泛关注，但是这些物理性污染控制技术尚处于起步阶段。

环境物理性污染也是比大气污染、水污染、固体废物污染更为敏感的话题，由于环境噪声污染、环境电磁辐射污染和环境光污染等环境投诉的案件逐年增加，除加大环境物理性污染控制工程的研究力度外，还要加大环境规划和管理措施的力度，使环境物理性污染得到基本的控制，还人类一个舒适、安静、健康的生存环境。

第 1 章　环境噪声概述

1.1　噪声的基本概念

众所周知，随着现代工业生产、交通运输和城市建设的发展，噪声已经成为现代化派生出来的“现代病”。我国把它定为继水污染、空气污染、固体废物污染后的第四大环境公害，被称为“看不见的杀手”。调查显示，80%的住户反映受到了噪声的干扰，噪声污染治理成为住户强烈的要求。

噪声属于感觉公害，从物理学的观点看，噪声就是各种频率和声强杂乱无序组合的声音。从生理学和心理学的观点看，令人不愉快、讨厌以及对人们健康有影响或危害的声音都是噪声，即对噪声的判断与个人所处的环境和主观愿望有关。简单地说，凡是使人不喜欢或不需要的声音通称为噪声。

世界卫生组织认为，噪声不同程度地影响人的精神状态，严重影响人们的生活质量，在一定意义上是一个影响健康的问题。它干扰人们的工作学习、日常生活，影响人的精神状态。长期受其干扰，休息和睡眠不好，可以引起各种疾病，危害人的身心健康。噪声给人类带来的是嘈杂、喧沸和不宁。噪声除了引起听觉器官损伤外，对中枢神经系统、心血管系统、消化系统和内分泌系统也有不同程度的影响。其中，患者和病人对噪声尤为敏感。因此，噪声所引起的问题，在世界范围内也越来越突出。

在通常情况下，噪声固然令人厌烦，但有时，噪声也能成为有用的声音或被有效利用。例如，工人可以根据机械噪音的大小来判断设备是否处于正常运行状态；美国科学家则利用高能量的噪声可以使尘埃相聚的原理，研制出一种大功率的除尘器，利用噪声能量吸收尘埃，减少大气烟尘污染。要控制和利用噪声，必须首先认识声音的特性以及声音与人的听觉之间的关系。

1.1.1　声音及其物理特性

声音是由物体振动引起的。物体振动通过在介质中传播所引起人耳或其他接受者的反应，就是声。振动的物体是声音的声源，产生噪声的物体或机械设备称为噪声源。声源可以是固体的，也可以是气体或液体的。

振动在弹性介质中以波的形式进行传播，这种弹性波叫声波。人们日常听到的声音，通常来自空气所传播的声波。除了空气以外，其他气体、液体和固体也能传播声音，所以，噪声传播又可以分为空气噪声、固体噪声和水噪声。

1. 声音的频率

声源在每秒内振动的次数称为声音的频率，通常用“f”表示，其单位为赫兹（Hz）。完成一次振动的时间称为周期，用“T”表示，声源质点振动的速度不同，所产生的声音频率也不同。声音的频率取决于声源振动的快慢，振动速度越快，声音的频率越高。声音的频率反映的是音调的高低。

声波传入人耳时，引起鼓膜振动，刺激听觉神经，产生听觉，使人听到声音。并不是所有的振动通过传声介质都能被人耳接收，人耳可听到声音（可听声）的频率范围是 20～20000Hz，频率低于 20Hz 的声波叫次声，超过 20kHz 的叫超声，次声和超声都是人耳听不到的声波。一般认为，噪声不包括次声和超声，而是可听声范围内的声波。

2．声音的波长与声速

在介质中，声波振荡一个周期所传播的距离即为波长。波长与频率的关系为：

$$\lambda = c / f \qquad (1\text{-}1)$$

式中，λ 为声波波长，单位为 m；c 为声速，单位为 m/s；f 为声波频率，单位为 Hz。

在不同密度的介质中，声波的传播速度不同，如在钢中为 6300m/s，在 20℃的水中为 1481m/s，而其波长也随之发生变化。声音传播的速度还与温度有关，随大气温度的升高而增大。声波在空气中的传播速度 c 与温度 t 的关系如下：

$$c = 331.4 + 0.6t \qquad (1\text{-}2)$$

式中，t 为介质温度，单位为摄氏度（℃）。

0℃时的声速是 331.4m/s，在一般室温 25℃时，根据式（1-2）可计算出声波在空气中的传播速度为 346m/s。表 1-1 给出了 20℃时几种介质中的声速。

表 1-1　20℃时几种介质中的声速

介质名称	空气	水	钢	松木	砖
声速/（m/s）	343	1500	5000	2500～3500	3600

3．声音的传播

声源发出的声音必须通过中间介质才能传播，例如在空气中人们可以听到声音，在真空中却听不到。声音在介质中向各个方向的传播，只是介质振动的传播，介质本身并没有向前运动，它只是在其平衡位置附近来回地振动，而所传播出去的是物质的运动，该运动形式即为波动。声音是机械振动的传播，所以声波属于机械波。声波波及的空间称为声场，声场既可能无限大，也可能仅限于某个局部空间。

1.1.2　噪声污染

1．噪声的来源

噪声对环境的污染与工业“三废”一样，是一种危害人类健康的公害。噪声的种类很多，如火山爆发、地震、潮汐、降雨和刮风等自然现象所引起的地声、雷声、水声和风声等，都属于自然噪声。人为活动所产生的噪声主要包括工业噪声、交通噪声、施工噪声和社会噪声等。

（1）工业噪声

随着现代工业的发展，工业噪声影响的范围越来越大，工业噪声的控制也越来越受到人们重视。工业噪声不仅直接危害工人健康，而且对附近居民也会造成很大影响。工业噪声主要包括空气动力噪声、机械噪声和电磁噪声三种。

空气动力噪声是由气体振动产生的。如风机内叶片高速旋转或高速气流通过叶片，会使叶片两侧的空气发生压力突变，激发声波。空压机、发动机、燃气轮机和高炉排气等都可以产生空气动力噪声。风铲、大型鼓风机的噪声可达 130dB(A)以上。

机械噪声是由固体振动产生的。机械设备在运行过程中，其金属板、轴承、齿轮等通过撞击、摩擦、交变机械应力等作用而产生机械噪声。如磨机、织机、机床、机车等产生的噪声即属此类，其分贝值一般在 80～120dB(A)。

电磁噪声是由电动机、发电机和变压器的交变磁场中交变力相互作用而产生的。

（2）交通噪声

随着城市化和交通事业的发展，交通噪声在整个噪声污染中所占比重越来越大。如飞机、火车、汽车等交通工具作为活动污染源，不仅污染面广，而且噪声级高，尤其是航空噪声和汽车的喇叭声。

（3）建筑噪声

建筑噪声主要来源于建筑机械发出的噪声。建筑施工噪声虽然是一种临时性污染，但其声音强度很高，又属于露天作业，因此污染也十分严重。有检测结果表明，建筑工地的打桩声能传到数千米以外，因此严重影响居民的休息与生活。

（4）社会噪声

社会噪声主要是指社会活动和家庭生活所引起的噪声。如电视声、录音机声、乐器的练习声、走步声、门窗关闭的撞击声等，这类噪声虽然声级不高，但却往往给居民生活造成干扰。

2．噪声的分类

噪声污染按声源的机械特点可分为：气体扰动产生的噪声、固体振动产生的噪声、液体撞击产生的噪声以及电磁作用产生的电磁噪声。

噪声按声音的频率可分为：小于 400Hz 的低频噪声、400～1000Hz 的中频噪声，以及大于 1000Hz 的高频噪声。

噪声按时间变化的属性可分为：稳态噪声、非稳态噪声、起伏噪声、间歇噪声，以及脉冲噪声等。

噪声有自然现象引起的（见自然界噪声），有人为造成的。故也分为自然噪声和人造噪声。

3．噪声污染的特点

简单地说，噪声就是声音，它具有一切声学的特性和规律。但是噪声对环境的影响和它的强弱有关，噪声越强，影响越大。衡量噪声强弱的物理量是噪声级。由于噪声属于感觉公害，所以它与其他有害有毒物质引起的公害不同。

噪声污染是一种物理污染，与水、气和固体废物的污染相比，它具有以下特点：①污染面大，噪声源分布广，污染轻重不一；②就某一单一污染源来讲，其污染具有局限性，一般的噪声源只能影响其周围的一定区域，它不会像大气中的飘尘，能扩散到很远的地方；③噪声在空中传播时并未给周围环境留下什么有毒性的物质，噪声源停止，污染随即消失；④噪声污染在环境中不会造成积累，声能量最后完全转变成热能散失掉。因此，噪声不能集中处理，需用特殊的方法进行控制。

1.1.3 我国噪声的概况

1．工业噪声概况

工业噪声是指工厂在生产过程中由于机械震动、摩擦撞击及气流扰动产生的噪声。由于工业噪声声源多而分散，噪声类型比较复杂，且生产的连续性声源也较难识别，因此治理起来相当困难。

工业噪声一般分为以下几类：

（1）机械性噪声

由于机械的撞击、摩擦、固体的振动和转动而产生的噪声，如纺织机、球磨机、粉碎机、织布机、电锯、机床、碎石机等所发出的声音，是由于固体零件机械振动或摩擦撞击产生的机械噪声。

（2）空气动力性噪声

由于空气振动而产生的噪声，如通风机、化工厂的空气压缩机、鼓风机、喷射器、汽笛、锅炉排气放空等产生的声音，都是由于空气振动而产生的气流噪声。

（3）电磁性噪声

由于电机中交变力相互作用而产生的噪声。如发电机、变压器和高压电线等发出的声音。

有关部门曾对北京地区的钢铁、石油化工、机械、建工建材、电子、纺织、印刷、食品、造纸等行业 100 多个工矿企业的车间噪声和典型机器噪声进行过测试，其结果如表 1-2 所示。

表 1-2　各类工业企业噪声的声级范围

工业部门	声级范围/dB	个别情况的声级/dB
钢铁	80～130	达到 140
机械	80～120	达到 130
石油化工	80～100	超过 120
建工建材	80～120	
电子	65～100	超过 110
纺织	80～105	
铁路交通	80～120	
印刷	70～95	超过 95
食品、造纸及其他轻工业	70～90	

2．生活噪声概况

住宅的声环境是指住宅内外各种噪声源，在住户心理上产生影响的声音环境，是评判住宅质量与性能水平的一项重要指标。由于相对于热环境和光环境等而言，其影响更是长期的，且居民本身也是难以改变的。

根据资料反映与调查结果，居民对城市各种环境污染的投诉，噪声污染占首位。欧美发达国家约半数以上人口在噪声的侵扰下生活，从日本与噪声相关的诉讼案每年平均所占比例来看，噪声居首位。我国有 40%的城市居民生活在超过噪声标准的环境中。绝大多数是对其住宅受噪声干扰的不满，要求改善的呼声也最高。近年来，我国有关噪声干扰和商品房隔声不好的民事诉讼案件也越来越多。在全国范围内进行的《改善城市住宅功能与质量》的综合调查结果中，做了住宅应改善的部分的居民意愿调查，其中改善意愿最强烈的是在声环境方面，占 35%，亦居首位。清华大学近来对北京、上海、广州等地 200 多户住宅进行了声环境方面的调查，80%的住户反映受到了噪声的干扰，在住户改善意愿的要求中最为强烈的是隔声。可以说，在我国住宅建设质量不断提高的今天，努力改善与提高住宅的声环境质量已成为我们大家必须要正视并需解决的当务之急。

影响住宅声环境的噪声通常可分为室外噪声和住宅内部噪声。室外噪声包括交通噪声、施工噪声、工业噪声和商业社会生活噪声等。住宅内部噪声，主要是指住户楼内左邻右舍楼上楼下的家电等产生的生活噪声的相互干扰以及给排水设备、电梯、水泵房设备噪声等。

1.2 噪声的危害

1.2.1 噪声干扰人们的正常生活

噪声对人们正常生活的影响主要表现在：人们在工作和学习时，精力难以集中；使人的情绪焦躁不安，产生不愉快感；影响睡眠质量；妨碍正常语言交流。

研究表明，在A声级40～50dB的噪声刺激下，睡眠中的人脑电波会出现觉醒反应，即A声级40dB的噪声就可以对正常人的睡眠产生影响，而且强度相同的噪声，性质不同，噪声影响的程度也不同。噪声对人们睡眠的干扰程度如表1-3所示。

表1-3 噪声对人们睡眠的干扰程度

噪声程度	连续性噪声	冲击性噪声
40dB(A)	有10%的人感觉到噪声影响	有10%的人突然惊醒
65dB(A)	有40%的人感觉到噪声影响	有80%的人突然惊醒

通常情况下，办公室、计算机房等场所的噪声要求控制在60dB(A)以下，当噪声超过60dB(A)时，对人们的工作效率就会产生明显影响。在人们休息的场所，噪声应低于50dB(A)。

1.2.2 噪声可诱发疾病

1．噪声导致听力损伤

早在19世纪末，人们就发现持续的强烈噪声会使人耳聋。根据国际标准化组织的规定，暴露在强噪声环境下，对500Hz、1000Hz和2000Hz三个频率的平均听力损失超过25dB，称为噪声性耳聋。在这种情况下，进行正常交谈时，句子的可懂度下降13%，而句子加单音节词的混合可懂度降低38%。

噪声引起的听力损伤，主要是内耳的接收器官受到损害而产生的。过量的噪声刺激可以造成感觉细胞和接收器官整个破坏。靠近耳蜗顶端对应于低频感觉，该区域感觉细胞必须达到很大面积的损伤，才能反映出听阈的改变。耳蜗底部对应于高频感觉，而这一区域感觉细胞只要有很小面积的损伤，就会反映出听阈的改变。

噪声性耳聋与噪声的强度、噪声的频率和接触的时间有关，噪声强度越大，接触时间越长，耳聋的发病率越高。研究和调查结果表明，在等效A声级为80dB以下时，一般不会引起噪声性耳聋；85dB时，对于具有10年工龄的工人，危险率为3%，听力损失者为6%；而具有15年工龄的工人，危险率增加为5%，听力损失者为10%。通常认为足以引起听力损失的噪声强度必须在85dB(A)以上，所以，目前国际上大多以85dB(A)作为制定工业噪声标准的依据。噪声的频率越高，内耳听觉器官越容易发生病变。如低频噪声只有在100dB(A)时才出现听力损伤，而中频噪声则在80～96dB(A)，高频噪声在75dB(A)的情况下即可产生听力损伤。

2．噪声引起人体生理变化

噪声长期作用于人的中枢神经系统，可使大脑皮层的兴奋和抑制失调，条件反射异常，出现各种症状，严重者可产生精神错乱。噪声可引起血压升高或降低，心率改变，心脏病加剧。噪声会使人唾液、胃液分泌减少，胃酸降低，胃蠕动减弱，食欲不振，引起胃溃疡。噪声对人的内分泌机能也会产生影响，噪声对儿童的智力发育也有不利影响。

（1）损害心血管

噪声是心血管疾病的危险因子，噪声会加速心脏衰老，增加心肌梗塞发病率。医学专家经人体和动物实验证明，长期接触噪声可使体内肾上腺分泌增加，从而使血压上升，在平均70dB的噪声中长期生活的人，可使其心肌梗塞发病率增加30%左右，特别是夜间噪声会使发病率更高。调查发现，生活在高速公路旁的居民，心肌梗塞率增加了30%左右。调查1101名纺织女工，高血压发病率为7.2%，其中接触强度达100dB噪声者，高血压发病率达15.2%。

（2）对妇女儿童生理机能的损害

女性受噪声的威胁，还可以有月经失调、流产及早产等，如导致女性性机能紊乱，月经失调，流产率增加等。专家们曾在哈尔滨、北京和长春等7个地区经过为期3年的系统调查，结果发现噪声不仅能使女工患噪声聋，且对女工的月经和生育均有不良影响。另外可导致孕妇流产、早产，甚至可致畸胎。国外曾对某个地区的孕妇普遍发生流产和早产作了调查，结果发现她们居住在一个飞机场的周围，祸首正是那些起飞降落的飞机所产生的巨大噪声。

噪声对儿童的智力发育也有不利影响。据调查，3岁前儿童生活在75dB的噪声环境里，他们的心脑功能发育都会受到不同程度的损害，在噪声环境下生活的儿童，智力发育水平要比安静条件下的儿童低20%。

（3）噪声还可以引起如神经系统功能紊乱、精神障碍、内分泌紊乱甚至事故率升高。高噪声的工作环境，可使人出现头晕、头痛、失眠、多梦、全身乏力、记忆力减退以及恐惧、易怒、注意力不集中等症状，甚至失去理智，有的甚至死亡。

1.2.3 噪声损害设备和建筑物

此外，噪声还对建筑物有损害。高强度和特高强度噪声能损害建筑物和发声体本身。航空噪声对建筑物的影响很大，如超音速低空飞行的军用飞机在掠过城市上空时，可导致民房玻璃破碎，烟囱倒塌等损害。美国统计了3000件喷气飞机使建筑物受损的事件，其中抹灰开裂的占43%，窗损坏的占32%，墙开裂的占15%，瓦损坏的占6%。

在特高强度的噪声（160dB以上）影响下，不仅建筑物受损，发声体本身也可能因声疲劳而损坏，并使一些自动控制和遥控仪表设备失效。

此外，由于噪声的掩蔽效应，往往使人不易察觉一些危险信号，从而容易造成工伤事故。在我国几个大型钢铁企业，都曾发生过高炉排气放空的强大噪声遮蔽了火车的鸣笛声，造成正在铁轨上工作的工人被火车轧死的惨痛事件。

1.3 环境噪声控制概述

1.3.1 环境声学研究的内容

环境声学是研究噪声对人们生活和社会所产生的各种影响的科学。早在20世纪初，环境噪声对人们的影响就已引起各方面的关注，纽约市是最早对城市环境噪声进行调查并建立起控制机构的城市。随着现代化工业和交通运输的发展，环境噪声已经成为一种严重的社会公害，同时也促进了对环境噪声监测方法、污染规律、控制技术和管理措施的研究，以及环境声学这一新兴学科的产生和发展。

环境声学的研究范畴主要包括以下三方面：

（1）噪声评价方法和污染规律性的研究

噪声的影响和危害不仅与噪声源的特性（如噪声强度、频率和时间特性等）有关，而且与人的听觉特性和人们的主观心理反应有关，因此在研究如何控制环境噪声之前，首先要解决如何评价噪声的问题。对具有不同噪声特性的各类噪声、不同的噪声暴露场所，以及不同的噪声暴露时间的噪声评价方法的建立，是噪声控制程度的依据。

污染规律的研究主要包括噪声级与各有关影响因素的关系、噪声的时间分布、空间分布（即噪声传播规律的研究）等内容。该研究是评价环境质量、研究环境噪声发展和变化的趋势，以及预测环境噪声影响的重要依据。

（2）噪声的发生、传播途径和控制措施的研究

噪声产生之后，在其传播过程中再采取一定的补救措施，消除或减弱噪声的影响，虽十分必要，但仍属于污染的被动治理。对噪声源的发声机理及噪声传播规律进行分析，在噪声产生的同时就减弱或消除其影响，则是噪声控制的最积极、主动的治理措施。环境噪声的控制除采取技术措施外，加强行政管理也是既经济又有效的方法之一。

（3）噪声对人体健康的危害及对人们正常生活、工作和学习的干扰的研究

前者属于劳动保护，后者属于一般环境噪声对人们心理的影响。该研究对环境噪声评价方法的建立和噪声污染控制有重要意义。

1.3.2 噪声控制的方法

环境噪声只有当声源、声的传播途径和接受者三者同时存在时，才能构成污染问题。因此噪声污染控制也必须从这三方面进行考虑。

1. 噪声源控制

控制噪声源是降低噪声的最根本和最有效的方法。噪声源控制，即从声源上降噪，就是通过研制和选择低噪声的设备，采取改进机器设备的结构、改变操作工艺方法、提高加工精度或装配精度等措施，使发声体变为不发声体或降低发声体辐射的声功率，将其噪声控制在所允许范围内的方法。

噪声源控制的具体措施主要有：①选用内阻尼大、内摩擦大的低噪声材料。一般的金属材料，因其内阻尼、内摩擦都较小，消耗振动能量的能力弱，所以通常金属材料制成的机械零件和设备，在振动力的作用下，机件会辐射较强的噪声。若采用内阻尼、内摩擦大的合金或高分子材料，其较大的内摩擦可使振动能转变为热能耗损掉，故这类材料可以大幅度降低噪声辐射。②采用低噪声结构形式。在保证机器功能不变的前提下，通过改变设备的结构形式，可以有效地降低噪声，如皮带传动所辐射的噪声要比齿轮传动小得多。③提高零部件的加工精度和装配精度。提高零部件的加工精度和装配精度，可以降低由于机件间的冲击、摩擦和偏心振动所引起的噪声。④抑制结构共振。

2. 噪声传播途径控制

噪声传播的介质主要是空气和建筑构件，因此，传播途径的控制主要是空气声传播和固体声传播的控制。

（1）空气声传播的主要控制方法

① 采用隔声屏、隔声罩等装置，将噪声源与接受者分离开。该方法可降低噪声 20～50dB(A)。

② 通过在噪声的传播通道上，如墙壁、隔声罩内表面等处铺设吸声材料，使一部分声能在传播过程中被吸声材料吸收并转化成热能，可降低噪声 3～10dB(A)。

③ 在声源与接受者之间通过管道安装消声器，使声能在通过消声器时被耗损，从而达到降噪的目的。使用消声器通常可使噪声降低 15～30dB(A)。

（2）固体声传播的控制方法

① 在机器表面或壳体上涂抹阻尼涂料，或采用高阻尼材料来抑制振动。该方法可降低噪声 5～10dB(A)。

② 采用减振器、橡胶垫等将振源与机器隔离开，减弱外界激励力对机器的影响，降低噪声辐射。此类方法的降噪量为 5～25dB(A)。

3. 听力保护

在上述噪声控制方法暂时无法实现的情况下，在高噪声环境中工作的职工，必须采取个人保护措施。如佩戴耳塞、耳罩、头盔和防声棉等。这些防护用具，主要是利用隔声的原理，使强烈的噪声传不进耳内，从而达到保护人体不受噪声危害的目的。

通常所采用的三种降噪措施，即在声源处降噪、在传播过程中降噪及在人耳处降噪，都是消极被动的。为了积极主动地消除噪声，人们发明了“有源消声”这一技术。它的原理是：所有的声音都由一定的频谱组成，如果可以找到一种声音，其频谱与所要消除的噪声完全一样，只是相位刚好相反（相差 180°），就可以将这噪声完全抵消掉。关键就在于如何得到那抵消噪声的声音。实际采用的办法是：从噪声源本身着手，设法通过电子线路将原噪声的相位倒过来。由此看来，有源消声这一技术实际上是“以毒攻毒”。

1.3.3 噪声的利用

噪声一向为人们所厌恶。但是，随着现代科学技术的发展，人们也能利用噪声造福人类，实现对其资源化利用。

（1）噪声变音乐

美妙动人的音乐让人心旷神怡。当今世界建筑领域中出现的全新的“建筑音响环境学”，让建筑物不处于噪声氛围，也不沉没在无声的静寂中。日本、美国、英国等科学家研制出新型的音响设备。设计师运用声波转换原理，通过声传感设施，把街市上人群、车辆运动中产生的嘈杂喧闹的噪声，从失控状态下的振动声转化为受控制的机械声，使乱哄哄的噪声变成清脆悦耳的大自然声响的“协奏曲”。把日常生活中的各种流水声如洗手、洗澡、水龙头等声音转变成悠扬的乐曲或者潺潺的溪流声、树叶的沙沙声和海浪潮涌声，让人们如置身于大自然中，人们把这种奇妙的音响叫做“室内音响”。

（2）利用噪声发电充电

噪声是一种能量的污染，比如噪声达到 160dB(A)的喷气式飞机，其声功率约为 10000W；噪声达 140dB(A)的大型鼓风机，其声功率约为 100W。科学家发现，当声波遇到屏障时，声能会转化为电能，英国的学者就是根据这一原理，设计制造了鼓膜式声波接收器，将接收器与能够增大声能、集聚能量的共鸣器连接，当从共鸣器来的声能作用于声电转换器时，就能发出电来。同样，利用涂布在塑料板上的纳米级氧化锌粒子的压电效应，将用户周围噪声的震动能量转化为电能，为智能手机充电的技术试验也取得了成功。

（3）利用噪声来制冷

目前已经出现了一种新的制冷技术，即利用微弱的声振动来制冷的新技术，第一台样机已在美国试制成功。不难设想，今后的住宅、厂房等建筑物如能加以考虑这些因素，即可一举降伏噪声这一无形的祸害，为住宅、厂房等建筑物降温消暑。

（4）利用噪声除尘

美国科研人员研制出一种功率为 2kW 的除尘报警器，它能发出频率2000Hz、声强为160dB(A)的噪声，这种装置可以用于烟囱除尘，控制高温、高压、高腐蚀环境中的尘粒和大气污染。

（5）利用噪声除草

科学家发现，不同的植物对不同的噪声敏感程度不一样。根据这个道理，人们制造出噪声除草器。这种噪声除草器发出的噪声能使杂草的种子提前萌发，这样就可以在作物生长之前用药物除掉杂草，用“欲擒故纵”的妙策，保证作物的顺利生长。

（6）噪声增产

噪声在农业生产活动中能起到一定的增产作用。强度适中的尖啸噪声，可使作物气孔涨到最大，吸收更多的二氧化碳和氧气，加快光合作用，提高生长速度和产量。有人做过实验，经过噪声刺激后萝卜籽的发芽速度提高 1 倍。美国科学家丹卡尔森连续 3 年在番茄上试验，经噪声刺激的番茄单株产量是对照的 10 倍，单个果实比对照大 1/3；在水稻、大豆、黄瓜、芝麻等作物上试验，也收到了同样的效果。

（7）噪声透射海底

利用噪声透射海底，是进行海洋开发，取得深部海洋信息的有效方法。第一次世界大战期间，为了防范潜水艇的袭击，人类使用了声音定位系统即声波接收器——声呐。现在科学家能够利用海洋里的噪声（鱼类的游动、过往船只的扰动、破碎的浪花等）进行摄影，用声音作为摄影的“光源”。美国斯克利普海洋研究所研制出一种“声音—日光”环境噪声成像系统，该系统具有奇妙的摄影功能。

（8）利用噪声克敌

利用噪声还可以制服顽敌，目前已研制出一种“噪声弹”，能在爆炸间释放出大量噪声波，麻痹人的中枢神经系统，使人暂时昏迷，该弹可用于对付恐怖分子，特别是劫机犯等。

此外，还可以用噪声测温法来探测人体的病灶。科学家最新制成一种激光听力诊断装置，它测试迅速，不会损伤耳膜，没有痛感，特别适合儿童使用。

习 题 1

1．什么是噪声，其来源有哪些？

2．噪声污染有什么特点？

3．噪声的危害有哪些？如何控制其危害。

第2章　噪声控制中的声学基础

2.1　声音的基本性质与声的量度

2.1.1　声波的产生

声音是由物体振动产生的。如讲话的声音是来源于人喉内声带的振动，扬声器发声源自纸盆的振动。凡是发出声音的振动体，称为声源。声源可以是固体，也可以是液体或气体，如波涛声、汽笛声就是由液体振动发声的。

声源发出的声音必须通过媒质才能传播。空气、液体和固体物质都可以作为声音传播的媒质，由于在真空中没有物质存在，因而也就听不到声音。当声源在媒质中振动时，必须依靠媒质的弹性和惯性才能将这种振动传播出去，媒质的弹性和惯性是传播声音的必要条件。声音在媒质中向四面八方的传播，只是媒质振动的传播，媒质本身并没有向前运动，它始终在其平衡位置附近往复振动。

根据传播媒质的不同，声音可分为空气声、水声、固体声（结构声）。根据媒质质点振动方向与声波传播方向的关系，声波又分为横波和纵波。如果媒质质点的振动方向与波的传播方向垂直，这种波称为横波。如果媒质质点的振动方向与波的传播方向一致，则称为纵波。如在没有切变弹性只有体积弹性的液体和气体媒质中，只能传播纵波，在固体媒质中，除体积弹性外，还有伸长弹性、弯曲弹性、扭转弹性等，因此固体中既能传播纵波，又能传播横波。

2.1.2　声波的描述

1．声压

媒质在没有声扰动的声学状态下，组成媒质的分子虽然在不断地运动着，但对任意微元体来讲，每一瞬时流入的质量都等于流出的质量，即微元体的质量不随时间变化。当存在声扰动时，由于发声体的振动使周围的媒质形成周期性的疏密相间层状态，导致微元体积内的质量流出与流入不再相等。这一变化过程可以用微元体内压力、密度、温度和质点运动速度等的增量来描述。

无声扰动时，媒质中的压强 P_0 称为静压强；设受声扰动后媒质的压强为 P，则当声波通过时，由于声扰动所产生的逾量压强便称为声压 p，即

$$p = P - P_0 \tag{2-1}$$

声压的单位是帕斯卡（Pa），1Pa=1N/m^2。

当声波在媒质中传播时，媒质中的压强做周期性的变化，即对于媒质内的同一微元体，其内部声压 p 是空间和时间的函数：

$$p = p(x, y, z, t) \tag{2-2}$$

声场中某空间点声压 p 随时间 t 的变化称为瞬时声压 p_t。当声音传入人耳后，由于鼓膜的惯性作用，人耳实际上辨别不出声压的起伏，即人耳听到的声音不是瞬时声压值作用的结果，

而是一个有效声压值。有效声压是一段时间内瞬时声压的均方根值，即

$$p=\sqrt{\frac{1}{T}\int_0^T p_t^2\mathrm{d}t} \tag{2-3}$$

式中，T 为声波的周期。

正常人耳刚刚能听到的声音的声压叫听阈声压，其值为 2×10^{-5}Pa；刚刚使人耳产生疼痛感觉的声压叫痛阈声压，其值为 20Pa。声压可以被一般声学仪器直接测量出来，而且人耳对声音的感觉也直接与声压有关，因此，声压是用来描述声波的一个基本物理量。

2．声波的频率、波长

由于声波的存在，在媒质中形成周期性的疏密变化。在同一时刻，相邻两个声压最大值（或最小值）地点之间的距离叫声波波长，用 λ 表示，单位是 m。媒质中某一部分的扰动将引起相邻部分以至更远部分的扰动，但各自在时间上分别有所延迟，即振动状态的传播需要一定的时间，这种振动状态或它具有的振动能量在媒质中自由传播的速度叫声速 c，单位为 m/s。如果媒质质点振动的频率为 f，则有

$$c=\lambda f \tag{2-4}$$

频率 f 为每秒钟媒质质点振动的次数，也就是声波的频率，单位为 Hz，$1\text{Hz}=1\text{s}^{-1}$。质点振动是周期性的，每重复一次所需要的时间为周期 T，单位为 s，显然有

$$f=1/T \tag{2-5}$$

声波的传播速度与温度有关，在空气中，声速与空气温度的关系为

$$c=331.4+0.6t \tag{2-6}$$

式中 t 的单位为℃。从式（2-6）可见，声速随温度虽有一定变化，但在一般情况下变化值不大，实际计算时常取 c 为 340m/s。

人耳可听域的频率范围为 20Hz～20 000Hz，相应声波的波长从 17～0.017m。人耳对声波的频率响应，以及材料的声学性能皆随频率而异，人耳可听域的频率范围越宽，噪声控制的难度越大。

3．相位

相位是指任意时刻 t 的质点振动状态，包括振动的位移及运动方向或者压强的变化。随质点与声源距离的增大，质点间在相位上依次落后，存在着相位差。正是由于各个质点振动在时间上有超前和滞后，才在媒质中形成向前传播的行波。故相位也是描述声波的一个重要物理量，在声波的叠加中起着重要的作用。

2.2 平面声波

一般常用声压 p 来描述声波，而表达声压随空间和时间变化的函数关系的方程，即为声波的波动方程。在研究声波的波动方程时，为了使问题简化，必须作如下假定：

（1）媒质为理想流体，即无粘性存在，声波在传播过程中没有能量损失。

（2）没有声扰动时，媒质在宏观上是静止的，即初速度 v 为零；假设媒质是均匀的，因此，各点的静态压力 P_0 和静态密度 ρ_0 均为常数。

（3）即使在频率较低的情况下，声波传播过程进行的还是比较快的，体积压缩和膨胀过

程的周期比热传导需要的时间短得多，因此在声传播过程中，媒质还来不及与毗邻的部分进行热量交换，声传播过程可以认为是绝热过程。

（4）在声波的振幅比较小时，它的参量都是一阶微量，即声压 p 远小于静态压力 P_0，质点速度 v 远小于声速 c_0，质点位移远小于声波波长 λ，媒质密度增量 ρ' 远小于 ρ_0，因此它们的二阶以上的微量均可忽略。

在均匀的理想流体媒质中的小幅声波的波动方程为

$$\frac{\partial^2 p}{\partial x^2}+\frac{\partial^2 p}{\partial y^2}+\frac{\partial^2 p}{\partial z^2}=\frac{1}{c^2}\frac{\partial^2 p}{\partial t^2} \tag{2-7}$$

或记为

$$\nabla^2 p=\frac{1}{c^2}\frac{\partial^2 p}{\partial t^2} \tag{2-8}$$

式中，$\nabla^2=\frac{\partial^2}{\partial x^2}+\frac{\partial^2}{\partial y^2}+\frac{\partial^2}{\partial z^2}$，为直角坐标的拉普拉斯计算符号，$c$ 为声速，式（2-7）和式（2-8）表明声压 p 为空间坐标 (x, y, z) 和时间 t 的函数，记为 $p(x, y, z, t)$，表示不同地点在不同时刻 t 的声压变化规律。

声波在空气中传播，振动声源处于三维空间中，振动将向四面八方传播，所以空间坐标要用 x、y、z 三个变量来表示。如果声场在空间的两个方向上是均匀的，则声压 p 只随 x 方向变化，在垂直 x 轴的平面上不论 y、z 如何，p 都不变，即在同一 x 的平面上各点相位相等。这时三维问题就只有一维了，可用一维坐标 x 来描述声场。则式（2-7）变成

$$\frac{\partial^2 p}{\partial x^2}=\frac{1}{c^2}\frac{\partial^2 p}{\partial t^2} \tag{2-9}$$

式（2-9）表达的是沿 x 方向传播的声波方程。相位相等的共同面称为波阵面。所以平面波的波阵面为垂直于 x 轴的一系列平面。设声源只作单一频率的简谐振动，位移是时间的正弦或余弦函数，那么媒质中质点也随着作同一频率的简谐振动。设 $x=0$ 原点处的声压

$$p(0,t)=P_0\cos\omega t$$

$\omega=2\pi f$ 为振动圆频率，f 为频率，那么声场中任一点 x 处的声压幅值也应当是 P_0，因为在理想媒质中声波无衰减，同样 x 点处的声波频率也是 f，但 x 点处的相位却比 0 点落后了。x 点的声波是由 0 点传递来的，若传播所需时间为 t'，那么在 t 时刻 x 点的声压是 $(t-t')$ 时刻 0 点的声压，即有

$$p(x,t)=P_0\cos[\omega(t-t')]$$

而媒质中声波传播速度为 c，则

$$t'=x/c$$

代入上式则有

$$p(x,t)=P_0\cos[\omega(t-x/c)]$$

为方便起见，定义（圆）波数

$$\kappa=\omega/c=2\pi/\lambda \tag{2-10}$$

其物理意义是长为 2π m 的距离上所含的波长 λ 的数目，于是 $p(x,t)$ 又可以写成

$$p(x,t) = P_0 \cos(\omega t - \kappa x) \tag{2-11}$$

式（2-11）表示沿 x 方向传播的平面波。又因声波只含有单频 ω，没有其他频率成分，所以，叫简谐平面声波，P_0 为声压的幅值；$(\omega t - \kappa x)$ 为其相位，它描述在不同地点 x 和各个时刻 t 声波的运动状况。

设在存在声波的媒质中取小体积元 ΔV，如图 2-1 所示。由于受声波的作用，在 ΔV 的两边所受声压分别为 p 和 $p+\Delta p$，设 ΔV 的截面积为 S，则体积元 ΔV 受到的总合力为

$$pS - (p+\Delta p)\cdot S = -S\cdot\Delta p$$

由于该力的作用使体积元 ΔV 产生加速度，由牛顿第二定律得

$$-S\cdot\Delta p = \rho\cdot\Delta V\frac{\partial u}{\partial t}$$

式中，ρ 为媒质的密度；$\dfrac{\partial u}{\partial t}$ 为加速度。

又因

$$\Delta V = S\cdot\Delta x$$

故

$$\Delta p/\Delta x = -\rho\frac{\partial u}{\partial t}$$

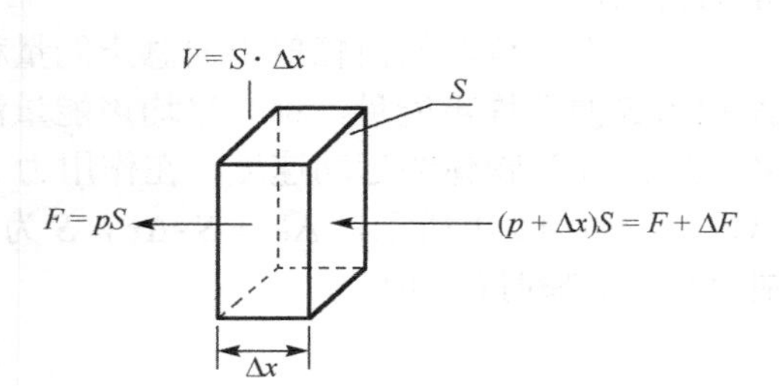

图 2-1　声场中媒质体积元 ΔV 受力示意图

写成微分形式为

$$\frac{\partial p}{\partial x} = -\rho\frac{\partial u}{\partial t}$$

或写成积分形式

$$u_x = -1/\rho\int\frac{\partial p}{\partial x}\cdot \mathrm{d}t \tag{2-12}$$

u 的下标 x 表示振动速度沿 x 方向。将式（2-11）代入式（2-12），经计算便得到沿正 x 方向传播的简谐平面声波的质点速度为

$$u_x = (P_0/\rho c)\cos(\omega t - \kappa x) = U_0\cos(\omega t - \kappa x) \tag{2-13}$$

式中，$U_0 = P_0/\rho c$ 为质点振动幅值。

可见质点振动速度 u_x 与声波传播速度 c 不同，质点以 u_x 振速进行振动，而这种振动过程以声速 c 传播出去。

在声波传播中有一个很重要的量叫声阻抗率，定义为

$$Z_S = \frac{p}{u} = \rho c \tag{2-14}$$

因为，它只与媒质的密度 ρ 和媒质中的声速 c 有关，而与声波的频率、幅值等无关，所以，把 ρc 称为媒质的声特性阻抗，单位是瑞利（$\mathrm{Pa\cdot s\cdot m^{-1}}$）。

以上推导的波动方程，是沿直角坐标系传播的声波的波动方程。对于在自由空间中的无指向性声源来讲，其声源往往以球面形式辐射，选用球坐标来表示波动方程，则计算更为方便。如各方向辐射相等，则一维球坐标的声学波动方程为

$$\frac{\partial^2 p}{\partial r^2} + \frac{2}{r}\frac{\partial p}{\partial r} = \frac{1}{c^2}\frac{\partial^2 p}{\partial t^2} \tag{2-15}$$

2.3 声波的能量、声功率和声强

2.3.1 声能量和声功率

声波传到原先静止的媒质中，一方面使媒质质点在平衡位置附近来回振动，同时在媒质中产生了压缩和膨胀，前者使媒质具有振动动能，后者使媒质具有形变位能，两者之和就是因扰动使媒质得到的声能量。该能量以声波动的形式传递出去，所以声波是媒质质点振动能量的传播。

声源在单位时间内辐射出的总声能量称为声功率，单位时间内通过垂直于声传播方向上面积为 S 的平均声能量，称为平均声能量流或称为平均声功率。力作用在物体上所做的功率 $W=Fu$，u 为物体的运动速度，在作用力 F 为声压 p 所引起，它作用于媒质中的一小块体积 ΔV 上，如图 2-1 所示，$\Delta V=S\cdot\Delta x$，S 为体积元的截面积，则有 $F=pS$，于是得到声压作用在 ΔV 上的瞬时声功率为

$$W=Sp\cdot u \tag{2-16}$$

由式（2-11）和式（2-13）可知，声波作用时，声压 p 与质点振动速度 u 都是交变的。一般情况下，人耳对于声的感觉是一个平均效应，听不出某一瞬时值，仪器测量的也是一定时间的平均值，所以，取 W 的时间平均值为

$$\bar{W}=\frac{1}{T}\int_0^T S\cdot pu\mathrm{d}t=S\cdot\frac{1}{T}\int_0^T p\cdot u\mathrm{d}t \tag{2-17}$$

式中，T 为声波的周期。

将平面声波的表达式（2-11）和式（2-13）代入式（2-17），则有

$$\bar{W}=S\frac{1}{2}P_0U_0=S\frac{P_0^2}{2\rho c}=S\frac{U_0^2\rho c}{2}=SP_\mathrm{e}U_\mathrm{e}=S\frac{P_\mathrm{e}^2}{\rho c}=S\rho cU_0^2 \tag{2-18}$$

式中，$P_\mathrm{e}=P_0/\sqrt{2}$，$U_\mathrm{e}=U_0/\sqrt{2}$，分别为声压和质点振动速度的有效值，又称方均根值，即

$$P_\mathrm{e}=\sqrt{\frac{1}{T}\int_0^T p^2\mathrm{d}t}=\frac{P_0}{\sqrt{2}}$$

同样可得

$$U_\mathrm{e}=U_0/\sqrt{2}$$

2.3.2 声强和声能密度

在自由声场中，单位时间在垂直于波的传播方向上单位面积所通过的声能量，称为声强。对于沿 x 正方向传播的平面声波，其声强为

$$I=W/S=P_0^{\ 2}/2\rho c=P_\mathrm{e}^{\ 2}/\rho c=U_\mathrm{e}^{\ 2}\rho c=P_\mathrm{e}U_\mathrm{e} \tag{2-19}$$

对于沿负 x 方向传播的平面声波，其传播速度为$-c$，声强为

$$I=-P_0^{\ 2}/2\rho c$$

这时声强为负值，表明声能量沿负 x 方向传播。可见，声强是具有方向性的量，它的指向就是声波的传播方向。可以预料，当同时存在前进波和反射波时，总声强应为 $I=I_++I_-$，其中

I_+表示正向声强，I_-表示负向声强。如果前进波与反射波相等，则I=0。因而，在有反射波存在的声场中，声强这一量往往不能反应其能量关系。在实际情况下，有许多因素影响声强和声压，例如，声源的指向性，声波在传播过程中发生的反射、折射、衍射、散射和吸收等现象。这说明声强和声压的测量值与环境有关，对于一个声源，在不同的场合、不同的方向、不同的测点，所测得的声强与声压值可能是不同的。这就给客观、准确地评价不同声源的声学特性带来困难。但是，无论怎样，同一个声源在不同环境下所辐射的声功率是一个不变的量，反映了声源的声学特性。因此，对声测量结果，往往采用声功率来进行评价。

声场中媒质的单位面积内包含的声能量，称为声能密度，由声能密度和声强的定义可以得到声能密度$\overline{\varepsilon}$与声强I的关系式为

$$\overline{\varepsilon} = I / c = P_e^2 / (\rho c^2) \tag{2-20}$$

这样，在小体积ΔV内的声能量是

$$\Delta \overline{E} = \overline{\varepsilon} \cdot \Delta V \tag{2-21}$$

对于平面声波，P_e，U_e都是常数，不随距离变化，所以，平面声能量密度处处相等，这是理想媒质中平面声波声场的又一特征。

2.4 声波的传播

2.4.1 声波的反射、折射和透射

声波在传播过程中会遇到各种各样的障碍物，如固体的、液体的和气体的等。当声波从一种媒质进入另一种媒质时，后一种媒质就是一种障碍物。障碍物会使声波发生折射、反射和透射。

平面声波传播到媒质界面时，一般会在原先的媒质中产生反射声波，同时还有一部分声波透射到界面另一侧的第二种媒质中去，如图 2-2 所示。平面声波p_i垂直入射到媒质Ⅰ和媒质Ⅱ的分界面x=0 上，由于界面的反射，在媒质Ⅰ中除了入射声波p_i以外，还有反射声波p_r，这样媒质Ⅰ中的总声压为两个波的叠加：$p_1 = p_i + p_r$，而在第二媒质中只有透射声波p_t，所以媒质Ⅱ中总声压$p_2 = p_t$。

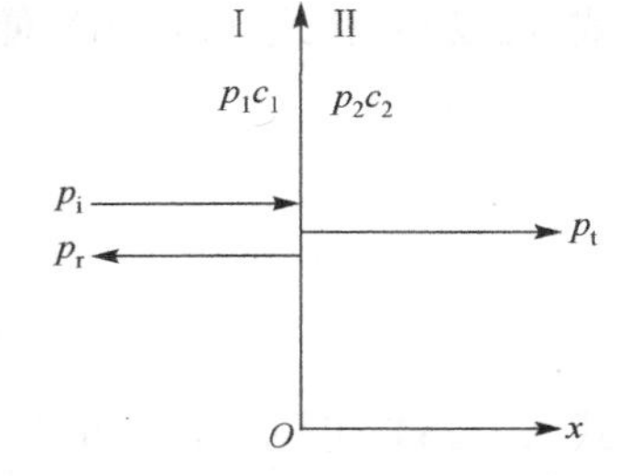

图 2-2 平面声波正入射到两种媒质界面

两个媒质界面只是很薄的一层，介质在该界面上存在以下边界条件：

（1）在两个媒质中的声压在边界处是连续的，即在$x = 0$处有

$$p_1 = p_2 \tag{2-22a}$$

（2）因两种媒质保持恒定接触，因而在界面上两个媒质中的质点法向振动速度应连续，即两边的垂直于界面的质点振动速度应相等，所以在x=0 处有

$$u_1 = u_2 \tag{2-22b}$$

设媒质Ⅰ和媒质Ⅱ的特征阻抗分别为$\rho_1 c_1$和$\rho_2 c_2$，入射平面声波p_i在媒质Ⅰ中沿正x方向传播；

$$p_i = P_i \cos(\omega t - \kappa_1 x) \tag{2-23a}$$

P_i 为入射波声压幅值，$\kappa_1 = \omega / c_1$ 为第一个媒质中的圆波数。

当 p_i 入射到分界面 $x = 0$ 处时，在媒质Ⅰ中产生沿负 x 方向传播的反射波 p_r，在媒质Ⅱ中产生沿正 x 方向传播的透射声波 p_t，可分别表示为

$$\begin{aligned} p_r &= P_r \cos(\omega t - \kappa_1 x), \qquad \kappa_1 = \omega / c_1 \\ p_t &= P_t \cos(\omega t - \kappa_2 x), \qquad \kappa_2 = \omega / c_2 \end{aligned} \tag{2-23b}$$

这样在媒质Ⅰ中总声压为

$$p_1 = p_i + p_r = P_i \cos(\omega t - \kappa_1 x) + P_r \cos(\omega t - \kappa_1 x)$$

在媒质Ⅱ中仅有透射声波 p_t，当 $x = 0$ 时，由边界条件式（2-22a）可得

$$P_i + P_r = P_t \tag{2-24}$$

同样，可以得到两个媒质中的质点振动速度分别为

$$u_1 = \frac{P_i}{\rho_1 c_1} \cos(\omega t - \kappa_1 x) - \frac{P_r}{\rho_1 c_1} \cos(\omega t - \kappa_1 x)$$

$$u_2 = \frac{P_t}{\rho_2 c_2} \cos(\omega t - \kappa_2 x)$$

代入式（2-22b），并使 $x = 0$，便得到

$$U_i + U_r = U_t \tag{2-25a}$$

或

$$\frac{1}{\rho_1 c_1}(P_i - P_r) = \frac{1}{\rho_2 c_2} P_t \tag{2-25b}$$

这样，只要已知入射声波 p_i，便可由式（2-24）和式（2-25b）求出反射声波 p_r 及透射声波 p_t，从而对整个声场的声压 p_1 和 p_2 的情况都能了解。

在声学研究中，经常用到声压的反射系数 r_p 和透射系数 τ_p 这两个参数，声压的反射系数定义为反射声压幅值 P_r 与入射声压幅值 P_i 之比。声压的透射系数为透射声波幅值 P_t 与 P_i 之比。从式（2-24）和式（2-25b）便可得到

$$r_p = \frac{P_r}{P_i} = \frac{\rho_2 c_2 - \rho_1 c_1}{\rho_2 c_2 + \rho_1 c_1} \tag{2-26a}$$

$$\tau_p = \frac{P_t}{P_i} = \frac{2\rho_2 c_2}{\rho_2 c_2 + \rho_1 c_1} \tag{2-26b}$$

由式（2-26）可见，声压的反射系数和透射系数与入射声波、反射声波、透射声波的大小无关，仅决定于两种媒质的特性阻抗 $\rho_1 c_1$ 和 $\rho_2 c_2$，同时也表明特性阻抗对于声波的传播，包括反射与透射，起着重要的作用。

从能量的角度来看，反射波声强与入射波声强大小之比即为声强反射系数，透射波声强与入射波声强大小之比为声强透射系数，其表达式分别为

$$r_I = \frac{I_r}{I_i} = \left(\frac{P_r^2}{2\rho_1 c_1}\right) \bigg/ \left(\frac{P_i^2}{2\rho_1 c_1}\right) = \left(\frac{P_r}{P_i}\right)^2 = r_p^2 = \left(\frac{\rho_2 c_2 - \rho_1 c_1}{\rho_2 c_2 + \rho_1 c_1}\right)^2 \tag{2-27a}$$

$$\tau_I = \frac{I_t}{I_i} = \left(\frac{P_t^2}{2\rho_2 c_2}\right) \bigg/ \left(\frac{P_i^2}{2\rho_1 c_1}\right) = \frac{\rho_1 c_1}{\rho_2 c_2}\left(\frac{P_t}{P_i}\right)^2 = \frac{\rho_1 c_1}{\rho_2 c_2}\tau_p^2 = \frac{4\rho_1 c_1 \rho_2 c_2}{(\rho_1 c_1 + \rho_2 c_2)^2} \tag{2-27b}$$

由式（2-27）可得出：

$$r_{\mathrm{I}} + \tau_{\mathrm{I}} = 1 \tag{2-28}$$

式（2-26）表明，声波在分界面上反射和透射的大小决定于媒质的特性阻抗，具体分析如下：

（1）$\rho_1 c_1 = \rho_2 c_2$

由式（2-26）得 $r_p = r_{\mathrm{I}} = 0$，$\tau_p = \tau_{\mathrm{I}} = 1$，这表明声波没有反射，即全部透射。也就是说即使存在两种媒质的分界面，只要两种媒质的特性阻抗相等，那么对声传播来讲，分界面就好像不存在一样。

（2）$\rho_2 c_2 > \rho_1 c_1$

此时，$r_p > 0$，$\tau_p > 0$。因为媒质Ⅱ比媒质Ⅰ在声学性质上更“硬”些，这种边界称为硬边界，在硬边界上，反射波声压和入射波声压同相。

（3） $\rho_2 c_2 \gg \rho_1 c_1$

此时，$r_p = r_{\mathrm{I}} \approx 1$，$\tau_p \approx 2$，$\tau_{\mathrm{I}} \approx 0$，媒质Ⅱ对媒质Ⅰ来说十分“坚硬”，反射波声压和入射波声压大小相等，相位相同，所以在分界面上的合成声压为入射声压的两倍，实际上这时候发生的是全反射。例如，空气中的声波入射到空气与水的界面上就类似这种情况，这时候媒质Ⅱ相当于刚性反射体，在媒质Ⅰ中形成声驻波；在媒质Ⅱ中只有压强的静态传递，并不产生疏密交替的透射声波；如人在空气中讲话，几乎没有什么声波透射到水中，坚实的墙壁也和水面一样都是很好的刚性反射面。

（4）$\rho_2 c_2 < \rho_1 c_1$

此时，$r_p < 0$，$\tau_p > 0$，这种边界成为“软”边界。在软边界上，反射波声压和入射波声压相位相反。

（5） $\rho_2 c_2 \ll \rho_1 c_1$

此时，$r_p = -1$，$\tau_p = 0$，$r_{\mathrm{I}} = 1$，$\tau_{\mathrm{I}} = 0$。这时在媒质Ⅱ中也没有透射声波，在媒质Ⅰ中，入射声压与反射声压在界面上反相，在界面上，$p_1 = p_i$，$p_r = -p_i$，在媒质Ⅰ中也产生驻波声场。

当平面声波不时垂直地入射于两媒质界面时，情况更为复杂，如图 2-3 所示。入射声波 p_i 与法向成 θ_i 角入射到界面上，这时候反射声波 p_r 与法向成 θ_r 角，在媒质Ⅱ中透射声波 p_t 与法向成 θ_t 角，入射波与透射波不再保持同一传播方向，形成了声波的折射。

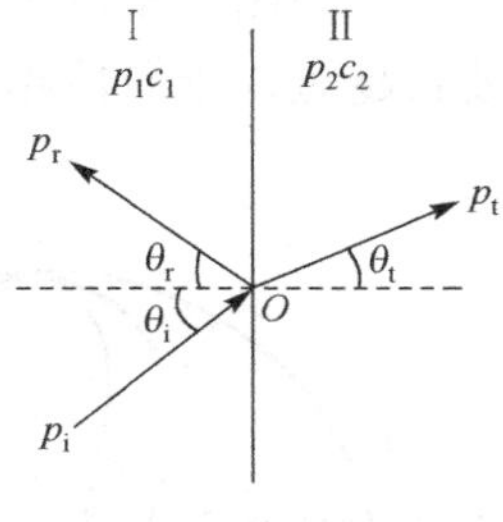

图 2-3　声波的折射（平面声波斜入射到两媒质的分界面）

同样，在界面上按照声压连续，法向质点振动速度连续的边界条件，可得到如下反射和折射定律

$$\sin\theta_i / c_1 = \sin\theta_t / c_2 \tag{2-29}$$

即

$$\theta_i = \theta_t$$

式（2-29）表明，声波进入媒质Ⅱ的折射角 θ_t 随 c_1/c_2 而变化，如果 c_1 和 c_2 一定，则折射角 θ_t 随入射角 θ_i 而变化。在 $c_2 > c_1$ 时，$\theta_t > \theta_i$；当 θ_i 增大到 $\theta_c = \arcsin(c_1/c_2)$时，$\theta_t$ 增加到 90°，这时入射角再增大，即 $\theta_i > \theta_c$ 时，入射声波全部反射回媒质Ⅰ，在媒质Ⅱ中无透射波，产生全反射现象，θ_c 称为全反射临界角。

2.4.2 声波的衍射

以上讨论的是声波遇到两种媒质界面时发生的反射、折射和透射现象。当声波在传播过程中，遇到如孔或洞等障碍物时，除发生反射、透射外，还会发生衍射现象。如果声波波长比障碍物尺寸大得多，声波会绕过障碍物而使传播方向改变，这种现象称为声波的衍射，如图 2-4 所示。声波波长与障碍物尺寸相比的比值越大，衍射也就越大。如果障碍物的尺寸远大于入射声波波长，虽然也有衍射，但在障碍物后面边缘的附近将形成一个没有声波的声影区。由此可见，障碍物对低频声波的作用较小，但对高频声波具有较大的屏蔽作用。

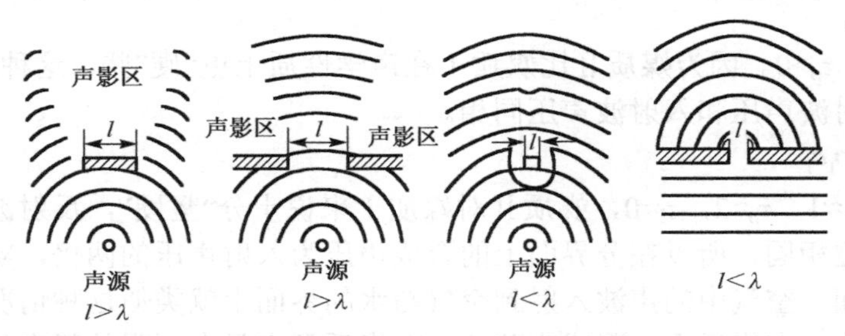

图 2-4　声波的衍射现象

当声波波长小于障碍物的尺寸时，反射波增加，在障碍物后面形成一声影区，这一声影区随着波长缩短而扩大。

2.4.3 声源的指向性

声源发出的声波，在各个方向上的声压分布并不一定相同，这种随方向分布的不均匀性，称为声源的指向性。声源的指向性与声源的尺寸以及波长有关，当声源尺寸远大于声波波长时，声波发散较小，大部分声波集中在正前方轴线方向，以声束形式发散。当声波尺寸比声波波长小得多时，则声源近似为点声源，声波以声源为中心点，以近似球面波形式向各个方向均匀发散，如图 2-5 所示。由图可见，声波的指向性随着声波波长的缩短而增强，频率越高，即波长越短，指向性越强；频率越低，指向性就越差。

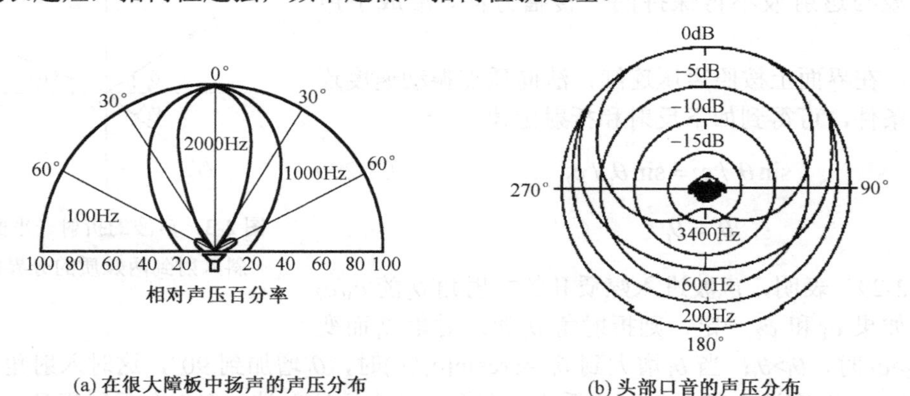

(a) 在很大障板中扬声的声压分布　　(b) 头部口音的声压分布

图 2-5　声源的指向性

2.4.4 声波的叠加

由于声源发出的声波都不仅只含有一个频率，一般都包含多个频率合成的声振动；另外，在声场中，经常接收到的是若干个声源发出的声波，例如，不同的人在同时讲话时，就涉及到声的叠加原理：各声源所激起的声波可在同一媒质中独立地传播，而在各个波的叠加区域，各点的声振动是各个波在该点激起的更复杂的复合振动。

设声场中存在 p_1，p_2，…，p_n，n 个独立声波，在某点的总声压按叠加原理为

$$p = p_1 + p_2 + \cdots + p_n = \sum_{i=1}^{n} p_i \tag{2-30}$$

如果两个声波频率相同，空间某点至两个声源的距离分别为 r_1 和 r_2，设

$$\varphi_1 = kr_1 = (2\pi / \lambda) r_1, \quad \varphi_2 = kr_2 = (2\pi / \lambda) r_2$$

则

$$p_1 = P_1 \cos(\omega t - \varphi_1),$$
$$p_2 = P_2 \cos(\omega t - \varphi_2)$$

由叠加原理可得到这一点的总声压

$$\begin{aligned} p &= p_1 + p_2 \\ &= P_1 \cos(\omega t - \varphi_1) + P_2 \cos(\omega t - \varphi_2) \\ &= P_{\mathrm{T}} \cos(\omega t - \varphi_0) \end{aligned} \tag{2-31}$$

式中

$$\begin{aligned} P_{\mathrm{T}} &= P_1^2 + P_2^2 = 2P_1P_2\cos(\varphi_2 - \varphi_1) \\ \varphi_0 &= \arctan\left[(P_1\sin\varphi_1 + P_2\sin\varphi_2)/(P_1\cos\varphi_1 + P_2\cos\varphi_2)\right] \end{aligned} \tag{2-32}$$

由于这两列波频率相同，所以它们之间的相位差

$$\Delta\varphi = (\omega t - \varphi_1) - (\omega t - \varphi_2) = \varphi_2 - \varphi_1 = (2\pi / \lambda)(r_2 - r_1) \tag{2-33}$$

由上式可见，$\Delta\varphi$ 与时间无关，仅与空间位置有关，对于固定的地点，r_1，r_2 的数值固定，所以，$\Delta\varphi$ 为常数，两个声波间的相位差若保持固定，则发生声波的干涉现象。

从能量上考虑，合成后的总声场的密度由式（2-20）和式（2-33）可得

$$\overline{\varepsilon_{\mathrm{T}}} = \overline{\varepsilon_1} + \overline{\varepsilon_2} + (P_1P_2 / \rho c^2)\cos(\varphi_2 - \varphi_1) \tag{2-34}$$

其中

$$\overline{\varepsilon_1} = P_1^2 / 2\rho c^2, \overline{\varepsilon_2} = P_2^2 / 2\rho c^2$$

在一般噪声问题中，所遇到的声波频率不同，或不存在固定的相位差，即这两个波的相位差 $\Delta\varphi = \varphi_2 - \varphi_1$，不再是一个固定的常数，而且随时间作随机的变化，不同的瞬时，$\Delta\varphi$ 呈现出不同的值，而人耳听到及声学测量仪器测得的是一段时间内的平均值，平均的效果是最后一项的 $\frac{1}{T}\int_0^T \cos\Delta\varphi \mathrm{d}t = 0$，因此，有

$$\overline{\varepsilon_{\mathrm{T}}} = \overline{\varepsilon_1} + \overline{\varepsilon_2}$$

即总声能量等于两个声波声能量的叠加。由于 $\overline{\varepsilon} = P_{\mathrm{e}}^2 / \rho c^2$，所以

$$P_{\mathrm{e}}^2 = P_{\mathrm{e1}}^2 + P_{\mathrm{e2}}^2$$

2.5 声级及其运算

2.5.1 声级的定义

人们在生活环境中会听到从弱到强很宽范围的声音，例如，人们通常讲话的声功率约为 10^{-5}W，而强力火箭噪声的声功率可高达 10^{14}W，声压一般也有 10^{7} 的数量变化。人耳听觉的可听声频率范围为 20～20 000Hz，其对应的声压和声强范围分别为（2×10^{-5}）～20Pa 和（1×10^{-12}）～1W/m^2。对于强弱变化范围如此之宽的声音，直接用声压、声强、声功率等的绝对值来量度声音的大小很不方便，但用对数量度却可以突出数量级的变化，同时人耳对声音的响应并不是正比于声音强度的平均值，而更近于正比其对数值，因此，在声学中普遍使用对数来量度声压、声强、声功率，分别称为声压级、声强级和声功率级，单位用分贝（dB）来表示。

1．声压级

声压级用 L_P 表示，其定义为待测声压的有效值 P_e 与参考声压 P_0 的比值取以 10 为底的常用对数，再乘以 20，单位为 dB，即

$$L_P = 20\lg(P_e / P_0) \tag{2-35}$$

在空气中，参考声压 P_0 规定为 2×10^{-5}Pa，这个数值是正常人耳对 1000Hz 声音刚刚能够感觉到的最低声压值，也就是 1000Hz 声音的可听声压，即听阈声压，听阈的声压级为零分贝。式（2-35）也可以写为

$$L_P = 20\lg p + 94 \tag{2-36}$$

式中，p 是指声压的有效值 P_e。由于声学中所指的声压一般都是指其有效值，所以，在本书以后内容中，除特别指出外，都用无下标的 p 来表示声压有效值 P_e，对其他量也类似。人耳从可听阈的 2×10^{-5}Pa 的声压到痛阈的 20Pa，两者相差 100 万倍，而用声压级来表示则变化范围为 0～120dB，使声音的量度大为简明，声压值变化 10 倍相当于声压级增加 20dB；声压值变化 100 倍，相当于声压级增加 40dB。一个声音比另一个声音的声压大一倍时，声压级增加 6dB。一般人耳对于声音强弱的分辨能力约为 0.5dB。

2．声强级

声强级 L_I 的定义为：待测声强 I 与参考声强 I_0 的比值取常用对数再乘以 10，单位为 dB，即

$$L_I = 10\lg(I / I_0) \tag{2-37}$$

在空气中，参考声强 I_0 取值为 10^{-12}W/m^2，这样，式（2-32）又可写成

$$L_I = 10\lg I + 120 \tag{2-38}$$

式中，声强 I 的单位为 W/m^2。

空气中参考声强 $I_0=10^{-12}$W/m^2 是与空气中参考声压 $P_0=2\times10^{-5}$Pa 相对应的声强。由式（2-19）可得

$$I = P^2 / \rho c$$

取 $P=P_0$，空气的特性阻抗率取 $\rho'c' = 400$Pa·s·m^{-1}（相应的温度为 39℃），代入式（2-19），便得到 I_0 值，于是

$$L_I = 10\lg(I/I_0) = L_I = 10\lg[(P^2/\rho c)/(P_0^2/\rho' c')]$$
$$= L_P + 10\lg(400/\rho c) = L_P + \Delta L \quad （2\text{-}39）$$

在一般情况下，$\Delta L = 10\lg(400/\rho c)$ 的值很小，因此声压级 L_P 近似等于声强 L_I。例如，在 10^5Pa 气压下，摄氏 0℃时，空气中 ρc =428Pa·s·m^{-1}，$\Delta L = -0.29$dB；摄氏 20℃时，ρc = 415Pa·s·m^{-1}，$\Delta L = -0.16$dB，都可以认为 $L_P \approx L_I$。

3．声功率级

声功率级 L_W 的定义为

$$L_W = 10\lg(W/W_0) \quad （2\text{-}40）$$

此时，W 是指声功率的平均值 $\overline{W}$，对于空气媒质参考声功率级 $W_0=10^{-12}$W，式（2-40）可写为

$$L_W = 10\lg\overline{W} + 120 \quad （2\text{-}41）$$

由式（2-19）的声强与声功率的关系 $I = W/S$，S 为垂直于声传播方向的面积，因空气中声强级近似地等于声压级，可得

$$L_P \approx L_I = 10\lg[(W/S)\cdot(1/I_0)] = 10\lg[(W/W_0)\cdot(W_0/I_0)\cdot(1/S)]$$

将 $W_0=10^{-12}$ W，$I_0=10^{-12}$ W·m^{-2} 代入上式，便得到

$$L_P \approx L_I = L_W - 10\lg S \quad （2\text{-}42）$$

这就是空气中声强级、声压级与声功率级之间的关系，此关系式应用的条件是自由声场，即除了声源发声外，其他声源的声音和反射声的影响均小到可以忽略。此关系式也是在自由场和半自由场中，测量机器噪声的声功率时所用方法的理论依据。

【例 2-1】 测得离点声源较远的 5m 处的声压级为 75dB，求该声源的声功率 W。

解：对点声源发出的球面波，$S = 4\pi r^2$，所以 $I = W/4\pi r^2$
代入式（2-42），有

$$L_P \approx L_I = L_W - 10\lg S = L_W - 10\lg(4\pi r^2)$$
$$L_W = L_P + 10\lg(4\pi r^2) = 100(\text{dB})$$
$$W = W_0 \times 10^{0.1\times L_W} = 9.93\times10^{-3}(\text{W})$$

可见，尽管声源的声功率只有百分之一瓦，在距离为 5m 处的声压级已达到 75dB。

注意：（1）声强级、声功率级的定义中，在对数前面的常数都是 10，而声压级对数前面的常数为 20，这是因为声能量正比于声强和声功率的一次方，对声压是平方的关系。声压增加一倍，声压级和声强级增加 6dB，声强增加一倍，声压级和声强级仅增加 3dB。（2）对于一定的声源，其声功率级是不变的，而声压级和声强级都随着测点的不同而变化。

2.5.2 声级的计算

在噪声测量中，噪声源往往不只一个，有时即使只有一个噪声源，也常常要涉及到不同频率或者频段噪声级之间的合成与分解，经常需要进行分贝的计算。例如，如果已知一台机器在某点产生的声压级为 80 分贝，另一台机器为 85 分贝，要想知道这一点的总声压级就涉及到声级的计算。由于噪声级是用对数定义的，因而声压级的合成与分解不能按一般自然数的运算法则进行计算。下面介绍分贝相加和相减的方法。

1．声级的加法

由于噪声的叠加从本质上讲是声能量的叠加，根据 $P_e^2 = P_{e1}^2 + P_{e2}^2$，两个声源在该点产生的总声压 p_T 应为

$$p_T^2 = p_1^2 + p_2^2 \tag{2-43}$$

式中的声压都为有效值。

由声压级的定义和对数法则可得

$$p = p_0 \times 10^{(L_p/20)} \tag{2-44a}$$

或

$$p^2 = p_0^2 \times 10^{0.1 \times L_p} \tag{2-44b}$$

将该式代入式（2-14），则有

$$10^{0.1 \times L_P} = 10^{0.1 \times L_1} + 10^{0.1 \times L_2} \tag{2-45}$$

将此式变形并推广到 n 个噪声源的情况，得到总声压级（单位为 dB）为

$$L_{P_T} = 10\lg \sum_{i=1}^{n} 10^{0.1 L_{P_i}} \tag{2-46}$$

将 $L_{P_1} = 80\text{dB}$，$L_{P_2} = 85\text{dB}$ 代入式（2-46），便得到总声压级为 $L_{P_T} = 86.2\text{dB}$，可见，声的叠加并不是简单的算数运算。

通过式（2-46）也可以从两个声压级 L_{P_1} 和 L_{P_2} 的差值 $\Delta L_P = L_{P_1} - L_{P_2}$（假定 $L_{P_1} \geqslant L_{P_2}$）求出合成的声压级。因 $L_{P_2} = L_{P_1} - \Delta L_P$，代入式（2-46）得到

$$L_{P_T} = 10\lg[10^{0.1 \times L_{P_1}} + 10^{0.1 \times (L_{P_1} - \Delta L_P)}]$$

由对数和指数运算法则得出

$$L_{P_T} = L_{P_1} + 10\lg(1 + 10^{-0.1 \Delta L_{P_1}}) = L_{P_1} + \Delta L' \tag{2-47}$$

$$\Delta L' = 10\lg(1 + 10^{-0.1 \Delta L_{P_1}}) = 10\lg[1 + 10^{-0.1(L_{P_1} - L_{P_2})}] \tag{2-48}$$

由式（2-48）可以绘出图 2-6 中的曲线，这里假定 $L_{P_1} \geqslant L_{P_2}$，使用此图不经过对数和指数运算便可以很快地查出两个声压级叠加后的总声压级。

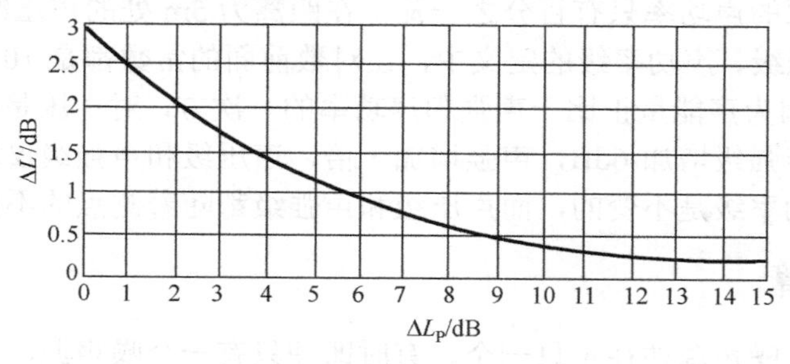

图 2-6　分贝相加曲线

例如，已知一声压级比另一个声压级高出 3dB，即 $\Delta L_P = L_{P_1} - L_{P_2} = 3\text{dB}$，从图中横坐标 3dB 处向上作垂直线与曲线交于一点，该点的纵坐标为 1.8dB，则得到 $\Delta L' = 1.8\text{dB}$，即总声压级比第一个声压级 L_{P1} 高 1.8dB。

从图中曲线还可以看出，两个声压级相差越大，则叠加后的总声压级比其中大的一个声压级增加得越小，当两个声压级相差达 10dB 以上时，增加值已小于 0.5dB。当多于两个声压级叠加时，为简便起见常常从其中较大的声压级开始，把两声压级先叠加，这样在叠加过程中，当叠加到声压级大于后面尚未叠加的声压级 10dB 以上，且未叠加的声压级数目不多时，则后面的这些尚未叠加的声压级就可以忽略不计。

2．声级的减法

在噪声测量过程中，对测量产生干扰的其他外界噪声称为背景噪声或本底噪声。要消除本底噪声对声源测定结果的影响，就涉及声级的相减。

由式（2-46）可知

$$L_{P_T}=10\lg[10^{0.1L_{P_S}}+10^{0.1L_{P_B}}]$$

可以得到

$$L_{P_S}=10\lg[10^{0.1L_{P_T}}-10^{0.1L_{P_B}}] \tag{2-49}$$

式中，L_{P_S} 为待测声压级，L_{P_B} 为本底噪声的声压级。

如果令总声压级 L_{P_T} 与本底噪声的声压级 L_{P_B} 的差值为 $\Delta' L_{P_B}=L_{P_T}-L_{P_B}$，则总声压级 L_{P_T} 与被测声源的声压级 L_{P_S} 的差值 ΔL_{P_S} 可以从式（2-49）得出，即

$$\Delta L_{P_s}=L_{P_T}-L_{P_s}=-10\lg[1-10^{-0.1\Delta L_{P_B}}]=-10\lg[1-10^{-0.1(L_{P_T}-L_{P_B})}] \tag{2-50}$$

例如 $L_{P_T}=91\text{dB}$，$L_{P_B}=83\text{dB}$，则可按式（2-49）计算出 $L_{P_S}=90.3\text{dB}$，另外，也可按式（2-48）进行计算：$\Delta L_{P_B}=L_{P_T}-L_{P_B}$=8dB，求得 ΔL_{P_S}=0.7dB，从而可得出 $L_{P_S}=L_{P_T}-L_{P_S}=90.3\text{dB}$。

式（2-50）也可类似图 2-6 绘成 ΔL_{P_S} 与 ΔL_{P_B} 的关系曲线，如图 2-7 所示，称为分贝相减曲线。从图中虽然可以查到 L_{P_T} 和 L_{P_B} 相差 1dB（即 ΔL_{P_B}=1dB）的修正值 ΔL_{P_S}，但本底噪声和所测量的噪声通常都有一定的涨落，所以实际上当测得的总声压级 L_{P_T} 高出本底噪声声压级 L_{P_B} 不到 3dB（ΔL_{P_B}<3dB）时，所测得的结果是不可靠的。

【例 2-2】在厂房内测得某机器的声压级为 94dB，厂房内背景噪声声压级是 88dB，求这一机器的实际声压级。

解：$L_{P_T}=94\text{dB}$，$L_{P_B}=88\text{dB}$

按式（2-50）计算得

$$\Delta L_{P_S}=-10\lg[1-10^{-0.1\times(94-88)}]=1.26\text{dB}$$

所以

$$L_{P_S}=L_{P_T}-\Delta L_{P_S}=94-1.26=92.7\text{dB}$$

或由图 2-7 中可知，$\Delta L_{P_B}=94-88=6\text{dB}$，查出 ΔL_{P_S}=1.3dB，也同样可以得到

$$L_{P_S}/\text{dB}=L_{P_T}-\Delta L_{P_S}=92.7\text{dB}$$

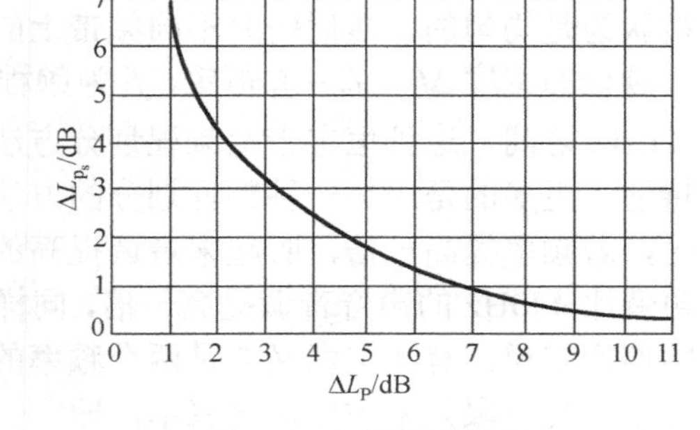

图 2-7　分贝相减曲线

【例 2-3】某车间内有三台机器，通过试验测得三台机器单独运转时的声压级分别为

L_1=81dB，L_2=78dB，L_3=83dB，在机器未开动前，测得车间内本底噪声为 70dB，试求三台机器同时工作时的合成噪声级。

解：在本底噪声存在的情况下，将试验测得的 3 台机器的声压级代入式（2-46）得

$$L_{P_T} = 10\lg(10^{0.1\times L_1} + 10^{0.1\times L_2} + 10^{0.1\times L_3}) = 85.9(\text{dB})$$

利用式（2-50）去除本底噪声影响后的合成声压级为

$$L'_{P_T} = 10\lg(10^{0.1\times 85.9} - 10^{0.1\times 70}) = 85.7(\text{dB})$$

2.5.3 声音的频谱

如果在同一地点，声压随时间的变化都是正弦形式的，那么，这声音是只含有单一频率的纯音。但一般的声音，尤其噪声都是由许多频率声波组成的复合声。不同的声音，其含有的频率成分及各个频率上的能量分布是不同的，这种频率成分与能量分布的关系称为声的频谱。声音的频率特性，常用频谱来描述，各个频率或各个频段上的声能量分布绘成的图形，称为频谱图。

在噪声控制等声学问题中，频谱图的构成通常以频率为横坐标，并且以频率的对数为标度，用声压级（或声强级、声功率级）为纵坐标，单位是 dB。图 2-8 是几种典型噪声源的频谱，有宽频率连续谱、狭频率连续谱和不连续线状谱，也有连续谱中含有能量较高的纯音频率（线状）的复合频谱，这些频谱反映了噪声能量在各个频率上的分布特性。

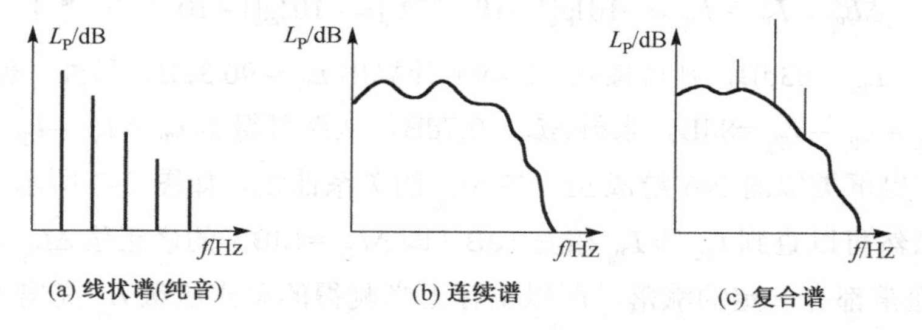

(a) 线状谱(纯音)　(b) 连续谱　(c) 复合谱

图 2-8　噪声的频谱图

在进行频谱分析时，一般并不需要每一个频率上的声能量的详细分布。为方便起见，常在连续频率范围内把它划分为若干个相连的小段，每段叫做频带或频程，每个小频程内声能量被认为是均匀的，然后研究不同频带上的分布情况。划分频带的常用方法有两种：一种是保持频程的宽度 $\Delta f = f_2 - f_1$ 恒定，f_1 为频程的下限频率，f_2 为频程的上限频率，一般取 Δf 在 4～20Hz 之间，这种恒定带宽频程划分方法常用于频谱的窄带分析；鉴于人耳对于频率的响应特性，更多的是用另一种频程划分的方法，因为实测发现，两个不同频率的声音作相对比较时，若频率提高一倍，听起来音调提高的程度也是相同的，即音调也提高一倍。如 880Hz 的声音比 440Hz 的声音音调提高一倍，同样 440Hz 比 220Hz 的音调提高一倍。即对于两个频率的声音来说，有决定意义的是两个频率的比值，而不是其差值。所以频程的划分又常用其上限频率与下限频率的比值来表示，即

$$f_1 / f_2 = 2^n \tag{2-51}$$

若 n=1，则称为 1 倍频程；若 n=1/3，则称为 1/3 倍频程。每个倍频程以中心频率称呼，中心频率与上、下限频率以及带宽之间的关系分别为

$$f_0 = \sqrt{f_1 f_2}$$

$$f_1 = 2^{n/2} f_0, f_2 = 2^{-n/2} f_0$$

$$\Delta f = f_2 - f_1 = (2^{n/2} - 2^{-n/2}) f_0$$

式中，f_0 为中心频率。显然，频程的相对宽度都是常数，其绝对宽度则随着中心频率的增加而按一定比例增加。在噪声的测量与分析中，最常用的是 1 倍频程和 1/3 倍频程。表 2-1 给出了 1 倍频程和 1/3 倍频程的中心频率及其频率范围。

对噪声源进行频谱分析，可以帮助我们找出产生噪声的机制，为有效合理的控制噪声提供科学依据。

表 2-1　1 倍频程和 1/3 倍频程频率范围表

1 倍频程频率范围（Hz）			1/3 倍频程频率范围（Hz）		
下限频率	中心频率	上限频率	下限频率	中心频率	上限频率
			17.82	20	22.45
22.3	31.5	44.6	22.27	25	28.06
			28.06	31.5	35.3
			35.64	40	44.9
44.6	63	89	44.6	50	56.1
			56.1	63	70.7
			71.3	80	89.8
89	125	177	89.1	100	112
			111	125	140
			142.6	160	179.6
177	250	354	176	200	224
			223	250	280
			281	315	353
354	500	707	356	400	449
			446	500	561
			561	630	707
707	1000	1414	713	800	898
			891	1000	1122
			1114	1250	1403
1414	2000	2828	1426	1600	1796
			1782	2000	2245
			2227	2500	2806
2828	4000	5656	2806	3150	3530
			3564	4000	4490
			4455	5000	5610
5656	8000	11312	5613	6300	7070
			7128	8000	8980
			8910	10000	11220
11312	16000	22624	11137	12500	14030
			14256	16000	17960
			17821	20000	22450

【例 2-4】测量某机器发出的噪声，各频带的声压级数据如表中所列，测量时采取包络面测量方法，包络面面积 S=60m^2，求声源的总声功率级。

频带中心频率/Hz	63	125	250	500	1k	2k	4k	8k
声压级平均值/dB	83.2	88.6	85.5	85.0	81.9	78.0	73.0	72.4

解：由式（2-46）对各频率成分的声压级进行叠加，求得总声压级为

$$L_{P_T}=10\lg\sum_{i=1}^{8}10^{0.1L_{Pi}}$$
$$=10\lg[10^{0.1\times83.2}+10^{0.1\times88.6}+10^{0.1\times85.5}+10^{0.1\times85.0}+10^{0.1\times81.9}+10^{0.1\times78.0}+10^{0.1\times73.0}+10^{0.1\times72.4}]$$
$$=92.7(\text{dB})$$

按式（2-42）得出，声源的总声功率级为

$$L_W=L_P+10\lg S=92.7+10\lg60=110.5(\text{dB})$$

另外，还可用查声压级叠加图 2-6 的方法求总声压级。

2.5.4 响度与响度级

1. 响度级

在噪声的物理评价中，声压与声压级是衡量声音强度的量，声压级越大，声音越强，声压级越小，声音越弱。但人耳对声音的感觉不仅与声压有关，而且也与频率有关，对高频声音感觉敏感，对低频声音感觉迟钝。声压级相同而频率不同的声音听起来可能不一样响。如要使 100Hz 的纯音听起来和 60dB、1000Hz 的纯音一样响，则其声压级要高达 67dB。再如，毛纺厂纺纱车间噪声和小汽车车内的噪声，它们的声压级都是 90dB，由于前者是高频声，后者以低频为主，听起来会觉得前者比后者响得多。

声压和声压级只能表征声音在物理上的强弱，而人耳对于声的响应已不纯粹是一个物理问题了。为了便于对声音作出主观评价，人们根据声压级，引出了响度级的概念。响度级是表示声音响度的量，它把声压级和频率用一个物理量统一起来，即考虑声音的物理效应，又考虑声音对人耳听觉的生理效应，是人们对噪声主观评价的基本量之一。

响度级是以 1000Hz 的纯音为基准，对听觉正常的人进行大量比较试听的方法来定义的。一个声音的响度级定义是以频率为 1000Hz 的纯音的声压级为其响度级。即对于 1000Hz 的纯音，它的响度级就是这个声音的声压级，对于频率不是 1000Hz 的纯音，则用 1000Hz 纯音与这一待定的纯音进行试听比较，调节 1000Hz 纯音的声压级，使它和待定的纯音听起来一样响，这时 1000Hz 纯音的声压级就被定义为这一纯音的响度级。响度级用 L_N 表示，单位是方（phon）。

利用响度级的定义，通过与 1000Hz 纯音进行比较，则可测量出整个可听声范围内纯音的响度级，并由此绘出等响曲线。图 2-9 是由鲁宾逊和达逊提出并已为国际标准化组织所采用的等响曲线，也称为 ISO 等响曲线。图中每一条曲线上的声音的响度级都相同。

由等响曲线可以得出各个频率的声音在不同的声压级时，人们主观感觉出的响度级是多少。从频率上看，人耳能听到的声音在 20～20 000Hz 频率范围内，低于 20Hz 和高于 20 000Hz 的声音人耳都听不到，它们分别叫次声和超声。另一方面，即使在 20～20 000Hz 的声频范围内也不是任意大小的声音都能被人耳听到，在图 2-9 中最下面的一根虚线表示人耳刚刚能听到的声音的强弱，其响度级为零，叫听阈，低于这根曲线的声音人耳是听不到的；图中最上面的曲线是痛觉的界限，叫痛阈，超过此曲线的声音人耳也听不到，感觉到的是痛觉。在听阈和痛阈之间的声音为人耳可听声，从曲线中可看出，人耳能感受到声音的声能量范围达 10^{12} 倍，相当于 120dB 的变化范围。另外，当声压级和频率都较低时，声压级和响度级差别很大，而当声压级比较高时，曲线则趋于平坦，这种差别就逐渐缩小了。

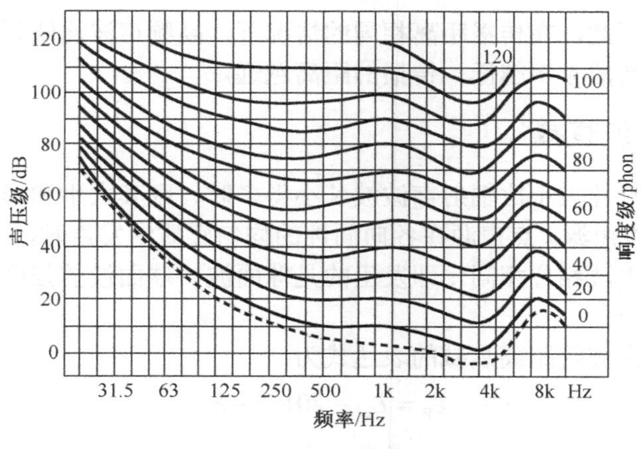

图 2-9 等响曲线

2. 响度

响度级也是一种对数表度单位，不同响度级的声音不能直接进行比较，如响度级由 40phon 增加到 80phon，并不意味着 80phon 的声音听起来是 40phon 的加倍响。这就引出了响度的概念。声音“响”的程度叫响度，它能与正常听力对声音轻响的主观感受量成正比，也就是说响度加倍时，声音听起来也加倍的响。响度用 N 表示，单位为宋（sone），规定响度级为 40phon 时响度为 1sone，经实验得出响度级增加 10phon，则响度增加一倍，如响度级 L_N 由 40phon 增加到 50phon 时，响度 N 加倍，由 1sone 增加到 2sone，当 L_N 由 50phon 变到 60phon，响度再加倍，由 2sone 增加到 4sone，由此可得响度级 L_N 与响度 N 的关系为

$$N(\text{sone}) = 2^{0.1\times(L_N-40)} \tag{2-52a}$$

或

$$L_N(\text{phon}) = 40 + \log_2 N \tag{2-52b}$$

由于响度涉及人的主观评价，所以，两个声音叠加时不能简单地将其响度作代数相加，必须借助于实验得出的频率修正才能得到总响度。

2.5.5 计权声级

由等响曲线可以看出，声压级相同的声音由于频率不同所产生的主观感觉不一样。为了使声音的客观量度和人耳听觉主观感受近似取得一致，在测量声音的仪器上都安装了对频率的计权网络，即加了一个滤波器，对所接收到的声音按频带设一定的衰减来模拟人耳的听觉特性，通常这种计权网络有 A、B、C 三挡。用计权网络测得的结果叫声级，单位 dB 后须加注所用计权网络的名称，如 dBA、dBB、dBC 分别表示用计权网络 A、B、C 测得的声级，相应的 A 计权声压级用 L_{pA}，其余类推，对声强级、声功率级也类似。目前常用的是 A 计权声级，简称 A 声级。

2.6 声波的衰减

声波在媒质中传播时，由于扩散、吸收、散射等作用，使声能量随着离开声源距离的增加而逐渐衰减。声能的衰减量与传播距离和声波频率有关，频率越高，质点的振动速度越快，

声能量耗损也越多，因此，在传播距离相同的情况下，高频声波比低频声波衰减大。在声能量一定的情况下，声波的频率越低，传播的距离越远。

2.6.1 点声源的声波衰减

当声源很小，其尺寸大小比辐射声波波长小得多时，则其大小和形状可被忽略而视为一点，这一声源被称为点声源。点声源在各向同性的均匀媒质中发声时，声波向各个方向传播，在同一半径的球面上声波相位相同，即发出的是球面波。球面波的强度与声源距离的平方成反比。

在常温下，球面声波随距离衰减的表达式为

$$L_{\mathrm{P}} = L_{\mathrm{W}} - 20\lg r - k \tag{2-53}$$

式中，k 为修正系数，自由空间 k=11，半自由空间 k=8；r 为距离。

距离 r_1 和 r_2 之间的声压级差值为

$$L_{\mathrm{P_1}} - L_{\mathrm{P_2}} = 20\lg(r_2 / r_1) \tag{2-54}$$

当 r_2/r_1=2 时，衰减 6dB，即距离加倍，声压级衰减 6dB；当 r_2/r_1=10 时，衰减 20dB；当 r_2/r_1=100 时，衰减 40dB。

如果声源具有指向性时，则声波随距离衰减的表达式为

$$L_{\mathrm{P}} = L_{\mathrm{W}} - 20\lg r - k + 10\lg Q \tag{2-55}$$

式中，$Q = p_\theta^2 / p_0^2$ 为指向性因子；p_θ^2 为任何方向的一定点上某频率的声压平方；p_0^2 为通过这点的同心球面上同一频率的声压平方。

2.6.2 线声源的声波衰减

对于线声源，如交通繁忙时，马路上穿梭往来的汽车流，长长的列车等，声波的衰减不能按式（2-53）、式（2-55）计算，对于线声源来讲，单位长度上的声能密度为

$$\varepsilon = W / (2\pi r c_0) \tag{2-56}$$

用声压级表示为

$$L_{\mathrm{P}} = L_{\mathrm{W}} - 10\lg r - 8 + 10\lg Q \tag{2-57}$$

式中，若声源无指向性，则 Q=1。距离 r_1 和 r_2 之间的声压级差值为

$$L_{\mathrm{P_1}} - L_{\mathrm{P_2}} = 10\lg(r_2 / r_1) \tag{2-58}$$

当 r_2/r_1=2 时，衰减 3dB，即距离加倍，声压级衰减 3dB；当 r_2/r_1=10 时，衰减 10dB；当 r_2/r_1=100 时，衰减 20dB。

对于有限长线声源，当 $r \leqslant l/3$ 时，声压级按公式（2-58）进行计算，若 $r > l/3$ 时，则可采用下面计算公式

$$L_{\mathrm{P_2}} = L_{\mathrm{P_1}} - 20\lg(3r_2 / l) - 10\lg(l / 3r_1) \tag{2-59}$$

式中，l 为线声源的长度。

2.6.3 圆柱面声源的声波衰减

对于半经为 a 的圆柱面声源，距离中心为 r 的一点的声压级 L_{P} 可近似由下式求得

$$L_P = L_W - 20\lg(a/r) - 3 \quad (2\text{-}60)$$

式中，L_W为面声源的声功率级。

2.6.4 长方形声源的声波衰减

对于边长为 a 和 b 的长方形声源，距离其中心为 r_2 一点声压级

当 $r_2<a/3$ 时，$L_{P_2} = L_{P_1}$ （2-61）

当 $a/3<r_2<b/3$ 时，$L_{P_2} = L_{P_1} - 10\lg(3r_2/a)$ （2-62）

当 $r_2>b/3$ 时，$L_{P_2} = L_{P_1} - 20\lg(3r_2/b) - 10\lg(b/a)$ （2-63）

式中，L_{P_1}为面声源近旁（距离 r_1）的声压级。

由式（2-61）～式（2-63）的分析可知，当 $r_2< a/3$ 时，声压随距离变化近似为恒值；当 $a/3<r_2<b/3$ 时，距离加倍，声压级衰减 3dB；而当 $r_2>b/3$ 时，距离加倍，声压级衰减 6dB。

【例 2-5】已知某鼓风机的声功率级为 140dB，设测点离鼓风机距离远大于声波波长，鼓风机可视为点声源，求离鼓风机分别为 5m，10m 和 100m 远处的声压级。

解：由式（2-53），$L_P = L_W-20\lg r-11$ 可得

当 $r = 5$m 时　　L_P=115(dB)

当 $r = 10$m 时　　L_P=109(dB)

当 $r = 100$m 时　　L_P=89(dB)

另外，由式（2-54），对于同一点声源，距声源 r_1 处声压级为 L_{P1}，与距离 r_2 处声压级为 L_{P2} 的关系为 $L_{P_1} - L_{P_2} = 20\lg(r_2/r_1)$

可将上述各 r 值代入式（2-58）验算得出各 L_P 值。注意该计算方法仅适用于球面声波。

习　题　2

1．波长为 10cm 的声波，在空气中，水中及钢中的频率和周期分别为多少？（已知在空气中声速为 340m/s，水中为 1483m/s，钢中为 6.1×10^3m/s。）

2．已知空气的密度为 1.21kg/m^3，在空中的声速为 340m/s；水的密度为 998kg/m^3，在水中的声速为 1483m/s。（1）试计算平面声波由空气垂直入射到水面上时，声压的反射系数及透射系数分别为多少？如果 θ_i 以 30°斜入射时，求折射角为多少？（2）当声波由水进入空气时，情况又如何？（3）上述两种情况哪种存在全反射临界角 θ_c？并求出 θ_c 的值。

3．三个测点处噪声的声压分别为 2.7×10^{-5}Pa、0.5Pa 和 2.4Pa，分别求其相应的声压级。

4．若噪声的声压级分别为 30dB、75dB、90dB 和 120dB，试求其声压有效值。

5．空气中距某声源 2.5m 处测得有效声压为 0.6Pa，求此处的声强、质点振动的有效速度及平均声能密度分别为多少？

6．若平面声波在水中和空气中具有相同的质点振动速度幅值，试求水中声强与空气中声强的关系。

7．车间距声源 2m 处噪声的平均声压级为 88dB，假设声源为点声源，所在空间无反射声，试求其声功率和声功率级，并求出距声源 10m 处的噪声声压级。

8．证明：半无限介质空间中球面波的声功率级与声压级之间的关系为 $L_W = L_p + 20\lg r + 8$dB。

9．试求声功率为 3W 和 5W 的声源，其声功率级分别为多少？声强级为 100dB 和 120dB 的噪声，其声强分别为多少？

10．用什么参量表示机器声辐射的指向特性？

11．某车间内有三台机床，其声功率级分别为 80dB、85dB 和 95dB，试求它们的总声功率级。

12．飞机发动机的声功率级可达 165dB，为保护人耳不受损伤，人耳处声压级应小于 120dB，试求飞机起飞时人应站在至少离跑道多远处？假设飞机为点声源。

13．两台机器同时运行时的总声压级为 95dB，其中一台设备运行时在该测点产生噪声的声压级为 86dB，求另一台机器在该测点产生噪声的声压级。

14．一点声源在气温为 30℃、相对湿度为 75%的自由声场中辐射射噪声。已知距声源 18m 处的 500Hz 和 400H_Z 的声压级均为 95dB，求 100m 和 800m 处两频率的声压级分别为多少？

15．某测点处测得一台机器的声功率级如下表所示，测点取在包络面面积 $S = 110m^2$ 上，求总声压级和总声功率级为多少？

频带中心频率/H_Z	63	125	250	500	1k	2k	4k	8k
声压级平均值/dB	90	98	102	96	91	84	75	62

第 3 章　噪声测量、评价与影响预测

3.1　噪 声 测 量

噪声测量是环境噪声监测、控制以及研究的重要手段。环境噪声的测量大部分是在现场进行的，条件很复杂，声级变化无常，因此，所用的仪器和测量方法，与一般声学测量有些不同。本节主要介绍环境噪声测量中常用的仪器和测量方法。

3.1.1　测量仪器

随着电子工业的快速发展，现代声学仪器种类繁多，这类仪器经过几十年的研究改进已进入第三代，正朝着轻便、超小型、数字化（数字显示、数字输出）和自动化方向发展。

1．仪器的选择

环境噪声测量仪器的选用是根据测量的目的和内容确定的，其选用范围如表 3-1 所示。

表 3-1　噪声测量仪器的选用

测量目的	测量内容	可使用的仪器
设备噪声评价	规定测点的噪声级（A、C 声级）、频谱、声功率级和方向性	精密声级计、滤波器、频谱分析仪、记录仪、标准声源
工人噪声暴露量	人耳位置的等效声级 L_{eq}	噪声剂量计、积分式声级计
车间（室内）噪声评价	车间（室内）各代表点的 A、C 声级或 L_{eq}、L_{10}、L_{90}、L_{50}	精密声级计、积分式声级计、噪声剂量计
厂区环境噪声评价	厂区各测点处 A、C 声级或 L_{eq}、L_{10}、L_{90}、L_{50}	同上
厂界噪声评价	厂界各测点处 A、C 声级或 L_{eq}、L_{10}、L_{90}、L_{50}	同上
厂外环境噪声评价	厂外各类环境中的 A、C 声级或 L_{eq}、L_{10}、L_{90}、L_{50}	同上
消声器声学性能评价	消声器插入损失	精密声级计、滤波器、频谱分析仪、记录仪、扬声器、白噪声器
城市交通噪声评价	交通噪声的 L_{eq}、L_{10}、L_{90}、L_{50}	积分式声级计、精密声级计
脉冲噪声评价	脉冲或脉冲保持值、峰值保持值	脉冲声级计、精密声级计
吸声材料性能测量	法向吸声系数 α_0、无规入射吸声系数 α_r	驻波管、白噪声器、信号发生器、扬声器、传声器、频谱分析仪、记录仪、放大器
隔声测量	传声损失（隔声量）R	同上（除驻波管外）
设备声功率测量	声功率级 L_W	标准声源、精密声级计、传声器、滤波器
振动测量	振动的位移、速度、加速度	加速度传感器、电荷放大器、测振仪等
机械噪声源的鉴别	噪声频谱、振动频谱	加速度传感器、精密声级计、放大器、记录仪、频谱分析仪、微处理机
新厂环境噪声预评价	设备声功率级、建厂区域各点噪声预估值及本底噪声	标准声源、精密声级计、微型计算机

2．常用仪器

（1）声级计

在噪声测量中，声级计是使用最广泛的基本声学测量仪器之一，它的声学指标必须符合

国际电工委员会（IEC）规定标准。声级计按其精度可分为精密声级计和普通声级计两种。普通声级计的测量误差约为±3dB，精密声级计的测量误差约为±1dB。声级计按用途可分为两类：一类用于测量稳态噪声，如精密声级计和普通声级计；另一类则用于测量不稳态噪声和脉冲噪声，如积分式声级计（噪声剂量计）、脉冲声级计。

声级计设计原理及结构示意图如图 3-1 所示，它主要是由电容式传声器、前置放大器、衰减器、放大器、（A、B、C、D）计权网络、方均根检波器（有效值检波器）以及指示表头等组成。声级计的工作原理是，由传声器将声音转换成电信号，由前置放大器变换阻抗，使电容式传声器与衰减器匹配，放大器将输出信号加到计权网络，对信号进行频率计权（或外接倍频程、1/3 倍频程滤波器），然后再经衰减器及放大器将信号放大到一定的幅值，送到有效值检波器（或外接电平记录仪），在指示表头上给出噪声声级的数值。

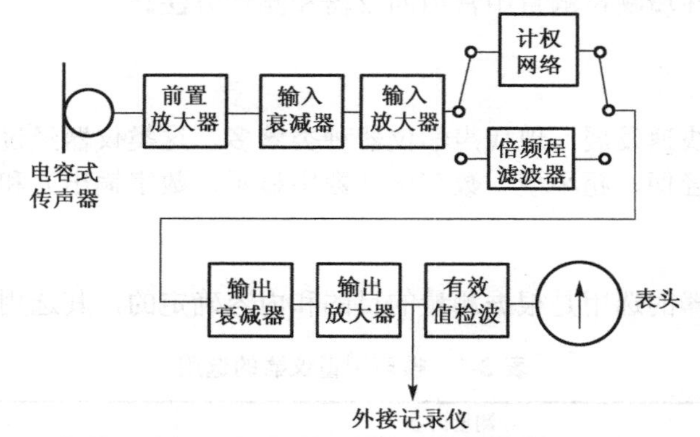

图 3-1　声级计设计原理及结构方框图

对声级计的电性能要求是在 20～20000Hz 范围内有平直的频率响应。声级计中的频率计权网络有 A、B、C、D 四种标准计权网络，其计权特性是按 IEC 规定选取接近人耳对声音频率响应的几条等响曲线设计的。计权网络的频率特性如表 3-2 和图 3-2 所示。

表 3-2　A、B、C 计权声级频率特性

频率/Hz	计权声级/dB			频率/Hz	计权声级/dB		
	A	B	C		A	B	C
10	−70.4	−38.2	−14.3	500	−3.2	−0.3	−0.0
12.5	−63.4	−33.2	−11.2	630	−1.9	−0.1	−0.0
16	−56.7	−28.5	−8.5	800	−0.8	−0.0	−0.0
20	−50.5	−24.2	−6.2	1000	0.0	0.0	0.0
25	−44.7	−20.4	−4.4	1250	+0.6	−0.0	−0.0
31.5	−39.4	−17.1	−3.0	1600	+1.0	−0.0	−0.1
40	−34.6	−14.2	−2.0	2000	+1.2	−0.1	−0.2
50	−30.2	−11.6	−1.3	2500	+1.3	−0.2	−0.3
63	−26.2	−9.3	−0.8	3150	+1.2	−0.4	−0.5
80	−22.5	−7.4	−0.5	4000	+1.0	−0.7	−0.8
100	−19.1	−5.6	−0.3	5000	+0.5	−1.2	−1.3
125	−16.1	−4.2	−0.2	6300	−0.1	−1.9	−2.0
160	−13.4	−3.0	−0.1	8000	−1.1	−2.9	−3.0
200	−10.9	−2.0	−0.0	10000	−2.5	−4.3	−4.4
250	−8.6	−1.3	−0.0	12500	−4.3	−6.1	−6.2
315	−6.6	−0.8	−0.0	16000	−6.6	−8.4	−8.5
400	−4.8	−0.5	−0.0	20000	−9.3	−11.1	−11.2

A 计权网络频响曲线相当于 40phon 的等响曲线的倒置曲线，从而使电信号的中、低频段有较大的衰减。B 计权网络相当于 70phon 的等响曲线的倒置曲线，它使电信号的低频段有一定的衰减。C 计权网络相当于 100phon 的等响曲线的倒置曲线，在整个声频范围内有近乎平直的响应，它让所有频率的电信号几乎一样程度地通过。因此，C 计权网络代表了声频范围内的总声压级，相当于人耳对高频声音的响应。

在噪声测量中，经常使用 A 声级来测量和评价宽频率范围噪声。因为，经过多年来的实践和研究表明，用 A 计权网络测得的声级与由宽频率范围噪声引起的烦恼和听力危害程度的相关性较好。但一般的声级计中都同时具有 A、B、C 三种计权网络。通常 C 声级可近似用于总声压级的测量。在没有携带滤波器时，可以用 A、B、C 声级近似地估计所测噪声源的频谱特性，常用的方法是用 A、C 声级的差值 $L_{P_C}-L_{P_A}$ 近似地估算噪声源的频谱性质和特点（见表 3-3）。此外，航空噪声的测量采用 D 计权网络，还有平直线性响应的 L 计权网络。为了得到与人耳相适应的声级，应当根据声级大小用响应的计权网络测量，如果作客观量度则用 L 计权网络，测得的分贝数为声压级。

表 3-3　$L_{P_C}-L_{P_A}$ 与频谱分类的关系

$L_{PC}-L_{PA}$	频谱性质	频谱特点
−2	特高频	最高值在 4000、8000Hz 两个倍频带内
−1	高频	最高值在 2000Hz 的倍频带内
0	高频	最高值在 1000、2000Hz 两个倍频带内
1	高频	最高值在 500、1000、2000Hz 三个倍频带内
2	宽带	最高值在 125、250、500、1000、2000Hz 五个倍频带内
3～4	中频	最高值在 125、250、500、1000Hz 四个倍频带内，以 500Hz 为最高
5～6	低中频	最高值在 125、250、500Hz 三个倍频带内
7～9	低频	最高值在 63、125、250Hz 三个倍频带内
10～19	低频	从低频向高频几乎呈直线下降
>20	低频	从低频向高频呈直线下降

目前，测量噪声用的声级计，表头响应按灵敏度可分为以下四种。

①“慢”，表头时间常数为 1000ms，一般用于测量稳态噪声，测得的数值为有效值。

②“快”，表头时间常数为 125ms，一般用于测量波动较大的不稳态噪声和交通噪声等，快档接近人耳对声音的反应。

③“脉冲或脉冲保持”，表针上升时间为 35ms，用于测量持续时间较长的脉冲噪声，如冲床，锻锤等，测得的数值为最大有效值。

④“峰值保持”，表针上升时间为 20ms，用于测量持续时间很短的脉冲噪声，如枪、炮和爆炸声，测得的数值是峰值，即最大值。

声级计可以接滤波器和记录仪，对噪声做频谱分析。在进行频谱分析时，一般不能用计权网络，以免使某些频率的噪声衰减，从而影响对噪声源分析的准确性。

积分式声级计主要用于测量一段时间内非稳态噪声的等效声级 L_{eq}。如果测量时间小于 8h，等效声级就直接与噪声剂量计有关。

噪声剂量计也是一种积分式声级计，主要用来测量噪声暴露量。典型的噪声剂量计如图 3-3 所示。传声器接收声压，它的输出反馈给 A 计权网络，信号经检波和平均后输出，输出等效于 A 计权网络和慢挡的方均根值（即有效值），然后输出，被送入具有标准积分特性的积分器。因为在积分过程中不包括低限以下的声级，故应插入一个比较器。积分电路的输出转换成脉冲或电镀电流，然后输出被累计并监示，当达到允许暴露的百分数时，显示器就指示出该值。有些噪声剂量计还附有监示超过 A 声级 115dB 信号的检查器。

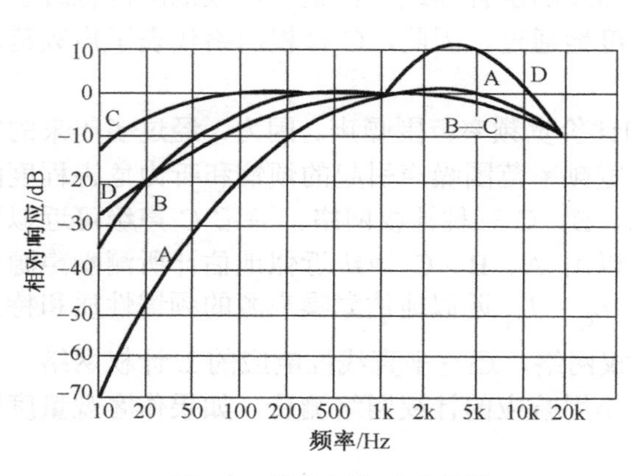

图 3-2　计权网络响应特性

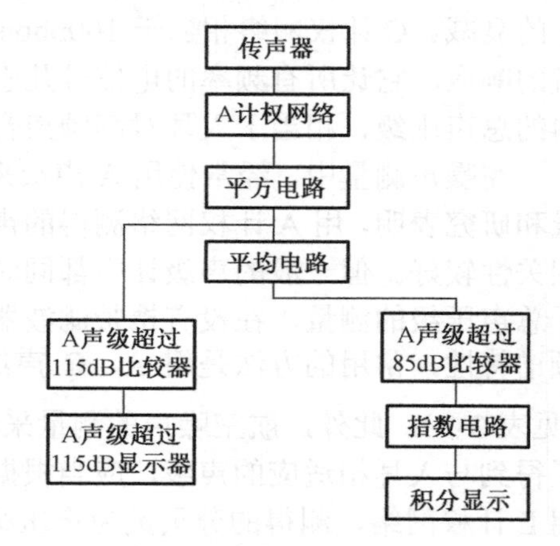

图 3-3　噪声剂量计工作原理简图

脉冲声级计主要用来测量脉冲噪声。这种声级计符合人耳对脉冲声反应的平均时间，为了便于读出脉冲声峰值，仪器设有峰值和脉冲保持装置。

声级计在使用前需要校准并需配有以下主要附件：

① 声校准器。声校准器是声学测量中不可缺少的附件。为使测量结果准确可靠，每次测量前后或测量进行中必须对仪器进行校准。声级计的校准器是一个能发出已知频率和作为标准声压级声音的装置。校准时必须将声校准器紧密地套在传声器上，并将声级计的滤波器频率拨到校正器指定的相应频率范围内，然后比较声级计上的显示数值，如果两者有差异，须将声级计上的灵敏度调节器作适当调节，使声级计上显示的数值与校准值一致。

② 防风罩。在室外测量时，为了防止较大风速对传声器干扰而产生附加声级的影响，必须在传声器上，罩上一个防风罩。但防风罩的作用有一定限度，如果风速超过 20km/h，即使采用防风罩，对不太高声级的测量仍有影响。所测噪声声压级越大，风速的影响越小。

③ 鼻型锥。在稳定方向的高速气流中测量噪声（例如风管中），应将传声器装上锥体状的鼻型锥，并使锥的尖端朝着上气流方向，以降低传声器对气流的阻力。从而降低因气流而产生的噪声的影响。

④ 屏蔽电缆。在一些对测量结果要求较高的情况或特殊情况下，为了避免测量仪器和监测人员对声场的干扰，或出现不可能接近测点等情况，可用一根屏蔽电缆连接传声器（随同前置放大器）与声级计，使传声器远离仪器和人员。屏蔽电缆短的几米，长的几十米，短电缆衰减很小，往往可以忽略不计，但必须注意连接处插头。如果插头与插座接触不良，则会产生较大衰减，所以接电缆时需要对连接后的整个系统用声校准器校正一次。

（2）传声器

传声器也叫话筒，是一种将声压转换成电压的声电换能器。作为测量仪器，它是把声音信号换成电信号的传感器。传声器是声学测量仪器中最重要的部件。因为任何测量精度都不能超出传声器精度。确定传声器性能的标准是它的频率响应在主要测量频率范围内要平直，无指向性和动态范围大；另外，还要求受温湿度影响小，稳定性好，本底噪声低。

传声器有晶体式、动圈式、电容式和驻极体式等几种。它们各有优缺点。

传声器的频率响应有声压型和声场型两种。具有平直的声压响应的传声器称为声压型传声器；具有平直的自由场响应的传声器称为声场型传声器。传声器在声场中会产生反射和绕射现象，干扰原来的声场，使声压有所增加。为了补偿高频声波反射所产生的声压增加对传声器输出的影响，因此，对声场型传声器在膜片结构设计上作了一些处理，使之具有最适中的阻尼，从而在所需要的频率范围内具有平直的响应特性。在要求精度较高的测量中，使用声场型传声器，得到的是一个比较接近于传声器不在场时的声压读数。在噪声测量中，声级计上使用的是声场型电容传声器。为了不使测量结果产生较大的误差，一般不使用声压型电容传声器。

（3）滤波器

一般噪声频率范围是较宽的，在噪声控制中往往需要知道噪声的频谱。滤波器是使声音中所需要的频段通过，而对其他不需要的频率成分滤去的仪器。滤波器的种类很多，有窄带滤波器、恒定带宽滤波器和恒定百分率滤波器等。在噪声测量中经常使用的滤波器是倍频程滤波器和 1/3 倍频程滤波器。这两种滤波器是频带为一定倍频程数的滤波器，属于恒定百分率带通滤波器。倍频程和 1/3 倍频程滤波器的中心频率和频率范围见表 2-1。

（4）频谱分析仪

频谱分析仪主要由放大器和滤波器组成，是一种分析声音频率成分的仪器。用声级计和倍频程滤波器或 1/3 倍频程滤波器连接，可以组成便携式频谱分析仪。典型的频谱分析仪工作原理如图 3-4 所示。

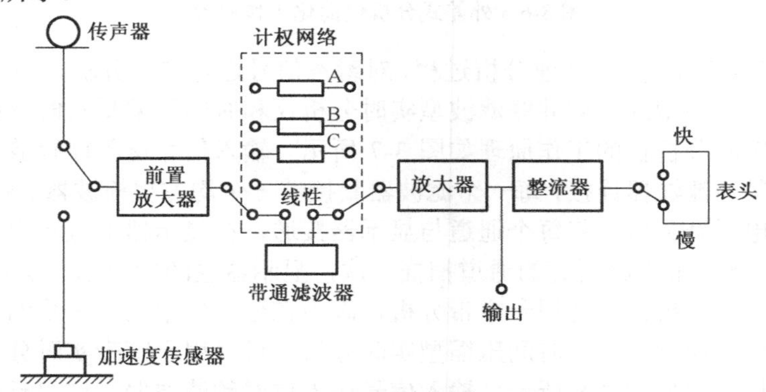

图 3-4　典型声频频谱分析仪工作原理

决定频谱分析仪性能的主要是滤波器。分析噪声时，通常使用具有倍频程滤波器或 1/3 倍频程滤波器的分析仪。此外，还可以使用外差式频率分析仪和实时频率分析仪。

① 具有倍频程和 1/3 倍频程滤波器的分析仪。倍频程滤波器具有分析速度快、工作点稳定等优点。对于不需要很高的频率分辨率或宽带噪声的情况，倍频程滤波器的分析仪是很适用的。但它在高频范围内工作时，频率分辨能力较低，只能得出近似的频谱，因此不宜用它处理窄带噪声。1/3 倍频程滤波器具有较高的分辨能力但对于高频范围的噪声仍不能作确切的分析。倍频程滤波器和 1/3 倍频程滤波器的分析仪，与电平记录仪同轴转动可以直接记录频谱曲线，图 3-5 为测出的小型压缩机噪声频谱。

② 外差式频率分析仪。需要精确分析噪声的频率成分时，可使用外差式频率分析仪。它是具有恒定带宽滤波器的分析仪。外差式频率分析仪的简单工作原理如图 3-6 所示，由正弦信号发生器供给的信号与被测的需要分析的输入信号相乘，因此在正弦信号发生器所产生的频率处，形成一个调幅信号，然后这个信号通过一个固定频率的滤波器。正弦信号发生器的频率可以改变，通过变化正弦信号发生器的频率，就可以使这个固定频率滤波器的中心频率有效地跟踪所要求的全部频率范围。

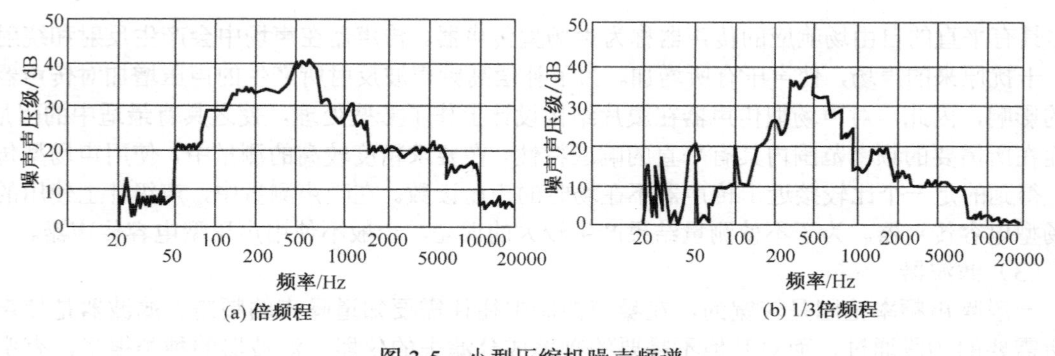

图 3-5　小型压缩机噪声频谱

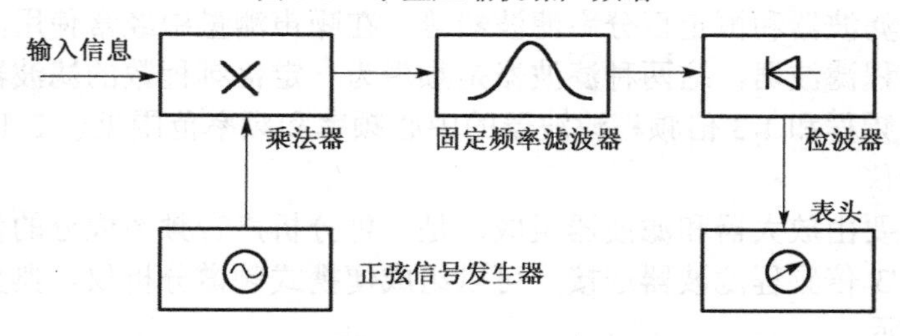

图 3-6　外差式分析仪简化工作原理

③ 实时频率分析仪。为了加速分析过程，对瞬态信号进行实时分析，可使用频率分析仪。实时频率分析仪有两种型式，即并联滤波型实时分析仪和时间压缩型实时分析仪。

并联滤波型实时分析仪的工作原理如图 3-7 所示。输入信号送入前置放大器，前置放大器与一组并联的带通滤波器连接，每一个滤波器紧接着一个均方根检波器、积分器与贮存器。通过逻辑电路和电子开关依次将每个通道与显示器接通，在显示器上显示出每个通道的输出幅值。一般在 20ms 内就能将所有的通道扫描一次，显示器也随即显示一次数据。

并联滤波型实时分析仪不适用于窄带分析，因为在分析仪中设置大量的滤波器是不易实现的。根据时间压缩原理制成的时间压缩型实时分析仪可以用于窄带实时分析。时间压缩型实时分析仪的工作原理如图 3-8 所示。输入信号送入抗混频滤波器，抗混频滤波器是低通滤波器，其作用是限制不需要的高频成分通过，以减少信号数字化时的采样频率，节省处理时间。然后送到模数转换器，在模数转换器中，一般以三倍于所选上限频率的频率采样，将滤波器输出信号数字化，并将其存入重循环存储器，接着以比存入时大得多的速度（大数百倍）取出数字化信号，并且再经过数模转换器将其转换为模拟信号，此时信号已经被“压缩”了。最后将信号送入外差式分析仪，就可以得到所需要的频谱。

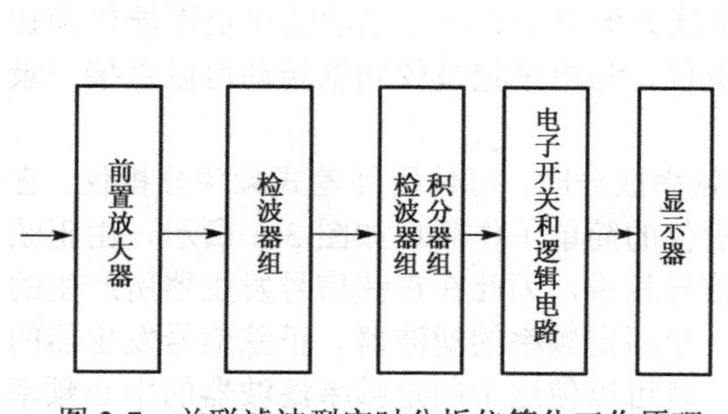

图 3-7　并联滤波型实时分析仪简化工作原理

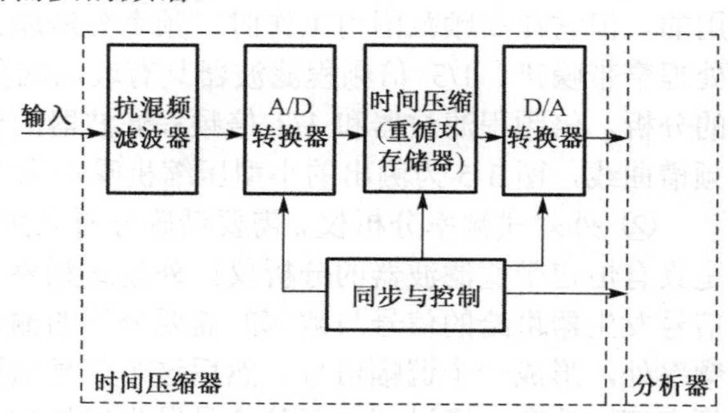

图 3-8　时间压缩型实时分析仪工作原理

④ 电平记录仪。在分析机械设备噪声时，经常需要使用电平记录仪把信号的频谱记录下来；若要把现场的测量结果拿到实验室里进一步分析，还可以使用磁带记录仪把现场的机械设备的噪声录制在磁带上，然后在实验室里重放，进行频率分析和模拟实验。因此电平记录仪和磁带记录仪是噪声测量中最常用的仪器。电平记录仪不仅可以作声音的频谱分析的记录，而且可以记录随时间变化的噪声。图 3-9 所示为电平记录仪记录的交通噪声的声级随时间的变化而变化的情况。

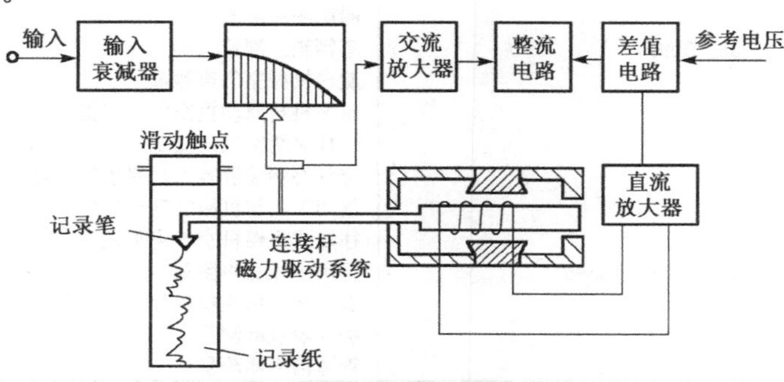

图 3-9　电平记录仪记录声级随时间的变化

⑤ 噪声级分析仪。噪声级分析仪是一种交、直流电两用电源的携带式测量噪声级的仪器。它由电路、微机和打印机组成。电路部分与声级计基本相同，它将接收到的声压转变成电压，经过模拟量转换为数字量，然后输入微机。经微机处理分析的结果可从显示屏显示出。微机中的存储器可以存储所需要的各种声级和评价声级，所以，这种仪器不仅可以测得现场数据，而且，还能同时分析和处理数据，得出所需要的各种综合结果。用它可以测得公共噪声、航空噪声、交通噪声，或作任何其他的统计分析的噪声测量。根据编入存储器内的各种程序，还可以迅速地得出各种噪声评价量，如标准偏差和平均值、噪声污染级、交通噪声指数（TNI）、单事件噪声分析、各种涨落噪声在某观测时间内的等能量声级（L_{eq}）和百分率累计声级（L_x）等。仪器中的打印机可以将所需要的测量分析结果，根据需要立即打印出来。如果需要还可以打印出分析结果的各种曲线。仪器还可以根据要求的测量时间或取样数进行自动测量或自动停止。

3.1.2　测量方法

测量噪声的方法随着测量目的和要求而异。环境噪声无论是空间分布还是随时间的变化都很复杂，要求监测和控制的目的也有所不同。因此，应对不同的噪声和要求采取不同的测量方法。噪声的测量结果与测量所采用的方法有关。为了取得可以比较的可靠数据，就要求测量者必须按照同意的测试方法进行测量和仪器标定。

1. 噪声测量的标准和规范

国际标准化组织（ISO）对噪声测量颁布了一些标准，如表 3-4 所示。

为了使世界各国生产的声级计的测量结果互相可以比较，国际电工委员会（IEC）发布了一些有关测量仪器的标准，并推荐各国采用，如关于声级计的标准（IEC651），关于滤波器的标准（IEC 225）等。我国有关声级计的国家标准是 GB3785—83《声级计电、声性能及测试方法》。1983 年 IEC 通过了 IEC804《积分平均声级计》国际标准，我国于 1997 年颁布了 GB/T17181—1997《积分平均声级计》标准，与 IEC 标准的主要要求是一致的。2002 年国际电工委员会（IEC）发布了 IEC61672—2002《声级计》新的国际标准。该标准代替原 IEC651—1979《声级计》和 IEC804—1983《积分平均声级计》。我国根据该标准制定了 JJG188—2002《声级计》检定规程。

表 3-4 ISO 噪声测量标准

标准代码	标准内容
ISO 354	吸声系数的混响室测量
ISO R495	机械噪声测量的一般必要项目
ISO R1996	公众对噪声反应的评价
ISO 3740—3748，5136，6926	噪声源声功率级的测定
ISO 3891，5129	航空器噪声
ISO 2922，2923	船舶噪声测量
ISO 362，5130，5128，7188，3095	车辆噪声测量
ISO 1680	旋转机械空气声测量
ISO 2151，3989	压缩机与原动机空气声测量
ISO 6190	气体装置空气声测量
ISO 5135	空气终端装置等声功率级的确定
ISO 3481	气动工具与机械空气声测量
ISO 6798	往复式内燃机空气声测量
ISO 5132，5133，6393，6394，6395，6396	运土机械噪声测量
ISO 5131，7216，7217	农（林）用拖拉机等噪声测量
ISO 4869，6290	护耳器衰减测量
ISO 7235	管道消声器测量

我国目前现行的有关不同环境的噪声测量标准如表 3-5 所示。

表 3-5 我国噪声测量标准

噪声环境	标准代码
电机噪声测量方法	GB 3086-81
城市区域环境振动测量方法	GB 10071-88
机场周围飞机噪声测量方法	GB 9661-88
内燃机噪声测量方法	GB 1859-89
铁路边界噪声限值及测量方法	GB 12525-90（2008 年修订）
声学机动车辆定置噪声测量方法	GB/T 14365-93
地下铁道车站站台噪声测量方法	GB/T 14228-93
声学环境噪声测量方法	GB/T 3222-94
声学消声器测量方法	GB/T 4760-1995
船体振动测量方法	GB/T 7453-1996
声学 家用电器及类似用途器具噪声测试方法	GB/T 4214.1-2000
汽车加速行驶车外噪声限值及测量方法	GB 1495-2002
声学汽车车内噪声测量方法	GB/T 18697-2002
容积式压缩机噪声的测定	GB/T 4980-2003
声学 阻抗管中吸声系数和声阻抗的测量	GB/T 18696-2004
摩托车和轻便摩托车加速行驶噪声限值及测量方法	GB 16169-2005
摩托车和轻便摩托车定置噪声限值及测量方法	GB 4569-2005
三轮车和低速货车加速行驶车外噪声限值测量方法	GB 19757-2005
电动工具噪声测量方法	GB/T 4583-2007
工业企业厂界噪声排放标准	GB 12348-2008
城市区域环境噪声排放标准	GB 3096-2008
社会生活环境噪声排放标准	GB 22337-2008
金属切削机床噪声声压级测量方法	GB/T 16769-2008
风机和罗茨风机噪声测量方法	GB/T 2888-2008
声学 声压法测定噪声源声功率级现场比较法	GB/T 16538-2008
内燃机排气消声器测量方法	GB/T 4759-2009
内河航道及港口内船舶辐射噪声的测量	GB/T 4964-2010
声学管道消声器和风道末端单元的实验室测量方法	GB/T 25516-2010
建筑施工场界噪声排放标准	GB 12523-2011
环境噪声监测技术规范城市声环境常规监测	HJ 640-2012
环境噪声与振动控制工程技术导则	HJ 2034-2013

2. 噪声测量的位置

传声器与测点的相对位置对设备声级、声压级的测量结果有很大影响。为了便于比较，一般规定测点的选择遵守以下原则。

（1）对于一般的机械设备，应根据尺寸大小作不同的处理。小型机械如砂轮、风铆枪等，其最大尺寸不超过 30cm，测点取在距表面 30cm 处，周围布置 4 个测点。中型机械如电机等，其最大尺寸在 30～50cm 之间，测点取在距离表面 50cm 处，周围布置 4 个测点。大型机械如机床、发电机、球磨机等，其尺寸超过 0.5 m，测点取在距表面 1 m 处，周围布置数个测点，测试结果以最大值（或诸值的算术平均值）表示，频谱分析一般在最大声级测点处进行。对于特大型或有危险性以及无法靠近的设备，可取较远的测点，并注明测点的位置。

（2）对于风机、压缩机等空气动力性机械，要测进、排气噪声。排气噪声的测点选在排气口轴线 45° 方向 1 m 远处；进气噪声测点选在进气口轴线上 1 m 远处。

（3）测点高度应以机器的一半高度为准，但距离地面不得低于 0.5m。为了减少反射声的影响，测点应选在距离墙或其他反射面 1～2m 以上处。

（4）对于车间（或室内）噪声测试，测点一般取在人耳位置处。若车间内各点噪声相差较大，则可将车间划分为若干个区域，使各区域内声级差异不大于 3dB，相邻区域声级相差不小于 3dB。每个区域内取 1～3 个测点。测点位置一般要离开墙壁或其他主要反射表面 1 m 远，离窗 1.5m 远以上，距地高度为 1.2～1.5m。

（5）对于厂区噪声测试，测点可在厂区等间隔布置，即按 10～100m 的间隔把厂区划分为正方网格，取网格的交点为测点。为了形象地反映厂区噪声污染状况，可在此基础上绘制等声级曲线图。在声级变化较大（如声级差超过 5dB）时，应将测点布置得较密些。

（6）对于厂界噪声的测试，测点一般是沿厂界等间距布置。

（7）对于厂内外生活区环境噪声测试，测点一般选在室外距墙 1m 处。对于多层建筑，应在各层上测窗外 1 m 远处的声级，测量高度为各层地面上 1.2～1.5m。

3. 影响噪声测量的环境因素

要使测量结果准确可靠，不仅要有精确的测量仪器，而且必须考虑到外界因素对测量的影响。必须考虑的外界因素主要有如下几种：

（1）大气压力

大气压力主要影响传声器的校准。活塞发生器在 101.325kPa 时产生的声压级是 124dB（国外仪器有的是 118dB，有的是 114dB），而在 90.259 kPa 时则为 123dB。活塞发生器一般都配有气压修正表。当大气压力改变时，可从表中直接读出相应的修正数值。

（2）温度

在现场测量系统中，典型的热敏元件是电池。温度的降低会使电池的使用寿命也随之降低，特别是 0℃以下的温度对电池使用寿命影响很大。

（3）风和气流

当有风和气流通过传声器时，在传声器顺流的一侧会产生湍流，使传声器的膜片压力发生变化而产生风噪声。风噪声的大小与风速成正比。为了检查有无风噪声的影响，可对有无防风罩时的噪声测量数据进行比较，如无差别则说明无风噪声影响；反之，则有影响。这时应以加防风罩时的数据为准。环境噪声的测量，一般应在风速小于 5m/s 的条件下进行。防风罩一般用于室外风向不定的情况。在通风管道里，气流方向是恒定的，这时应在传声器上安装防风鼻锥。

（4）湿度

若潮气进入电容式传声器并且凝结，则电容式传声器的极板与膜片之间就会产生放电现象，从而产生“破裂”与“爆炸”的声响，影响测量结果。

（5）传声器的指向性

传声器在高频时具有较强的指向性。膜片越大，产生指向性的频率就越低。一般国产声级计在自由场（声波没有反射的空间）条件下测量时，传声器应指向声源。若声波是无规则入射的（声波反射很强的空间），则需要加上无规则入射校正器。测试环境噪声时，可将传声器指向上方。

（6）反射

在现场测量环境中，被测机器周围往往可能有许多物体，这些物体对声波的反射会影响测量结果。原则上，测点位置应离开反射面 3.5m 以上，这样反射声的影响可以忽略。在无法远离反射面的情况下，也可以在反射噪声的物体表面铺设吸声材料。

（7）本底噪声

本底噪声是指待测机械设备停止运行时周围环境的噪声。测量机器噪声时，如果受到周围环境的干扰，就会影响测量结果的准确性。因此，现场测量时，首先要设法测量本底噪声。若本底噪声级与被测噪声级的差值大于 10dB，则本底噪声不会影响测量结果；若差值小于 3dB，则本底噪声对测量影响很大，不可能进行精确的测量，其测量结果没有意义。这时应设法降低本底噪声或将传声器移近被测声源，以提高被测噪声与本底噪声之间的差值。若差值在 3～10dB 之间，则可按表 3-6 进行修正，即将所测得的值减去相应的修正值就可以得到声源的实际噪声值。

表 3-6 本底噪声修正表

测得声源噪声级与本底噪声级之差/dB	3	4～5	6～9
修正值/dB	3	2	1

（8）其他因素

除上述因素外，在测量时还应避免受强电磁场的影响，并选择设备处于正常状态（或合理状态）下进行测试。

4．噪声测量的度数与记录方法

通常可将噪声分为如表 3-7 所示的几类。

表 3-7 噪声的分类

稳态噪声	非稳态噪声
不包含特殊音调的噪声	变动噪声
一般环境噪声	道路噪声
瀑布	波浪噪声
高速空调噪声	间歇噪声
包含特殊音调的噪声	航空器通过噪声
电锯	汽车通过噪声
变压器	火车通过噪声
喷气发动机	冲击噪声
	锻造机械
	离散噪声
	手枪
	门声
	似稳态噪声
	铆枪

不同类型的噪声测量，其读数方法也是不同的。一般可作如下处理：

（1）对于稳态噪声和似稳态噪声，用慢档直接读取表头指示值。当指针有摆动时，读取平均指示值；若摆动超过 5dB 的范围，则不能认为噪声是稳态的。对于包含特殊音调的噪声设备，必须做频谱分析。

（2）对于离散的冲击声，用脉冲声级计（A 声级）读取脉冲或脉冲保持值。测量枪、炮声时应读取峰值保持值。若脉冲值为 120dB，脉冲保持值为 125dB，峰值保持值为 135dB，则可分别记作 120dB(A)（Imp），125dB(A)（Imp.h），135dB(A)（Peak.h）。

（3）对于间歇噪声，用快挡读取每次出现的最大值，以数次测量的平均值表示。必要时记录间歇噪声出现时间及出现频率。

（4）对于无规则变动噪声，用积分式声级计可以直接读取等效声级 L_{eq} 和统计声级 L_n。如果没有积分式声级计，用一般的声级计可采取如下方法，即用慢挡每隔 5s 读取一次瞬时值。测工业环境时连续读 100 个数据，测交通噪声时读 200 个数据。将 100（或 200）个数据按声级从大到小顺序排列，第 10（或 20）个即 L_{10}，第 50（或 100）个即 L_{50}，第 90（或 180）个即 L_{90}。对于工业环境，可按分贝加法求出 100 个数据之总声级，减去 20（10 lg 100）即得 L_{eq}。对于交通噪声，可由公式 $L_{eq}=L_{50}+d^2/60$ 求得。

工业企业噪声测量的记录方法可以参考表 3-8。

表 3-8　工业企业噪声测量记录表示例

________厂　______车间　厂址______________　　　　　年　　月　　日

<table>
<tr><td rowspan="4">测量仪器</td><td colspan="3">名　称</td><td colspan="2">型　号</td><td colspan="4">校准方法</td><td colspan="2">备　注</td></tr>
<tr><td colspan="3"></td><td colspan="2"></td><td colspan="4"></td><td colspan="2"></td></tr>
<tr><td colspan="3"></td><td colspan="2"></td><td colspan="4"></td><td colspan="2"></td></tr>
<tr><td colspan="3"></td><td colspan="2"></td><td colspan="4"></td><td colspan="2"></td></tr>
<tr><td rowspan="6">车间设备状况</td><td colspan="3" rowspan="2">机器名称</td><td colspan="2" rowspan="2">型　号</td><td colspan="4">运转状态</td><td colspan="2" rowspan="2">功　率</td></tr>
<tr><td colspan="2">开（台）</td><td colspan="2">停（台）</td></tr>
<tr><td colspan="3"></td><td colspan="2"></td><td colspan="2"></td><td colspan="2"></td><td colspan="2"></td></tr>
<tr><td colspan="3"></td><td colspan="2"></td><td colspan="2"></td><td colspan="2"></td><td colspan="2"></td></tr>
<tr><td colspan="3"></td><td colspan="2"></td><td colspan="2"></td><td colspan="2"></td><td colspan="2"></td></tr>
<tr><td colspan="3"></td><td colspan="2"></td><td colspan="2"></td><td colspan="2"></td><td colspan="2"></td></tr>
<tr><td>设备分布及测点示意图</td><td colspan="9"></td><td colspan="2"></td></tr>
<tr><td rowspan="3">数据记录</td><td rowspan="2">测点</td><td colspan="2">声压级/dB</td><td colspan="8">倍　频　程　声　压　级/dB</td></tr>
<tr><td>A</td><td>C</td><td>63</td><td>125</td><td>250</td><td>500</td><td>1000</td><td>2000</td><td>4000</td><td>8000</td></tr>
<tr><td></td><td></td><td></td><td></td><td></td><td></td><td></td><td></td><td></td><td></td><td></td></tr>
</table>

5．声学实验室

为了分析和研究噪声的特性以及控制方法，人们需要建立一些配有可供实验使用的装置和仪器的声学环境，这种特殊的声学环境就是声学实验室。在噪声测试和控制研究中最常用的声学实验室是消声室（或半消声室）和混响室。

（1）消声室和半消声室

消声室相当于一个自由声场，声波在这个自由声场中沿着任意方向传播时都接近于无反射的状态。消声室的 6 个内表面全部都铺设了具有高吸声性能的吸声尖劈。吸声尖劈的长度等于所要求吸收的最低频率（即截止频率）波长的四分之一，在截止频率范围内，尖劈的吸声系数在 0.99 以上。为了避免方向性，尖劈应该互相交错安装。半消声室相当于一个半自由声场，它只有 5 个内表面铺设了吸声尖劈，地面是水磨石的反射面。消声室和半消声室主要用于噪声源的声功率级和指向性的测定、传声器和扬声器的自由场标定、灵敏度及频率特性的测试、磁带记录仪的重放分析等。

（2）混响室

混响室相当于一个扩散声场。与消声室完全相反，声波在这个扩散声场中沿着任意方向的传播都接近于全反射状态。混响室的 6 个内表面都用吸声系数很小的材料制成，一般用磁砖和水磨石，也可以用玻璃。为了使混响时间尽可能长，声场能够充分扩散，混响室的尺寸是有特殊要求的。通常，设计时取其长、宽、高呈调和级数比，比值在 1/1.3:1/1.15:1 到 1/1.5:1/1.25:1 之间比较合适。国际标准 ISO R354 规定混响室的体积应为 $200\pm20m^3$，但是为了改善低频性能，混响室的体积可以加大。为了达到混响室的扩散性能，在混响室内可以设置形状不同的扩散体和扩散板。混响室主要用来测定材料的吸声和隔声性能、机械设备噪声的声功率级等。

6．材料吸声系数和声阻抗的测量

吸声系数和声阻抗是材料的重要声学性能。在噪声控制工程中必须根据这两个或其中一个指标选择材料。

（1）吸声系数的测量

测量材料的吸声系数有混响室法和驻波管法。两种方法所测得结果是不同的，但各有其特点和用途。

① 混响室法。用混响室法测材料（包括吸声构件）的吸声系数时，在混响室内使放在墙角上的一个或两个功率较大的扬声器发出宽频带噪声。例如，用白噪声发生器或电噪声等通过功率放大器策动扬声器发出噪声，将待测材料或结构放置在混响室地面（面积约 10 m^2）当中，或将吸声体悬挂起来。接收系统是传声器连同前置放大器通过长电缆，将接收信号输入到放大器，经滤波器滤波后送到电平记录仪的一种装置。测量时，使扬声器（声源）发出白噪声（最好前面接一个滤波器，使之发出频带噪声能量较集中，可以提高声功率），待室内声场稳定后（只需发出数秒钟），使声源突然停止发声，同时开启记录仪，这时室内声压级随时间的衰减的曲线便可绘制出来（见图 3-10）。斜直线是取曲线平均值的线，由记录仪纸带走速和曲线斜率很容易推数出衰减 60 分贝的混响时间 T_{60}。测量混响时间的声场，原则上应该是完全扩散的，但实际上并非如此，特别是室内有了吸声材料。所以，在测量时传声器应在离开声源一定距离的空间，即混响声场内，多测几点，每一测点又因各次测得的衰变曲线有些差异，特别是低频往往差别较大，因而必须多测几条曲线，取各曲线的 T_{60} 平均值，然后将各测点平均值再行平均，每一频程均需如此进行。有了混响时间，便可从混响时间公式式（3-1）计算出材料的吸声系数 α_m，但必须要事先知道空室的平均吸声系数$\overline{\alpha}$，以及测量材料时的温湿度。为了消除混响时间公式中有受温湿度影响的空气衰减常数 m，常常对空室

和有材料时各测量一次。设空室测得的混响时间为 T_{60}，由于空室的 $\overline{\alpha} \ll 1$，得

$$T_{60} = \frac{0.161V}{-S\ln(1-\overline{\alpha}) + 4mV} \approx \frac{0.161V}{S\overline{\alpha} + 4mV}$$

式中，V 为混响室体积；S 为其总面积；m 为与温湿度有关的空气衰减常数。

同样可测得有材料时的 T'_{60}。材料的吸声系数 α_m 有的可能很大，但其面积比混响室总面积小得多，因而材料连同混响室壁面的平均吸声系数不至于很大，T_{60}' 也可以写成上式，只将式中的 $\overline{\alpha}$ 代之 $\overline{\alpha'}$。这样可以消去 m，得出 $\overline{\alpha'} - \overline{\alpha} = \dfrac{0.161V}{S}$。又根据平均吸声系数的定义，有了面积为 S_m，吸声系数为 α_m 的材料后，混响室的平均吸声系数为

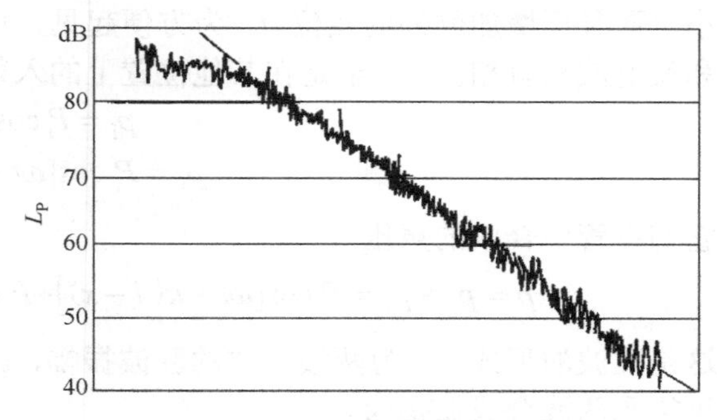

图 3-10　实测的声压级衰减曲线

$$\overline{\alpha'} = \frac{S_m\alpha_m + (S - S_m)\overline{\alpha}}{S}$$

经简单的换算便得到材料的吸声系数

$$\alpha_m = \frac{0.161V}{S_m}\left(\frac{1}{T'_{60}} - \frac{1}{T_{60}}\right) + \overline{\alpha} \tag{3-1}$$

可见混响室法测量材料的吸声系数是很复杂的，还要专用仪器和设备，但是所测的材料吸声系数是声波无规入射的，称无规入射吸声系数，与实际使用情况比较接近，常为噪声控制工程所采用。

② 驻波管法。驻波管法的测量设备是一根内壁面光滑、截面均匀的长管，为避免振动和外界干扰，管壁必须厚实，管的一端有可以装待测材料的盖头，另一端装置扬声器，如图 3-11 所示。

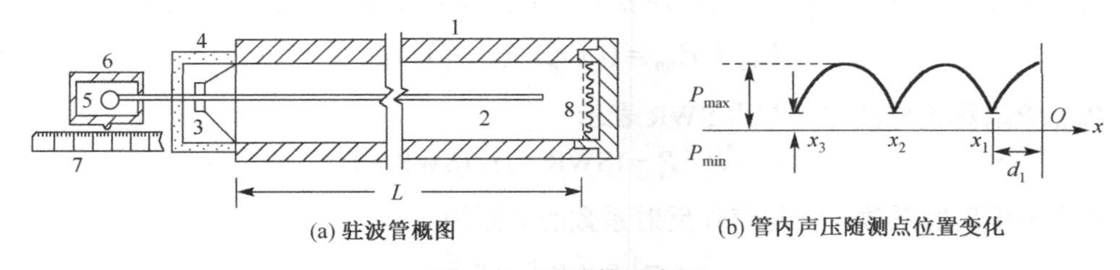

图 3-11　驻波管示意图

1-驻波管　2-探管　3-扬声器　4-扬声器箱　5-传声器　6-传声器隔声罩　7-标尺　8-待测材料

扬声器向管内发声所形成的驻波场，用一根细的内壁光滑的空心金属探管探测。探管一端接在传声器上，传声器固定在一隔声和减振都很好的封闭体内，以防止外界干扰；探管另一端穿过扬声器到达驻波管内。传声器的封闭体可以沿装有标尺的管轴方向移动，以观测探管材料面的相对位置与声场变化的关系。为避免对声场的干扰，探管截面积不得大于驻波管面积的 5%。驻波管长度根据所要测量的最低频率而定，管长 l 应大于最低频率波长 λ。根据理论推导，管的截面为保证管内传播平面声波，如果是长方形的，则可以测量到的最高频率波长必须大于最大一边长度的两倍；如果截面是直径为 d 的圆形管，必须 $\lambda \geqslant 1.7d$，这一最高频率称为驻波管的截止频率。测量用的仪器是利用音频振荡器策动扬声器发音，传声器接

收到来自探管的声波，经一滤波器或频率分析仪滤去不需要的畸变谐波，然后输入到一台能测量声压或声压级的仪器。

用驻波管法测量材料吸声系数的原理即平面简谐声波

$$p_{\mathrm{i}} = P_{\mathrm{i}} \cos(\omega t - \kappa x)$$

入射在 $x=l$ 管端，遇到吸声材料反射回来的反射波，因受材料的吸声作用不仅幅值将减小，而且还增加额外的相位 θ。为方便起见，可以假定，管末端材料表面上（$x=l$）的入射波和反射波只有相差 θ，于是在其他位置上的入射声波和反射声波的声压表达式可写成

$$p_{\mathrm{i}} = P_{\mathrm{i}} \cos[\omega t + \kappa(l - x)]$$

$$p_{\mathrm{r}} = P_{\mathrm{r}} \cos[\omega t - \kappa(l - x) + \theta]$$

它们在管中合成的声压

$$p = p_{\mathrm{i}} + p_{\mathrm{r}} = P_{\mathrm{i}} \cos[\omega t + \kappa(l - x)] + P_{\mathrm{r}} \cos[\omega t - \kappa(l - x) + \theta] = P\cos(\omega t + \varphi)$$

这是驻波的形式，P 为两波合成的驻波振幅，φ 为驻波初始相位，经过简单的三角函数运算，可得到两波合成振幅为

$$\begin{aligned} P = & \{[P_{\mathrm{i}} \cos\kappa(l-x) + P_{\mathrm{r}} \cos\{\kappa(l-x)+\theta\}]^2 + [P_{\mathrm{i}} \sin\kappa(l-x) - P_{\mathrm{r}} \sin\{\kappa(l-x)+\theta\}]^2\}^{1/2} \\ & = \{P_{\mathrm{i}}^2 + P_{\mathrm{r}}^2 + 2P_{\mathrm{i}}P_{\mathrm{r}}\cos[2\kappa(l-x)-\theta]\}^{1/2} \end{aligned} \tag{3-2}$$

可见合成振幅 P 是 x 的函数，随着 x 的变化，幅值沿管轴将出现波腹和波节的驻波现象。当 x 变化到 $\cos[2\kappa(l-x)-\theta] = -1$ 时，P 将为

$$P_{\min} = P_{\mathrm{i}} - P_{\mathrm{r}} \tag{3-3}$$

是一极小值（波节），因为余弦函数的周期性，这一极小值有许多个。同样，当 x 变化到 $\cos[2\kappa(l-x)-\theta] = 1$ 时，P 将为

$$P_{\max} = P_{\mathrm{i}} - P_{\mathrm{r}} \tag{3-4}$$

是一极大值（波腹），这一极大值也有许多个。由式（3-3）和式（3-4）可得

$$P_{\max} / P_{\min} = (1 + r_{\mathrm{p}}) / (1 - r_{\mathrm{P}}) \tag{3-5}$$

式中，$P_{\max}/P_{\min}$ 称为驻波比，常用 SWR 表示

$$r_{\mathrm{p}} = P_{\mathrm{r}} / P_{\mathrm{i}} = (\mathrm{SWR} - 1) / (\mathrm{SWR} + 1) \tag{3-6}$$

r_{p} 称为声压反射系数，它与声强反射系数的关系为

$$r_{\mathrm{i}} = | p_{\mathrm{r}} / p_{\mathrm{i}} |^2 = | r_{\mathrm{p}} |^2$$

吸声系数为吸收声能与入射声能之比，于是得出吸声系数

$$\alpha_0 = 1 - | r_{\mathrm{p}} |^2 = 4\mathrm{SWR} / (\mathrm{SWR} + 1)^2 \tag{3-7}$$

只要在驻波管中沿管线移动探管位置，在有声压或声压级指示的仪表上读出驻波比 SWR 值，便能方便地从式（3-7）计算出吸声系数 α_0 值。这种方法较之混响室法，无论在使用的仪器和设备方面，还是测量手续和计算方面都简便得多，不过这种方法测量的吸声系数只限于声波垂直入射吸声材料表面上的吸收，称正入射吸声系数 α_0。并且 α_0 不像前面无规入射吸声系数 α 那样，能直接应用于实际工程中。对于有些材料，这两种吸声系数值在理论上虽然有一定换算关系，但与实际结果仍有差别。正入射吸声系数因取样面积小，测量结果稳定可靠，精度高，在选择吸声材料吸声性能时，常用做对比测量。

（2）材料声阻抗的测量

材料的声阻抗是在上文吸声系数的测量中增加测量相位差 θ 就可以得出，它在声学上是很有用的。θ 值的测量是在测量极大值或极小值时，读出它们的位置而得出的。但从式（3-2）或图 3-11 看出，极大值位置比较宽平，而极小值位置比较敏锐，容易精密确定，所以，常取极小值位置，确定 θ 值。在式（3-2）中可以看出极小值的 x 必须满足 $\cos[2\kappa(l-x)-\theta]=1$ 条件，即

$$2\kappa(l-x)-\theta=(2n-1)\pi \quad (n=1,2,3,\cdots)$$

$n=1$，2，3，…为沿管轴出现从材料端算起的第一、二、三、…极小值。相应这些极小值的 x 有 x_1，x_2，x_3…，取第一极小值 x_1，相位差为

$$\theta=2\kappa(l-x_1)-\pi=2\kappa d_1-\pi \tag{3-8}$$

式中，d_1 为第一极小值位置至材料表面的距离，测出了 d_1 便可算出 θ 值，由声阻抗定义

$$Z_S=p/u=[\rho c(p_i+p_r)_{x=0}/(p_i-p_r)_{x=0}]$$

式中，p 和 u 为材料表面的声压和质点速度，声阻抗率单位为瑞利（$N{\cdot}s/m^2$）。

因材料对声波的作用而导致 p_r 额外增加 θ 相位。如果以 p_i 为 x 轴，则 p_r 可以分解 x 轴和 y 轴两分量，在阻抗表示中常以直角坐标的 x 轴为实轴和 y 轴为虚轴的复数平面表示，如图 3-12 所示，所以，Z_S 表示为

$$Z_S=\frac{\rho c[p_i+p_r(\cos\theta+j\sin\theta)]}{p_i-p_r(\cos\theta+j\sin\theta)}=\frac{\rho c[1+r_p(\cos\theta+j\sin\theta)]}{1-r_p(\cos\theta+j\sin\theta)} \tag{3-9}$$

R 称为声阻率，X 称为声抗率。在材料的声学性能方面，声阻抗率比吸声系数具有更重要的物理意义。

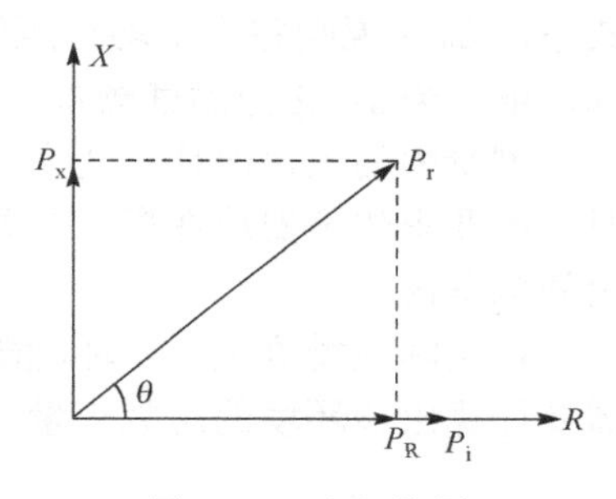

图 3-12　声阻抗图

7．声功率级的测量方法

很多人已经习惯了用声压级来表示机械设备的噪声大小。但声压级不但取决于检测者与声源之间的距离远近，也取决于声源所在的声学环境。在很多情况下，我们需要了解某声源产生的噪声大小的定量关系，以便估计环境改变时某点可能产生的噪声大小；或者希望知道噪声处理前后机器所幅射的总声功率的大小。总之，为了求得所有直接与机器本身有关而与所处具体环境无关的量，都要求测量机器本身的声功率级。用声功率级来说明机器设备的声学性能，是比较客观和科学的。但声功率和声功率级并不能直接测出。它是在特定条件下，由测得的声压级计算而求得的。声功率级的测量方法主要有三种：自由场法、混响室法和标准声源法。

（1）自由场法

把待测机器放在消声室内，测量以机器为中心的球面上（机器基本上是各向同性的）或圆柱上（长机器）若干个均匀分布的点上的声压级 L_{P_1}、L_{P_2}、L_{P_3}、…、L_{P_n}，则该机器的噪声声功率级为

$$L_W=\overline{L}_P+10\lg S \tag{3-10}$$

式中，S 为测点包络面的面积，$\overline{L}_P$ 为平均声压级，其值为

$$\overline{L}_P=10\lg[(1/n)(10^{0.1L_{P_1}}+10^{0.1L_{P_2}}+\cdots+10^{0.1L_{P_n}})] \tag{3-11}$$

待测机器的体积小于消声室体积的0.5%时，可以认为声源以球面波辐射，此时，式（3-10）为

$$L_W = \overline{L}_P + 10\lg(4\pi r^2) = \overline{L}_P + 20\lg r + 11 \tag{3-12}$$

式中，$\overline{L}_P$是以r为半径的球面上n个测点的平均声压级。

如果将待测机器放在室外空旷、没有噪声干扰的坚硬地面上或半消声室内，则这时相当于在半自由声场中测试，透声面积为$S = 2\pi r^2$，式（3-10）为

$$L_W = \overline{L}_P + 10\lg 2\pi r^2 = \overline{L}_P + 20\lg r + 8 \tag{3-13}$$

式中，$\overline{L}_P$是以r为半径的半球面上n个测点的平均声压级。

在测点包络面上取多少个测点，主要根据声级变化的情况来决定。声级变化大，测点可以取得多；变化小，则可以取得少。

国际标准ISQ3744、3745，是关于用消声室和半消声室的方法测定噪声源声功率级的标准。

在消声室和半消声室以及室外空旷场所，还可以测量噪声源的指向特性。

（2）混响室法

混响室法要求的条件比自由场法要求的简单，这种方法近年来使用较多。但测混响时间（特别是在低频）时，须根据衰变曲线开始10dB的斜率计算，否则算出的L_W值会低得多。

测量方法是将待测噪声源放在混响室内，测量室内的平均声压级，然后按下式计算声功率级，即

$$L_W = \overline{L}_P + 10\lg V - 10\lg T_{60} + 10\lg[1 + (S\lambda / 8V)] - 14 \tag{3-14}$$

式中，$\overline{L}_P$为混响室内平均声压级，单位为dB；V为混响室的体积，单位为m^3；T_{60}为混响时间，单位为s；λ为测试频带中心频率的波长，单位为m；S为混响室内表面积，单位为m^2。

测量中要求声源移动几个位置，传声器也要改变几个位置，然后求出平均声压级。测量时一般要求传声器放在离声源和混响室的角超过2m、离线棱超过1.7m、离地面高于1.3m的空间范围内。

在实际现场测量时，环境既不是自由声场，也不是扩散声场。为了测得声功率级，这时需要计算出该环境的总吸声量。在这种情况下，如果噪声源在房间中央，则

$$L_W = \overline{L}_P - 10\lg\left(\frac{1}{4\pi r^2} + \frac{4}{R_x}\right) \tag{3-15}$$

如果噪声源放在反射面附近（地板上），则

$$L_W = \overline{L}_P - 10\lg\left(\frac{1}{2\pi r^2} + \frac{4}{R_r}\right) \tag{3-16}$$

式中，R_r为房间常数，单位为m^2，其值为$R_r = S\overline{\alpha}/1-\overline{\alpha}$，$\overline{\alpha}$为房间的平均吸声系数。

国际标准ISO 3741、3742、3743，都是关于用混响室测定噪声源声功率级的标准。

（3）标准声源法

标准声源是一个在一定频带内具有均匀声功率谱的特制声源。它的声功率级已经在出厂前就用上述方法精确测定为L_{W_r}，如果它和待测声源在同样条件、同样测点处产生的声压级分别为L_{P_r}和L_{P_x}，则待测声源的声功率级L_{Wx}就为

$$L_{W_x} = L_{W_r} - L_{P_r} + L_{P_x} \tag{3-17}$$

这种测量方法的特点是可用于各种声场，因而特别适用于现场设备的声功率测量。

测点的选择和自由场法的相同，是测量半球面（或半圆柱面）上平均分布的若干个点。如果声源的指向性很差，则在这些点中只选择几个点就足够了。

标准声源的使用方法有下述三种：

① 置换法。把机器移开，用标准声源代替机器进行测量。标准声源的位置最好是在机器的声中心，测点相同。

② 并摆法。

③ 比较法。机器如不便移动，并摆可能引起较大误差，也可以用比较法。这种方法是把标准声源放在厂房的另一点，周围反射面的位置与机器附近相似，但是没有机器做相似点的测量，并用式（3-17）计算声功率级。

8．频带声压级与 A 声级的换算

在工业噪声测量和控制设计中，经常会遇到频带声压级与 A 声级的换算问题。在一般情况下，利用现有的消声器消声量和隔声结构隔声量的理论计算公式，都只能得出频带声压级的结果，不能直接算出 A 声级的减噪效果。根据倍频程声压级和 A 声级之间的关系，可以将频带声压级的数据按表 3-9 的要求加以修正，修正以后的总声压级就是 A 声级。为了便于理解，在表 3-9 中给出了一组具体的声级数据，并算出了一组相应的修正声级，然后可按式(3-17)计算求得 A 声级。

表 3-9　倍频程声压级与 A 声级之间的关系

中心频率/Hz	声压级①/dB	A 计权/dB	修正声级/dB
63	79	−26	53
125	82	−16	66
250	86	−9	77
500	90	−3	87
1000	87	0	87
2000	81	+1	82
4000	71	+1	72
8000	69	−1	68

注：①为某车床噪声实测数据。

n 个声压级相加的计算方法见式（2-46）。由式（2-46）得

$$L_{p_T}[\text{dB(A)}]=10\lg[10^{5.3}+10^{6.6}+10^{7.7}+10^{8.7}+10^{8.7}+10^{8.2}+10^{7.2}+10^{6.8}]=91$$

3.2　噪 声 评 价

噪声对人体健康的影响和危害是多方面的。多年来，各国学者对噪声的危害和影响程度进行了大量的研究，提出了各种评价指标和方法，以期得出与主观响应相对应的评价量和计算方法，以及人们正常生活所允许的噪声数值和范围。这些量主要包括与人耳听觉特征有关的评价量；与心理情绪有关的评价量；与人体健康有关的标准（工厂噪声）的评价量；与室内人们活动有关的评价量等几方面。这些不同的评价量各适用于不同的环境、时间、噪声源特性和评价对象。由于环境噪声的复杂性，迄今为止已提出的评价量（或指标）有几十种，以下仅介绍已被公认而且被广泛使用的一些评价量和相应的国内外噪声标准。

3.2.1 噪声评价方法

噪声评价是指根据对不同强度的噪声及其频谱特性以及噪声的时间特性等所产生的危害与干扰程度所作的研究。这种研究所使用的方法基本上有两种，一种是在实验室里进行测量的方法，即将已经录下的声音重新播放，或另外产生一定强度和频率的声音，然后反复测量它对许多人的影响，这个影响可能是噪声引起的暂时性听阈改变，也可能是噪声引起的响度和吵闹度；另一个方法是进行社会调查或现场试验，如测量一个车间的噪声后，检查该车间里工人的听力和身体健康状况，调查访问群众对某些噪声影响的反应，组织一些人到现场实地评价某些噪声的干扰。这两种方法各有其优缺点，可互相补充。实验室的方法虽然条件容易控制，但它与现场环境有差异；而现场调查或试验，因为有很多复杂因素和困难条件，所以也不容易掌握。

由于噪声与主观感觉的关系非常复杂，人们对各种噪声影响的反应很不一致。因此，噪声评价仍然是环境声学研究工作中的一个重要课题。

目前，使用比较广泛的是评价噪声的响度和烦恼效应的A声级和以A声级为基础的等效声级、感觉噪声级；评价语言干扰的语言干扰级；评价建筑物室内噪声的噪声评价曲线以及综合评价噪声引起的听力损失、语言干扰和烦恼三种效应的噪声评价数等。

（1）响度级

这是描述人耳对不同频率（纯音）和强度的声音的一种主观评价量，用一组等响曲线对不同的声音作主观上的比较，详见本书前文。

（2）A计权声级

从图3-13的等响曲线中可以看出，人耳的听觉特性具有滤波作用。它所能听到的最小的声音与频率有关，并且对于声压级相同、频率不同的声音反应也不一样。由于人耳的这些听觉特性，机器辐射出的宽带噪声，一进入人耳就失真了，另外，一部分低频成分的噪声被滤掉了，也可以说是被人耳计权了。

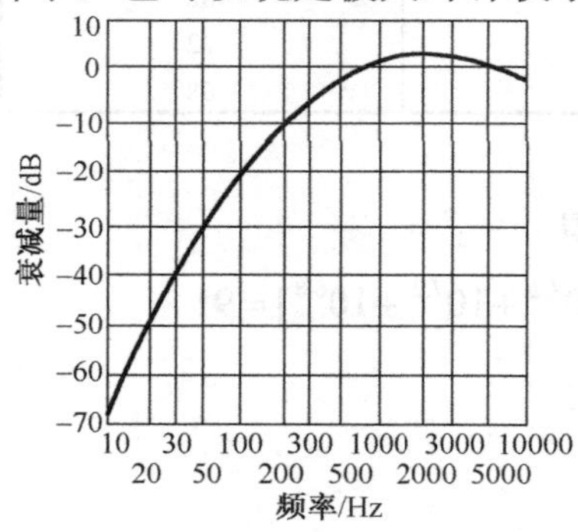

图3-13 A计权网络的衰减特性

人耳的听觉不能定量地测定出噪声的频率成分和相应的强度。因此，需要借助仪器来反映人耳的听觉特性。为此，人们在测量声音的仪器——声级计中，安装一个滤波器，并使其对频率的判别与人耳的功能相似，这个滤波器被称为A计权网络，见图3-13。该声级计是根据响度级为40phon的等响曲线设计的滤波电路。当声音信号通过A计权网络时，中、低频的声音就按比例衰减，而1000Hz以上的声音无衰减。这种被A网络计权了的声压级，就称为A声级，以区别于声压级。

用A声级评价噪声始于1967年。多年来，经过大量的实验和测量，现在已被世界各国的声学界和医学界公认。用A声级测得的结果与人耳对声音的响度感觉基本一致，用它来评价各类噪声的危害和干扰，都得到了很好的结果。因此，A声级已经成为被国内外广泛使用的最主要的环境噪声评价量之一。

（3）等效连续声级

A计权声级对于稳定的宽频带噪声是一种较好的评价方法，但对于一个声级起伏或不连续的噪声，A计权声级就不够合适。对于室外环境噪声，如交通噪声，噪声级是随时间变化的，当有汽车通过时，噪声可能是85～90dB(A)，但当没有车辆时可能是50～55dB(A)，这时就很难说出该地方的交通噪声到底是多少分贝。又如，一台机器虽其声级是稳定的，但它间歇地工作，而另一台机器噪声级虽与之相同，但一直连续地工作，那么这两台机器对人的影响就不一样。因为在相同时间内作用于人的噪声能量不相同。于是提出了用噪声能量按时间平均的方法来评价噪声对人体健康的影响，即等能量声级，又称等效连续声级，用符号 L_{eq} 表示。也就是说，用一个在相同时间内声能与之相等的连续稳定的 A 声级来表示该时段内不稳定噪声的声级。例如，两台车床的噪声同为 80dB(A)，一台连续工作 8 小时，一台每小时中停半小时地工作 8 小时，显然后者发出的噪声平均能量只有前者的一半，即比前者小 3dB(A)，也就是相当于 8 小时连续发出 77dB(A)的噪声级，即等效连续声级为 77dB(A)。可见，等效连续声级能反映在声级不稳定的场合，人们实际所接受的噪声能量的大小。

等效连续声级按其定义，可由下式计算，即

$$L_{eq}=10\lg\left[\frac{1}{t_2-t_1}\int_{t_1}^{t_2}\frac{p^2}{p_r^2}\,dt\right]=10\lg\left[\frac{1}{t_2-t_1}\int_{t_1}^{t_2}10^{L_A/10}dt\right]10\lg\frac{\sum 10^{0.1L_i}\cdot T_i}{\sum T_i} \quad (3\text{-}18)$$

式中，L_A 为在 t 时刻测量到的 A 计权声级，L_i 为间歇噪声的声级，T_i 表示相对 L_i 的累积作用时间。p_r 为参考声压，20μPa。

显然，对于稳定的连续噪声，等效连续声级即等于所测得的噪声级。L_{eq} 的计算有时不一定用 A 计权声级，也可以是等效声压级，此时式中 L_A 换成 L_p。

【例 3-1】 某厂空压机站操作工人一个工作日内，2.5h 在机器附近工作，声级为 104dB(A)，在噪声为 89dB(A)附近处工作 1h，4h 在观察室内工作，接触到的声级为 78dB(A)，其余时间低于 70dB(A)。试求该操作工人每天接触噪声的等效连续声级。

解： 由于低于 70dB(A)以下声级可以忽略不计。因此，根据式（3-18）

$$L_{eq}[\text{dB(A)}]=10\lg\frac{\sum 10^{0.1L_i}\cdot T_i}{\sum T_i}10\lg\frac{(10^{\frac{104}{10}}\times 2.5)+(10^{\frac{89}{10}}\times 1)+(10^{\frac{78}{10}}\times 4)}{2.5+1+4+0.5}=99.04\approx 100$$

（4）语言干扰级

语言干扰级是由 Beranek 提出的，作为一种对清晰度指数的简易转换，它最初主要用于飞机客舱噪声的评价，现已广泛用于许多其他场合。语言干扰级是 600～4800Hz 之间三个倍频带声压级的算术平均值。以后又经过修正，被 500、1000 和 2000Hz 三个倍频带中心频率声压级的平均值取代，称为更佳语音干扰级（PSIL），它与老的语言干扰关系为

$$\text{PSIL}/\text{dB}=\text{SIL}+3$$

PSIL、讲话声音的大小、背景噪声级三者之间的关系如表 3-10 所示。表中分贝值是表示以稳态连续噪声作为背景噪声的 PSIL 值。

表 3-10 更佳语言干扰级(dB)

讲话者与听者间的距离/m	PSIL			
	声音正常	声音提高	声音很响	非常响
0.15	74	80	86	92
0.30	68	74	80	86
0.60	62	68	74	80
1.20	56	62	68	74
1.80	52	58	64	70
3.70	46	52	58	64

表中所列出两个人之间的距离和相应干扰级作为背景噪声级情况下，只是勉强地能保证有效的语言通信。干扰级是指男性讲话声音的平均值（女性减 5dB）。测试条件是讲话者与听者面对面，用意想不到的字，并假定附近没有反射面加强语言声级。

例如两个人相距 0.15m，以正常声音对话，能保证听懂话的干扰级（作为背景噪声级）只允许 74dB；远隔 3.7m 对话，只允许干扰级 46dB。如果干扰级再高，就必须提高讲话声音才能听懂讲话。假使距离增大，如从 0.15m 增大到 0.30m，原来干扰级 74dB 可用正常声音进行对讲，而现在要听懂对话就必须提高声音。

对于语言交谈，用图 3-14 以 A 计权背景噪声级作为干扰级更为方便。例如，由图可得教室中正常的讲课要使距离为 6m 的学生听得清楚，则背景噪声 A 计权声级必须在 50dB 以下。

表示对语音干扰程度的另一种方法是用如图 3-15 表示。它表示不同发声情况、稳态背景 A 计权噪声级、讲话者和听者之间的距离与清晰度百分率之间的关系。清晰度百分率是正确地听懂所讲单字的百分数。95%的句子清晰度通常对于可靠的通信是允许的，因为在正常的对话中，词汇有限，少数听不清的字也能推测到。

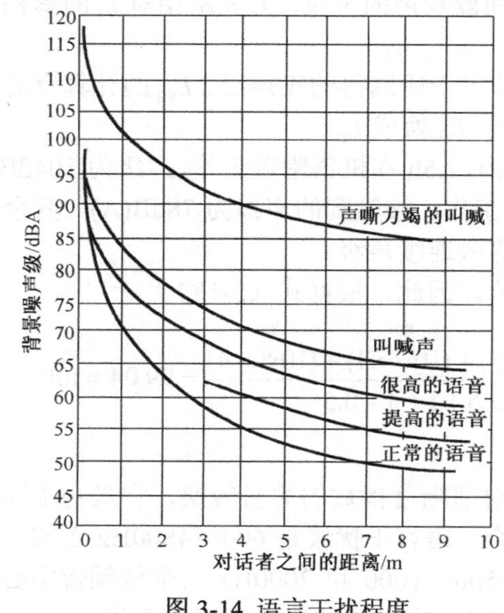

图 3-14 语言干扰程度

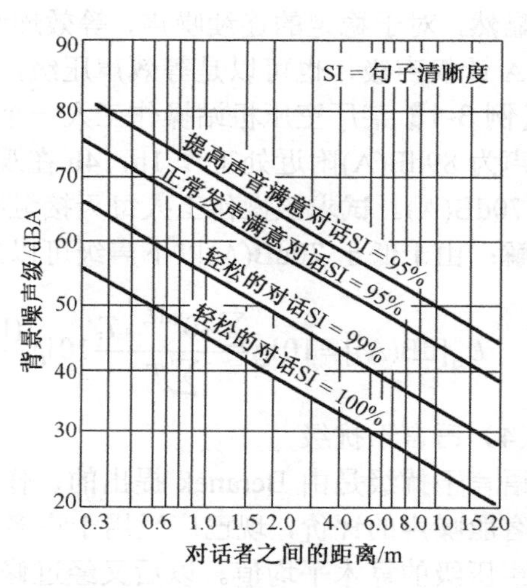

图 3-15 清晰度干扰程度

在一对一的个别交谈中，两者距离通常是 1.5m，A 计权背景噪声级高达 66dB(A)，基本上也能保证正常的语言通信。如果一个组有许多人对话，距离为 1.5～3.6m，则背景声级应低于 50～60dB(A)。在公共会议室或室外庭院，公园或运动场，讲话者与听者之间距离一般是 3.7～9m，若要能够比较正常的语言通信，则背景噪声 A 计权声级必须保持在 45～55dB 以下。

（5）噪声掩蔽

当噪声很响而使人们听不清楚其他声音时，我们就说后者被噪声掩蔽了。由于噪声的存在，使人耳对另外一个声音听觉的灵敏度降低，从而导致听阈发生迁移，这种现象叫做噪声掩蔽。听阈提高的分贝数称为掩蔽值。例如频率为 1000Hz 的纯音当声压级为 3dB 时，正常的人耳还可以听到（再降低就听不见了），也就是说，1000Hz 纯音的听阈为 3dB。当发出一声压级为 70dB 的噪声时，要想能听到 1000Hz 纯音的声压级，必须将该纯音提高到 84dB，那么就认为噪声对 1000Hz 纯音的掩蔽是 84dB 减 3dB，即 81dB。

由于噪声对语言具有掩蔽作用，所以在较高的噪声环境中，人们谈话就会感到吃力。如在电话通话中为了克服噪声的掩蔽作用，就必须提高讲话的声级。但是对于频率在 200Hz 以下或 7000Hz 以上的噪声，即使声压级高一些，对语言交谈也不致引起很大的干扰，其主要原因是由于语言的频谱声能主要集中于以 500Hz，1000Hz 和 2000Hz 为中心的三个倍频程中。

（6）斯蒂文斯（Stevens）法计算响度

前面所考虑的主要是建立测量到的声压级（dB）与纯音或狭带信号的主观感觉响度之间的关系，然而大多数噪声源产生的声音频率范围都是很宽的。为了计算这一复杂噪声的响度，Stevens 在对大量听力正常人的主观测试基础上提出了等响度指数曲线，如图 3-16 所示。

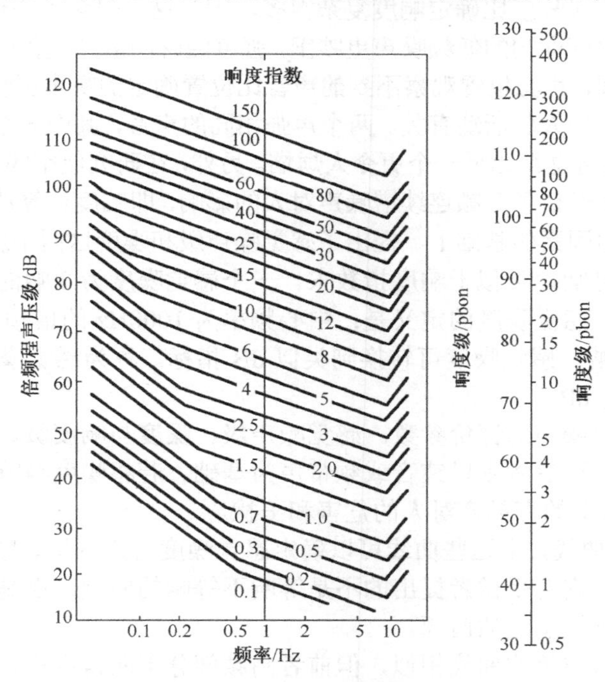

图 3-16　斯蒂文斯等响度指数曲线

这一方法是假定在一扩散声场内，它的响度指数由对应于该中心频率和频带声压级的响度指数曲线来确定。这一响度指数代表该频段对总响度的作用，但在各频带的响度指数中以最大的响度指数对总响度的作用比其他频带指数作用为大，因此，计算总响度时，最大响度指数的计权数为 1，而其他响度指数的计权数小于 1，其值随频带的宽度而异。与倍频程宽为 1/1、1/2、1/3 相对应的带宽修正因子 F 分别为 0.30、0.20、0.15。

对响度的计算方法为：首先在图 3-16 中，根据各中心频率和频带声压级分别确定各频带的响度指数。在各指数中找出最大的一个指数 S_m，然后在各指数总和中除去最大的指数，乘以 F，最后与 S_m 相加即

$$S_t = S_m + F(S - S_m) \tag{3-19}$$

式中，S_t 为总响度，$S=\sum_{i=1}^{n} S_i$ 是各频带响度指数的总和（包括 S_m 在内），F 为带宽修正因子。

有了总响度（sone），可由式（3-19）或用图（3-16）中响度与响度级的关系求得响度级（phon）。

【例 3-2】 由以下频谱（1 倍频带）所给出的声压级，求出这一声音的响度。

中心频率/Hz	63	125	250	500	1000	2000	4000	8000
声压级/dB	77	82	78	73	75	76	80	60
响度指数/sone	5	10	10	8	12	15	25	8

解：由给出的各中心频率和声压级在图 3-16 中查出相应的响度指数如上表最后一行所示。其中，最大的响度指数，S_m=25，于是总响度由式（3-19）得

$$S_t(\text{sone}) = 25 + 0.3(93-25) = 45.4$$

（7）感觉噪声级

确定噪声对人的干扰程度比确定响度复杂得多，因为这里包含了心理因素的影响。例如，一般都认为高频噪声比同样响的低频噪声更吵闹，强度随时间激烈变化的噪声比强度相对稳定的同一声音觉得更吵闹，声源位置观察不到的声音比位置确定的噪声更吵闹。噪声的干扰又与一天中噪声出现的时间和人的活动有关。两个声强相同的声音，其中一个包含纯音或声能集中在窄频带内，则该声音将觉得比另一个更令人烦恼。另外，在研究航空噪声对人的干扰过程中，人们发现用响度计算值低估了高频连续谱噪声对人的影响，即响度计算法对于航空噪声是不适用的。在综合考虑上述因素的基础上，提出了感觉噪声级和噪度这两个新的主观评价量。

感觉噪度的单位是呐，类似于响度指数宋。一个感觉噪度为 3 呐的声音与一个比 1 呐响三倍的声音一样吵闹。感觉噪度的定义是：中心频率为 1000Hz 的倍频带，声压级为 40dB，规定其感觉噪度为 1 呐。感觉噪度可转换到类似 dB 指标，称为感觉噪声级（L_{p_N}），单位用 PNdB 表示，也可写为 dB。

感觉噪声级是飞机噪声的评价参数。感觉噪声级、噪度与响度级、响度不同之处在于前者是以复音为基础的，而后者则以纯音或频带声为基础。若将噪度与响度作比较，则噪度更多地反映了 1000Hz 以上的高频声对人的危害和干扰。

图 3-17 为等噪度曲线，由这些曲线可以确定感觉噪度与声压级、频带的关系。它与等响曲线的不同之处在于，它对受试者提出的不是等响不等响的问题，而是两个 1/3 倍频程的噪声是否给人以相同的烦燥感觉的问题。

等噪度曲线的形状与等响曲线相似，但前者高频部分下凹得突出，这说明人们对高频声的烦燥和讨厌程度远大于低频声。感觉噪声级与噪度的关系如图 3-18 所示。由图可见，感觉噪度加倍，则感觉噪声级 L_{p_N} 增加 10dB。通常感觉噪声级较感觉噪度使用得更为习惯。

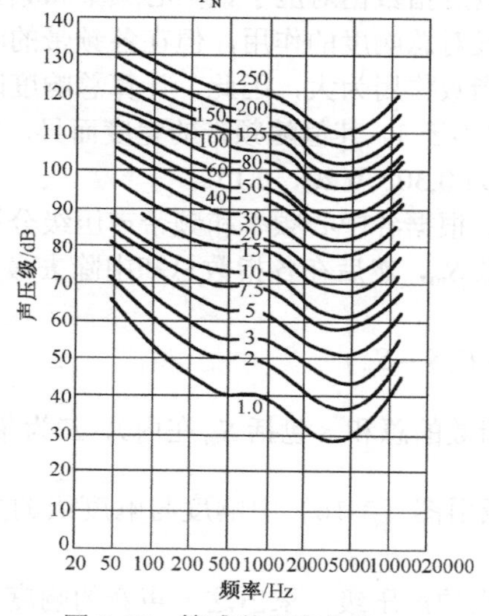

图 3-17　等感觉噪度曲线

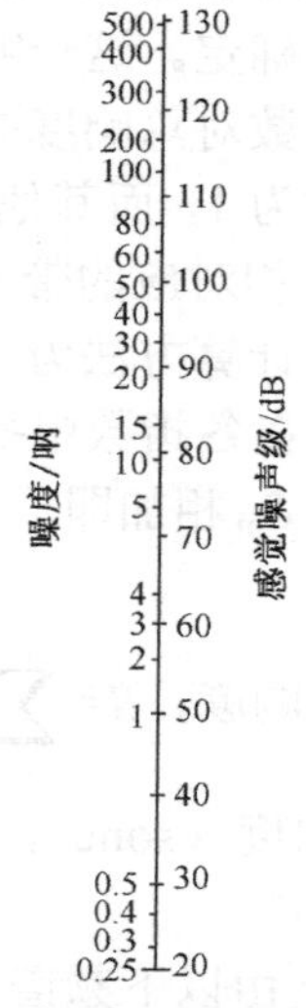

图 3-18　感觉噪声级与噪度的关系

计算感觉噪声级的方法与用斯蒂文斯法计算响度 S 类同。总的感觉噪度（呐）可用下式将各频带的感觉噪度加以计权，然后相加而求得，即

$$N_t(\text{呐}) = N_m + F(N - N_m) \tag{3-20}$$

式中，N_m 是 N_i 的最大值，$N = \sum_{i=1}^{n} N_i$ 是各频带噪度之和（包括 N_m 在内），F 是与频带有关的加权数，称为带宽修正因子。1/1 倍频带为 0.30，1/3 频带为 0.15。每一频带的呐值由图 3-17 得到。

感觉噪声级与总的感觉噪度的关系可由下式来确定

$$N_t(\text{呐}) = 2^{(L_{PN}-40)/10} \tag{3-21}$$

或

$$L_{PN}(\text{dB}) = 33.3\lg N_t + 40 \tag{3-22}$$

由式（3-20）～式（3-22）可以看出，计算响度的宋与噪度的呐相类似，响度级的方与感觉噪声级的分倍相类似。

（8）更佳噪声标准（PNC）曲线

由 Beranek 提出的噪声标准（NC）曲线最早在美国得到普遍推广应用。它是以语言干扰级和响度级为基础的，可作为评价各类室内噪声环境的一种方法。经过实践证明，NC 曲线尚有一些不足之处，于是 Beranek 对这些曲线作了修正，提出了新的更佳噪声标准（PNC）曲线，如图 3-19 所示。

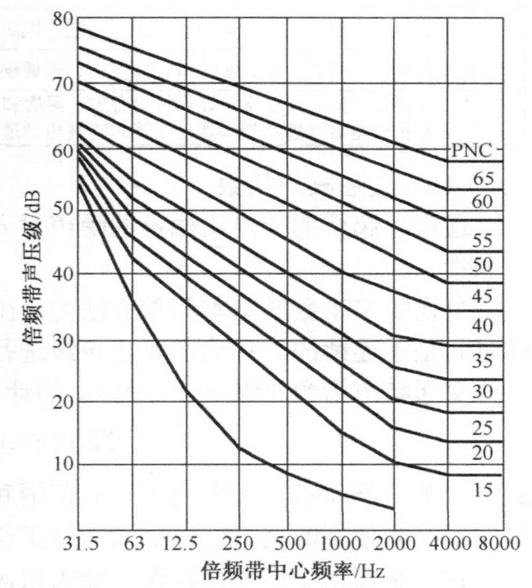

图 3-19 更佳噪声标准（PNC）曲线

这些曲线不但适用于对室内活动场所稳态环境噪声的评价，而且也可用于设计控制噪声为主要目的许多场合。PNC 曲线的使用方法是对实际存在的或建筑设计中将出现的环境噪声，取频率 31.5～8000Hz 共 8 个倍频带的声压级，由 PNC 曲线分别得到对应的 PNC 号数，其中，最大的号数即为该环境噪声的评价值。例如，PNC-35，表示这一环境噪声或建筑设计中噪声将达到 PNC-35 标准。表 3-11 给出了不同环境中推荐的 PNC 值。

（9）累积百分声级

现实生活中，许多环境噪声是属于非稳态的。对于这类噪声前面已有叙述，可用等效连续声级 L_{eq} 表达其大小，但是上述方法对噪声随机的起伏程度却没有表达出来。因而，需要用统计方法，以噪声级出现的时间概率或者累积概率来表示。目前，主要采用累积概率的统计方法，也就是用累积百分声级 L_x 表示。

L_x 是表示 x%的测量时间内所超过的噪声级。例如，L_{10} = 70dB(A)，是表示在整个测量时间内有 10%的时间，其噪声级超过 70dBA，其余 90%的时间则噪声级低于 70dB(A)；同理，L_{50} = 60A 是表示有 50%的时间噪声级低于 60dB(A)；L_{90}＝50dB(A)表示有 90%的时间噪声级超过 50dB(A)，只有 10%的时间噪声级低于 50dB(A)。因此，L_{90} 相当于本底噪声级，L_{50} 相当于中值噪声级，L_{10} 相当于峰值噪声级。

如果某声级的统计特性符合正态分布，那么等效声级也可用下式累积百分声级近似得出

$$L_{eq} \approx L_{50} + \frac{(L_{10} - L_{90})^2}{60} \tag{3-23}$$

表 3-11　各类环境的 PNC 曲线推荐值

序号	空间类型（和声学上的要求）	PNC 曲线
1	音乐厅、歌剧院（能听到微弱的音乐声）	10～20
2	播音室、录音室（使用时远离传声器）	10～20
3	大型观众厅、大剧院（优良的听闻条件）	≤20
4	广播、电视和录音室（使用时靠近传声器）	≤25
5	小型音乐厅、剧院、音乐排练厅、大会堂和会议室（具有良好的听闻效果），或行政办公室和 50 人的会议室（不用扩音设备）	≤25
6	卧室、宿舍、医院、住宅、公寓、旅馆、公路旅馆等（适宜睡眠、休息、休养）	25～40
7	单人办公室、小会议室、教室、图书馆等（具有良好的听闻条件）	30～40
8	起居室和住宅中类似的房间（用于交谈或听收音机和电视）	30～40
9	大的办公室、接待区域、商店、食堂、饭店等（要求比较好的听闻条件）	35～45
10	休息（接待）室、实验室、制图室、普通秘书室（有清晰的听闻条件）	40～50
11	维修车间、办公室和计算机设备室、厨房和洗衣店（中等清晰的听闻条件）、车间、汽车库、工厂控制室等（能比较满意地交谈和听到电话通讯）	50～60

（10）交通噪声指数

通常，起伏的噪声比稳定的噪声对人们的干扰更大，因此，评价这类噪声时必须考虑这一因素。

交通噪声指数的基本测量方法为：在 24h 周期内进行大量的室外 A 计权声压级取样。取样时间是不连续的。将这些取样声级进行统计，求得累积百分声级 L_{10} 和 L_{90}。

交通噪声指数 TNI 为 L_{10} 和 L_{90} 的计权组合，被规定如下

$$\text{TNI[dB(A)]} = 4(L_{10} - L_{90}) + L_{90} - 30 \tag{3-24}$$

式中，第一项表示“噪声气候”的范围和说明噪声的起伏变化程度；第二项表示本底噪声；第三项是为使用数据方便而加入的修正值。

TNI 是根据交通噪声特性，经大量测量和调查而得出的。它只适用于机动车辆噪声对周围环境干扰的评价，而且只限于交通车辆比较多的地段和时间内。例如，在车辆来往繁忙的道路上测得：L_{90} = 70dB(A)，L_{10} = 84dB(A)，其 TNI = 96dB(A)；对于车流量很少的道路，L_{10} 一般不太会降低，可能仍为 84dB(A)，而 L_{90} 显然会大为降低，可以假定为 55dB(A)，其 TNI ＝141dB(A)，大大超过前者。显然后者因噪声涨落较大而引起的烦恼较前者大。但后者比前者大得这么多，显然不合情理。

（11）噪声污染级

噪声污染级也是用以评价噪声对人们情绪影响的一种方法，不过，它是用噪声的能量平均值和标准偏差来表示的。标准偏差实际上也是表达噪声起伏的一种形式。标准偏差愈大，表示噪声离散程度越大，也即噪声的起伏越大。它的表达式为

$$L_{NP} = L_{eq} + K\sigma \tag{3-25}$$

标准偏差为

$$\sigma=\sqrt{\frac{1}{n-1}\sum_{i=1}^{n}(L_i-\overline{L})^2} \tag{3-26}$$

式中，L_i为第 i 个声级值；$\overline{L}$为所测 n 个声级的算术平均值；n 为取样总数；L_{eq}表示在一个指定的测量时间内 A 计权声级的等能量声级值；σ 是声级的标准偏差；K 为常数，经过一些测量和对噪声主观反应的调查研究，得出 K=2.56 最为合适。

式（3-25）中第一项主要取决于干扰噪声的强度。在这一项中已经计入了出现的各个噪声在总的噪声暴露中所占的分量。第二项取决于干扰噪声事件相继出现的时间，尤其对于起伏较大的噪声，这种噪声在平均能量中难以反映出来，因此，计入 $K\sigma$ 项后，能反映出起伏越大的噪声，对噪声污染级的影响就越大，对人的干扰也就更强。

计算噪声污染级应当选在对人的活动和噪声事件的发生都比较合理的一段时间内。例如，白天与晚间人的活动和噪声事件的发生显然不一样，因此噪声污染级要分开来计算。噪声污染级在符合正态分布的条件下又可用等效连续声级或累积百分声级表示

$$L_{NP}\,[\mathrm{dB(A)}]=L_{eq}+L_{10}-L_{90} \tag{3-27}$$

或

$$L_{NP}[\mathrm{dB(A)}]\approx L_{50}+d+\frac{d^2}{60} \tag{3-28}$$

式中，$d=L_{10}-L_{90}$。

噪声污染级适用于对许多公共噪声的评价。例如，用噪声污染级来评价航空或道路交通噪声是非常适当的。它与噪声暴露的物理测量相比较，是非常一致的。但到目前为止，还没有收集到进一步说明噪声污染级与人们对噪声主观反应的相关程度的其它试验数据。

L_{NP} 在美国住房和城市规划部门已作为一项室内和室外环境噪声允许指标提出。例如，对现有收听无线电和电视的房间 L_{NP} 不得超过 50～60dB(A)，对于卧室 L_{NP} 宜控制在 40～65dB(A)之间，对于新建住宅区的室外环境噪声的 L_{NP} 如大于 88dB(A)，则明显的不可接受；如在 74～88dB(A)之间，则一般不可接受；而在 62～74dB(A)之间一般认为可以接受；只有在小于 62dB(A)时，才明显地认为可以接受。

（12）昼夜等效声级

我国目前采用昼夜等效声级 L_{dn} 作为在整个特定时间内公共噪声暴露的单一数值量度。为了考虑噪声出现在夜间对人们烦恼的增加，规定夜间（22:00～06:00）测得的 L_{eq} 值需加权 10dB(A)作为修正值。L_{dn} 主要用于预计人们昼夜长时间暴露在环境噪声中所受的影响。由上述的规定，L_{dn} 可以写成如下的关系式

$$L_{dn}\,[\mathrm{dB(A)}]=10\lg\,[0.625\times10^{L_d/10}+0.375\times10^{(L_n+10)/10}\,] \tag{3-29}$$

式中，L_d 为白天（06:00～22:00）的等效声级值，L_n 为夜间（22:00～06:00）的等效声级值。白天和夜间的时段可以根据当地情况作适当的调整。

（13）噪声冲击指数

合理地评价噪声对环境的影响，除噪声级的分布外，还应考虑受某一声级影响的人口数，即人口密度这一因素。人口密度越高，噪声影响也就越大。噪声对人们生活和社会环境的影响（包括短期或长期的）可用噪声冲击的总计权人口数（TWP）来描述：

$$\mathrm{TWP}=\sum_i W_\mathrm{i}P_\mathrm{i}$$

式中，P_i为全年或某段时间内受第 i 等级范围内（如 60～65dB(A)昼夜等效声级）影响的人口数，W_i为该等级的计权因子，如表 3-12 所示。当然，由于不同的国家或地区因生活习惯和环境的差异，各等级的计权值可能有所不同。从 TWP 表达式可以看出，高噪声级对少数人的冲击可等量于低噪声级对多数人的冲击。

将上式的噪声冲击除以暴露在该环境噪声下的总人数$\sum_i P_\mathrm{i}$，即

$$\mathrm{NII}=\frac{TWP}{\sum_i P_\mathrm{i}} \tag{3-30}$$

NII 称为噪声冲击指数，也就是平均每人受到的冲击量。NII 可用作对声环境质量的评价和不同环境的相互比较，以及在城市规划布局中预估噪声对环境的影响。

（14）噪声评价数

ISO 公布了一簇噪声评价曲线（即 NR 曲线），称为噪声评价数 NR，简单表示为 N，见图 3-20，图中曲线上数据为噪声评价数。噪声评价数是用来评价不同声级、不同频率的噪声对听力损伤、语言干扰和烦恼程度的标准。

表 3-12　不同 L_{dn} 范围的 W_i 值

L_{dn} 范围/dB	W_i
35～40	0.01
40～45	0.02
45～50	0.05
50～55	0.09
55～60	0.18
60～65	0.32
65～70	0.51
70～75	0.83
75～80	1.20
80～85	1.70
85～90	2.31

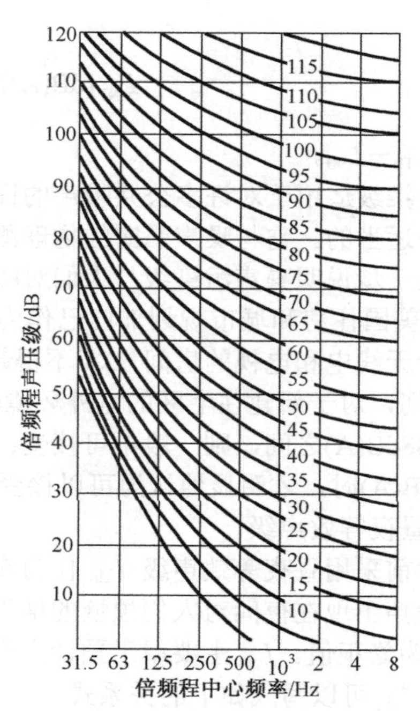

图 3-20　噪声评价曲线

噪声评价曲线的声级范围是 0～130dB，频率范围是 31.5～8000Hz 9 个倍频程。在 NR 曲线簇上，1000Hz 声音的声压级等于噪声评价数 N。实测得到的各个闭频程声压级 L_p与 N 的关系为

$$L_\mathrm{p}=a+bN \tag{3-31}$$

式中，a 和 b 为与各倍频程声压级有关的常数，见表 3-13。

对于一般的噪声，其噪声评价数 N 可近似地由 A 声级 L_{P_A} 求出

$$L_{P_A}=\mathrm{N}+5 \quad (3\text{-}32)$$

为了保护听力，通常取$N=85\text{dB}$，作为最大允许的噪声评价数。对于其他环境，可参考表3-14所列的建议值来确定N。

表3-13　*a*、*b*常数表

频率/Hz	31.5	63	125	250	500	1k	2k	4k	8k
a	55.4	35.5	22.0	12.0	4.8	0	-3.5	-6.1	-8.0
b	0.681	0.790	0.870	0.930	0.974	1.000	1.015	1.025	1.030

表3-14　建议的噪声评价数*N*(dB)

卧室	办公室	教室	工厂
20～30	30～40	40～50	60～70

（15）噪声剂量

噪声剂量D定义为实际噪声暴露时间$T_{实}$与容许暴露时间T之比，即

$$D=T_{实}/T \qquad (3\text{-}33)$$

如果噪声剂量超过1或100%，则在场的工作人员所接受的噪声就超过安全标准。通常，职工每天所接受的噪声往往不是某一固定声级，这时，噪声剂量应按具体的声级和相应的暴露时间进行计算，即

$$D=T_{实_1}/T_1+T_{实_2}/T_2+\ldots\ldots+T_{实_n}/T_n \qquad (3\text{-}34)$$

3.2.2　噪声标准

环境噪声不但干扰人们工作、学习和休息，使正常的工作生活环境受到影响，而且还危害人们的身心健康。噪声对人的影响既与噪声的物理特性（如声强、频率、噪声持续时间等）有关，也与噪声暴露时间、个体差异因素有关。因此，必须对环境噪声加以控制，但控制到什么程度，是一个很复杂的问题。它既要考虑对听力的保护，对人体健康的影响，以及对人们的困扰，又要考虑目前的经济、技术条件的可能性。为此，通过采用调查研究和科学分析的方法，应对不同行业、不同区域、不同时间的噪声暴露分别加以限制，这一限制值就是噪声标准。为了保障城市居民生活的声环境质量，有效地防治环境噪声污染，国家权力机关根据实际需要和可能，颁布了各种噪声标准，如《城市区域环境噪声标准》、《工业企业厂界噪声限值》、《建筑施工场界噪声限值》以及机动车辆、铁路机车、电动工具、家用电器等各种相关噪声控制的国家标准。

1．工业企业噪声卫生标准

我国卫生部和国家劳动总局颁发的工业企业噪声卫生标准规定：对于新建、扩建和改建的工业企业，8h工作时间内，工人工作地点的稳态连续噪声级不得大于85dB(A)，对于现有工业企业，考虑到技术条件和现实可能性，则不得大于90dB(A)，并逐步向85dB(A)过渡。当工人每天噪声暴露时间不足8h，则噪声暴露值可按表3-15做相应放宽。反之，当工作地点的噪声级超过标准时，则噪声暴露的时间应按表3-15相应减少。

例如，按现有工业企业的噪声标准规定，在93dB(A)噪声环境中工作的时间只容许4h，

其余 4h 必须在不大于 90dB(A)的噪声环境中工作；在 96dB(A)的噪声环境中工作容许 2h，其余 6h 必须在不大于 90dB(A)的噪声环境中工作。依此类推，并以 115dB(A)为最高限，超 115dB(A)的噪声级是不容许的，需采取有效的降低噪声或其他个人防护措施。

表 3-15 车间内部容许噪声级　　dB(A)

每个工作日噪声暴露时间/h	8	4	2	1	1/2	1/4	1/8	1/16
新建企业容许噪声级/dB(A)	85	88	91	94	97	100	103	106
现有企业容许噪声级/dB(A)	90	93	96	99	102	105	108	111
最高噪声级/dB(A)	≤115							

对于非稳态噪声的工作环境或工作位置流动的情况，根据检测规范的规定，应测量等效连续声级，或测量不同的 A 声级和相应的暴露时间，然后按如下方法计算等效连续 A 声级或计算噪声暴露率。

等效连续 A 声级的计算是先将一个工作日（8h）内所测得的各 A 声级从小到大分成八段排列，每段相差 5dB(A)，以其算术平均的中心声级来表示，如 80dB(A)表示 78～82dB(A)的声级范围，85dB(A)表示 83～87dB(A)的声级范围，依次类推。低于 78dB(A)的声级可不予考虑，则一个工作日的等效连续声级：

$$L_{\mathrm{eq}} = 80 + 10\lg\frac{\sum\limits_{n} 10^{\frac{(n-1)}{2}} \times T_n}{480} \tag{3-35}$$

式中，n 为中心声级的段数，n=1～8，如表 3-16 所示。T_n 表示第 n 段中心声级在一个工作日内所累积的暴露时间。

表 3-16　各段中心声级和暴露时间

n（段数）	1	2	3	4	5	6	7	8
中心声级 L_i/dB(A)	80	85	90	95	100	105	110	115
暴露时间 T_n/min	T_1	T_2	T_3	T_4	T_5	T_6	T_7	T_8

噪声暴露率的计算是将暴露声级的时数除以该暴露声级的允许工作的时数。设暴露在 L_i 声级的时数为 C_i，L_i 声级允许暴露时数为 T_i（从表 3-15 查出），则按每天 8h 工作可算出噪声暴露率。

$$D = \frac{C_1}{T_1} + \frac{C_2}{T_2} + \frac{C_3}{T_3} + \dots = \sum_i \frac{C_i}{T_i} \tag{3-36}$$

如果 $D > 1$，则表明 8h 工作的噪声暴露剂量超过允许标准。

ISO R1999 和一些国家的工业噪声标准见表 3-17。

2．城市环境噪声标准

根据城市中不同的社会功能，按照环境噪声控制的要求可划分为若干类不同控制限值的区域。我国于 1982 年颁布的《城市区域环境噪声标准》（GB3096-82），将城市按不同社会功能划分为 6 类区域，规定了各类区域的环境噪声标准。后来对《城市区域环境噪声标准》和《城市区域环境噪声测量方法》（GB/T14623-93）进行了修订，修订后的新标准变为《声环境质量标准》（GB3096—2008），其内容见表 3-18。

表 3-17　一些国家工业噪声允许标准（A 声级）

国别	连续噪声级/dB	暴露时间/ h	时间减半允许提高量/dB	最高限度/dB	脉冲噪声级/dB
美国	85	8	3	115	140
英国	90	8	5		150
法国	90	4	3		
澳大利亚	90		3	115	
意大利	90	8	5	115	140
加拿大	90	8	3	115	140
日本	90		3		
德国	90				
瑞士	90		3		
丹麦	90		3	115	
瑞典	85		3	115	
奥地利	95		3		
苏联（原）	85		3		
比利时	90	4	5	110	140

表 3-18　我国城市各类区域环境噪声标准（L_{eq}/dB）

类别	适用区域	昼间/dB	夜间/dB
0	特殊居住区（疗养院、高级别墅区等含农村）	50	40
1	居民、文教机关区、医疗卫生	55	45
2	商业金融、集市贸易或居住、商业、工业混杂区	60	50
3	工业区、仓储物流	65	55
4	4a 铁路干线背景值和公路交通干线道路两侧	70	55
	4b 铁路干线两侧区域	70	60

中国科学院声学研究所对我国噪声标准在有关听力保护、语言干扰和对睡眠的影响三个方面，提出了如表 3-19 的建议值。表所给出的为等效声级。理想值是噪声无任何干扰或危害的情况，可作为达到满意效果的最高标准。极大值是允许噪声有一定的干扰和危害（睡眠干扰 23%，交谈距离 2m，对话稍有困难，听力保护 80%），但不能超过这个限度，如果超过限度，就会造成严重的干扰和危害。在实际情况下，应根据噪声的性质、地区环境和经济条件等决定位于理想值和极大值之间的具体标准。

表 3-19　我国环境噪声标准（建议值）

使用范围	噪声标准/dB	
	理想值	最大值
听力保护	75	90
语言交流	45	60
睡眠	35	50

3.3　环境噪声预测

无论已建、新建还是扩建项目，对其进行环境噪声影响的预测都是环境噪声管理工作中的一个重要环节。它不仅可以为噪声预防和治理提供科学依据，而且对于环境规划乃至城市规划也都具有重要的指导意义。例如，为降低车间内和工作位置处的噪声，有几种可能的规划、设计方案和几种可能的噪声控制措施可以选择，运用噪声预测就可以比较各种方案的效果，以选择最适当的技术措施。

噪声预测技术是对声学物理现象加以模拟，即把作为声源的机器设备辐射噪声的量与室内建筑、装备设施等影响声音传播的因素以参数形式输入，然后计算出工作场所内的声场分布及工作位置处的噪声量。噪声预测技术是噪声控制规划中的有效辅助工具。

环境噪声预测的方法主要有物理声学和几何声学原理预测法、计算机模拟法、实验室缩尺模型试验法和灰色系统预测法等。根据噪声源特性、声源分布、声波传播途径的差异，以及对上述信息了解和掌握程度的不同，所采取的预测方法也不同。当声源的数目较少，声源所辐射的声能及频率较稳定，声波的传播途径较简单时，可采用物理声学和几何声学原理预测法。对于声源较多且随机性强的噪声源，可以采用计算机模拟预测法。该方法省时快捷，预测精度高，是一种非常有效的预测方法。实验室缩尺模型预测法是指在声学实验室中通过设置一个缩小了的模型，用实验的手段模仿实际情况，对噪声源的污染状况进行分析预测，主要用于实际噪声传播情况非常复杂，难以从理论上获得其确切的各项参数时的情况。所谓灰色系统预测法是指用灰色系统的理论方法，通过对系统中已知的某些参数的历史状况进行分析，从而预测这些参数未来的情况。

3.3.1 道路交通噪声预测

道路交通噪声主要是机动车辆噪声。机动车噪声源所辐射的噪声通常用声级、频谱特征、发动机功率等量来表征，而交通噪声的声级通常是指交通干线在某一时段内的等效连续声级和累计百分声级 L_{10}、L_{50}、L_{90} 等。

1. 单个车辆噪声预测

单个机动车的噪声主要来源于发动机、高压废气的排出、空气进入发动机、发动机的冷却风扇以及轮胎与路面摩擦等。

（1）发动机噪声预测

发动机噪声与发动机类型有关。下面三种类型发动机，在离开发动机 15m 处的 A 声级 L_E 可用下列公式计算：

四冲程自然发动机： $$L_E[\mathrm{dB(A)}] = 30\lg N + 50\lg B - 70.7 \tag{3-37}$$

四冲程涡轮压缩进气发动机： $$L_E[\mathrm{dB(A)}] = 40\lg N + 50\lg B - 105.7 \tag{3-38}$$

二冲程发动机： $$L_E[\mathrm{dB(A)}] = 40\lg N + 50\lg B - 96.7 \tag{3-39}$$

式中，N 为发动机转速（r/min），B 为发动机汽缸内径（cm）。

（2）发动机排气噪声预测

实际使用中的车辆发动机排气口均装有消声器。因此，发动机噪声与所装消声器性能有关，其噪声大小受消声器性能影响。对于通用标准型发动机和消声器，距离声源 15m 处的排气噪声可用下式估算：

$$L_M[\mathrm{dB(A)}] = 10\lg \mathrm{bhp} + 74.5 - C_0 \tag{3-40}$$

式中，bhp 为发动机的制动马力，四冲程自然进气发动机、四冲程涡轮压缩进气发动机和二冲程发动机的 C_0 分别为 17.2dB(A)、16.7dB(A)和 15dB(A)。

（3）发动机冷却风扇噪声

发动机冷风扇噪声在 15m 处的 A 计权声级可用下面关系式进行计算，即

$$L_F[\mathrm{dB(A)}] = 10\lg b\cdot n + 30\lg[(a_1Nd)^2 + (5.305v)^2] - 108.6 \tag{3-41}$$

式中，b 为风扇叶片宽（m）；n 为叶片数；N 为发动机转速（r/min）；v 为车辆的速度（km/h）；

d 为风扇直径（m）；发动机气缸容积变化小于 9800cm^3 时，a_1=1.0；气缸容积变化大于或等于 9800cm^3 时，a_1=1.2。

（4）发动机进气噪声

发动机进气噪声在 15m 处的 A 计权声级可用下面各关系式进行计算：

四冲程压缩进气 $L_I = 63 + 5\lg \text{bhp} - C_1$ dB(A) （3-42）

四冲程自然进气 $L_1 = 81 - C_2$ dB(A) （3-43）

二冲程 $L_1 = 83 - C_2$ dB(A) （3-44）

式中，bhp 为发动机的制动马力；无空气过滤器时，$C_1=C_2=0$；有空气过滤器时，$C_2=C_1+7$dB(A)，$C_1=13-5\delta_s+8\delta_f$ dB(A)，若空气过滤器为管道进气，$\delta_s=1$，若非管道进气，$\delta_s=0$；若空气过滤器进气口在顶部，$\delta_f=1$，若非顶部进气，$\delta_f=0$。

（5）轮胎噪声

轮胎噪声在 15m 处的 A 计权声级可用下面关系式进行计算

$$L_T[\text{dB(A)}] = 40\lg v + 10\lg N_a L_0 - B_0 \tag{3-45}$$

式中，N_a 为车辆的车轴数；L_0 为每只车轮上所承受的荷重（kg）；v 为车辆行驶速度（km/h）；B_0 为一影响因子（见表 3-20），它与轮胎花纹和新旧程度有关。

表 3-20 式（3-45）中的 B_0 值

轮胎花纹	新胎	旧胎
纵向肋形 A	36.5	
纵向肋形 B	35.0	32.5
横向肋形	30.5	26.0
封闭形凹槽	19.5	19.5

（6）车辆传动装置噪声

车辆传动装置在 15m 处的 A 计权声级可用下面关系式进行计算

$$L_G[\text{dB(A)}] = 10\lg \text{bhp} + 13.5\lg N - 2.7 \tag{3-46}$$

式中，bhp 为发动机的制动马力；N 为发动机转速（r/min）；若转速在 1500～2100 r/min 范围内变化，则传动装置噪声的变化将在±6dB 范围内。

2．干道车辆行驶噪声的预测

道路交通噪声的影响除了与车辆辐射的声功率、车速、车流量等因素有关外，还与道路两侧的建筑设施有关。

（1）点声源模型

设车辆为一无指向性点声源，其声功率级为 L_W，并假设声能属于半空间辐射，在距离为 l 处的声级为

$$L = L_W - 20\lg l - 8\,[\text{dB(A)}] \tag{3-47}$$

当有一车辆以速度 v(m/s)在 AB 线上行驶时（如图 3-21 所示），车辆经过时间 t(s)，由 O 点移动到 P 点，C 点到 P 点的距离为：$r=\sqrt{l^2+(vt)^2}$，此时车辆在 C 点所产生的声级为

$$L_p[\text{dB(A)}] = 10\lg\frac{I}{I_r} = 10\lg\frac{W}{2\pi r^2 I_r} = L_W + 10\lg\frac{1}{l^2+(vt)^2} - 8 = L_W + 20\lg l - 8 - 10\lg\left[1+\left(\frac{vt}{l}\right)^2\right] \tag{3-48}$$

式中前三项为车辆驶过时的最大声级；第四项为车辆在行驶的过程中其声级随时间的变化；I_r 为参考声强，10^{-12}W/s。

（2）线声源模型

当道路上车辆可以看作以恒定速度运动，且各车辆间等距离分布，各车辆的声源强度又较接近时，就可以把整个车量流看成一个具有一定源强度的线声源，如图 3-22 所示。假定相邻车辆分别用 P_0、P_1、P_2…表示，O 点左测车辆以 P_{-1}、P_{-2}、…来表示，由单辆车模型可知，P_n 位置的车辆经过 t 秒已由原来的距 O 点为 nd 处行驶到($vt+nd$)位置，因此，对 C 点所产生的声级为

$$L_{P_n} = L_W + 10\lg\frac{1}{l^2+(vt+nd)^2} - 8$$

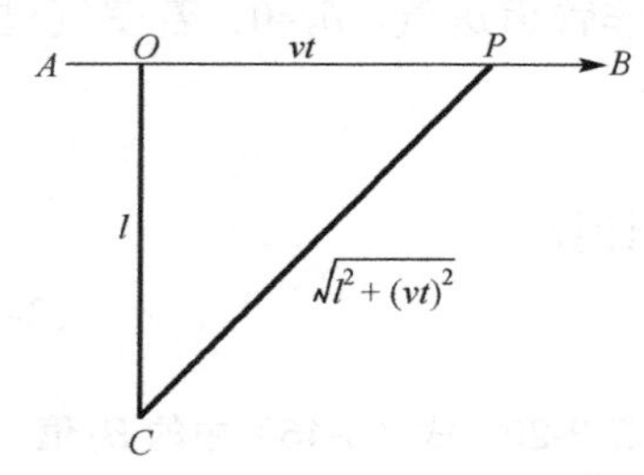

图 3-21　点声源模型

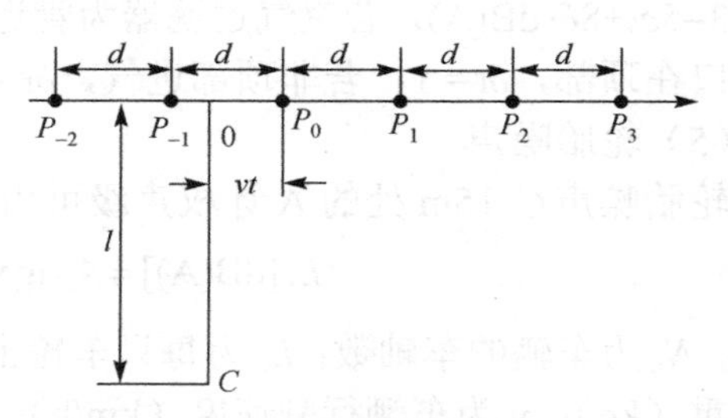

图 3-22　线声源模型

整个车流在 C 点所产生的声压级为

$$L = L_W - 8 + 10\lg\sum_{-\infty}^{\infty}\frac{1}{l^2+(vt+nd)^2}$$

于是得到一定时间内的平均声级，即相当于统计中值为

$$L_{50} = L_W + 10\lg\left(\frac{1}{2ld}\arctan\frac{2\pi l}{d}\right) \tag{3-49}$$

当车流量较高，计算点距离车辆行驶线较远时，即 $l/d \gg 1$ 时，$\arctan\left(2\pi\frac{l}{d}\right) \to 1$，平均声级可简化为

$$L_{50} = L_W + 10\lg\frac{1}{2ld} \tag{3-50}$$

当 $l/d \ll 1$ 时，$\arctan\left(2\pi\frac{l}{d}\right) \to 2\pi\frac{l}{d}$，平均声级可简化为

$$L_{50} = L_W + 5 - 20\lg d \tag{3-51}$$

设一条街道的车流量为 N（辆/h），平均车速 v 为（km/h），则平均车辆间距 $d=1000v/N$（m），将 d 分别代入式（3-50）和式（3-51），可以得到 $l/d \gg 1$ 时的平均声级为

$$L_{50} = L_W - 33 + 10\lg\frac{N}{v} - 10\lg l \tag{3-52}$$

当 $l/d \ll 1$ 时的平均声级为

$$L_{50} = L_W - 55 + 20\lg d\frac{N}{v} \tag{3-53}$$

图 3-23 是车辆声功率级为 97dB(A)，平均车速为 60 km/h 时，不同距离的平均声级和车流量的关系曲线。由图可知，当距离较远或车流量较大时，车流量增加一倍，平均声级增加 3dB(A)。

图 3-24 是不同车流量的平均声级与距离的关系曲线。图中当 l/d>1/4 时，距离增加一倍，噪声减少 3dB(A)，相当于线状声源的衰减特性；当 l/d<1/10 时，平均声级与距离无关。

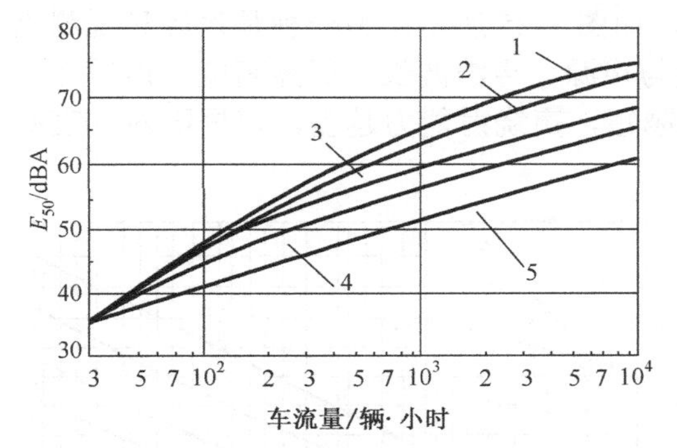

图 3-23　平均声级与车流量的关系

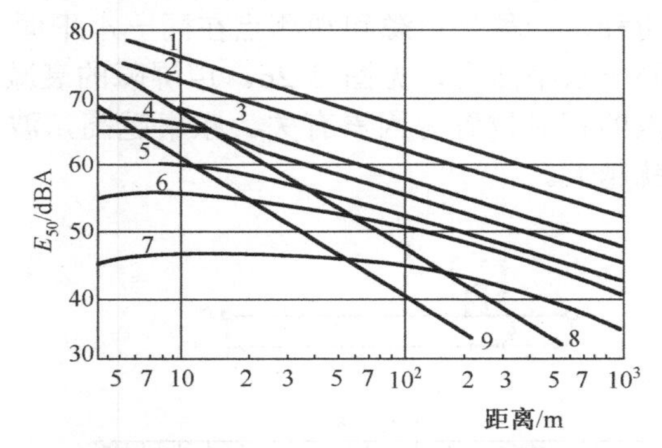

图 3-24　平均声级与距离的关系

3．环境因素对道路交通噪声传播的影响

对于相同的道路交通流，由于声在传播的过程中，路面、道路两侧建筑物等环境状况不同，声波在传播的过程中随距离的衰减是不同的。

（1）路面对噪声的附加衰减

当噪声在不同地面上传播并衰减时，则单个车辆的噪声随距离衰减值为

$$\Delta L = K_1 \times 20\lg r_2 / r_1 \tag{3-54}$$

式中，ΔL 为 r_1 和 r_2 正级差；K_1 为与地面条件有关的常数，其值见表 3-21。

表 3-21　路面修正值 K_1

路面条件	K_1
沥青路面	0.9
一般土壤路面	1.0
混凝土路面	0.9
绿化草地地面	1.1

当车流量较大时，车辆流可以认为是线状声源，此时噪声随距离的衰减值为

$$\Delta L = K_1 \times 10\lg r_2 / r_1 \tag{3-55}$$

当车流量较小时，车辆流可认为是具有一定间隔的点声源，它随距离的衰减值按下式计算

$r_2 \leqslant d/2$ 时，

$$\Delta L = K_1 K_2 \times 20\lg r_2 / r_r \tag{3-56}$$

$r_2 > d/2$ 时，

$$\Delta L = 20K_1\left(K_2 \lg\frac{0.5d}{7} + \lg\sqrt{\frac{r^2}{0.5d}}\right) \tag{3-57}$$

式中，K_2 为常数，按表 3-22 取值；车辆间距为 $d=1000v/N$，其中 v 为车辆平均速度（km/h）；N 为车流量（辆/h）。

表 3-22　车间距修正值 K_2

d(m)	20	25	30	40	50	60	70
K_2	0.17	0.5	0.62	0.72	0.78	0.81	0.83
d(m)	80	100	140	160	250	300	
K_2	0.84	0.86	0.88	0.89	0.89	0.91	

（2）道路两侧屏障对噪声的附加衰减

道路两侧的建筑物、屏障等在声学意义上都可以认为是声屏障。经常遇到的声屏障形式有两种，一种是声源和观测点在同一水平面上，如图 3-25 所示；另一种是声源和观测点不在同一水平面上，见图 3-26。声屏障的衰减值与声源、声波波长、屏障高度、声屏障与观测点的相对位置等因素有关。频率越高，波长越短，声绕射能力越差，声屏障对其衰减值也就越大。

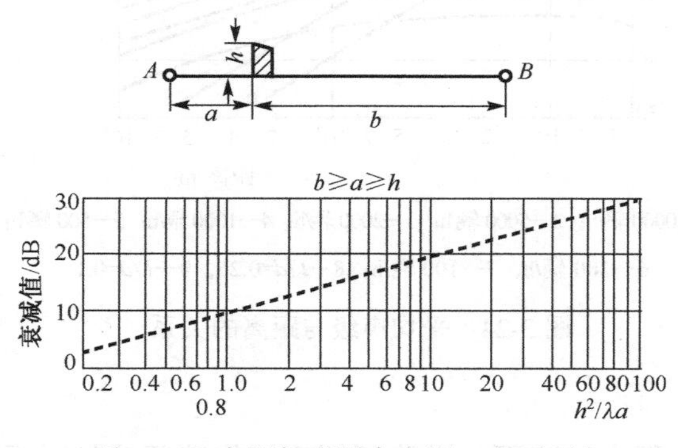

图 3-25 声源与观测点在同一水平面上

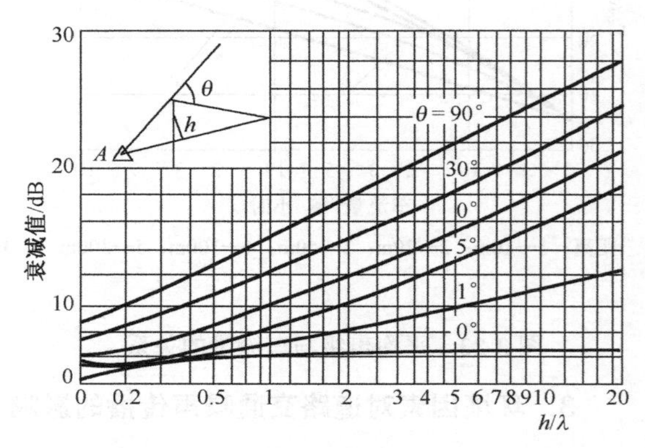

图 3-26 声源与观测点不在同一水平面上

（3）空气吸收对噪声的附加衰减

空气吸收声波而引起声衰减与声波频率、大气压、温度、湿度有关。被空气吸收的衰减值可由下式计算

$$\Delta L = \alpha_0 r \tag{3-58}$$

式中，α_0 为空气的吸声系数；r 为声波传播的距离。当 r<200m 时，$\Delta L_2 \approx 0$。

在实际噪声预测过程中，为了简化计算，常把距离衰减和空气吸收衰减两项合并，可用下面公式计算（声源位于硬平面上），即

$$\Delta L = 20\lg r + 6\times10^{-6} fr + 8 \tag{3-59}$$

式中，f 为噪声的倍频带几何平均频率（Hz）；r 为声波传播的距离（m）；$6\times10^{-6} f\cdot r$ 为由空气吸收而引起的衰减值 dB。

（4）植物的吸收屏蔽效应

声波通过高于声线 1m 以上的密集植物丛时，即会因植物阻挡而产生声衰减。在一般情况下，松树林带能使频率为 1000Hz 的声音衰减 3dB/10m；杉树林带为 2.8dB/10m；槐树林带为 3.5dB/10m；高 30 的草地为 0.7dB/10m。阔叶林地带的声衰减值见表 3-23。

表 3-23 阔叶林地带的声衰减值 dB/10m

频率/Hz	250	500	1000	2000	4000	8000
衰减值	1	2	3	4	4.5	5

4．铁路交通噪声

铁道交通噪声包括信号噪声、机车噪声和轮轨噪声三部分。信号噪声是指机车鸣笛声。汽笛声在机车侧面 10m 处可达 132dB，风笛声低，为 30～40dB，且柔和。我国规定，机车在经过城市时只准用风笛。机车噪声就是动力机工作时的噪声，其中电力机车噪声最低，司

机室为 82～87dB；蒸汽机车次之，司机室为 100dB；内燃机车最强，司机室在 100～108dB。目前蒸汽机车和内燃机车已经很少使用。轮轨噪声指车轮和轨道之间的撞击声和机动车的动力装置噪声，它的强弱与行车速度、车厢长度、每列车的车厢数目、每个车厢的轮轴数目、轨道的技术状态等有密切关系。实测表明，在列车运行速度为每小时 60km/h，在距离轨道 5m 处，轮轨噪声 102dB(A)，机车噪声为 106dB(A)。车速度加倍，轮轨噪声和机车噪声各增加约 6～10dB(A)。

当机车高速行驶时，轮轨噪声为主要噪声源。当车轮和轨道切向接触，并在直轨或稍弯轨道上行驶时，15m 处的撞击噪声 A 计权声级可用如下关系式计算：

栓接轨道：$$L_A=26.8+30\lg v \quad \text{dB(A)} \tag{3-60}$$

焊接轨道：$$L_A=20.7+30\lg v \quad \text{dB(A)} \tag{3-61}$$

其中，v 为车速，单位 km/h。

由式（3-60）和式（3-61）可知，当车速增加一倍时，A 计权声级提高 9dB。在铁路线车速为中低速时，轮轨噪声与车速的 2～3 次方成正比。但高速铁路干线车速达 200km/h 以上时，轮轨噪声与车速的四次方成正比，并且主要噪声源逐渐转化为空气动力性噪声，其影响范围会达 1km 之远。

3.3.2 工业企业生产噪声预测

工矿企业中的噪声源可以分为室内声源和室外声源两种，其噪声影响预测应分别考虑。

1. 室外声源

第 i 个噪声源在第 j 个预测点的倍频带声压级 $L_{ij}(r)$为

$$L_{ij}(r)=L_i(r_0)-(A_1+A_2+A_3+A_4) \tag{3-62}$$

式中，$L_i(r_0)$为第 i 个噪声源在参考位置 r_0 处的倍频带声压级（dB）；A_1 为发散衰减量（dB）；A_2 为屏障衰减量（dB）；A_3 为空气吸收衰减量（dB）；A_4 为附加衰减量（dB）。

如果已知噪声源的倍频带声功率级为 L_{W_i}，并假设声源位于地面上（半自由声场），则

$$L_i(r_0)=L_{W_i}-20\lg r_0-8 \tag{3-63}$$

通过下式可将由式（3-60）计算出的声压级转化为 A 声级

$$L_{A_{ij}}(r)=L_{A_i}(r_0)-(A_1+A_2+A_3+A_4) \tag{3-64}$$

如果已知该噪声源的 A 声功率级为 L_{W_i}，则

$$L_{A_i}(r_0)=L_{W_i}-20\lg r_0-8 \tag{3-65}$$

2. 室内声源

假如，某厂房内共有 k 个噪声源，对预测点的硬性规定可看做是相当于若干个等效室外声源，其计算方法如下：

（1）厂房内第 i 个声源在室内靠近围护结构处的声级 L_{pil}

$$L_{\text{pil}}=L_{W_i}+10\lg\left(\frac{Q}{4\pi r_i}+\frac{4}{R}\right) \tag{3-66}$$

式中，L_{W_i}为该厂房内第i个声源的声功率级；Q为声源的指向性因子，位于地面上声源的Q值等于2；r_i为室内某点距声源的距离；R为房间常数。

（2）厂房内k个噪声源在室内靠近围护结构处的声级L_{P_1}

$$L_{P_1}=10\lg\sum_{i=1}^{k}10^{0.1L_{P_{1i}}} \tag{3-67}$$

（3）厂房外靠近围护结构处的声级L_{P_2}

$$L_{P_2}=L_{P_1}-(L_{TL}+6) \tag{3-68}$$

式中，L_{TL}为围护结构的传声损失。

（4）把围护结构当作等效室外声源，再根据声级L_{P_2}和围护结构（一般为门、窗）的面积，计算等效室外声源的声功率级。

（5）按照上述室外声源的极端方法，计算该等效室外声源在第j个预测点的声级$L_{A_{kj}}$。如果室外声源有n个，等效室外声源为m个，则第j个预测点的总声级为

$$L_{A_j}=10\lg\left[\sum_{i=1}^{n}10^{0.1L_{A_{ij}(out)}}+\sum_{k=1}^{m}10^{0.1L_{A_{kj}(in)}}\right] \tag{3-69}$$

3.3.3 工程施工噪声预测

施工过程发生的噪声与其他重要噪声源有所不同。一是噪声由许多不同种类的设备发出；二是这些设备的运行是间歇性的，因此，所发出的噪声也是间歇性和短暂的；三是一般规定施工应在白天进行，因此对睡眠干扰较小。在做施工噪声影响预测时，应充分考虑上述特点。预测其影响步骤如下。

（1）确定各类工程在各施工阶段场地上发出的等效声级L_{eq}（见表3-24）

表3-24 施工阶段场地上的能量等效声级（dBA）的典型范围

工程类型	住房建设		办公建筑、旅馆、学校、医院、共用建筑		工业小区、停车场、宗教、娱乐、服务中心		公共工程、道路与公路、下水道和管沟	
施工阶段	I	II	I	II	I	II	I	II
场地清理	83	83	84	84	84	83	84	84
开　挖	88	75	89	79	89	71	88	78
基　础	81	81	78	78	77	77	88	88
上层建筑	81	65	87	75	84	72	79	78
完　工	88	72	89	75	89	74	84	84

I—所有重要的施工设备都在现场；II—只有极少数必要的设备在现场

（2）确定整个施工过程中场地上的L_{eq}

整个施工过程中场地上的L_{eq}可用下式计算

$$L_{eq}=10\lg\frac{1}{T}\sum_{i=1}^{N}T_i10^{L_i/10} \tag{3-70}$$

式中，L_i为第i阶段的L_{eq}；T_i为第i阶段延续的总时间；T为从开始阶段（i=1）到施工结束（i=2）的总延续时间；N为施工阶段数。

（3）在距离施工场地x距离处的$L_{eq}(x)$的修正系数ADJ

$$ADJ = -20\lg\left(\frac{x}{0.328} + 250\right) + 48 \tag{3-71}$$

式中，x 为距场地边界的距离（m）。

（4）在适当的地图上画出场地周围 L_{eq} 的轮廓。

3.3.4 环境噪声影响评价

噪声环境影响评价就是解释和评估拟建项目造成的周围声环境预期变化的重大性。

1．影响评价的基本内容

国内噪声影响评价的基本内容有以下几方面。

（1）根据拟建项目多个方案的噪声预测结果和环境噪声评价标准，评述拟建项目各个方案在施工、运行阶段噪声的影响程度、影响范围和超标状况（以敏感区域或敏感点为主）。采用环境噪声影响指数对项目建设前和建设后进行比较，可以直接地判断影响的重大性。根据各个方案噪声影响的大小，择优推荐。

（2）分析受噪声影响的人口分布（包括受超标和不超标噪声影响的人口分布）。

受噪声影响范围内的人口估计评价有以下两个途径：a.城市规划部门提供的某区域；b.若无规划人口数，可以用现有人口数和当地人口增长率计算预测年限的人口数。

（3）分析拟建项目的噪声源和引起超标的主要噪声源和主要原因。

（4）分析拟建项目的选址、设备布置和设备选型的合理性；分析建设项目设计中已有的噪声防治对策的适用性和效果。

（5）为了使拟建项目的噪声达标，评价必须提出需要增加的、适用于该项目的噪声防治对策，并分析其经济、技术可行性。

（6）提出针对该拟建项目的有关噪声污染管理、噪声监测和城市规划方面的建议。

2．其他考虑

拟建项目对野生动物的影响应予以重视。例如，海洋石油勘探的噪声对海洋哺乳动物（海豚、鲸等）有影响；高压输电线通道的噪声刺激有些野生动物的繁殖。一般来说，噪声能直接破坏野生动物的正常繁殖形式和使栖息地环境恶化。在靠近野生生物保护区边界开发时，应注意噪声对其造成的影响。

习　题　3

1．试述声级计的构造、工作原理及使用方法。

2．声级计如何校准？

3．在混响室内如何测量宽频带的机器声功率？

4．怎样在消声室及半消声室内精密测定机器声功率？

5．某一噪声频谱如下表，根据斯蒂文斯响度计算法，求其响度级。

频率/Hz	63	125	250	500	1k	2k	4k	8k
声压级/dB	80	75	95	70	65	60	52	45

6．某发电机房工人一个工作日暴露于噪声 90dB(A)计 4h，98dB(A)为 30 min，其余时间均为 75dB(A)。试求该机房的等效连续声级。

7．某地区铁路旁一测点测得：当蒸汽货车经过时，在2.5min内的平均声压级为75dB；当内燃机客车通过时，在1.5min内的平均声级为70dB；没有车辆通过时的环境噪声约为50dB。该处白天12h内共有62列车通过，其中货车37列，客车25列。计算该地点白天的等效连续声级。

8．某一地区白天的等效声级为65dB(A)，夜间为46dB(A)；另一地区白天的等效声级为60dB(A)，夜间为52dB(A)，试比较哪一个地区的环境对人们的影响更大？

9．某工人操作一台机器，8h生产部件160个，每个部件的加工噪声为95dB(A)，均持续2min，试计算该工人的噪声剂量，并评价是否超过安全标准？

10．某工人所处的噪声条件是每小时之内4次暴露于噪声102dB(A)的环境中，每次持续6min；4次暴露于噪声106dB(A)的环境中，每次持续0.75min。试考核该工人每天的噪声安全情况。

第4章 吸声降噪

在降噪措施中，吸声是一种最有效的方法，因而在工程中被广泛应用。人们在室内所接收到的噪声包括由声源直接传来的直达声和室内各壁面反射回来的混响声。吸声材料主要用来降低由于反射产生的混响声。许多工程实践证明，吸声材料使用得当，可以降低混响声级5～10dB(A)，甚至更大些。

4.1 概 述

4.1.1 材料的声学分类和吸声结构

在噪声控制工程中，常用吸声材料和吸声结构来降低室内噪声，尤其在空间较大，混响时间较长的室内，应用相当普遍。按吸声机理的差异，吸声体可以分为多孔吸声材料和共振吸声结构两大类。

1. 多孔吸声材料

吸声材料，是具有较强的吸收声能、减低噪声性能的材料。借自身的多孔性、薄膜作用或共振作用而对入射声能具有吸收作用。多孔吸声材料的内部有许多微小细孔直通材料表面，或其内部有许多相互连通的气泡，具有一定的通气性能。凡在结构上具有以上特征的材料都可以作为吸声材料。吸声材料要与周围的传声介质的声特性阻抗匹配，使声能无反射地进入吸声材料，并使入射声能绝大部分被吸收。吸声材料的种类很多，在工程中应用最为广泛。目前，国内生产的这类材料大体可分以下4大类。

（1）无机纤维材料

无机纤维材料主要有玻璃丝、玻璃棉、岩棉和矿渣棉及其制品。

玻璃棉分短棉（直径$(10\sim13)\times10^{-12}$m），超细棉（直径$(0.1\sim4)\times10^{-18}$m）以及中级纤维棉（直径$(15\sim25)\times10^{-21}$m）三种。其中，超细玻璃棉是最常用的吸声材料，它具有不燃、密度小、防蛀、耐蚀、耐热、抗冻、隔热等优点。经过硅油处理的超细玻璃棉，还具有防火、防水和防潮的特点。

矿渣棉具有导热系数小，防火，耐蚀，价廉等特点，岩棉能隔热，耐高温（700℃）且易于成型。

（2）有机纤维材料

有机纤维材料是使用棉、麻等植物纤维及木质纤维制品来吸声的。如软质纤维板、木丝板、纺织厂的飞花及棉麻下脚料、棉絮、稻草等制品。其特点是成本低，防火、防蛀和防潮性能差。

（3）泡沫材料

泡沫材料主要有泡沫塑料和泡沫玻璃。用作吸声材料的泡沫塑料有米波罗，氨基甲酸脂泡沫塑料等，这类材料的特点是密度小、导热系数小、材质柔软等。其缺点是易老化，耐火性差。

（4）吸声建筑材料

吸声建筑材料为各种具有微孔的泡沫吸声砖、膨胀珍珠岩、泡沫混凝土等材料，它们具有保温、防潮、耐蚀、耐冻、耐高温等优点。

2. 吸声结构

用建筑材料按一定的声学要求进行设计安装，使其具有良好的吸声性能的建筑构件，叫吸声结构。常见的有穿孔板吸声结构、微穿孔板吸声结构、薄板和薄膜吸声结构等。

4.1.2 吸声评价方法

吸声材料或吸声结构的声学性能与频率有关，通常采用吸声系数、吸声量和流阻等三个与频率有关的物理量来评价。

1. 吸声系数

工程实际中常采用吸声系数来描述吸声材料或吸声结构的吸声性能。吸声系数定义为材料吸收的声能与入射到材料上的总声能之比，用α表示，即

$$\alpha=\frac{E_{\alpha}}{E_{\mathrm{i}}}=\frac{E_{\mathrm{i}}-E_{\mathrm{r}}}{E_{\mathrm{i}}}=1-r \tag{4-1}$$

式中，E_{i}为入射声能，E_{α}为被材料或结构吸收的声能，E_{r}为被材料或结构反射的声能，r为反射系数，$r=E_{\mathrm{r}}/E_{\mathrm{i}}$。

由式（4-1）可见，当入射声波被完全反射时，$\alpha=0$，表示无吸声作用；当入射声波完全没有被反射时，$\alpha=1$，表示完全吸收。一般的材料或结构的吸声系数在0～1之间，α值越大，表示吸声性能越好，它是目前表征吸声性能最常用的参数。吸声系数是频率的函数，同一种材料，对于不同的频率，具有不同的吸声系数。为表示方便，有时还用中心频率为125Hz，250Hz，500Hz，1000Hz，2000Hz，4000Hz 6个倍频程的吸声系数的平均值，称为平均吸声系数。

多孔吸声材料的吸声系数与入射声波的频率有关，随频率的增加而增大，吸声频谱曲线由低频向高频逐步升高，并出现不同程度的波动，随着频率的升高，波动幅度逐步缩小，如图4-1所示。在图4-1中，α_{r}为峰值吸声系数；f_{r}为第一共振频率；α_{a}为第一谷值吸声系数；f_{a}为第一反共振频率；f_{b}为吸声下限频率（吸声系数为$\alpha_{\mathrm{r}}/2$的频率）；Ω_2为f_{b}与f_{r}之间的下半频带宽度。

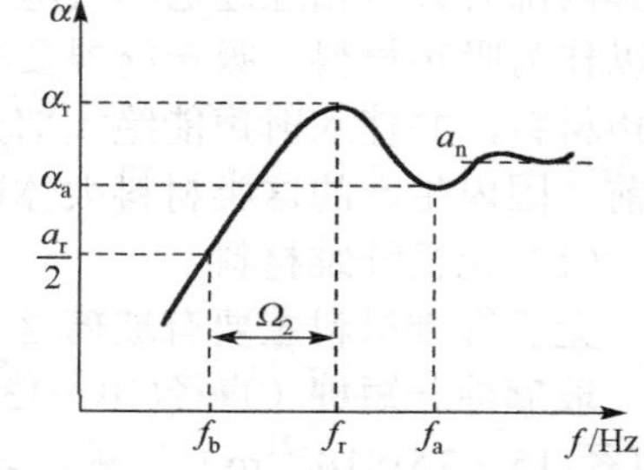

图4-1 多孔材料频率特性曲线

表4-1和表4-2列出一些常见材料的吸声系数，可供实际应用时参考。

表4-1 常用材料的吸声系数（α_n）

材料或结构名称	容重/（kg/m³）	厚度/cm	频率/Hz					
			125	250	500	1000	2000	4000
矿渣棉	150	8	0.30	0.64	0.73	0.78	0.93	0.94
	240	6	0.25	0.55	0.78	0.75	0.87	0.91
	240	8	0.35	0.65	0.65	0.75	0.88	0.92
	300	8	0.35	0.43	0.55	0.67	0.78	0.92
工业毛毡	370	5	0.11	0.30	0.50	0.50	0.50	0.52
	370	7	0.18	0.35	0.43	0.50	0.53	0.54
	80	3	0.04	0.17	0.56	0.65	0.81	0.91
	80	4.5	0.08	0.34	0.68	0.65	0.82	0.88

（续表）

材料或结构名称	容重/（kg/m³）	厚度/cm	频率/Hz					
			125	250	500	1000	2000	4000
木丝板		2	0.15	0.15	0.16	0.34	0.78	0.54
		4	0.19	0.20	0.48	0.79	0.42	0.70
		8	0.25	0.53	0.82	0.63	0.84	0.59
玻璃丝	100	5	0.15	0.38	0.81	0.83	0.79	0.74
	150	5	0.12	0.30	0.72	0.99	0.87	
	200	5	0.10	0.28	0.74	0.87	0.90	
水泥膨胀珍珠岩	350	5	0.16	0.46	0.64	0.48	0.56	0.56
	350	8	0.34	0.47	0.40	0.37	0.48	0.55
沥青矿棉毡	200	1.5	0.10	0.09	0.18	0.40	0.79	0.92
	200	3	0.08	0.17	0.50	0.68	0.81	0.89
	200	6	0.19	0.51	0.67	0.68	0.85	0.86
沥青玻璃棉毡	100	5	0.09	0.24	0.55	0.93	0.98	0.98
	150	5	0.11	0.33	0.65	0.91	0.96	0.98
	200	5	0.14	0.42	0.68	0.80	0.88	0.94
棉絮	10	2.5	0.03	0.07	0.15	0.30	0.62	0.60
晴纶棉	20	5	0.14	0.37	0.68	0.75	0.78	0.83
聚氨脂泡沫塑料	40	4	0.10	0.19	0.36	0.70	0.75	0.83
	45	8	0.20	0.40	0.95	0.90	0.98	0.85
木格栅地板			0.15	0.10	0.10	0.07	0.06	0.07
水磨石地面			0.01	0.01	0.01	0.02	0.02	0.02
混凝土地面			0.01	0.01	0.02	0.02	0.02	0.02
砖墙抹灰			0.02	0.02	0.02	0.03	0.03	0.04
砖墙抹灰油漆			0.01	0.01	0.02	0.02	0.02	0.03

表 4-2 常用材料的吸声系数（α_T）

材料或结构名称	容重/（kg/m³）	厚度/cm	频率/Hz					
			125	250	500	1000	2000	4000
矿棉吸声板	（腔后不空）	1.2	0.07	0.26	0.47	0.42	0.36	0.28
	（腔后空 5cm）	1.2	0.44	0.57	0.44	0.35	0.36	0.39
	1.2	0.55	0.53	0.38	0.33	0.40	0.37	
超细玻璃棉	20	2	0.05	0.10	0.30	0.65	0.65	0.65
清水面砖墙			0.02	0.03	0.04	0.05	0.07	
普通抹灰砖墙	0.02		0.02	0.02	0.03	0.04	0.04	
拉毛水泥砖墙	0.04		0.04	0.05	0.06	0.07	0.05	
混凝土、水磨石			0.01	0.01	0.01	0.02	0.02	0.02
石棉水泥板		0.15	0.01	0.06	0.06	0.04	0.04	
木搁栅地板			0.15	0.11	0.10	0.07	0.06	0.07
玻璃窗(关闭时)			0.35	0.25	0.18	0.12	0.07	0.04
木板		1.3	0.30	0.30	0.16	0.10	0.10	0.10
胶合板		0.3	0.11	0.26	0.15	0.14	0.04	0.04
		0.5	0.18	0.06	0.04	0.03	0.02	0.02
硬质纤维板		0.4	0.25	0.20	0.14	0.08	0.06	0.04
普通玻璃			0.35	0.25	0.18	0.12	0.07	0.04
木块厚玻璃			0.18	0.06	0.04	0.03	0.02	0.02

2．吸声量

吸声系数反映房间壁面单位面积的吸声能力，材料实际吸收声能的多少，除了与材料的吸声系数有关外，还与材料表面积大小有关。吸声材料的实际吸声量按下式计算，即

$$A = \alpha S \tag{4-2}$$

吸声量的单位是 m^2。若房间内有敞开的窗，而且其边长远大于声波的波长，则入射到窗口上的声能几乎全部传到室外，不再有声能反射回来。这敞开的窗，即相当于吸声系数为 1 的吸声材料。若某吸声材料的吸声量为 $1m^2$，则其所吸收的声能相当于 1 m^2 敞开的窗户所引起的吸声。房间中的其他物体如家具、人等也会吸收声能，而这些物体并不是房间壁面的一部分。因此，房间总的吸声量 A 可以表示为

$$A = \sum_i \overline{\alpha}_i s_i + \sum_j A_j \tag{4-3}$$

右式第一项为所有壁面吸声量的总和，第二项是室内各个物体吸声量的总和。

3．流阻

材料的透气性可以用“流阻”这一物理参数来定义。材料的流阻是指在稳定气流状态下，加在吸声材料样品两边的压力差与通过样品的气流线速度的比值。空气流阻反映了空气通过多孔材料时阻力的大小，单位为 Pa·s/m。单位材料厚度的流阻称为流阻率（或比流阻），单位为 $Pa \cdot s/m^2$。

由泊肃叶定律，$Q = \Delta p / R$，$R = 8\eta l / (\pi r^4)$，单位为 $N \cdot s \cdot m^{-5}$，其大小由流体的粘度、管子的长度和半径决定。可以看出，该公式与电学中的欧姆定律类似。如果流过几个“串联”的流管，则总流阻等于各流管流阻之和；若“并联”，则总流阻的倒数等于各分流管流阻倒数之和。

4.1.3　吸声降噪特性

1．吸声降噪原理

在房间中，声波传播中受到壁面的多次反射会形成混响声，混响声的强弱与房间壁面对声音的反射性能密切有关。壁面材料的吸声系数越小，对声音的反射能力越大，混响声相应越强，噪声源产生的噪声级就提高得越多。一般的工厂车间，壁面往往是坚硬的，对声音反射能力很强，如混凝土壁面、抹灰的砖墙、背面贴实的硬木板等。由于混响作用，噪声源在车间内所产生的噪声级比在露天广场所产生的要提高近 10dB。

为了降低混响声，通常用吸声材料装饰在房间壁面上，或在房间中挂一些空间吸声体。当从噪声源发出的噪声碰到这些材料时，被吸收掉一部分，从而使总噪声级降低。目前，在一般建筑和工业建筑中，广泛应用这种吸声处理方法。车间作吸声处理以减弱噪声的示意图如图 4-2 所示。需要强调的是：吸声处理只能减弱从吸声面（或吸声体）上的反射声，即只能降低车间内的混响声，对于直达声却没有什么效果。因此，吸声处理只有当混响声占主要地位时才有明显的降噪效果，而当直达声占主要地位时，吸声处理就没有多大作用。在直达声影响较大的噪声源近旁，吸声处理的减弱效果就不如远离噪声源的地方。

房间内墙面和天花板装饰合适的吸声材料或吸声结构，可以有效地降低室内噪声。最理想的效果是消声室，对其表面采用尖劈吸声结构处理，每个墙面的吸收都达到 99%以上。当

然，消声室造价昂贵，只有需要作为特殊的实验室使用时，才会采用，一般厂房则不可能采用尖劈吸声结构进行处理。

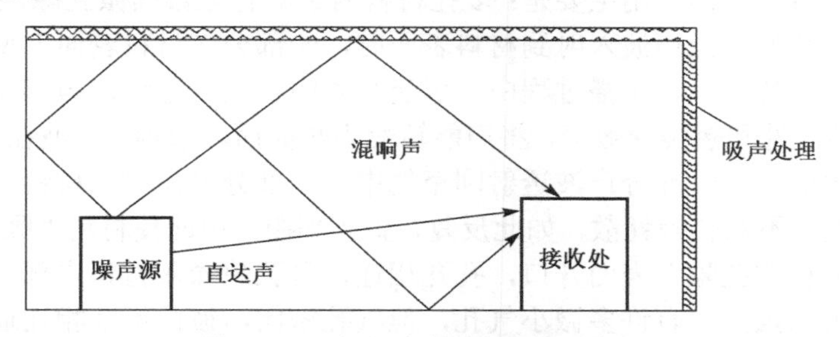

图 4-2　吸声处理减弱噪声的示意图

2. 吸声降噪的预估

根据理论分析，吸声降噪值与声源的特性、吸声面积、吸声材料的厚度、密度以及吸声结构都有关系。但吸声降噪值主要取决于吸声处理前后的平均吸声系数、吸声面积，即

$$\Delta L = 10\lg\frac{A_2}{A_1} = 10\lg\frac{T_1}{T_2} \tag{4-4}$$

式中，A_1 和 A_2 分别是房间吸声处理前后的吸声量。在计算吸声量时，必须计算吸声结构的总面积；T_1 和 T_2 分别为房间吸声处理前后的混响时间。

3. 吸声降噪措施及其安装结构

对于有声学缺陷的建筑物，如工厂车间中噪声过高而又无法隔绝时，大量实践和实验室中的试验都证明，利用空间吸声体可以降低噪声 5～8dB，对坚硬壳体屋顶结构则效果更明显。

对于空间吸声体，如何根据现场和厂房的大小、形状进行合理的布置与安装，对降噪效果影响甚大。从大量对比分析中得知：空间吸声体的总面积与顶棚面积的比，对降噪效果影响甚大。面积比越大，效果越好。但值得注意的是面积大一倍，噪声降低值只多 2～3dB，同时，当面积超过 50%时，天花板上布置已很困难，如面积比更大时，则将改变吸声体的吸声特性，起到质的变化，使吸声系数下降。因此，需要根据房间的结构和噪声频率特性来确定最佳的面积比。特别理想的状况下，吸声处理可能达到 10～12dB 的降噪量。其次是离屋顶吊装的高度与排列方案。根据房间结构的不同，合理的吊装高度可以达到较好的效果，而排列方式中，以条形方案效果最好。

4.2　多孔吸声材料

4.2.1　多孔吸声材料的结构特征和吸声机理

1. 多孔吸声材料的结构特征

（1）材料内部具有大量的微孔或间隙，而且孔隙细小且在材料内部均匀分布。

（2）材料内部的微孔是互相连通的，单独的气泡和密闭间隙不起吸声作用。

（3）微孔向外敞开，使声波易于进入微孔内，不具有敞开微孔而仅有凹凸表面的材料不会有好的吸声性能。

2. 多孔吸声材料的吸声机理

多孔吸声材料具有吸声作用主要是：多孔材料内部具有无数细微孔隙，孔隙间彼此贯通，且通过表面与外界相通，当声波入射到材料表面时，一部分在材料表面上反射，另一部分则透入到材料内部向前传播。在传播过程中，引起孔隙中的空气运动，与形成孔壁的固体筋络发生摩擦，由于粘滞性和热传导效应，将声能转变为热能而耗散掉。声波在刚性壁面反射后，经过材料回到其表面时，一部分声波透射回空气中，一部分又反射回材料内部，声波通过这种反复传播，使能量不断转换耗散，如此反复，直到平衡，由此使材料“吸收”了部分声能。

可见，只有材料的孔隙在表面开口，孔孔相连，且孔隙深入材料内部，才能有效地吸收声能。有些材料内部虽然也有许多微小气孔，但气孔密闭，彼此不互相连通，当声波入射到材料表面时，很难进入到材料内部，只是使材料作整体振动，其吸声机理和吸声特性与多孔材料不同。如聚苯和部分聚氯乙烯泡沫塑料以及加气混凝土等，内部虽有大量气孔，但多数气孔为单个闭合，互不相通，它们只能作为隔热保温材料，不能用做吸声材料。

在实际工作中，为防止松散的多孔材料飞散，常用透声织物缝制成袋，再内充吸声材料，为保持固定几何形状并防止对材料的机械损伤，可在材料间加筋条（龙骨），材料外表面加穿孔护面板，制成多孔材料吸声结构。

4.2.2 影响多孔吸声材料吸声性能的因素

多孔材料一般对中高频声波具有良好的吸声效果，低频吸声系数一般都较低。影响多孔材料吸声特性的主要因素是材料的孔隙率、空气流阻和结构因子，其中，以空气流阻最为重要。

1. 空气流阻的影响

空气流阻反映了空气通过多孔材料时阻力的大小。流阻对材料吸声特性的影响如图 4-3 所示。

当材料流阻较低时，其低频吸声系数很低，但到了某一中高频段后，曲线以比较大的斜率陡然上升；高流阻材料与低流阻材料相比，高频吸声系数明显下降，低中频吸声系数有所提高。

当材料厚度不大时，比流阻越大，说明空气穿透量越小，声能因摩擦力、粘滞力而损耗的效率也将降低，因此吸声性能会下降。当材料厚度充分大时，比流阻越小，说明空气穿透量越大，声能因摩擦力、粘滞力而损耗的效率也将增加，因此吸声能力也会越大。所以，多孔材料存在一个最佳的流阻值，过高和过低的流阻值都无法使材料具有良好的吸声性能。通过控制材料的流阻可以调整材料的吸声特性。

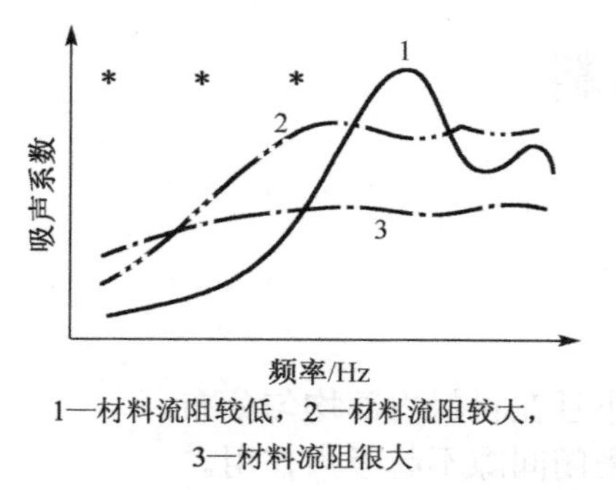

1—材料流阻较低，2—材料流阻较大，3—材料流阻很大

图 4-3 多孔材料的流阻与吸声系数的关系

2. 材料层厚度的影响

多孔吸声材料的低频吸声性能一般都较差。当材料层厚度增加时，吸声频谱峰值向低频方向移动，低频吸声系数将有所增加，但对高频吸收的影响很小。图 4-4 为不同厚度超细玻璃棉（密度 $27kg/m^3$）的典型吸声频谱曲线。从图中可以看出，当玻璃棉层厚度加倍时，中低频吸声系数显著增加，而高频则保持原来较大的吸收，变化不大；厚度增加一倍，f_r约降低一个倍频程。

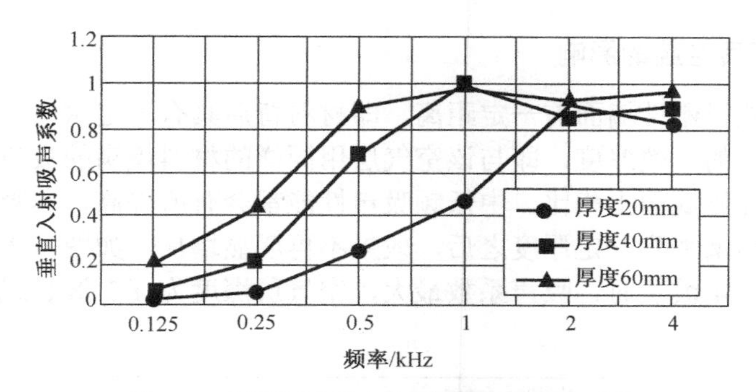

图 4-4　不同厚度的超细玻璃棉的吸声系数

通常情况下，多孔材料的第一共振频率与吸声材料的厚度满足如下关系，即

$$f_r d = 常数$$

式中，f_r 为多孔材料的第一共振频率，Hz；d 为材料的厚度，cm。

厚度增加，低频吸声系数增大，峰值吸声系数 α_r 向低频移动；对于不同厚度的材料，如果以频率和厚度的乘积 fd 为参数，即波长与厚度相对比值不变，则其吸声频谱特性是很接近的。继续增加材料的厚度，吸声系数增加值逐步减小。由图 4-5 可知，玻璃棉板从厚 30mm 增加到 45mm 时，其平均吸声系数约从 0.48 提高到 0.6，而当玻璃棉板厚由 80mm 增加到 100mm 时，其吸声系数增量仅在 0.05 以下。当材料厚度相当大时，就看不到由于材料厚度的变化而引起的吸声系数变化了。

3．材料容重的影响

在实际工程中，测定材料的流阻及空隙率通常比较困难，可以通过材料的密度粗略估算其比流阻。多孔材料的密度与纤维、筋络直径以及固体密度有密切的关系，同一种纤维材料，密度越大，空隙率越小，比流阻越大。图 4-6 为不同密度（厚 5cm）的超细玻璃棉的吸声系数。当厚度一定而增加密度时，一方面也可以提高中低频吸声系数，但比材料厚度所引起的吸声系数变化要小，另一方面密度增加，则材料就密实，引起流阻增大，减少空气透过量，造成吸声系数下降。所以，材料密度也有一个最佳值。常用的超细玻璃棉的最佳密度范围为 15～25kg/m^3，但同样密度，增加厚度并不改变比流阻，所以，吸声系数一般总是增大，但增致一定厚度时，吸声性能的改变就不明显了。实用中考虑制作成本及工艺方便，对于中高频噪声，一般可采用 2～5cm 厚的成型吸声板，对于低频吸声要求较高时，则采用 5～10cm 厚的吸声板。

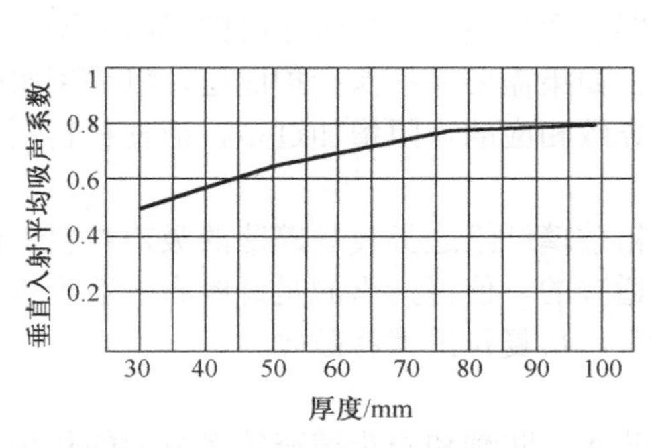

图 4-5　玻璃棉板厚度与吸声系数的关系

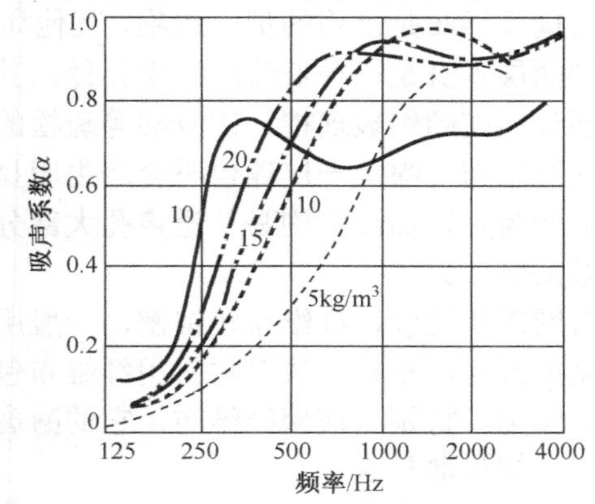

图 4-6　5cm 厚超细玻璃棉的密度变化对吸声系数的影响

4．吸声材料背后空腔的影响

多孔吸声材料置于刚性墙面前一定距离，即材料背后具有一定深度的空腔或空气层，其作用相当于加大材料的有效厚度，即与该空气层用同样的材料填满的吸声效果近似。但与将多孔材料直接实贴在硬底面上相比，中低频吸声性能都会有所提高，其吸声系数随空气层厚度的增加而增加，但增加到一定厚度之后，效果不再明显增加，如图 4-7 所示。一般当空气层深度为入射声波 1/4 波长时，吸声系数最大，空气层深度为 1/2 波长或其整倍数时，吸声系数最小。

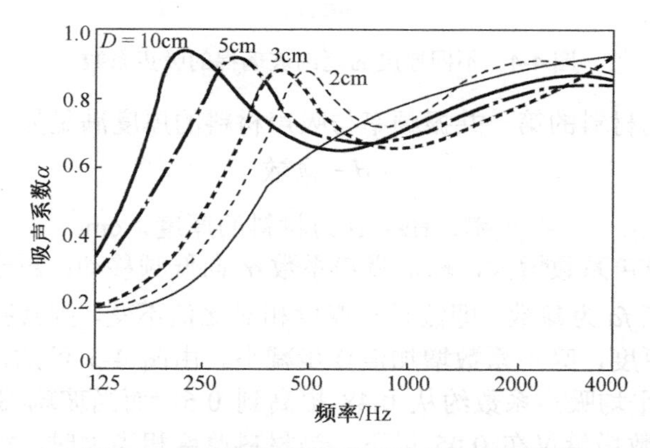

图 4-7　背后空气层厚度对吸声性能的影响

5．护面层的影响

大多数多孔吸声材料的整体强度性能差，表面疏松易受外界侵蚀，因此，在实际使用过程中往往需要在材料表面上覆盖一层护面材料，以提高其使用寿命。从声学角度来看，由于护面层本身也具有声学作用，因此，对材料层的吸声性能也会有一定程度的影响。为尽可能保持材料原有的吸声特性，护面应具有良好的透气性。

（1）护面网罩

塑料纱网、金属丝网、钢板网等是常用的护面网罩，这种护面层的穿孔率很高，它的声质量和声阻可以忽略不计。在需要耐高温、耐侵蚀或需要具有较高机械强度的场合下，一般用金属网。在常温并需要有一般机械强度的场合下，一般用塑料纱网。

（2）纤维布

玻璃纤维布是常用的护面织物，其他如纱布、尼龙布、金属纤维布等细密织物也可采用。这种护面层本身是一种低流阻声学元件，其相对声阻率为 0.1 左右，而相对声抗率一般可以忽略不计。在超细玻璃棉、矿渣棉等疏松的吸声材料表面包覆一层纤维布时的影响并不大，即使在纤维布上喷上一层漆也不会产生明显的影响。如果需要涂料保护护面层，以采用水性涂料喷涂为好，油漆涂刷易使透声孔大部分封闭，导致相应的声阻增加过多，而使材料层的吸声效果降低。

与网罩相比较，纤维布较细密，一般用来包覆粗玻璃纤维之类较易碎落的吸声材料。超细玻璃棉或泡沫塑料碎块等材料用纤维布包覆也是适宜的。值得指出的是纤维布一般不宜承受较大张力，特别是玻璃纤维布，它的耐磨性能较差，反复拉扯就易破碎。

（3）塑料薄膜

用塑料薄膜作为吸声材料的护面层，可以起到防水、防潮和防止掉渣等多方面的作用。

与纤维布相比，塑料薄膜没有透声孔，主要靠塑料薄膜本身的振动来传递声波，因此，塑料薄膜护面层是一种具有声质量的声学元件。如用厚度小于 0.05mm 的极薄柔性塑料、穿孔薄膜以及穿孔率在 20%以上的薄穿孔板等罩面，吸声性能会受些影响，尤其是高频的吸声系数会降低，膜越薄，穿孔率越大，影响越小。

（4）穿孔板

穿孔板具有优良的机械性能，作为护面层，它主要用在吸声材料层需要保持一定形状并能承受应力、耐侵蚀的各种场合。用穿孔板作为吸声材料的护面层时，低频吸声系数会有所提高，其穿孔率一般应大于 20%，穿孔率越大，穿孔护面层对吸声性能的影响就越小。

6．湿度和温度的影响

高温高湿会引起材料变质，其中湿度的影响较大（见图 4-8），温度的影响较小（见图 4-9）。随着空隙内含水量的增大，空隙被堵塞，吸声材料中空气不再连通，空隙率下降，首先使高频吸声系数降低；随着含水量的增加，受影响的频率范围将进一步扩大，吸声频率特性也将改变。因此，在一些湿度较大的区域，应合理选用具有防潮作用的超细玻璃棉毡等，以满足潮湿气候和地下工程等使用的需要。

温度对多孔吸声材料有一定影响。温度下降时，低频吸声性能增加；温度上升时，低频吸声性能下降。因此，在工程应用中，温度的影响也应引起注意。

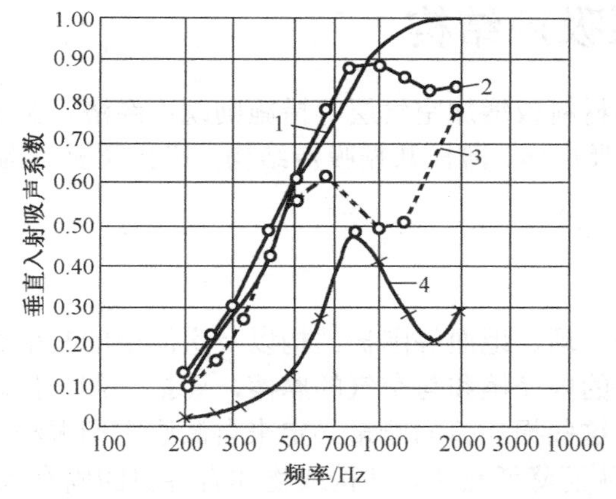

1—含水率为 0；2—含水率为 5%；3—含水率为 20%；4—含水率为 50%

图 4-8　湿度变化对多孔材料吸声性能的影响

（玻璃棉板，厚 50mm，密度 24kg/m³）

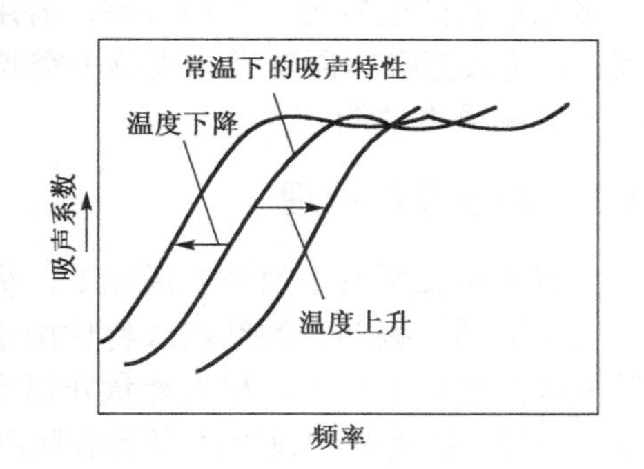

图 4-9　温度变化对多孔材料吸声性能的影响

4.2.3　空间吸声体

把吸声材料或吸声结构悬挂在室内离壁面一定距离的空间中，称为空间吸声体。由于悬空悬挂，声波可以从不同角度入射到吸声体，其吸声效果比相同的吸声体实贴在刚性壁面的要好得多。因此采用空间吸声体，可以充分发挥多孔吸声材料的吸声性能，提高吸声效率，节约吸声材料。目前，空间吸声体在噪声控制工程中应用非常广泛。

空间吸声体大致可分为两类。一类是大面积的平板体，如果板的尺寸比波长大，则其吸声情况大致上相当于声波从板的两面都是无规入射的，实验结果表明，板状空间吸声体的吸声量大约为将相同吸声板紧贴壁面的 2 倍，因此，它具有较大的总吸声量。另一类是离散的单元吸声体，可以设计成各种几何形状，如立方体、圆锥体、短柱体或球体等，其吸声机理比较复杂，因为每个单元吸声体的表面积与体积之比很大，所以单元吸声体的吸声效率很高。

空间吸声体彼此按一定间距排列悬吊在天花板下某处，吸声体朝向声源的一面，可直接吸收入射声能，其余部分声波通过空隙绕射或反射到吸声体的侧面、背面，使得各个方向的声能都能被吸收。而且空间吸声体装拆灵活，工程上常把它制成产品，用户只要购买成品，按需要悬挂起来即可。空间吸声体适用于大面积、多声源、高噪声车间，如织布、冲压钣金车间等。

板状吸声体是应用最广泛的一种空间吸声体。空间吸声板悬挂在扩散声场中，吸声板之间的距离大于或接近于板的尺寸时，它的前后两面都将吸声，单位面积吸声板的吸声量 A 可取为

$$A = 2\bar{\alpha} = \alpha_1 + \alpha_2$$

其中，α_1，α_2 分别为正反面的吸声系数，$\bar{\alpha}$ 为两面的平均吸声系数。与贴实安装的吸声材料相比，空间吸声板的吸声量有明显的增加。实验室和工程实践都表明，当空间吸声板的面积与房间面积之比为 30%～40%时，吸声效率最高，考虑到吸声降噪量取决于吸声系数及吸声材料的面积这两个因素，因此实际工程中，一般取 40%～60%，与全平顶式相比，材料节省一半左右，而吸声降噪效果则基本相同。

空间吸声板的悬挂方式有水平悬挂、垂直悬挂和水平垂直组合悬挂等。吸声板的悬挂位置应该尽量靠近声源。

4.3 共振吸声结构

多孔材料的低频吸声性能很差，若用加厚材料或增加空气层等措施则既不经济，又多占空间。利用共振吸声原理设计成单个空腔共振吸声体、薄板共振吸声结构、穿孔薄板等构造，可改善低频吸声性能。

4.3.1 共振吸声原理

在室内声源所发出的声波激励下，房间壁、顶、地面等围护结构以及房间中的其他物体都将发生振动，振动着的结构或物体由于自身的内摩擦和与空气的摩擦，要把一部分振动能量转变成热能而消耗掉，根据能量守恒定律，这些损耗掉的能量必定来自激励它们振动的声能量。因此，振动结构或物体都要消耗声能，从而降低噪声。结构或物体有各自的固有频率，当声波频率与它们的固有频率相同时，就会发生共振。这时，结构或物体的振动最强烈，振幅和振动速度都达到最大值，从而引起的能量损耗也最多，因此，吸声系数在共振频率处为最大。利用这一特点，可以设计出各种共振吸声结构，以更多地吸收噪声能量，降低噪声。

吸声结构的吸声机理，就是利用赫姆霍兹共振吸声的原理。最简单的共振吸声器——赫姆霍兹共振吸声器（单个空腔共振吸声体）如图 4-10 所示。

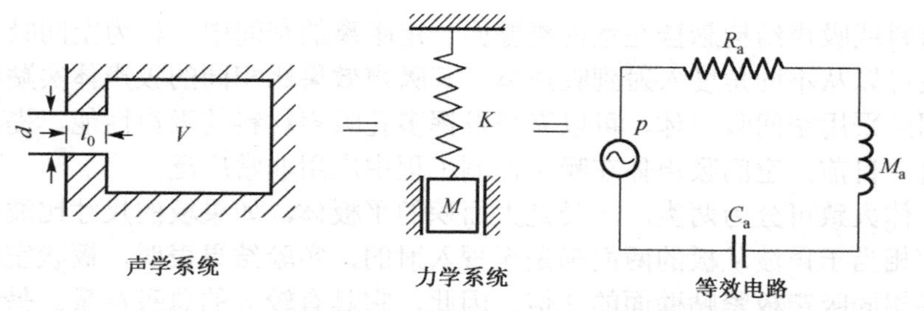

图 4-10　赫姆霍兹共振吸声器示意图及等效线路图

在容积为 V 的空腔侧壁开有直径为 d 的小孔，孔颈长为 l_0。当声波入射到赫姆霍兹共振吸声器的入口时，容器内口的空气受到激励将产生振动，容器内的介质将产生压缩或膨胀变形。运动的介质具有一定的质量，它抗拒由于声波的作用而引起的运动速度的变化，同时，声波进入小孔时，由于孔颈的摩擦和阻尼，使一部分声能转化为热能而消耗掉。

当外来声波频率与共振器固有频率相同时，系统发生共振，此时，介质在孔颈中往返运动、摩擦而使声能耗损，从而达到吸声降噪的目的，这种吸声结构称为共振吸声器。

赫姆霍兹共振器只适用于降低低频噪声。因为只有入射声波的波长大于空腔的尺寸，而且空腔侧壁上小孔的尺寸也要比空腔的尺寸小得多时，空腔才能达到消耗声能的目的，这种条件只有低频噪声才有。

根据赫姆霍兹共振吸声器的等效线路图分析，该结构的等效声阻抗为

$$Z_a = R_a + \mathrm{j}\left(M_a\omega - \frac{1}{C_a\omega}\right) \tag{4-5}$$

式中，Z_a 为声阻抗；R_a 为声阻；$M_a = \rho_0 l_0 / S$ 为共振器的声质量（ρ_0 为空气的密度，S 为孔颈的截面积）；$C_a = V/(\rho_0 c_0^2)$ 为吸声器的声顺。

当 $\omega M_a = 1/(\omega C_a)$ 时，系统产生共振，其共振频率为

$$f_0 = \frac{c_0}{2\pi}\sqrt{\frac{S}{Vl_e}} \tag{4-6}$$

式中，$l_e = l_0 + \frac{\pi}{4}d$ 为孔颈的有效长度。

赫姆霍兹共振吸声器达到共振时，其声抗最小，振动速度达到最大，对声的吸收也达到最大。

赫姆霍兹共振吸声器的选择性很强，所以，吸声频带很窄，也就是说，它只能吸收频率非常单调的声音。

4.3.2 常用吸声结构

工程中常用的吸声结构有空气层吸声结构、薄膜共振吸声结构和板共振吸声结构、穿孔板吸声结构、微穿孔板吸声结构、吸声尖劈等，其中，最简单的吸声结构就是吸声材料后设空气层的吸声结构。

1. 空气层吸声结构

前面已经提到，在多孔材料背后留有一定厚度的空气层，使材料离后面的刚性安装壁保持一定距离，形成空气层或空腔，则它的吸声系数有所提高，特别是低频的吸声性能可得到大大改善。采用这种办法，可以在不增加材料厚度的条件下，提高低频的吸声性能，从而节省吸声材料的使用，降低单位面积的重量和成本。通常推荐使用的空气层厚度为 50～300mm，空腔厚度太小，则达不到预期的效果；空气层尺寸太大，施工时存在一定的难度。当然，对于不同的吸声频率，空气层的厚度有一定的最佳值，对于中频噪声，一般推荐多孔材料离开刚性壁面 70～100mm；对于低频，其预留距离可以增大到 200～300mm。背后空气层厚度对多孔吸声材料特性的影响见图 4-11，空气层厚度对常用吸声结构的吸声特性的影响见表 4-3。

表 4-3　空气层对常用吸声结构吸声性能的影响

种类	穿孔板孔径 φ及板厚度，玻璃面厚度/ mm	空气层厚度 / mm	倍频带中心频率/Hz					
			125	250	500	1k	2k	4k
			吸声系数					
玻璃棉	50	300	0.8	0.85	0.9	0.85	0.8	0.85
	25	300	0.75	0.8	0.75	0.75	0.8	0.9
穿孔板+25mm玻璃棉	φ6～15，4～6	300	0.5	0.7	0.5	0.65	0.7	0.6
		500	0.85	0.7	0.75	0.8	0.7	0.5
	φ8～16，4～6	300	0.75	0.85	0.75	0.7	0.65	0.65
	φ9～16，5～6	300	0.55	0.85	0.65	0.8	0.85	0.75
		500	0.85	0.7	0.8	0.9	0.8	0.7
	φ0.8～1.5，0.5～1	300～500	0.65	0.65	0.75	0.7	0.75	0.9
			0.65	0.65	0.75	0.7	0.75	0.9
	φ5～11, 0.5～1	300～500	0.55	0.75	0.7	0.75	0.75	0.75
	φ5～14, 0.5～1	300～500	0.5	0.55	0.6	0.65	0.7	0.45

2．薄膜与薄板共振吸声结构

在噪声控制工程及声学系统音质设计中，为了改善系统的低频特性，常采用薄膜或薄板结构，板后预留一定的空间，形成共振声学空腔；有时为了改进系统的吸声性能，还在空腔中填充纤维状多孔吸声材料。这一类结构，统称为薄膜（薄板）共振吸声结构。

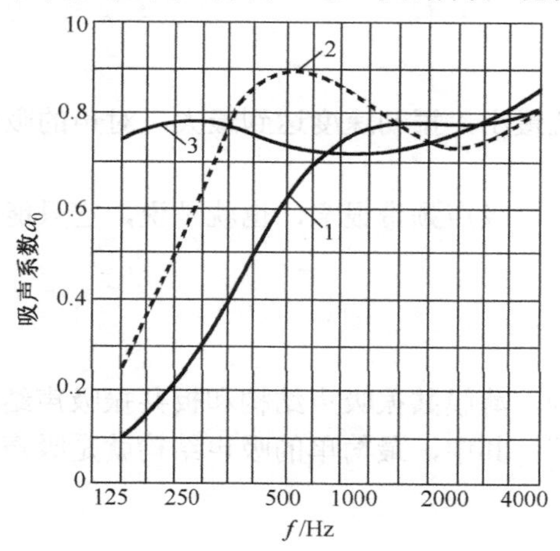

1—空腔厚度 0；2—空腔厚度 100mm；3—空腔厚度 300mm

图 4-11　空气层对多孔性吸声材料吸声性能的影响

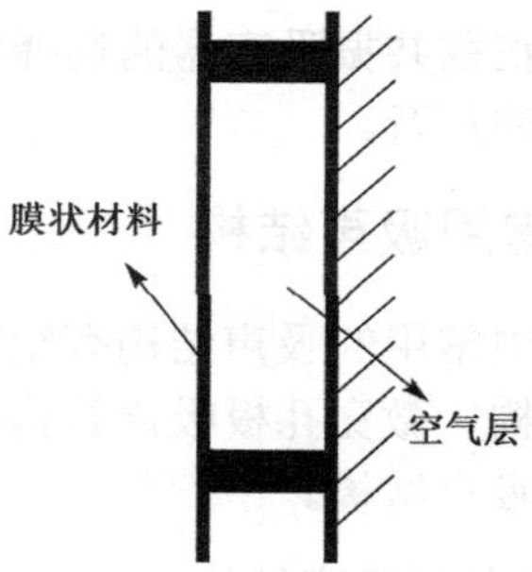

膜状材料

空气层

图 4-12　薄膜(薄板)共振吸声结构示意图

图 4-12 为薄膜共振吸声结构的原理示意图。在该共振吸声结构中，薄膜的弹性和薄膜后空气层弹性共同构成了共振结构的弹性，而质量由薄膜结构的质量确定，在低频时，可以将这种共振结构理解为单自由度的振动系统，当膜受到声波激励且激励频率与薄膜结构的共振频率一致时，系统发生共振，薄膜产生较大变形，在变形的过程中，薄膜的变形将消耗能量，起到吸收声波能量的作用。由于薄膜的劲度较小，因而由此构成的共振吸声结构的主要作用在于低频吸声性能。工程上常用如下公式预测系统的共振吸声频率

$$f_0 \approx \frac{60}{\sqrt{M_0 L}} \tag{4-7}$$

式中，f_0为系统的共振频率；M_0为薄膜的单位面积质量（kg/m^2）；L为空气层的厚度（m）。例如采用4mm厚的胶合板，每m^{2}重3.2kg，空气层厚5cm，其共振频率 $f_0 \approx \dfrac{60}{\sqrt{3.2\times 0.05}} = 150\ \text{Hz}$。通常，单纯使用薄膜空气层构成的共振吸声结构吸声频率较低，在200～1000Hz之间，吸声系数在0.3～0.4之间，一般把它作为中频范围的吸声材料，频带也很窄。为了提高其吸声带宽，常在空气层中填充吸声材料以提高吸声带宽和吸声系数。填充多孔吸声材料后系统的吸声特性可以通过试验进行测试。

薄板共振吸声结构的吸声原理与薄膜吸声结构基本相同，区别在于薄膜共振系统的弹性恢复力来自于薄膜的张力，而板结构的弹性恢复力来自板自身的刚性。

薄板共振吸声结构的共振频率计算公式为

$$f_0 = \frac{1}{2\pi}\sqrt{\frac{\rho_0 c^2}{M_0 L}} \tag{4-8}$$

薄膜和薄板共振吸声结构的共振频率主要取决于板的面密度和背后空气层的厚度，增大M_0和L均可以使f_0下降，实际中薄板的厚度常取3～6mm，空气层厚度一般取3～10cm，设计吸声频率为80～300Hz，共振吸声系数为0.2～0.5。在板后填充多孔性吸声材料后，系统的吸声系数和吸声频带都会提高。填充纤维状吸声材料的薄板吸声结构及其吸声特性如图4-13所示。

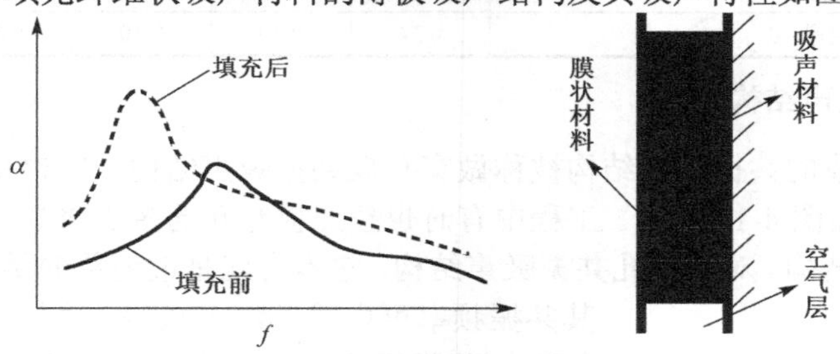

图4-13 填充纤维状吸声材料的薄板吸声结构及其吸声特性

皮革、人造革、塑料薄膜等材料具有不透气、柔软、受张拉时有弹性等特性。这些薄膜材料可与其背后封闭的空气形成共振系统。共振频率由单位面积膜的质置、膜后空气层厚度及膜的张力大小决定。实际工程中，膜的张力很难控制，而且长时间使用后膜会松驰，张力会随时间变化。

当薄膜作为多孔材料的面层时，结构的吸声特性取决于膜和多孔材料的种类，以及安装方法。一般来说，在整个频率范围内吸声系数比没有多孔材料只用薄膜时普遍提高。把胶合板、硬质纤维板、石膏板、石棉水泥板、金属板等板材周边固定在框上，连同板后的封闭空气层，也构成振动系统。常用的薄膜、薄板结构的吸声系数见表4-4及表4-5。

表4-4 薄膜共振结构的吸声系数（α_n）

吸声结构	背衬材料厚度/mm	倍频程中心频率/Hz					
		125	250	500	1000	2000	4000
帆布	空气层 45	0.05	0.10	0.40	0.25	0.25	0.20
	空气层 20+ 矿棉 25	0.20	0.50	0.65	0.50	0.32	0.20
人造棉	玻璃棉 25	0.20	0.70	0.90	0.55	0.33	0.20
聚乙烯薄膜	玻璃棉 50	0.25	0.70	0.90	0.90	0.60	0.50

表 4-5　薄板共振结构的吸声系数（α_T）

材　料	构造/cm	倍频程中心频率（Hz）					
		125	250	500	1k	2k	4k
三夹板	空气层厚度 5，框架间距 45×45	0.21	0.73	0.21	0.19	0.08	0.10
三夹板	空气层厚度 10，框架间距 45×45	0.59	0.38	0.18	0.05	0.04	0.08
五夹板	空气层厚度 5，框架间距 45×45	0.08	0.52	0.17	0.06	0.10	0.12
五夹板	空气层厚度 10，框架间距 45×45	0.41	0.30	0.14	0.05	0.10	0.16
刨花压	板厚 1.5，空气层厚 5	0.35	0.27	0.20	0.15	0.25	0.39
轧板	框架间距 45×45						
木丝板	板厚 3，空气层厚 5	0.05	0.30	0.81	0.63	0.70	0.91
	框架间距 45×45						
木丝板	板厚 3，空气层厚 10	0.09	0.36	0.62	0.53	0.71	0.89
	框架间距 45×45						
草纸板	板厚 3，空气层厚 5	0.15	0.49	0.41	0.38	0.51	0.64
	框架间距 45×45						
草纸板	板厚 3，空气层厚 10	0.50	0.48	0.34	0.32	0.49	0.60
	框架间距 45×45						
胶合板	空气层厚 5	0.28	0.22	0.17	0.90	0.10	0.11
胶合板	空气层厚 10	0.34	0.19	0.10	0.09	0.12	0.11

3．穿孔板吸声结构

由穿孔板构成的共振吸声结构被称做穿孔板共振吸声结构，它也是工程中常用的共振吸声结构，其结构如图 4-14 所示。工程中有时也按照板穿孔的多少将其分为单孔共振吸声结构和多孔共振吸声结构。对于单孔共振吸声结构，它本身就是最简单的赫姆霍兹共振吸声结构，其共振频率可由式（4-8）求得。同样，可以通过在小孔颈口部位加薄膜透声材料或多孔性吸声材料以改善穿孔板吸声结构的吸声特性，也可以通过加长小孔的有效颈长 l 来改变其吸声特性等。

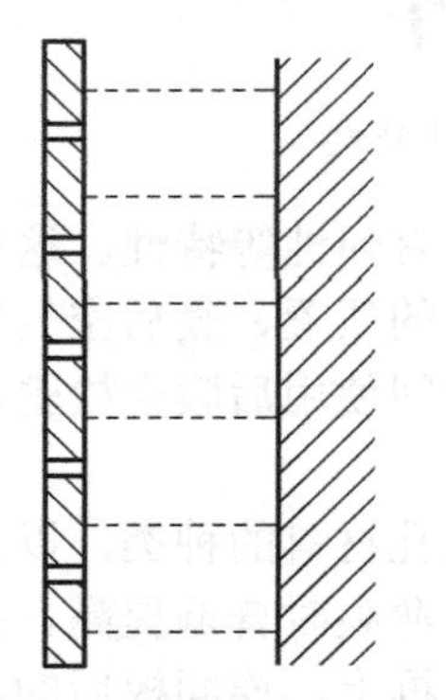

图 4-14　穿孔板吸声结构示意图

对于多孔共振吸声结构，实际上可以看成单孔共振吸声结构的并联结构，因此，多孔共振吸声结构的吸声性能要比单孔共振吸声结构的吸声效果好，通过孔参数的优化设计可以有效地改善其吸声频带等性能。

对于多孔共振吸声结构，通常设计板上的孔均匀分布且具有相同的大小，因此，其共振频率同样可以使用式（4-8）进行计算。当孔的尺寸不相同时，可以采用式（4-8）分别计算各自的共振频率，需要注意的是，式中的体积应该用每个孔单元实际分得的体积，如果用穿孔板的穿孔率表示，则可以改写成

$$f_0 = \frac{c_0}{2\pi}\sqrt{\frac{P}{hl}} \tag{4-9}$$

式中，$P = S / S_0$ 为穿孔板的穿孔率；S 为穿孔板中孔的总面积；S_0 为穿孔板的总面积；h 为空腔的厚度；$l = h + 0.5\pi r$，r 为孔径。

从式（4-9）可以发现：多穿孔板的共振频率与穿孔板的穿孔率、空腔深度都有关系，与

穿孔板孔的直径和孔厚度也有关系。穿孔板的穿孔面积越大，吸声频率就越高，空腔或板的厚度越大，吸声频率就越低。为了改变穿孔板的吸声特性，可以通过改变上述参数以满足声学设计上的需要。在确定穿孔板共振吸声结构的主要尺寸后，可制作模型在实验室测定其吸声系数，或根据主要尺寸查阅手册，选择近似或相近结构的吸声系数，再按实际需要的减噪量，计算应铺设吸声结构的面积。

通常，穿孔板主要用于吸收中、低频率的噪声，穿孔板的吸声系数在 0.6 左右。多穿孔板的吸声带宽定义为：吸声系数下降到共振时吸声系数一半时的频带宽度为吸声带宽。由于穿孔板自身的声阻很小，这种结构的吸声带宽较窄，只有几十赫兹到几百赫兹。为了提高多孔穿孔板的吸声性能与吸声带宽，可以采用如下方法：①空腔内填充纤维状吸声材料；②降低穿孔板孔径，提高孔口的振动速度和摩擦阻尼；③在孔口覆盖透声薄膜，增加孔口的阻尼；④组合不同孔径和不同板厚度、不同腔体深度的穿孔板结构。如在穿孔板背后填充吸声材料时，可以把空腔填满，也可以只填一部分，关键在于要控制适当的声阻率。图 4-15 是填充多孔材料前后吸声特性的比较。由图可见，填充多孔材料后，不仅提高了穿孔板的吸声系数，而且展宽了有效吸声频带宽度，为展宽吸声频带，还可以采用不同穿孔率、不同腔深的多层穿孔板吸声结构的组合。

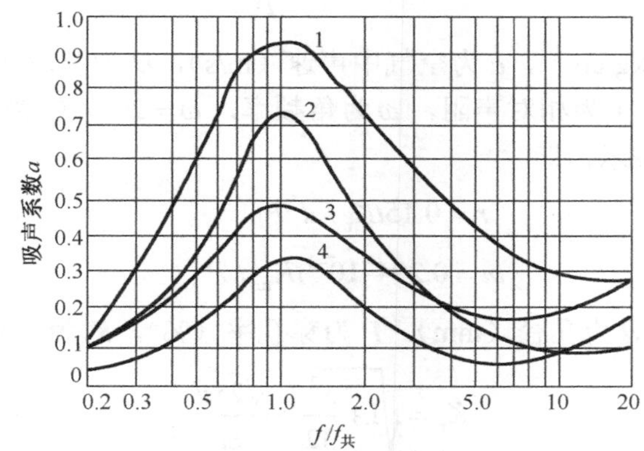

1—50 mm 空气层内填玻璃棉吸声系数　2—25 mm 空气层内填玻璃棉吸声系数

3—背后 50mm 空气层，不填多孔吸声材料　4—背后 25mm 空气层，不填多孔吸声材料

图 4-15　穿孔板共振结构的吸声特性

工程中，常采用板厚度为 2～5mm，孔径为 2～10mm，穿孔率在 0.1%～10%，空腔厚度为 100～250mm 的穿孔板结构。尺寸超过以上范围，多有不良影响，例如，穿孔率在 20%以上时，几乎没有共振吸声作用，而仅仅成为护面板。

【例 4-1】 某一穿孔板吸声结构，板厚 1.5mm，板上穿有正方形排列的穿孔，孔径为 8mm，孔间距为 24mm，板厚空气层厚度为 100mm，求其共振频率。

解：根据题意，已知板厚 1.5mm，空气层厚度 100mm，孔径为 8mm，孔间距为 24mm。

如按正方形排列打孔，其穿孔率 P 为：

$$P=\frac{\pi d^2}{4B^2}=\frac{\pi\times 8^2}{4\times 24^2}=0.087; l=h+\pi d/4=0.15+0.8\pi/4=0.778\text{cm}$$

把相关参数代入式（4-9），得其共振频率

$$f_0=\frac{c_0}{2\pi}\sqrt{\frac{q}{hl}}=\frac{34000}{2\pi}\sqrt{\frac{0.087}{10\times 0.778}}=572\text{Hz}$$

4．微穿孔板吸声结构

微穿孔板吸声结构是一种板厚度和孔径都小的穿孔板结构。由于穿孔板的声阻很小，因此，吸声频带很窄。为使穿孔板在较宽的范围内有效地吸声，必须在穿孔板背后填充大量的多孔材料或敷上声阻较高的纺织物。但是，如果把穿孔直径减小到 1mm 以下，则不需另外加多孔材料也可以使它的声阻增大，这就是微穿孔板。

在板厚度小于 1.0mm 薄板上穿以孔径小于 1.0mm 的微孔，穿孔率在 1%～5%之间，后部留有一定厚度（如 5～20cm）的空气层，空气层内不填任何吸声材料，这样即构成了微穿孔板吸声结构。单层或双层微穿孔板结构形式，是一种低声质量、高声阻的共振吸声结构，其性能介于多孔吸声材料和共振吸声结构之间，其吸声频带宽度可优于常规的穿孔板共振吸声结构。

研究表明，表征微穿孔板吸声特性的吸声系数和频带宽度，主要由微穿孔板结构的声质量 m 和声阻 r 来决定，而这两个因素又与微孔直径 d 及穿孔率 P 有关，微穿孔板吸声结构的相对阻抗 z（以空气的特性阻抗 $\rho_0 c$ 为单位）用下式计算，即

$$z = r + \mathrm{j}\omega m - \mathrm{jctg}\frac{\omega D}{\rho_0 c} \tag{4-10}$$

式中，ρ_0 为空气密度（$\mathrm{kg/cm^3}$），c 为空气中声速（m/s），D 为腔深（穿孔板与后壁的距离，mm），m 为相对声质量，r 为相对声阻，ω 为角频率，$\omega = 2\pi f$ （f 为频率）。

r 和 m 分别由下式表示，即

$$r = 0.15tK_\mathrm{r} / d^2 P \tag{4-11}$$

$$m = 0.294 \cdot 10^{-3} tK_\mathrm{m} / P \tag{4-12}$$

式中，t 为板厚（mm），d 为孔径（mm），P 为穿孔率（%），K_r 为声阻系数：

$$K_\mathrm{r} = \sqrt{1 + \frac{x^2}{32}} + \frac{\sqrt{2}xd}{8t}$$

K_m 为声质量系数

$$K_\mathrm{m} = 1 + \frac{1}{\sqrt{9 + x^2 / 2}} + 0.85\frac{d}{x}$$

式中，$x = ab\sqrt{f}$，a 和 b 为常数，对于绝热板 a=0.147，b=0.32；对于导热板 a=0.235，b=0.21。声吸收的角频带宽度，近似地由 r/m 决定，此值越大，吸声的频带越宽，则

$$\frac{r}{m} = \frac{l}{d^2} \cdot \frac{K_\mathrm{r}}{K_\mathrm{m}} \tag{4-13}$$

式中，l 为常数，对于金属板 l=140，而隔热板 $l = 500$。式（4-13）也可用下式表示，即

$$\frac{r}{m} = 50f\frac{K_\mathrm{r} / K_\mathrm{m}}{x^2} \tag{4-14}$$

而 $K_\mathrm{r} / K_\mathrm{m}$ 的近似计算式为

$$\frac{K_\mathrm{r}}{K_\mathrm{m}} = 0.5 + 0.1x + 0.005x^2 \tag{4-15}$$

利用以上各式，就可以从要求的 r，m，f 求出穿孔板吸声结构的 x，d，t，P 等参量，由于微穿孔板的孔径很小且稀疏，其 r 值比普通穿孔板大得多，而 m 又很小，故吸声频带比普通穿孔板共振吸声结构大得多，这是微穿孔板吸声结构的最大特点。一般性能较好的单层或双层微穿孔板吸声结构的吸声频带宽度可以达到 6～10 个 1 / 3 倍频程以上。

共振时的最大吸声系数为

$$\alpha_0 = \frac{4r}{(1+r)^2} \tag{4-16}$$

具体设计微穿孔板结构时，可通过计算，也可查图表，计算结果与实测结果相近，在实际工程中为了扩大吸声频带宽度，往往采用不同孔径，不同穿孔率的双层或多层微穿孔板复合结构。

微穿孔板可用铝板、钢板、镀锌板、不锈钢板、塑料板等材料制作。由于微穿孔板后的空气层内无需填装多孔吸声材料，因此，微穿孔板具有不怕水和潮气，不霉、不蛀、防火、耐高温、耐腐蚀、清洁无污染，能承受高速气流的冲击的特点。所以，微穿孔板吸声结构在噪声控制方面应用非常广泛。微穿孔板吸声结构的缺点是加工困难、成本高。

5．塑料盒式吸声体

薄塑盒式吸声体系是采用一种特制塑料薄片制成的新型吸声元件。它由若干排小盒固定于塑料基板上，每个小盒均为封闭腔体，其截面形状如图 4-16 所示。当声波入射于盒面时，薄片将产生弯曲振动，腔内密闭的空气体积随之发生变化，使四侧薄片也发生弯曲振动，因塑料阻尼较大，从而使声能转化为机械振动能而消耗掉。吸声体的固有振动将为薄片的劲度以及空腔体积等边界条件所确定。

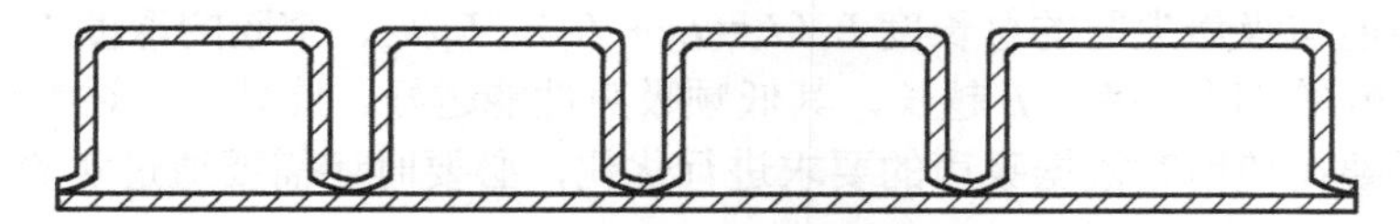

图 4-16　薄塑盒式吸声体剖面图

材料厚度、内腔变化、断面形状及结构后面的空气层厚度等因素直接影响该结构的吸声性能。在保证强度的条件下，面层薄片以薄为宜，有利于高频吸收，而适当增加基片的厚度，可以改善低频吸声效果。为使盒体的共振频率相互错开，每个小盒可以由多个体积不等的空腔组成。结构的断面形式可采用单腔、双腔和多腔结构，使之适应不同的吸声频率特性，恰当地组合内腔可以有效地拓宽结构的吸声频率范围，增大结构内腔的容积，并可以稳定结构在高频范围内的吸声性能。结构背后留有的空气层，有利于提高低频段的声吸收。由于薄片有较大的阻尼，吸声体在较宽的频带范围内有较好的吸声性能。

6．聚合珍珠岩吸声板

以膨胀珍珠岩为骨料，加入少量聚合物粘结剂，可以制成多孔复合型聚合珍珠岩吸声板。符合板共有两层，面层板穿孔率约为 11%，厚 1.5cm 的膨胀珍珠岩板粘贴于厚 2cm 的膨胀珍珠岩基板上，板面为 50cm×50cm。安装时，可以直接粘贴于墙面或钉在墙筋上，也可与轻钢龙骨吊顶配套安装。由于材料的多孔性可以吸收中、高频噪声，如果留有厚腔，则可以改善低频特性。其吸声系数频率特性曲线如图 4-17 所示。

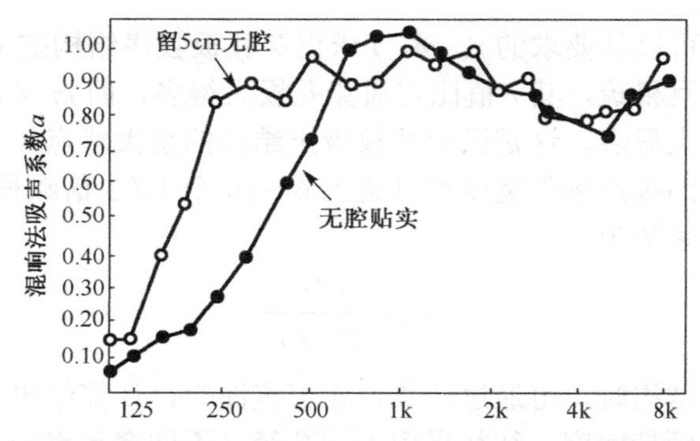

图 4-17 复合珍珠岩吸声板有空腔时的吸声频率特性

7. 吸声尖劈

工程中，也经常采用吸声尖劈作为吸声结构。吸声尖劈的结构如图 4-18 所示。

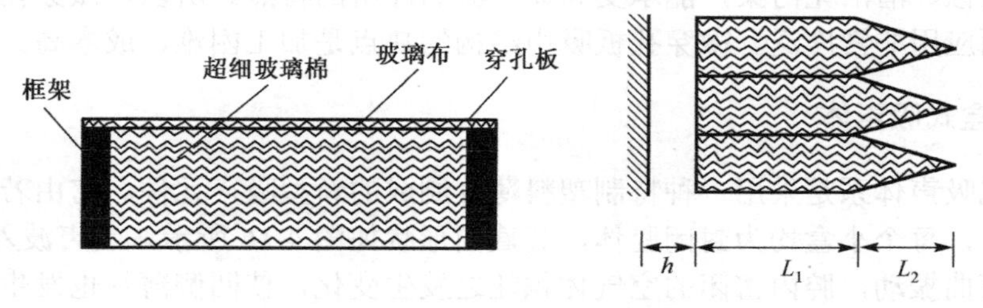

图 4-18 空间吸声体和吸声尖劈示意图

吸声尖劈具有很高的吸声系数，可以达到 0.99，常用于有特殊用途的声学结构的构造。吸声尖劈的吸声性能与吸声尖劈的总长度 L（$L=L_1+L_2$）、L_1/L_2、空腔的深度 H，以及填充的吸声材料的吸声特性等都有关系。L 越长，其低频吸声性能越好。此外，上述参数之间有一个最佳协调关系，需要在使用时根据吸声的要求进行优化，必要时还需要通过实验加以修正。

4.4 室内吸声降噪

对于封闭房间内的噪声源，在房间内任一点除了由噪声源直接传来的直达声外，还有由房间壁面多次反射形成的混响声。直达声与混响声叠加的结果使得室内噪声级比同一噪声源在露天广场所产生的噪声级不仅要高一些，而且室内声场也比空旷的户外情况更复杂。

4.4.1 室内声压级

声音不断从声源发出，又经过壁面及空气的不断吸收，当声源在单位时间内发出的声能等于被吸收的声能，房间的总声能就保持一定。若这时候房间内声能密度处处相等，而且任一受声点上，声波从各个方向传来的几率相等，位相无规，这样的声场称为扩散声场。

1. 直达声场

设点声源的声功率为 W，在距离声源 r 处，直达声的声强为

$$I_{\mathrm{d}}=\frac{QW}{4\pi r^2} \tag{4-17}$$

式中，Q 为指向性因子。实际声源由于在各方向辐射的强度并不一样，因此，由声源所发出的声能的辐射具有指向性。在某点上测得声源的声强与对同样声功率无指向性声源在同一点位置上的声强之比，称为该声源的指向性因子。当点声源置于无限空间，各向发散均匀时，Q 为 1；点声源置于刚性无穷大平面上，则发出的全部声能量只向半无限空间辐射，此时，同样距离处的声强将是无限空间情况的两倍，Q 为 2；声源放置在两个相互垂直的刚性平面的交线上，全部声能只能向四分之一空间辐射，Q 为 4；点声源放置于三个相互垂直的刚性壁面的交角上，Q 为 8。距离声源 r 处直达声的声压 p_{d} 及声能密度 ε_{d} 为

$$p_{\mathrm{d}}^2=\rho cI_{\mathrm{d}}=\frac{\rho cQW}{4\pi r^2} \tag{4-18}$$

$$\varepsilon_{\mathrm{d}}=\frac{p_{\mathrm{d}}^2}{\rho c^2}=\frac{QW}{4\pi r^2 c} \tag{4-19}$$

相应的声压级 $L_{\mathrm{p_d}}$ 为

$$L_{\mathrm{p_d}}=L_{\mathrm{W}}+10\lg\frac{Q}{4\pi r^2} \tag{4-20}$$

2. 混响声场

设混响声场是理想的扩散声场，在扩散声场中，声波经相邻两次反射的距离的平均值称为平均自由程 d。理论和实践均证明，无论空间的形状如何，平均自由程为

$$d=\frac{4V}{S} \tag{4-21}$$

式中，V 为房间容积，S 为房间内表面面积。当声速为 c 时，声波传播一个自由程所需要时间 τ 为

$$\tau=\frac{d}{c}=\frac{4V}{cS} \tag{4-22}$$

故单位时间内平均反射次数 n 为

$$n=\frac{1}{\tau}=\frac{cS}{4V} \tag{4-23}$$

声能在第一次反射前，均为直达声，经第一次反射吸收后，剩下的声能便是混响声，故单位时间声源向室内贡献的混响声为 $W(1-\overline{\alpha})$。$\overline{\alpha}$ 为房间的平均吸声系数，表示被吸收的声能占入射声能的比率。混响声在以后的多次反射中还要被吸收。设混响声能密度为 ε_{r}，则总混响声能为 $\varepsilon_{\mathrm{r}}V$，每反射一次，吸收 $\overline{\alpha}\varepsilon_{\mathrm{r}}V$，每秒反射 $cS/4V$ 次，则单位时间吸收的混响声能为 $\overline{\alpha}\varepsilon_{\mathrm{r}}VcS/4V$。当单位时间声源贡献的混响声能与被吸收的混响声能相等时，达到稳态，即

$$W(1-\overline{\alpha})=\varepsilon_{\mathrm{r}}V\overline{\alpha}\frac{cS}{4V} \tag{4-24}$$

因此，达到稳态时，室内的混响声能密度为

$$\varepsilon_{\mathrm{r}}=\frac{4W(1-\overline{\alpha})}{cS\overline{\alpha}} \tag{4-25}$$

设

$$R=\frac{S\overline{\alpha}}{1-\overline{\alpha}} \tag{4-26}$$

R 为房间常数，单位为 m^2，则

$$\varepsilon_r = \frac{4W}{cR} \tag{4-27}$$

由此可得，混响声场中的声压 p_r^2 为

$$p_r^2 = \frac{4\rho cW}{R} \tag{4-28}$$

相应的声压级 L_{p_r} 为

$$L_{p_r} = L_w + 10\lg\frac{4}{R} \tag{4-29}$$

3．总声场

把直达声场和混响声场叠加，便得到总声场。总声场的声能密度 ε 为

$$\varepsilon = \varepsilon_d + \varepsilon_r = \frac{W}{c}\left(\frac{Q}{4\pi r^2} + \frac{4}{R}\right) \tag{4-30}$$

总声场的声压平均值 p^2 为

$$p^2 = p_d^2 + p_r^2 = \rho cW\left(\frac{Q}{4\pi r^2} + \frac{4}{R}\right) \tag{4-31}$$

总声场的声压级 L_P 为

$$L_p = L_w + 10\lg\left(\frac{Q}{4\pi r^2} + \frac{4}{R}\right) \tag{4-32}$$

4．混响半径

由式（4-32）可知，在声源的声功率级为定值时，房间内的声压级由接收点到声源距离 r 和房间常数 R 决定。当接收点离声源很近时，$\frac{Q}{4\pi r^2} \gg \frac{4}{R}$，室内声场以直达声为主，混响声可以忽略；当接受点离声源很远时，$\frac{Q}{4\pi r^2} \ll \frac{4}{R}$，室内声场以混响声为主，直达声可以忽略，这时声压级 L_P 与距离无关；当 $\frac{Q}{4\pi r^2} = \frac{4}{R}$ 时，直达声与混响声的声能密度相等，这时候的距离 r 称为临界半径，记作 r_c，值为

$$r_c = 0.14\sqrt{QR} \tag{4-33}$$

当 $Q = 1$ 时的临界半径又称混响半径。混响半径与房间常数 R 和声源指向性因子 Q 有关，而 R 又取决于房间吸收，当房间吸收和声源指向性因子越大时，直达声占优势的空间也越大。

因为吸声降噪是通过吸声材料将入射到房间壁面的声能吸收掉，从而降低室内噪声，因此，它只对混响声起作用，当接收点与声源的距离小于临界半径时，吸声处理对该点的降噪效果不大；反之，当接收点离声源的距离大大超过临界半径时，吸声处理才有明显的效果。

【例 4-2】 在室内地面中心处有一声源，已知 500Hz 的声功率级为 85dB，同频带下的房间常数为 $50m^2$，求距声源 10m 处的声压级。

解：由声源位置可得室内指向性因子 $Q = 2$。

由题可知，$r = 10\text{m}$，$R = 50\text{m}^2$，代入式（4-32），可得

$$L_p = L_w + 10\lg\left(\frac{Q}{4\pi r^2} + \frac{4}{R}\right) = 90 + 10\lg\left(\frac{2}{4\pi \times 10^2} + \frac{4}{50}\right) = 74.1(\text{dB})$$

4.4.2 室内声场的衰减和混响时间

1．室内声能量的衰减

当声源在室内发出的声波达到稳态而突然停止时，由于壁面的多次反射，声音不会立即消失，而会持续一段时间，这一持续声音称为混响声。当声波在室内持续传播中经多次反射和吸收时，在空间就形成了一定的声能密度分布。

假设室内稳态声场的平均声能密度为 $\bar{\varepsilon}$，当声源停止发声，由于室内壁面等的吸声，混响声能将逐渐消失。声音经第一次反射后的平均声能密度降低为 $\bar{\varepsilon}_1 = \bar{\varepsilon}(1-\bar{\alpha})$；经第二次反射后为 $\bar{\varepsilon}_2 = \bar{\varepsilon}(1-\bar{\alpha})^2$；经过第 n 次反射后为 $\bar{\varepsilon}_n = \bar{\varepsilon}(1-\bar{\alpha})^n$，在 t 秒时间内总反射次数为 $\frac{cS}{4V}t$，此时室内平均声能密度为

$$\bar{\varepsilon}_t = \bar{\varepsilon}(1-\bar{\alpha})^{\frac{cS}{4V}t} \tag{4-34}$$

可见，$\bar{\varepsilon}_t$ 将随时间增长进行指数衰减，房间的内表面积越大，衰减越快，房间的容积越大，衰减越慢。图 4-19 为室内几种吸收情况对声音衰减的影响。

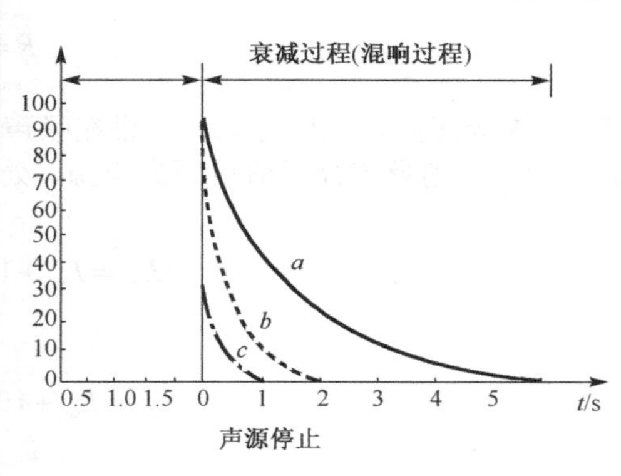

图 4-19 室内吸收不同对声音衰减的影响

2．混响时间

混响的理论是 W. C. Sabine 在 1900 年提出的。W. C. Sabine 通过大量实验研究，发现声源停止发声后的声衰减率对室内音质具有重要意义。他提出的“混响时间”概念，迄今为止在厅堂音质设计中仍是唯一用来定量计算音质的参量。

在室内混响声场达到稳态后，立即停止发声，声能密度衰减到原来的百万分之一时，即衰减 60dB 所需要的时间，定义为混响时间，以 T_{60} 表示。按此定义可写出

$$10\lg\frac{\bar{\varepsilon}_t}{\bar{\varepsilon}} = 10\lg(1-\bar{\alpha})^{(\frac{cS}{4V}-mc)T_{60}} \tag{4-35}$$

由此解得

$$T_{60}/\text{s} = \frac{0.161V}{-S\ln(1-\bar{\alpha}) + 4mV} \tag{4-36}$$

空气衰减常数 m 与湿度和声波的频率有关，随频率的升高而增大，低于 2000Hz 的声音，m 可以忽略。室温下 4m 与频率和湿度之间的关系见表 4-6。当室内声音频率低于 2000Hz 时，且平均吸声系数 $\bar{\alpha}<0.2$，$-\ln(1-\bar{\alpha}) \approx \bar{\alpha}$，式（4-36）可以简化为

$$T_{60} = \frac{0.161V}{S\bar{\alpha}} \quad (\text{s}) \tag{4-37}$$

混响时间的长短直接影响到室内的音质，T_{60}过长会使人感到声音混浊不清，过短又缺乏共鸣感，要达到良好的音质效果，可以通过调整各频率的平均吸声系数$\bar{\alpha}$，以获得各主要频率的“最佳混响时间”。

表 4-6　空气吸收常数 4m 与频率和相对湿度的关系（20℃）

频率/Hz	室内相对湿度（%）			
	30	40	50	60
2000	0.012	0.010	0.010	0.009
4000	0.038	0.029	0.024	0.022
6300	0.084	0.062	0.050	0.043

4.4.3　室内吸声降噪计算

吸声对于降低室内噪声的作用可通过下式

$$L_p = L_w + 10\lg\left(\frac{Q}{4\pi r^2} + \frac{4}{R}\right)$$

进行分析。在室内空间某点确定位置，当声源声功率级L_W和声源指向性因子Q确定后，只有改变房间常数值R，才能使L_P值发生变化。房间常数R是反映房间声学特性的主要参数，与噪声源的性质无关。R值由下式计算，即

$$R = \frac{S\bar{\alpha}}{1-\bar{\alpha}} \tag{4-38}$$

式中，S为房间内壁面总面积。设在吸声处理前、处理后房间常数和声压级分别为R_1、R_2和L_{P_1}、L_{P_2}，则吸声处理前后距离声源r处相应的声压级分别为

$$L_{p_1} = L_w + 10\lg\left(\frac{Q}{4\pi r^2} + \frac{4}{R_1}\right)(\text{dB}) \tag{4-39}$$

$$L_{p_2} = L_w + 10\lg\left(\frac{Q}{4\pi r^2} + \frac{4}{R_2}\right)(\text{dB}) \tag{4-40}$$

吸声降噪量　$$\Delta L_p = L_{p_1} - L_{p_2} = 10\lg\left[\left(\frac{Q}{4\pi r^2} + \frac{4}{R_1}\right)\Big/\left(\frac{Q}{4\pi r^2} + \frac{4}{R_2}\right)\right] \tag{4-41}$$

在噪声源近旁，直达声占主导地位，即$\frac{Q}{4\pi r^2} \gg \frac{4}{R}$，略去$\frac{4}{R}$项，则$\Delta L_P = 0$；在离噪声源足够远处，混响声占主导地位，即$\frac{Q}{4\pi r^2} \ll \frac{4}{R}$，略去$\frac{Q}{4\pi r^2}$项，则

$$\Delta L_p \approx 10\lg\frac{R_2}{R_1} = 10\lg\left[\frac{\bar{\alpha}_2(1-\bar{\alpha}_1)}{\bar{\alpha}_1(1-\bar{\alpha}_2)}\right](\text{dB}) \tag{4-42}$$

如果，$\bar{\alpha}_1$与$\bar{\alpha}_2$都比 1 小得多，因此ΔL_p又可简化成

$$\Delta L_p \approx 10\lg\frac{\bar{\alpha}_2}{\bar{\alpha}_1}(\text{dB}) \tag{4-43}$$

可见$\overline{\alpha}_2$与$\overline{\alpha}_1$之比值越大，噪声级降低得越多，但因两者是对数关系，$\overline{\alpha}_2/\overline{\alpha}_1$大到某一程度时对数增长缓慢，甚至极小，因而比值应适当选取，不宜追求过大值，以免不经济。

由于$\overline{\alpha}_1$和$\overline{\alpha}_2$通常是按实测混响时间T_{60}得到的，若以T_1和T_2分别表示吸声前后的混响时间，由式（4-37）和式（4-43），ΔL_p还可表示为

$$\Delta L_p \approx 10\lg\frac{T_1}{T_2}(\text{dB}) \tag{4-44}$$

由上式可以看出，从降低室内混响声来说，吸声处理后的混响时间应越短越好，但这并不是室内良好音质的“最佳混响时间”，两者不能混淆。

【例 4-3】 某车间在吸声处理前房间的平均吸声系数为 0.1，处理后为 0.5，房间内表面积为 500 m^2，试求在距离无指向性声源 6m 处的减噪量。

解：已知车间吸声处理前平均吸声系数$\overline{\alpha}_1$为 0.1，吸声处理后平均吸声系数$\overline{\alpha}_2$为 0.5，房间内壁面总面积为500m^2，则由式（4-38）可得

$$R_1=\frac{S\overline{\alpha}_1}{1-\overline{\alpha}_1}=\frac{500\times0.1}{1-0.1}=55.56(\text{m}^2);\quad R_2=\frac{S\overline{\alpha}_1}{1-\overline{\alpha}_1}=\frac{500\times0.5}{1-0.5}=500(\text{m}^2)$$

把R_1和R_2代入式（4-41），可得吸声降噪量

$$\Delta L_p=L_{p_1}-L_{p_2}=10\lg\left[\left(\frac{Q}{4\pi r^2}+\frac{4}{R_1}\right)\Big/\left(\frac{Q}{4\pi r^2}+\frac{4}{R_2}\right)\right]$$

$$=10\lg\frac{\dfrac{1}{4\pi\times6^2}+\dfrac{4}{55.56}}{\dfrac{1}{4\pi\times6^2}+\dfrac{4}{500}}=10\lg\frac{0.0022+0.072}{0.0022+0.008}=8.6(\text{dB})$$

4.4.4 室内吸声设计

吸声设计是噪声控制设计中的一个重要方面。在由于混响严重而使噪声超标或者由于工艺流程及操作条件的限制，不宜采用其他措施的厂房车间，采用吸声减噪技术是较为现实有效的方法。另外，隔声和消声器技术，也都离不开吸声设计。

1．设计原则

吸声处理只能降低从噪声源发出通过处理表面一次以上而到达接收点的反射声，而对于从声源发出的经过最短距离到达接收点的直达声则没有任何作用。

吸声减噪的效果一般为 A 声级 3～6dB，较好的为 7～10dB，一般不会超过 15dB，而且也不随吸声处理的面积成正比增加。在室内分布着许多噪声源的情况下，无论哪一处直达声的影响都很大，这种情况下不适宜做吸声处理。吸声处理的主要适用范围如下。

（1）室内表面多为坚硬的反射面，室内原有的吸声较小，混响声占主导的场合。

（2）操作者距声源有一定距离，室内混响较大的场合。

（3）要求减噪点虽然距声源较近，但可用隔声屏隔离直达声的场合。

2．基本设计公式

在一般室内声场中，离声源一定距离处的声压级L_P可以采用式（4-32）进行估算。在距离声源足够远处最大的吸声减噪量$\Delta L_{P\max}$可按式（4-42）计算；室内吸声处理的平均减噪量ΔL_P可按式（4-43）或式（4-44）计算。

3. 设计方法

一般情况下，吸声设计可根据式（4-32）进行。实际上，需用作吸声设计的房间主要有两种情况，即对受到已有声源干扰的房间进行改造或新建的房间封闭噪声源。针对这两种情况应采取不同的具体设计步骤。

（1）对受到已有声源干扰的房间进行改造

房间改造设计，按下列步骤进行：① 测量室内的噪声现状；② 计算或实测吸声处理前室内平均吸声系数 $\bar{\alpha}_1$ 及房间常数 R_1；③ 由相应的噪声标准确定离声源一定距离处的允许噪声级，求出所需的吸声减噪量；④ 根据所需的吸声减噪量，利用图 4-20 及图 4-21 计算所需的房间常数 R_2 和平均吸声系数 $\bar{\alpha}_2$ 的值；⑤ 选择适当的吸声材料或吸声结构，在室内天花板及墙面作必要的吸声设计，使其达到所需的平均吸声系数 $\bar{\alpha}_2$。

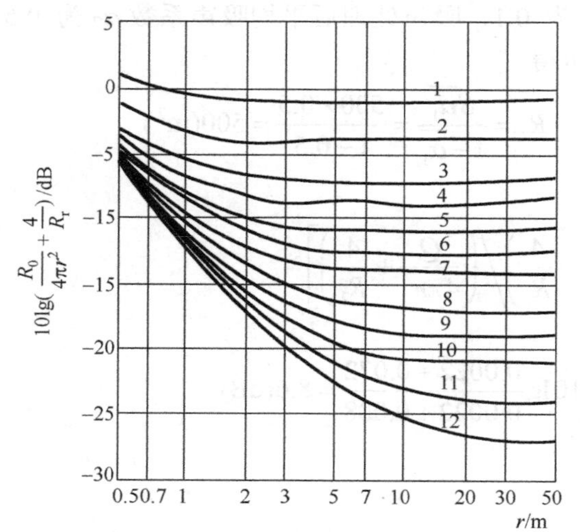

1—R=5m^2; 2—R=10m^2; 3—R=20m^2; 4—R=30m^2; 5—R=50m^2; 6—R=70m^2; 7—R=100m^2; 8—R=200m^2; 9—R=300m^2; 10—R=500m^2; 11—R=1000m^2; 12—R=2000m^2

图 4-20 室内声压级计算图表（Q=1）

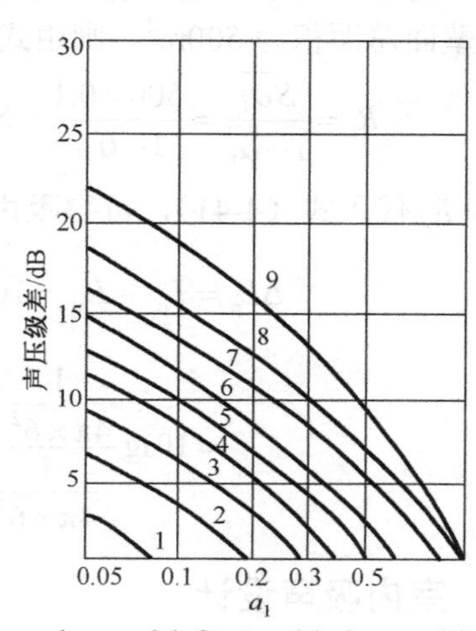

1—$\alpha_1=0.1$; 2—$\alpha_1=0.2$; 3—$\alpha_1=0.3$; 4—$\alpha_1=0.4$; 5—$\alpha_1=0.5$; 6—$\alpha_1=0.6$; 7—$\alpha_1=0.7$; 8—$\alpha_1=0.8$; 9—$\alpha_1=0.9$

图 4-21 室内吸声处理减噪量简算图表

（2）新建一个房间封闭噪声源

房间新建设计时，只要推断出没有经过吸声处理时的室内平均吸声系数和室内设置噪声源时室内噪声的状态，就可以如同“房间改造设计”一样进行设计。

吸声设计的减噪效果可用吸声减噪量及室内工作人员的主观感觉效果来评价。吸声减噪量一般应通过实测或计算吸声处理前后室内相应位置的噪声水平（A、C 声级和 125～4000Hz 6 个倍频程声压级）得到。条件允许时，也可以通过测量混响时间及以声场衰减等方法求得吸声减噪量。

4.5 吸声降噪工程应用实例

实例 4-1 某禽蛋厂冷冻压缩机房的吸声降噪

该冷冻压缩机房的尺寸为 10.6m×9.8m×5.5m。屋顶为钢筋混凝土预制板，壁面为砖墙水泥粉刷，两侧墙有大片玻璃窗，计 52m^2，约占整个墙面的 44%。机房内安装有 6 台压缩机组，其中两台 8ASJ17 型，每台制冷量为 5.6×10^8kJ/h，转速 720r/min，三台 S8-12.5 型和一台 4AV-12.5 型机组，每台制冷量为 8.25cal/h，转速为 960r/min。压缩机组位置和噪声测点布置如图 4-22 所示。当三台机组运转（其中 8ASJ17 型一台和 S8－12.5 型两台）时，机房内的平均噪声级为 89dB(A)。当六台机组全部运转时，预计机房内噪声级将达 92dB(A)。为了改善工人劳动条件，消除噪声对健康的影响，需要进行噪声治理。

由于机组操作人员要根据机器发出的噪声，判断其运转是否正常，以此选择吸声降噪方法进行噪声治理。

（1）吸声材料的选择

选用的吸声材料为蜂窝复合吸声板，它由硬质纤维板、纸蜂窝、膨胀珍珠岩、玻璃纤维布及穿孔塑料片复合而成。厚度为 50mm，分单面和双面复合吸声板。吸声体构造如图 4-23 所示。该吸声体具有较高的刚度，能耐受一定的冲击，不易损坏，以及吸声效率高等特性。

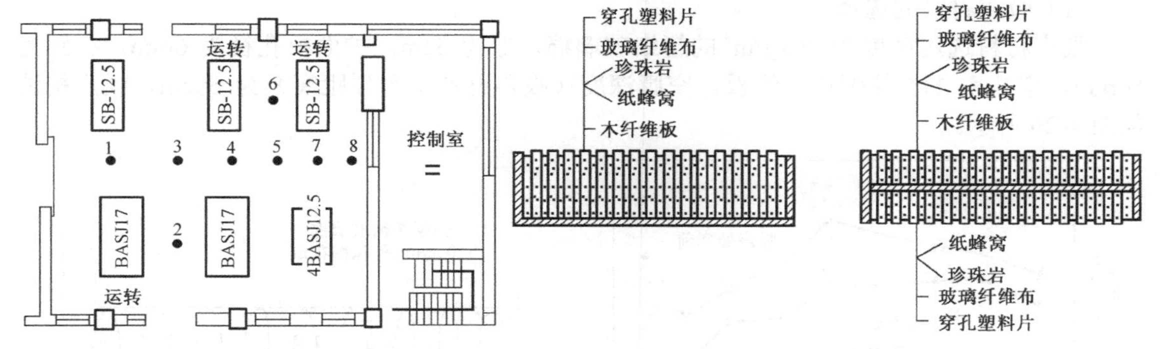

图 4-22　压缩机房内机组位置和噪声测点布置

图 4-23　蜂窝复合吸声板构造

（2）吸声材料的布置

吸声材料布置在机房内四周墙面和平顶上。为了使吸声材料不易损坏，单面蜂窝复合板安装在台面以上的墙面上，材料后背离墙面留有 5cm 空气层，吸声材料面积为 $72m^2$，约占墙面的 31.7%。平顶为双面蜂窝复合吸声板浮云式吊顶，吸声板之间留有较大空间，使其上下两面均能起吸声作用。材料面积为 $44m^2$，约占平顶面积的 42%。平顶的吸声处理布置如图 4-24 所示。

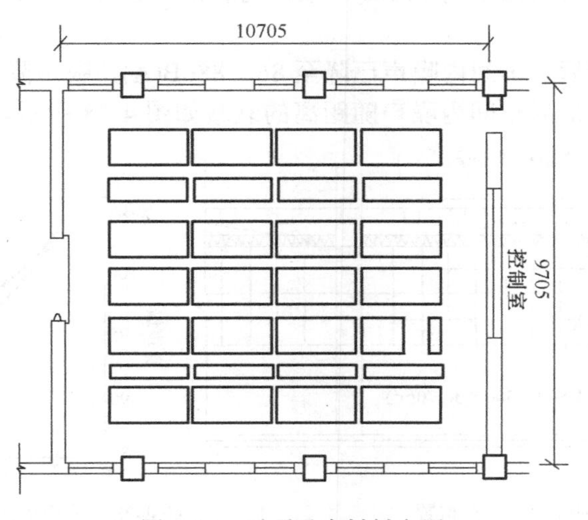

图 4-24　平顶吸声材料布置

（3）降噪效果

吸声降噪处理后，机组运转情况与吸声处理前相同，机房内平均噪声级已降到 80.7dB(A)。降噪前后机房内的平均声压级如图 4-25 所示。结果表明，低频的降噪量较小，中高频的降噪量较大，这与吸声材料的吸声特性是吻合的。

本工程吸声降噪效果明显，机房内的噪声已从 89dB(A)下降到 80.7dB(A)，噪声级低于国家容许标准值 85dB(A)。

实例 4-2 某无线电厂冲床车间吸声降噪

该厂冲床车间长×宽×高为 30m×18m×4.8m，车间面积 $540m^2$。车间为钢筋混凝土砖石混合结构建筑，槽型混凝土板平顶，混凝土地面，壁面为砖墙水泥石灰粉刷。车间内安装有 8～60t 冲床 40 余台，80t 和 160t 冲床各 1 台。正常运转时车间内噪声级高达 92～95dB(A)。操作工人对噪声反映较为强烈，听力和健康均受影响，出勤率下降，对邻近办公楼也产生噪声干扰。

（1）吸声材料的选择

吸声材料选用密度为 $20kg/m^3$ 的超细玻璃棉，厚为 5cm。护面板孔径为 6mm，孔距为 16mm，穿孔率 11%的硬质纤维板。空腔深度（吸声材料至平顶距离）为 50cm。吸声构造如图 4-26 所示。

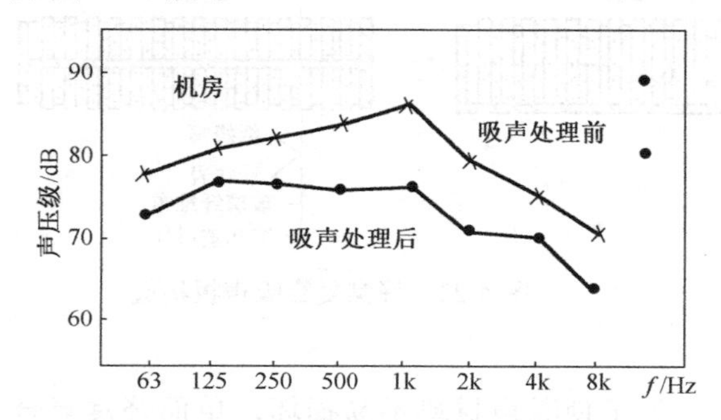

图 4-25 吸声降噪前后实测的平均噪声声压级

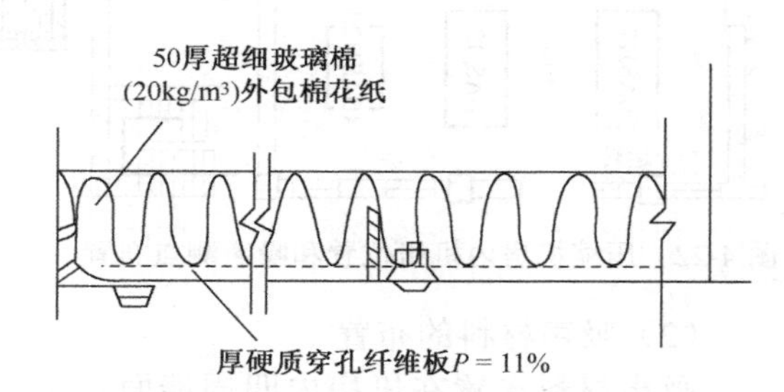

图 4-26 平顶吸声构造示意图

（2）吸声材料的布置

在平顶采用大面积吸声吊顶（满铺），材料面积 $510m^2$，2m 以上墙面和柱面直接粘贴半穿孔装饰软质纤维板，材料面积约 $170m^2$。吸声材料的布置如图 4-27 所示。

（3）降噪效果

通过吸声降噪治理后，车间内噪声已降至 86～88dB(A)，吸声降噪量达 7dB(A)，噪声响度显著降低。吸声处理前后车间内噪声随距离的衰减如图 4-28 所示。

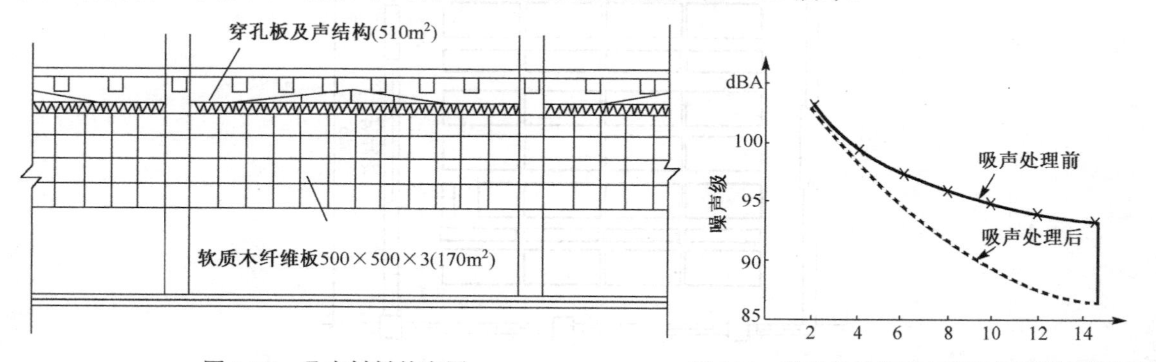

图 4-27 吸声材料的布置

图 4-28 吸声处理前后实测噪声随距离的衰减

实例 4-3 某麻纺厂织布车间的吸声降噪

某麻纺厂织布车间长 33m，宽 15m，平均高 5.6m，面积 495 m^2。厂房是锯齿形木屋架结构。室内三面是砖墙灰浆粉刷，一面为带玻璃窗的砖墙。车间内安装 36 台 J212-130 型亚麻织机，转速为 l47r/min，功率 1kW。噪声测点包括三种位置，a 是工人操作位置，b 是离织机 1m 处，c 是离织机 2m 处，共 25 个测点。测试传声器高度为人耳高度。织机和噪声测点位置如图 4-29 所示。

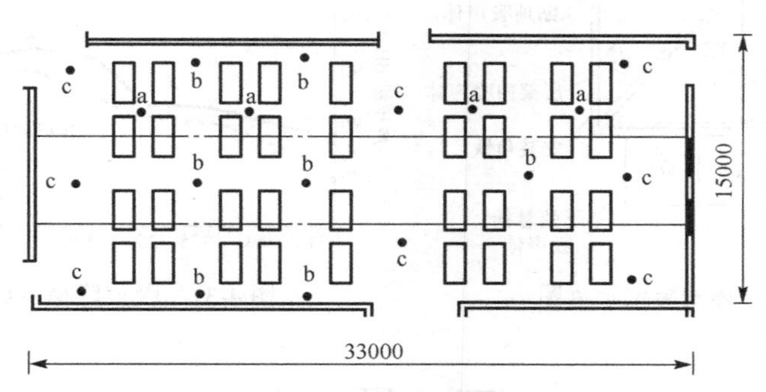

图 4-29　织机和噪声测点位置示意图

各个位置测试的平均噪声值列于表 4-7 中，a 位置的声级高达 100～102dB(A)，b 位置为 101dB(A)，c 位置处为 99～100 dB(A)。由于车间内机器分布密集和厂房内壁面和平顶的反射，使室内各个位置的噪声变化不大，相差仅 1～2 dB(A)。

表 4-7　织布车间吸声降噪前噪声测量结果　dB(A)

测点位置	倍频程中心频率/Hz								总噪声级	
	63	125	250	500	1k	2k	4k	8k	A	C
a									102	101
b	93.5	93.5	94.0	95.0	97.0	96.5	95.0	94.0	101	100
c	85.0	86.0	86.5	91.0	94.0	94.0	95.0	94.0	99～100	99

（1）吸声材料的选择

吸声体系由木框架做骨架，框架内填充超细玻璃棉，表面用玻璃纤维布和塑料窗纱护面，吸声体一部分安装在墙上，一部分贴顶及竖直悬挂在木屋架上。

墙面上的吸声体尺寸为 2000mm×1000mm×50mm，安装在离地 1.5m 的墙面上，共 40 块，面积 80m^2。

根据车间屋顶锯齿形木屋架结构的特点，吸声体在斜屋面上采取贴顶安装，木屋架内及其下弦采取竖直安装。吸声体安装如图 4-30 所示。吸声体采取这种悬挂方式，既不影响车间自然采光和通风，又能充分发挥吸声体的吸声效率。

斜屋面上贴顶安装了 410m^2 吸声体，木屋架内吸声体按实际尺寸制作安装，而屋架下弦竖直悬挂的吸声体尺寸为 1000mm×977mm×100mm。每个屋架下悬挂一排，每排 10 块，共吊挂 5 排。屋架内竖直安装和悬挂的吸声体面积共 117 m^2。

（2）降噪效果

墙面进行吸声处理后，噪声级从 102dB(A)降到 99dB(A)。在此基础上，安装斜屋面上的吸声体，噪声级从 99dB(A)降到 97.5dB(A)。在屋架及下弦竖挂的吸声体安装之后，噪声级又从 97.5dB(A)降到 96dB(A)。全部吸声体安装后，各测点的噪声皆有所降低，其中操作工人位置 a 处降低 3.5～6dB(A)，离机器 1m 的 b 处为 4.0～5.5dB(A)，离机器 2m 的 c 处为 3～6dB(A)。有关测点降噪频谱特性如图 4-31 所示，结果表明，车间各个频段噪声均有所降低。

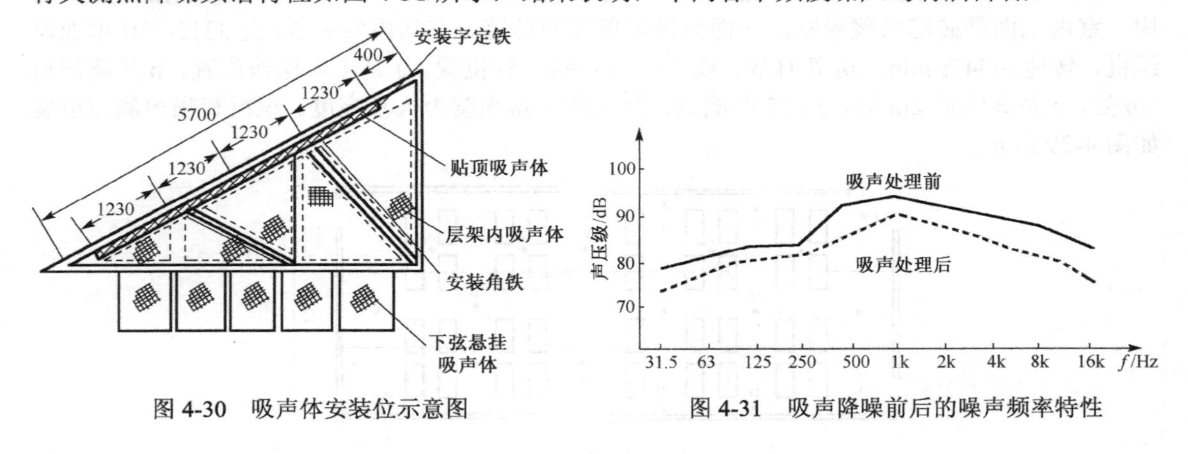

图 4-30　吸声体安装位示意图

图 4-31　吸声降噪前后的噪声频率特性

习　题　4

1．某一穿孔板吸声结构，已知板厚为 4mm、孔径为 8 mm、孔心距为 25 mm，孔按正方形排列，穿孔板后空腔厚 120 mm，试求其穿孔率及共振频率。

2．某一混响室的尺寸为 8m×6m×5m，各壁面均为混凝土，试估算对于 500Hz 声音的混响时间。设空气温度为 20℃，相对湿度为 50%。

3．某房间尺寸为 8m×4m×3.5m，该房间采用混凝土砌块墙，外刷涂料，室内顶部采用吸声吊顶，平均吸声系数为 0.75；地面采用实木地板，平均吸声系数为 0.35，试求各中心频率的吸声降噪量。

4．某房间的尺寸为 45m×60m×12m，对 500Hz 声音平顶的吸声系数为 0.4，地面为 0.2，墙面为 0.5，在房间中央有一声功率为 2W 的点声源，求房间对 500Hz 声音的总吸声量和平均吸声系数。房间常数和混响时间（忽略空气的吸收）各为多少？

5．某车间地面中心处有一声源，已知 500Hz 声音的声功率级为 88dB，同频带下的房间常数为 50 m^2，求距离声源 12 m 处的声压级。

6．某车间在吸声处理前房间的平均吸声系数为 0.1，处理后为 0.5，房间内表面积为 450m^2，试求在距离无指向性声源分别为 1m，5m 和 10m 处的减噪量。

第 5 章　隔声技术

隔声是噪声控制技术中最常用的技术之一。为了减弱或消除噪声源对周围环境的干扰，常采用屏障物将噪声源与周围环境隔绝开，或把需要安静的场所封闭在一个小的空间内。声波在媒质中传播时，通过屏障物使部分声能被反射而不能完全通过的措施称为隔声。空气声在传播途中遇到隔声构件时的能量分布如图 5-1 所示。

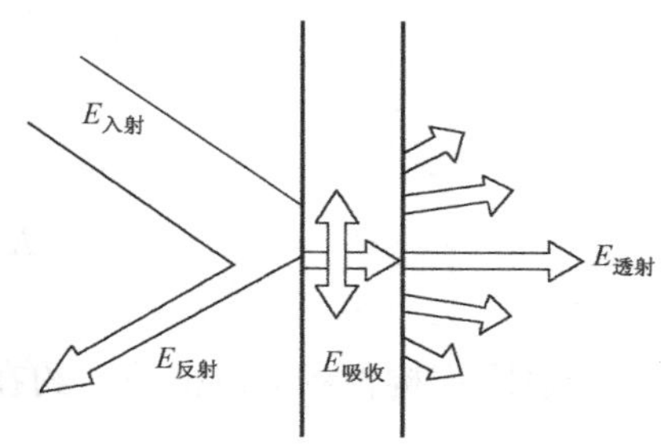

图 5-1　空气声遇到隔声构件时的能量分布

在实际生活中，噪声的传播途径非常复杂。噪声从声源所在房间传播到邻近房间的途径主要有以下几种。

（1）噪声源通过隔墙的孔、洞以直达声、室内反射声和衍射声的形式，借助弹性媒质空气传播（空气声）至邻近房间；（2）机器机座振动借助弹性媒质地板、墙体等固体结构传播（形成圆体声）至邻近房间墙体，墙体振动再次激发邻近空气振动产生空气声；（3）声源噪声通过弹性媒质空气以空气声形式传播至声源所在房间墙体，激发墙体振动并通过墙体结构传播至邻近房间墙体（为固体声），墙体振动再次激发邻近空气振动产生空气声。这些噪声最终都在邻近房间内以空气声形式被受声者所接收。

因此，根据切断声传播途径的差异，隔声问题分为两类：一类是空气声的隔绝，另一类是固体声的隔绝。例如上述传播途径（1）可采用空气声隔绝技术，使用密实、沉重的材料制成构件阻断或将噪声封闭在一个空间，常采取隔声间、隔声罩、隔声屏等形式；传播途径（2）和（3）主要采用固体声隔绝技术，可使用橡胶、地毯、泡沫、塑料等材料及隔振器来隔绝。

影响隔声结构隔声性能的因素主要包括三个方面。其一是隔声材料的品种、密度、弹性和阻尼等因素。一般来讲，材料的面密度越大，隔声量就越大，另外增加材料的阻尼可以有效地抑制结构共振和吻合效应引起的隔声量的降低。其二是构件的几何尺寸以及安装条件（包括密封状况）。其三是噪声源的频率特性、声场的分布及声波的入射角度。对于给定的隔声构件来讲，隔声量与声波频率密切相关，一般来讲，低频时隔声性能较差，高频时隔声性能较好。隔声降噪的目的就是要根据噪声源的频谱特性，设计适合于降低该噪声源的隔声结构。

5.1　隔声原理

5.1.1　透射系数与隔声量

1．透射系数

隔声构件透声能力的大小，用透射系数 τ 来表示，它等于透射声强 I_t 与入射声强 I_i 的比值，即

$$\tau = \frac{I_t}{I_i} \tag{5-1}$$

从透射系数的定义出发，又可写做$\tau=\frac{W_t}{W_i}=\frac{p_t^2}{p_i^2}$，其中 W_t和 p_t分别表示透射声波的声强和声压，W_i和 p_i分别表示入射声波的声强和声压。τ又称为传声系数或透声系数，是一个无量纲量，它的值介于 0～1 之间。τ值越小，表示隔声性能越好。通常所指的τ是无规入射时各入射角度透射系数的平均值。

2．隔声量

隔声量 R 定义为

$$R=10\lg\frac{1}{\tau} \tag{5-2a}$$

或

$$R=10\lg\frac{I_i}{I_t}=20\lg\frac{p_i}{p_t} \tag{5-2b}$$

一般隔声构件的τ值很小，约在 10^{-5}～10^{-1}之间，使用很不方便，故人们采用 $10\lg\frac{1}{\tau}$来表示构件本身的隔声能力，称为隔声量，其单位为 dB。隔声量又叫透射损失或传声损失，记作 L_{TL}。由式（5-2）可以看出，τ总是小于 1，L_{TL}总是大于 0；τ越大则 L_{TL}越小，隔声性能越差。透射系数和隔声量是两个相反的概念。例如，有两堵墙，透射系数分别为 0.01 和 0.001，则隔声量分别为 20dB 和 30dB。用隔声量来衡量构件的隔声性能比透射系数更直观、明确，便于隔声构件的比较和选择。隔声量或传声损失一般由实验室和现场测量两种方法确定。现场测量时，因为实际隔声结构传声途径较多，且受侧向传声等性能的影响，其测量值一般要比实验室测量值低。

隔声量的大小与隔声构件的结构、性质有关，也与入射声波的频率有关。同一隔声墙对不同频率的声音，隔声性能可能有很大差异，故工程上常用 10Hz～4kHz 的 16 个 1/3 倍频程中心频率的隔声量的算术平均值，来表示某一构件的隔声性能，称为平均隔声量。平均隔声量虽然考虑了隔声性能和频率的关系，但因为只求算术平均值，未考虑人耳听觉的频率特性，以及一般结构的频率特性，因此，尚不能很好地用来对不同隔声构件的隔声性能做比较分析。例如，两个隔声结构具有相同的平均隔声量，但对于同一噪声源的隔声效果可有相当大的不同。

3．空气隔声指数

空气隔声指数是国际标准化组织推荐的一种对隔声构件的隔声性能的评价方法。隔声结构的空气隔声指数可以按以下方法求得。

先测得某隔声结构的隔声量频率特性曲线，如图 5-2 中的曲线 1 或曲线 2 即分别代表两座隔声墙的隔声特性曲线；图 5-2 中还绘出了一组参考折线，每条折线上标注的数字相对于该折线上 500Hz 所对应的隔声量。按照下面的两点要求，将曲线 1 或曲线 2 与某一条参考折线比较：

① 在任何一个 1/3 倍频程上，曲线低于参考折线的最大差值不得大于 8dB；

② 对全部 16 个 1/3 倍频程中心频率（100～3150Hz），曲线低于折线的差值之和不得大于 32dB。

把待评价的曲线在折线组图中上下移动，找出符合以上两个要求的最高的一条折线（按整数分贝计），该折线上所标注的数字，即为待评价曲线的空气隔声指数。

用平均隔声量和空气隔声指数分别对图 5-2 中两条曲线的隔声性能进行比较，可以求出两座隔声墙的平均隔声量分别为 41.8dB 和 41.6dB，基本相同。但按上述方法求得它们的空气隔声指数分别为 44 和 35，显示出前者的隔声性能实际上要优于后者。

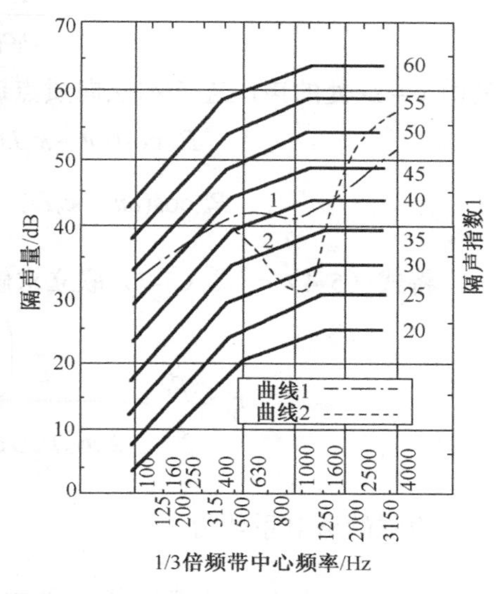

图 5-2　隔声墙空气隔声指数参考曲线

5.1.2　单层匀质构件的隔声性能

1．质量定律

当平面声波 p_i 垂直入射构件（也称隔墙）时，隔墙的整体随声波振动，隔墙振动向右辐射形成透射声波 p_t，向左辐射为反射声波 p_r，如图 5-3 所示。

假设：① 墙为无限大，即不考虑边界的影响；② 声波垂直入射于墙面；③ 墙的两侧均为通常状况下的空气；④ 把墙作为一个质量系统，即不考虑墙的刚性、阻尼；⑤ 墙上各点以相同的速度振动。

声波穿透隔声墙必须通过两个界面，一个是从空气到固体界面，另一个是从固体到空气的界面。设墙厚为 D，特征阻抗为 $R_2=\rho_2c_2$，空气的特征阻抗为 $R_1=\rho_1c_1$，ρ_1、ρ_2 分别为空气和墙的密度，c_1、c_2 分别为声音在空气和墙体中传播的速度。入射波、透射波和反射波的声压级和质点振动速度分别以 p_i、u_i、p_t、u_t 和 p_r、u_r 表示，墙体中的入射波和反射波分别以 p_{2t}、u_{2t} 和 p_{2r}、u_{2r} 表示。以从空气到固体界面为原点，各列声波的声压和质点振动速度为

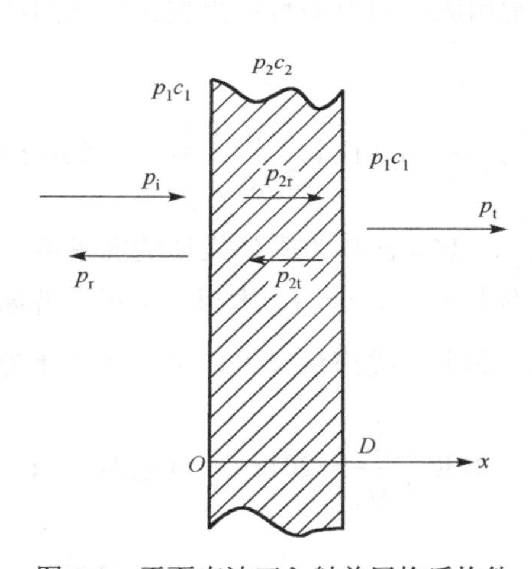

图 5-3　平面声波正入射单层均质构件

$$
\begin{aligned}
p_i &= P_i\cos(\omega t-\kappa_1 x)\\
u_i &= \frac{P_i}{\rho_1c_1}\cos(\omega t-\kappa_1 x)\\
p_r &= P_r\cos(\omega t-\kappa_1 x)\\
u_r &= -\frac{P_r}{\rho_1c_1}\cos(\omega t-\kappa_1 x)\\
p_{2t} &= P_{2t}\cos(\omega t-\kappa_2 x)\\
u_{2t} &= \frac{P_{2t}}{\rho_2c_2}\cos(\omega t-\kappa_2 x)\\
p_{2r} &= P_{2r}\cos(\omega t+\kappa_2 x)\\
u_{2r} &= -\frac{P_{2r}}{\rho_2c_2}\cos(\omega t+\kappa_2 x)\\
p_t &= P_t\cos[\omega t-\kappa_1(x-D)]\\
u_t &= \frac{P_t}{\rho_1c_1}\cos[\omega t-\kappa_1(x-D)]
\end{aligned}
\tag{5-3}
$$

式中，$k_1=\omega/c_1$，$k_2=\omega/c_2$ 为波数；ω 为声波的圆频率。

应用 $x=0$ 处的边界条件，即边界处声压和法向质点速度连续，可得

$$P_i+P_r=P_{2t}+P_{2r} \tag{5-4}$$

$$\frac{P_{\rm i}}{\rho_1 c_1}-\frac{P_{\rm r}}{\rho_1 c_1}=\frac{P_{\rm 2t}}{\rho_2 c_2}-\frac{P_{\rm 2r}}{\rho_2 c_2} \tag{5-5}$$

又由 $x=D$ 处的声压连续和法向质点速度连续条件得

$$P_{\rm 2t}\cos(\omega t-\kappa_2 D)+P_{\rm 2r}\cos(\omega t+\kappa_2 D)=P_{\rm t}\cos(\omega t) \tag{5-6}$$

$$P_{\rm 2t}\cos(\omega t-\kappa_2 D)-P_{\rm 2r}\cos(\omega t+\kappa_2 D)=\frac{\rho_2 c_2}{\rho_1 c_1}P_{\rm t}\cos(\omega t) \tag{5-7}$$

将式（5-4）～式（5-7）联立求解，即可得到声压的反射系数为

$$r_{\rm p}=\frac{p_{\rm r}}{p_{\rm i}}=\frac{\left(\dfrac{\rho_2 c_2}{\rho_1 c_1}-\dfrac{\rho_1 c_1}{\rho_2 c_2}\right)\sin\kappa_2 D\sin\omega t}{2\cos\kappa_2 D\cos\omega t-\left(\dfrac{\rho_2 c_2}{\rho_1 c_1}+\dfrac{\rho_1 c_1}{\rho_2 c_2}\right)\sin\kappa_2 D\sin\omega t} \tag{5-8}$$

声强的透射系数为

$$\tau_{\rm I}=1-\left|r_{\rm p}^2\right|=\frac{4}{4\cos^2\kappa_2 D+\left(\dfrac{\rho_2 c_2}{\rho_1 c_1}+\dfrac{\rho_1 c_1}{\rho_2 c_2}\right)\sin\kappa_2 D\sin\omega t} \tag{5-9}$$

根据隔声量（或传声损失）的定义，则

$$R=L_{\rm TL}=10\lg\frac{1}{\tau_{\rm I}}=10\lg\left[\cos^2\kappa_2 D+\frac{1}{4}\left(\frac{\rho_2 c_2}{\rho_1 c_1}+\frac{\rho_1 c_1}{\rho_2 c_2}\right)^2\sin^2\kappa_2 D\right] \tag{5-10}$$

式中，假设 $D\ll\lambda$，则 $\sin k_2 D\approx k_2 D$，$\cos k_2 D\approx 1$。一般常用固体材料的特性阻抗比空气的特性阻抗大得多，即 $\rho_2 c_2\gg\rho_1 c_1$，于是式（5-10）可简化为

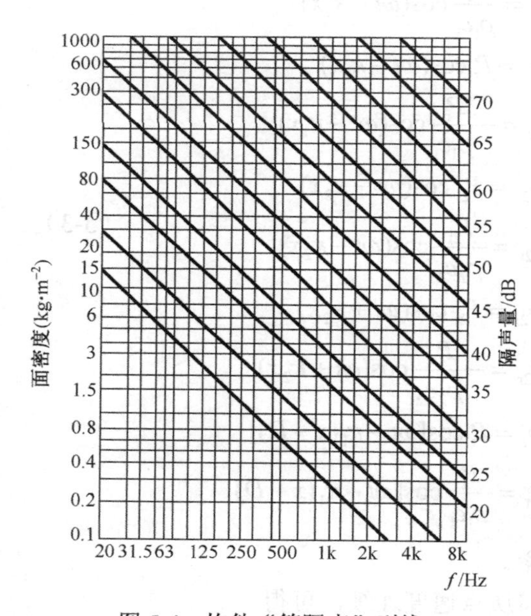

图 5-4　构件“等隔声”列线

$$R({\rm dB})=L_{\rm TL}=10\lg\left[1+\left(\frac{\omega M}{2\rho_1 c_1}\right)^2\right] \tag{5-11}$$

式中，$\omega=k_2 c_2$，$M=\rho_2 D$ 为固体媒质的面密度。对于一般的固体材料，如砖墙、木板、钢板、玻璃等，$\dfrac{\omega M}{2\rho_1 c_1}\gg 1$，因此，隔声量又可以进一步简化为

$$R({\rm dB})=L_{\rm TL}=20\lg\frac{\omega M}{2\rho_1 c_1}=20\lg f+20\lg M-42 \tag{5-12}$$

上式表明，固体材料的面密度 M 和频率 f 越大，隔声性能越好。M 每增加一倍或频率 f 提高一倍，隔声量 $L_{\rm TL}$ 都将增加 6dB，式（5-11）和式（5-12）即是隔声处理中常用的质量定律。

根据式（5-12）绘制的等隔声列线如图 5-4 所示。由图可见，要使构件在 f 为 2000Hz 时传声损失 35dB，可取面密度 M 为 10kg/m^2 的构件。而当 f 为 200Hz 时，要达到相同的传声损失，M

的值需增加至约为 100kg/m^2。由此可见，通过增加质量来提高构件的低频隔声效果，将使构件显得十分笨重。

以上为声波垂直入射的理论结果。当声波无规入射时，则应对所有的入射角求平均，此时隔声量为，即

$$\bar{R}(\mathrm{dB}) = 18\lg(Mf) - 47 \tag{5-13}$$

对于单层均匀实体墙，还可以用以下经验公式来计算其在 300～3150Hz 频率范围内的平均隔声量

$$\bar{R}(\mathrm{dB}) \approx 14.5\lg Mf + 10 \tag{5-14}$$

表 5-1 列出了几种常用单层隔声结构的隔声量数值。

表 5-1　几种常用单层隔声结构的隔声量

构件名称	面密度 /（kg/m^2）	倍频程中心频率/Hz						R/dB	
		125	250	500	1k	2k	4k	测定	计算
1/4 砖墙，双面粉刷	118	41	41	45	40	46	47	43	42
1/2 砖墙，双面粉刷	225	33	37	38	46	52	53	45	46
1/2 砖墙，双面木筋条板加粉刷	280		52	47	57	54		50	47
1 砖墙，双面粉刷	457	44	44	45	53	57	56	49	51
1 砖墙，双面粉刷	530	42	45	49	57	64	62	53	52
100mm 厚木筋板条墙，双面粉刷	70	17	22	35	44	49	48	35	39
150mm 厚加气混凝土砌块墙，双面粉刷	175	28	36	39	46	54	55	43	43

2．频率特性

单层匀质隔声结构的隔声性能与入射波的频率有关，其频率特性取决于隔声结构本身单位面积的质量、刚度、材料的内阻尼，以及隔声结构边界条件等因素。单层匀质隔声结构的隔声量与入射波频率之间的关系如图 5-5 所示。

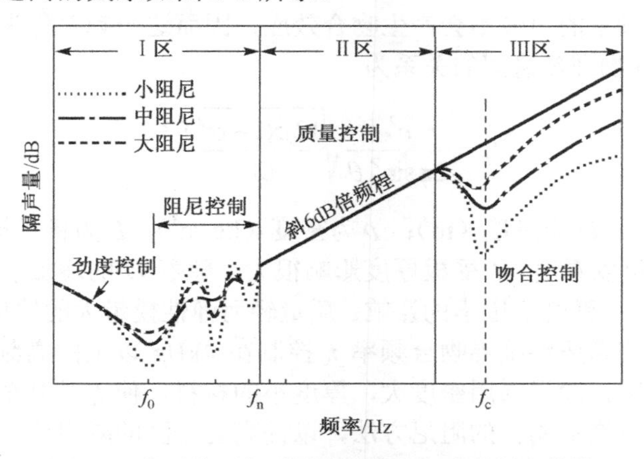

图 5-5　典型单层匀质隔声结构的隔声量频率特性

在低于构件共振频率范围内，隔声量主要由隔声构件的劲度所控制，单层构件的刚性越强，隔声量就越大；同时隔声量随频率而变化，频率越高，隔声量越大，质量效应的影响增加。随着频率的增高，在某些频率上，劲度和质量效应相抵消而产生共振现象，隔声曲线进

入由隔声构件的共振频率所控制的频段，这时构件的阻尼起作用。图中f_0为共振基频，一般的建筑结构中，共振基频f_0很低，在5～20Hz左右，这时，隔声构件振动幅度很大，隔声量出现极小值，大小主要取决于构件的阻尼，称为阻尼控制。

当频率继续增高，隔声量进入质量控制区，这时，隔声量主要取决于构件的面密度和入射声波的频率，面密度越大，其惯性阻力越大，构件越不易振动，隔声效果也就越好，同时，频率越高，隔声效果也越好。面密度、频率与隔声量之间的这种关系就是建筑声学中常用的质量定律。当频率高到一定值以上，将出现质量效应和弯曲劲度效应相抵消的情况，结果使阻抗极小，隔声量又出现了低谷，此频段内的隔声量在很大程度上是由吻合效应控制的。在吻合效应频率f_c处，隔声量有一个较大的降低。从图中曲线变化可以看出，在主要声音频率范围内，隔声量受质量控制。

3．吻合效应

在上面讨论隔声量的质量定律时，由于忽略了构件的弹性性质，按质量定律估算出的隔声往往比实际测量结果高。实际上，单层匀质构件都是具有一定劲度的弹性板（或墙），当来自各个方向的声波以某一角度入射到构件上时，受激发后的构件会产生受迫弯曲振动。如图5-6所示。

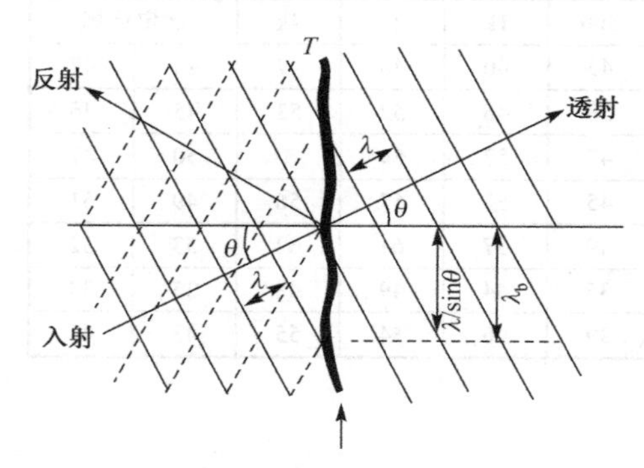

图5-6　弯曲波和吻合效应

当一定频率的声波以某一角度入射到构件上，恰好与其所激发的构件的弯曲振动产生吻合时，构件的弯曲振动及向另一侧的声辐射都达到极大，相应的隔声量为极小，这一现象称为“吻合效应”，相应的频率称为“吻合频率”。由图5-6可见，发生吻合的条件是

$$\lambda_b = \frac{\lambda}{\sin\theta} \tag{5-15}$$

由于$\sin\theta \leqslant 1$，故只有在$\lambda \leqslant \lambda_b$的条件下才能发生吻合效应；$\lambda = \lambda_b$时，出现吻合效应的最低频率，低于这一频率的声波不会产生吻合效应，因而这一频率称为吻合效应的临界频率f_c。临界频率f_c与构件物理参量间的关系为

$$f_c = \frac{c^2}{2\pi\sin^2\theta}\sqrt{\frac{12\rho(1-\sigma^2)}{ED^2}} \tag{5-16}$$

式中，c为声速（m/s）；D为厚度（m）；ρ为密度（kg/m^3）；E为杨氏模量（N/m^2）；σ为泊松比。由式（5-16）可以看出，f_c受板厚度影响很大，随着D的增加f_c向低频移动，另外，f_c还受构件材料的密度、弹性等因素的影响。质量轻而弹性模量大的墙板，f_c常常降到听觉敏感范围内，而通常我们希望将临界吻合频率f_c控制在4kHz以上的高频。常用建筑材料的f_c往往出现在主要声频区，除了选用密度大，厚度小的材料，使f_c升高至人耳不敏感的区域这种方法外，还可以采取增加构件的阻尼方法，以提高吻合区的隔声量，改善总的隔声效果。

扩散入射声波的频率为f_c时，构件的隔声量下降很多，隔声频率曲线在f_c附近形成低谷，称为吻合谷。谷的深度与材料的内损耗因子有关，内损耗因子越小（如钢、铝等材料），吻合谷越深。在钢板、铝板上涂刷阻尼材料（如沥青）可以增加阻尼损耗，使吻合谷变浅。几种材料的吻合谷如图5-7所示。

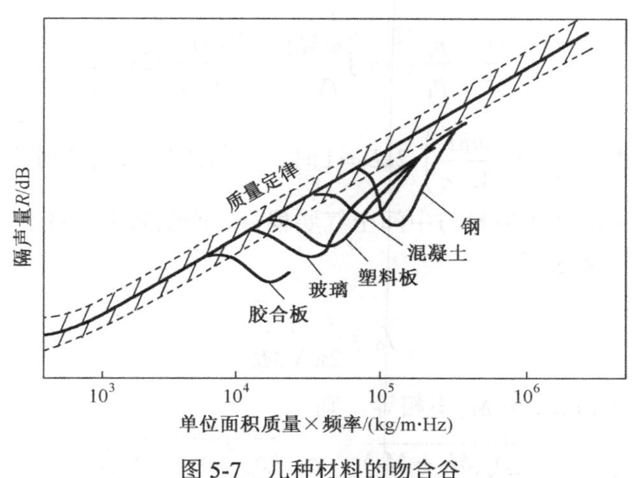

图 5-7 几种材料的吻合谷

5.1.3 双层墙的隔声性能

隔声技术中常把板状或墙状的隔声构件称为隔板或隔墙，简称墙。有两层或多层，层间有空气或其他材料的构件，称为双层墙或多层墙。

把两个单层结构的构件分开，中间留有空气层或填充矿棉一类填料就组成了双层结构的构件。它的隔声量比同样重量的单层结构构件的隔声量要大 6～10dB；在隔声量相同的情况下，双层结构构件的重量比单层结构构件可减少 50%～70%。

1．双层结构的隔声机理

双层结构能提高隔声性能的主要原因是空气层的作用。声波入射到第一层墙透射到空气层时，空气层的弹性形变具有减振作用，传递给第二层墙的振动大为减弱，从而提高了墙体的总隔声量。双层结构的隔声机理与单层结构的原理是一样的，只是采用双层结构时声波要依次透过 4 个分界面，运用声学边界条件就得到 8 个方程，求解过程非常繁琐。为了简化求解过程，可假设每层构件的厚度相对于入射声波波长都小得多，以至每层构件中包括两边界面在内的所有质点的速度均相同，则可以认为墙像活塞一样做整体运动。双层隔墙的隔声示意图如图 5-8 所示。

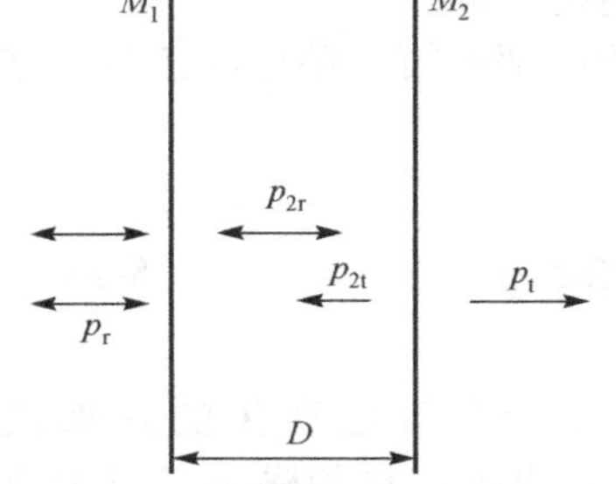

图 5-8 双层隔墙的隔声示意图

设两隔层中间距离为 D，为简化分析计算，设两层墙单位面积的质量相等，都为 M，声波为垂直入射。利用声学边界条件，可以计算出入射声压 p_i 与透射声压 p_t 之比为

$$\frac{1}{\tau_p}=\frac{p_i}{p_t}=1+j\frac{\omega M}{\rho_0 c}+\left(\frac{j\omega M}{2\rho_0 c}\right)^2(1-e^{-j\cdot 2kD}) \tag{5-17}$$

式中，$k=2\pi/\lambda$；$\rho_0 c$ 是空气的特性阻抗。

2．双层构件的隔声性能

（1）双层构件的低频隔声性能

当入射声波的频率较低时，其波长比两隔层间的距离 D 大得多，即 $kD \ll 1$，这时，将式（5-17）的指数项展开，只取前两项，得到

$$\frac{1}{\tau}=\frac{p_{\mathrm{i}}}{p_{\mathrm{t}}}=1+\mathrm{j}\frac{\omega M}{\rho_0 c}\left[1-\left(\frac{\omega M}{4\rho_0 c}\right)2kD\right] \tag{5-18}$$

当上式虚部系数为 0 时，即当$\left(\frac{\omega M}{4\rho_0 c}\right)\cdot 2kD=1$时，入射声压 p_{i} 与透射声压 p_{t} 之比为 1，即声能几乎全部透射，这时构件的质量与中间空气层耦合，产生共振。将 $k=\omega/c$，$\omega=2\pi f$ 代入上式，可求得其共振频率 f_0 为

$$f_0=\frac{c}{2\pi}\sqrt{\frac{2\rho_0}{MD}} \tag{5-19}$$

若两隔层的单位面积 M_1 与 M_2 不相等，则

$$f_0=\frac{c}{2\pi}\sqrt{\frac{\rho_0(M_1+M_2)}{M_1 M_2 D}}=\frac{c}{2\pi}\sqrt{\frac{\rho_0}{D}\left(\frac{1}{M_1}+\frac{1}{M_2}\right)} \tag{5-20}$$

当声波以 θ 角入射时，

$$f_{0,\theta}=\frac{c}{2\pi\cos\theta}\sqrt{\frac{2\rho_0}{MD}} \tag{5-21}$$

共振频率是隔声构件本身的性质，由构件参数决定，与入射声波频率无关。当入射声波的频率等于共振频率时，隔声构件几乎没有隔声作用。当入射声波的频率远离共振频率时，隔声量逐渐增加。

若入射声波的频率远低于共振频率 f_0，式（5-18）右边虚部的第二项可以忽略，这时的隔声量为

$$R=10\lg\left[1+\left(\frac{\omega M}{\rho_0 c}\right)^2\right] \tag{5-22}$$

与式（5-11）比较，可以看出上式就是面密度为 $2M$ 的单层墙的质量定律，这是双层墙的隔声效果。与把两个单层墙合并在一起，中间没有空气层的情况一样。

若入射声波的频率远高于共振频率 f_0 时，式（5-18）的右边虚部的第一项可以忽略，这时得到的隔声量为

$$R=10\lg\left[\left(\frac{\omega M}{2\rho_0 c}\right)^4(2\kappa D)^2\right]=R_1+R_2+20\lg(2\kappa D) \tag{5-23}$$

此时的隔声量相当于两个隔墙单独隔声量之和再加上由于空气层产生的附加值 $20\lg(2kD)$。该结果表明，如果把一个隔墙一分为二，分开一定距离时，总的隔声量将大为增加。

（2）双层构件的中高频隔声性能

当入射声波的频率为中高频，不能满足 $kD\ll 1$ 时，式（5-17）可表示为

$$\frac{p_{\mathrm{i}}}{p_{\mathrm{t}}}=1+\mathrm{j}\frac{\omega M}{\rho_0 c}+\left(\frac{\mathrm{j}\omega M}{2\rho_0 c}\right)^2 2\sin\kappa D(\sin\kappa D-\mathrm{j}\cos\kappa D) \tag{5-24}$$

由上式可以看出，当入射声波的波长和两隔墙之间的距离成一定倍数时，隔声量的极大

值和极小值会交替出现。当 $kD=n\pi$ 时，即 D 是半波长整数倍时，就得到式（5-22）；当 $kD=(2n+1)\pi/2$ 时，即 D 为 1/4 波长的奇数倍时，

$$R=20\lg\left[2\left(\frac{\omega M}{2\rho_0 c}\right)^2\right] \tag{5-25}$$

相当于两个单独隔墙的隔声量之和再增加 6dB。

3．双层隔声构件的频率特性

声波垂直入射时，双层隔墙的频率特性曲线如图 5-9 所示。图中的虚线表示两层构件合成一层时（即 $D=0$）的单层质量定律。c 点对应于共振频率位置，隔声量有很大的降低，不过在大部分情况下，这一频率值很低，在声音主要频率范围之外，但对于轻结构隔声设计，仍要注意这一因素。图中 ab 段表示声波频率远小于共振频率的情况，这时双层结构犹如中间没有空气层，两隔层合在一起，故其隔声曲线与虚线几乎重合。在主要的频率范围 def 段，则充分体现出双层结构的优越性。图中谷点的深度与隔墙边缘连接的阻尼有关。此外在两层中间的空气层中填加吸声材料，可以显著地改善共振时的低谷，并且增大主要频段的隔声量。

双层墙两墙之间若有刚性连接，称为存在声桥。部分声能可经过声桥自一墙传至另一墙，使空气层的附加隔声量大为降低，降低的程度取决于双层墙刚性连接的方式和程度。如在填入隔声材料时，若操作不当两层之间就会产生刚性连接。因此，在设计与施工过程中都必须加以注意，尽量避免声桥的出现。

当声波以 θ 角入射时，双层隔墙也存在吻合效应。具有两层同样面密度的双层墙，在单层墙的临界吻合频率附近，将出现传声损失的极小值。如果空气层内没有吸声材料，则在临界吻合频率附近的传声损失比单层墙时的两倍略少些，如在空气层内填入少量吸声材料，则对传声损失有明显的改进，隔声低谷将变得平坦，如果两单层墙的临界吻合频率有很大差别，则即使隔层内没有吸声材料，隔声低谷也较平坦。

在临界频率以上，情况很复杂。隔声量与墙的面密度、弯曲劲度、墙脚的阻尼以及激发频率与临界频率之比等因素有关。图 5-10 为两个相同面密度的单层墙板与空气层组成的双层墙的隔声特性简图。图中下边虚线为单层墙按“质量定律”计算的结果；上边虚线为理想条件下双层墙的隔声量，相当于单墙的两倍。a 和 b 分别为空气层内无吸声材料和有少量吸声材料时的隔声特性曲线，c 为填有均匀吸声材料的隔声特性曲线。

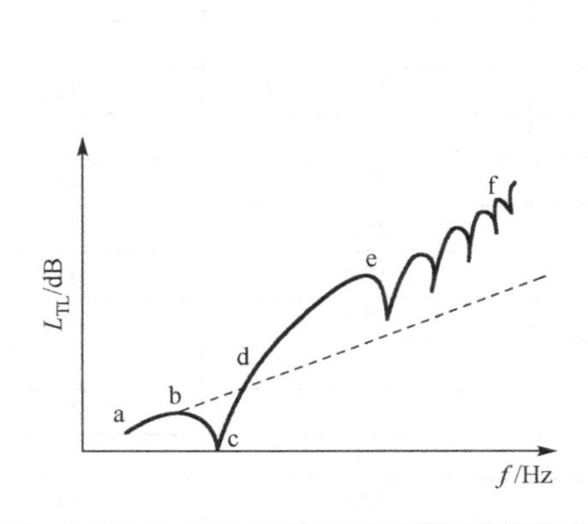

图 5-9　垂直入射时双层隔墙的频率特性曲线

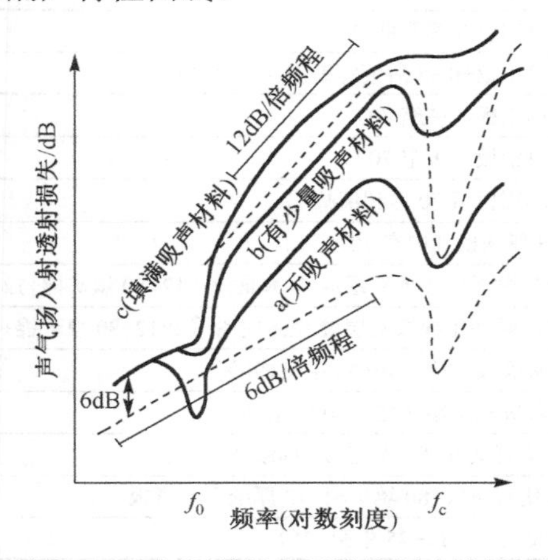

图 5-10　相同单板双层墙的隔声特性简图

4．双层墙隔声量的近似计算

严格地按理论计算双层墙的隔声量比较困难，而且与实际情况往往存在一定差距。在实际工程应用中，多采用经验公式进行近似计算，即

$$R = L_{\mathrm{TL}} = 16\lg(M_1 + M_2) + 16\lg f - 30 + \Delta R \quad (5\text{-}26)$$

平均隔声量的近似计算公式为

$$\bar{R} = \bar{L}_{\mathrm{TL}} = 16\lg(M_1 + M_2) + 8 + \Delta R \quad (5\text{-}27)$$

$$\bar{R} = \bar{L}_{\mathrm{TL}} = 13.5\lg(M_1 + M_2) + 14 + \Delta R \quad (5\text{-}28)$$

式中，ΔR 表示空气层附加隔声量，式（5-27）和式（5-28）使用的前提条件分别为 $m_1+m_2>200\mathrm{kg/m^2}$ 和 $m_1+m_2\leqslant 200\mathrm{kg/m^2}$。$\Delta R$ 可以从图 5-11 中查到。图 5-11 中的曲线是在实验室中通过大量试验获得的。由图中曲线可以看出，当双层墙面密度不同时，ΔR 值也不完全相同。使用重双层墙时可参考曲线 1，轻双层墙参考曲线 2。

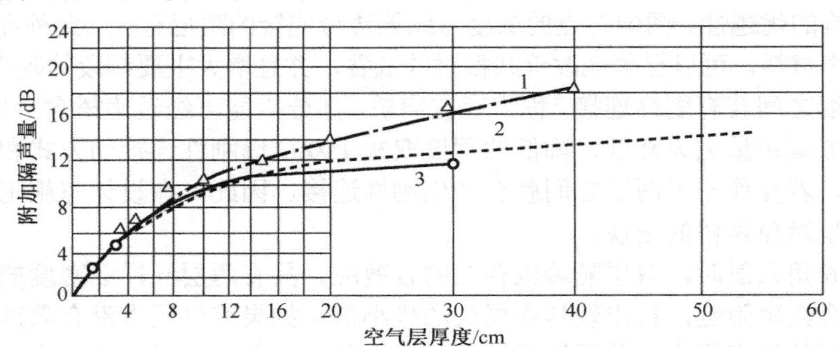

1—双层加气混凝土墙；2—双层无纸石膏板墙；3—双层纸面石膏板墙

图 5-11　双层隔墙附加隔声量与空气层厚度的关系

常用双层墙的隔声量见表 5-2。

表 5-2　常用部分双层墙的平均隔声量

材料及构造/mm	面密度/kg·m^{-2}	平均隔声量/dB
12～15 厚铅丝网抹灰双层中填 50 厚矿棉毡	94.6	44.6
双层 1 厚铝板（中空 70）	5.2	30
双层 1 厚铝板 3 厚石棉漆	6.8	34.9
双层 1 厚铝板+0.35 后镀锌铁皮（中空 70）	10.0	38.5
双层 1 厚钢板（中空 70）	15.6	41.6
双层 2 厚铝板（中空 70）	10.4	31.2
双层 2 厚铝板填 70 厚超细棉	12.0	37.3
双层 1.5 厚钢板（中空 70）	23.4	45.7
18 厚塑料贴面压榨板双层墙,钢木龙骨（12+80 填矿棉+12）	29.0	45.3
18 厚塑料贴面压榨板双层墙,钢木龙骨（2×12+80 填矿棉+12）	35.0	41.3
炭化石灰板双层墙（90+60 中空+90）	130	48.3
炭化石灰板双层墙（120+60 中空+90）	145	47.7
90 厚炭化石灰板+80 中空+12 厚纸面石膏板	80	43.8
90 厚炭化石灰板+80 填矿棉+12 厚纸面石膏板	84	48.3
加气混凝土墙（15+75 中空+75）	140	54.0

（续表）

材料及构造/mm	面密度/kg·m^{-2}	平均隔声量/dB
100 厚加气混凝土+50 中空+18 草纸板	84	47.6
100 厚加气混凝土+50 中空+三合板	82.6	43.7
50 厚五合板蜂窝板+56 中空+30 五合板蜂窝板	19.5	35.5
240 厚砖墙+80 中空内填矿棉 50+6 塑料板	500	64.0
240 厚砖墙+200 中空+240 砖墙	960	70.7

5.1.4　多层复合隔声结构

轻质复合结构是指由几层质轻细薄以及密度不同的材料组成的隔声构件。这种结构因质轻且隔声性能良好，被广泛应用于工业及交通运输业的噪声控制工程中，如隔声罩、隔声屏，以及车、船、飞机等的壳体等。

常用的轻质复合板是用金属或非金属的坚实薄板作面层，内侧覆盖阻尼层或夹入吸声材料或空气层等组成的。前面所讨论的双层薄板结构实质上也是这类结构。

在讨论单层墙隔声时，已知要在较宽的频带范围内保持隔声量随频率上升，须设法避免在主要声频区发生吻合效应，即提高薄板的临界吻合频率。因而，增加面层板的密度或减小其弯曲劲度时，对改善隔声效果是十分有效的。

因分层材料的阻抗各不相同，即阻抗不相匹配，故声波在分层界面上将产生反射。阻扰相差越大，反射声能也越多。此外，还由于夹层材料的阻尼和吸声作用，使板面振动受到抑制，特别是对共振区和吻合区的“低谷”有明显的改善，使透射声能大为减少，从而达到很好的隔声效果。最简单的复合结构可以用两层坚实薄板和一定厚度的夹心层组成，这种复合结构的弯曲劲度随频率而变化。在低频段，复合结构的弯曲劲度比相同面密度的单层板大得多，面层的弯曲振动因夹心层的耦合，使三层材料复合构件的“整体”作用很明显；在中频段，板的弯曲劲度减小；到高频时，弯曲劲度接近恒定值，等于面层弯曲劲度的总和，夹层的耦合作用几乎消失，总弯曲劲度变小，使临界吻合频率相应提高，因而能在较宽的频率范围内保持隔声量随频率上升而提高。

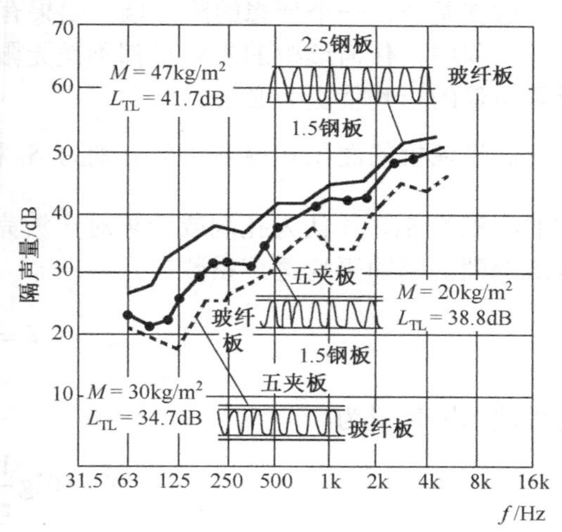

图 5-12　几种分层复合结构在实验室内测得的隔声量

由于理论计算的复杂性，构件的实际隔声值常通过实测得到。图 5-12 为几种复合构件在实验室内测得的隔声特性曲线。图中所示三种情况，除面层板为不同材料外，隔层均采用密度为 120kg/m^2 的玻璃纤维板，厚度均为 6.5cm。实验结果表明，复合结构具有质轻和隔声性能良好的优点。在主要声频区，构件的隔声量均超过了同等重量单层实体墙按质量定律的计算结果，且隔声低谷也已不很明显。

5.1.5　孔洞和缝隙对墙体隔声的影响

有些建筑围护结构，因通风、采光、出入等要求，设有门窗及其他一些不可避免的孔隙，这些都是隔声中的薄弱环节，孔洞、缝隙的存在会对隔声墙板的隔声效果带来不利影响。对有门窗或孔隙的墙体，隔声效果将受这些薄弱点的牵制。此时，即使将墙体的隔声量提得很高，组合墙总的隔声量提高甚少，甚至毫无作用。孔洞或缝隙的面积越大，影响越严重。若孔的面积占整个墙板面积的 1%，则该墙板的隔声量不可能大于 20dB；如果占 10%，则隔声量不可能超过 10dB。这一结果是以假设隔声墙体本身的隔声量无穷大为前提的。隔声量由声能透射系数决定，组合件的隔声量由组合件的平均声能透射系数决定。若构件分别由面积为 S_1、S_2、…、S_n，相应的声能透射系数分别为 τ_1、τ_2、…、τ_n 的部件组成，则组合件的平均透射系数 $\bar{\tau}$ 为

$$\bar{\tau}=\frac{S_1\tau_1+S_2\tau_2+\cdots+S_n\tau_n}{S_1+S_2+\cdots+S_n} \tag{5-29}$$

例如，假设墙具有足够大的隔声量，问面积为 1%的缝隙的该墙的隔声量最大为多少分贝？如果声波的波长小于墙壁上缝隙的尺寸，则可以认为声波可全部透过缝隙，所以，缝隙部分的传声系数为 τ_0=1。因假设墙具有足够大的隔声量，所以，可设墙的传声系数 τ_1=0。因此，具有缝隙的墙的平均传声系数为

$$\tau=\frac{\tau_{墙}S_{墙}+\tau_{孔}S_{孔}}{S_{墙}+S_{孔}}=\frac{0+1\cdot S_{孔}}{S_{墙}+S_{孔}}=\frac{S_{孔}}{S_{墙}}=\frac{1}{100}$$

该墙的隔声量为

$$\bar{R}(\mathrm{dB})=L_{\mathrm{TL}}=10\lg\frac{1}{\tau}=10\lg\frac{1}{10^{-2}}=20$$

这就是说，一个理想的隔声墙，如果有 1/100 面积的孔洞，其隔声值不会超过 20dB。在实际工程中，任何墙板的隔声量都不是无限大的，因此，在实际工程中计算孔洞和缝隙对墙板隔声量的影响就更为必要。

假设墙板的面积和透声系数分别为 S_1 和 τ_1（即墙板的隔声量为 $R_1=10\lg\frac{1}{\tau_1}$）；孔洞或缝隙的面积为 S_0，并认为孔洞或缝隙对声波完全透过的影响可以不予考虑。因此，这种具有孔洞或缝隙的墙的平均透声系数 $\bar{\tau}$ 为

$$\bar{\tau}=\frac{S_1\tau_1+S_0}{S_1+S_0}$$

这种墙的隔声量为

$$\bar{R}=10\lg\frac{1}{\tau}=10\lg\frac{S_1+S_0}{S_1\tau_1+S_0}$$

因此，由于孔洞或缝隙的存在使墙板的隔声量下降的分贝数为

$$\Delta R=R_1-\bar{R}=10\lg\frac{1}{\tau_1}-10\lg\frac{S_1+S_0}{S_1\tau_1+S_0}=10\lg\frac{1+\left(\dfrac{S_0}{S_1}\right)10^{\frac{R_1}{10}}}{1+\dfrac{S_0}{S_1}}$$

隔声量还可以借助于图 5-13 所示的组合构件隔声量计算图来估算。图中 S_1、S_2 分别为墙面积和门（或窗）的面积，R_1 和 R_2 为相应隔声量。例如：22m^2 的墙上有 2m^2 的门，其隔声

量分别为 50dB、20dB，$R_1 - R_2 = 30$dB，S_2/S_1=1:10；从 1:10 点引水平线与 30dB 斜线交点处引出垂线，交横坐标于 19dB，则组合墙隔声量为(50–19)=31dB。该图也适用于墙上有门和有窗的组合件。

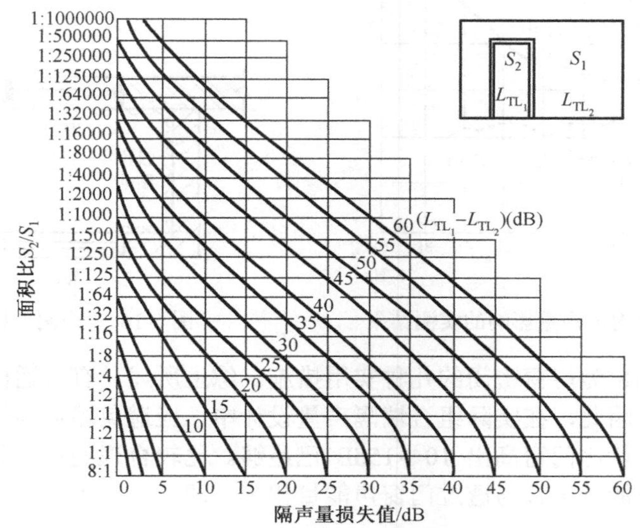

图 5-13　组合件隔声量计算图表

孔洞和缝隙对构件的隔声影响甚大，由于声波的绕射作用，即使一个微型小孔或很长的缝隙也会使组合构件的隔声量大幅度降低。通常，按照声学原理，由于低频时波长较长，故透过小孔的声能比高频要少些。在作近似计算时，孔洞和缝隙的透射系数可近似取 1。开孔率对原有维护结构隔声量的影响如图 5-14 所示。由图可见，当开孔面积仅占维护墙的 1/100 时，组合墙的最大隔声量仅为 20dB。

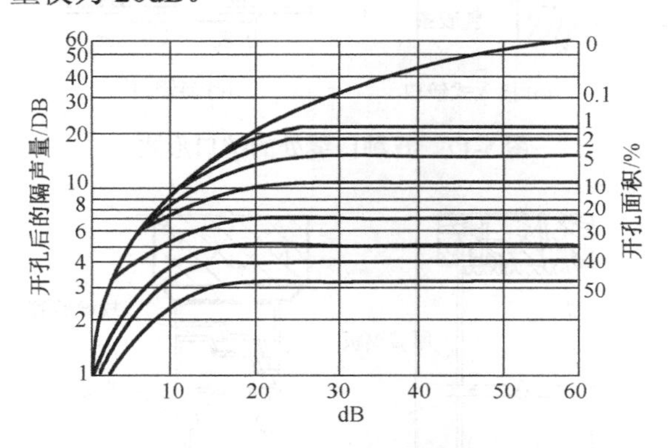

图 5-14　开孔率对原有维护结构隔声的影响

图 5-15 为门缝对隔声量影响的实测结果。一扇 2m^2 的门，边框留有 1cm 的门缝，在理想密封条件下平均隔声量可提高 13dB，高频尤甚。因门窗存在，组合墙的隔声量一般不很理想，为此，可采用特殊的隔声门窗。例如，双层门或多层密闭隔声窗，为防止缝隙“漏声”，与墙连接的边框应严加密闭措施，如用弹性柔韧压缝条嵌紧。层与层间可做些吸声处理。采用多层玻璃时宜用不同厚度和不平行布置，以减弱共振对隔声的影响。门扇一般采用轻质复合结构以便开启和关闭。当双层门间有足够大的距离（与波长相比）即形成“声闸”（见图 5-16），它可取得极高的隔声量。

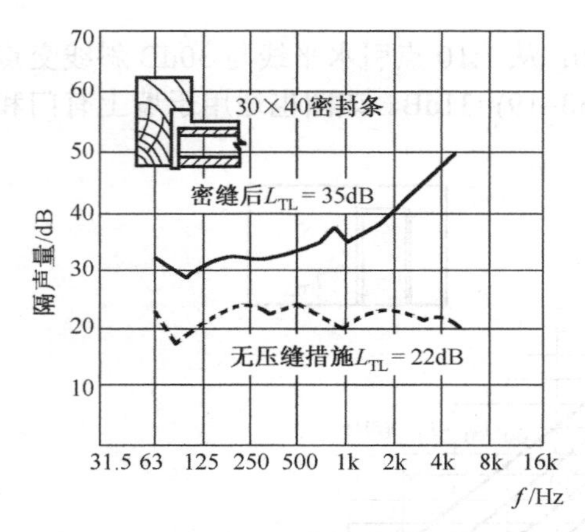

图 5-15 门缝对隔声量影响的实测结果

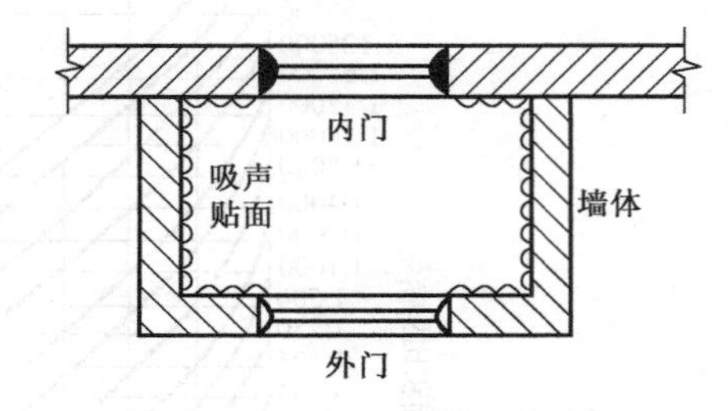

图 5-16 “声闸”构造示意图

图 5-17 和图 5-18 为门窗密闭的几种实用措施。综上所述，有普通门窗和孔隙组成的构件使隔声性能下降，因此，在实际组合墙隔声量设计中，应避免墙体与门窗的隔声量相差太大，一般使墙板隔声量比门窗高出 10～15dB 已足够。比较合理的设计是用“等透射量”方法，使透过墙体的声能量大致与透过门窗声能量相等，即

$$L_{TL_1}/\text{dB} = L_{TL_2} + 10\lg(S_1/S_2)$$

式中，L_{TL_1} 和 L_{TL_2} 分别为墙和门窗的传声损失；S_1、S_2 分别为墙和门窗的面积。

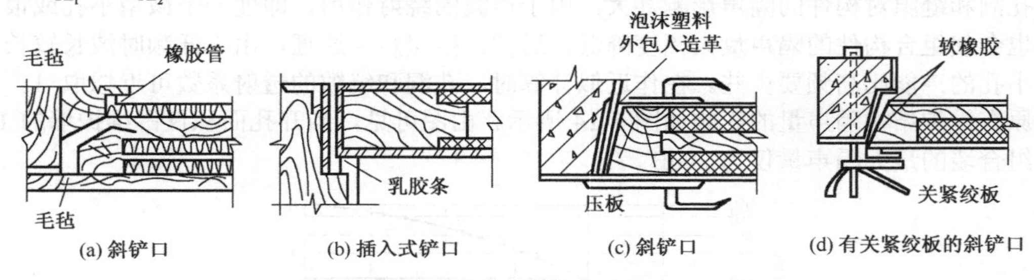

图 5-17 几种门缝处的铲口形式

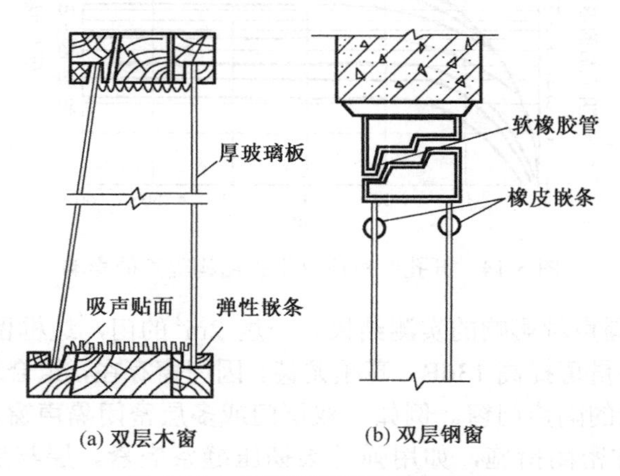

图 5-18 几种双层窗的构造形式

【例 5-1】某隔声间有一面 20m^2 的隔墙与噪声源相隔，该墙的透声系数为 10^{-5}。在墙上

有一个面积为 $2m^2$，透声系数为 10^{-2} 的门，同时，墙上还设有一面积为 $3m^2$，透声系数为 10^{-2} 的窗，求此组合墙的平均隔声量。

根据题意可知，去掉门窗后隔墙的面积为 $20-2-3=15m^2$，则

$$S_{墙}=15m^2，\ \tau_{墙}=10^{-5} \qquad L_{TL}=10\lg\frac{1}{\tau}=50dB$$

同理，

$$S_{门}=2m^2，\ \tau_{门}=10^{-2} \qquad L_{TL}=10\lg\frac{1}{\tau}=20dB$$

$$S_{窗}=3m^2，\ \tau_{窗}=10^{-2} \qquad L_{TL}=10\lg\frac{1}{\tau}=20dB$$

代入式（5-29），得

$$\bar{\tau}=\frac{15\times10^{-5}+2\times10^{-2}+3\times10^{-2}}{15+2+3}=2.5\times10^{-3}$$

代入式（5-2a），得隔声量

$$L_{TL}=10\lg\frac{1}{\tau}=10\lg\frac{1}{2.5\times10^{-3}}=26dB$$

从题目中可以看出，墙的隔声量为 50dB，而在墙上开了一扇门和一个窗后，这个组合墙的平均隔声量比单纯墙的隔声量减少了 24dB，说明单纯提高墙体的隔声量并无现实意义，而且从经济上看也是不合算的。因此需要采用双层或多层结构来提高门窗的隔声量或适当降低墙的隔声量，使墙和门窗的隔声效果大体一致。一般要求墙与门（或窗）的隔声值相差 10～15dB。

5.2 隔 声 间

由不同隔声构件组成的具有良好隔声性能的房间称为隔声间。在高噪声环境下，隔声间既可作为车间的操作控制室，又可作为监察室或工人休息室。在耳科临床诊断中的听力测试和研究，需要一个相当安静即本底噪声很低的环境，必须用特殊的隔声构件建造一个测听室，以防止外界噪声的传入。当声源较多，采取单一噪声控制措施不宜奏效，或者采用多种措施治理成本较高时，常采用隔声间。

隔声间一般采用封闭式的，它除需要有足够隔声量的墙体外，还需要设置具有一定隔声性能的门、窗等。

5.2.1 隔声间的降噪量

隔声间通常是一种包括隔声、吸声、消声、阻尼和减振等几种噪声处理措施的综合治理装置，是多声学构件的组合。因此，衡量一个隔声间的效果，不能只看其中一个声学构件的降噪效果，而要看它的综合降噪指标。通常隔声间实际的综合降噪效果用插入损失 L_{TL} 来评价，它是被保护者所在处安装隔声间前后的声压级之差，即

$$L_{TL}/dB=L_1-L_2=\bar{R}+10\lg\frac{A}{S} \qquad (5\text{-}30)$$

式中，A 为隔声间内表面的总吸声量；S 为隔声间内表面的总面积；$\overline{R}$ 为隔声间的平均隔声量，其值为

$$\overline{R}(\text{dB}) = L_{\text{TL}} = 10\lg\frac{\sum S_i}{\sum S_i 10^{-0.1R_i}} \tag{5-31}$$

式中，S_i 为第 i 个构件的面积（m^2）；R_i 为第 i 个构件的隔声量（dB），隔声间的插入损失一般约为 20～50dB。

式（5-31）也可以用来计算非单一结构隔墙的平均隔声量。例如，一隔墙面积为 $22m^2$，其中包括门 $2m^2$，墙体的隔声量 $R_1 = 50$dB，门的隔声量 $R_2 = 20$dB，代入式（5-31），得隔墙的平均隔声量 $\overline{R}$=30dB。由于门的隔声量低，使总的隔声量由墙体的 50dB 降到 30dB，这说明，对于隔声要求比较高的房间，必须重视门窗的隔声设计。

【例 5-2】 混凝土墙表面的吸声系数 α=0.02，总表面积 $S_{总}=100m^2$，与噪声源隔墙的面积 S=$20m^2$，假使墙厚 24cm，其隔声值为 50dB，求此房间的实际隔声量。

解： 由式（5-30）可知

$$L_{\text{TL}}(\text{dB}) = \overline{R} + 10\lg\frac{A}{S} = 50 + 10\lg\frac{0.02\times100}{20} = 40\text{dB}$$

从计算结果中可以看出，虽然墙本身能隔声 50dB，但由于房间没有进行吸声处理，最后只能隔绝 40dB，所以隔声间内部是否进行吸声处理也会影响隔声结构的隔声效果。

5.2.2 隔声门和隔声窗

门窗的隔声能力与组合墙的隔声能力关系很大，对隔声性能要求很高的组合墙，同时也必须要求门和窗具有很好的隔声性能，用单层门窗是难以解决的，此时可采用特殊的隔声门窗。

1. 隔声门

为了保证门有足够的隔声量，通常将隔声门制成双层结构，并在两层间添加吸声材料，即采用多层复合结构。为了防止缝隙传声，与墙连接的边架应严加密闭，缝隙用柔软的嵌条压紧。当采用双层或多层玻璃时，层间框架四周应作吸声处理。为了减少共振和吻合效应的影响，各层玻璃宜采用不同厚度并宜做不平行放置。对特殊要求的，可采用双扇轻质门，在两层门之间留出一定距离，在过渡区的壁面上需衬贴吸声材料，形成所谓的“声闸”。在保证隔声量的前提下，隔声门应尽可能做得轻便，开启机构灵活。常见隔声门的隔声量见表 5-3。

表 5-3 常见隔声门的隔声量（dB）

隔声门的构造	倍频程中心频率/Hz						
	125	250	500	1000	2000	4000	平均
三合板门，扇厚 45mm	13.4	15.0	15.2	19.7	20.6	24.5	16.8
三合板门，扇厚 45mm，上开一小观察孔，玻璃厚 3mm	13.6	17.0	17.7	21.7	22.2	27.7	18.8
重塑木门，四周用橡皮和毛毡密封	30.0	30.0	29.0	25.0	26.0	—	27.0
分层木门，密封	20.0	28.7	32.7	35.0	32.8	31.0	31.0
分层木门，不密封	25.0	25.0	29.0	29.5	27.0	26.5	27.0
双层木板实拼门，板厚共 100mm	15.4	20.8	27.1	29.4	28.9	—	29.0
钢板门，厚 6mm	25.1	26.7	31.1	36.4	31.5	—	35.0

2. 隔声窗

隔声窗一般采用双层和多层玻璃做成，其隔声量主要取决于玻璃的厚度（或单位面积玻璃的质量），其次是窗的结构、窗与窗框之间、窗框与墙之间的密封程度。根据实际测量，3mm厚玻璃的隔声量为27dB，6mm厚玻璃的隔声量为30dB，因此，采用两层以上的玻璃，中间夹空气层的结构，隔声效果是相当好的。几种常用隔声窗的结构示意图如图5-19所示。

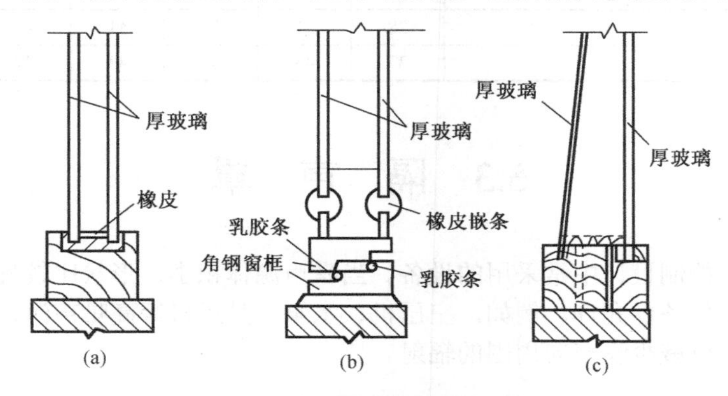

图5-19 几种常见隔声窗的结构示意图

隔声窗的设计应注意以下几个方面：

（1）多层窗应选用厚度不同的玻璃以消除吻合效应。例如，3mm厚的玻璃的吻合谷出现在4000Hz，而6mm后的玻璃的吻合谷出现在2000Hz，两种玻璃组成的双层窗，吻合谷相互抵消。

（2）多层窗的玻璃之间要有较大的空气层。实践证明，空气层厚5cm时效果不大，一般取7～15cm，并应在窗框周边内表面作吸声处理。

（3）玻璃窗要严格密封，在边缘用橡胶条或毛毡条压紧，这样处理不仅可以起到密封作用，还能起到有效的阻尼作用，以减少玻璃板受声波激发引起振动、透声。

（4）两层玻璃间不能有刚性连接，以防止"声桥"。例如将真空玻璃直接用作隔声窗，隔声效果非常好。

（5）多层窗玻璃之间要有一定的倾斜度，朝声源一侧的玻璃应做成倾斜，以消除驻波。

常见隔声窗的隔声量见表5-4。

表5-4 常见隔声窗的隔声量（dB）

隔声窗的结构		倍频程中心频率/Hz						
		125	250	500	1000	2000	4000	平均
单层3～6mm厚玻璃固定窗		21	20	24	26	23		22±2
单层6.5mm厚玻璃固定窗,橡皮条封边		17	27	30	34	38	32	29.7
单层15mm厚玻璃固定窗,腻子封边		25	28	32	37	40	50	35.5
双层3mm厚玻璃窗,17mm厚空腔	（1）无封边	21	26	28	30	28	27	
	（2）橡皮条封边	33	33	36	38	38	38	
双层4mm厚玻璃窗	（1）空腔12mm	20	17	22	35	41	38	
	（2）空腔16mm	16	26	37	41	41		
	（3）空腔100mm	21	33	39	47	50	51	28.8
	（4）空腔200mm	28	36	41	48	54	53	
	（5）空腔400mm	34	40	44	50	52	54	

（续表）

隔声窗的结构		倍频程中心频率/Hz						
		125	250	500	1000	2000	4000	平均
双层 7mm 厚玻璃窗	（1）空腔 10cm	28	37	41	50	45	54	42.7
	（2）空腔 20cm	32	39	43	48	46	50	
	（3）空腔 40cm	38	42	46	51	48	58	
有一层倾斜玻璃双层窗		28	31	29	41	47	40	35.5
三层固定窗		37	45	42	43	47	56	45.0

5.3 隔 声 罩

隔声罩是噪声控制设计中常采用的设备。当噪声源体积小，形状比较规则或者虽然体积较大，但空间及工作条件允许，例如，空压机、水泵、鼓风机等高噪声源，可以用隔声罩将声源封闭在罩内，以减少噪声向周围的辐射。

5.3.1 隔声罩的降噪量

衡量隔声罩的声学效果通常用“插入损失”表示，其表达式为

$$L_{\rm IL}/{\rm dB}=10\lg\frac{W}{W_\tau} \tag{5-32}$$

式中，W 为无声罩时声源辐射的声功率，W_τ 为加罩后透过罩壳向外辐射的声功率。

当罩内声场稳定的情况下，声源提供的声功率 W 应等于被吸收的声功率 $W\alpha'$，如果罩壁和顶的面积为 S'，吸声系数为 α'，则吸声罩壁和顶每秒吸收的声能（吸收声功率）为

$$W\alpha'=\left(\frac{S'\alpha'}{S\bar{\alpha}}\right)W \tag{5-33}$$

式中，S 为包括罩壳内地面在内的总表面积；$\bar{\alpha}$ 为总内表面积的平均吸声系数。显然 $S\bar{\alpha}\geqslant S'\alpha'$。又由透射系数定义，可得透过隔声罩的声功率为

$$W_\tau=W'\alpha\tau=W\frac{S'\alpha'}{S\bar{\alpha}}\tau \tag{5-34}$$

这里的吸收指隔声罩损耗和透声两部分，因此可得到隔声罩的插入损失为

$$L_{\rm IL}=10\lg\frac{\bar{\alpha}}{\tau}+10\lg\frac{S}{S'\alpha'} \tag{5-35}$$

在 $S\approx S'$，$\alpha'\approx1$ 的特殊情况下，上式可以简化为

$$L_{\rm IL}\approx10\lg\frac{\bar{\alpha}}{\tau}=\bar{R}+10\lg\bar{\alpha} \tag{5-36}$$

由式（5-36）可知，隔声罩壳体的平均隔声量越大，插入损失越大；内表面的平均吸声系数越高，插入损失越高。当 $\bar{\alpha}\approx\tau$ 时，$L_{\rm IL}$ 趋近于 0，即吸收的声能其实都透射出去了，所

以隔声罩不起作用；当 $\bar{\alpha}$ 趋近于 1 时，即罩内强吸收，此时 $L_{IL} \approx L_{TL}$，可见插入损失不会大于隔声罩的固有隔声量。实际经验表明：

（1）罩内去吸收时 $L_{IL} \approx L_{TL} - 20(dB)$

（2）罩内略有吸收时 $L_{IL} \approx L_{TL} - 15(dB)$

（3）罩内强吸收时 $L_{IL} \approx L_{TL} - 10(dB)$

当罩内吸收很小（$\alpha' \approx 0$）时，机器的辐射声能几乎没有损耗，最终还是将声能透射出去。对于某些低频范围，可能激起隔声罩的共振，以至使噪声放大。

5.3.2 隔声罩设计要求

隔声罩的技术措施简单，降噪效果好，在噪声控制工程中广为应用。在设计隔声罩时，应根据现场情况进行结构设计，依据式（5-36）计算隔声罩的插入损失。一般固定密封型隔声罩的插入损失可达 30～40dB；活动密封型的为 15～30dB；局部敞开型的为 10～20dB；带通风散热消声器的隔声罩为 15～25dB。在设计和选用隔声罩时应注意以下几点：

（1）为保证隔声罩的隔声性能，宜采用质轻、隔声性能良好，且应便于制造、安装、维修的结构。通常采用 0.5～2mm 厚的钢板或铝板等轻薄密实的材料制作，有些大而固定的场合也可用砖或混凝土等厚重材料制作。

（2）用钢或铝板等轻薄型材料作罩壁时，须在壁面上加筋，涂贴阻尼层，以抑制或减弱共振和吻合效应的影响。

（3）罩体与声源设备及其机座之间不能有刚性接触，以免形成“声桥”，导致隔声量降低。同时，隔声罩与地面之间应进行隔振，以降低固体声。

（4）设有隔声门窗、通风与电缆等管线时，缝隙处必须密封，并且管线周围应有减振、密封措施。

（5）罩内要加吸声处理，使用多孔松散材料时，应有较牢固的护面层。

（6）罩壳形状恰当，尽量少用方形平行罩壁，以防止罩内空气声的驻波效应，同时，罩内壁与设备之间应留有较大的空间，一般为设备所占空间的 1/3 以上，各内壁面与设备的空间距离不得小于 10cm，以免耦合共振，使隔声量减小。

（7）有些机器必须考虑通风散热，罩壳不能全封闭，对于进气和出气应尽可能小，或者使气流通过一狭长吸声通道，以保证其降噪量不低于隔声罩的插入损失。

（8）当被罩的机器设备有温升需要采取通风冷却措施时，应增设消声器等措施，其消声量要与隔声罩的插入损失相匹配。

5.3.3 隔声罩通风降温设计

孔洞直接影响隔声墙的隔声效果，要使隔声罩获得好的隔声效果，最好是把声源全部密封起来。但在实际工程中许多动力机械，如电机、风机、空压机等，在运转过程中散发出大量的热量，需要采取通风散热措施来降低罩内的温升，以保证电动机等设备的正常运转，否则即使隔声罩的隔声效果再好也不会发挥其应有的作用，甚至最终会被拆除掉，所以隔声罩上必须开设一定面积的通风换气口。为防止在开口处漏声，在开口处要做消声隔声处理。常用的隔声罩通风降温方法有：（1）自然通风散热，一般装在散热量不大的热工机器的隔声罩上；（2）机械通风冷却，一般采用轴流式风机将罩外冷空气吸入并将罩内热空气排出；（3）负压吸风冷却，它是利用风机配用电机冷却风扇将罩外冷气吸入形成负压，解决电机散热问题；（4）罩内空气循环冷却，它是利用风机压头在罩内有意造成冷却风源来降低电机温度。

某些场合由于场地狭小和生产要求不宜设置隔声罩，例如为解决电机噪声和电机升温问题常采用电机局部隔声罩的方法。在隔声罩内衬上吸声材料，将电机全部或一半罩上，在电机后部进风口处装设消声器，可达到10～15dB左右的降噪量。

5.4 隔 声 屏 障

在声源与接收点之间设置不透声的屏障，阻断声波的直接传播，使声波在传播过程中有一个显著的衰减，以减弱接收者所在的一定区域内的噪声影响，这样的屏障称为声屏障或隔声屏。隔声屏在许多场合具有良好的降噪效果，用于露天场合可使声源与人群密集处隔离。在居民稠密的公路、铁路两侧设置隔声墙、隔声堤或利用自然高坡，均可有效地遮挡部分噪声干扰。在室内对于不宜使用隔声罩而又无法降低近场噪声的噪声源，诸如体积庞大的机械设备，工艺上不允许封闭的生产设备，散热要求较高的设备，处于自动线上的加工设备等均可采用形式多种的声屏障，可以使相当数量的噪声源获得治理。一些发达国家从20世纪60年代末就开始了声屏障的研究和应用，目前室内隔声屏已有定型化的系列产品出售。近年来，我国一些城市和高速公路、铁路也相继建造了声屏障，而且发展速度很快，它是控制交通噪声污染的一种重要措施。

噪声在传播途径中遇到障碍物时，声波就会发生反射、透射和衍射现象，于是在障碍物背后一定距离内形成“声影区”。声影区的大小与声音的频率有关，频率越高，声影区的范围越大。声屏障将声源和保护目标隔开，尽量使保护目标落在屏障的声影区内。

噪声在传播途径中遇到障碍物时，若障碍物的尺寸远大于声波波长，大部分声能被反射，一部分发生衍射，而透射声的影响可以忽略不计。通常，声屏障的隔声效果可采用减噪量来表示。声屏障的隔声示意图如图5-20所示。

在声源S和接收点R之间插入一个声屏障，设声屏障无限长，声波只能从屏障上方衍射过去，而在其后形成一个声影区，在声影区内，人们可以感觉到噪声明显地减弱了。声屏障的减噪量与噪声的波长、声源与接收点之间的距离等因素有关。引入参量菲涅耳数N，来估算隔声屏障的减噪量

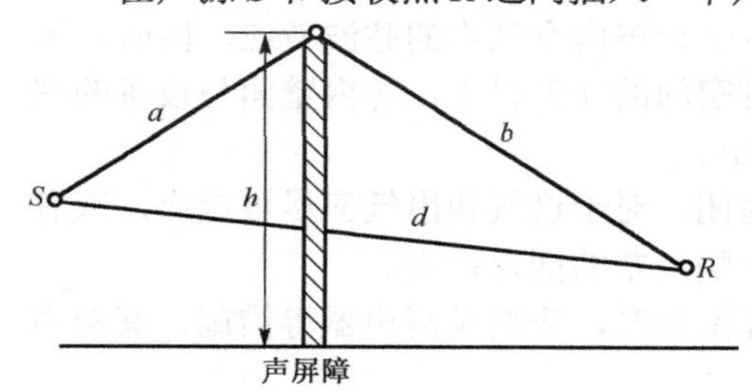

图5-20 声屏障的隔声示意图

$$N = \frac{2\delta}{\lambda} \tag{5-37a}$$

$$\delta = \pm(a+b) - d \tag{5-37b}$$

式中，λ为声波的波长；δ为有屏障与无屏障时声波从声源到接受点之间的最短路径差。

在半自由声场（如室外开阔地）中，声屏障的减噪量R_N与N的关系见表5-5。

表5-5 R_N与N的关系

N	–0.1	–0.01	0	0.1	0.5	1	2	3	5	10	12	20	50
R_N/dB	2	4	5	7	11	13	16	17	21	23	24	26	30

当N为正值时，用波的衍射理论和边缘的近场修正，可以得到声屏障的减噪量近似值

$$N>0\text{ 时，}\quad R_N(\text{dB}) = 20\lg\frac{\sqrt{2\pi N}}{\tan(h\sqrt{2\pi N})} + 5$$

$$N<0 \text{ 时，} \quad R_N(\text{dB}) = 20\lg\frac{\sqrt{2\pi|N|}}{\tan(\sqrt{2\pi|N|})} + 5 \tag{5-38}$$

由上式可知，当 N 趋近于 0 时，R_N 近似为 5dB，也就是说当屏障的高度接近声源和接收点的高度时，还有 5dB 的减噪量。

当 N 为负值时，表示屏障没有隔挡住声源到接收点的直达声，这时最大的减噪量小于 5dB。如果声源和接收点都在地平面上，如图 5-21 所示，则当满足条件 $d \geqslant r \geqslant h$ 时，屏障的减噪量为

$$R_N(\text{dB}) = 10\lg\frac{3\lambda + 10\dfrac{h^2}{r}}{\lambda} \tag{5-39}$$

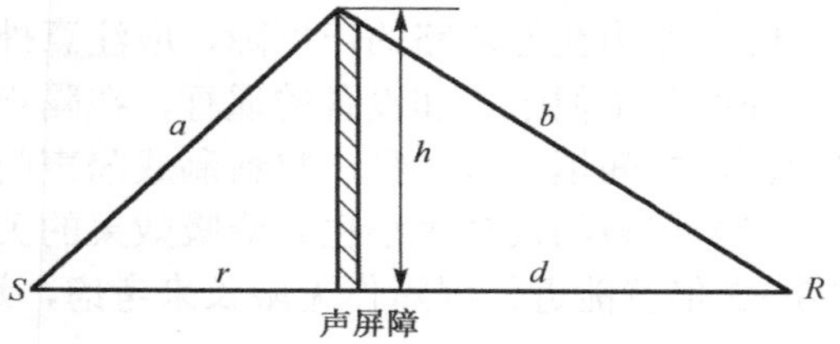

图 5-21　声源和接收点都在地平面上时的隔声屏

对于点声源，屏宽比屏高大出 5 倍以上，就可近似作为无限长屏障处理。

在室内（相当于半混响声场），屏障的减噪量与声源的性质以及室内的房间常数等因素有关。对于混响声场，并且接收点在声源的远场范围内的情况，声屏障没有减噪效果。因此，如果在室内设置声屏障，应要求室内具有较高的声吸收，减小室内混响，从而使声屏障获得较好的减噪效果。

室外的声屏障一般采用砖或混凝土结构，室内的声屏障可用钢板、木板、塑料板或石膏板等结构。板式声屏障可由 0.5～1.0mm 厚的钢板附加阻尼层和吸声层构成；帘幕式隔声屏障可用人造革护面中间附加柔软纤维材料构成。

图 5-22 为声屏障的几种实际布置形式。

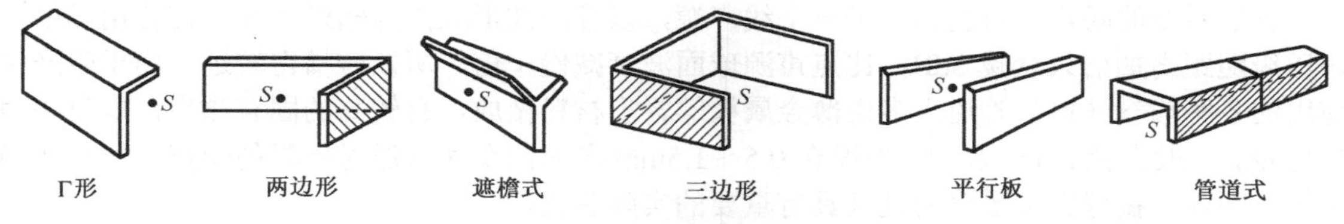

图 5-22　声屏障的几种布置形式

声屏障的设计应注意以下几点：

（1）声屏障本身必须有足够的隔声量。声屏障对声波有三种物理效应：隔声（透射）、反射和衍射效应，因此声屏障的隔声量应比插入损失大。屏障本身构造的隔声性能是隔声效果的一个前提条件，因此屏障的选择仍然按照“质量定律”选择隔声材料，同时也要根据实际条件，要求屏障的各频带的隔声量比在声影区的声级衰减值至少大 5～10dB，才足以排除透射声的影响。因此，对于要求不高的屏障，材料可以选择轻便些，结构简单些，一般有 20dB 的隔声量就可以了。

（2）使用声屏障时，一般应配合吸声处理，尤其是在混响声明显的场合。其结构如图 5-23 所示。在室内设置隔声屏，首先要控制好室内的混响声，即做好室内吸声处理，否则屏障即使能阻挡部分直达声，却挡不住四面八方汇集拢来的混响声，

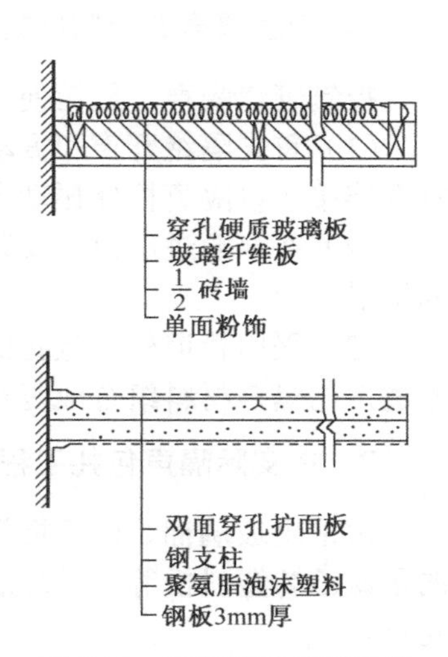

图 5-23　声屏障结构示意图

即形成不了有效的“声影区”，起不到屏障的作用。同时，屏障两侧需注意加吸声材料，特别是朝向声源一侧，一般做高效率的吸声处理，效果更好。

（3）声屏障主要用于阻断直达声，为了有效地防止噪声的发散，其形式有 L 形、U 形、Y 形等（见图 5-22），其中 Y 形（带遮檐）的效果尤为明显。

（4）在声屏障上开设观察窗时，应注意窗与屏体之间的密封。在放置隔声屏时，应尽量使之靠近声源处，活动隔声屏与地面的接缝应减到最小，多块隔声屏并排使用时，应尽量减少各块之间接头处的缝隙。

（5）作为交通道路的声屏障，应注意外观的视觉效果，一般可选用透明的Γ形板材。

（6）为了便于人和设备的通行，在隔声要求不太高的车间内，可用人造革等密实的软材料护面，中间填充多孔吸声材料制成隔声门帘悬挂起来。

（7）屏障的尺寸大小也是降噪效果的关键。若以点声源考虑，屏障的长度大于屏障高度的 3～5 倍就能近似屏障作无限长来考虑，这时屏障的高度成为影响降噪效果的主要尺度。

5.5 管道隔声

管道噪声是工业生产和民用公共设施中常见的噪声源之一。由于管道本身的特点，管道外壁在离机器很远处仍然是一个重要的声能辐射体。管道系统中高速流体不仅会在弯头、阀门和其他变径处产生湍流噪声，而且由于直接冲击管壁振动能辐射出强大的噪声，有些输送颗粒状固体物料（如粮食、火柴梗、矿石等）与管壁摩擦、撞击引起的噪声更为严重，特别是金属管道，如果与声源刚性连接还能传输声源噪声，使远离声能处仍然成为一个有效声能辐射体，对周围环境造成极为不良的影响。

管道系统的噪声辐射就相当于一个线声源，以柱面波形式向外辐射声能。在自由场中，声压级随距离加倍只衰减 3dB，比点声源球面波衰减慢一倍，所以传播得较远。由于生产中使用的各种输气（料）管道大多由薄金属板等轻型材料做成，有较高的固有频率，本身隔声能力差。一般直径 20cm 以上，厚度在 0.5～1.5mm 之间的金属管道对外界的噪声干扰是相当大的。因而，搞好管道噪声的处理具有重要的实际意义。

1. 管道隔声的控制的方法

控制管道噪声，最简便、有效的办法是隔声，常见的降低管道噪声的措施有三种：

（1）首先隔绝开声和振动传递的来源，即在声源和管道之间加设软管，以弹性连接代替刚性连接，以隔离机体振动向管道的传递。

（2）在声源进出口处安装合适的消声器，降低管道中的气流噪声，控制噪声沿管道传播和辐射。

（3）采用管道外壁包扎的方法，即在管道外包扎以阻尼材料，多孔吸声材料外面再包以不透声的隔声材料组合成复合隔声结构，可以显著降低管道噪声的辐射。

2. 在实际隔声包扎工程中应注意的问题

常采用玻璃棉、矿渣棉等材料作为内层，不透气膜片多采用薄钢板、氯丁橡胶片、贴铅的聚氯乙烯塑料板等，膜片的面密度一般控制在 5～15kg/m^3。在实际包扎中，需要注意以下几点。

（1）用刚性或柔性玻璃纤维包扎管道，外面包裹一层金属或织物做防护，以降低管道辐射噪声。使用金属板材做隔声层时，要注意隔声层与管道壁无刚性联接，否则管壁振动就会通过联接件侧向传递，使不透声层受激发而辐射比原先更为强烈的噪声。

（2）多层包扎应使其共振频率错开，避免吻合，从而提高包扎层的隔声性能。

（3）隔声包扎除了降噪作用外，还有隔热和吸声作用，对于要求保温的供风系统则是一举两得，即控制了噪声污染，又减少了热能损耗。

5.6 隔 声 设 计

隔声是噪声控制的重要手段之一，它将噪声局限在部分空间范围内，从而提供了一个安静的环境。隔声设计若从声源处着手，则可采用隔声罩的结构形式；若从接收者处着手，可采用隔声室的结构形式；若从噪声传播途径上着手，可采用声屏障或隔墙的形式。进行隔声设计时，还应根据具体情况，同时考虑吸声、消声和隔振等配合措施，消除其他传声途径，以保证最佳的减噪效果。

1．设计原则

隔声设计一般应从声源处着手，在不影响操作、维修及通风散热的前提下，对车间内独立的强噪声源，可采用固定密封式隔声罩、活动密封式隔声罩以及局部隔声罩等，以便用较少的材料将强噪声的影响限制在较小的范围内。一般来说，固定密封式隔声罩的减噪量（A声级）约为40dB，活动密封式隔声罩约为30dB，局部隔声罩约为20dB。

当不宜对噪声源作隔声处理，而又允许操作管理人员不经常停留在设备附近时，可以根据不同要求，设计便于控制、观察、休息使用的隔声室。隔声室的减噪量（A声级）一般约为20～50dB。

在车间大、工人多、强噪声源比较分散，而且难以封闭的情况下，可以设置留有生产工艺开口的隔墙或声屏障。

在进行隔声设计时，必须对孔洞、缝隙的漏声给予特别注意。对于构件的拼装节点，电缆孔、管道的通过部位，以及一切施工上特别容易忽略的隐蔽漏声通道，应做必要的声学设计和处理。

2．基本设计公式

在隔声设计中，要确定构件的需要隔声量 R。R 可分下列几种基本情况，按125～4000Hz的6个倍频程（必要时可按63～8000Hz的8个倍频程或1/3倍频程）逐个进行计算。

（1）对于室外设置的隔声罩或隔声室，隔声量可按照自由空间半球面辐射的声衰减公式计算

$$R = L_W - L_{PE} + 10\lg\frac{S}{A} + 10\lg\frac{1}{2\pi r^2} \tag{5-40}$$

式中，L_W 为声源的声功率级（dB）；L_{PE} 为接收点的设计声压级（dB）；S 为隔声结构的透声面积（m^2）；A 为隔声结构的吸声量（m^2）；r 为隔声结构到接收点的距离（m），如图5-24所示。

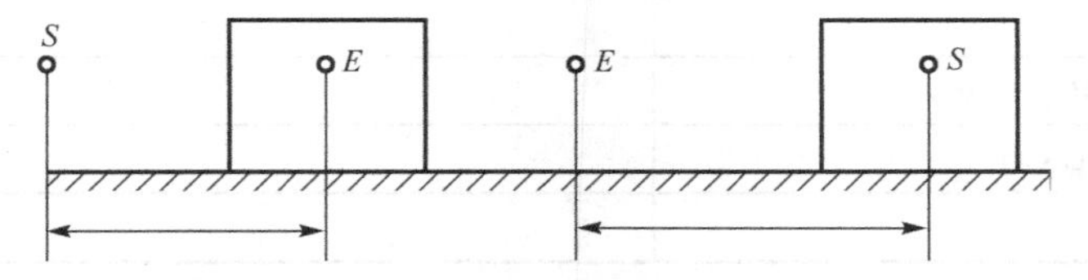

图5-24　隔声结构到接收点的距离（r）的示意图

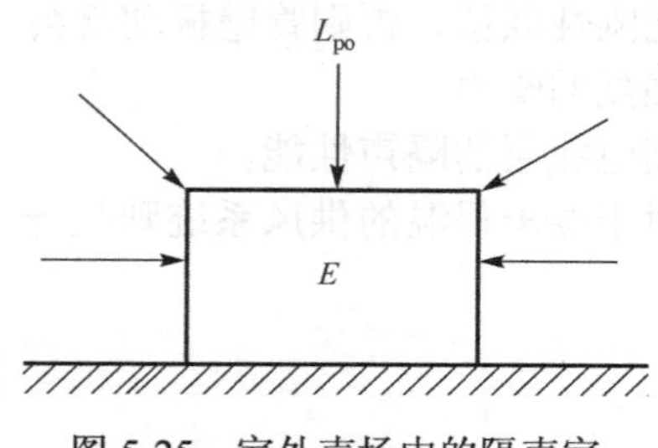

图 5-25　室外声场中的隔声室

（E 为接收点）

（2）在室外声场中设置隔声室（如图 5-25 所示），隔声量可按下式计算

$$R=\overline{L}-L_{PE}+10\lg\frac{S}{A} \tag{5-41}$$

式中，$\overline{L}$ 为室外声场的平均声压级（dB）。

（3）在室外声源和接收点处两方面均设置隔声结构时，隔声量可按下式计算

$$R_1+R_2=L_W-L_{PE}+10\lg\left(\frac{S_1}{A_1}\times\frac{S_2}{A_2}\right)+10\lg\frac{1}{2\pi r^2} \tag{5-42}$$

式中，R_1、R_2 为隔声罩和隔声室的需要隔声量（dB）；S_1、S_2 为两个结构的透声面积（m^2）；A_1、A_2 为两个结构的内部吸声量（m^2）；r 为两个结构之间的距离（m）。

（4）在车间内设置的隔声罩或隔声室，隔声量可按下式计算

$$R=L_W-L_{PE}+10\lg\frac{4S}{A_S A_E} \tag{5-43}$$

式中，S 为隔声罩结构的透声面积（m^2）；A_S 为车间内的吸声量（m^2）；A_E 为隔声罩结构内的吸声量（m^2）。

（5）在车间内设置的隔声罩或隔声室，隔声量按下式计算

$$R=\overline{L}-L_{PE}+10\lg\frac{S}{A} \tag{5-44}$$

式中，$\overline{L}$ 为车间内的平均声压级（dB）；S 为隔声结构的透声面积（m^2）；A 为隔声结构内的吸声量（m^2）。

3. 设计方法

在一般情况下进行隔声设计时，首先应根据声源的特性和声源的分布状况，确定合理的隔声方法，并根据国家或部门的有关标准确定需要的隔声量 R。

声源的特性主要包括外形尺寸、生产工艺要求、噪声辐射与振动产生的主要部位、声源的声功率级（及其各倍频带分量），噪声与振动传播的主要途径等。

R 的计算可按表 5-6 逐项进行。表中项目编号 1、2 和 3 为已知数据，4、5 为需要进行设计的项目。

表 5-6　隔声设计计算表示例

编号	项目 ＼ 声级或声功率级/dB	倍频程分量/dB								备注
		63	125	250	500	1k	2k	4k	8k	
1	声源声功率级 L_W（或平均声压级）									
2	允许噪声级									
3	噪声传播衰减 $10\lg(1/2\pi r^2)$									
4	吸收减噪量 $10\lg(S/A)$									
5	需要减噪量 R									

5.7　隔声技术工程应用实例

实例 5-1　某厂自动冲床隔声罩降噪

该厂冲床车间的空间尺寸为 48m×15m×11m（长×宽×高），车间设有 18 台大小冲床，主要生产螺杆、螺栓等标准件。经现场测试发现，自动冲床为主要噪声源，叠加噪声高达 101dB(A)，呈中高频特性。

1）噪声治理方案

在现有的技术条件下，对冲床车间的噪声采取隔声和吸声处理。噪声源加隔声罩后，近场噪声将会有明显改善，一般可降低 20～30dB(A)，且比较经济。在此基础上，对车间进行吸声处理，处理后噪声可降低 3～4dB(A)。

2）隔声罩设计

（1）方案确定

对冲床采用整体组装式隔声罩，如图 5-26 所示。图 5-27 为隔声罩立体示意图。在机器间距较小的情况下，这一方案可增大工作场地，有利于操作，维修时可在罩内进行。罩体采用组装式结构，在机器大修时，可将局部罩壁拆卸，而不影响隔声罩的整体骨架，并可节省二道隔壁，从而达到经济实用，操作维修方便的目的。在拆去部分罩壁对其中某台冲床检修时，即使有部分噪声传出的问题，但由于仍有三面罩壁，故隔声罩仍有一定的效果，在检修期不长的情况下，影响不大。

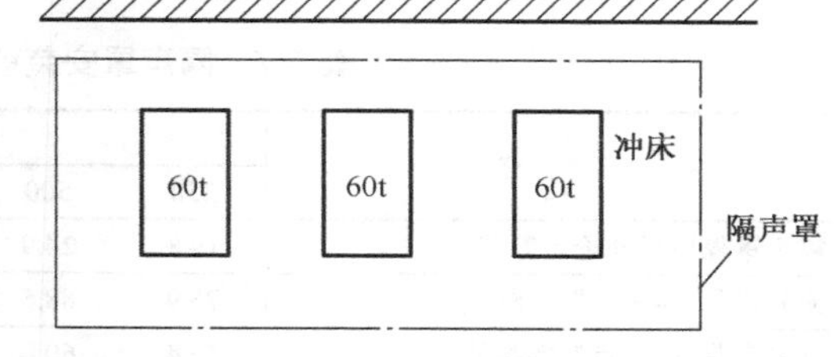

图 5-26　整体组装式隔声罩

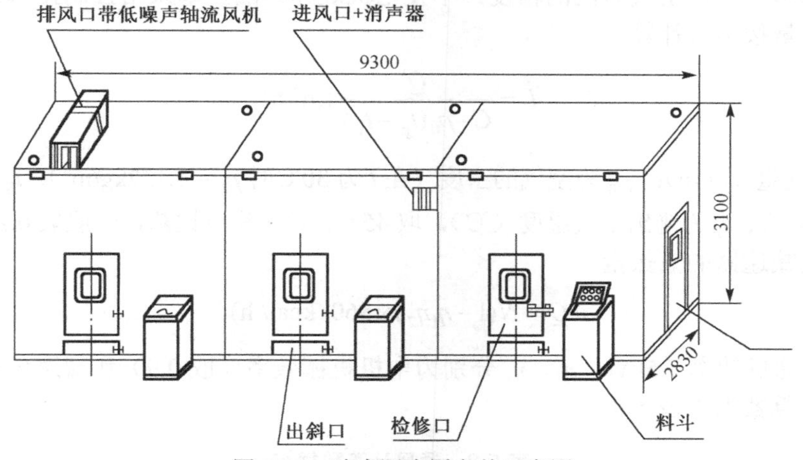

图 5-27　冲床隔声罩立体示意图

（2）隔声罩的结构

隔声罩采用全封闭式结构，隔声罩长 9.3m，宽 2.83m，高 3.1m。全部使用钢结构骨架，罩壁检修门、观察门等均可拆卸，用螺栓固定在骨架上。罩壁用 1.5mm 厚钢板，内壁护面钢板穿孔率 19%，内填厚度约为 100mm，重 20kg/m^3 的超细玻璃棉吸声材料，各单元隔声罩之间的联接用 10mm 厚的橡皮圈密封。

（3）罩壁隔声量（插入损失）的计算

$$L_{\mathrm{TL}}/\mathrm{dB} = L_{\mathrm{TL}_0} + 10\lg 2\alpha$$

式中，L_{TL_0} 为按质量定律计算的单层结构的固有隔声量。

$$L_{TL_0} = 18\lg m - 12\lg f - 25$$

式中，m 为壁面单位面积的质量（kg/m^2）；f 为入射声波的频率（Hz）；α 为罩内吸声材料的吸声系数。

超细玻璃棉，容重=20kg/m² 厚度=100mm	倍频程中心频率/Hz							平均值 $\bar{\alpha}$
	125	250	500	1k	2k	4k	8k	
α 值	0.25	0.60	0.85	0.87	0.87	0.85	0.85	0.815*

* 由于冲床主要噪声分布在 250Hz 以上，所以平均吸声系数取 250Hz 以上的各频段的吸声系数。

将各中心频率数值代入上式，可求得隔声罩在各频率下的理论隔声量，见表 5-7。

表 5-7　隔声罩安装前后“1#测点”噪声实测值

名　称	倍频程中心频率/Hz						总声级 /dB
	250	500	1k	2k	4k	8k	
隔声罩隔声量理论计算值	19.8	24.9	28.6	32.2	35.7	39.4	
无隔声罩“1#测点”实测值	76.9	88.5	91.0	94.0	97.2	96.8	101.2
有隔声罩“1#测点”实测值	55.4	60.0	62.7	62.1	62.1	53.4	68.5
实际隔声量	21.5	28.5	28.4	32.0	35.1	43.4	32.7

（4）散热要求

冲床的三台电机功率分别为 7.5kW、5.5kW、7.5kW，是隔声罩内的主要发热源。为了保证罩内温度均恒，增加空气对流的程度，不使电机烧坏，隔声罩采用强制排风方式。隔声罩所允许的换气量按下式计算

$$L = \frac{Q}{C \cdot \rho_0 (t_p - t_g)} \ (m^3/h)$$

式中，L 为换气量（m^3/h）；ρ_0 为空气的密度（在 t 为 30℃时 $\rho_0 = 1.127kg/m^3$）；t_g 为吸入空气温度（℃），取 30℃；t_p 为排出空气温度（℃），取 45℃；C 为空气比热，一般取 0.24kcal/(kg·℃)；Q 为电动机及减速器的散热量

$$Q = N(1 - \eta_1\eta_2) \times 860 \ (kcal/h)$$

式中，N 为电动机功率 7.5kW；η_1、η_2 分别为电机机械效率（取 0.9）和减速齿轮的机械效率（取 0.95），计算数据见表 5-8。

表 5-8　通风计算数据表

电机功率（N） （kW）	散热量（Q） （cal/h）	换气量（L） （m^3/h）	消声器通道面积（A） （m^2）
7.5	935.25	230.5	0.3

$$L_{总} = 3L = 3 \times 230.5 = 691.5 \ (m^3/h)$$

根据计算散热量，选用排风机 SF5-6 型低噪声轴流风机，其风量为 7700m³/h，电机功率为 0.37kW。

隔声罩的进风口设置在罩的上部，用管道把进气引到底部，进入罩内，在进风口设片式阻性消声器。将进风消声器竖直放置，不在罩的底部，这样可以减少占地面积，便于工人操作维修。排风口设在罩的顶部，在其内部也安装上片式阻性消声器，以减少声音从此处漏出。参见图 5-28。风机被安放在排风出口处。

（5）落料机

由于原来上料机构成不合理，上料多于进料，余料通过薄钢板制成的落料槽回到加料斗，导致螺杆与落料槽及料斗由于碰撞产生的噪声高达 100dB(A)。为此，采用钢丝橡胶组合材料结构对原有落料机结构进行改造。薄板振动发生效率一般要比细铁丝高，采用细钢丝橡胶组合结构（如图 5-29 所示）可使料槽的横向振动切断，纵向振动因受到橡胶阻尼，振动减少，从而降低了落料的冲击声。实测其噪声级为 85dB(A)，衰减 15dB(A)。

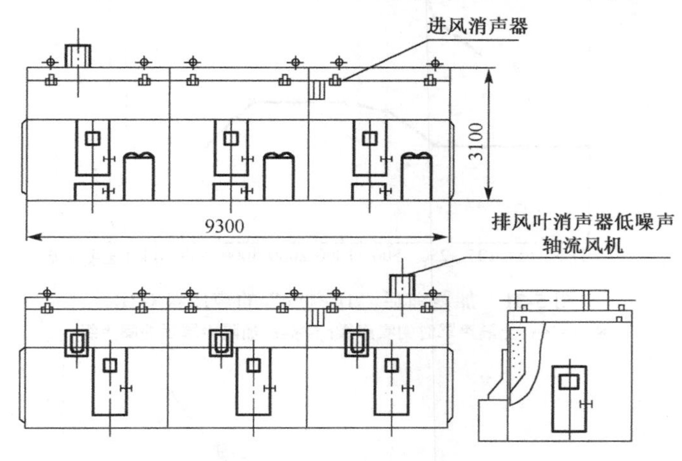

图 5-28　冲床隔声罩示意图

3）隔声罩的隔声效果及改进意见

隔声罩施工完毕后，对其隔声效果使用精密声级计，倍频程滤波器测量，测前用校准器校准。

隔声罩的测定，采用插入损失法，测点布置如图 5-30 所示。

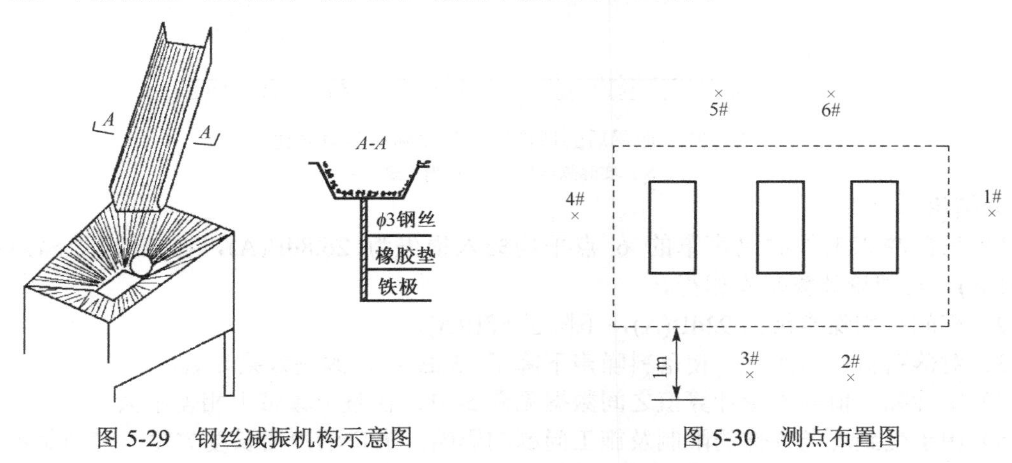

图 5-29　钢丝减振机构示意图　　　　图 5-30　测点布置图

测试结果分别如表 5-9 及图 5-31 和图 5-32 所示。

表 5-9　隔声罩安装前后 6 个测点的噪声实测值　(dB)

条件	1	2	3	4	5	6	平均声级
加罩前噪声级	101.2	101.4	101.2	100.3	100.2	99.8	100.6
加罩后噪声级	68.5	78.1	78.7	71.4	72.6	73.4	73.8
隔声量	32.7	23.3	22.5	28.9	27.6	26.4	26.8

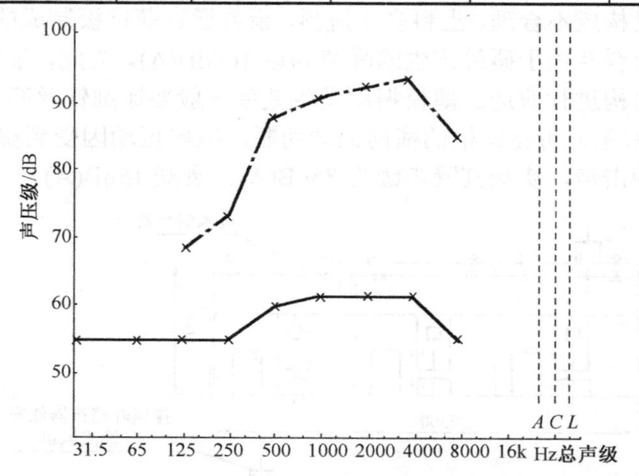

图 5-31　加罩前后“1#测点”的声压级对比

×-•-×：无隔声罩时的噪声级；-×-：加隔声罩后的噪声级

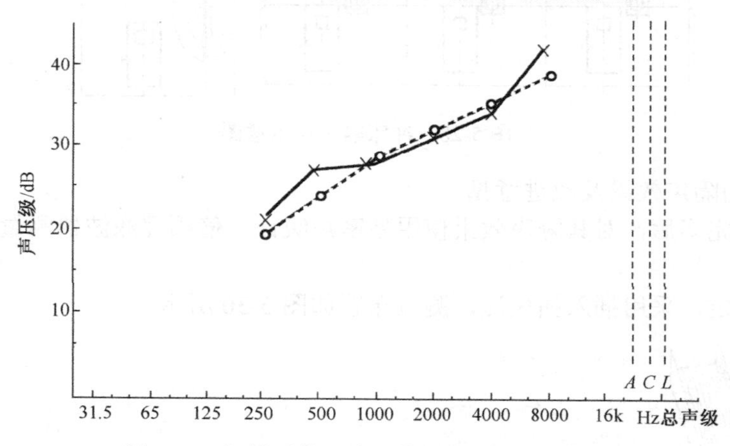

图 5-32　加罩后的理论计算与实际隔声量对比

×-×：实际隔声量；-o-：理论隔声量

4）结论

（1）三台冲床工作时隔声罩的 6 点平均插入损失为 26.8dB(A)，在 1#点处隔声量为 32.7dB(A)，与理论计算基本相符。

（2）车间平均噪声级为 92dB(A)，下降了 5dB(A)。

（3）对落料机构的改进，使落料噪声下降了 15dB(A)，改进效果显著。

（4）实际隔声值与理论计算值之间数据见图 5-31，在整个频带上相差不大。

（5）由于受到现场条件的限制及施工问题的影响，进口消声器长度欠短，消声量不足，近消声器口处，噪声级偏高，若经过改进，增加消声器的消声量，隔声罩的插入损失将可以达到 29.1dB(A)。

（6）从目前的车间噪声来看，尚未达到《工业企业噪声卫生标准》的要求 90dB(A)，如果进一步实施吸声处理，可使车间噪声控制在 90dB(A)以下。

实例 5-2 某钢铁厂大型空压机隔声罩降噪

该厂 7000m^3/min 轴流空气压缩机，在通风机械中属于大型设备，采用了瑞士 SULZER 热力工程公司产品。签订的合同安排隔声罩及消声器由某部设计研究总院设计，由××鼓风机厂制造。瑞方所提供的技术要求为 600～2000Hz 倍频带内的噪声衰减量不小于 28dB(A)，距离声罩 1m 噪声级低于 ISO 的 N85 曲线。按设计，理论计算的隔声量等于 31.1dB。加工完成后，实测的静态隔声量为 38.9dB(A)，频带噪声级均在 N85 曲线以下，满足了合同的技术要求。

（1）隔声罩的声学设计

隔声罩的外形尺寸为 10m×6.2m×3.7m，因其尺寸较大，不适宜采用厚重结构。从隔声效果、加工技术、是否易于加工、便于运输安装和使用，以及耐久性等多方面因素综合考虑，确定采用如图 5-33 和图 5-34 所示的装配式轻型隔声结构。

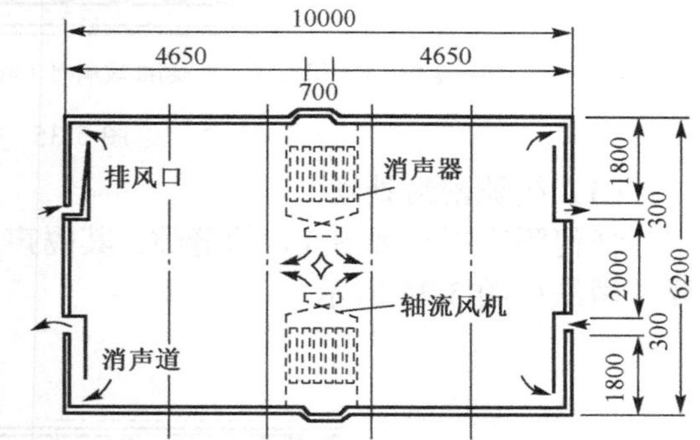

图 5-33 隔声罩平面图

整个罩壳均由薄钢板制成，所有骨架均采用薄壁方钢和薄壁型钢。为避免薄钢板在声波作用下引起共振和“吻合效应”形成隔声低谷，使隔声性能下降，在罩的内壁除按构造需要分格焊接外，均涂以内耗大的阻尼层-石棉沥青漆，来抑制钢板的弯曲振动，以降低钢板罩壳的声辐射。

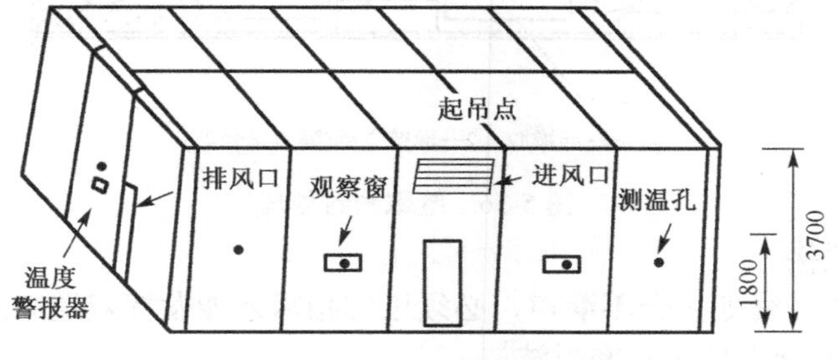

图 5-34 隔声罩透视图

（2）隔声量计算

按照无规入射条件下质量定律的经验公式，可求出隔声罩的隔声量 L_{TL}，即

$$L_{TL}=18\lg m+12\lg f-25$$

经计算得出隔声罩的平均隔声量 $\overline{L}_{TL}=33.4$dB，隔声罩内表面平均吸声系数 $\overline{\alpha}$，隔声罩的实际隔声量 $L_{TL_{实}}=\overline{L}_{TL}+10\lg\overline{\alpha}$。设计时在阻尼层后加了一层超细玻璃棉，测出 $\overline{\alpha}$=0.74。

$$\overline{L}_{TL_{实}}=32.4+10\lg0.74=31.1\text{dB}$$

为了避免吸声材料的散失，在吸声材料上覆盖一层玻璃布并加穿孔铝板，组成如图 5-35 所示的吸声结构。

小型隔声罩一般都制作成整体的，这可免除设计和加工过程中的很多麻烦。大型隔声罩尺寸较大，为了便于运输及检修吊装，通常都把它设计成预制拼装式。因此，为了保证隔声构件的隔声效果，要做好构件之间的安装连接和缝隙的密封处理。

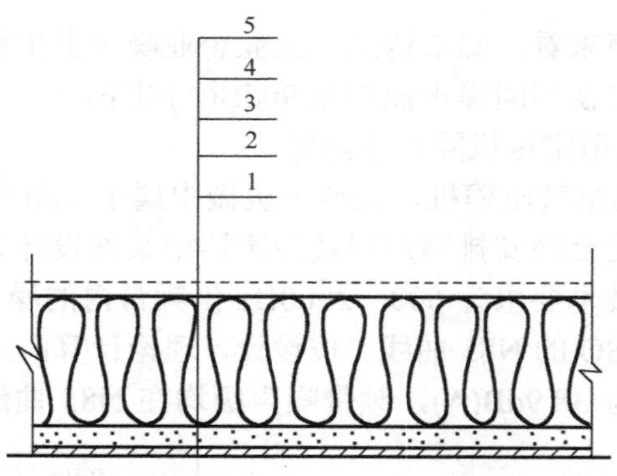

1—钢板；2—阻尼层；3—超细玻璃棉（密度 40kg/m^3）；4—玻璃布；5—穿孔板（P=35%）

图 5-35　隔声罩壁结构图

（3）缝隙密封处理

任何隔声罩只要有 1%的缝隙，其隔声量就不会超过 20dB，因此缝隙的密封处理非常重要。做法如图 5-36 所示。

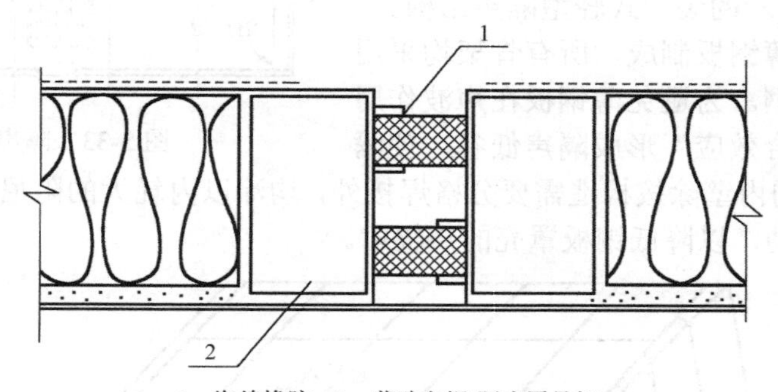

1—海绵橡胶；2—薄壁方钢(隔声罩骨架)

图 5-36　缝隙密封处理

（4）构件紧固联接

为使隔声罩壳的开缝处拼合不漏声，必须压实扣紧才能发挥双道海绵橡胶的作用。这里采用如图 5-37 所示的紧固件压实密封法。

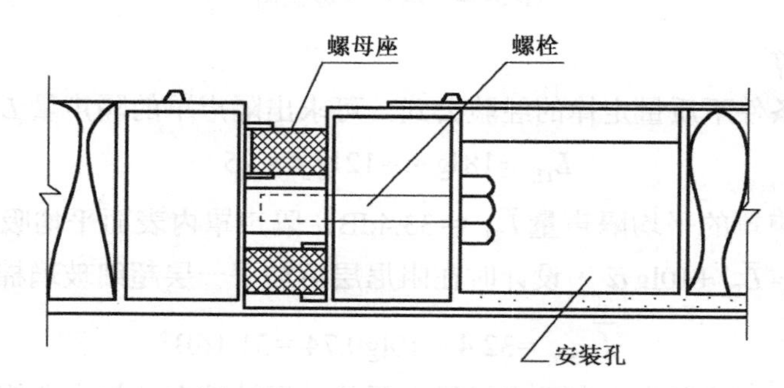

图 5-37　紧固压实密封示意图

（5）减振压实密封

为了使隔声罩与地板平台密缝不漏声，又不致于因轴流压缩机的振动通过平台传给隔声罩，使罩壳成为辐射噪声源，这里采用如图 5-38 所示的减振压实密封方式。

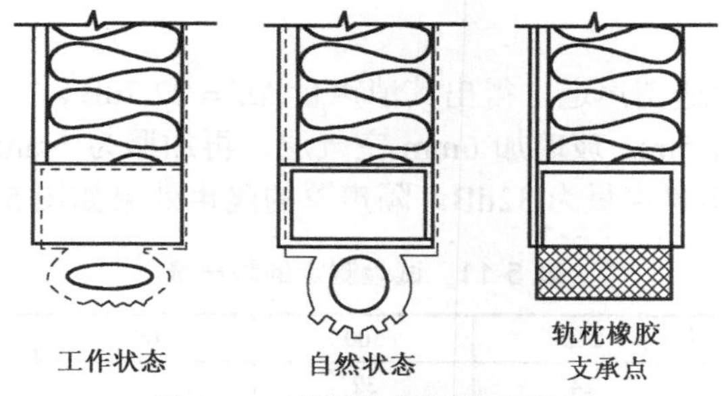

图 5-38 减振压实密封示意图

（6）通风散热设计

散热量计算。7000m³/min 轴流压缩机产生 220kW 的热扩散，要求罩内温度不超过 50℃，以使机组表面不出现部分过冷过热的不均匀现象，需采用强制通风散热系统以保持足够的换气量。隔声罩的上部百页窗为空气进口，冷空气经进气消声器后，由两台轴流风机将吸入的空气经导流片散向设备表面，冷却设备以后的热空气则经隔声罩两端的四个消声排风道排出罩外。

轴流压缩机的散热量可按下式计算

$$Q = 860N$$

隔声罩所需的通风量为
$$V = \frac{Q}{G\gamma(t_i - t_p)}$$

需采用风机的风量

$$I_t = 1.1V$$

以热扩散功率 N=220kW，空气比热 G = 1.0kJ/(kg·℃)，进风密度 γ =1.2kg/m³，排出温度 t_i =50℃，室内计算温度加厂房允许温升 t_p=33+5℃代入，得出如下计算结果，即

$$Q = 189200\text{kcal/h}$$

$$V = 54745\text{m}^3/\text{h}$$

$$I_t = 60220\text{m}^3/\text{h}$$

根据风量及系统阻力损失的要求，隔声罩内选用两台 30K4-11A 型轴流风机，每台通风量 30800m³/h，N = 10kW，全压 H = 487Pa，叶片 30 度，转速 1450r/min。

（7）进排气噪声控制

① 进风噪声

轴流风机噪声 L 可按下式估算，即

$$L = 44 + 25\lg H + 10\lg I_t + \delta + \Delta\beta$$

以风压 $H = \dfrac{487}{10}$Pa，风量 I_t=30800m³/h，$\delta = 8$ 代入，并计入各频率噪声修正值 $\Delta\beta$ 后，得出各频率的噪声级如表 5-10 所示，再经计权后得 100dB(A)。

表 5-10 轴流风机各频率噪声级

频率/Hz	125	250	500	1000	2000	4000
噪声级/dB	96	97	97	96	93	90

采用阻性片式消声器，空气流速设计为 12.9m/s，按下式可计算出其消声量 ΔL，即

$$\Delta L = 2\varphi(\alpha)\frac{1}{a} = 26.6(\text{dB})$$

② 排气噪声

机组噪声通过四个窄缝消声道，得出其消声量$\Delta L' = 22.7\text{dB}$。

双层观察窗制作采用5mm玻璃加6mm空气层，再加厚为5mm玻璃，其试验测定的隔声量如表5-11所示，平均隔声量为32dB。隔声罩的隔声效果如图5-39所示。

表5-11 试验测定的隔声量

频率/Hz	125	250	500	1000	2000	4000
噪声级/dB	16	24	32	38	35	48

实例5-3 某卷烟厂空压机站隔声控制。

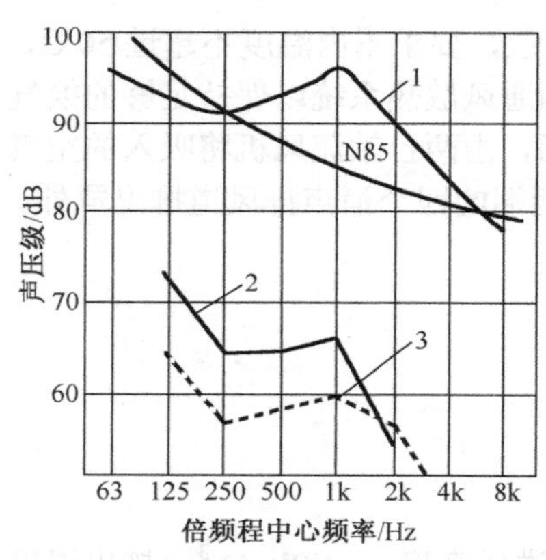

图5-39 隔声罩的频谱特性曲线

该卷烟厂空压机站控制室降噪装置平面布置如图5-40所示，控制室位于楼内，由于结构承重限制，采用双层轻质F. C板（内垫玻璃纤维板）做隔声墙，内贴5cm离心玻璃棉覆盖，穿孔率为20%的铝合金穿孔板。平顶构造与墙面相似。室内采用两台立柜式空调机控制室温，观察窗为三层厚玻璃固定式隔声窗，门扇采用轻质隔声门。为了减轻地面振动，地面铺满浮筑硬木弹性地板。经测定室内噪声级为62dB(A)，“插入损失”约26dB(A)。地面振感已消除，效果十分理想。

实例5-4 某钢铁厂室外大型声屏障降噪。

该钢铁厂轧钢车间与居民住宅最近处不足2m，车间生产系连续三班制运转，居民住宅敏感点的噪声级已超过75dB，为了最大限度地降低扰民噪声，经多次论证研究，最后确定在居民楼与厂界之间建造一总长60m，高度为6m的大型隔声屏障，如图5-41所示。

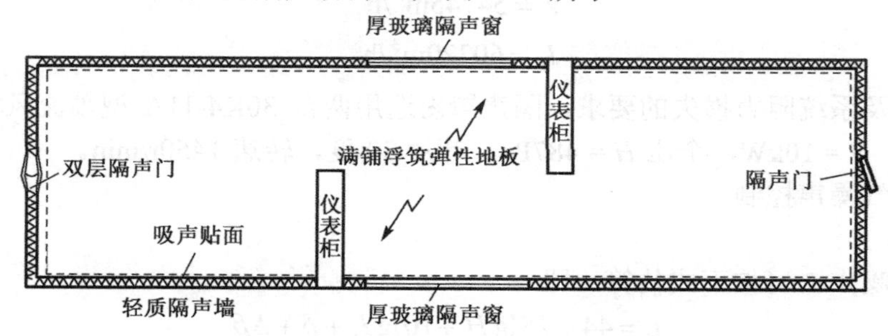

图5-40 空压机站控制室降噪装置平面布置图

（房间尺寸18m×5m×3m）

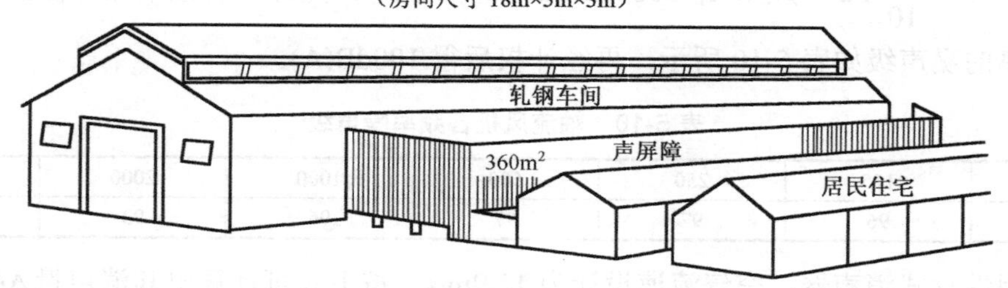

图5-41 工厂与居民住宅之间建造的大型隔声屏障

屏障结构选用双层8mm厚TK板（水泥、石膏、经高温蒸压制成的石棉制品，板间留一

8cm 厚空腔，板层间用轻钢龙骨作联系梁。考虑到结构整体的强度与稳定性，用ϕ=10cm，壁厚为 4mm 的无缝钢管作支柱，并埋入混凝土基础块中。屏障建成后，实测降噪量为 8～11dB(A)，有效控制了噪声的污染。

实例 5-5 某炼油厂采用预热强制进风隔声罩治理加热炉噪声。

该厂预加氢加热炉，负荷为 903 万 kJ/h，燃烧器结构是在原来的油气联合喷嘴基础上再加一圈（6 个）气体喷头。炉子进风由原来的自然进风改为预热空气强制进风，其隔声罩如图 5-42 所示。吸声衬里厚 80mm，密度为 40kg/m^3，隔声罩直径为ϕ=1200mm，进风管截面积 800mm×500mm。为便于风量调节，在进风口上加一只蝶阀，可调幅度为 0～90°，每 5°为一挡，同时，在隔声罩上装一只风门，便于二次风门的调节。为便于检修，在隔声罩下部开一个检修孔，检修孔盖由三块拼装，并用 50×5 石棉带密封防止漏声。

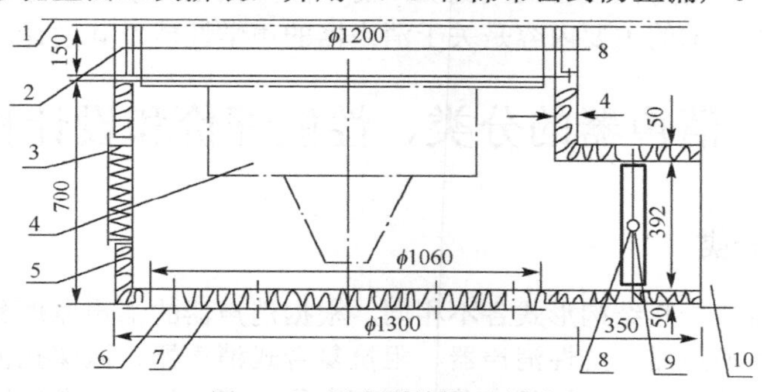

图 5-42 隔声罩结构示意图

1-炉子底板；2-底座圈；3-调风门；4-油气联合燃烧器；5-隔声罩；6-燃料导管；7-检修孔盖；8-调节风道筋板；9-调节挡板；10-连接风道

采用隔声罩后，噪声由原来的 97.5dB(A)降低到 90～91dB(A)。

习 题 5

1．计算下列单层匀质构件的平均隔声量与临界吻合频率：（1）240mm 厚的砖；（2）6mm 厚的玻璃。

2．计算下列构件的平均隔声量与临界吻合频率：（1）200mm 厚的混凝土；（2）1mm 厚的钢板；（3）各厚 100mm 双层混凝土墙，中间空气层的厚度为 200mm。

3．某隔声墙对 1000Hz 声波的隔声量为 40dB，窗的隔声量为 25dB，窗的面积占总面积的 10%，试计算这种隔声墙的有效隔声量。

4．为隔离噪声源，某车间用一道墙将车间分成两部分，墙上装有 3mm 厚的玻璃，面积占总墙面积的一半。设墙体部分的平均隔声量为 40dB，玻璃窗的平均隔声量为 20dB，求该组合墙的平均隔声量为多少？若将窗的面积减小为总面积的 10%，则该墙的平均隔声量增加多少 dB？

5．某尺寸为 4.4m×4.5m×4.6m 的隔声罩，在 2000Hz 倍频程处的插入损失为 28dB，罩顶、罩底、壁面的吸声系数分别为 0.9、0.1 和 0.5，求罩壳的平均隔声量。

6．要求隔声罩在 2000Hz 处具有 34dB 的插入损失，罩壳材料在该频带的透声系数为 0.0002，求隔声罩内壁所需材料的平均吸声系数。

7．有一噪声源，其 1000Hz 的声压级为 95dB，声源与接收点之间的距离为 50m，如声源高出地面 2m，接收点高出地面 3m，隔声屏障高 6m，求屏障的降噪量为多少。

8．某墙的总面积为 20m^2，其中，门占 2m^2，窗占 3m^2，它们对 1000Hz 声波的隔声量分别为 50dB、30dB、20dB，求该组合墙的隔声量。

第6章　消　声　器

消声器是用于降低气流噪声的装置，它既能允许气流顺利通过，又能有效地减弱甚至阻止声能向外传播。例如，在输气管道中或在进气、排气口上安装合适的消声元件，就能降低进、排气口及输送管道中的噪声传输。一个合适的消声器，可以使气流噪声降低20～40dB，相应响度降低75%～93%，因此，在噪声控制工程中得到了广泛的应用。值得指出的是，消声器只能用来降低空气动力性设备的气流噪声而不能降低空气动力设备的机壳、管壁、电机等辐射的噪声。消声技术的主要内容是关于消声器的声学性能及其设计。

6.1　消声器的分类、性能评价和设计程序

6.1.1　消声器的分类

消声器的种类很多，其结构形式各不相同。根据消声器的消声原理和结构的差异，大致可将消声器分为阻性消声器、抗性消声器、阻抗复合式消声器、微穿孔板消声器、扩散式消声器和有源消声器；按所配用的设备来分，则有空压机消声器、内燃机消声器、凿岩机消声器、轴流风机消声器、混流风机消声器、罗茨风机消声器、空调新风机组消声器和锅炉蒸汽放空消声器等。

消声器的消声原理不同，消声效果也不同。

阻性消声器是一种能量吸收性消声器，通过在气流通过的途径上固定多孔性吸声材料，利用多孔吸声材料对声波的摩擦和阻尼作用将声能量转化为热能，达到消声的目的。阻性消声器适合于消除中、高频率的噪声，消声频带范围较宽，对低频噪声的消声效果较差，因此，常使用阻性消声器控制风机类进排气噪声等。它的缺点是在高温、高速、水蒸气、含尘、油雾以及对吸声材料有腐蚀性的气体中，使用寿命短，消声效果差。

抗性消声器则利用声波的反射和干涉效应等，通过改变声波的传播特性，阻碍声波能量向外传播，主要适合于消除低、中频率的窄带噪声，对宽带高频率噪声则效果较差，因此，常用来消除如内燃机排气噪声等。

鉴于阻性消声器和抗性消声器各自的特点，常将它们组合成阻抗复合式消声器，以同时得到高、中、低频率范围内的消声效果，如微穿孔板消声器就是典型的阻抗复合式消声器，其优点是耐高温、耐腐蚀、阻力小等，缺点是加工复杂，造价高。

随着声学技术的发展，还有一些特殊类型的消声结构出现，如微穿孔板消声器、喷注耗散型消声器（包括小孔喷注、节流降压、多孔扩散）等。

6.1.2　消声器的基本要求

性能良好的消声器必须满足以下基本要求：

（1）足够的消声量，尤其在噪声突出的频带范围内具有良好的消声性能。

（2）良好的空气动力性能。一般来说，阻力损失大，相应的气动设备的功率损失也大，

所以要求消声器安装后的阻力损失越小越好，基本上不降低风量，保证气流畅通。在高速气流工况下工作的消声器，应尽量避免产生气流再生噪声。

（3）空间位置合理，构造简单，便于制作安装和维修，且能保持长期性能稳定。

6.1.3 消声器性能评价

评价消声器性能时，主要从消声器的声学性能、空气动力学性能和结构性能三个方面考虑。

1．消声器声学性能

消声器的声学性能包括消声量的大小、消声频带范围的宽窄两个方面。设计消声器的目的就是要根据噪声源的特点和频率范围，使消声器的消声频率范围满足需要，并尽可能地在要求的频带范围内获得较大的消声量。

消声器的声学性能可以用各频带内的消声量来表征。通常有 4 个评价量：插入损失 L_{IL}、末端降噪量 L_{NR}、轴向声衰减 ΔL_A 和传声损失 L_{TL}。

（1）插入损失（L_{IL}）

插入损失 L_{IL} 定义为安装消声器前后，在某固定测点处测得的声压级（总声压级或频带声压级）之差。在实验室内测量插入损失一般采用混响室法、半消声室法或管道法。实际操作中，它是根据系统之外测点的测试结果经计算获得的。插入损失的测量示意图如图 6-1 所示，计算如下，即

$$L_{IL} = L_{P_1} - L_{P_2} \tag{6-1}$$

式（6-1）中的声压级为系统外测试的声压级。图 6-1 所示是工矿企业现场常用的方法。此外，“管口法”也是现场常用的测试方法，如图 6-2 所示。安装消声器之前，在距离管口某一位置测量声压级 L_{P_1}；安装消声器以后，与消声器管口保持同样的距离测量声压级 L_{P_2}，两者之差作为插入损失。实践表明，采用“管口法”测量数据可靠，符合现场测试的要求。

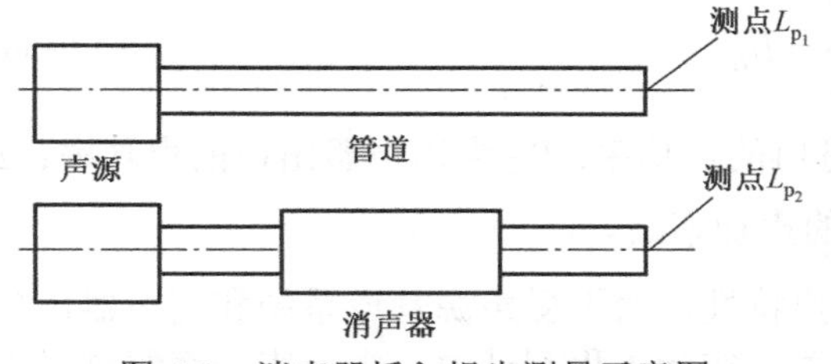

图 6-1 消声器插入损失测量示意图

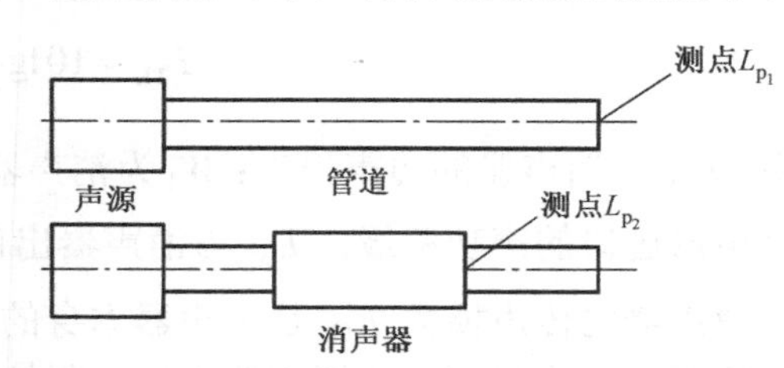

图 6-2 管口法测量消声器插入损失示意图

对于阻性消声器，“插入损失”与“传声损失”相近，而对于抗性消声器来说，“插入损失”一般要比“传声损失”稍低。采用“插入损失”评价消声器效果，对现场环境要求低，适应各种现场测量，如高温、高流速或有侵蚀作用的环境中。但是“插入损失”值并不单纯反映消声器本身的效果，而是声源、消声器及消声器末端三者的声学特性的综合效果。在现场做“插入损失”测量时，要注意保持声源特性的恒定。

（2）末端降噪量（L_{NR}）

末端降噪量 L_{NR} 也称末端声压级差，它是指消声器输入端与输出端的声压级之差。当严格地按传声损失测量有困难时，如已安装好消声器的管道内的测量，可采用这种简便测量方法，即测量消声器进口端面的声压级 L_{P_1} 与出口端面的声压级 L_{P_2}，以两者之差代表消声器的消声量，消声量计算公式如下：

$$L_{NR} = L_{P_1} - L_{P_2} \tag{6-2}$$

利用末端声压级之差来表示消声值的方法，不可避免地包含了反射声的影响，这种测量方法易受环境的影响而产生较大的误差，因此，适合在试验台上对消声器性能进行测量分析，而现场测量则很少使用。

（3）轴向声衰减（ΔL_A）

声衰减ΔL_A也是比较常用的一种评价量，它是声学系统中任意两点间声功率级之差，反映了声音沿消声器通道内的衰减特性，以每米衰减的分贝数（dB/m）表示。这一方法只适用于声学材料在较长管道内连续而均匀分布的直通管道消声器。实际测量中，可采用"轴向贯穿法"测量，即将探管插入消声器内部，沿消声器通道轴向每隔一定的距离逐点测量声压级，从而得到消声器内声压级与距离的函数关系，以求得该消声器的总消声量。声衰减量能够反映出消声器内的消声特性及衰减过程，能避免环境对测量结果的干扰。测量时要注意，测点不能靠近管端。"轴向贯穿法"的示意图如图 6-3 所示。

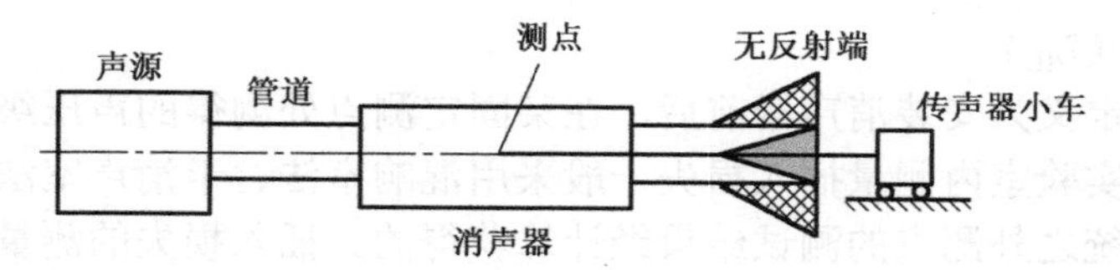

图 6-3 轴向贯穿法测量消声器声衰减示意图

"轴向贯穿法"特别适用于测量大型的、效果好的消声器。由于这种方法费时且需要专门的测量传声器，因此，一般在现场测量中很少使用。

（4）传声损失（L_{TL}）

传声损失L_{TL}定义为消声器进口的噪声声功率级与消声器出口的噪声声功率级的差值。它是从构件的隔声性能的角度，用透射损失来反映构件的消声量，传声损失的数学表达式为

$$L_{TL} = 10\lg\frac{W_1}{W_2} = L_{W_1} - L_{W_2} \tag{6-3a}$$

式中，L_{TL}为消声器的传声损失；W_1为消声器进口的声功率；W_2为消声器出口的声功率；L_{W_1}为消声器进口的声功率级；L_{W_2}为消声器出口的声功率级。

消声器的传声损失L_{TL}是消声器本身的传声特性，而不受声源管道系统和消声器出口端尾管的影响，即与声源、消声器出口端阻抗无关。实际工程测试中，由于声功率级难以直接测得，因此，通常通过测量消声器前后截面的平均声压级，再按下式计算获得

$$L_{W_1} = L_{P_1} + 10\lg S_1 \tag{6-3b}$$

$$L_{W_2} = L_{P_2} + 10\lg S_2 \tag{6-3c}$$

式中，L_{P_1}为消声器进口处平均声压级（dB）；L_{P_2}为消声器出口处的平均声压级（dB）；S_1为消声器进口处的截面积（m^2）；S_2为消声器出口处截面积（m^2）。

采用上述几种测量方法，即使同一个消声器，由于管道末端反射的影响往往测量结果也有较大差异。同一种方法在不同的声学环境下测量，其结果往往也不相同。因此，在表示消声器的效果时，应注明所用的测量方法和所处的测试环境，以便对消声器的性能进行比较和客观评价。

2．消声器空气动力性能

消声器的空气动力性能是评价消声性能好坏的另一项重要指标。它反映了消声器对气流阻力的大小，即安装消声器后输气是否通畅，风量、风压有无变化。消声器的空气动力性能用阻力系数、阻力损失及气流再生噪声来表示。

（1）阻力系数

阻力系数是指消声器安装前后的全压差与全压之比，对于确定的消声器，其阻力系数为定值。阻力系数的测量比较麻烦，一般只在专用设备上才能测得。

（2）阻力损失

阻力损失，简称阻损，是指气流通过消声器时，在消声器出口端的流体静压比进口端降低的数值。很显然，一个消声器的阻损大小是与使用条件下的气流速度大小有密切关系的。消声器的阻损能够通过实地测量求得，也可以根据公式进行估算。阻损又分为摩擦阻力和局部阻力。

① 摩擦阻损ΔH_β

摩擦阻损ΔH_β是由于气流与消声器各壁面之向的摩擦而产生的阻力损失，可用下式计算，即

$$\Delta H_\beta = \beta \frac{l}{d_e} \frac{\rho v^2}{2g} \tag{6-4}$$

式中，β为摩擦阻力系数（见表6-1）；l为消声器的长度；d_e为消声器的通道截面等效直径；ρ表示管道内气体密度；v为管道内气流速度；g为重力加速度。

以上均采用国际标准单位。流体力学中将$\frac{\rho v^2}{2g}$称为速度头，单位为Pa（通常用mmH$_2$O，1mmH$_2$O = 9.80665Pa），显然ΔH_β的单位与速度头的单位一致。

摩擦阻力系数与管道内气流速度有关，流体力学中用雷诺数表示流速，雷诺数Re定义如下

$$\mathrm{Re} = \frac{v}{\gamma} d_e \tag{6-5}$$

一般情况下，消声器通道内的雷诺数Re均在10^{-5}以上。式（6-5）中γ为流体运动的黏滞系数，对于20℃的空气，$\gamma = 1.53 \times 10^{-5} \mathrm{m/s^2}$，此时，摩擦阻力系数$\beta$仅取决于管壁的相对粗糙度，摩擦阻力系数与相对粗糙度的关系见表6-1。相对粗糙度定义为管壁绝对糙度与等效直径之比值再除以100，即

相对粗糙度(%) = (管壁绝对糙度/等效直径)÷100

表6-1　摩擦阻力系数与相对粗糙度的关系

相对粗糙度/%	0.2	0.4	0.5	0.8	1.0	1.5	2.0	3.0	4.0	5.0
摩擦阻力系数β	0.024	0.028	0.032	0.036	0.039	0.044	0.049	0.057	0.065	0.072

② 局部阻损（ΔH_ξ）

局部阻损ΔH_ξ表示气流在消声器的结构突变处（如折弯、扩张或收缩及遇到障碍物）所产生的阻力损失，局部阻损可用下式估算，即

$$\Delta H_{\xi} = \xi \frac{\rho v^2}{2g} \tag{6-6}$$

式中，ξ 为局部阻力系数，局部阻力系数的确定比较复杂，与结构形式关系密切。以下为几种典型结构的局部阻力系数。

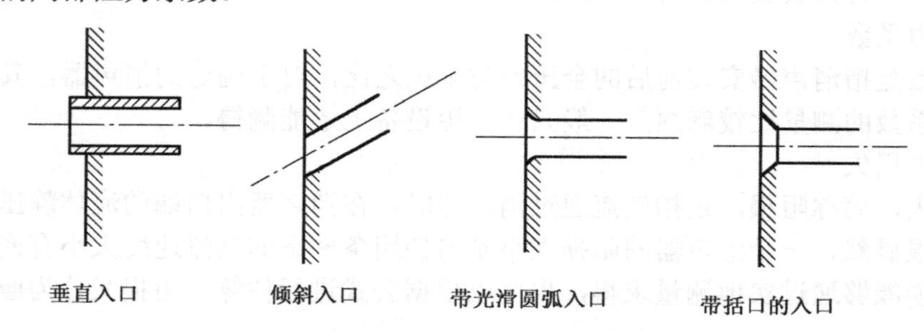

图 6-4　几种常见入口形式

a．管道入口。对于垂直入口，如果管壁厚度与等效直径之比大于 0.05，并且管口伸出部分长度与等效直径之比小于 0.5，则取 $\xi = 0.5$；否则取 $\xi = 1$。

对于斜入口，情况比较复杂，一般来讲，倾斜角度越大，则局部阻力系数也越大。为了减少入口处的局部阻力系数，工程中常采用入口（见图 6-4）处带光滑过渡圆弧的做法。圆弧相对直径（圆弧直径/管道直径）越大，局部阻力系数越小。经过这种处理的管道入口，局部阻力系数一般在 0.1 左右。减少局部阻力系数的另一个方法就是在入口处括口。一般来说，括口的角度越大，阻力系数越小，但如果括口角度大于 90°，则减阻性能略差。

b．管道出口。对于平端面或圆端面的出口（见图 6-5），湍流时的局部阻力系数为 1，层流时的局部阻力系数为 2；对于锥形出口，局部阻力系数与出口处直径 d_1 和管道的直径 d_0 有关，可用下式计算，即

$$\xi = 1.05\left(\frac{d_0}{d_1}\right)^4 \tag{6-7}$$

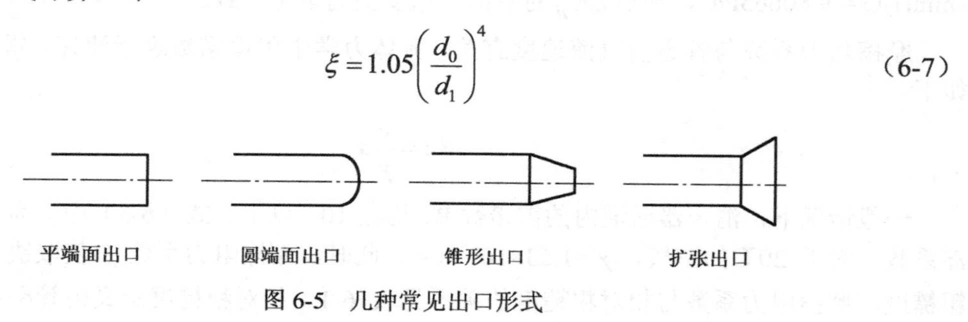

图 6-5　几种常见出口形式

如果管道出口为扩张管形式，则局部阻力系数与管口长度、管道直径、扩张角等都有关系。锥形出口增加局部阻力系数，而扩张管出口可有效降低局部阻力系数。

管道在改变方向、突变截面等情况下也存在局部阻力，其系数的计算比较复杂，这里不做专门介绍。

消声器总的阻力损失，等于摩擦阻损与局部阻损之和，即

$$\Delta H_{\mathrm{t}} = \Delta H_{\beta} + \Delta H_{\xi} \tag{6-8}$$

一般而言，在阻性消声器中以摩擦阻损 ΔH_{β} 为主；在抗性消声器中以局部阻损 ΔH_{ξ} 为主。气流的阻力损失（无论是摩擦阻损还是局部阻损）都与速度头成正比，即与气流速度的平方

成正比。当气流速度增高时，阻损的增加要比气流速度的增加快得多。因此，如果采用较高的气流速度，会导致阻损增大，使消声器的空气动力性能变坏。在设计消声器时，从消声器的声学性能和空气动力性能两方面来考虑，都以采用较低的流速为佳。

（3）气流再生噪声

当一定速度的气流流经消声器时，由于气流本身的湍流噪声及气流激发消声器结构振动产生的噪声即为气流再生噪声。气流再生噪声主要决定于流速，同时，也与消声器的结构、形式等因素有关。通常气流再生噪声可由下式估算

$$L_W(\text{dB}) = B + 60\lg v + 10\lg S \tag{6-9}$$

式中，L_W为气流再生噪声声功率级（dB）；v为气流速度（m/s）；S为气流通道截面（m^2）；B为由消声器结构形式确定的系数，常取10~20。

3．结构性能

消声器结构性能是指它的外形尺寸、坚固程度、维护要求、使用寿命等，它也是评价消声器性能的一项指标。

好的消声器除应有好的声学性能和空气动力性能之外，还应该具有体积小、重量轻、结构简单、造型美观、加工方便，同时，要具有坚固耐用、使用寿命长、维护简单和造价便宜等特点。

消声器的性能受上述三方面性能的综合影响，它们既互相联系又互相制约。从消声器的消声性能考虑，当然在所需频率范围内的消声量越大越好；但是必须考虑空气动力性能的要求。例如，汽车上的排气消声器如果阻损过大，会使功率损失增加，甚至影响车辆正常行驶。在兼顾消声器声学性能和空气动力性能的同时，还必须考虑结构性能的要求，不但要耐用，还应避免体积过大、安装困难等情况。在实际运用中，对这三方面的性能要求，应根据具体情况做具体分析，并有所侧重。

6.1.4 消声器的设计程序

消声器的设计程序可分为五个步骤。

（1）噪声源现场调查及特性分析

消声器安装前，应对气流噪声本身的情况，周围的环境条件，以及有无可能安装消声器，消声器安装在什么位置，与设备连接形式等应做现场调查记录，以便合理地选择消声器。

气体动力性设备，按其压力不同，可分为低压、中压、高压；按其流速不同，可分为低速、中速、高速；按其输送气体性质不同，可分为空气、蒸汽和有害气体等。应按不同性质不同类型的气流噪声源，有针对性地选用不同类型的消声器。噪声源的声级高低及频谱特性各不相同，消声器的消声性能也各不相同，在选用消声器前应对噪声源进行测量和分析。一般测量A声级、C声级、倍频程或1/3倍频程频谱特性。特殊情况下，如噪声成分中带有明显的尖叫声，则需作1/3倍频程或更窄频谱分析。

（2）噪声标准的确定

根据对噪声源的调查及使用上的要求，以及国家有关声环境质量标准和噪声排放标准，确定噪声应控制在什么水平上，即安装所选用的消声器后，能满足何种噪声标准的要求。

（3）消声量的计算

计算消声器所需的消声量，对不同的频带消声量要求是不相同的，应分别进行计算，即

$$\Delta L(\text{dB}) = L_p - \Delta L_d - L_a \quad (6\text{-}10)$$

式中，L_p 为声源某一频带的声压级（dB）；L_a 为控制点允许的声压级(dB)。

（4）选择消声器类型

根据各频带所需的消声量及气流性质，并考虑安装消声器的现场情况，经各方案比较和综合平衡后确定消声器类型、结构、材质等。

（5）检验

根据所确定的消声器，验算消声器的消声效果，包括上下限截止频率的检验，以及消声器的压力损失是否在允许范围之内。根据实际消声效果，对未能达到预期要求的，需修改原设计方案并采取补救措施。

6.2 阻性消声器

6.2.1 阻性消声器基本原理

阻性消声器是一种吸收型消声器。把吸声材料固定在气流通道的内壁上，或使之按照一定的方式在管道中排列，就构成了阻性消声器。当声波在多孔性吸声材料中传播时，因摩擦将声能转化为热能而消耗掉，从而达到消声的目的。材料的消声性能类似于电路中的电阻耗损电功率。在消声器中，吸声材料把声能转换成热能耗散掉，在电路中，电阻把电能转换成热能耗散掉，因此，这种消声器定名为阻性消声器，同时，吸声材料也称为阻性材料。一般来说，阻性消声器具有良好的中高频消声性能，对低频消声性能较差。

（1）声波在阻性管道中的衰减

消声器的传声损失与吸声材料的声学性能、气流通道周长、截面面积以及管道长度等因素有关。材料的吸声系数和气流通道周长与通道截面积之比越大，管道越长，则传声损失越大。对同样大小截面的管道，L/S 比值以长方形为最大，方形次之，圆形最小。为此，对截面较大的管道常在管道纵向插入几片消声片（片长沿管轴），将它分隔成多个通道以增加周长和减小截面积，消声量可明显增加。

A・N・别洛夫由一维理论推导出长度为 l 的消声器的声衰减量 L_A 为

$$L_A(\text{dB}) = \varphi(\alpha_0)\frac{L}{S}l \quad (6\text{-}11)$$

式中，$\varphi(\alpha_0)$ 称为消声系数，它表示传播距离等于管道半宽度时的衰减量，主要取决于壁面的声学特性；L 为消声器的通道横断面周长（m）；S 为消声器的通道有效横截面积（m^2）；l 为消声器的有效部分长度（m）；消声系数 $\varphi(\alpha_0)$ 与材料的吸声系数 α_0 的换算关系，见表 6-2。

表 6-2　$\varphi(\alpha_0)$ 与 α_0 的换算关系

α_0	0.05	0.10	0.15	0.20	0.30	0.35	0.40	0.45	0.50	0.55	0.60～1.00
$\varphi(\alpha_0)$	0.05	0.11	0.17	0.24	0.31	0.39	0.47	0.55	0.64	0.75	1.00～1.50

H・J・赛宾计算消声器的声衰减量的经验计算式为

$$L_A(\text{dB}) = 1.03(\bar{\alpha})^{1.4}\frac{L}{S}l \quad (6\text{-}12)$$

式中，$\bar{\alpha}^{1.4}$ 为吸声材料无规入射平均吸声系数，为便于计算，表 6-3 中列出了 $\bar{\alpha}$ 与 $\bar{\alpha}^{1.4}$ 的关系。

表 6-3　$\bar{\alpha}$ 与 $\bar{\alpha}^{1.4}$ 的换算关系

$\bar{\alpha}$	0.05	0.10	0.15	0.20	0.25	0.30	0.35	0.40	0.45
$\bar{\alpha}^{1.4}$	0.015	0.040	0.070	0.105	0.144	0.185	0.230	0.277	0.327
$\bar{\alpha}$	0.50	0.60	0.70	0.80	0.90	1.00			
$\bar{\alpha}^{1.4}$	0.329	0.489	0.607	0.732	0.863	1.00			

（2）高频失效频率

单通道直管式消声器的通道面积不宜过大，如果太大，高频声的消声效果将显著降低。这是因为声波的频率越高，传播的方向性越强，对于给定的气流通道来说，当频率高到一定的数值时，声波在消声器中由于方向性很强而形成“声束”状传播，很少或根本不与贴附在管壁上的吸声材料接触，消声器的消声量明显下降。出现这一下降的开始频率称为“高频失效频率”f_n，可用下列经验公式计算：

$$f_n \approx 1.85\frac{c}{D} \tag{6-13}$$

式中，c 为声速（m/s）；D 为消声器通道的当量直径（m）。其中圆形管道取直径，矩型管道取边长的平均值，其他形式的管道可取面积的算数平方根。

当频率高于失效频率 f_n 时，每增加一个倍频带，其消声量约比在失效频率处的消声量下降 1/3。在高于失效频率的某一频率的消声量可用下式估算：

$$\Delta L = \varphi(\alpha_0)\frac{(3-N)Ll}{3S} = \frac{3-N}{3}L'_A \tag{6-14}$$

式中，ΔL 为高于失效频率的某倍频程的消声量；L'_A 为失效频率处的消声量；N 是高于失效频率的倍频程频带数。

由于高频失效频率的存在，设计消声器就出现一个问题，即对于小风量细管道，其消声器可以设计成单管的直管式消声器。而对于风量较大的粗管道，则不能如此设计，否则，在高频失效频率处的消声量将显著降低。为了在通道截面较大的情况下也能在中高频范围获得好的消声效果，通常采取在管道中加吸声片或者设计成多通道式消声器。也可通过设计成折板式、蜂窝式或迷宫式等形式来增加声波与吸声材料的接触机会，提高高频消声量。

6.2.2　阻性消声器的类型

阻性消声器的形式繁多，按气流通道几何形状的不同，除直管式消声器外，还有片式、蜂窝式、折板式、迷宫式、声流线式、盘式、室式、消声弯头等，其结构示意如图 6-6 所示。

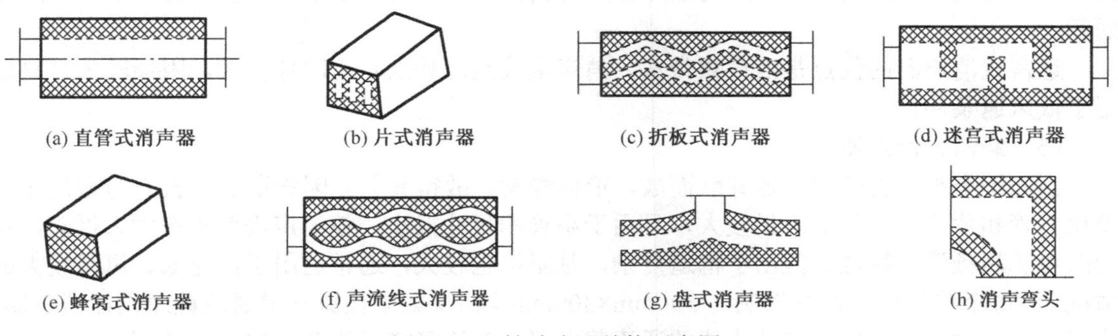

图 6-6　阻性消声器结构示意图

（1）直管式消声器

这种消声器是阻性消声器中形式最简单的一种，吸声材料衬贴在管道侧壁上，适用于管道截面尺寸不大的低风速管道。

（2）片式消声器

对于流量较大，需要足够大通风面积的通道，为使消声器周长与截面比增加，可在直管内插入板状吸声片，将大通道分隔成几个小通道。当片式消声器每个通道的构造尺寸相同时，只要计算出单个通道的消声量，就可求得该消声器的消声量。对于图 6-7 所示的片式消声器，其消声量的计算可作如下简化，即

$$L_A = \varphi(\alpha_0)\frac{L}{S}l = 2\varphi(\alpha_0)\frac{l}{a} \tag{6-15}$$

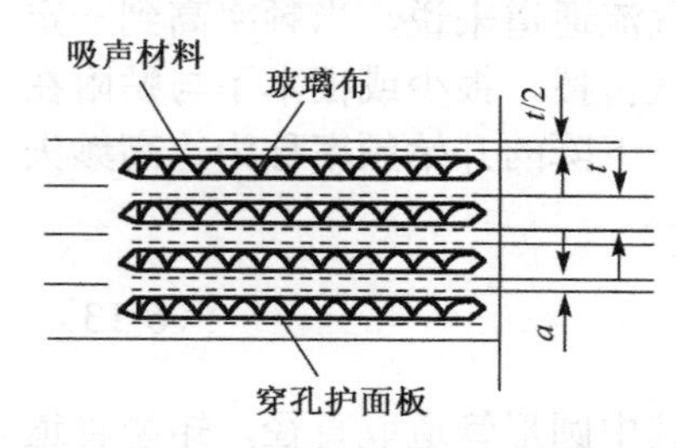

图 6-7　片式消声器示意图

式中，a 为气流通道的宽度（分离的相邻两片之间的距离）。

由上式可以看出，片式消声器的消声量与每个通道的宽度 a 有关，a 越小，消声量 L_A 越大。片式消声器的相邻两片消声片通常并成一片，中间消声片的厚度 T 为边缘消声片厚度 t 的两倍。工程上设计片式消声器时，通道宽度通常取 100～200mm，中间消声片厚度 T 在 60～150mm 之间选取。

（3）折板式消声器

折板式消声器是片式消声器的变型。在给定直线长度情形下，该种消声器可以增加声波在管道内的传播路程，使材料更多地接触声波，特别是对中高频声波，能增加传播途径中的反射次数，从而使中高频的消声特性有明显的改善。为了不过大地增加阻力损失，曲折度以不透光为佳。对风速过高管道不宜使用该种消声器。

（4）迷宫式消声器

迷宫式消声器也称室式消声器。在输气管道中途，例如，在空调系统的风机出口、管道分支处或排气口，设置容积较大的箱（室），在里面加衬吸声材料或吸声障板，就组成迷宫式消声器。这种消声器除具有阻性作用外，通过小室断面的扩大与缩小，还具有抗性作用，因此，消声频率范围较宽。

迷宫式消声器的消声性能与室的尺寸、通道截面、吸声材料及其面积等因素有关，其消声量可用下式计算：

$$L_A = 10\lg\frac{\alpha S_1}{(1-\alpha)S_2} \tag{6-16}$$

式中，α 为内衬吸声材料的吸声系数；S_1 为内衬吸声材料的表面积；S_2 为进（出）口的截面积。

迷宫式消声器的优点是消声频带宽，消声量较高，缺点是空间体积大，阻损较大，只适用于低风速条件。

（5）蜂窝式消声器

由若干个小型直管消声器并联而成，形似蜂窝，故得其名。因管道的周长 L 与截面 S 比值比直管和片式大，故消声量较大，且由于小管的尺寸很小，使消声失效频率大大提高，从而改善了高频消声特性。但由于构造复杂，且阻损也较大，通常适用于流速低、风量较大的情况。对每个单元通道最好控制在 300mm×300mm 以下。如果按原管道通流截面设计消声器，为了减小阻力损失，蜂窝式消声器的通流截面可选为原管道通流截面的 1.5～2 倍。

（6）声流式消声器

声流式消声器是由折板式消声器改进的。为了减小阻力损失，并使消声器在较宽频带范围内均有良好的消声性能，因而将消声片制作成流线形。由于消声片的截面宽度有较大的起伏，从而不仅具有折板式消声器的优点，还能附加低频的吸收。但该种消声器结构较复杂，制作造价较高。

（7）盘式消声器

在消声器的纵向尺寸受到限制的条件下使用盘式消声器。其外形呈一盘形，使消声器的轴向长度和体积比大为缩减。因消声通道截面是渐变的，气流速度也随之变化，阻损比较小。另外，因进气和出气方向互相垂直，使声波发生弯折，故提高了中高频的消声效果。一般轴向长度不到 50cm，插入损失约 10～15dB，适用风速以不大于 16m³/s 为宜。

（8）消声弯头

当管道内气流需要改变方向时，必须使用消声弯道，在弯道的壁面上衬贴 2～4 倍截面线度尺寸的吸声材料时，就成为一个有明显消声效果的消声弯头。没有衬贴吸声材料的弯管，管壁基本上是近似刚性的，声波在管道中虽有多次反射，最后仍可通过弯头传播出去。因此，无衬里的弯头的消声作用是有限的。有吸声衬里的弯头的插入损失大致与弯折角度成正比，如 30° 的弯头，其衰减量大约是插入 90° 弯头的 1/3，而 90° 弯头又为 180° 弯头的 1/2，连续两个 90° 弯头（即 180° 的折回管道），其衰减量约为单个直角弯头的 1.5 倍。图 6-8 为 180° 消声弯头声压级差随衬贴材料吸声系数 α 和 N 的变化关系，其中 l 为弯头中轴线长度，W 为吸声贴面材料表面之间的距离，N 为 l 与 W 之比。

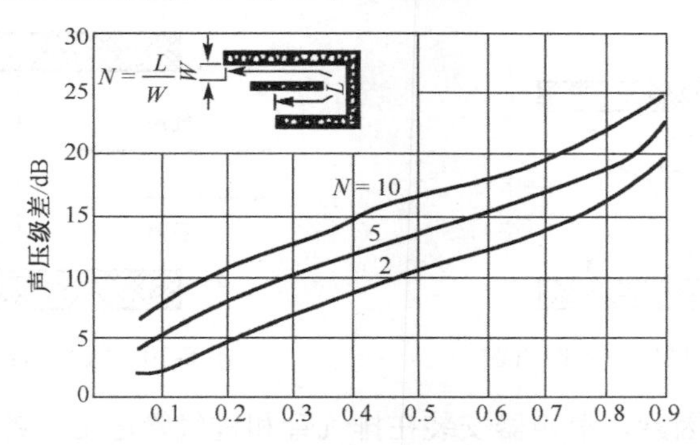

图 6-8　180° 消声弯头声压级差与衬贴材料吸声系数 α 的关系

6.2.3　气流对阻性消声器消声性能的影响

以上讨论的各类阻性消声器的消声量计算公式都未考虑气流的影响，即认为管中的气流是静态的，实际上消声器是在气流中工作的，因此，消声器的实用消声效果如何，在很大程度上也受气流的影响。

气流速度对阻性消声器消声性能的影响主要表现在两方面：一是气流的存在会引起声波传播规律的变化；二是气流在消声器内产生一种附加噪声——再生噪声。这两方面的影响是同时产生的，但本质却不同，下面对这两方面的影响分别进行讨论。

1. 气流对声波传播规律的影响

声波在阻性管道内传播，如伴随气流，而气流方向与声波方向一致，则使声波衰减系数变小，反之，声波衰减系数变大。影响衰减系数的最主要因素是马赫数 $Ma = v/c$，即气流速

度 v 与声速 c 的比值。理论分析得出，有气流时消声系数的近似公式如下：

$$\varphi'(\alpha_0)=\varphi(\alpha_0)\frac{1}{(1+\mathrm{Ma})^2} \tag{6-17}$$

式中，$\varphi'(\alpha_0)$ 为有气流时的消声系数；$\varphi(\alpha_0)$ 为没有气流时的消声系数。式（6-17）表明气流速度大小与方向的不同，气流对消声器性能影响程度也不同。当流速高时，马赫数 Ma 值大，气流对消声性能的影响就越大。当气流方向与声传播方向一致时，Ma 值为正，式（6-17）中的消声系数 $\varphi'(\alpha_0)$ 将变小；当气流方向与声传播方向相反时，Ma 值为负，$\varphi'(\alpha_0)$ 变大。也就是说，顺流与逆流相比，逆流对消声有利。但是，工业上的输气管道，气流速度都不会太高，即使当流速 $v=30$～40m/s 时，Ma = 0.1，对整个消声器的消声性能影响并不大，因此，一般可忽略不计。

从气流速度引起声波传播折射的现象来看，消声器在排气管道与进气管道中的作用表现不同。由于气流在管道中的流动速度并不均匀，在同一截面上，管道中央气流速度最高，离开中心位置越远，速度越低；在接近管壁处，气流速度近似为零。这样，在排气管中，由于气流方向与声波传播方向相同（如图 6-9 所示），导致在管道中央声波传播速度高，而在侧壁声速低。根据声折射原理，声射线向管壁方向弯曲，对阻性消声器来说，由于周壁衬贴吸声材料，所以，能够更有效地吸收声能。

在进气管道中，气流方向与声传播方向相反（见图 6-10），导致在管道中央声速低，在周壁声速高，根据折射原理，声射线向管道中央弯曲，这对直管阻性消声器的消声作用是不利的。

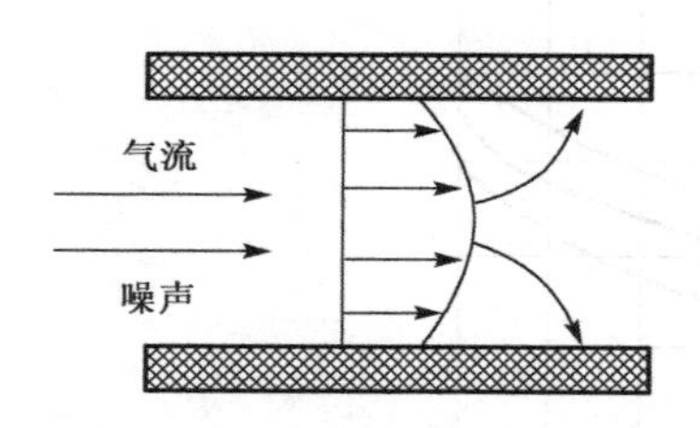

图 6-9　气流与声传播同向时的折射

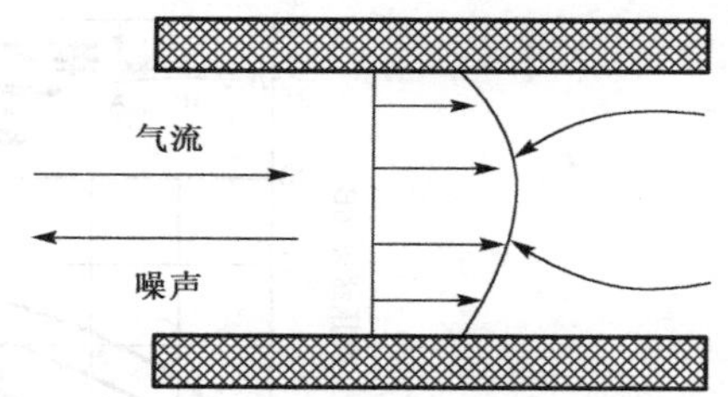

图 6-10　气流与声传播反向时的折射

综合上述两方向的因素，消声器安装在排气管和进气管道上，各有利弊。由于工业中输气管道中的气流速度都不很高，因此，无论从哪一角度来看，气流对声波传播规律的影响都不是很明显的。

2．气流再生噪声的影响

气流再生噪声相当于在原有噪声上又叠加一种新的噪声。气流产生的噪声大小主要取决于气流速度和消声器的结构。一般来说，气流速度越大或消声器内部结构越复杂（如有通道截面突变、弯折或有障碍物等），则产生的噪声也就越大。

分析气流再生噪声的产生机理，大致有两方面：一是由于消声器的部件不可能制作得非常平滑，有时为了增加消声效果，将消声器做成弯折、截面突变或设置障碍物，致使气流在前进中产生一系列的湍流，这是再生噪声产生的主要原因；另一方面，消声器的构件如薄板、空腹管壁等在气流冲击下发生振动而辐射噪声，有时还可能发生系统共振，辐射出很强的气流再生噪声。因此，降低消声器内气流再生噪声的途径是：① 尽量降低流速；② 尽量改善气体的流动状况，使气流平稳，避免产生湍流。

消声器中总有气流的影响存在，其噪声应为声源噪声和气流再生噪声的叠加。消声效果最好的消声器，其出口端噪声级也不可能低于再生噪声。当出口端的噪声级大于再生噪声10dB以上时，气流对消声器消声效果没有影响，如果不到10dB，则消声器的实际效果应按声压级“相减”的计算方法得出。

所以，设计消声器时，气流的流速不能过高，流速过高，不仅使消声器的声学性能受到影响，而且空气动力性能也会变差。一般来说，对于空调消声器，流速不宜超过 10m/s；对压缩机和鼓风机消声器，流速不应超过 20～30m/s；对内燃机、凿岩机消声器，流速应选在 30～50m/s 之间；对于大流量排气放空消声器，流速可选 50～80m/s。

6.2.4 阻性消声器的设计

阻性消声器的设计一般可按如下程序和要求进行。

（1）消声器结构型式的选定

根据气体流量和消声器所控制的平均流速，计算所需的通流截面，然后根据截面的尺寸大小来选定消声器的结构型式。如果消声器中流速保持与原输气管道中的流速一样，也可以简单地按输气管道截面尺寸确定消声器的结构型式。按一般经验，当气流通道截面直径小于300mm时，可选用单通道的直管式；当直径大于300mm而小于500mm时，可在通道中加设一片吸声层或吸声芯；当直径大于 500mm 时，则应考虑把消声器设计成片式、蜂窝式或其他型式。片式消声器中每个片间距离不应大于250mm，各片的通流截面积总和应相当于原管道截面的 1.5～2 倍。

（2）吸声材料的选用

吸声材料是影响消声器消声性能的重要因素。在同样长度和截面积条件下，消声值的大小一般取决于吸声材料的种类、密度和厚度。可用来做消声器的吸声材料种类很多，如超细玻璃棉、泡沫塑料、多孔吸声砖、工业毛毡等。在选用吸声材料时，除考虑吸声性能外，还要考虑消声器的使用环境，如高温、潮湿、有腐蚀性气体等的特殊环境。吸声材料种类确定以后，材料的厚度和密度也应注意选定，一般情况下，吸声材料厚度是由所要消声的频率范围决定的。如果只为了消除高频噪声，吸声材料可薄些；如果为了加强对低频声的消声效果，则应选择厚一些的，但超过某一限度，对消声效果的改善就不明显了。每种材料填充密度也要适宜，如超细玻璃棉填充后，密度应为 20～30kg/m^3 较为合适。填充密度太大，浪费材料，同时影响效果；填充量太小，会由于振动而造成吸声材料下沉，使吸声材料分布不均匀而影响消声效果。

（3）消声器长度的确定

消声器长度可根据噪声源的声级大小和现场的降噪要求来决定。在消声器型式、通流截面和吸声层等都确定的情况下，增加消声器长度能提高消声值。如在车间里某风机气流噪声较其他设备噪声高出很多时，就可把消声器设计得长些，反之就应短些。一般现场使用的空气动力设备，其消声器的长度可设计为 1～3m。

（4）吸声材料护面结构的选择

阻性消声器中的吸声材料是在气流中工作的，必须用牢固的护面结构固定起来。常采用的护面结构有玻璃布、穿孔板、窗纱、铁丝网等。如果选取护面不合理，就会导致吸声材料被气流吹失或者护面装置被激起振动等，这些都会导致消声性能下降。护面形式，主要由消声器通道内的流速决定。

（5）消声效果验算

由于消声器的消声效果与所需消声的频率范围和气流再生噪声等因素有关，因此，按上述要点设计好消声器方案之后，还必须进行验算。首先验算高频失效频率，然后验算气流再生噪声的影响。如果消声器的初步设计方案经过验算不能满足消声要求时，就应重新设计，直至得到满意的设计方案为止。

（6）设计方案的试验验证

通过理论计算得出消声器的设计方案后，还要通过试验，定量验证后才可得到具有实用价值的消声器的设计方案。试验一般在如图 6-11 所示的消声试验台上进行，采用“末端声压级差”法测量。具体来说，就是在消声器进口端测得噪声级（包括各倍频带声压级）L_1，在消声器出口端测得噪声级（包括各倍频带声级）L_2，以两者差作为消声量 L_A。

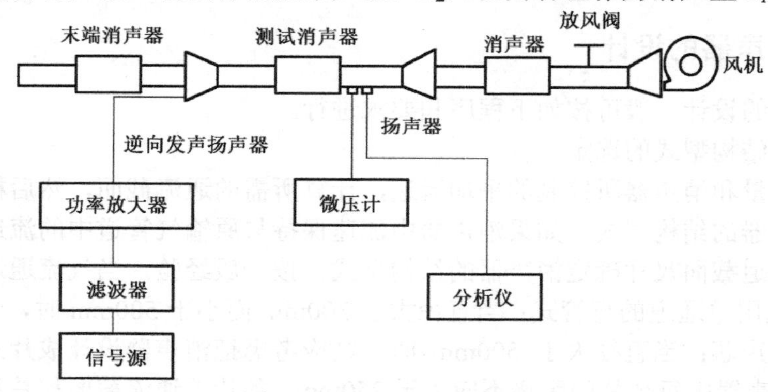

图 6-11　消声器试验台示意图

【例 6-1】某风机风量 2100m³/h，进气口直径为 200mm。风机开动时测定进气噪声频谱，8 个倍频带（中心频率 63～8000Hz）声压级依次为 105dB、110dB、101dB、93dB、94dB、85dB、84dB 和 80dB。试设计一阻性消声器，消除进气噪声，使进气噪声满足 NR85 曲线标准要求。

（1）确定消声量

由噪声评价曲线知，NR85 在中心频率 63～8000Hz 对应的倍频程声压级分别为 103dB、96dB、91dB、88dB、85dB、82dB、81dB 和 79dB。根据风机进气口噪声和降噪的具体要求，确定所需要的消声量分别为 2dB、14dB、10dB、5dB、9dB、3dB、3dB 和 1dB。

（2）选定消声器的结构型式

根据风机的风量、进气口直径及推荐的气流允许速度，选定为单通道直管消声器。

（3）选用吸声材料

由于没有特殊要求，吸声材料选用普通的超细玻璃棉。考虑声源的低频成分相对比较突出，吸声层厚度取为 150mm，充填密度为 25kg/m³。该材料在 63Hz、125Hz、250Hz、500Hz、1000Hz、2000Hz、4000Hz、8000Hz 各个倍频带的吸声系数分别为 0.30、0.52、0.78、0.86、0.85、0.83、0.80、0.78，由表 6-2 知对应的 $\varphi(\alpha_0)$ 分别为 0.3、0.7、1.2、1.3、1.3、1.3、1.2、1.2。

（4）确定消声器长度

根据式（6-9）可以计算出各倍频程所需的消声器长度。如对于中心频率为 1000Hz 的倍频程，相应的消声器长度：

$$l_{1000}=\frac{S\cdot L_{\mathrm{A}}}{\varphi(\alpha_0)\cdot L}=\frac{\pi\times0.1^2\times9}{1.3\times\pi\times0.2}=0.35\mathrm{m}$$

同理，可以计算出其他中心频率为 63Hz、125Hz、250Hz、500Hz、2000Hz、4000Hz 和 8000Hz 所对应的消声器长度分别为 0.33m、1.00m、0.42m、0.19m、0.12m、0.13m 和 0.04m。

消声器的设计长度应按各频带中的最大值考虑，因此取 1m 为消声器的长度。

（5）选择吸声材料的护面结构

根据气流速度，护面结构选用一层玻璃纤维布和一层穿孔板组成。穿孔板的板厚为 2mm，孔径为 6mm，孔距 11mm。

6.3 抗性消声器

抗性消声器与阻性消声器不同，它不使用吸声材料，而是在管道上接截面突变的管段或旁接共振腔，利用声阻抗失配，使某些频率的声波在声阻抗突变的界面处发生反射、干涉等现象，从而降低由消声器向外辐射的声能，即主要是通过控制声抗的大小来消声的。常用的抗性消声器主要有扩张室式和共振腔式两大类。

6.3.1 扩张室消声器

1．消声原理

扩张室消声器是抗性消声器的最常用形式，也称为膨胀式消声器，它是由管和室组成的，其最基本的形式是单节扩张室消声器，如图 6-12 所示。

声波在管道中传播时，管道截面的突然扩张（或收缩）造成通道内声阻抗突变，使沿管道传播的某些频率的声波通不过消声器而反射回声源，并产生传递损失。声波在两根不同截面的管道中传播，如图 6-13 所示，从截面积为 S_1 的管中传入截面积为 S_2 的管中。S_2 管对 S_1 管相当于一个声负载，会引起部分声波的反射和透射。

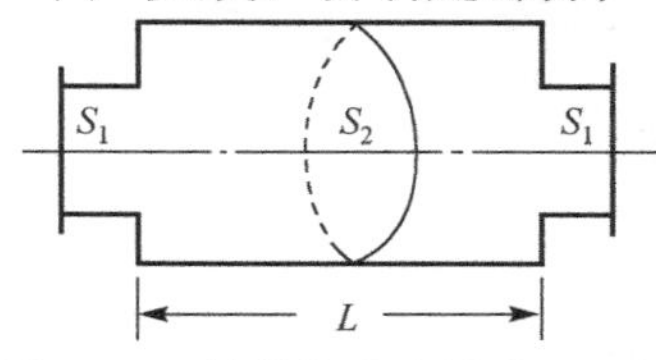

图 6-12　单节扩张室消声器

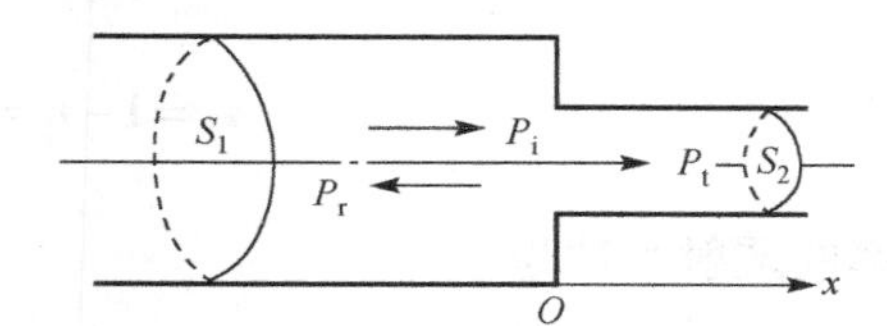

图 6-13　突变截面管道中声的传播

设在管道中满足平面波的条件下，在 S_1 管道中的入射声波声压为 p_i，反射声波的声压为 p_r，并设 S_2 管无限长，则在 S_2 管中仅有沿负 x 向传播的声压为 p_t 的透射波。假定坐标原点取在 S_1 管与 S_2 管的接口处，于是上述三种波的声压表示式为

$$\begin{aligned} p_i &= P_i\cos(\omega t - kx) \\ p_r &= P_r\cos(\omega t + kx) \\ p_t &= P_t\cos(\omega t - kx) \end{aligned} \tag{6-18}$$

式中 P_i、P_r、P_t 分别为入射、反射、透射声压幅值；$\omega=2\pi f$ 为圆频率；$k=\dfrac{2\pi}{\lambda}$ 为波数。

质点振动速度方程分别为

$$\begin{aligned} u_i &= \frac{P_i}{\rho c}\cos(\omega t - kx) \\ u_r &= -\frac{P_r}{\rho c}\cos(\omega t + kx) \\ u_t &= \frac{P_t}{\rho c}\cos(\omega t - kx) \end{aligned} \tag{6-19}$$

在 $x=0$ 处，即在两管连接的分界面上，声波必须符合边界条件，根据声压连续条件有

$$p_t = p_i + p_r \tag{6-20}$$

另外，在 $x=0$ 处，体积速度应该连续，即流入的流量率（截面乘以质点速度）必须与流出的流量率相等，又因 $u=\dfrac{p}{\rho c}$，于是

$$S_1\left(\frac{p_i}{\rho c}-\frac{p_r}{\rho c}\right)=S_2\frac{p_t}{\rho c} \tag{6-21}$$

由式（6-20）和式（6-21），可得声压反射系数为

$$r_p=\frac{p_r}{p_i}=\frac{S_1-S_2}{S_1+S_2}=\frac{1-m}{1+m} \tag{6-22}$$

式中，面积比 $m=\dfrac{S_2}{S_1}$ 也称为扩张比。式（6-22）表明，声波的反射与两个管子的截面积比值有关。当 $m<1$ 时，$r_p>0$，这相当于声波遇到“硬”边界情形；当 $m>1$ 时，$r_p<0$，相当于声波遇到“软”边界情形。极端的情况是：若 $m<<1$，相当于声波遇到刚性壁，发生全反射；若 $m\gg1$，类似声波遇到“真空”边界。

从声压反射系数可以求出声强的反射系数 r_I 和透射系数 τ_I 分别为

$$r_I=\left(\frac{S_1-S_2}{S_1+S_2}\right)^2 \tag{6-23}$$

$$\tau_I=1-r_I=\frac{4S_1S_2}{(S_1+S_2)^2} \tag{6-24}$$

声功率的透射系数为

$$\tau_W=\frac{I_2S_2}{I_1S_1}=\tau_I\cdot\frac{S_2}{S_1}=\frac{4S_2^2}{(S_1+S_2)^2} \tag{6-25}$$

比较 τ_I 和 τ_W 两式可以看出，不论是扩张管（$S_1<S_2$），还是收缩管（$S_2<S_1$），只要两个管道的面积比相同，τ_I 便相同，但 τ_W 却不相同。

当截面为 S_1 的管道中，插入长度为 l，面积为 S_2 的扩张管，如图 6-14 所示。与前面推导相似（只是此时有两个分界面），由声压连续和体积速度连续可得四组方程，计算得出经扩张室后声强透射系数为

$$\tau_I=\frac{1}{\cos^2 kl+\dfrac{1}{4}\left(\dfrac{S_1}{S_2}-\dfrac{S_2}{S_1}\right)^2\sin^2 kl} \tag{6-26}$$

2．扩张室消声器的消声量

根据消声器消声量（传递损失）的定义，单节扩张室消声器的传递损失为

$$L_{TL}=10\lg\frac{1}{\tau_I}=10\lg\left[1+\frac{1}{4}\left(m-\frac{1}{m}\right)^2\sin^2 kl\right] \tag{6-27}$$

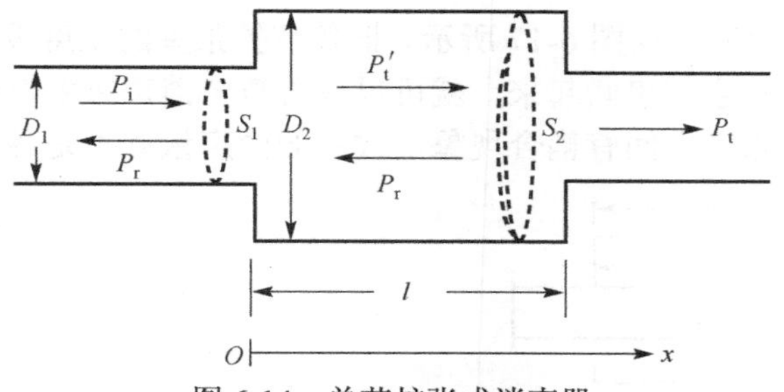

图 6-14　单节扩张式消声器

由于管道截面收缩 m 倍或扩张 m 倍，其消声作用是相同的，在工程中为了减少对气流的阻力，常用的是扩张管。

根据式（6-27），当 $kl=(2n+1)\pi/2$，即 $l=(2n+1)\lambda/4$ 时 ($n=0,1,2,\cdots$)，$\sin kl=1$，L_{TL} 达最大值，此时式（6-27）可以写成

$$L_{TL}=10\lg\left[1+\frac{1}{4}\left(m-\frac{1}{m}\right)^2\right] \tag{6-28}$$

当 $kl=n\pi$，即 $l=2n\lambda/4$ 时，$L_{TL}=0$，即声波无衰减地通过。图 6-15 为 $kl=0\sim\pi$ 范围内，扩张比不同时的衰减特性。扩张比越大，传声损失越大，在 $kl=n\pi$ 处，传声损失总是降低为零，这是单节扩张室消声器的最大缺点。

3. 变径锥

对截面不同的两根管道，除了采取以上截面突变形式连接外，还经常采用锥形变径管作为过渡连接。变径锥属于突变截面的一种，它也会产生声波的反射而消声，其效果如图 6-16 所示。消声量不仅与 S_2/S_1 有关，而且还随 L'/λ（λ 为波长）比值而变。L'越短，λ 越长，L_{TL} 就越大，但阻力损失增加；当 $L'=0$，成为突变管时，L_{TL} 最大；L'越长，λ 越短，则 L_{TL} 越小；当 L'为无限长时，成为直通管，仅有管段的自然衰减。

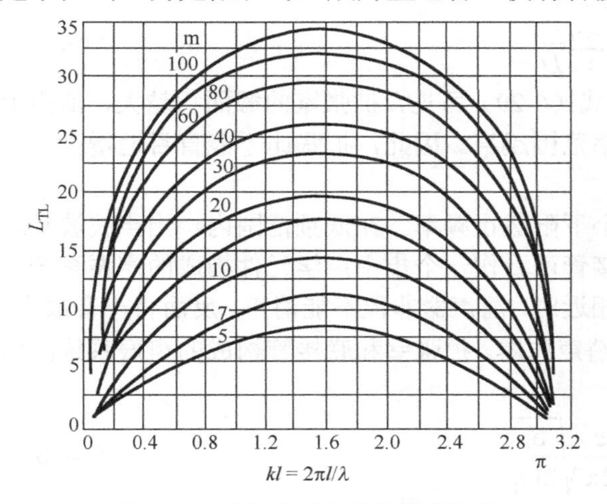

图 6-15　扩张式消声器的消声特性

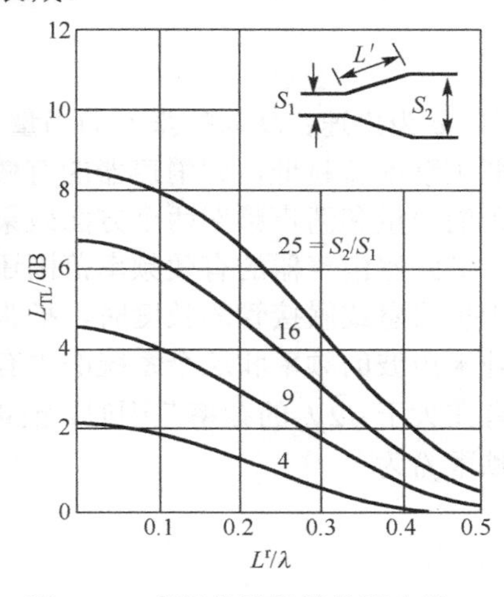

图 6-16　变径锥连接管的消声量 L_{TL}

4. 消声特性的改善方法

单节扩张室消声器的主要缺点是当 $kl=n\pi$ 时，传递损失总是降低为零，即存在许多通过频率。该问题解决的方法通常有两种：

一种是设计多节扩张室，如图 6-17 所示。把各节扩张室的长度设计得互不相等，使每节具有不同的通过频率，将它们串联起来，就可以改善整个消声频率特性，同时也使总的消声量得到提高。但各节扩张室之间有耦合现象，故总的消声量并不是各节消声量的简单相加。

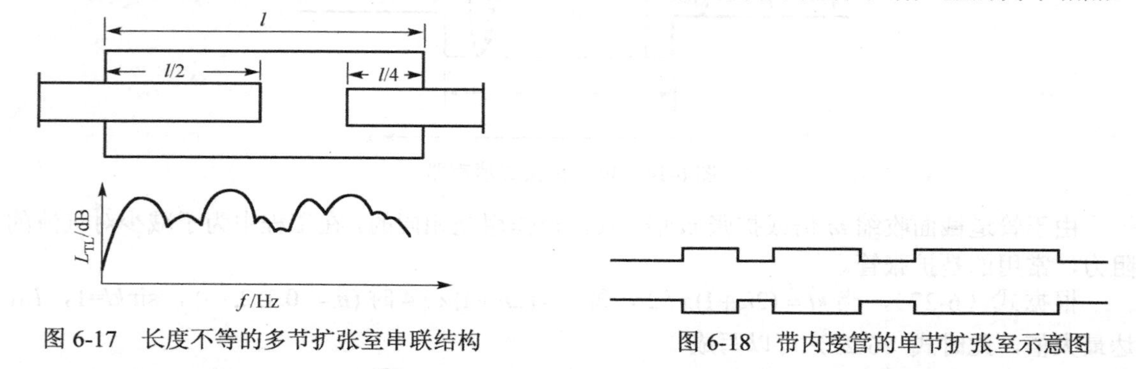

图 6-17　长度不等的多节扩张室串联结构　　图 6-18　带内接管的单节扩张室示意图

另一种方法是将单节扩张室改进为内插管式。由理论分析可知，在扩张室两端各插入 $1/2l$ 和 $1/4l$ 的管，如图 6-18 所示，可以分别消除奇数倍和偶数倍的通过频率低谷，以便消声器的频率响应特性曲线平直。但实际设计的消声器两端插入管连在一起而在其间的 $1/4l$ 长度上打孔，穿孔率大于 30%，以减小气流阻力。

在实际工程上，为了获得较高的消声效果，通常将这两种方法结合起来使用，即将几节扩张室消声器串联起来，每节扩张室的长度各不相等，同时在每节扩张室内分别插入适当的内接管，这样就可以在较宽的频率范围内获得较好的消声效果。

5．上、下限截止频率

扩张室消声器的消声量随扩张比 m 的增大而增大。但当 m 增大到一定数值后，波长很短的高频声波会以窄束形式从扩张室中央穿过，使消声量急剧下降。扩张室的有效消声的上限截止频率可用下式计算：

$$f_{\mathrm{u}}=1.22\frac{c}{D} \tag{6-29}$$

式中，c 为声速；D 为扩张室的当量直径。由式（6-29）可见，扩张室的截面积越大，消声上限截止频率 f_{u} 越低，即消声器的有效消声频率范围越窄。因此，扩张比不能盲目地增大，要兼顾消声量和消声频率两个方面效果。

扩张室消声器的有效频率范围还存在一个下限截止频率。在低频范围内，当声波波长远大于扩张室或联接管的长度时，扩张室和联接管可看作一个集中声学元件构成的声振系统。当外来声波的频率和这个系统的固有频率 f_0 相近时，消声器非但不能消声，反而将声音放大。只有在大于 $\sqrt{2}f_0$ 的频率范围时，消声器才起消声作用。扩张室和联接管构成的声振系统的固有频率 f_0 为

$$f_0=\frac{c}{2\pi}\sqrt{\frac{S_1}{2Vl_1}} \tag{6-30}$$

式中，S_1 为联接管的截面积，l_1 为联接管的长度，V 是扩张室的体积。扩张室消声器的下限截止频率为

$$f_{\omega}=\sqrt{2}f_0=\frac{c}{\pi}\sqrt{\frac{S_1}{2Vl_1}} \tag{6-31}$$

6．扩张室消声器的设计

在设计扩张室消声器时，经常遇到的一个问题是消声量与消声频率范围之间的矛盾。分析表明，欲获得较大的消声量，必须有足够大的扩张比 m。但是，对一定的管道截面来说，m 值增大会导致扩张部分的截面尺寸增大，而其上限截止频率 f_u 相应变小，使得扩张室的有效消声频率范围变窄，这是不利的。反之，为了展宽扩张室有效消声频率范围，需使扩张比变小，但消声量又受到影响。因此，在设计时，这两方面必须兼顾，统筹考虑，不能顾此失彼。

实际工程中，输气管道截面已由给定的输气流量确定。这时，再设计扩张室消声器就必然会出现上述矛盾，此时可采取如下的方法解决。

一种方法是把一个大通道分割成若干个并联小分支通道，再在每个分支通道上设计扩张室消声器，如图 6-19 所示。这样便可实现在较宽频率范围内有较大消声量的要求。

另一种方法为把扩张室消声器的进口管与出口管轴线互相错开，使声波不能以窄束状形式穿过扩张室，如图 6-20 所示。

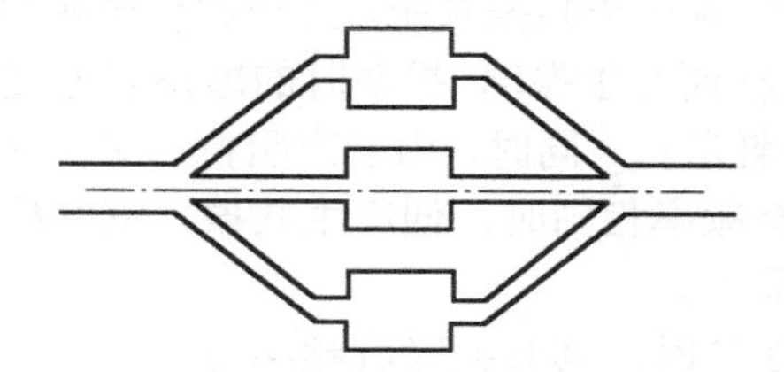

图 6-19　大通道分割成多个扩张室并联

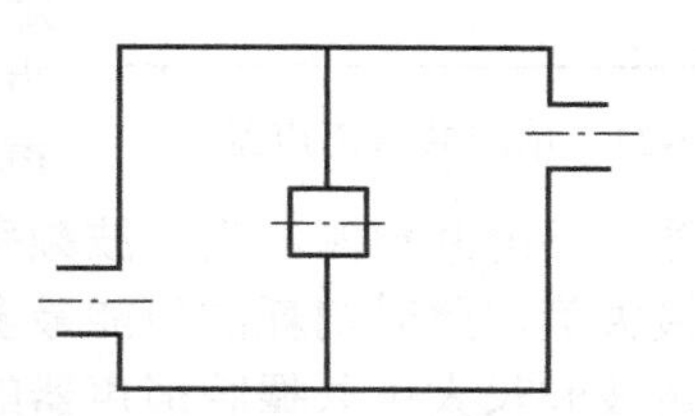

图 6-20　进出口管轴线错开的扩张室消声器

扩张室消声器设计步骤如下：

（1）根据需要的消声频率特性，确定最大消声频率，并合理地设计各节扩张室及其插入管的长度。

（2）根据需要的消声量，确定扩张比 m，设计扩张室各部分截面尺寸。

（3）验算所设计的扩张室消声器上下截止频率是否包含需要的消声频率范围，否则应重新修改设计方案。

（4）验算气流对消声量的影响，检查在给定的气流速度下，消声值是否还能满足要求。如不能，就需重新设计，直到满足为止。

【例 6-2】 某声源排气噪声在 125Hz 有一明显峰值，排气管直径为 100mm，长度为 2m，试设计一个单腔扩张室消声器，要求 125Hz 频率上有 13dB 的消声值（声速取 340m/s）。

（1）根据最大消声频率为 125Hz，确定扩张室的长度。

根据公式，扩张室第一最大消声频率为 $f_1 = \dfrac{c}{4l}$，故取 $l = \dfrac{c}{4f_1} = \dfrac{340}{4 \times 125} = 0.68\text{m}$

（2）由图 6-15 查得，选取 $m = 10$ 可以满足最大消声量 13dB 的要求。

已知进气口管径为 100mm，则截面积 $S = 0.0079\text{m}^2$，扩张室截面积：$S_1 = mS = 10 \times 0.0079 = 0.079\text{m}^2$，其直径为：

$$D = \sqrt{4S_1 / \pi} = 0.317 = 0.32\text{m}$$

（3）进行上、下限截止频率验算：

$$f_u = 1.22\frac{c}{D} = \frac{1.22 \times 340}{0.32} = 1296\text{Hz}$$

$$f_{\omega}=\frac{c}{\pi}\sqrt{\frac{S}{Vl}}=\frac{340}{\pi}\sqrt{\frac{0.0079}{0.05372\times 2}}=29\text{Hz}$$

可见，f_{max}=125Hz，在上下限截止频率之间，说明该设计方案是可行的。

6.3.2 共振腔消声器

共振腔消声器也是一种抗性消声器，它是利用共振吸声原理进行消声的。最简单的结构形式是单腔共振消声器，它是由管道壁上的开孔与外侧密闭空腔相通而构成的，见图 6-21。

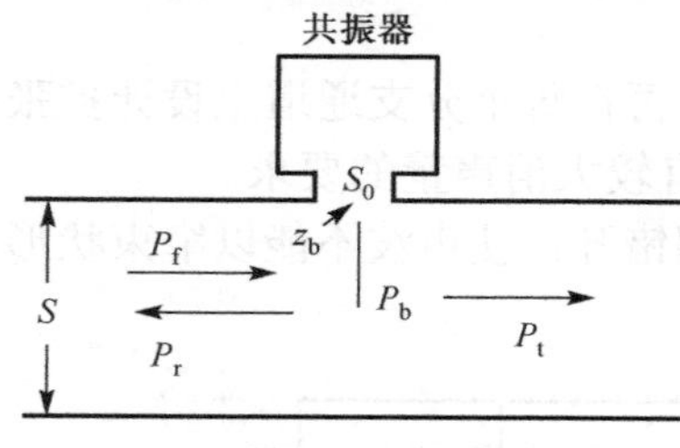

图 6-21 单腔共振消声器

1. 消声原理

共振腔消声器实质上是共振吸声结构的一种应用，其基本原理与亥姆霍兹共振器相同。管壁小孔中的空气柱类似活塞，具有一定的声质量。密闭空腔类似于空气弹簧，具有一定的声顺，二者组成一个共振系统。当声波传至颈口时，在声波作用下空气柱便产生振动，振动时的摩擦阻尼使一部分声能转换成热能耗散掉，同时，由于声阻抗的突然变化，一部分声能将反射回声源，当声波频率与共振腔固有频率相同时，便产生共振，空气柱振动速度达到最大值，此时消耗的声能最多，消声量也最大。

当声波波长大于共振腔消声器的最大尺寸的 3 倍时，其共振吸收频率为

$$f_0=\frac{c}{2\pi}\sqrt{\frac{G}{V}} \tag{6-32}$$

式中，c 为声速（m/s）；V 为空腔体积（m^3）；G 为传导率，是一个具有长度量纲的物理量，其值为

$$G=\frac{S_0}{l_0+0.8d}=\frac{\pi d^2}{4(l_0+0.8d)} \tag{6-33}$$

式中，S_0 为孔颈截面积（m^2）；d 为小孔当量直径（m）；l_0 为小孔颈长（m），如果孔开在薄板上，则为板厚。

工程上应用的共振腔消声器很少是开一个孔的，一般由多个孔组成，此时，各孔间要有足够的距离。当孔心距为小孔直径的 5 倍以上时，各孔间的声辐射可互不干涉，此时总的传导率等于各个孔的传导率之和，即 $G_{总}=nG$（n 为孔数）。

当某些频率的声波到达分支点时，如图 6-22 所示，由于声阻抗发生突变，使大部分声能向声源反射回去，还有一部分声能由于共振器的摩擦阻尼转化为热能而散失掉，剩下的一小部分声能通过分支点继续向前传播，从而达到消声的目的。

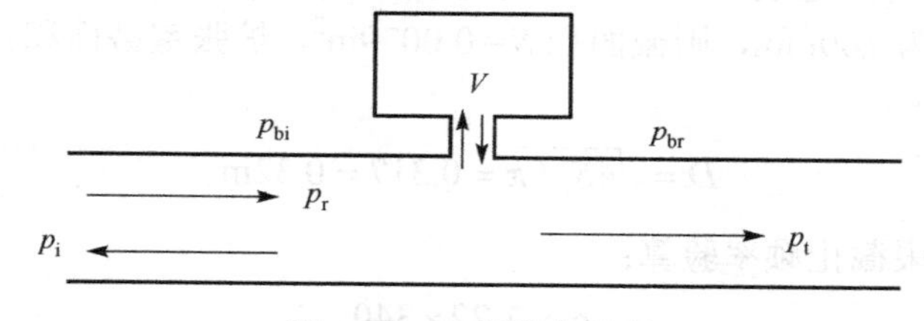

图 6-22 共振消声原理

设在分支点处的入射声压为 p_i，反射声压为 p_r，透射声压为 p_t，孔颈处的入射和反射声

压分别为 p_{bi} 和 p_{br}，根据声压连续条件可得

$$p_i + p_r = p_t = p_{bi} + p_{br} \tag{6-34}$$

设管道截面积为 S，共振腔消声器的声阻抗为 Z_A，根据体积速度连续的条件可知：

$$\frac{S}{\rho_0 c}(p_i - p_r) = \frac{S}{\rho_0 c} p_t + \frac{p_{bi} + p_{br}}{Z_A} \tag{6-35}$$

联立式（6-34）和式（6-35），可以得到

$$\frac{p_i}{p_t} = 1 + \frac{\rho_0 c}{2SZ_A} \tag{6-36}$$

已知共振腔消声器的声阻抗为

$$Z_A = R_A + j\left(\omega M_A - \frac{1}{\omega C_A}\right) = R_A + j\frac{\rho_0 c}{\sqrt{GV}}\left(\frac{f}{f_0} - \frac{f_0}{f}\right) \tag{6-37}$$

式中，Z_A 为声阻。

忽略共振腔声阻的影响，单腔共振消声器对频率为 f 的声波的消声量为

$$L_{TL} = 10\lg\left|\frac{p_i}{p_t}\right|^2 = 10\lg\left[1 + \frac{K^2}{(f/f_0 - f_0/f)^2}\right] \tag{6-38}$$

$$K = \frac{\sqrt{GV}}{2S} \tag{6-39}$$

式中，V 为空腔体积（m^3）；G 为传导率。

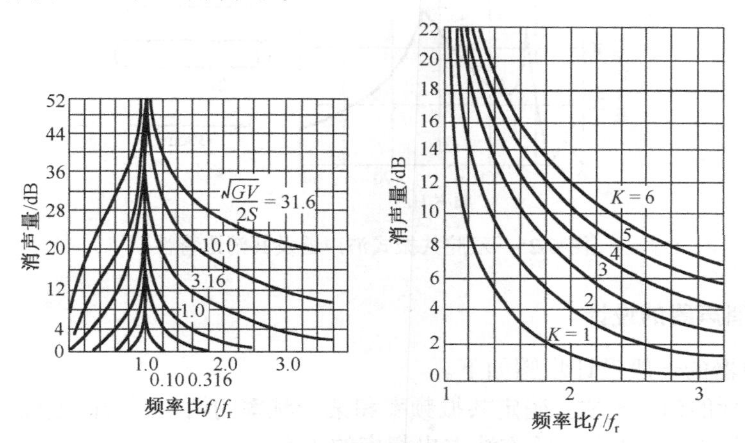

图 6-23　共振腔消声器的消声特性

图 6-23 给出了不同情况下共振腔消声器的消声特性曲线。可以看出，共振腔消声器的选择性很强。当 $f=f_0$ 时，系统发生共振，L_{TL} 将变得很大，在偏离 f_0 时，L_{TL} 迅速下降。K 值越小，曲线越尖锐，因此 K 值是共振消声器设计中的重要参量。

式（6-38）计算的是单一频率的消声量。在实际工程中的噪声源为连续的宽带噪声，常需要计算某一频带内的消声量，此时式（6-38）可简化为：

对倍频带

$$L_{TL} = 10\lg[1 + 2K^2] \tag{6-40}$$

对 1/3 倍频带

$$L_{TL} = 10\lg[1 + 19K^2] \tag{6-41}$$

2．消声性能的改善方法

共振腔消声器的优点是特别适宜低、中频成分突出的气流噪声的消声，且消声量大。缺点是消声频带范围窄，对此可采用以下改进方法。

（1）选定较大的 K 值

以上分析表明，在偏离共振频率时，消声量的大小与 K 值有关，K 值大，消声量也大。因此，欲使消声器在较宽的频率范围内获得明显的消声效果，必须使 K 值设计得足够大，式（6-38）的 L_{TL} 与 K 值和 f/f_0 三者之间的关系如图 6-23 所示。

（2）增加声阻

在孔颈处衬贴薄而透声的材料，或共振腔中填充一些吸声材料，可以增加摩擦阻尼，使有效消声的频率范围展宽。这样处理尽管会使共振频率处的消声量有所下降，但由于偏离共振频率后的消声量变得下降缓慢，从整体看还是有利的。

（3）多节共振腔串联

把具有不同共振频率的几节共振腔消声器串联，并使其共振频率互相错开，可以有效地展宽消声频率范围。多节共振腔消声器及两级共振腔消声器的消声特性分别如图 6-24 和图 6-25 所示。

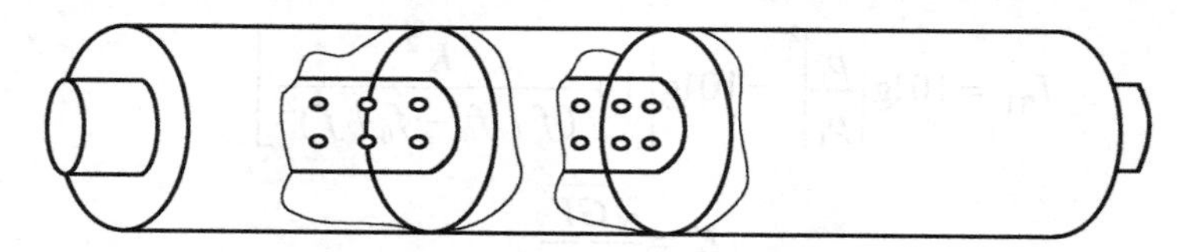

图 6-24　多节共振腔消声器

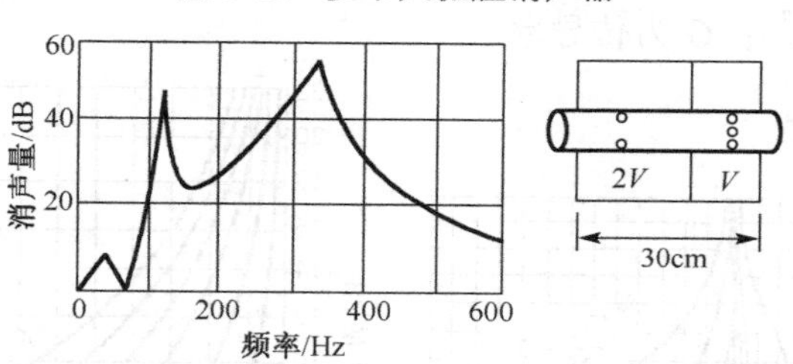

图 6-25　双腔共振式消声器及其消声特性

3．共振腔消声器的设计

共振腔消声器的一般设计步骤如下。

（1）根据实际的消声要求，确定共振频率和某一频率的消声量（倍频程或 1 / 3 倍频程的消声量），再用公式计算或查表的方法求出相应的 K 值。

（2）当 K 值确定后，就可以考虑相应的 G、V 和 S，使之达到 K 值的要求。

以上分析中 $K=\dfrac{\sqrt{GV}}{2S}=\dfrac{2\pi f_0}{c}\dfrac{V}{2S}$，由此得到消声器的空腔容积为

$$V=\frac{c}{2\pi f_0}\times 2KS \tag{6-42}$$

而消声器的传导率为

$$G=\left(\frac{2\pi f_0}{c}\right)^2\times V \tag{6-43}$$

式中，通道截面 S 通常由空气动力性能方面的要求来决定。当管道中流速选定以后，相应的通道截面也就确定下来。在条件允许的情况下，应尽可能地缩小通道截面积 S，以避免消声器的体积过大。一般地说，对单通道的截面直径不应超过 250mm。如果流量较大时，则需采用多通道，其中每个通道宽度取 100～200mm，并且竖直高度取小于共振波长的 1/3 为宜。当通道截面积 S 确定以后，就可利用上述公式，求出相应的 V 和 G。

（3）当共振腔消声器的体积 V 和传导率 G 确定以后，就可以设计消声器的具体结构尺寸。对于某一确定的共振腔体积 V，可以有多种共振腔形状和尺寸，对于某一确定的传导率 G，也可以有多种的孔径、板厚和穿孔数组合。因此，对于确定的 S、V 和 G，可以有多种不同的设计方案。在实际设计中，通常根据现场情况和钢板材料，首先确定板厚、孔径和腔深等，然后再计算其他参数。

为了使消声器的理论计算值与实际结果值一致，在考虑设计方案时，应注意以下条件：

（1）共振腔的最大几何尺寸应小于共振频率相应波长的 1/3。当共振频率较高时，此条件不易满足，共振器应视为分布参数元件，消声器内会出现选择性很高且消声量较大的尖峰，此时应考虑声波在空腔内的传播特性。

（2）穿孔位置应集中在共振腔消声器的中部，穿孔范围应小于其共振频率相应波长 λ_0 的 1/12。相邻各孔之间的孔心距一般应取孔径的 5 倍。当穿孔数目较多时，穿孔范围集中在（1/12）λ_0 内与孔心距大于孔径 5 倍这两个要求往往发生矛盾。在这种情况下，可采取将空腔分割成几段来分布穿孔的位置。

（3）共振腔消声器的消声频率范围也有高频失效问题。当声波频率高至某一频率后，会成为束状从消声器中部“溜”过去，从而使消声效果下降。共振腔消声器的上限截止频率也可以用以上介绍的公式估算。

【例 6-3】 某常温气流管道，直径为 100mm，为其设计一单腔共振消声器，要使在中心频率为 63Hz 的倍频带上有 12dB 的消声量（声速 $c = 340\text{m/s}$）。

解：（1）根据已知气流管道直径，求气流通道面积 S：

$$S = \frac{\pi}{4}D^2 = 0.00785\text{m}^2$$

（2）根据消声量 12dB 的要求和式（6-38），求出 $K = 2.72$，取为 3。

由式（6-40），共振腔容积为：

$$V = \frac{c}{\pi f_0}\cdot KS = \frac{340\times 3\times 0.00785}{\pi\times 63} = 0.04\text{m}^3$$

（3）设计一与管道同心圆的圆筒形共振腔消声器，其内径为 0.1m，外径为 0.4m。则共振腔的长度为：

$$l = \frac{4V}{\pi(d_2^2 - d_1^2)} = 0.64\text{m}$$

（4）根据式（6-41），设计的共振腔传导率为：

$$G = \left(\frac{2\pi f_0}{c}\right)^2 V = \left(\frac{2\pi\times 63}{340}\right)^2 \times 0.04 = 0.054\text{m}$$

（5）计算开孔数：

根据加工要求，如果选取板厚为 2mm，孔径为 5mm，则根据传导率公式（6-33），求出穿孔数为

$$n = \frac{4G(l_0 + 0.8d)}{S_0} = \frac{4 \times 0.054 \times (0.002 + 0.8 \times 0.005)}{\pi \times 0.005^2} = 16.5 = 17$$

因此，共振腔消声器设计的结果为：长度为 0.64m，外腔直径为 400mm，内腔直径为 100mm，管壁厚 2mm，打孔 17 个，孔径为 5mm，在共振腔中部均匀排列。

6.4 阻抗复合式消声器

阻性和抗性消声器的有效消声频率均有一定范围，前者对中、高频噪声消声效果好，而后者适用于消除低、中频噪声。在工业生产中碰到的噪声多是宽频带的，即低、中、高各频段的声压级都较高。在实际消声中，为了在低、中、高的宽广频率范围获得较好的消声效果，常采用阻抗复合式消声器。

阻抗复合式消声器，是按阻性与抗性两种消声原理，通过适当结构组合而构成的。常用的阻抗复合式消声器有“阻性-扩张室复合式”消声器、“阻性-共振腔复合式”消声器、“阻性-扩张室-共振腔复合式”消声器。在噪声控制工程中，对一些高强度的宽频带噪声，几乎都采用这几种复合式消声器来消除。图 6-26 所示是常见的一些阻抗复合式消声器。

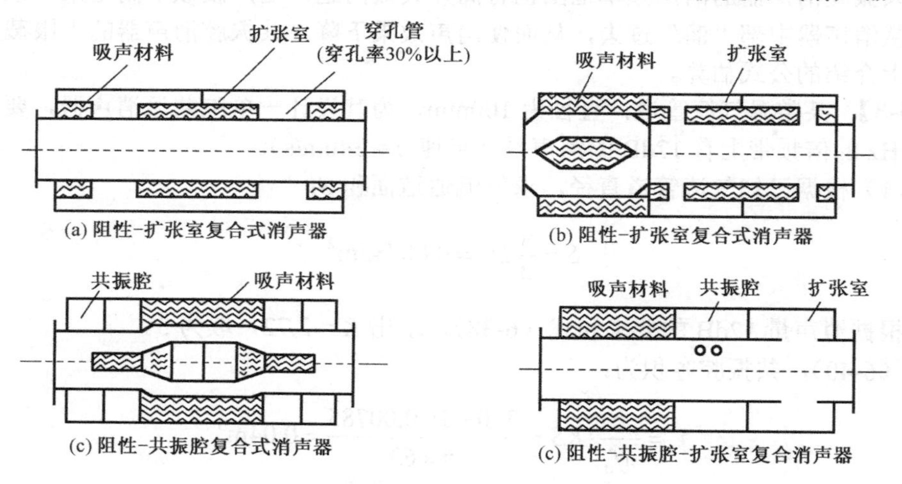

图 6-26　常见的阻抗复合式消声器

阻抗复合式消声器，可以认为是阻性与抗性在同一频带内的消声量相叠加。但由于声波在传播过程中具有反射、绕射、折射、干涉等性能，所以，其消声值并不是简单的叠加关系。尤其对于波长较长的声波来说，当消声器以阻与抗的形式复合在一起时有声的耦合作用。

图 6-26(a)所示扩张室的内壁敷设吸声层就组成最简单的阻性-扩张室复合消声器。由于声波在两端的反射，这种消声器的消声量比两个单独的消声器相加要大。在实际应用中，阻抗复合式消声器的传声损失通常是通过实验或现场实际测量确定。

图 6-26(c)所示阻性-共振腔复合式消声器中粘贴吸声材料的阻性部分，用以消除噪声的中、高频成分，共振腔部分设置在中间，由具有不同消声频率的几对共振腔串联组成，用以消除低

频成分。采用插入损失法测得的 LG25/16-40/7 型螺杆压缩机上的消声器的消声性能如图 6-27 所示。该消声器的最大消声值为 27dB，在低、中、高频范围内均有良好的吸声效果。

阻抗复合式消声器的消声性能可分为静态和动态消声性能，在试验台上可分别测得。静态试验指不带气流，只用白噪声做声源，这样可扣除气流对消声性能的影响而测得消声器实际的消声能力；动态试验是指送气流后的消声性能，分别测试 20m/s、40m/s、60m/s 下的声学性能及空气动力性能。动态消声值随着气流速度的增高而逐渐下降。

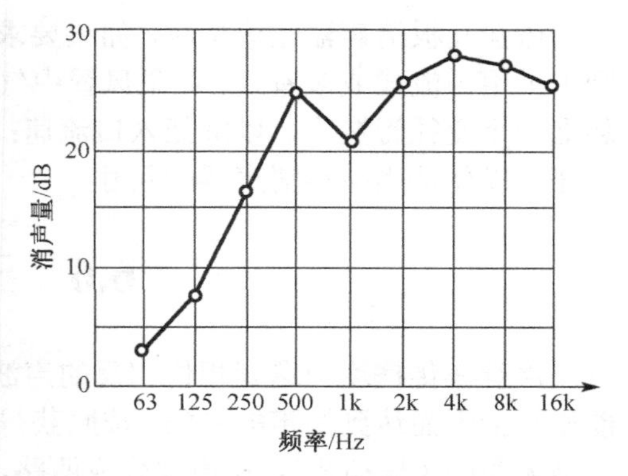

图 6-27　阻性-共振腔复合消声器的消声效果

6.5　微穿孔板消声器

微穿孔板消声器是我国噪声控制工作者研制成功的一种新型消声器。这种消声器是一种特殊的消声结构，它利用微穿孔板吸声结构而制成。通过选择微穿孔板上的不同穿孔率与板后的不同腔深，能够在较宽的频率范围内获得良好的消声效果。因此，微穿孔板消声器能起到阻抗复合式消声器的消声作用。

这种消声器的特点是不用任何多孔吸声材料，而是在薄的金属板上钻许多微孔，这些微孔的孔径一般在 0.8～1mm 左右，相当于针孔的大小，开孔率控制在 1%～3%之间。

由于采用金属结构代替消声材料，比前述消声器具有更广泛的适应性。它能够耐高温、耐腐蚀，不怕油雾和水蒸汽，还能在高速气流下使用。尤其适用于内燃机、空压机的放空排气系统。图 6-28 所示为两种最简单的微孔板消声器结构形式。

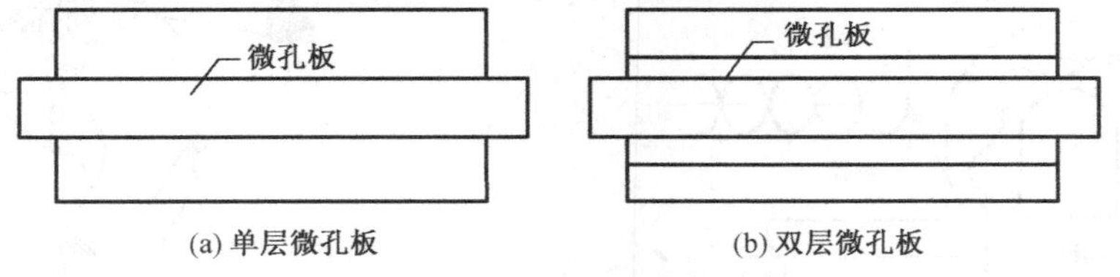

(a) 单层微孔板　　(b) 双层微孔板

图 6-28　单层和双层微孔板消声器

微穿孔板消声器的消声原理实质上与一个共振式消声器相同，由于其孔径很小，开孔率低，腔体大，声阻大，因而有效消声频带宽，对低频消声效果较显著。若采用穿孔率不同的双层微孔板消声器，使两层共振频率错开，则可在很宽频带范围内获得良好的消声效果。

微穿孔板是高声阻，低声质量的吸声元件，在高速气流下，微穿孔板消声器具有比阻性消声器、扩张室消声器、阻抗复合消声器更好的消声性能和空气动力性能。这对于高速送风系统、消声器内流速高的空气动力设备是有益的。由于在很高流速的气流下，微穿孔板消声器还有一定的消声性能，这使大型空气动力设备的消声器可以较大幅度的减小尺寸，降低造价。对于要求洁净的场所，由于微穿孔板消声器中没有玻璃棉之类纤维材料，使用后可以不必担心粉屑吹入房间，同时，施工、维修都方便得多。以微穿孔板吸声结构作为元件组成的复合消声器，也有好的消声效果。

为了防止在微穿孔板后面的空腔内沿管长方向声波的传播，在腔内每隔一定长度，如在 0.5m 长处加一块横向挡板，可增大其消声效果和结构刚度。

微穿孔板消声器在选型时，如果要求阻损小，一般可采用直通式；可以允许有些阻损时，则可采用声流式或多室式。如果风管中气流速度在50～100m/s之间，则应在消声器入口端安装上一个变径管接头，以降低入口流速；当流速很低时，可以适当提高进入消声器内气流的流速，以便适当减小消声器的尺寸。

6.6 干涉式消声器

声音在传播途中遇到相位相反的声波，具有干涉作用，干涉式消声器主要借助相干声波能相互抵消而达到消声的目的。按照获得相干声波的方式，可把干涉式消声器分成两大类型：一是无源的（被动式），使声波分成两路，在并联的管道内分别传播不同的距离后，再会合在一起；另一是有源的（主动式），即根据实际存在的声波，外加相位相反的声波，使它们产生相消干涉。

图6-29所示为有单个旁路的干涉式消声器原理示意图。当旁路弯管的长度比连接旁路的直通管段长度长$\lambda/2$或$n\lambda/2$（$n=1$，3，5，7……），λ为波长，从而在两管道交界处声波汇合，因两波反相而使声能互相抵消。

单个旁路干涉式消声器选择性很强，只适用于某突出的频率，如果不在一个频率上，那么可以选用多个旁路，使每一个旁路针对相应的需要降低声压级的频率。但这种消声器体积很庞大，尤其对低频噪声，而且必须是平面声波，即声波波长大于管道截面尺寸，图6-30为有多个旁路的干涉型消声器构造示意图。

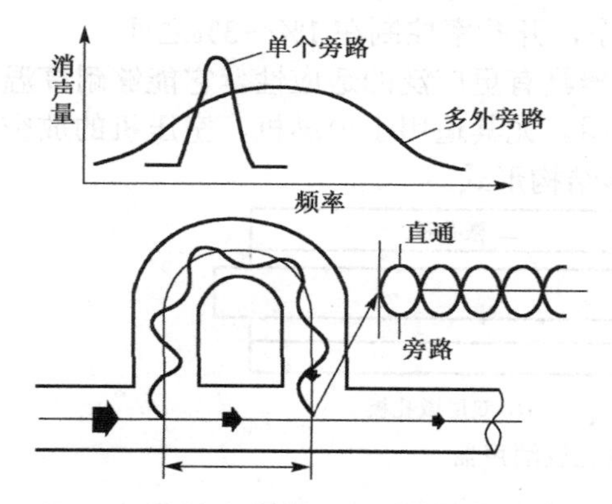

图6-29　干涉型消声器原理示意图

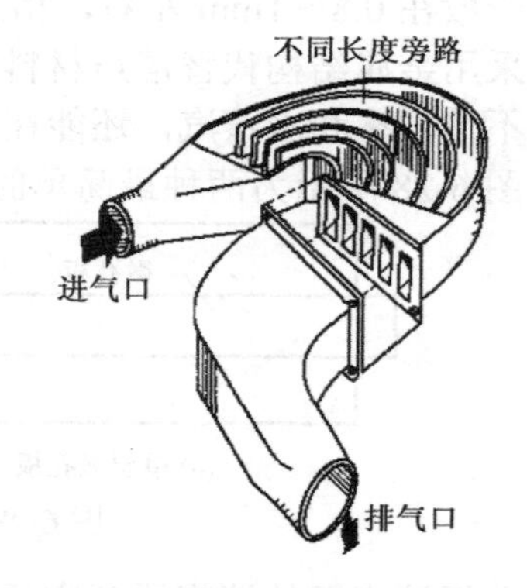

图6-30　多个旁路干涉型消声器构造示意图

从能量角度来看，干涉式消声器与前述扩张室或共振腔消声器有本质上的不同。在干涉式消声器中，两分支管道中传播的声波迭加后实际上相互抵消，声能通过微观的涡旋运动转化为热能，即干涉式消声器中存在声的吸收。而在扩张室或共振腔消声器中，管道中传播的声波在声学特性突变处由于声阻抗失配而发生反射，声波只是改变传播方向而并没有被吸收掉。

干涉式消声器的消声特性具有显著的频率选择性，在抵消频率处，消声器具有非常高的消声量。但当频率一旦偏离抵消频率，消声量急剧下降，其有效消声的频率范围一般只能达到一个1/3倍频程，因此，对于宽频带噪声很难具有良好的消声效果。

对于一个待消除的声波，人为地产生一个幅值相同而相位相反的声音，使它们在一定空间区域内相互干涉而抵消，从而达到在该区域消除噪声的目的，这种消声装置叫做有源消声器。由于外加的声波往往需要借助电声技术产生，因此该种消声器通常也叫做电子消声器。

有源消声器的基本设计思想，早在20世纪二、三十年代就已形成。在50年代，这种消声器试验成功，对于30～200Hz频率范围内的纯音，可以得到5～25dB的衰减量。此后，随着电子电路和信号处理技术的发展，包括Jessel、Mangiante、Canevet以及我国声学工作者的一系列应用研究，有源消声技术得到很大的发展。目前，有源控制是噪声控制领域中的热门话题。

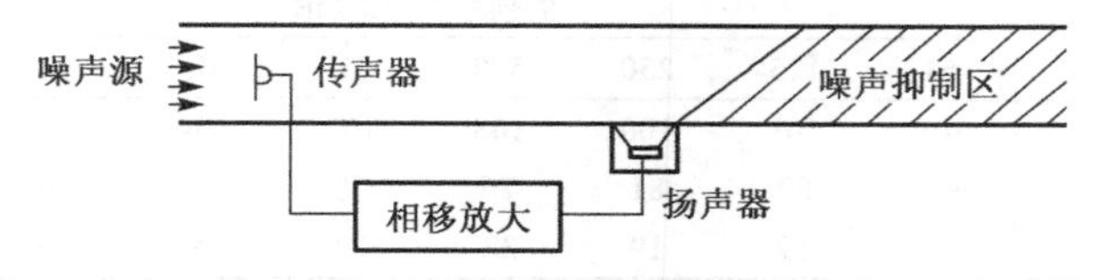

图6-31 有源消声器装置原理示意图

图6-31为有源消声的基本原理示意图。噪声从管道的上游传来，传声器接受噪声信号（包括倒相、放大），再由扬声器辐射次级声波，它与传过来的原有噪声互相抵消，在管道的下游获得噪声抑制的效果。有的控制区再用一传声器将信号反馈，作进一步处理，以获得更好的消声效果。简单的次级声源，由于扬声器应具有单指向特性，这种电声器件系统要作专门设计。消声的机理不是简单的干涉现象，其中包含向上游的反射以及次级声源系统的吸收。现在对于管道内单频声波的有源消声效果可达50dB以上；对于1000Hz以下的宽带噪声，可降低15dB。如果噪声的时间特性是周期性的脉冲噪声，则信号处理系统可应用计算机进行伺服，处理后能得到较好的消声效果。

6.7 消声器工程应用实例

消声器产品在通风空调工程及工业噪声治理工程中的应用非常广泛，以下仅选择部分工程应用实例作一简要介绍及分析，包括系列化消声器及非标消声器，如风机、空压机、柴油发电机设备或机房配用消声器，以及排气放空消声器和某些特殊消声器的工程设计与应用。

实例 6-1 某化肥厂高压鼓风机房的消声降噪。

该化肥厂四车间高压鼓风机房地处厂区边缘，与附近城镇居民相距不远。风机型号为8-18-11型，风量12500m³/h，风压14000Pa，风机进风口敞开，由机房面向民宅一侧墙身下部开设的进风口吸风，风机出风管口接管道输气至工艺用气部分。治理前风机噪声污染十分严重，机房内噪声高达119dB(A)，机房外无法交谈，影响居民正常休息。消声设计中主要是设置进风消声器，选用F_B-4型阻抗复合消声器，同时对高压鼓风机房采取隔声处理，并使经消声器吸入机房的风接近电机，以起到通风冷却作用（见图6-32）。改建设计后，机房外已可

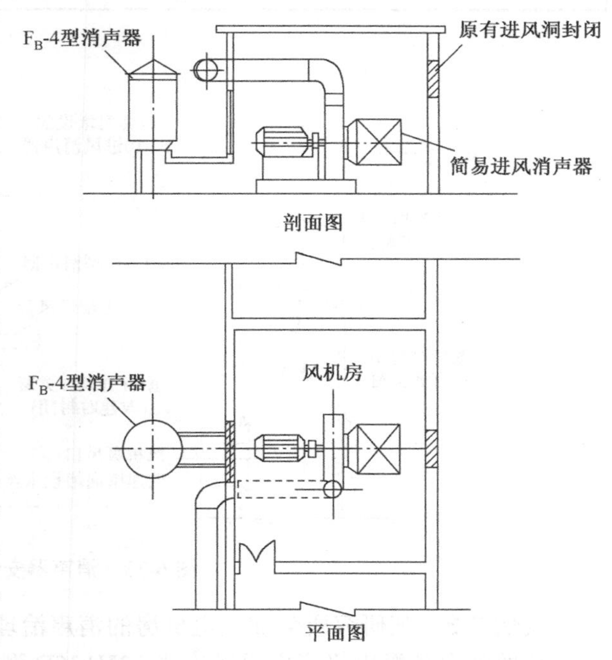

图6-32 该化肥厂风机房消声处理示意图

对话，居民区噪声明显降低，实测的 F_B-4 型阻抗复合消声器的进出口两端声级差达 31dB(A)，中、高频声压级差值大多在 30dB(A)以上。表 6-4 为实测主要结果，该工程投资 0.2 万元。

表 6-4 实测消声效果表

测点及条件	倍频程声压级/dB								总声压级/dB	
	63	125	250	500	1k	2k	4k	8k	A	C
机房内近消声器出风口	108	108	100	108	107	104	96	89	113	115
机房外近消声器进风口	94	89	81	76	78	75	66	59	82	96
消声效果 ΔL	14	19	19	32	29	29	30	40	31	19

实例 6-2 某钢铁厂平炉车间 D700 透平风机消声处理。

该鼓风机房设三台 D700-13-2 型透平鼓风机，风量每台为 700m^3/min，风压 28000Pa，机房外侧设一吸气小室，风机运行时（开两台），吸气室百页窗外噪声高达 112dB(A)，严重污染周围环境，消声措施为在吸气小室屋面开进风口安装两台 F_B-10 型消声器，封堵原进风百页窗，并在吸气小室内壁装钉普通木纹板吸声，治理后取得较为满意的效果。图 6-33 为消声器安装位置简图，表 6-5 为实测治理结果，该工程投资 0.8 万元。

表 6-5 实测治理前后噪声结果

测点及条件	倍频程声压级/dB								总声压级/dB	
	63	125	250	500	1k	2k	4k	8k	A	C
原吸气室内近 3#机进风口	106	103	108	115	118	115	107	100	119	120
原吸气室外近进风百页窗口	96	96	99	111	109	103	98	92	112	114
现吸气室内近 3#机进风口	102	88	96	104	108	109	97	96	114	114
现吸气室顶外消声器口外	86	76	74	82	80	70	61	49	80	88
吸气室内消声效果 ΔL	4	15	12	11	10	6	0	4	5	6
吸气室外消声效果 ΔL	10	20	25	29	29	33	37	43	32	26

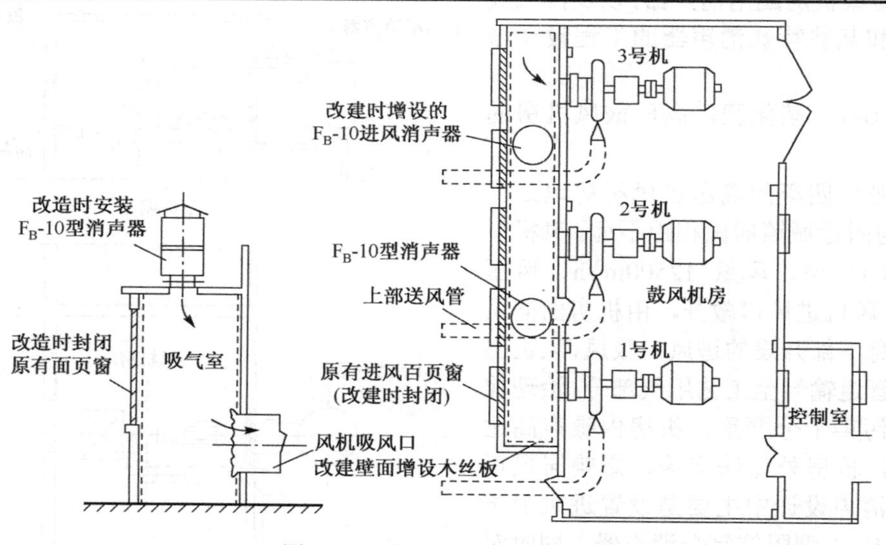

图 6-33 消声器安装位置简图

实例 6-3 某研究所柴油发电机房的消声治理。

该所的自备发电机房内设风冷式 12V135D 型柴油发电机一台，机组运行噪声严重污染所内环境及北侧25m处部队干休所。治理要求机房内噪声降低5～10dB(A)，值班室低于70dBA；干体所外环境噪声应≤55dB(A)（白天运行时），机房内温升应≤10～15℃，功率损耗≤10～15%。在采取综合治理的过程中，对机房作隔声及墙面吸声处理之外，重点设计了进风消声器及柴油机排气消声坑（见图6-34）。

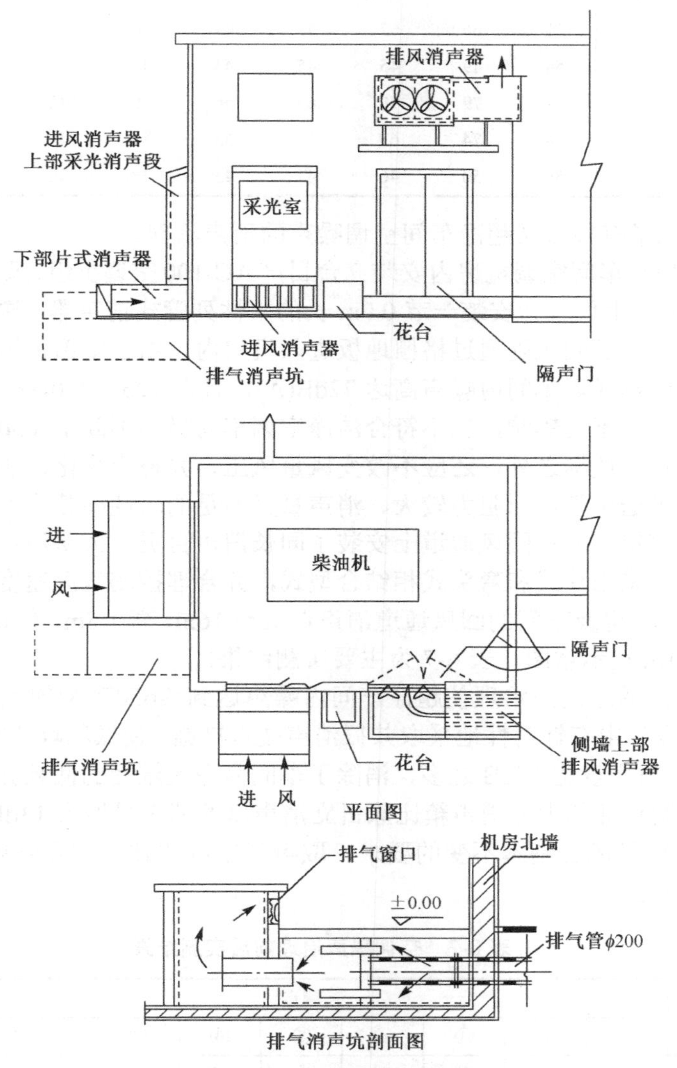

图6-34　柴油发电机房消声设施布置示意图

进风消声器由上部采光隔声消声段和下部片式消声器组成，有效进风面积为1.12m^2，流速4 m/s；而排风消声器为阻性弯头及片式消声段组成，安装于侧墙上部两台排风扇外侧（排风量为15400m/h）；对柴油机排气噪声设置三级扩张室串联的抗性迭迷路式消声坑。

治理后实测结果如表6-6所示。机房内噪声由原来的112～113dB(A)降至103dB(A)、值班室噪声由92dB(A)降至59dB(A)，干休所外环境噪声由原87～90dB(A)降至47～49dB(A)，改善量高达40dB(A)，圆满地解决了污染问题。测试结果还表明，进排风消声器的消声效果分别达33dB(A)和35dB(A)，排气消声坑的消声效果也达35dB(A)，而机房内温升由原25℃降至8℃，对机组功率无明显影响。本工程投资2万元。

表 6-6　治理后实测结果

测点及条件	倍频程声压级/dB								总声压级/dB	
	63	125	250	500	1k	2k	4k	8k	A	C
机房内	93	95	101	102	99	96	92	88	104	106
值班室内	71	66	62	59	49	40	35	27	59	73
小餐厅门口	54	49	45	45	43	43	42	37	49	59
进风消声器外侧	81	79	70	64	56	50	42	38	67	84
排气消声坑外侧	88	74	63	59	53	51	42	33	64	90
干休所外侧	59	50	46	47	43	38	36	30	48	68

实例 6-4　某电子有限公司超净车间空调噪声的消声治理。

该公司100级超净车间空调机房内安装三台日产AC-100空调机组，风量80000m^3/(h·台)，风压 680Pa，原送风管上仅设计安装一节 0.9m 长的阻性列管式消声器，送风经静压室及高效过滤器后送入车间内，而回风则通过格栅地板进入机房内。由于空调机组噪声偏高及消声设施不足，使超净车间建成后车间内噪声高达 72dB(A)，且在 125～250Hz 出现明显噪声峰值，对工作人员的身心产生不良影响，也不符合洁净空调车间噪声不高于 65dB(A)的设计标准。消声治理要求除了噪声达标之外，还应不改变风量风压，并符合净化、防火等工艺要求。在治理过程中，拆除了送风管道原阻力较大、消声量又不足的阻性列管式消声器，重新设计了一个大型复合式消声箱，并在回风通道上安装了同长消声百页。大型消声箱综合了阻性、共振性两种消声原理，采用片式和弯头式相结合型式，并合理控制气流速度使之减少阻力，保证风量。设置于空调机房及车间的回风通道消声百页长 16m，高 1.5m，有效消声长度为 0.4m。图 6-35 为主要消声装置示意图，表 6-7 为主要实测结果。

实测结果表明，通过消声治理使超净车间内噪声达到≤65dB(A)的预期目标，满足了投产使用要求，由于设计中有针对性地采取共振消声技术措施，使低频峰值噪声由原 80～85dB 降到 65～70dB，其消声量达 15dB 之多，消除了车间内令人难受的低频驻波现象，解决了治理中的技术难题。新设计的大型消声箱比原日立消声器的消声量增大 13dBA，且具有宽带特性，同时也达到了风量风压基本不变的要求，取得了很好的技术和经济效益。本工程 1989 年实施，投资 20 万元。

表 6-7　空调噪声治理前后实测结果　(dB)

条件	测点									总声压级/dB	
	①	②	③	④	⑤	⑥	⑦	⑧	⑨	A	C
治理前	72	74	70	73	75	72	73	72	69	72	89
治理后	60	60	62	61	61	58	59	61	59	60	78
消声效果 ΔL	12	14	8	12	14	14	14	11	10	12	11

实例 6-5　杭州某水务大楼冷却塔低频噪声治理。

该楼设有 2 台套大型空调冷却塔机组、5 台套热泵机组放置于大楼主体建筑东南侧的三楼裙楼顶部，临近住宅楼距离小于 40 米。空调设备系统（冷却散热风机、马达主机组、淋水声及热泵压缩机组等）运行产生严重低频噪声环境污染，低频噪音测试结果见表 6-8。需采取合理措施满足周边住户夜间休息所需安静声环境，避免因环境低频噪声超标引起不必要纠纷。

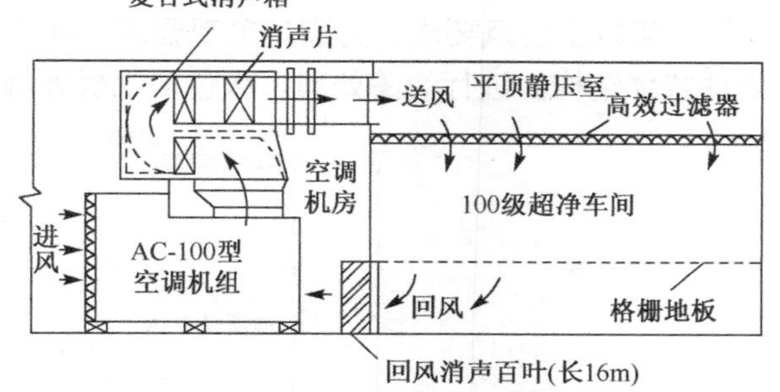

图 6-35 主要消声装置示意图

表 6-8 低频噪音测试现场记录表

测点位置	31.5	63	125	250	500	1k	2k	4k	A 声级
离近冷却塔围墙 1 米处	84	81	78	75	70	66	59	52	75
冷却塔顶风机倾斜 1 米	107	104	100	95	90	82	72	61	91
最近居民楼窗外 1 米	70	69	67	65	63	53	49	46	64

1）噪声源分析

经分析，噪声源主要来自以下几方面。

（1）空调冷却塔噪声源

空调冷却塔噪声源主要包括：冷却塔上部的轴流风机；下部的淋水声；配套的水泵等设备产生的噪声。从表 6-8 数据分析得出：冷却塔顶部风机噪声 91dB(A)，频谱读数以中低频率噪声为主，特别是 500Hz 以下噪声普遍超过 90dB(A)，125Hz 以下噪声甚至超过 100 dB(A)。与居民住处测试数据（500Hz 噪声读数大于 60 dB(A)）完全吻合，可以分析出噪声超标主要是由冷却塔顶部风机噪声引起。

（2）热泵风机噪声源

热泵风机噪声源为次要噪声源，包括：叶片回转、涡流或乱流产生噪声；机体产生共振而发生噪声；压缩机运行噪声；马达等摩擦产生噪声等。

经分析表明机组运行产生噪声以空气传播为主，固体传播为副；因此方案需控制好空气声传播途径。

2）设计依据

中华人民共和国现行相关设计规范和设计标准：

《工业企业噪声声控制设计规范》（GBJ87－1985）

《民用建筑隔声设计规范》（GBJ118－1988）

《声环境质量标准》(GB3096—2008)

《社会生活环境噪声排放标准》（GB 22337—2008）

3）设计方案比选

（1）方案一

治理方案一采用设置吸隔声屏障和墙面吸声体进行噪声治理，如图 6-36 所示。吸隔声屏障采用高度 5500mm，顶部主体为厚 120mm、高 2400mm（12mmFC 隔音板+吸声棉+防水布+6mmFC 吸音孔板），底部为厚 300mm、高 2000mm 进风消声百叶结构（12mmFC 隔音板+吸声棉+防水布+6mmFC 孔板）。声屏障立柱为 100 国标方管和矩形管主框架，立柱底板用种植化学螺栓方法固定在外墙上，侧边拉斜撑，满足抗十级以上台风要求。墙面吸声体离地

3200mm，主体厚 80mm、高 2400mm（框架+吸声棉+防水布+6mmFC 低频吸音孔板）。主框架固定在铝板外墙上，满足抗十级以上台风要求。为满足美观要求，屏障立柱不外露，屏障和吸声体外面均采用无缝隙处理整体结构，进行油漆处理，颜色同铝板外墙或大理石外墙颜色。

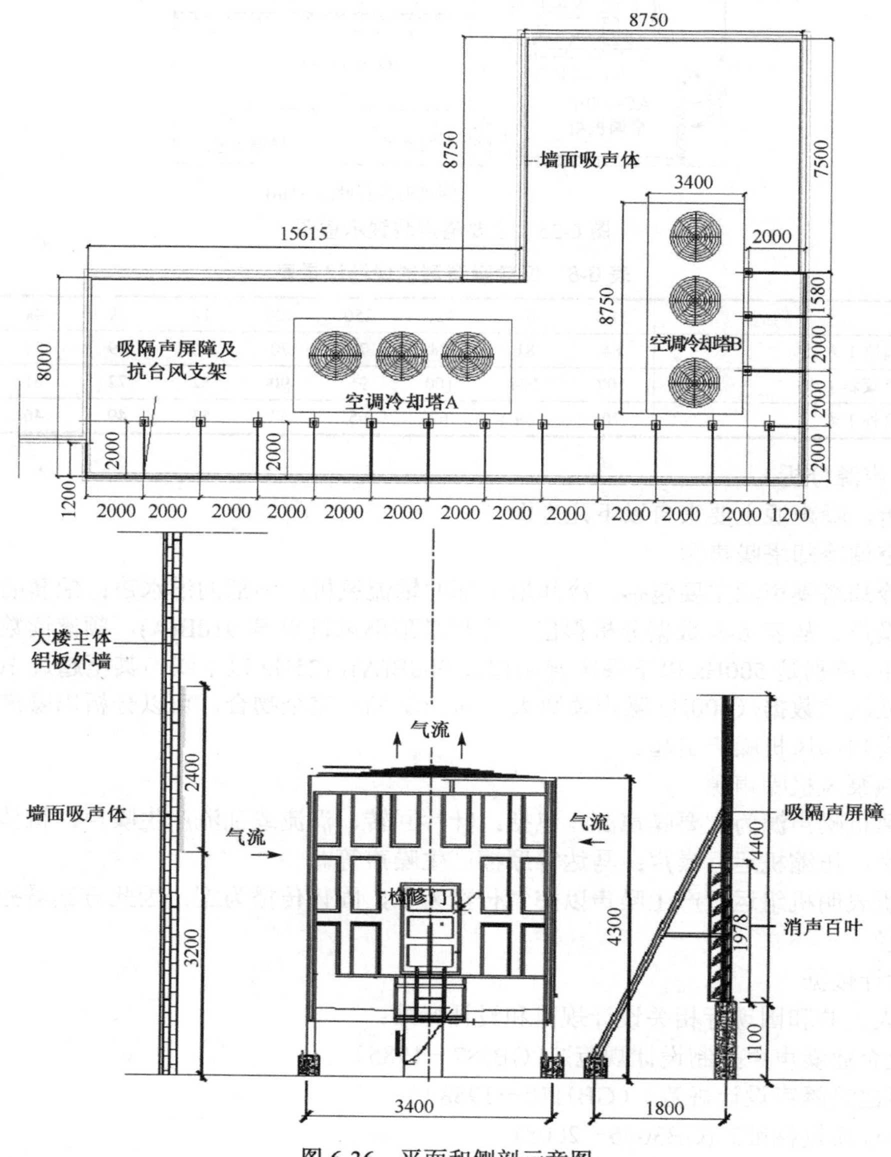

图 6-36　平面和侧剖示意图

（2）方案二

治理方案二采用消声器进行噪声治理，如图 6-37 所示。在冷却塔风机顶部增加消声器（设两组材质为 12mmFC 隔音板+6mmFC 孔板和孔板+吸声棉+防水布，规格为长×宽×高为 8200mm×4000mm×3500mm）；从冷却底部承重梁上种植生根化学螺栓固定立柱，将框架焊接牢固后，底部安装进风消声百叶，顶部安装消声器，满足抗 10 级以上台风要求。为满足美观要求，进行油漆处理颜色同冷却塔颜色一致。采用稳定、防火、任何天气均适用的不可燃的声学填料；对所有倍频带均有良好的噪声衰减性能。

该方案为推荐使用方案，优点是对大楼外观影响最小，且维护成本低；缺点是对风机维护略有影响。

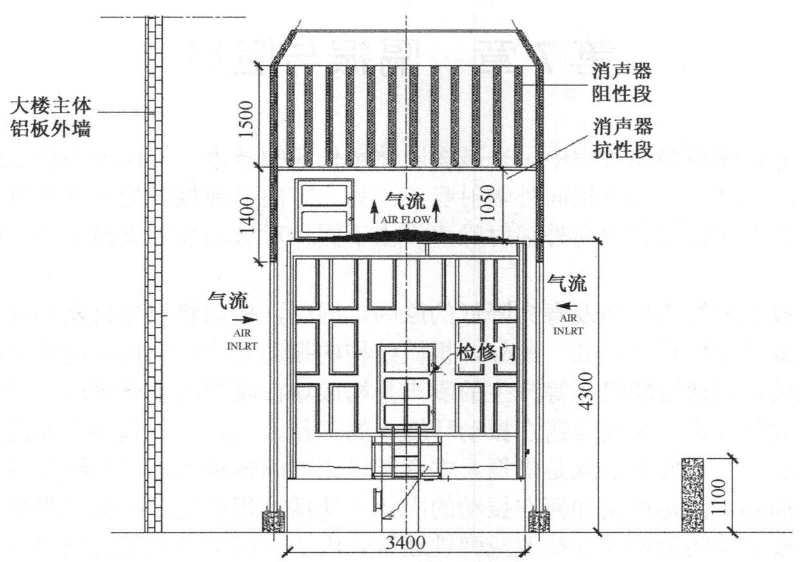

图 6-37　冷却塔设备侧剖示意图

4）注意问题

（1）设计时应严格考虑安装位置、安装方式及满足设备正常运行所需条件。

（2）应选用经过严格计算的抗风压，确保室外放置设施安全。

（3）选择颜色时注意配合周围的景观。

（4）维保单位应加强维护保养，保证运转正常。

（5）设计所使用设备材料使用寿命接近设备使用寿命（不少于 15 年），日常维护费用要低。

习　题　6

1．一个管式消声器的有效通道直径为 $\phi 200$mm，用超细玻璃棉制成吸声衬里，吸声材料在 125Hz 和 1000Hz 处的吸声系数分别为 0.5 和 0.76，消声器长 1m，试求该消声器的消声量。

2．选用同一种吸声材料衬贴的消声管道，管道截面积 2000cm^2。当截面形状分别为圆形、正方形和 1:5 及 2:3 的两种矩形时，试问以上哪种截面形状的声音衰减量最大？哪种最小？

3．某柴油机进气气流噪声峰值频率为 125Hz，设进气口的管径为 150mm，气流速度的影响可忽略。试设计一长度为 2m 的单扩张室消声器，要求在 125Hz 中心频率附近的传声损失不低于 15dB。

4．一长为 1 m，外形直径为 380mm 的直管式阻性消声器，内壁吸声层采用厚为 100mm，密度为 20kg/m^3 的超细玻璃棉。试确定频率大于 250Hz 时的消声量。

5．某常温气流管道，直径为 100mm，试设计一单腔共振消声器，要求在中心频率 63Hz 的倍频带上有 10dB 的消声量。

6．一台 300 马力高速柴油发动机，在排气口 45°方向、距排气口 1m 处测得单台柴油机排气噪声为 110dB 以上，频谱呈明显低频特性，以 63Hz 和 125Hz 为最高，分别为 119.5dB 和 117dB；在中、高频也达到 84～103dB 的高声级。试设计一微穿孔板-扩张室复合消声器，在 63～8000Hz 的频率范围内消声量达 30dB 以上。

第 7 章 隔振与阻尼

隔振与阻尼是噪声控制工程中用来减弱固体声传递的技术。机械设备在运转时将不可避免地产生振动。振动一方面直接向外辐射噪声；另一方面以弹性波的形式通过与之相连的结构向外传播，并在传播过程中向外辐射噪声。由于固体对振动能的衰减很小，因此，振动可传至很远。

振动是造成工程结构损坏及寿命降低的原因。同时，振动将导致机器和仪器仪表的工作效率、工作质量和工作精度降低。此外，机械结构的振动是产生结构振动辐射噪声的主要原因。如建筑机械、交通运输机械等产生的噪声是构成城市噪声的主要来源。另外，振动对人体也会产生很大的危害，长期暴露在振动环境下的工作人员，会引起多方面的病症。

控制振动的一个重要方法就是隔振。本章所讨论的隔振技术，并不涉及对振动源本身机械元件振动的抑制，而是讨论如何在振动的固体声传播过程中进行隔振和阻尼控制，即将振源与基础或连接结构的近刚性连接改成弹性连接。因为由振动所辐射的噪声与振动体的振动强度有关。对于一定的振动系统，经隔振控制后噪声声压级的改善值正比于振动级的变化量。因此，隔振与阻尼可以通过防止或减弱振动能量的传递，最终达到减振降噪的目的。

隔振可以分为两类，一类是对作为振动源的机械设备采取隔振措施，防止振动源产生的振动向外传播，称为积极隔振或主动隔振；另一类是对被振动干扰的设备采取隔振措施，以减弱或消除外来振动对这一设备带来的不利影响，称为消极隔振或被动隔振。对于薄板类结构振动及其辐射噪声，如管道、机械外壳、车船体和飞机外壳等，在其结构表面涂贴阻尼材料也能达到明显的减振降噪效果，这种振动控制方式称为阻尼减振。

7.1 隔振原理及基本方法

7.1.1 隔振原理

1. 振动的传递

（1）单向自由振动

单向自由振动系统是最简单的振动系统，但却表达了隔振设计的基本原理和本质。图 7-1 为一单向自由振动系统模型，它由质量为 M 和劲度为 K 的弹簧所组成。当无外力作用时，系统处于静止状态。当质量块受到垂直于地面的外激励力 F 作用时，弹簧将受到压缩。除去外力 F 后，质量块 M 在弹簧的弹性力和质量的惯性力作用下，将在平衡位置附近做上下往复运动。如果不计及弹簧本身和空气对弹簧的阻力，系统将不改变振动方式而持续地振动。

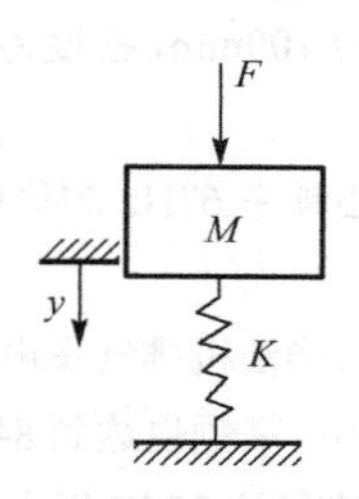

图 7-1 单向自由振动系统模型

由虎克定律可知，当物体离开平衡位置向下运动时，弹簧弹性力向上，即位移和弹性力的方向相反。设弹簧的倔强系数（又称刚度或劲度）为 K，则位移 y 与弹性力 f 的关系为

$$f = -Ky$$

式中，位移 y 和倔强系数 K 的单位分别为 m 和 N/m。

由牛顿第二定律 $f = Ma$，$a = \dfrac{d^2y}{dt^2}$ 为振动加速度，单位为 m/s²，若令 $\omega_0^2 = K/M$，由此可写出微分方程

$$\frac{d^2y}{dt^2} + \omega_0^2 y = 0 \tag{7-1}$$

这是简谐振动的微分方程式，很容易看出正弦或余弦函数均满足这一方程，因此可以取

$$y = y_0 \cos(\omega_0 t + \varphi) \tag{7-2}$$

式中，y_0 为振动位移幅值；ω_0 为简谐振动的圆频率，单位为弧度/秒；$(\omega_0 t + \varphi)$ 因子描述物体在 t 时刻的位置和运动的方向，叫振动的相位（角）；φ 为 $t = 0$ 初始时刻的初相位，单位是无量纲的弧度。式（7-2）表示了位移 y 随时间 t 的变化规律，如图 7-2 所示。

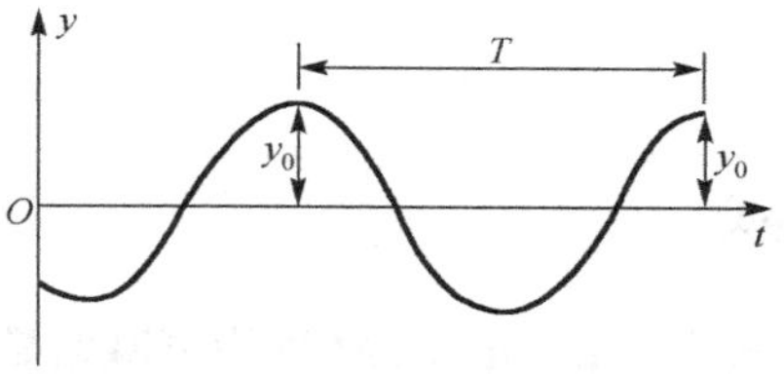

图 7-2　单向自由振动位移 y 随时间 t 的变化规律

振动的固有频率为 $f_0 = \dfrac{\omega_0}{2\pi}$，表明每单位时间内振动的次数。由于 $\omega_0^2 = K/M$，因此

$$f_0/\text{Hz} = \frac{1}{2\pi}\sqrt{\frac{K}{M}} \tag{7-3}$$

式（7-3）中，由于 K 和 M 仅为系统本身的弹簧劲度和物体的质量，所以，f_0 与开始附加外激励力的情况及振动的振幅等无关。因此，f_0 称为系统自由振动的固有频率。周期 T 为

$$T = \frac{1}{f_0} = 2\pi\sqrt{\frac{M}{K}}(\text{s}) \tag{7-4}$$

系统的弹簧在质量块 M 的重力作用下，静态时弹簧将被压缩，这一压缩量叫静态压缩量 δ，按虎克定律则有

$$Mg = K\delta \quad 或 \quad K = \frac{Mg}{\delta} \tag{7-5}$$

将此式代入式（7-3），可以得到系统的固有振动频率为

$$f_0/\text{Hz} = \frac{1}{2\pi}\sqrt{\frac{g}{\delta}} \approx \frac{5}{\sqrt{\delta}} \tag{7-6a}$$

式中，g 为重力加速度。此式适用于理想的弹性材料所支承的系统，例如，弹簧钢。对于非理想弹性材料，如橡胶类制品，则应对公式引进修正系数 d（材料的动态与静态刚度之比）。

$$f_0/\text{Hz} = 5\sqrt{\frac{d}{\delta}} \tag{7-6b}$$

例如，常见的丁氰橡胶 d 约为 2.2～2.8，所以，由此计算出的 f_0 值要比理想弹性材料高些。

（2）单向阻尼振动

实际上阻力是不可避免的。振动会受到阻力作用并会不断地转化为其他形式的能量，如果不给以能量的补充，则经过一段时间后振幅就会逐渐减小以至为零，这种振动能量不断被

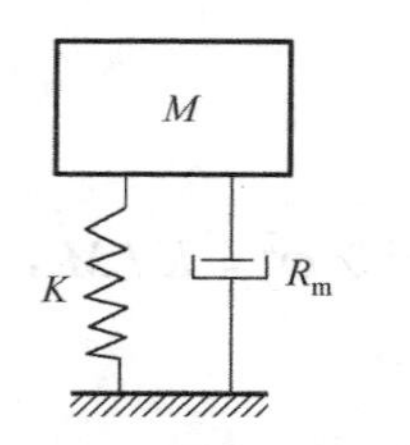

图 7-3　单向阻尼振动系统

消耗的减幅振动叫阻尼振动，其模型如图 7-3 所示。

振动能量的减少通常有两种形式：一种是由于振动体受到摩擦阻尼作用，使振动的机械能转化为热能，这种叫摩擦阻尼；另一种是由于物体振动迫使周围空气也随之振动从而辐射声波的作用，使机械能转化为声能，并以波的形式向四周辐射，这种叫辐射阻尼。对于小振幅振动，由两者引起的阻力 f_R 的大小正比于振动的速度 u，因为阻力恒与速度方向相反，所以

$$f_R = -R_m u = -R_m \frac{dy}{dt} \tag{7-7}$$

式中，R_m 为系统阻力常数，又称阻尼系数，单位为 N·s/m。R_m 由物体的大小、形状及媒质的性质所决定。由牛顿第二定律可写出

$$M\frac{d^2y}{dt^2} = -Ky - R_m\frac{dy}{dt}$$

或

$$\frac{d^2y}{dt^2} + 2a\frac{dy}{dt} + \omega_0^2 y = 0 \tag{7-8}$$

式中，$a = R_m / 2M$ 称为衰减常数。该方程的解为

$$y = y_0 e^{-at}\cos(\omega_0' t + \varphi) \tag{7-9}$$

$$\omega_0' = \sqrt{\omega_0^2 - a^2} \tag{7-10}$$

ω_0' 称为阻尼振动的固有圆频率。

与无阻尼振动式（7-2）比较，阻尼振动有两个重要的特点：其一，阻尼振动的振幅已不再是 y_0，而成为 $y_0 e^{-at}$，随时间以指数规律作衰减，振幅越大减小得也就越快，所以，阻尼振动已不再是一个周期运动。随时间推移一个周期后，振动物体已不能回到原先的状态，如图 7-4 所示，其振动能量越来越减少，振动幅值也逐渐减小，已不再是一个简谐振动。其次，阻尼的作用不仅使振动的能量逐渐地消耗，振幅逐渐衰减，而且还使振动一次所需的时间较之无阻尼时增加了，即振动圆频率或频率减小了。由于阻尼的存在，频率已不仅仅与振动系统有关，还与媒质的性质有关系。阻尼越大，振幅衰减越快，振动能损耗也越快，同时，振动频率也越低，周期 T 也就越大。当衰减常数大到 $\alpha = \omega_0$ 时，由式（7-10）有 $\omega_0' = 0$，物体将通过非周期运动的单方向方式缓慢地返回平衡状态。此时 $\alpha = R_c/2M$，式中的 R_c 称为临界（黏滞）阻尼系数，可见 $R_c = 2M\omega_0$。

（3）单向强迫振动

在实际情况中阻尼作用总是存在的，只能减小阻尼而不可能完全消除阻尼，因此，要想使物体持续地保持振动，就必须不断地给振动系统补充能量。

使物体保持持续振动的最常见方式是在外加周期性作用力（也叫激励力、策动力或扰动力）下使之发生的振动，这种振动称为强迫振动，如图 7-5 所示。

在强迫振动过程中，振动系统由于外力对系统做功使系统获得振动能量，同时，又因阻尼作用而损耗能量。当外力对系统所作的功恰好补偿阻尼所损耗的能量时，系统的振动状态保持稳定。

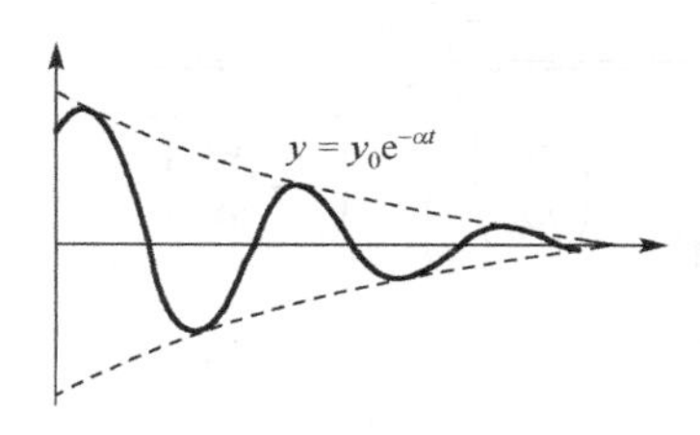

图 7-4　阻尼振动位移 y 随时间 t 的衰减曲线

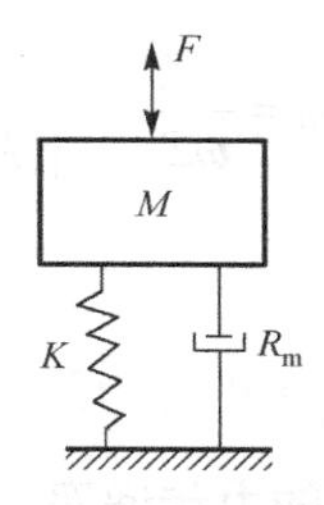

图 7-5　单向强迫振动系统

设作用在物体上的外部策动力为 $F = F_0 \cos \omega t$，则由牛顿第二定律，得到物体的运动方程

$$M\frac{d^2 y}{dt^2} = F_0 \cos \omega t - Ky - R_m \frac{dy}{dt}$$

式中，左边为惯性力；右边三项依次为外部策动力、弹簧弹性恢复力和粘滞阻尼力，上式可改写为

$$M\frac{d^2 y}{dt^2} + R_m \frac{dy}{dt} + ky = F_0 \cos \omega t \tag{7-11}$$

式（7-11）的解可写成两个部分，第一部分为瞬态解，它表明由外力作用而激发起的按系统固有频率而振动的部分，该部分由于阻尼作用很快按指数规律衰减掉，只有外力作用的开始或停止的初期存在，即仅存在于起始的“瞬时”；解的第二部分是稳态解，是要着重考虑的部分。它是受外力的周期性作用迫使物体随着外力频率进行的振动，振动的圆频率就是外加策动力的圆频率 ω，而且由于外力所供给的能量与阻尼消耗的能量所平衡，故这部分振动能为振幅的简谐振动，其稳态解的形式为

$$y = \frac{F_0}{\omega Z_m}\sin(\omega t - \varphi) \tag{7-12}$$

振动速度为

$$u = \frac{F_0}{Z_m}\cos(\omega t - \varphi) \tag{7-13}$$

式中，φ 为振动速度与外力之间的相位差，Z_m 为阻抗（又叫机械阻抗）

$$Z_m = \sqrt{R_m^2 + \left(\omega M - \frac{K}{\omega}\right)^2} \tag{7-14}$$

可见，振动的幅值不仅与外力幅值有关，而且还与强迫力的频率、系统的力阻抗有关。

力阻抗 Z_m 是外力圆频率 ω 的函数，当外力的圆频率等于系统的固有圆频率时，即 $\omega = \omega_0 = \sqrt{K/M}$ 时，Z_m=R_m 为极小值，这时系统的振速达到最大值。若阻尼 R_m 不太大时，位移也将趋于极大值，此时系统振动特别强烈，即系统出现共振。反之，当外加策动力的频率远离系统的固有频率时，振动的振幅就较小，如果阻尼比较大，则共振现象不太明显。

将式（7-14）代入式（7-12）得出稳态解的位移振幅

$$y_0 = \frac{F_0}{\omega Z_m} = \frac{F_0}{[(K - M\omega^2)^2 + (R_m\omega)^2]^{1/2}} = \frac{F_0 / K}{\sqrt{\left[1-\left(\frac{\omega}{\omega_0}\right)^2\right]^2 + \left(2\xi\frac{\omega}{\omega_0}\right)^2}} \tag{7-15}$$

式中，$\xi = R_m / R_c$称为阻尼比，又为临界阻尼系数。

2．隔振的力传递率

作用于质量块M上的力，通过弹性支承将部分力传递到支持振动系统的基础上，传递到基础上的力越小，表明该系统的隔振效果越好。衡量这一传递效果的指标是力的传递率T_f，其定义为传递到基础上的力的幅值与作用于M上的力的幅值F_0之比值。一般情况下，基础的力阻抗比较大。振动位移（或振速）很小，在可以忽略其影响的情况下，通过弹簧和阻尼传递的力应为

$$F_B = R_m \frac{dy}{dt} + Ky \tag{7-16}$$

其振幅为

$$F_{B_0} = \sqrt{(\omega R_m)^2 + K^2} \cdot y_0 = Ky_0[1 + (\xi\omega / K)^2]^{1/2} \tag{7-17}$$

按上述力传递率的定义，可得

$$T_f = \frac{F_{B_0}}{F_0} = \frac{\left[1+\left(2\xi\frac{\omega}{\omega_0}\right)^2\right]^{1/2}}{\left\{\left[1-\left(\frac{\omega}{\omega_0}\right)^2\right]^2 + \left(2\xi\frac{\omega}{\omega_0}\right)^2\right\}^{1/2}} = \frac{1+4\xi^2\left(\frac{f}{f_0}\right)^2}{1-\left(\frac{f}{f_0}\right)^2 + 4\xi^2\left(\frac{f}{f_0}\right)^2} \tag{7-18a}$$

当$\xi = 0$时，即振动系统为单向无阻尼振动时，式（7-18a）可简化为

$$T_f = \left|\frac{1}{1-(f/f_0)^2}\right| \tag{7-18b}$$

图 7-6 为根据式（7-18）绘成的T_f与频率比f/f_0以及阻尼比ξ之间的关系曲线。

由关系曲线可以看出，

（1）当$f/f_0 \ll 1$时，即图中 AB 段，此时$T_f \approx 1$，说明外策动力通过隔振装置全部传给基础，不起隔振作用。

（2）当$0.2 < f/f_0 < \sqrt{2}$时，即图中 BC 段，此时$T_f > 1$，这说明隔振措施极不合理，不仅不起隔振作用，反而放大了振动的干扰，甚至发生共振，这是隔振设计中应绝对避免的。

（3）当$f/f_0 > \sqrt{2}$时，即图中的 CD 段，此时$T_f < 1$，系统起到隔振作用，并且f/f_0比值越大，隔振效果越明显，工程中一般取为 2.5～4.5。

（4）在$f/f_0 < \sqrt{2}$的范围，即不起隔振作用乃至发生共振的范围，ξ值越大，T_f值就越小，这说明增大阻尼对控制振动有好的作用，特别是当发生共振时，阻尼的作用就更明显。

（5）在$f/f_0 > \sqrt{2}$的范围，这是设计减振器时常常考虑的范围，ξ值越小，T_f值就越小，这说明阻尼小对控制振动有利，工程中ξ值一般选用 0.02～0.1 范围。

在工程中常用振动级的概念，如力振动级、振速级等，力的振动级差为

$$\Delta L_{\mathrm{f}} = 20\lg\frac{F_0}{F_{\mathrm{f}_0}} 20\lg\frac{1}{T_{\mathrm{f}}} \tag{7-19}$$

例如，采用某种隔振措施后，使机器振动系统传递到基础的力的振幅减弱为原来的 1/10，即 $T_{\mathrm{f}}=0.1$，则传递到基础的力的振动级降低了 20dB。

为了避免计算，在忽略阻尼的情况下将式（7-18b）绘成图 7-7，由已知扰动频率δ与系统固有频率f_0（或静态压缩量）直接可以从图 7-7(a)中得到传递率 T_{f}，也可以由扰动频率与固有频率查图 7-7(b)来计算隔振百分率η。

隔振百分率定义为

$$\eta = (1-T_{\mathrm{f}})\times 100\% \tag{7-20}$$

显然，当 $T_{\mathrm{f}}=1$ 时，$\eta=0$，策动力全部传给基础，没有隔振作用；当 $T_{\mathrm{f}}=0$ 时，$\eta=100\%$，策动力完全被隔离，隔振效果最好。

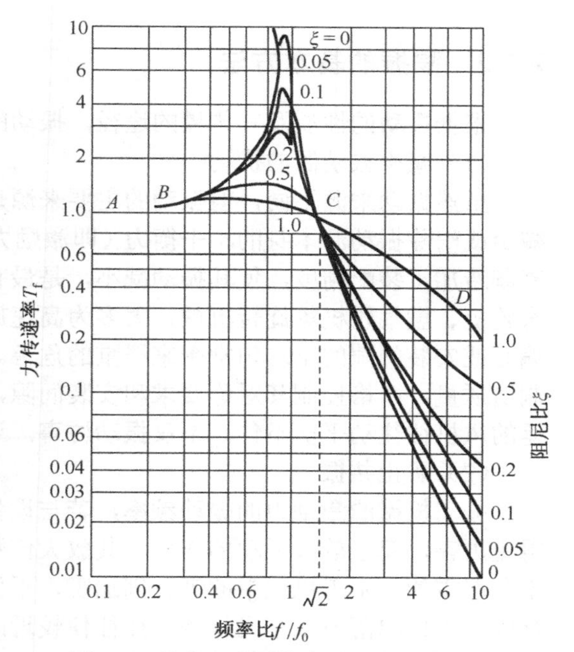

图 7-6　单自由度系统力传递率 T_{f}与频率比f/f_0、阻尼比 ξ之间的关系曲线

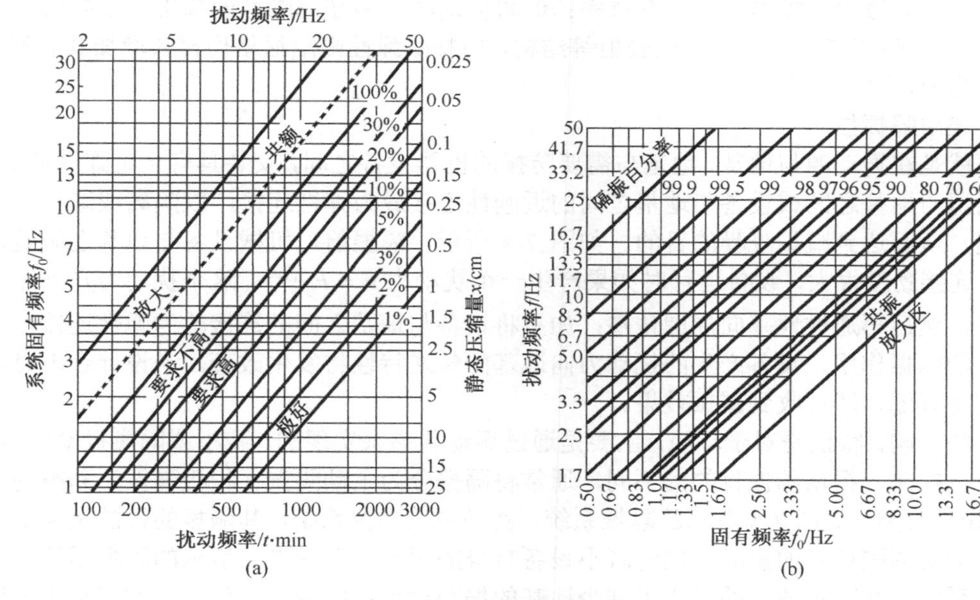

图 7-7　隔振设计图

例如，转速为 1500r/min 的电动机安装在静态压缩量δ为 1cm 的隔振机座上，由相应转速和静态压缩量的交点上即可查出 $T_{\mathrm{f}}\approx 0.04$。如果$\delta$仍保持原有值，但转速提高至 3000r/min，则 $T_{\mathrm{f}}\approx 0.01$，相应的隔振百分率分别为 96%和 99%。说明在同样压缩量的条件下，增加转速可提高频率比，对减振有利。

7.1.2 隔振的基本方法

根据振动的性质及其传播的途径，振动的控制方法可归纳为三大类别。

（1）减少振动源的扰动

虽然振动来源不同，但振动的主要来源是振动源本身的不平衡力引起的对设备的激励。减少或消除振动源本身的不平衡力（即激励力），从振动源来控制，改进振动设备的设计和提高制造加工装配精度，使其振动减小，是最有效的控制方法。例如，鼓风机、高压水泵、蒸汽轮机、燃气轮机等旋转机械，大多为高速旋转设备，每分钟在几千转以上，其微小的质量偏心或安装间隙的不均匀常带来严重的危害。为此，应尽可能调整好其静、动平衡，提高其制造质量，严格控制其对称要求和安装间隙，以减少其离心偏心惯性力的产生。例如，性能差的风机往往动平衡不佳，不仅振动厉害，还伴有强烈的噪声。

（2）防止共振

振动机械的激励力的振动频率，若与设备的固有频率一致，就会引起共振，使设备振动得更厉害，起了放大振动的作用，其放大倍数可由几倍到几十倍。共振带来的破坏和危害是十分严重的。木工机械中的锯、刨加工，不仅有强烈的振动，而且常伴随壳体等共振。火车行驶、飞机起落或低空飞行等，往往使较近的居民楼房等产生共振响应，在某种频率下，会发生楼面晃动，玻璃窗强烈抖动等。

因此，防止和减少共振响应是振动控制的一个重要方面。控制共振的主要方法有：① 改变机器的转速或改换机型等以改变振动源的扰动频率；② 改变设施的结构和总体尺寸或采用局部加强法等以改变机械结构的固有频率；③ 将振动源安装在非刚性的基础上以降低共振响应；④ 对于一些薄壳机体或仪器仪表柜等结构，用粘贴弹性高阻尼结构材料增加其阻尼，以增加能量逸散，降低其振幅。

（3）采用隔振技术

隔振就是在振动源与地基、地基与需要防振的机器设备之间，安装具有一定弹性的装置，使得振动源与地基之间或设备与地基之间的近刚性连接成为弹性连接，以隔离或减少振动能量的传递，从而达到减振降噪的目的。如图 7-8 所示，隔振前，机械设备与地基之间是近刚性连接，连接劲度很大，设备运行时如果产生一个扰动力 $F = F_0 e^{j\omega t}$，这个扰动力几乎完全传递给地基，然后再通过地基向周围传播；如果将设备与地基之间的连接改为弹性连接，由于弹性装置的隔振作用，设备产生的扰动力向地基的传递特性将发生改变。当设计合理时，振动传递将被降低，即可收到减振效果。

振动的影响，特别是对于环境，主要是通过振动传递来实现的，减小或隔离振动的传递，振动就得以控制。根据隔振目的的不同，通常将隔振分为主动隔振（积极隔振）和被动隔振（消极隔振）两类。如图 7-8 所示的隔振系统，就是主动隔振系统，其隔振的目的是为了降低设备的扰动对周围环境的影响，同时减小设备自身的振动。而图 7-9 所示的隔振系统，就是被动隔振系统。其隔振的目的是为了减少地基的振动对设备的影响，使设备的振动小于地基的振动，达到保护设备的目的。

采用大型基础来减少振动影响是最常用最原始的方法。根据工程振动学原则合理地设计机器的基础，可以减少基础（和机器）的振动和振动向周围的传递。根据经验，一般的切削机床的基础是自身重量的 1～2 倍，而特殊的振动机械如锻冲设备则达到设备自重的 2～5 倍，甚至达 10 倍以上。

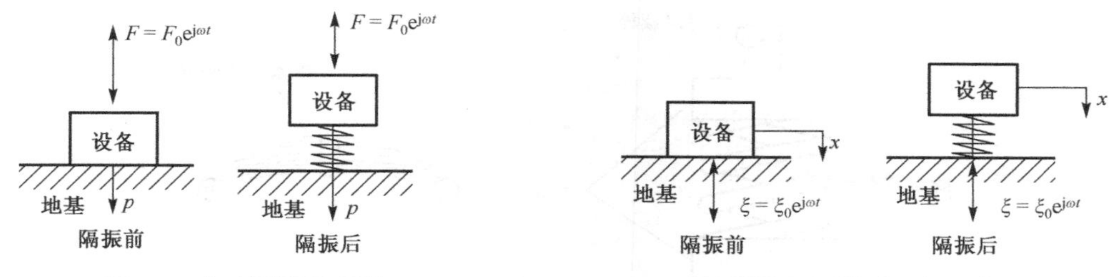

图 7-8　主动隔振示意图　　图 7-9　被动隔振示意图

在振动机械基础的四周开有一定宽度和深度的沟槽——防振沟，或向里面填充松软物质（如木屑等），用来隔离振动的传递，也是以往常采用的隔振措施之一。

在设备下安装隔振元件－隔振器，是目前工程上应用最为广泛的控制振动的有效措施。安装这种隔振元件后，能真正起到减少力（动力即振动与冲击的力）的传递的作用。只要隔振元件选用得当，隔振效果可在 85%～90%以上，而且还可以不必采用上述的大型基础。对一般中、小型设备，甚至可以不用地脚螺钉和基础，只要普通的地坪（能承受设备的静负荷）即可。

7.2　隔振元件与隔振设计

7.2.1　隔振元件

隔振的重要措施是在设备基础上安装隔振器或隔振材料，使设备和基础之间的刚性连接变成弹性支撑。工程中广泛使用的有钢弹簧、橡胶、玻璃棉毡、软木和空气弹簧等，其隔振特点见表 7-1。

表 7-1　常见隔振器和隔振材料的特性

隔振器或隔振材料	频率范围	最佳工作频率	阻尼	缺点
螺旋式钢弹簧	宽频	低频（静态偏压量大时）	很低，仅为临界阻尼 0.1%	容易传递高频振动
板条式钢弹簧	低频	低频	很低	
橡胶	决定于成分和硬度	高频	随硬度增加而增加	载荷容易受到限制
软木	决定于密度	高频	很低，一般为临界阻尼 6%	
毛毡	决定于密度和厚度	高频(40Hz 以上)	高	
空气弹簧	决定于空气容积		低	结构复杂

1．钢弹簧隔振器

钢弹簧隔振器是最常用的一种隔振器，包括螺旋弹簧式隔振器和板条式钢板隔振器两种类型，如图 7-10 所示。

螺旋弹簧式隔振器应用非常普遍，如各类风机、空气压缩机、破碎机、压力机、锻锤机等都可以采用。如设计合理，就可以得到满意的隔振效果。

板条式隔振器由多根钢板叠加在一起构成。它在充分利用钢板良好的弹性的同时，还极好地利用了钢板变形时在钢板之间产生的摩擦阻尼，以达到实现一定的摩擦阻尼比的目的。板条式隔振器只在一个方向上具有隔振作用，因而多用于火车、汽车的车体减振和只有垂直冲击的锻锤基础隔振。

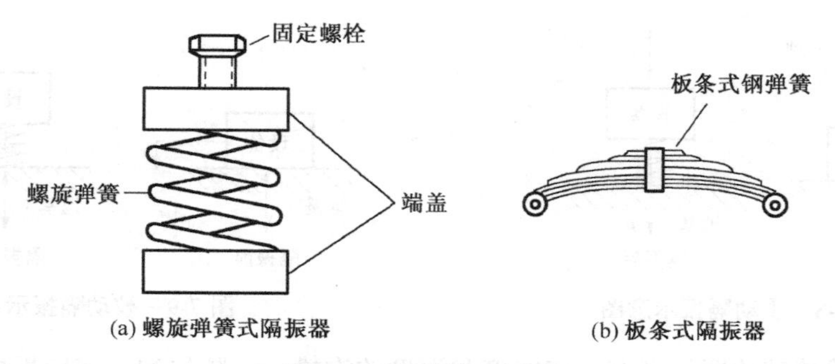

图 7-10　钢弹簧隔振器

钢弹簧隔振器的优点是：① 可以达到较低的固有频率，例如，5Hz 以下；② 可以得到较大的静态压缩量，通常可以取得 20mm 的压缩量；③ 可以承受较大的载荷；④ 耐高温、耐油污，性能稳定。缺点是：① 由于存在自振动现象，容易传递中频振动；② 阻尼太小，临界阻尼较一般阻尼只有 0.1～0.005，因此，对于共振频率附近的振动隔离能力较差；③ 在高频区域，隔振效果差。为了弥补钢弹簧的上述缺点，通常采用附加黏滞阻尼器的方法，或在钢弹簧钢丝外敷设一层橡胶，以增加钢弹簧隔振器的阻尼。图 7-11 是附加阻尼的几种方法，在具体使用时可以参考选用。

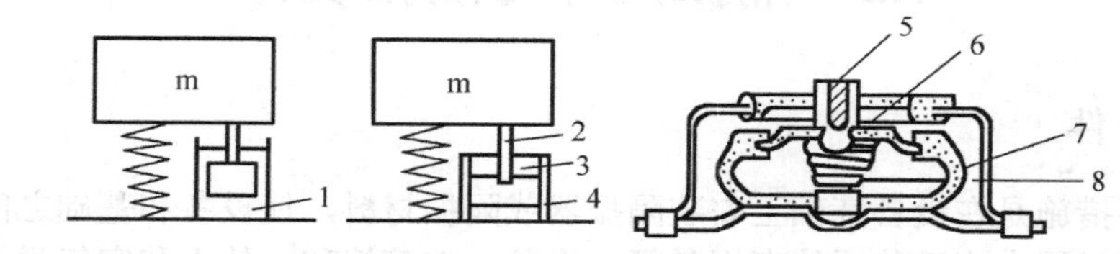

1—液体；2—舌板；3—摩擦板；4—拉簧；5—安装支座；6—出气孔；7—橡皮腔；8—支撑弹簧

图 7-11　钢弹簧隔振器加阻尼的常见方法

2．橡胶隔振器

橡胶隔振器也是工程中常用的一种隔振装置。橡胶隔振器最大的优点是本身具有一定的阻尼，在共振点附近有较好的隔振效果。橡胶隔振器通常由硬度和阻尼合适的橡胶材料制成，根据承力条件的不同，可以分为压缩型、剪切型、压缩剪切复合型等，如图 7-12 所示。

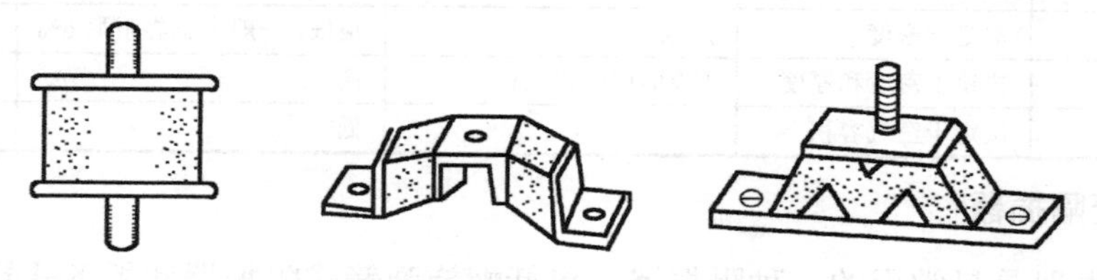

图 7-12　几种橡胶减振器

橡胶减振器一般由约束面和自由面构成，约束面通常和金属相接；自由面则指向垂直加载于约束面时产生变形的那一面。在承受压缩负荷时，橡胶横向胀大，但与金属的接触面则受约束，因此，只有自由面能发生变形。这样，即使使用同样弹性系数的橡胶，通过改变约束面和自由面的尺寸，制成的隔振器的劲度也不相同。也就是说，橡胶隔振器的隔振参数，不仅与使用的橡胶材料成分有关，也与结构、形状、方式等有关。设计橡胶隔振器时，其最终隔振参数需要由试验确定，尤其在要求较准确的情况下，更应如此。

橡胶隔振器的设计主要是选用硬度合适的橡胶材料，根据需要，确定一定的形状、面积和高度等。分析计算中，就是根据所需要的最大静态压缩量 x，计算材料厚度和所需压缩或剪切面积。

材料的厚度

$$h = xE_d / \sigma \tag{7-21}$$

式中，h 为材料厚度（m）；E_d 为橡胶的动态弹性模量（kg/cm^2）；σ 为橡胶的允许载荷（kg/cm^2）。所需面积为

$$S = M / \sigma \tag{7-22}$$

式中，S 为橡胶的支承面积（m^2）；M 为机组质量（kg）；橡胶的材料常数 E_d 和 σ 通常由试验测得。表 7-2 给出几种常用橡胶的主要参数。

表 7-2　常用橡胶的主要参数

材料名称	许可应力 σ $kg \cdot cm^{-2}$	动态弹性模量 E_d $kg \cdot cm^{-2}$	E_d / σ
软橡胶	1～2	50	25～50
较硬橡胶	3～4	200～250	50～83
有槽缝或圆孔橡胶	2～2.5	40～50	18～25
海绵状橡胶	0.3	30	100

橡胶隔振器实质上是利用橡胶弹性的一种“弹簧”，与金属弹簧相比较，有以下特点：

（1）形状可以自由选定，可以做成各种复杂形状，有效地利用有限的空间。

（2）橡胶有内摩擦，即临界阻尼比较大，因此，不会产生像钢弹簧那样的强烈共振，也不至于形成螺旋弹簧所特有的共振激增现象。另外，橡胶隔振器都是由橡胶和金属接合而成的。金属与橡胶的声阻抗差别较大，可以有效地起到隔声的作用。

（3）橡胶隔振器的弹性系数可借助于改变橡胶成分和结构，而在相当大的范围内变动。

（4）橡胶隔振器对太低的固有频率 f_0（如低于 5Hz）不适用，其静态压缩量也不能过大（如一般不应大于 1cm）。因此，对具有较低的干扰频率机组和重量特别大的设备不适用。

（5）橡胶隔振器的性能易受温度影响。在高温下使用，性能不好；在低温下使用，弹性系数也会改变。如用天然橡胶制成的橡胶隔振器，使用温度为–30～60℃。橡胶一般是怕油污的，在油中使用，易损坏失效。如果必须在油中使用时则应改用丁腈橡胶。为了增强橡胶隔振器适应气候变化的性能，防止龟裂，可在天然橡胶的外侧涂上氯丁橡胶。此外，橡胶减振器使用一段时间后，应检查它是否老化而使弹性降低，如果已损坏应及时更换。

3. 空气弹簧

空气弹簧也称“气垫”。这类隔振器的隔振效率高，固有频率低（在 1Hz 以下），而且具有黏性阻尼，因此，具有良好的隔振性能。空气弹簧的组成原理如图 7-13 所示。当负荷振动时，空气在 A 与 B 间流动，可通过阀门调节压力。这种减振器在橡胶空腔内充入一定压力的气体，使其具有一定的弹性，从而达到隔振的目的。空气弹簧一般附设有自动调节机构。每当负荷改变时，可调节橡胶腔内的气体压力，使之保持恒定的静态压缩量。空气弹簧多用于火车、汽车和一些消极隔振的场合。如工业用消声室，在几百吨混凝土结构下垫上空气弹簧，向内充气压力达 1.0MPa，固有频率接近 1Hz。

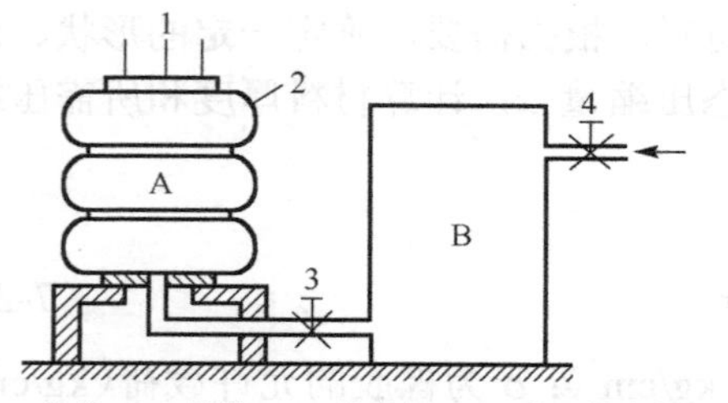

图 7-13　空气弹簧的构造原理

空气弹簧的缺点是需要有压缩气源及一套复杂的辅助系统，造价昂贵，并且荷重只限于一个方向，故一般工程上采用较少。

工程应用中除单独使用某种隔振材料外，也常将几种隔振材料结合使用，如应用最多的有“钢弹簧-橡胶复合式减振器”、“软木-弹簧隔振装置”及“毡类-弹簧隔振装置”等，这些隔振装置综合了不同材料的优点。表 7-3 给出了各类材料的性能。

表 7-3　常见隔振材料的性能比较

性能	剪切橡胶	金属弹簧	软木	玻璃纤维板	气垫
最低自振动频率/Hz	3	1	10	7	0.2
横向稳定性	好	差	好	好	好
抗腐蚀老化比	较好	最好	较差	较好	较好
应用广泛程度	应用广泛	应用广泛	不够广泛	手工部门应用	极少应用
施工与安装	方便	较方便	方便	不方便	不方便
造价	一般	较高	一般	较高	高

7.2.2　隔振设计

隔振设计是根据机器设备的工艺特征、振动强弱、扰动频率以及环境要求等因素，尽量选用振动较小的工艺流程和设备，确定隔振装置的安放部位，并合理使用隔振器等。

在隔振设计中，通常把 100Hz 以上的干扰振动称作高频振动，6～100Hz 的振动定义为中频振动，6Hz 以下的振动为低频振动。常用的绝大多数工业机械设备所产生的基频振动都属于中频振动，部分工业机械设备所产生的基频振动的谐频和个别的机械设备（如高速转动设备）产生的振动属于高频振动，而地壳的振动和地震等产生的振动都属于低频振动。

1. 设计原则

（1）防止（或隔离）固体声的传播。

（2）减少声源所在房间内的振动辐射噪声。

（3）减少振动对操作者和周围环境以及设备运行的影响和干扰。

在进行隔振设计和隔振器选择时，首先应根据激振频率 f 确定隔振系统的固有频率 f_0，必须满足 $f/f_0>\sqrt{2}$，否则隔振设计是失败的，即隔振器没有隔振作用。另外，阻尼对共振频率附近的振幅控制必须是有效的（但在隔振区域内是没有效果的），因此，隔振设计还必须考虑系统要有足够的阻尼。

2. 设计方法

（1）隔振设计

隔振设计可按下列程序进行：

① 根据设计原则及有关资料（设备技术参数、使用工况、环境条件等），选定所需的振动传递率，确定隔振系统。

② 根据设备（包括机组和机座）的重量、动态力的影响等情况，确定隔振元件承受的负载。

③ 确定隔振元件的型号、大小和重量，隔振元件一般应选用 4～6 个。

④ 确定设备最低扰动频率 f 和隔振系统固有频率 f_0 之比 f/f_0，该比值应大于 $\sqrt{2}$，一般可取 2～5。为了防止发生共振，绝对不能采用 $f/f_0\approx 1$。也可以根据隔振设计的具体要求，例如，根据设备所允许的振幅，来计算隔振系统的固有频率。在计算频率比时，如果有几个频率不同的振动源都需要隔离，则激励频率应该取激励频率中最小的那个为设计计算值。

（2）隔振器的选择

根据计算结果和工作环境要求，选择隔振器的类型，计算隔振器的尺寸并进行结构设计。通常隔振器可按下列原则选择：

① 若 $f_0 = 1$～8Hz 时，可选用金属弹簧隔振器和空气弹簧隔振器。

② 若 $f_0 =$ 5～12Hz 时，可选用剪切型橡胶隔振器或 2～5 层橡胶隔振垫、5～15cm 厚的玻璃纤维板。

③ 若 $f_0 = 10$～20Hz 时，可选用一层橡胶隔振垫。

④ 若 $f_0 > 15$Hz 时，可选用软木或压缩型橡胶隔振器。

各种隔振器的手册和样本，一般都标明额定负载、固有频率和阻尼系数三个参数，设计者可以根据振动系统的实际情况选用。

（3）隔振器的布置

隔振器的布置主要应考虑如下几点：

① 隔振器的布置应对称于系统的主惯性轴（或对称于系统的重心），这样可使各支点承受相同的负载，防止各方面的振动耦合，把复杂的振动系统简化为单自由度的振动系统。对于斜支式隔振系统，应使隔振器的中心尽可能与设备重心相重合。

② 机组（如风机、泵、柴油发电机等）不组成整体时，必须安装在具有足够刚度的公共机座上，再由隔振器来支撑机座。

③ 为了满足频率比和承载能力的需要，隔振器可以并联、串联或斜置使用。其联接方式和劲度如图 7-14 所示。

④ 隔振系统应尽可能降低重心，以保证系统有足够的稳定性，其方法如图 7-15 所示。

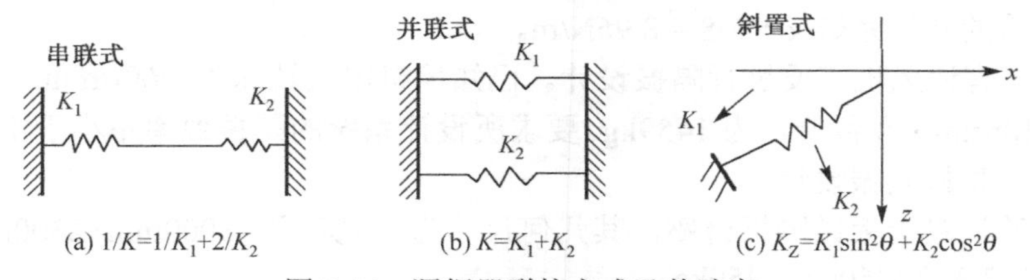

图 7-14　隔振器联接方式及其劲度

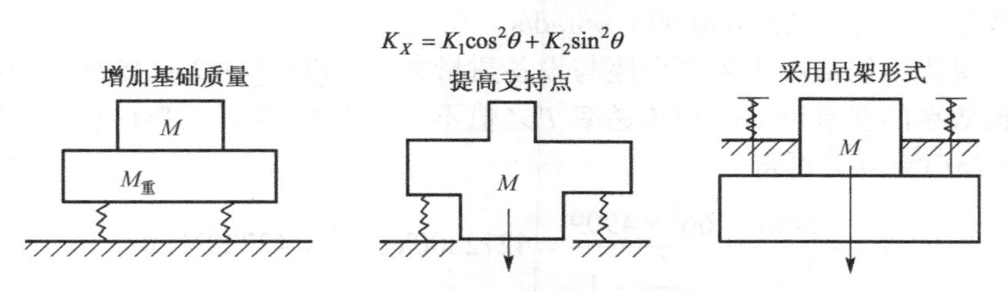

图 7-15　隔振系统降低重心的方法

（4）隔振元件的安装和使用

隔振元件的安装和使用主要应注意如下事项。

① 隔振元件通常不需要锚固。当需要锚固时，不得将地脚螺栓穿通隔振元件与机器设备直接锚固，更不得用电焊来锚固橡胶隔振器等。

② 隔振元件的位置要对准，以保证受力均匀。

③ 重心高的机器或者遭受偶然碰撞的机器，可采用横向稳定装置，但不得造成振动短路。

④ 在机器设备采用隔振措施以后，通过基础向外界传递的振动可以大幅度降低，但本身的振动却仍然存在，因此，像风机、水泵和发动机一类向外界传送介质和传递动力的机器设备，还必须在管道或输出轴上，采用弹性联接，如采用减振接管、高弹性联轴节等，使整个系统达到预期的减振效果。

【例 7-1】 有一精密仪器在使用时要求避免外界振动的干扰，试设计一弹簧隔振器装置。已知地板振动频率为 0.5Hz，振幅为 0.1cm，仪器的质量为 784kg，仪器的容许振幅 $A=0.01\text{cm}$，问每个弹簧的弹性系数应为多少。

解：由传递系数定义，传递比为

$$T=\left|\frac{\text{传递位移振幅值}}{\text{扰动位移振幅值}}\right|=\frac{0.01}{0.1}=\frac{1}{10}$$

在忽略系统阻尼的情况下，由式（7-18b），传递比为：

$$T=\left|\frac{1}{1-\left(\dfrac{f}{f_0}\right)^2}\right|=\frac{1}{10}$$

故

$$\frac{f}{f_0}=\sqrt{11}=\frac{\omega}{\omega_0}=\frac{2\pi f}{\sqrt{k/m}}$$

则系统的总弹簧弹性系数为

$$k=\frac{m(2\pi f)^2}{11}=\frac{m\pi^2}{11}=\frac{784\pi^2}{11}=703\text{kg}/\text{s}^2=71.7\text{N}/\text{m}$$

所以，每个弹簧的弹性系数 $k_1=k/8=8.96\text{N/m}$。

【例 7-2】 有通风机需要进行隔振设计。已知风机电机转速为 960r/min；风机经皮带传送转速变为 630r/min；设备质量为 1459kg。要求所设计系统的隔振效率不小于 75%（$\eta>0.75$）。

解：这是一积极隔振设计。

（1）选钢筋混凝土板做隔振台座，其几何尺寸为长×宽×厚=3000mm×2300mm×200mm，其质量为 $Q_t=3\times2.3\times2\times2500=3450\text{kg}$。

系统圆频率 $\omega=2\pi f=2\pi\times630/60=66\text{rad/s}$

系统总质量为钢筋混凝土隔振台座与设备质量之和：$Q=Q_t+Q_s=1459+3450=4909\text{kg}$

由对隔振效率的要求可知振动传递率 T 之值不大于 0.25 即可（$T=1-\eta<0.25$）。

由 $k=m(2\pi f)^2=m\omega^2$ 可得

$$k_z=\frac{\omega^2 m}{\dfrac{1}{T}+1}=\frac{66^2\times4909}{\dfrac{1}{0.25}+1}=4272800\text{kg}/\text{s}^2=42728\text{N}/\text{cm}$$

（2）选用 8 只减振器并联放在混凝土隔振台座下，则每一个减振器的刚度和承载力分别是

$$k_{zi} = 4272800 / 8 = 534100\text{kg} / \text{s}^2 = 5341\ \text{N} / \text{cm}$$

$$W_i = \frac{4909 \times 9.8}{8}\text{kg} / \text{s}^2 = 6013\text{N}$$

经查阅橡胶减振器性能曲线，选用 16 只 JG4-4 型减振器，每两只串联为一个支撑点，JG4-4 型减振器在 $W_i = 6013\text{N}$ 时，有 f_z=6.2Hz；串联使用，系统的固有频率为

$$f_z = \frac{6.2}{\sqrt{2}} = 4.4\text{Hz}$$

垂直刚度 $k_z = (4.4\times2\pi)^2\times4909 = 3751960\text{kg/s}^2 < 4272800\text{kg/s}^2$，允许。于是，每个支撑点的垂直刚度

$$k_{zi} = 3751960 / 8\text{kg} / \text{s}^2 = 468995\text{kg} / \text{s}^2 = 4690\text{N} / \text{cm}$$

7.3 阻 尼 减 振

阻尼对于系统的振动响应有重要影响，适当增加系统的阻尼，是控制振动的一种重要手段。固体振动时，使固体振动的能量尽可能多地耗散在阻尼层中，称为阻尼减振。增加系统中阻尼的方法很多，如采用高阻尼材料制造零件、选用阻尼好的结构形式，在系统中附加阻尼或增加运动件的相对摩擦，以及在振动系统中安装专门的阻尼器等等。目前，阻尼减振技术已发展成一门专门技术，广泛地应用于航空、航天、船舶、环境工程、机械设备、交通工具、轻工纺织、土木建筑等工程领域，涉及的内容十分丰富。

7.3.1 阻尼的概念及产生机理

1. 阻尼的定义

阻尼是指系统损耗能量的能力。从减振的角度看，就是将机械振动的能量转变成热能或其他可以损耗的能量，从而达到减振的目的。阻尼技术就是充分运用阻尼耗能的一般规律，从材料、工艺、设计等各项技术问题上发挥阻尼在减振方面的潜力，以提高机械结构的抗振性，降低机械产品的振动，增强机械与机械系统的动态稳定性。

2. 阻尼的作用

阻尼主要有以下作用：

（1）阻尼有助于降低机械结构的共振振幅，从而避免结构因动应力达到极限所造成的破坏。对于任一结构，当激励频率 f 等于共振频率 f_0 时，其位移响应的幅值与各阶模态的阻尼损耗因子成反比，即

$$X \propto \frac{1}{\eta_n} \tag{7-23}$$

式中的阻尼损耗因子 η_n 定义为结构振动时，每周期内损耗的能量 D 与系统的最大弹性势能 E_p 之比除以 2π，即

$$\eta_n = \frac{D}{2\pi E_p} \tag{7-24}$$

式中，η_n是无量纲的参量，表明结构损耗振动能量的能力。在稳态振动时，系统的共振响应随 η_n 值的增大而减小。因此，增大阻尼是抑制结构共振响应的重要途径。

（2）阻尼有助于在机械系统受到瞬态冲击后，很快恢复到稳定状态。机械结构受冲击后的振动水平可表示为

$$L_x(\mathrm{dB}) = 10\lg\left(\frac{x^2}{x_r^2}\right) \tag{7-25}$$

式中，x 表示受冲击瞬时达到的位移；x_r 是位移参考值。若以 Δt 表示振动水平的降低率，则

$$\Delta t = -\frac{\mathrm{d}L_x}{\mathrm{d}t} = 8.69\xi\omega_0 = 54.6\xi f_0 \tag{7-26}$$

可见，结构受瞬态激励后产生自由振动时，要使振动水平迅速下降，必须提高结构的阻尼比。

（3）阻尼有助于减少因机械振动所产生的声辐射，降低机械噪声。许多机械构件，如交通运输工具的壳体、锯片等的噪声，主要是由共振引起的，因而采用阻尼能有效地抑制共振，从而降低噪声。此外，阻尼还可以使脉冲噪声的脉冲持续时间延长，以降低峰值噪声强度。

（4）可以提高各类机床、仪器等的加工精度、测量精度和工作精度。各类机器尤其是精密机床，在动态环境下工作需要有较高的抗振性和动态稳定性，通过各种阻尼处理可以大大提高其动态性能。

（5）阻尼有助于降低结构传递振动的能力。在机械系统的隔振结构设计中，合理地运用阻尼技术，可以使隔振、减振效果显著提高。

7.3.2 阻尼的产生机理

对于各种阻尼的微观机理研究正处于不断探索的阶段，而在阻尼技术的开发和应用方面已经有成熟的经验。从工程应用的角度讲，阻尼的产生机理就是将广义振动的能量转换成可以损耗的能量，从而抑制振动、冲击、噪声。从物理现象上区分，阻尼可以分为以下五类：

1. 工程材料的内阻尼

工程材料种类繁多，衡量其内阻尼的指标通常使用损耗因子，表 7-4 列出了各种材料在室温和声频范围内的损耗因子值。

表 7-4 常用材料的损耗因子

材料	损耗因子	材料	损耗因子
钢、铁	1×10^{-4}～6×10^{-4}	木纤维板	1×10^{-2}～3×10^{-2}
有色金属	1×10^{-4}～2×10^{-3}	混凝土	1.5×10^{-2}～5×10^{-2}
玻璃	0.6×10^{-3}～2×10^{-3}	砂（干砂）	1.2×10^{-1}～6×10^{-1}
塑料	5×10^{-3}～1×10^{-2}	黏弹性材料	2×10^{-1}～5
有机玻璃	2×10^{-2}～4×10^{-2}		

从表 7-4 中可以看出，金属材料的阻尼值是很低的，但是金属材料是最常用的机器零部件和结构材料，所以，它的阻尼性能常常受到关注。为满足特殊领域的需求，近年来已经研制生产了多种类型的阻尼合金，这些阻尼合金的阻尼值比普遍金属材料高出 2～3 个数量级。

材料阻尼的机理是：宏观上连续的金属材料会在微观上因应力或交变应力的作用下产生

分子或晶界之间的错位运动、塑性滑移等，产生阻尼。在低应力状况下由金属的微观运动产生的阻尼耗能，称为金属滞弹性，可以由图 7-16 看出。当金属材料在周期性的应力和应变作用下，加载线 OPA 因上述原因形成略有上凸的曲线而不再是直线，而卸载线 AB 将低于加载线 OPA，于是在一次周期的应力循环中，构成了应力-应变的封闭回线 ABCDA，阻尼耗能的值正比于封闭回线的面积。对于阻尼等于零的全弹性材料，封闭回线将退化为面积等于零的直线 OAOCO。金属在低应力状况下，主要由黏滞弹性产生阻尼，而在应力增大时，局部的塑性变形应变逐渐变得重要，其间没有明显的分界。由于这两种机理在应力增长过程中都在起作用而且发生变化，所以，金属材料的阻尼在应力变化过程中不为常值，而在高应力或大振幅时呈现出较大的阻尼。

对于铁磁材料等磁性金属材料，由磁弹效应产生的迟滞耗能是它的阻尼产生机理。在强磁场中，每一单元体的磁矢量为了和外界磁场方向趋于一致而发生旋转，在旋转的过程中引起单元体和边界、边界和边界之间的相对运动，同时，磁场或应力场使磁饱和单元体产生磁致伸缩现象，加剧了各单元体之间的相对运动。维持上述两种运动必须有能量输入，即将机械能转变成热能并耗散，这就是产生阻尼的物理机理，称作磁弹效应。

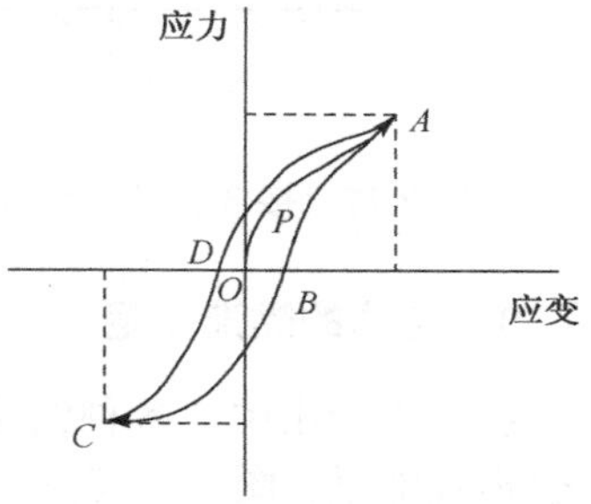

图 7-16　应力应变滞迟回线

工程材料中另一种正在日益崛起的重要材料是黏弹性材料，它属于高分子聚合物。从微观结构上看，这种材料的分子与分子之间依靠化学键或物理键相互连接，构成三维分子网。高分子聚合物的分子之间很容易产生相对运动，分子内部的化学单元也能自由旋转，因此，受到外力时，曲折状的分子链会产生拉伸、扭曲等变形；分子之间的链段会产生相对滑移、扭转。当外力除去后，变形的分子链要恢复原位，分子之间的相对运动会部分复原，释放外力所做的功，这就是黏弹材料的弹性。但分子链段间的滑移、扭转不能全复原，产生了永久性变形，这就是黏弹材料的黏性，这一部分功转变为热能并耗散，这就是黏弹材料产生阻尼的原因。

为了充分利用各种材料的物理机械性能，在工程上还出现了各种复合材料，例如，纤维基材料、金属基材料、非金属基材料等。这些复合材料均是利用各种基本材料和高分子材料复合而成。精密机床基础件的环氧混凝土则以花岗岩碎块作为基体，用环氧树脂做黏结剂制成的复合材料。由两种或多种材料组成的复合材料，因为不同材料的模量不同，承受相同的应力时会有不等的应变，形成不同材料之间的相对应变，并会有附加的耗能，因此，复合材料可以大幅度提高材料的阻尼值。

2. 接合面阻尼与库仑摩擦阻尼

机械结构的两个零件表面接触并承受动态载荷时，能够产生接合面阻尼或库仑摩擦阻尼。如图 7-17 所示，两个用螺钉连接或用自重相贴合的结构原件，如果承受一个激励力，当激励力逐渐增大时，假设零件不发生变形，在接合面之间仍将产生相对的位移或产生接触应力和应变。通常这种相对变形或位移和外力之间的关系，如图 7-18 所示，这就是库仑摩擦阻尼和接合面阻尼产生的机理。

库仑摩擦阻尼和接合面阻尼有相似之处，它们都来源于接合面之间的相对运动。两者之间的区别主要在于：接合面阻尼是由微观的变形而产生的，而库仑摩擦阻尼则由接合面之间相对宏观运动的干摩擦耗能而产生。它的耗能量可以通过分析摩擦力-位移滞迟回线所包围的面积得到。通常库仑摩擦阻尼要比接合面阻尼大 1～2 个数量级，因此，库仑摩擦阻尼的使用效率高得多，并在工程中得到了广泛应用。

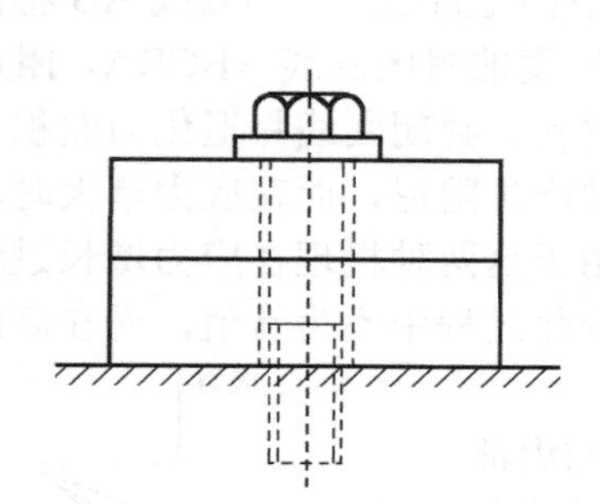

图 7-17　接合面阻尼或库仑摩擦阻尼

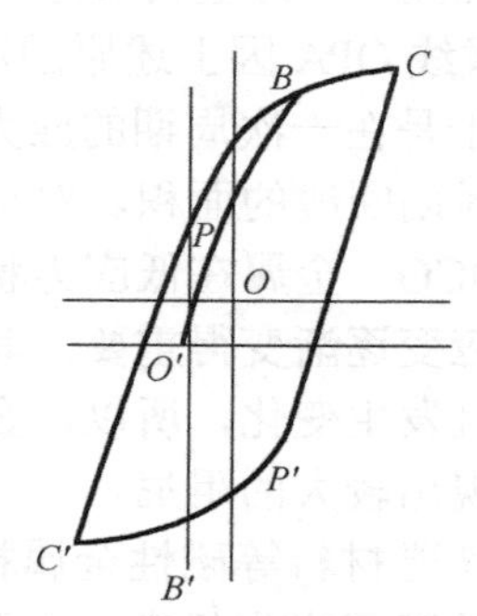

图 7-18　相对位移和外力之间关系曲线

3．流体的黏滞阻尼

在工程应用中，各种结构往往和流体相接触，而大部流体具有黏滞性，因而在运动过程中会损耗能量。图 7-19 表示流体在管道中的流动。如果流体不具有黏滞性，那么流体在管道中按同等速度运动。否则，流体各部分流动速度是不等的，多数情况下，呈抛物面形。这样，流体内部的速度梯度、流体和管壁的相对速度，均会因流体具有黏滞性而产生能耗及阻尼作用，称为黏性阻尼。黏性阻尼的阻力一般和速度成正比。为了增大黏性阻尼的耗能作用，由此制成具有小孔的阻尼器，当流体通过小孔时，形成涡流并损耗能量，所以小孔阻尼器的能耗损失实际包括黏滞损耗和涡流损耗两部分。

4．磁电效应阻尼

机械能转变为电能的过程中，由磁电效应产生阻尼。家用电度表中的阻尼结构实质上就是机械能与电能的转换器。它产生的磁电效应可称之为涡流阻尼。如图 7-20 所示，在磁极中间设置金属导磁片，磁片旋转时切割磁力线而形成涡流，涡流在磁场作用下又会产生与运动相反的作用力以阻止运动，由此而产生的阻尼称为涡流阻尼。涡流阻尼的能量损耗由电磁的磁滞损失和涡流通过电阻的能量损失组成。

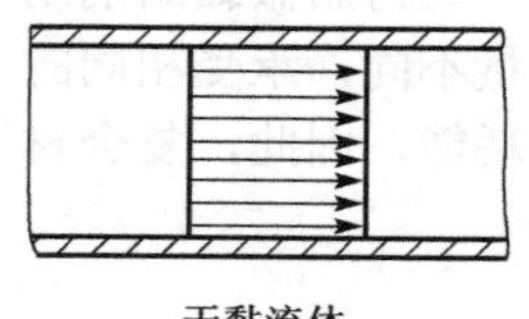

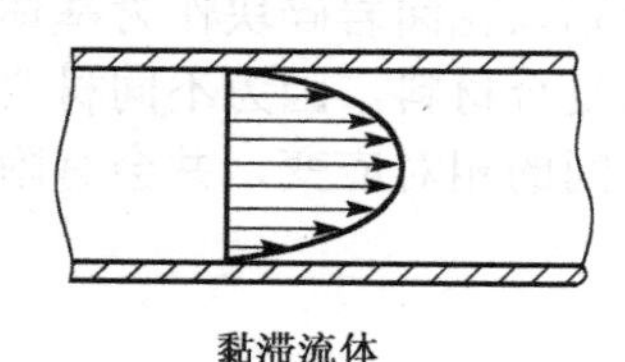

图 7-19　流体在管道中流动

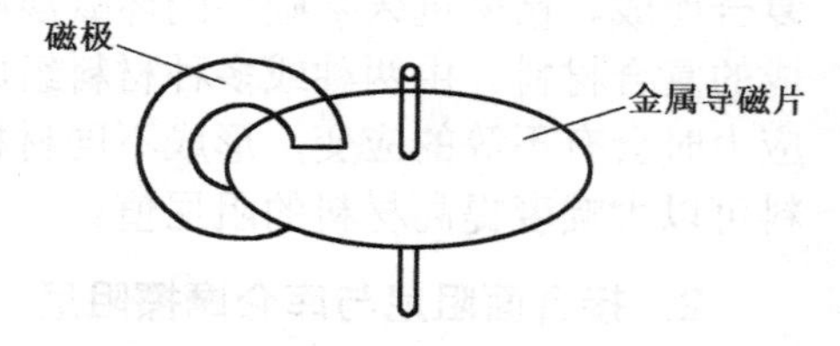

图 7-20　涡流阻尼示意图

5．冲击阻尼

冲击阻尼的机理是通过附加冲击块，将主系统的振动能量转换为冲击块的振动能量，从而达到减小主系统的振动的目的。冲击阻尼是一种结构耗能，工程中可通过设置冲击阻尼器来获得冲击阻尼。例如，砂、细石、铅丸或其他金属块，以至硬质合金都可以用作冲击块，以获得冲击阻尼。工程上已经将这种阻尼机理成功地应用于雷达天线、涡轮机叶片、继电器、机床刀杆及主轴等。

7.3.3 阻尼减振原理

有很多噪声是因金属薄板受激发振动而产生的。金属薄板本身阻尼很小，而声辐射效率很高。降低这种振动和噪声，普遍采用的方法是在金属薄板构件上喷涂或粘贴一层高内阻的粘弹性材料，如沥青、软橡胶或高分子材料。当金属板振动时，由于阻尼作用，一部分振动能量转变为热能，从而使振动和噪声降低。

阻尼的大小采用损耗因数 η_n 来表示，定义为薄板振动时，每周期内损耗的能量 D 与系统的最大弹性势能 E_p 之比除以 2π，即

$$\eta_n = \frac{D}{2\pi E_p}$$

板受迫振动的位移和振速分别为

$$y = y_0 \cos(\omega t + \varphi) \tag{7-27}$$

$$u = \frac{dy}{dt} = -\omega y_0 \sin(\omega t + \varphi) \tag{7-28}$$

阻尼力 f 正比于振动速度 u，比例因子为阻尼系数 δ，即 $f=\delta u$，故在位移 dy 上所消耗的能量为

$$\delta u dy = \delta u \frac{dy}{dt} dt = du^2 dt \tag{7-29}$$

因此，阻尼力在一个周期内耗损的能量为

$$D = \delta \omega y_0^2 \int_0^{2\pi} \sin^2(\omega t + \varphi) d\omega t = \pi \delta \omega y_0^2 \tag{7-30}$$

系统的最大势能为

$$E_p = \frac{1}{2} K y_0^2 \tag{7-31}$$

$$\eta = \frac{\pi \delta \omega y_0^2}{2\pi \cdot \frac{1}{2} K y_0^2} = \frac{\omega \delta}{K} = \frac{2\delta}{\delta_c} \times \frac{\omega}{\omega_0} \tag{7-32}$$

可以看出，损耗因子 η 除与材料的临界阻尼系数 δ_c 有关外，还与系统的固有频率 f_0 及激振力频率 f 有关。对于同一系统激振力频率越高，则 η 越大，即阻尼效果越好。

材料的损耗因子 η 是通过实际测定求得的。根据共振原理，将涂有阻尼材料的试件（通常做成狭长板条）用一个外加振源强迫它做弯曲振动，调节振源频率使之产生共振，然后测得有关参量即可计算求得损耗因子 η，常用的测量方法有频率响应法和混响法两种。

大多数材料的损耗因数在 10^{-1}～10^{-5} 范围内，其中，金属为 10^{-5}～10^{-4}，木材为 10^{-2}，橡胶为 10^{-2}～10^{-1}。

7.3.4 阻尼材料

1. 阻尼材料的种类及特点

不同种类的阻尼材料有不同的性能曲线，并适用于不同的使用环境，现有的阻尼材料可分为以下五类。

（1）黏弹性阻尼材料

黏弹性阻尼材料是目前应用最为广泛的一种阻尼材料，可以在相当大的范围内调整材料的成分及结构，从而满足特定温度及频率的要求，并有足够的阻尼耗损因子。黏弹性阻尼材料主要分橡胶类、沥青类和塑料类，一般以胶片形式生产，使用时可用专用的黏结剂将它贴在需要减振的结构上。使用自黏型阻尼材料时，首先要求清除锈蚀油迹，用一般溶剂如汽油、丙酮、工业酒精等去油污，如果室温较低，可在电炉上稍加烘烤，以提高压敏黏合剂的活性。对于通用型的阻尼材料，一般可选用环氧黏结剂等。选用黏结剂的原则是其模量要比阻尼材料的模量高1～2个数量级，同时考虑到施工方便、无毒、不污染环境等要求。施工时要涂刷得薄而均匀，厚度在0.05～0.1mm为佳。

沥青型阻尼材料比橡胶型阻尼材料价格便宜，使用时简单方便，尤其对于大面积的壳体振动和噪声控制具有明显的效果，它的结构损耗因子随厚度的增加而增加。表7-5列举了一种用于汽车底部的沥青阻尼材料厚度及结构损耗因子的关系。

表7-5　沥青阻尼材料厚度与结构损耗因子关系

阻尼层厚度/mm	1.5	2	2.4	3	4
损耗因子	0.05	0.08	0.11	0.16	0.25

沥青型阻尼材料的基本配方是以沥青为基材，并配入大量无机填料混合而成，需要时再加入适量的塑料、树脂和橡胶等。沥青本身是一种具有中等阻尼值的材料。支配阻尼材料阻尼性能的另一个因素是填料的种类和数量。目前，沥青类阻尼材料在汽车、拖拉机、纺织机械和航天等行业使用较多，特别是在性能要求较高的车型中使用特别广泛。沥青阻尼材料大致可分以下四种类型：

① 熔融型。此种板材熔点低，加热后流动性好，能流遍整个汽车底部等构件，在汽车烘漆加热时一并进行加热。

② 热熔型。在板材的表面涂有一层热熔胶，以便在汽车烘漆加热时热熔胶融化黏合，它一般用作汽车底部内衬。

③ 自黏型。在板材的表面涂上一层自黏性压敏胶，并覆盖隔离纸，一般用在汽车顶部和侧盖板部分。

④ 磁性型。在板材的配方中填充大量的磁粉，经充磁机充磁后具有磁性，可与金属壳体贴合，一般用在车门部位。

（2）阻尼涂料

阻尼涂料由高分子树脂加入适量的填料以及辅助材料配制而成，是一种可涂敷在各种金属板状结构表面上，具有减振、绝热和一定密封性能的特种涂料，可广泛地用于飞机、船舶、车辆和各种机械的减振。由于涂料可直接喷涂在结构表面上，故施工方便，尤其对结构复杂的表面如舰艇、飞机等，更体现出它的优越性。阻尼涂料一般直接涂敷在金属板表面上，也可与环氧类底漆配合使用。施工时应充分搅匀、多次涂刷，每次不宜过厚，等干透后再涂第二层。

上述两种阻尼材料虽然具有很大的阻尼耗损因子和良好的减振效果，但它们的最大缺点是本身的刚性小，因此，不能作为机器本身的结构件，同时在一些高温场合也不能应用。

（3）阻尼合金

为克服粘弹阻尼材料本身刚性小和不耐高温的缺点，人们研究出大阻尼合金。阻尼合金具有良好的减振性能，既是结构材料又有高阻尼性能。例如，双晶型Mn-Cu系合金，具有振动衰减特性好、机械强度高、耐腐蚀、耐高温、导热性好等优点，被用于舰艇、鱼雷等水下设施的构件上。这种材料的缺点是机械性能有所降低，且价格昂贵。

（4）复合型阻尼金属板材

在两块钢板或铝板之间夹有非常薄的黏弹性高分子材料，就构成复合阻尼金属板材。金属板弯曲振动时，通过高分子材料的剪切变形，发挥其阻尼特性，它不仅损耗因子大，而且在常温或高温下均能保持良好的减振性能。这种结构的强度由各基体金属材料保证，阻尼性能由黏弹性材料和约束层结构加以保证。复合阻尼金属板近几年在国内外已得到迅速发展，并且已广泛应用于汽车、飞机、舰艇、各类电机、内燃机、压缩机、风机及建筑结构等。

复合型阻尼金属板材的主要优点是：① 振动衰减特性好，复合型阻尼钢板损耗因子一般在 0.3 以上；② 耐热耐久性能好，阻尼钢板采用特殊的树脂，即便在 140℃空气中连续加热 1000h，各种性能也不劣化；③ 机械性能好，复合阻尼钢板的屈服点、抗拉强度等机械品质与同厚度普通钢板大致相同；④ 焊接性能好，焊缝性能与普通钢相同；⑤ 复合阻尼钢板还具有阻燃性、耐大气腐蚀性、耐水性、耐油性、耐臭氧性、耐寒性、耐冲击性及烤漆时的高温耐久性等优点。复合阻尼钢板的应用实例如表 7-6 所示。

（5）其他阻尼材料

高温条件下，玻璃状阻尼陶瓷是采用较多的一类阻尼材料，通常被用于燃气轮机的定子、转子叶片的减振等。细粒玻璃也是一种适合于高温工作环境的阻尼材料，其材料性能的峰值温度比玻璃状陶瓷材料高 100℃左右。

还有一种抗冲击隔热阻尼材料，由橡胶型闭孔泡沫阻尼材料复合大阻尼压敏黏和剂和防黏纸组成，具有良好的抗冲击、隔热、隔声等性能，可用于抑制航天、航空、船舶的薄壁结构的振动及液压管道的减振。

此外，对于有抗静电要求的场合，使用较多的是抗静电阻尼材料。抗静电阻尼材料具有优良的抗静电性能和一定的屏蔽特性，主要用于半导体元器件、集成电路板与电子仪器试验桌台板，以及计算机房的地板等场合。该阻尼材料有橡胶型与塑料型两类。橡胶型为黑色阻尼橡胶，具有良好的弹性、耐磨性与抗冲击性能；塑料型可根据要求配色。

表 7-6　复合阻尼钢板的应用实例

类别	应用实例
大型结构	铁路桥梁下部隔声板、钢铁厂装、卸料机内衬、漏斗、溜槽内衬
建筑部门	高层建筑钢制楼梯、垃圾井筒、钢门、钢制家具、空调用钢制品
交通部门	汽车发动机、发动机旋转部件、翻斗车料槽、船舶、飞机等构件
一般工厂	传递运输机械构件、铲车料糟、凿岩机内衬、电动机机壳、空气机机壳
音响设备	音响设备底盘、框架、办公用机械
噪声控制设备	各种机器隔声罩、大型消声器钢板结构
其他	记录机机身、激光装置防振台

2．环境因素对阻尼材料的影响

衡量材料阻尼特性的参数是材料损耗因子。大多数阻尼材料的损耗因子随环境条件变化而变化，特别是温度和频率对损耗因子具有重要影响。这一点对于设计阻尼结构来控制振动和噪声是十分重要的。

（1）温度的影响

阻尼材料在特定温度范围内有较高的阻尼性能，图 7-21 是阻尼材料性能（实剪切模量 G

和耗损因子η）随温度变化的典型曲线。根据性能的显著不同，可划分为三个温度区：温度较低时表现为玻璃态，模量高而损耗因子较小；温度较高时表现为橡胶态，模量表现较低且损耗因子也不高；在这两个区域中间有一个过渡区，过渡区内材料模量急剧下降，而损耗因子较大。损耗因子最大处称为阻尼峰值，达到阻尼峰值的温度称为玻璃态转变温度。

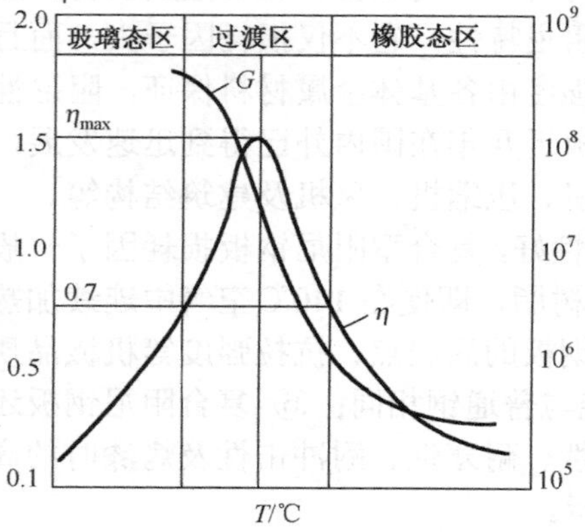

图 7-21　G 和 η 随温度的变化

（2）频率的影响

频率对阻尼材料性能也有很大影响，其影响取决于材料的使用温度区。在温度一定的条件下，阻尼材料的模量大致随频率的增高而增大。图 7-22 是阻尼材料性能随频率变化的示意图。

对大多数阻尼材料来说，温度与频率两个参数之间存在着等效关系。对其性能的影响，高温相当于低频，低温相当于高频。这种温度与频率之间的等效关系是十分有用的，可以利用这种关系把这两个参数合成为一个参数，即当量频率 f_{aT}。对于每一种阻尼材料，都可以通过试验测量其温度及频率与阻尼性能的关系曲线，从而求出其温频等效关系，绘制出一张综合反映温度与频率对阻尼性能影响的总曲线图，也叫示性图。图 7-23 就是一张典型的阻尼材料性能总曲线图。图中横坐标为当量频率 f_{aT}，左边纵坐标是实剪切模量 G 和损耗因子 η，右边纵坐标是实际工作频率 f，斜线坐标是测量温度 T。该图使用很方便。例如，欲知频率为 f_0、温度为 T_0 时的实剪切模量 G_0 和损耗因子 η_0 之值，只需要在图上右边频率坐标找出 f_0 点，作水平线与 T_0 斜线相交，然后画交点的垂直线，与 G 和 η 曲线的交点所对应的分别，就是所求的 G_0 和 η_0 之值。

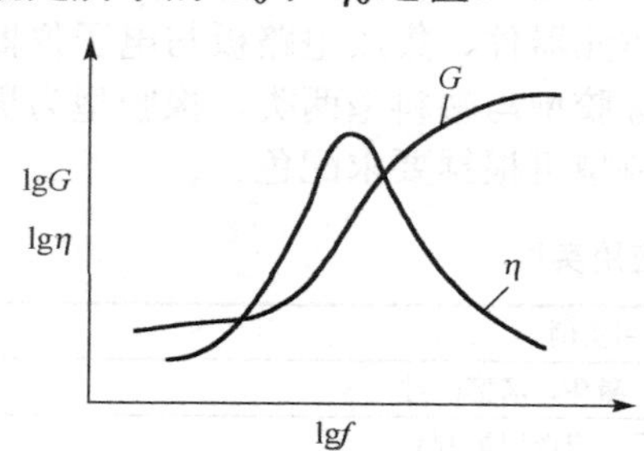

图 7-22　G 和 η 随频率的变化

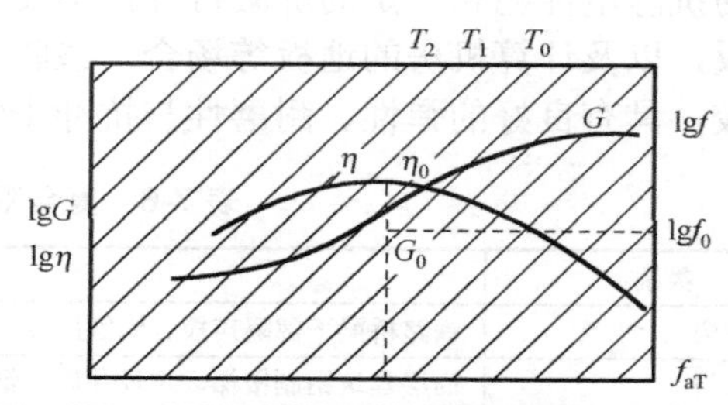

图 7-23　阻尼材料综合耗能总曲线图

7.3.5　阻尼的基本结构及其应用

阻尼减振技术是通过阻尼结构得以实施的，而阻尼结构又是各种阻尼基本结构与实际工程结构相结合而组成的，因此，必须了解和掌握。阻尼基本结构大致可分为离散型的阻尼器件和附加型的阻尼结构。

1. 离散型阻尼器件

离散型阻尼器件可分为以下两类。

（1）用于吸收振动的阻尼器件：如阻尼吸振器、冲击阻尼吸振器等；

（2）用于振动隔离的阻尼器件：如金属弹簧减振器、黏弹性材料减振器、空气弹簧减振器、干摩擦减振器等。

2．附加型阻尼结构

附加阻尼结构是提高机械结构阻尼的主要结构形式之一。通过在各种结构件上直接黏附阻尼材料结构层，可增加结构件的阻尼性能，提高其抗振性和稳定性。附加阻尼结构特别适用于梁、板、壳件的减振，在汽车外壳、飞机舱壁、轮船等薄壳结构的抗振保护与控制中较广泛采用。

附加型阻尼结构可大致分为直接黏附阻尼结构、直接固定组合的阻尼结构、直接附加固定的阻尼结构三类。

（1）直接黏附阻尼结构

直接黏附阻尼结构包括自由层阻尼结构、约束层阻尼结构、多层的约束阻尼结构、插条式阻尼结构等。

① 自由阻尼结构是将一层大阻尼材料直接黏附在需要作减振处理的机器零件或结构件上，机械结构振动时，阻尼层随结构件变形，产生交变的应力和应变，起到减振和阻尼的作用。

自由阻尼层结构结合梁的结构如图 7-24 所示，自由阻尼层结构结合梁的损耗因子与结构参数的关系式如下。

$$\eta_s = \eta \frac{eh(3+6h+4h^2)}{1+eh(5+6h+4h^2)} \tag{7-33}$$

式中，$h = H_2/H_1$，是阻尼层厚度 H_2 与基本弹性层厚度 H_1 之比值；$e = E_2/E_1$，是阻尼层杨氏模量 E_2 与基本弹性层杨氏模量 E_1 之比值；η 为阻尼层材料的损耗因子；η_s 为组合梁结构的损耗因子。

式（7-33）表示自由阻尼处理组合梁结构的损耗因子，其损耗因子既是阻尼厚度比 h 的函数，也是阻尼层模量比 e 的函数。图 7-25 为其关系曲线图。

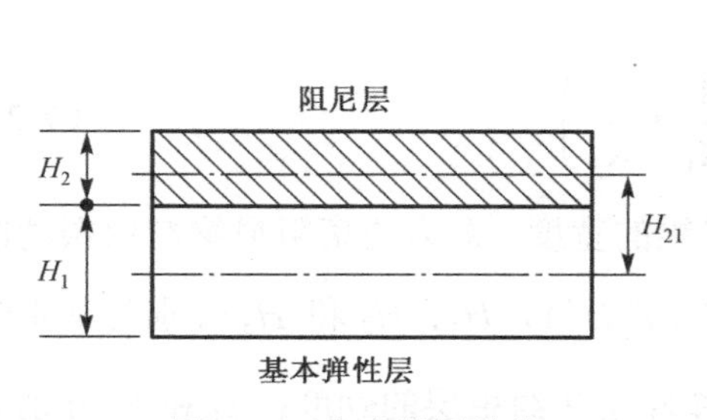

图 7-24　自由阻尼结构

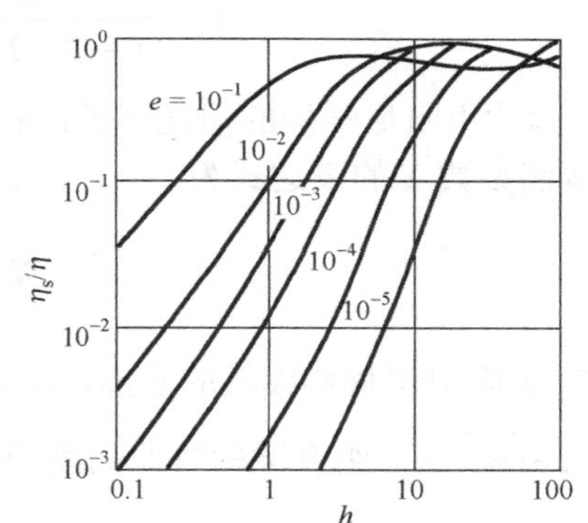

图 7-25　组合结构的损耗因子与结构参数关系图

由曲线可以发现：只有在 e 较大时，η_s/η 才随 h 的增大而增大，直到具有实际工程意义；当 e 值较小时，如 $e<10^{-3}$，附加阻尼层厚度比即使达到 3，η_s/η 也只有 0.001；当 e 值一定时，η_s/η 随 h 值单调上升，并有一极限值 ηE_2。

自由阻尼层结构组合板的损耗因子关系式如下。

$$\eta_s = \eta k \frac{12h_{21}^2 + h^2(1+k^2)}{(1+k)[12h_{21}^2 + (1+k)(1+hk^2)]} \tag{7-34}$$

式中，η_s 为组合板结构的损耗因子；η 为阻尼层材料的损耗因子；$h=H_2/H_1$，是阻尼层厚度

H_2与基本弹性层厚度H_1之比值；$k=K_2/K_1$，是阻尼层拉伸劲度K_2与基本弹性层拉伸劲度K_1之比值；h_{21}为阻尼层厚度和基本弹性层厚度中线间的距离与基本弹性层厚度之比值。图 7-26 是一种具有隔离层的自由阻尼处理结构，它具有阻尼高、重量轻和劲度好的特点，隔离层用轻质高劲度材料制作。当基本弹性层产生弯曲振动时，隔离层有类似于杠杆的放大作用，可增加阻尼层的拉压变形，从而增加阻尼材料的耗能作用。自由阻尼结构更多地用于薄层结构减振，例如鼓风机的外壳、各种管道、车辆等。

② 约束阻尼结构是由基本弹性层、阻尼材料层和弹性材料层（称约束层）构成的。当基本弹性层产生弯曲振动时，阻尼层上下表面各自产生压缩和拉伸变形，使阻尼层受剪切应力和应变，从而耗散结构的振动能量。约束阻尼结构比自由阻尼结构可耗散更多的能量，因此，具有更好的减振效果。

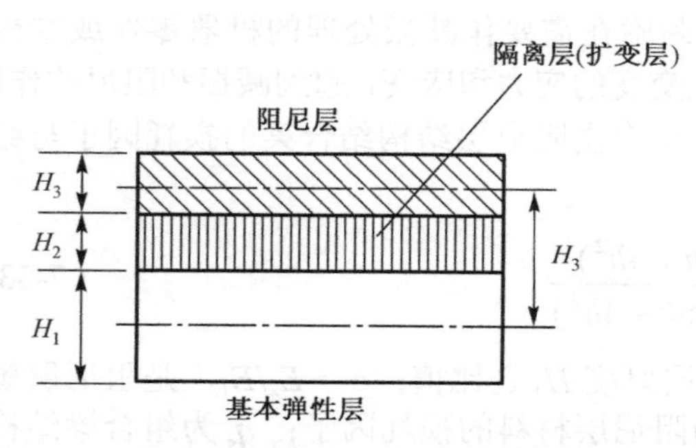

图 7-26　具有隔离层的自由阻尼处理结构

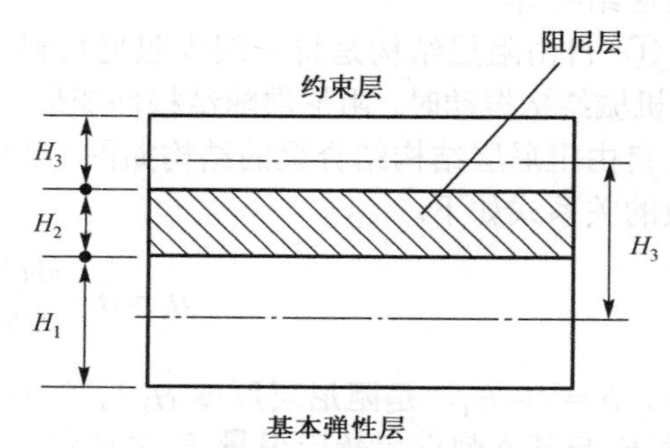

图 7-27　约束阻尼结构

约束阻尼结构（见图 7-27）梁的损耗因子如下

$$\eta_s = \frac{\eta XY}{1+(2+Y)X+(1+Y)(1+\eta^2)X^2} \tag{7-35}$$

式中，η_s为约束阻尼结构的损耗因子；η为阻尼层材料的损耗因子；X为剪切参数；Y为劲度参数。剪切参数X的表达式为

$$X = \frac{G_2 b}{k^2 H_2}\left(\frac{1}{K_1}+\frac{1}{K_3}\right) \tag{7-36}$$

式中，G_2为阻尼层材料模量的实部，b为约束阻尼梁的宽度，k为约束阻尼梁弯曲振动的波数，$k=\omega\sqrt{m/D}$，组合梁的弯曲劲度$D=\dfrac{b}{12}(E_1H_1^3+E_3H_3^3)$，$H_1$、$H_2$和$H_3$分别为基本弹性层、阻尼层和约束层的厚度；$K_1$和$K_3$分别为基本弹性层和约束层的劲度；$E_1$和$E_3$分别为基本弹性层和约束层梁的杨氏模量。

劲度参数Y的表达式为

$$Y = \left(\frac{H_{31}^2}{D}\right)\left(\frac{K_1K_2}{K_1+K_3}\right) \tag{7-37}$$

式中，$H_{31}=(H_1+H_3)/2+H_2$，是基本弹性层中性面至约束层中性面的距离。

在阻尼结构形式的选择上，应根据工作环境条件等要求合理选取，综合考虑。通常自由阻尼结构适合于拉压变形，而约束阻尼结构适合于剪切变形。图 7-28 为几种典型的约束阻尼处理结构。

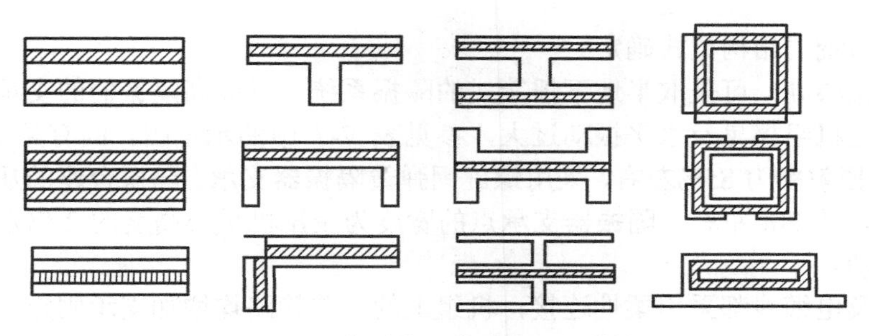
图 7-28 典型的约束阻尼处理结构

用两种以上不同质地的阻尼材料制成多层结构，可提高阻尼性能。多层结构同时使用不同的玻璃态转变温度和模量的阻尼材料，可加宽温度带宽和频率带宽。图 7-29 为三层和五层阻尼结构损耗因子的比较。

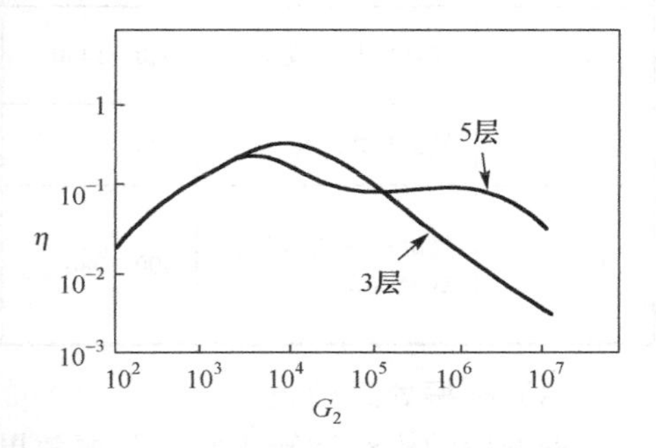

图 7-29 3 层与 5 层阻尼结构的 η 比较

（2）直接固定组合的阻尼结构

如接合面阻尼结构等。

（3）直接附加固定的阻尼结构

如封砂阻尼结构、空气挤压薄膜阻尼结构。

阻尼处理位置对于减振性能影响显著，有时在结构的全面积上进行阻尼处理可能会造成浪费，而实际工程结构中通常也只能进行局部阻尼处理。如何使局部阻尼处理达到最佳的阻尼效果是阻尼处理位置的优化问题，可以根据不同阻尼结构的阻尼机理，相应地进行优化处理，以达到最佳的性能价格比。

7.4 隔振与降噪工程应用实例

实例 7-1 3.5L-20/8（4L-20/8）型空压机的隔振

3.5L-20/8 型空压机装机功率 130kW，转速 488r/min，一阶振动频率 8.1Hz，二阶振动频率 16.2Hz，空压机重量 3370kg，电机重量 1560kg，皮带传动。一阶及二阶垂直振动扰力分别为 11kN 及 4.1kN，一阶及二阶水平振动扰力分别为 6.27kN 和 3.2kN，空压机的重心高度 1376mm。

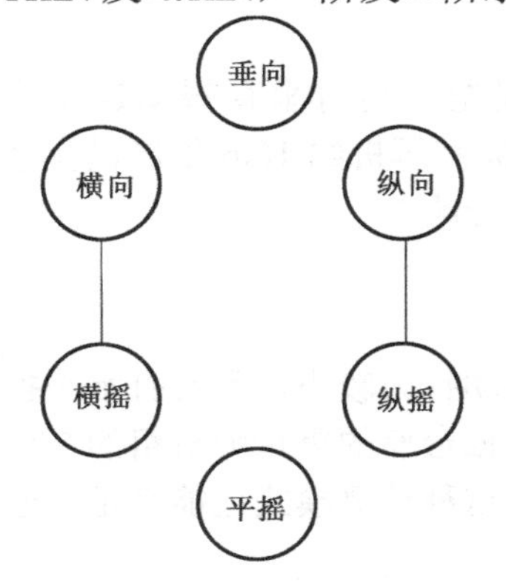

图 7-30 六个自由度计算模式

在没有采取隔振的情况下，空压机组运转时，基础面垂直振速平均为 3mm/s，垂直振幅为 0.12mm，室内地坪（基础外）的平均垂直振速为 2mm/s，平均振幅约 0.05mm，距空压机 12m 处地面振级 VLz 为 80dB 左右，其振动及固体声传播对环境有较大的影响，距空压站 10m 处的居民住宅内可感到整个房子摇晃，并听到沉闷的打鼓声。

隔振处理步骤如下。

（1）隔振系统的计算模式

隔振体系按“独立的垂直振动，横振与横摇耦合；独立的平摇振动，纵振与纵摇耦合”六个自由度系统计算（见图 7-30）。主要计算各方向的固有频率及机组各个方向的振速，以及核算隔振器的刚度，隔振后机组的振动是否超出限值。计算过程中对空压机及电机的形状进行了简化。

（2）隔振系统的结构型式确定

由于该机重心高，可采取半地下摇篮式的隔振系统，以提高隔振器的支承平面，降低机组的重心，防止机组摇晃及水平振动过大，参见表 7-7 中的示意图。固有频率设计为 2.2～2.5Hz，一阶隔振效率为 85%左右，采用螺旋钢弹簧隔振器支承。隔振台座的质量设计为机组总质量的 4 倍，约 20t 左右，隔振器支承点的宽度为空压机重心高度的 2 倍左右，以控制机组隔振后的振动。

进出管道及电缆线都采用柔性连接，机组上的一些管路均增加支承固定。

表 7-7　空压机隔振技术比较

型号	结构特点	转速/（r/min）	扰力特点	推荐隔振形式简图	特点
V 或 W 型	气缸呈 V 型或 W 型	980～1450	扰力小（水平方向）		可与机组配合成组装式（可移动）
Z 型	气缸立式二排	730	只有垂直扰力及水平回转力矩		基础面上直接安装
L 型	气缸分垂直气缸及水平气缸	400～980	垂直扰力及水平扰力都较大		基础呈凹坑形，较复杂

（3）隔振处理效果

隔振后的机组运转正常，隔振效果良好；经有关部门测定，机组、基础及环境振动数据如下：

隔振台面（即机组）：　$\bar{V} = 6.75$mm/s；

基础面：　$V = 0.94$mm/s；

车间地面：　$V = 0.24$ mm/s；

环境振动：　VLz = 65dB。

以上数据都达到了预期的设计指标。

实例 7-2　2Z-8/6 型空压机隔振

2Z-8/6 型双列立式空压机装机功率 40kW，转速 730r/min，一阶振动频率 12.2Hz，一阶及二阶垂直振动扰力分别为 1670N 及 3230N，一阶回转力矩 1860N·m，空压机重量 1110kg，电机重量 580kg，电机与空压机用联轴器连接，一级冷却器及二级冷却器与空压机电机分离，但紧靠在一起。

机组在没有采取隔振措施前，按常规设计的刚性基础在机组运转时垂直振动速度为 0.68～1.3mm/s，站房内地面垂直振动速度为 0.07～0.1mm/s，距离空压机约 10m 处居民住宅内地面垂直振动速度为 0.05～0.12mm/s，其振动对环境有较大的影响。

隔振处理步骤如下。

（1）隔振系统的计算

从理论上讲，应进行 6 个自由度的系统计算，但由于机组振动扰力较小，且没有水平扰力，故在实践中只计算垂直方向一个自由度的振动。只要保证隔振台座的重量为机组的 2 倍以上，并使隔振器支承点的宽度尺寸大于 2 倍的机组重心高度，这种计算模式已能满足一般工程需要。

（2）隔振系统的结构型式确定

2Z-8/6 型空压机的隔振系统的结构型式可见表 7-7 中示意图所示，钢砼结构隔振台座的重量是机组质量的 2 倍左右，系统的固有设计频率为 3Hz 左右，隔振效率为 95%左右，采用金属螺旋弹簧隔振器支承，从示意图上可以看到，隔振器的支承面较高，有利于控制机组振动过大。

由于隔振系统已把二级冷却器包括在内，在隔振台座上空压机气缸部分位于一隅，垂直振动扰力的作用点很偏，这种情况不利于控制机组振动，应充分重视。

管道及电缆均采取了柔性连接，由于二级冷却器的排气温度较低，可采用橡胶接管。

（3）隔振效果

隔振后的 2Z-8/6 型空压机运转时，测定其隔振台面的垂直振动速度为 6.3mm/s，站房内地坪垂直振动速度为 0.05～0.1 mm/s，值班室地面垂直振级 VLz=62dB，已达到 GB10070-88《城市区域环境振动标准》规定的居民区标准。

实例 7-3 某钢铁厂 1 t 蒸汽锤的隔振

该厂锻工车间使用的 1 t 蒸汽锤，锤头质量 1250kg，活塞直径为 360mm，活塞最大行程 900mm，使用蒸汽压力 4～6kPa，最大打击能力约为 30kN·m，锤的机架重 13t，砧座重 15.5t，隔振前，蒸汽锤使用时，汽锤基础、车间地面、车间办公室及附近居民住宅区的振动数据见表 7-8。

表 7-8 隔振前后蒸汽锤引起振动的比较

位置	隔振前			隔振后		
	加速度/$m\cdot s^{-2}$	振动速度/$mm\cdot s^{-1}$	振动幅度/mm	加速度/$m\cdot s^{-2}$	振动速度/$mm\cdot s^{-1}$	振动幅度/mm
内基础	92	103	2.0	4	10.0	0.5
外基础	8.0	6.0	0.5	0.15	0.65	0.012
车间休息室	0.43	4.0	0.08	2（VLz=77dB）		
居民住宅区	0.25	2.5	0.055	0.3（VLz=75dB）	0.2	0.0045

隔振形式为基础下支承金属螺旋弹簧隔振器，如图 7-31 所示。整个隔振设计及隔振措施如下：

（1）系统的固有振动频率为 5Hz 左右，内基础下支承了 100 个隔振器，金属螺旋弹簧在硫化橡胶之中，阻尼比提高到 0.06，以控制锤击时基础的自振动。

（2）为了控制内基础的振动，内基础的质量设计为 175t，是汽锤重量的 8 倍，并设置了 8 组限位阻尼器，可控制内基础的水平位移及弹跳。

（3）内外基础均采用钢筋混凝土结构，内基础用钢板制成外壳，既可代替浇灌模板，又可以增大内基础的强度与刚度。在砧座下支承了三层橡胶运输带，既可提高一定的隔振效果，又可保护砧座下的混凝土结构在强冲击力下的强度。

采取上述措施后，车间及周围环境均达到环境振动控制标准，隔振处理取得良好的效果。

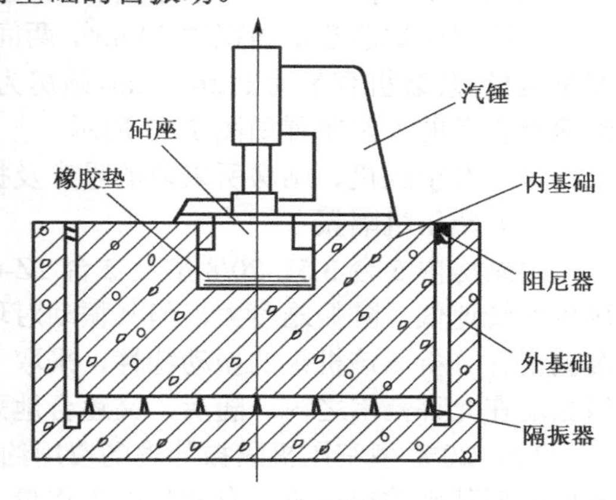

图 7-31 蒸汽锤隔振示意图

实例 7-4 大型离心风机的隔振

某厂电炉车间电炉排烟除尘系统使用大型离心风机三台，风机轴功率 550kW，风量 175000～326000m^3/h，风压 580～419Pa，转速 600～960r/min；风机总重 7800kg，叶轮重 1568kg，叶轮直径ϕ2000；电机型号 JSQ158-6，功率

550kW，转速 986r/min；风机与电机之间采用 YDT-100/10 型波力偶合器联结调速，偶合器重量 1470kg；机组总重量 13.75t。

当转速为 960r/min 时，风机总扰力为 21840N，当转速为 600r/min 时，总扰力为 10240N。机组隔振措施如下：

（1）采用金属螺旋弹簧为隔振元件，固有频率为 2.4Hz，转速为 600 r/min 时，隔振效率为 90%以上。

（2）为确保机组正常运转及使用寿命，应把风机机组隔振后的振动控制在 10mm/s 以内。

（3）附加质量块以控制机组自身振动，该风机隔振系统的公共底座的质量设计约为机组质量的 3 倍。

（4）采用图 7-32 所示的隔振结构型式，这一隔振结构型式的优点是降低了机组的重心，提高了隔振器的支承面，有利于机组的稳定。公共底座即隔振台采用混凝土及钢筋的混合结构，安装及调试都比较方便。

隔振后实测振动数据如下：

机组垂直振动：振动速度 2.0～5.8mm/s，振幅 0.018～0.067mm；

机组水平振动：振动速度 0.7～4.0mm/s，振幅 0.012～0.048mm；

基础垂直振动：振动速度 0.11～0.32mm/s，振幅度 0.0040～0.0058mm。

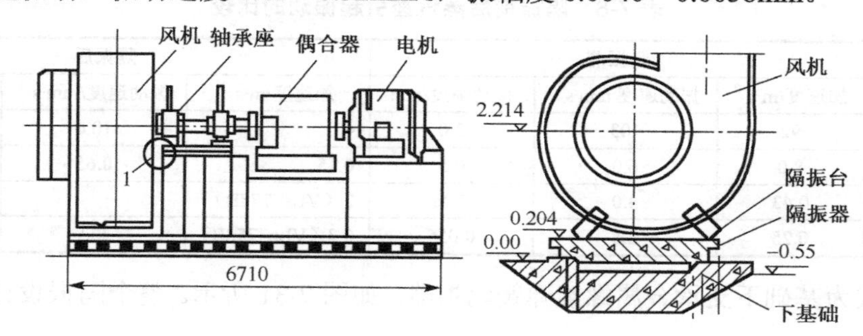

图 7-32 离心风机隔振示意图

实例 7-5 某厂空压站的隔振降噪治理

该厂空压站总建筑面积约 230m²，两间站房成 L 型，共安装 5 台 3.5L-20/8 及 2 台 2Z-6/8 型空压机，总装机容量为 112m³/min，站房为砖和混凝土结构，东西两边距居民住宅仅 7～10m，站房及设备的工艺布置如图 7-33 所示。

该厂对空压机、站房所采取的噪声及振动控制措施如下。

（1）空压机隔振

对站房内 5 台 3.5L-20/8 型及 2 台 2Z-6/8 型空压机全部进行了隔振处理。3.5L-20/8 型空压机的转速低，隔振难度大，但其振动对环境影响严重。某研究院与高等院校共同协作，详细测定并分析了该机组的振动特性，采取了实例 7-2 中介绍的隔振方法，隔振效果明显，机组振动在允许范围之内。随后，又逐台地采取了隔振处理。

3.5L-20/8 型空压机隔振处理的费用约 2 万元/台，基础为钢筋混凝土坑，对已安装好而未作隔振基础的空压机，有相当的工作量。

（2）进气口消声

该空压站的空压机进气消声的方法比较特殊，在站房外设置了一个大口径的进气管，从高空进气以改善进气的洁净度。在集中进气管道与进气口之间安装了 K 型空压机进气消声器。

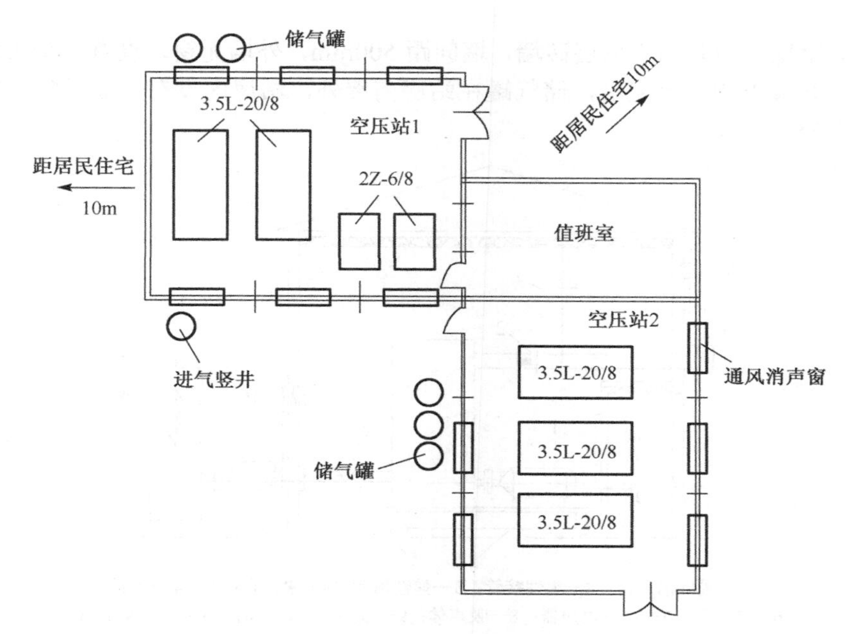

图 7-33 空压站平面布置图

（3）站房内吸声

该站房建造时在顶部设置了木屑板的吸声吊顶，在改造过程中又在四周墙的上部悬吊了一部分超细玻璃棉的空间吸声体，站房内的平均吸声系数可达到 0.4。

（4）隔声值班室

在两间站房之间设有隔声值班室，通往两个站房的门都为隔声门，并设有双层玻璃隔声窗。一般情况下，值班工人都在值班室内观察仪表，并间断地进入站房巡视检查。

（5）储气罐的消声隔声处理

由于空压机已安装后段冷却器，排气噪声已得到一定的抑制，在储气罐的进气口安装了一只多孔喷射消声器，以减小高压气体的脉冲噪声。有的储气罐用超细玻璃棉、铁丝网及石棉水泥进行外壳包扎，增加隔声量。

（6）门窗的处理

为了减少站房内噪声对环境的污染，所有的门都应改装成隔声门，所有的窗都应改装成通风消声窗。通风消声窗的通流面积为 40%左右，消声量为 10dB(A)以上。

为保证站房内的通风散热，在站房的两侧墙上部安装了轴流排风机，新风由下部的通风消声窗进入，热空气由轴流风机排出。

空压站噪声及振动控制措施如图 7-34 所示。

改造后的站房内外噪声及振动状况如下：

噪声：站房内 80～85dB(A)，值班室内 64dB(A)，站房外 1m 处为 65dB(A)，站房外 10m 处低于 80dB(A)。

振动：机组的平均振速 6.75mm/s；基础的平均振速 0.94mm/s。

实例 7-6 某制药厂空压站的防振降噪治理

该制药厂空压站距居民住宅约 15m。空压站长约 37m，宽 9.5m，层高 5.5m，为砖和混凝土混合结构。站房内安装有 1 台 L5.5-80/2 型、3 台 5LA-55/45 型、1 台 BD40 型空压机及 2 台 W5-1 型真空泵，总装机量为 340m^3/min。一般情况下，空压机运行 3 台，真空泵运行一台，三班工作制。空压站的北墙为双层砖墙，墙间距 500mm，外墙无窗，设有一个大门，空压机的进气口设在北墙外侧的上屋沿，储气罐在站房南墙外，站房内设有一简易隔声值班室。平面布置如图 7-35 所示。

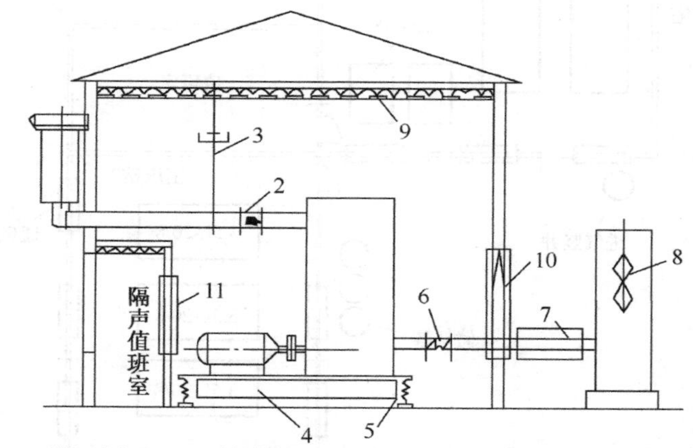

1—进气消声器；2—柔性接管；3—弹性吊钩；4—隔振台；5—隔振器；6—波纹管；7—排气消声器；8—吸声体；9—吸声顶；10—消声室；11—隔声窗

图 7-34　空压站噪声及振动控制示意图

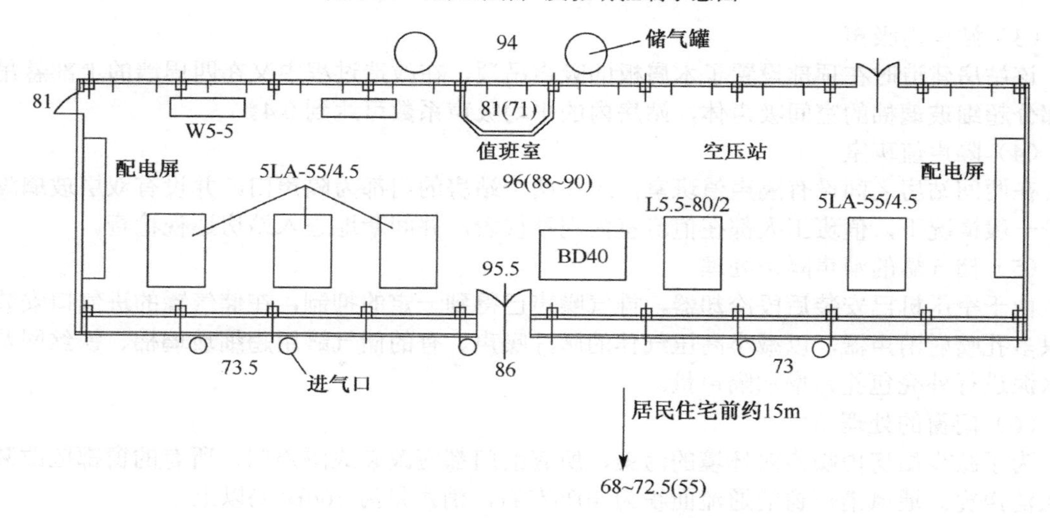

图 7-35　空压站平面布置图

噪声治理之前，站房内噪声为 94～97dB(A)，值班室内 81dB(A)，都呈明显的低频特性，站房的南、北墙外噪声分别为 84～94dB(A)及 73～84dB(A)，居民住宅前 1m 处的噪声可达 73dB(A)，都已大大超过环境噪声标准。空压站附近的厂区及该厂所在路的东西 100m 区域内都处在频率很低的噪声共鸣之中，沿街开的饭店因顾客无法忍受噪声不愿光顾而停业。

空压机的振动对周围环境也产生了严重影响。根据市环境监测站测定，居民住宅区地面振动加速度为 $0.0343m/s^2$，换算成振动级 VLz 约 90dB，也大大超过《城市区域环境振动标准》，居民站在住宅三楼楼板上能明显感到整个房屋的振动。

该厂引起噪声污染的噪声源为：安装在车间外墙上沿的空压机进气口，它是直接影响环境的主要声源；车间内的机械设备运转时产生的噪声通过门窗及墙洞等向外传播也是影响环境的重要原因；另外，还有空压机振动引起的二次结构声及固体声的传波。

环境噪声控制标准为：L_d = 60dB(A)，L_n=55dB(A)，站房内：90dB(A)，值班室内低于70dB(A)。

工厂采取的治理措施如下：

① 在空压机进气管道中安装了三级扩张室抗性消声器，以降低进气口的气流噪声。

② 站房内安装了吸声顶和一定面积的吸声壁，旨在降低室内的混响声，增加围护结构的隔声量。

③ 站房内北墙上的普通窗改成三层玻璃隔声窗，普通门改成隔声门，防止噪声外泄。

④ 南墙上的上窗全部关闭密封。下窗改成通风消声窗，门改成隔声门，防止噪声向南泄出，影响南侧居民。

⑤ 设置了全室机械通风系统。在南墙上方安装 7 台轴流风机，排风口设在站房中央的顶部。在北墙上设置 2 个机械进风系统，室外的新风直接吹在两组开关盘上，另外，在北墙上方设 2 个进风消声口，进风量为 35000m^3/h，排风量为 140000m^3/h。

⑥ 对值班室进行了改造，原值班室的围护结构加强了密封隔声处理，室内增装了吸声吊顶和隔振地板。

该项治理工程已通过市级验收，环境噪声达到预期指标 55dB(A)；站房内噪声降低到 88dB(A)；值班室内噪声降到 70dB(A)。经过两年夏天的运行，通风降温工况比以前大有改善，已能够满足机组运转的要求。

实例 7-7 某面粉厂制粉车间的噪声与振动综合治理

该厂制粉车间的自动面粉生产线，其主机为 MOD GlCO 型磨粉机，每日可处理小麦 500t。全套设备安装于制粉车间的 1～6 层，分为小麦清理间和磨粉间。在生产过程中这些设备产生的噪声较高，特别是制粉间二楼的 24 台磨粉机在制粉时所产生的噪声。这些噪声不仅使车间噪声级较高，而且使相邻的车间环境受到影响，也使车间外厂区及环境噪声超标。在厂大门口处测得噪声级为 72dB(A)，超过环境噪声标准，因而要求对噪声进行治理，以改善车间的劳动条件，使环境噪声达标。

制粉车间有软、硬麦两条生产线，24 台磨粉机，密集布置在长 20m、宽 15m 的二层制粉间，形成 4 行 6 列，磨粉机的行间距 1m，列间距 0.67m。

通过对制粉车间的噪声调查，确定车间的主要噪声源有：

① 磨粉机：单机噪声级 95dB(A)，车间噪声级 105dB(A)；

② 高压排风口：设在制粉机楼顶层，距 1m 测得噪声级 L_A = 110dB(A)；

在对噪声源调查的基础上，确定对磨粉机的隔声罩采取阻尼减振、隔声、消声、风冷等措施，已取得良好效果，现简要将治理措施介绍如下。

1）磨粉机的噪声控制

该制粉机的工艺是将小麦从上部进入经喂料辊送入轧辊研磨成粉后，从磨粉机的下部输出。轧辊由快辊及慢辊组成，电机的转速通过皮带轮减速使快辊转速为 60r/min，再通过齿轮 Z_1 与 Z_2（啮合转速比为 1:1.24），使慢辊转速为 490r/min。磨粉机噪声产生的原因为：① 磨辊在运转时，其不平衡的惯性扰动力 $F(t)$激振支撑墙板，并传递给磨门、溜管壁、边侧防护等面积较大的薄板，激发辐射强烈的噪声；② 磨辊碾磨物料时，既有挤压又有剪切滑动，产生了较强的摩擦噪声。

通过以上分析，在保证磨机的正常运行和外观的前提下，采取了以下阻尼、隔声和密封等综合降噪措施：

（1）边罩采取阻尼吸声结构，在罩薄板内衬 3mm 铝板，3mm 阻尼板，25mm 吸声泡沫及 0.5mm 铝穿孔板，以提高其隔声量。

（2）磨膛门内设置约束阻尼，磨膛门为 2mm 钢板折弯结构，为提高其损耗因子，在其内侧加 3mm 阻尼板及 2mm 钢板。

（3）下溜管壁厚 8mm，在其外侧加 3mm 阻尼板及 2mm 钢板的约束阻尼层。

（4）在磨粉机前部的原有厚 8mm 有机玻璃观察窗上，再加一层厚 4mm 的有机玻璃，中空间距 10mm，组成双层隔声结构，使插入损失增为 14.6dB。

（5）为了防止磨机边罩底部振动与地坪摩擦发声，在底部 8cm 宽的孔口加装减振靴。

（6）风冷消声器。在磨机观察窗下部宽 20mm 的风冷通道装设一抗性风冷消声器，它是由一变径插入弯管与喂料管及磨膛上方空腔组成的，其插入损失为 12.2dB。

（7）由于变速箱和轴承架运行发热和磨辊研磨物料的磨擦发热，会使摩膛温度升高，并进一步导致从物料中析出的水分在冷壁结露。另外，罩壁设置阻尼和吸声结构后，使罩的热阻增加，散热困难，所以，设计时加设通风系统，通过送入冷空气将罩内的热量带走。通风系统所需的风量为 19239m^3/h，由 6$^\#$风机（压头 1.17kPa，风量 20000m^3/h）供给。风机的进风口装有片式消声器（消声量为 25dB(A)）。通风系统经运行测试，夏季室内温度 35℃时，边罩内温度为 42℃，磨膛温度为 44℃，均属正常。

（8）在考虑降噪方案时，还发现磨机的噪声与两磨辊的轧距有关，经试验找出噪声最低的有效轧距，可使噪声降低 10 dB 左右。

经采取上述各项措施后，单机噪声降到 85dB()，车间噪声级降到 89dB(A)，同时各层走廊和一、三层制粉间噪声也下降了 3～6dB(A)。

2）气力输送高压风机排风口的噪声控制

用于磨粉机内物料输送的高压风机安装在制粉楼的六层，其排风口则在顶层，并装有筒形风帽。为了减少其对环境的影响，配置一消声器，消声器的插入损失定为 IL＞30dB。消声器为阻抗复合式，由长 1m 的声流式辐射板，消声弯头及抗性消声器组成。

消声器安装后，在距风口 1m 处的噪声级 L_A = 76dB(A)，完全消除了对环境的影响，经环境保护部门监测，环境噪声已达到国家规定标准要求，即夜间 54dB(A)，白天小于 60dB(A)。

实例 7-8　某食品公司康师傅纯净水空压机房噪声与振动治理

某食品公司空压机房有 AF CE46BSSG40，2L-10/8 型高压空压机 1 台，占面积 66 平米，机器 740r/min，全重 1700kg。常规空压机车间是由一台或多台空压机组成，是机械、矿山、化工、冶金等工业部门中噪声污染较为严重车间。未进行噪声处理前，实测车间噪声为 95dB(A)，厂界噪声 71dB(A)，超出国家标准 16dB(A)以上，对周边居民身体健康造成了危害。

1）噪声源控制

空压机整体噪声中进气噪声占很大比例，加装进气消音器是控制整体噪声主要手段。空压机进气噪声基本呈低频，采用带插入管扩张室与微孔板复合式消音器。

（1）安装变截面排气管

空压机排气口至气罐管段受排气压力脉动气流作用而产生振动及辐射出噪声，除可影响周围操作人员健康外，还能导致结构疲劳，建议采用变截面排气管。排气管道中安装节流板后，可使气流脉动受到显著抑制，降低振动和噪声辐射。该孔板安装于容器与管道连接处附近，它相当于阻性元件，对脉动气流起到限制作用，同时由截面改变而改变了管道中声学边界条件，限制管道中驻波形成，降低振动和噪声辐射。孔径 d 取管径 D0.43～0.5 倍，孔板厚度 h 取 3～5mm。

（2）机座底部安装减振器

机器和机台总重量为 1700kg，转速 740r/min，采用 JG 型橡胶隔振器减振。由 *W*=1700/4=425kg，选用 4 只 JG3 -7 型减振器，理论减振效率达 93.3%，安装采用 M16 螺栓固定。

（3）加强机构构件修理及维护，减小机器内部各部件撞击、磨擦噪声等。

（4）安装吊挂式吸声板

空间悬挂吸声体。机器发出噪声碰到吸声材料，部分声能被吸收掉，使反射声能减弱，操作人员听到从声源发出最短距离到达直达声和被减弱发射声，这时总噪声级就会降低。

吸声板为中部衬填一层再生布，双面各铺 5cm 厚超细玻璃（容重取 25kg/m），外包塑料窗纱并以棉纶线缝制成型结构。吸声板吊挂车间顶部（占顶棚面积约 70%）分作 10 块，每块约 2m。经采取以上几项措施，实测空压机车间噪声为 85dB(A)，共降低 10dB(A)。

2）传播途径上控制噪声

传播途径上采用隔声间、隔声罩等区域性衰减和密闭措施。

为便于操作工人观察及维护，车间一侧建造一间 33m 隔声间。隔声间用 240mm 厚砖砌成，内外加抹 10mm 厚水泥抹面，面对空压机间隔墙上安装有门窗。门采用单扇门，减轻门重量和利于隔声，该门尺寸为 1900×740×80mm。门扇采用多层复合板结构，门扇与门框接缝用橡皮条密封。窗户采用木框双层固定窗。为避免发生共振，玻璃厚度采用 4mm 和 6mm，两层间距为 80～100mm，采用坡角式安装，面积为 1500×1010mm。顶棚吊挂方式同 20m 吸声板。

3）吸声及隔声效果测试

空压机间噪声 85dB(A)，降低了 10dB(A)，达到了国家《工业企业噪声控制设计规范》规定 8 小时工作日内噪声不超过 90 dB(A)要求。治理后经环保局进行监测，南边厂界噪声值为 64.6dB(A)，仅比背景噪声高 0.6dB(A)，达到三类区标准（≤65dB(A)），完全达到环保监测要求，保护了周边居民的健康，有效避免居民投诉问题。

实例 7-9 南通某国贸商业中心空调板换机房低频降噪案例

南通某国际商业中心空调热交换机房位于大楼 13 层北侧，采用阿法拉伐板换设备，制冷供热系统采用的凯旋立式离心水泵等设备运行产生严重低频噪声及振动污染，低频嗡鸣声令人难以忍受。为满足楼下酒店客房夜间休息和楼上办公区域正常办公，避免因环境低频噪声及振动严重超标被客人投诉，引起不必要纠纷，上海世静环保科技有限公司技术团队针对现场水泵等设备低频噪声振动产生原理和特点，成功实施低频降噪减振措施。设计方案见图 7-36，采用的减震装置见图 7-37。

对于该案例，主要针对机组采用二级振动控制，对管道进行了隔音包扎处理，悬空的管道采用弹性吊架，落地管道采用隔振支架，采用钢质隔声门，在管道接头处采用更换、增加优质橡胶柔性接头的方法，同时在室内增设了高效环保低频吸声吊顶和墙面。经过上述措施处理后，经测试效果明显，达到预期治理效果（酒店装修前室内噪声有 67 dB(A)控制到 40 dB(A)以下），并通过环保局第三方验收。治理前后降噪效果见表 7-9。

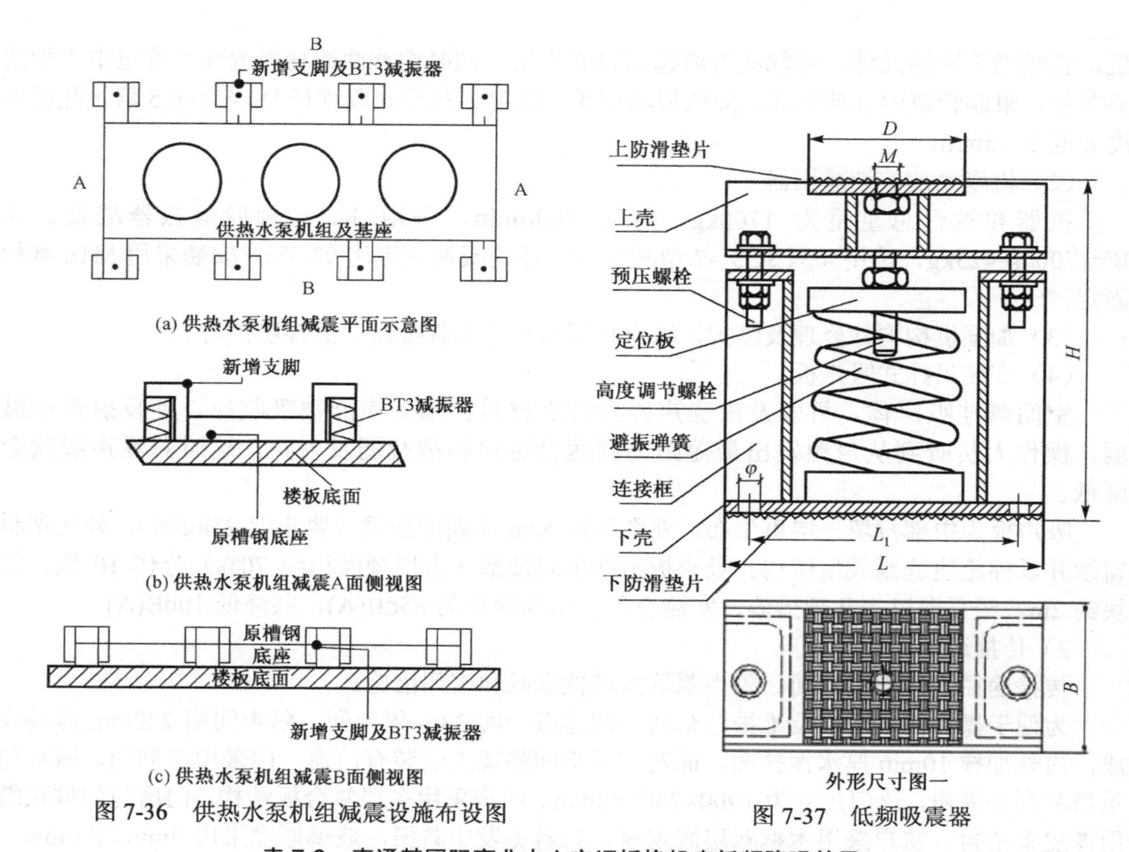

(a) 供热水泵机组减震平面示意图

(b) 供热水泵机组减震A面侧视图

(c) 供热水泵机组减震B面侧视图

图 7-36　供热水泵机组减震设施布设图

图 7-37　低频吸震器

表 7-9　南通某国际商业中心空调板换机房低频降噪效果

序号	位置	噪声测试读数 dB(A)	
		治理前	治理后
1	机房主机 1 米处	87	84
2	12 楼主机正下方客房	67	40
3	12 楼南酒店客房	48	38
4	14 楼主机正上方	56	40

习　题　7

1．重量为 500kg 的机器支承在刚度 K 为 900N/cm 的钢弹簧上，机器转速为 3000r/min，因旋转不平衡产生 100kg 的干扰力，设系统的阻尼比 ξ 为 0，试求出传递到基础上的力的幅值为多少。

2．试分析为什么车辆在空载时比满载时振动大？

3．设有一台转速为 1500r/min 的机器，未采取隔振措施前，测得基础上的力振动级为 80dB（指此频率），现欲使基础的力振动级降低 20dB，试问需要选取静态压缩量 δ 多大的弹簧才能满足这一要求？设阻尼比 $\rho = 0$。

4．一台电机安装在 6 个相同的钢弹簧-橡胶减振器上，已知弹簧-橡胶减振器静态压缩量为 1.2cm，电机转速为 800 r/min，系统阻尼为 0.05，试求传递比和传递率。

5．一台风机连同机座总重量为 8000N，转速为 1000r/min，试设计一种隔振装置，将风机的振动激励力减弱为原来的 10%。

6．有一台自重 600kg，转速为 2000 r/min 的机器，安装于 1m×20m×0.1m 的钢筋混凝土上，试设计橡胶类隔振垫层，使系统采取隔振措施后传到地面上的力振动级降低 20dB（设钢筋混凝土的密度为 2000kg/m^3，垫层分布于四个角上）。

第 8 章　噪声的主动控制

8.1　概　述

传统的噪声控制方法，是在噪声产生之后，用多孔材料对声波进行吸收、用隔声罩或隔声屏障隔声，或安装消声器等减小或消除噪声的影响，这类方法都属于噪声的被动控制方法。例如，对于低频噪声的控制，若仅考虑用被动噪声控制技术，须用大的消声器和重质封装结构；对于振动，则隔振系统要求大面积非常柔软的阻尼结构处理或使用吸振器。20 世纪 30 年代，Paul Lueg 提出了以主动噪声抵消法代替被动噪声控制的最初想法。近代电子技术，特别是微电子技术的发展，极大地促进了噪声主动控制技术的发展和各种主动控制系统的开发。目前，噪声主动控制技术已在许多领域得到应用，并取得良好的效果。

8.1.1　噪声主动控制系统

噪声的主动控制是利用一个控制源，对系统产生一个次级干扰声波，以抵消初级噪声，使最初的噪声得到衰减。次级干扰是基于初级干扰和电子技术来实现的。

噪声和振动主动控制系统主要由参考信号传感器、控制源、控制作动器、误差信号监测器（误差信号传感器）、前馈（或反馈）控制系统等部分组成。图 8-1 为管道噪声前馈主动控制系统的构成简单示意图。

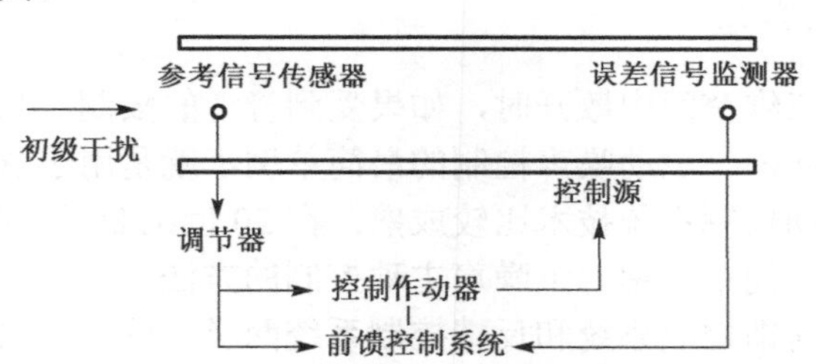

图 8-1　管道噪声前馈主动控制系统的构成简单示意图

（1）参考信号传感器

参考信号传感器用于探测初级噪声，能将初级噪声的强弱和频率特征检测出来，该信号的检测精度影响到整个主动控制的效果。

（2）控制作动器

控制作动器采用相应的控制规律，对控制源实现控制。

（3）控制源

控制源把次级干扰声波引进结构或声学系统，以抑制来自一个或多个初级源的噪声或振动。如声学控制源可以是扬声器或喇叭。噪声和振动控制系统一般设置一个或多个控制源。

（4）误差信号监测器

次级干扰声波引入后的声场称为残余场。误差信号监测器用来监测残余场中声波的强弱和频率特征。

（5）前馈控制系统（或反馈控制系统）

前馈控制系统根据输入参考信号进行控制，其作用是修改初级声源的阻抗或者是通过控制源吸收来改变输入扰动的幅值。反馈控制系统根据误差进行控制，其作用是通过使用从误差传感器处得来的控制信号，修改系统的暂时反映特征，尽量减小干扰通过后的残余影响。

前馈控制系统和反馈控制系统都可以分别划分为自适应型和非自适应型。但在噪声主动控制系统的实际应用过程中，前馈控制系统通常是自适应的，这种系统能自适应被控系统的微小变化。而非自适应控制器一般局限于反馈型，适用于环境条件的微小变化不会明显影响控制器性能的情况。

噪声和振动的主动控制系统的效率取决于物理和电子控制两个主要子系统的设计及其间的运行协调。物理系统为主动控制系统提供结构和声学接口，而电子控制系统则通过衰减初级噪声场或振动场来驱动物理系统。

噪声和振动的主动控制系统用于频率低于500Hz的低频范围内的噪声和振动控制比较理想。尽管也可研制高频的主动控制系统，但在技术上还有许多困难，如复杂声场的结构或声学方面的问题，以及高采样速度的电子问题等，都限制了系统的效率。对在高频范围内的噪声，采用被动控制系统会更经济些。对于宽频噪声控制，一个完整的控制系统可用主动控制处理低频，被动控制处理高频。

目前，噪声和振动的主动控制已经在许多领域得到应用，如利用主动控制降低轻质机械设备外壳的低频噪声辐射；减弱高层建筑摇动；利用汽车内控制声源和车身板上的轻质振动作动器来降低汽车内部噪声；利用排气口处的声学控制源或安装在排气管上的高强度声源来降低内燃机排气噪声，其中高强度声源位于距排气口一定距离处，并能将声辐射进入排气管；利用轻质振动作动器，像压电陶瓷晶体，来降低包括未来空间站结构在内的低频结构振动。

8.1.2 噪声主动控制方法

声源辐射的声波在三维空间中散开时，如果受到管道的限制，只能沿管道方向传播，这时三维问题简化为一维问题。主动噪声控制的最简单例子就是用于衰减通风管道中平面声波的传播。管道噪声的主动控制系统技术比较成熟，在20世纪80年代初，就在实际工程中得到应用，下面以此为例，简单介绍一下噪声主动控制的方法。

主动控制系统分为前馈控制系统和反馈控制系统两类。图8-2给出了典型控制器实施方法的示意图，每个方法都可以抑制初级声源产生的噪声。

1. 以转速计信号作为控制器参考输入的前馈控制

图8-2(a)中显示的数字为前馈控制系统专门锁定管内离散音频噪声的主动衰减。例如，风扇产生的噪声，其频率一般等于叶片通过的频率和其谐频。图中转速计的输出与风扇旋转轴同步，对应着周期性初级噪声。电子信号调节器把转速计信号转换成预估风扇旋转基频的正弦波与将被控制谐频的混合信号。

为了产生适当的信号来驱动控制源，图8-2(a)中的参考信号经过数字滤波变成结果控制信号传给控制源，然后把次级控制干扰传至管内。此方案并没有选择反馈控制系统，因为反馈控制系统是非自适应的。非自适应控制器通过固定的数字滤波器来表征。它的参数通过声学系统分析或试验及误差来决定，这样可使误差麦克风处的信号最小。但是，被控制的声学或振动系统很难长时间保持一致，即使温度或流速的微小变化都会显著改变声速，导致在期望的和实际的控制信号之间产生较大的相位差。图8-2(a)、(b)中所使用的前馈控制系统，采用调整自适应滤波器，最小化下游的残余干扰，其测得量是误差麦克风检测的平方信号的瞬时值。在这种情况下，滤波器的加权是随数字采样率的规定时间而不断更新的，这样就会得到更好的结果。

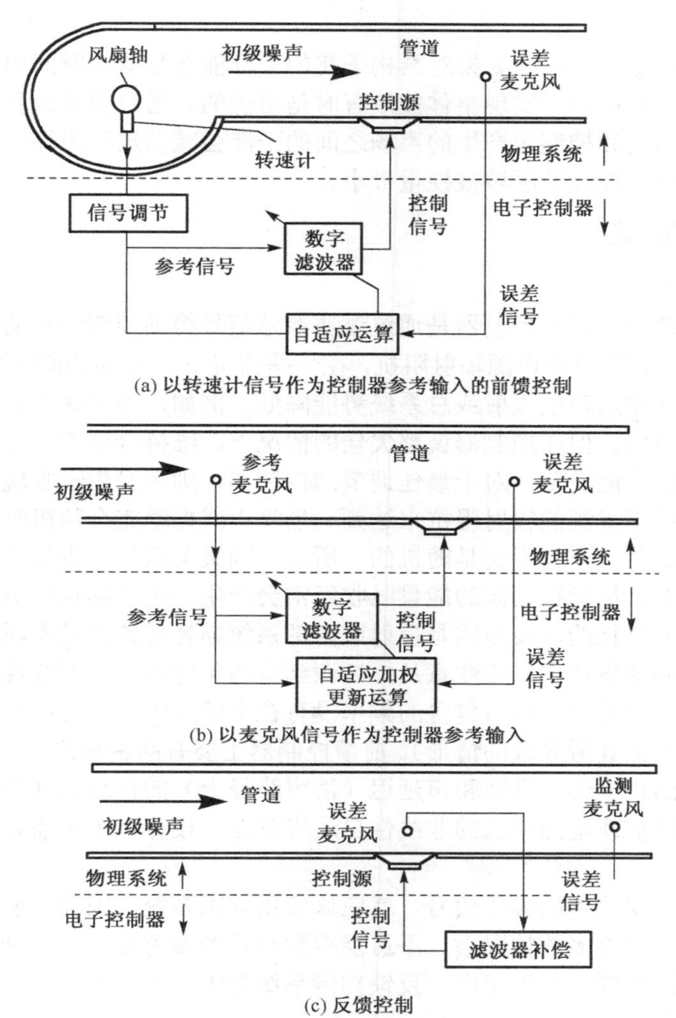

(a) 以转速计信号作为控制器参考输入的前馈控制

(b) 以麦克风信号作为控制器参考输入

(c) 反馈控制

图 8-2　在管道内传播的平面声波的主动控制

2. 以麦克风信号作为控制器参考输入

如果控制宽带随机噪声，则必须得到与初级信号各组成部分有关的参考信号。对于管道噪声控制，可通过把管道内的转速计替换成麦克风来实现，如图 8-2(b)所示。这一方法的缺点是，伴随着部分控制源信号传到上游，这种布置经常会导致参考信号被“污染”，并有可能导致系统失稳。当采用只控制周期或音频噪声方式时，一般不选用这一方案。

3. 反馈控制

反馈控制系统在控制信号的获取方式上，不同于前馈系统。前馈系统依赖于引入初级干扰的预估测定，产生合适的抵消干扰；反馈系统的目标是减弱干扰通过后的残余影响。因此，反馈系统在减小系统的瞬态响应方面较好，而前馈系统则在减小系统的稳态响应上性能更出色。在声学空间中和结构上，反馈控制器能有效地增加模态阻尼。在如图 8-2（c）所示的管道中，反馈控制器通过控制扬声器处管壁阻抗的变化，来反射入射波。前馈系统的物理系统和控制器可以分别优化，与前馈系统不同，反馈系统必须把物理系统和控制器作为一个耦合系统来设计。

对于自由场中的随机声源，如果对结构干扰的采样能在足够的时间内提前得到，那么通过控制产生噪声的结构振动来实现整体控制有时是可能的。通过前馈或反馈控制可使一些区域消声；通过初级声场和控制源产生的声场之间的干涉会减弱局部声场；通过将误差传感器放在要控制的局部区域能使该区域被控量最小。

4．控制系统的确定

（1）前馈控制系统

在前馈控制系统中，前馈控制器是通过过滤参考信号得到控制信号的。用于控制周期性噪声的前馈控制系统，可改变声源辐射阻抗，在一些情况下，控制源能吸收噪声或振动能量，使整体噪声降低，即使总声能辐射或总系统势能降低。例如，如果扬声器的纸盆运动合适，那么他们就能吸收声能。但在控制器调整欠佳的情况下，维持合适的纸盆运动所需要消耗的能量较之纸盆吸收的声能更多。对于最佳调节的控制器，则不发生吸收现象，并且干扰衰减完全可通过调节初级干扰源的辐射阻抗来达到。当噪声或振动完全随机时，与前馈控制有关的控制机理就会严格些，因为干扰是随机的，所以，因果关系的约束阻碍了控制源对初级源辐射阻抗的最佳影响，尽管控制源的能量吸收经常会产生一定的影响，但沿管道传播声（或沿结构传递的振动）损耗的主要原因是反射或内部系统损耗导致能量不断耗散。

在前馈电子控制器设计中，应注意从控制源到参考传感器以及非线性控制源的声或振动反馈（当控制源的声或振动输出所包含的频率没有在电输入中出现时；在控制作动器或驱动放大器中经常因谐调失真所导致的情形）。前馈控制器主要有两种形式，一是建立一个控制源与误差麦克风之间的声电传递函数和声延迟（消声路径上）的在线识别系统，二是选用神经网络的复杂滤波器结构或基因算法的非线性自适应算法，设计一个不需要在线识别的复杂控制器。

通常，只要能获得适当的参考信号，就应该使用前馈系统。因为一般来说，前馈系统的性能优于反馈系统。在许多的情况下，不可能得到合适的参考信号，如减小脉冲激励结构的共振响应。在类似这样的一些例子中，反馈控制系统是惟一可选的。

（2）反馈控制系统

反馈控制器是通过过滤误差信号获取控制信号，如图 8-2(c)中所示。在噪声和振动的主动控制系统中，针对系统对稳定性的要求，采用反馈控制系统，可使误差传感器测量系统尽快回到未受干扰时的状态。

如图 8-2 所示，在一些行波系统中，反馈系统的主要作用是反射那些声振系统中通过内部损耗不断耗散的入射波。当系统试图迫使控制源处的压强或振动为零时，会导致阻抗不匹配，即在存在驻波的声学空间或结构中，反馈控制器会导致系统共振频率和阻尼的变化。

总之，主动控制能有效地应用于噪声和振动问题。对于噪声问题，前馈控制已经成功地应用于管道消声，并应用于飞机机舱内及汽车内部和外部的噪声控制，反馈控制也已经成功地应用于耳朵防护。因为主动控制不容易先于输入信号采样，所以，无法为前馈控制器提供合适的参考信号。

在结构振动控制领域中，反馈控制的应用已相当普遍，因为它不需要提前测定参考信号就能降低结构的振动。不过，如果在控制源动作之前有足够的时间获得参考信号，前馈控制系统以其固有的稳定性和常规的优良性能，总是优于反馈控制系统的。

控制源和误差传感器的物理布置对主动控制系统的效果起至关重要的作用，改变控制源和传感器的位置会影响系统的可控性和稳定性。对于前馈系统，物理系统的布置可独立于控制器而进行优化，但对于反馈系统，物理系统的布置是控制器设计的一个重要部分。另外，对应于被控声波或结构最低频率的波长以及控制源的尺寸也很重要。如果控制源太小，不能明显改变初级源的辐射阻抗，将不能实现对全方位、多波长的初级源的整体控制。

8.2 噪声主动控制应用

8.2.1 管道噪声的主动控制

1. 应用对象

对于主动控制而言，在管道中传播的噪声可以分为平面声波和高阶模态的声波。平面声波在自由场中以声速传播，它的特点是沿着管道声压的分布是均匀的。然而，高阶模态的声波的传播速度依赖于声音的频率和阶数，它的特点是在管道的截面上声压的分布是不均匀的。因此，高阶模态的噪声比平面波噪声更难于使用主动控制系统来降低噪声。甚至，想要检测到与高阶模态声波相联系的声压都是很困难的。

只有当声音的频率超过了第一个高阶模态的截止频率时，高阶模态的声波才开始传播并对管道的噪声传播产生重要的影响。在该频率以下，即使产生了更高阶模态的声波，它也会随着离噪声源距离的增加而迅速衰减，即发生消散。此时，如果将检测麦克风放置在远离初级声源和控制声源的地方，让它们检测不到这些不向外传播的高阶模态声波所产生的声压，就可以避免高阶模态的噪声对主动控制产生大的影响。这样，在管道的截止频率以下，简单的单通道平面波控制器可以迅速地减小管道噪声。

铺有多孔吸声材料的管道允许任意频率的高阶模态声波传播，因此，在可能的情况下，主动控制源应该放置在管道中未铺设吸声材料的部分。如果想要将单通道控制器的工作频率范围扩展到第一阶模态的截止频率以上，那么，可以尝试把管道截面分割为两到四个部分。这样，每一部分的管道截面足够小，以阻止高阶模态声波的传播。

2. 管道噪声的主动控制与被动控制

一般来说，管道噪声的被动控制是通过阻抗性或耗散性消声器来控制声音的传播。阻抗性消声器通过改变声源的辐射阻抗来减小管道中传播的声音；耗散性消声器的主要目的是减小声功率。阻抗性消声器主要由膨胀室和穿孔管组成；而耗散性消声器是由带有吸声材料（如石棉或者玻璃纤维）的隔板组成。

管道噪声主动控制是噪声主动控制技术的第一个应用。与阻抗性消声器和耗散性消声器相比，主动控制系统的主要特点是：① 主动控制系统最适用于控制低频谐波噪音，许多使用被动消声器来消音的空气处理系统都有低频隆隆声；② 主动控制系统体积小，而控制低频声的被动系统一般体积庞大；③ 在有些情况下，主动控制系统也适用于控制宽带低频噪声和音频范围内的噪声，尤其是在要求消声器的压降尽可能小或者对于大型排气设备进行控制的情况下；④ 价格便宜。在对大型排气设备进行控制时，每个被动低频消声器的价格十分昂贵，且其安装工作属于大型的建筑工程，这种工程造价高昂且常常严重影响生产的日程安排。

对于高频噪声控制来说，阻抗性或者阻抗性与耗散性相结合的消声器要比主动控制系统更加便宜且性能更优良。其原因在于，管道中的高频噪声除了与平面波有关以外，还与高阶模态噪声的传播有关。控制高阶模态噪声传播的主动控制系统必须是多通道的，因此，这使得该系统远比那些控制平面波的系统复杂。对于一个矩形截面的管道来说，其截止频率由公式$f_{cu}=c_0/2d$确定，其中，d是管道最大的截面尺寸，c_0是声音在自由场中的传播速度；对于圆形截面的管道来说，该公式表示为$f_{cu}=0.586c_0/d$，其中d是管道直径。这样，对于一个截面最大尺寸是1m^2，且其中的空气温度为室温的矩形截面的管道来说，使用简单的单通道控制器所能控制的声音的最高频率是170Hz。

在用主动控制系统来控制管道中平面波的技术上存在的困难主要表现在：从控制源到检测噪声的麦克风之间的反馈噪声可能引起控制器的不稳定；与管道中的空气流动有关的压力波动也会影响麦克风的信号，并引起控制器产生与之对应的“声消除信号”，该信号增大了噪声而不能减少压力波动，该波动是以与流体相同的速度（不是声速）传播的；扬声器在低频时的不良频率响应以及在高频时频率响应特性的不一致，使得扬声器的设计进一步复杂化；来自扬声器、管道弯曲处以及管道终端的反射也使得控制问题复杂化；干扰气流会引起麦克风和扬声器产生特殊问题。在典型安装中，扬声器的寿命很短，一般为1～3年。其原因在于，在使用中扬声器的纸盆振幅太大了，大大缩减了其寿命；沿管壁的振动传播是一个经常被忽略的问题，这种振动被作为主动或者被动消声器的下游声辐射出来，其结果是削弱了系统的性能；管壁振动也可以直接影响误差传感器的输出等。

3. 控制方法

（1）反馈控制

用于管道消声的最简的单反馈控制系统如图8-3所示。该系统的目的在于通过控制源产生一个干扰信号，使麦克风处的声压为零，麦克风的作用是反映沿管道向声源方向传播的声波。

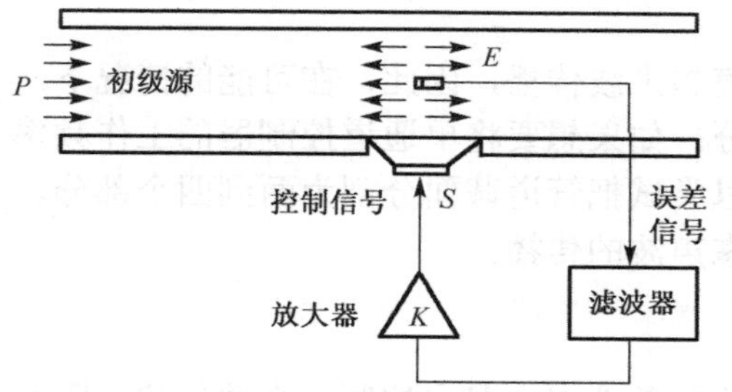

图8-3 用于管道消声的简单反馈控制系统

图8-3中的反馈系统为非自适应型系统，放大器的增益系数K是固定的。反馈控制器通过使用误差传感器处得来的控制信号，改变被控系统的瞬时反应特征。因此，它们最适用于在有限长的管道中控制纵向的周期噪声，但不适用于控制随机噪声。

在反馈控制系统中，误差信号永远不能达到零（理想值），否则，将无法获得控制信号，这就限制了系统的性能。控制器增益系数越大，可以达到的误差信号就越小。然而，较大的增益系数将导致系统不稳定，而且容易造成剧烈波动。由于管道会影响反馈环路，因此，要维持理想的放大器增益系数以达到良好的消声效果是很困难的。虽然类似图8-3所示的反馈系统被用于制作防护耳罩的控制器设计，但却没能在管道噪声主动控制中得到实际应用。

图8-4(a)为反馈控制系统用于大型轴向风扇的噪声控制系统示意图，其性能可参见图8-4(b)。由图可见，在1.5倍频程上随机噪声可衰减20～30dB。但在实际装置中，该系统在长时间内的稳定性较差。另外，具有固定增益系数的反馈系统只能有效地控制非常窄的频率范围。

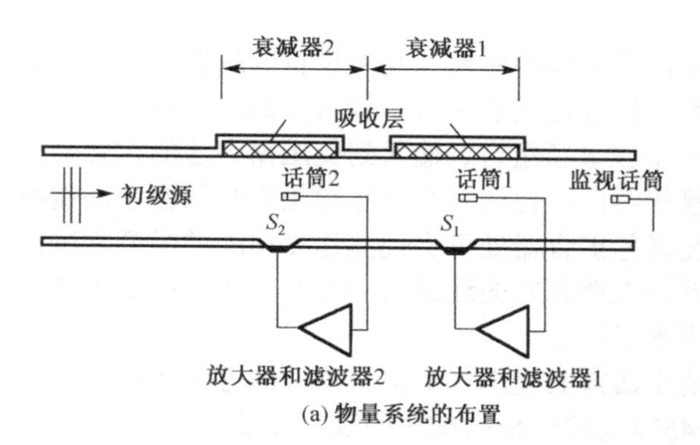

(a) 物量系统的布置

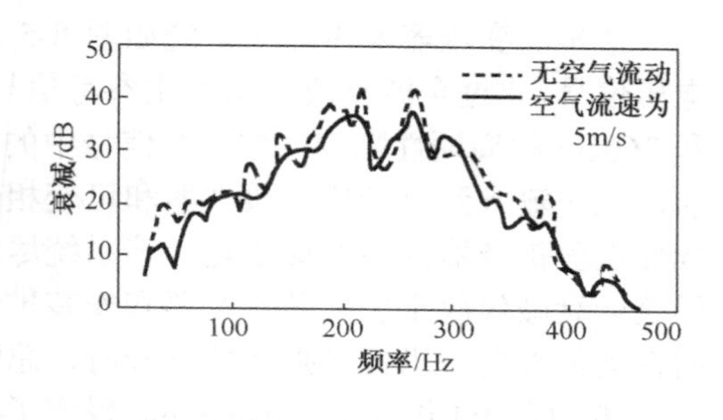

(b) 控制大型轴向风扇噪声时的性能

图 8-4　两个单极子反馈控制器

反馈主动控制系统也已成功应用于降低发动机的排气噪声。在这一应用中，控制源和误差麦克风被放置在膨胀室中，该膨胀室是排放系统的一部分。该方法与传统的降噪方法效果接近，但该方法的系统压降要小得多。

（2）前馈控制

用于控制管道噪声的典型前馈主动控制系统如图 8-2(a)、(b)所示，该系统采用调整自适应滤波器，使下游的残余干扰最小，其测得量是误差麦克风检测的平方信号的瞬时值。在这种情况下，滤波器的加权是随数字采样率的规定时间不断更新的，这样就会得到更好的结果。

在主动噪声控制系统最大限度地减小管道中声音传播的过程中，除电子控制器外，主动控制的物理过程具有同等重要的作用，如控制源、参考传感器和误差传感器的布置等。例如，对周期性噪声的控制主要是通过控制源所引起的阻抗改变来减少初级源辐射的声功率。而当一个单一声源用于控制随机噪声的时候，在最理想的控制情况下，噪声是通过声能在初级声源和控制源之间的反射和消耗而被消除的。

8.2.2　变压器噪声控制

尽管变压器噪声有时也存在更高频率的简谐噪声，但其主要频率特征是输电频率的简单倍数，如 2、4、6 或 8 倍等。如安装在居民区附近的变压器，其低频嗡嗡声会导致周围的污染。变压器的低频噪声是由磁电变化导致的电磁线圈的振动，通过油缸传到外壳上，从而引起外壳振动。由于很难减弱这种磁电变化的影响，也就很难对噪声源进行控制。传统的办法是在变压器的周围包上厚厚的一层隔声材料，但为了散发变压器的工作热量，必须将一定压力的空气送入变压器内，并通过消声管道排出。这种处理方法不仅成本高，而且检修也很不方便。

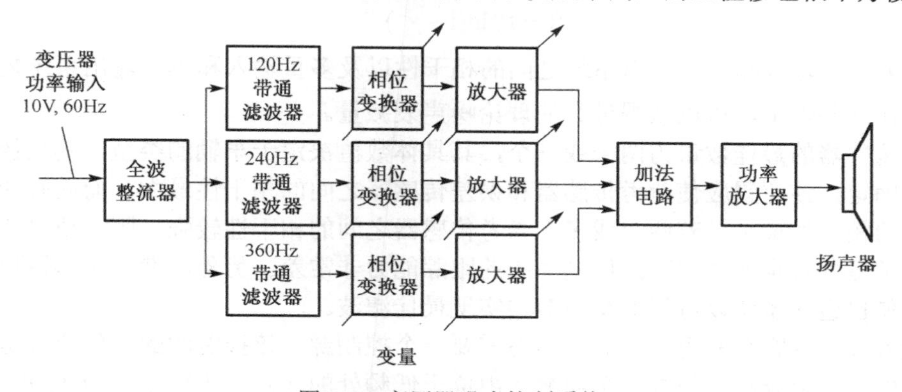

图 8-5　变压器噪声控制系统

最早的变压器噪声控制系统如图 8-5 所示，该系统的原理是利用来自变压器低压一边的电压信号，通过全波整流器来产生参考信号，参考信号通过窄频带滤波器分离出 120Hz、240Hz 和 360Hz 的周期性噪声。这三个信号中的每一个在重新组合、输入到变压器旁边的扩音器之前，应先输入到可变增益放大器和可变相位移相器内，使这三个信号的相位和振幅手动调整到使误差扩音器的声音最小化。该系统尽管在误差扩音器处可实现高达 25dB 的噪音衰减，但这一衰减仅限于以误差扩音器和安装扩音器外壳壁之间的连线为中心线的小角度范围内。而在其他方向，当控制扩音器打开时，总噪声水平增加。

20 世纪 90 年代初，Angevine 报道了在变压器前面使用多个扩音器源的方法控制噪声并取得了成功，该方法能在宽广的区域（35°～45°）取得 15～20dB 的噪声衰减。

另一个控制变压器噪声的途径是在油箱上用主动力激励抑制对声辐射作用最大的振动模态。这些力激励可以由多通道控制器驱动，以使扩音器安装点噪声的测量误差减到最小。

第三种主动减少变压器噪声的方法，是用由开孔面积约为 30%的穿孔薄金属板做成的罩把变压器包围起来。控制激励可用来驱动穿孔金属罩（因有低内阻），以减小扩音器安装位置噪音测量的误差，这时孔内有流体的实心部分不同相，因而形成低效率的多元声源。开孔罩还可使变压器在无需强制对流的情况下自然冷却，这种方法的可行性已经由矩形板中的声辐射证明了。

内部旋转设备往往会产生罩壁的低频振动，利用振动激励器控制罩壁的振动也是提高罩壁隔音的（低音频传递损失）有效方法。

8.2.3 汽车内部噪声

前面已经介绍了利用主动消声器来控制排气噪声的方法，这里主要介绍由轮胎和道路相互作用而产生的噪声的主动控制。车辆噪声在形成的过程中，先通过车轮的轴，然后再通过各种悬挂组件使车身装饰板振动并辐射噪声。尽管该噪声频谱一般是宽带的，但它通常也包括由于轮胎重复振动而产生的可预测部分，该部分在粗糙道路上更明显。因为全部能量是通过车轮的轴来传递的，所以，参考传感器可以设在车轮上，与前馈主动控制系统一起使用。为了得到良好的控制效果，通常每个轮子安装几个参考传感器。

除参考传感器的数量和位置外，在主动控制系统设计中，必须考虑的其他系统参数，包括乘客车厢内控制扬声器的数量和最佳位置、麦克风误差传感器的数量和最佳位置、自适应控制滤波器的长度和类型，以及为保持稳定性的运算法则的收敛速度。

Bernhard（1995）概括了上述各种参数的最佳特征，并指出了参考传感器和误差传感器之间相干作用的重要性，一个理想的控制器须满足下面条件

$$\mathrm{NR} = 10\lg(1-\gamma^2) \tag{8-1}$$

式中，γ 为单一输入和单一输出系统之间的相干性以及多重输入和单一输出系统之间的多重相干性。在此条件下，可以获得最大的理论噪声衰减量。

参考传感器的最佳数量为两个或三个，其具体数值决定于车辆的类型，其最佳位置应根据车型来确定，该位置应使参考传感器和误差传感器之间的相干性最大，而同时使各参考传感器之间的相干性最小。若两个或多个参考传感器之间的相干性较强，则会使自适应滤波器收敛得非常慢并且也使主动噪声控制系统的跟踪能力非常差。另外，参考传感器也必须这样布置才能使自适应系统以可能的滤波节拍实现最佳滤波。

一般来说，乘客车厢内每个显著模态需要一个控制源，该控制源的最佳位置是在腔体响应的波腹处，大部分汽车的乘客车厢响应由位于低频处的（对于小型车约为 150Hz，对于大

型车可达 200Hz）四模态支配，其波腹位于车厢的角落处，因此，可以使用 4 个扬声器作为控制源。4 个控制源就需要 4 个误差麦克风，并且误差麦克风的最好位置应在座位的最靠近乘客头部处，每个座位对应 1 个。

总之，利用一台 4 频道前馈主动控制系统，就可以使许多汽车车厢中（频率范围为 50～150Hz）的道路噪声衰减 5～7dB。由于物理问题的复杂性，超过该范围的进一步衰减非常困难。并且，除非对于非常小的车，否则，最佳控制的频率不可能超过其上限 150Hz。

8.2.4 主动隔振控制

在本章的分析中，假定激励源为常力（或有无穷大阻抗），也就是说，假定激励力与结构无关，并且如果结构的动态特性改变，激励将不会产生显著变化。尽管这种理想状况在实际中并不常见，但常力的假设简化了理论分析，而且获得的结果和许多实际情况相符合。

1. 主动隔振系统的特点及应用

主动隔振采用主动控制系统来降低物体或结构之间的振动传递，广义的定义也可以包括采用主动吸振器来减小机器或结构的振动。主动隔振系统通常比相应的被动系统要复杂，成本更昂贵。

被动隔振系统是由弹簧（钢或橡胶）和阻尼器构成的（见图 8-6(a)），并且已经应用了许多年。与被动控制相比，主动隔振系统主要有以下优点：① 被支承设备有更好的静态稳定性和动态性，尤其是在低频的情况下，主动系统在许多情况下是唯一可行的选择；② 主动系统可用来使柔性支承结构在离隔振器连接点一定距离的临界点处的振动最小；③ 主动系统有不需要外部干预而适应机器工作条件变化的能力；④ 主动控制系统不但能耗散能量，而且还能向系统提供能量。主动隔振系统的缺点主要是控制系统结构复杂，成本较高，此外，还需要外部能量源，而且，在许多情况下需要大量的传感器和作动器，这也会带来可靠性问题。

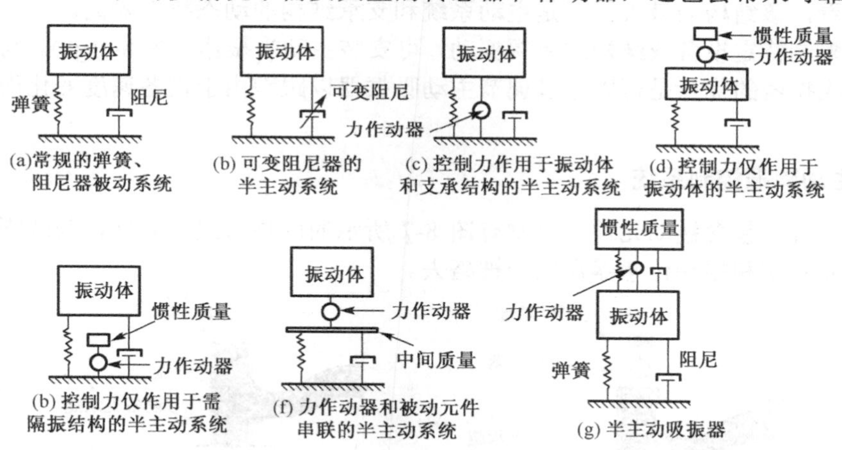

图 8-6　被动和半主动隔振系统

主动隔振系统用于光学系统来隔离支承结构的振动；用于车厢来隔离由于路面不平而引起的轮胎振动；用于太空望远镜来隔离驱动设备的振动；用于车辆来隔离发动机产生的振动；用于直升飞机机舱来隔离转子和齿轮箱振动；用于地面来隔离重型机械的振动等。主动隔振系统在某些情况下，需要隔离某一设备的振动以阻止其传递给支承结构，而在另外的一些情况下，需要隔离由振动的支承结构传递到设备的振动，后者通常称之为支承运动。

2．半主动隔振控制系统

当主动系统与被动隔振器并联或串联使用时组成的系统称为半主动系统。半主动系统有两种主要的形式，第一种常用于豪华车辆的悬挂系统，通常是通过改变液压阻尼器的溢流孔大小来控制系统的阻尼（如图 8-6(b)所示)）；半主动系统的第二种类型采用由控制系统驱动的力作动器，如图 8-6 所示，共有四种途径来实施这个类型的控制。从图中可以看出，控制力可与被动元件串联或并联；控制力即可以作用于振动体，也可以作用于支承结构。图中每一种半主动系统都需要控制系统来驱动，但为了清晰起见，在图中略去了控制系统。

图 8-6 中所描述的每一种控制系统都各有其优缺点。可变阻尼器系统（图 8-6(b)）的优点是结构相对简单，所需费用低。在某些情况下，它的性能可与具有力作动器的系统相比拟，但在许多情况下，这种系统的性能不够好。图 8-6(c)系统低频性能改善所带来的效果，有时会被高频性能的降低所抵消。这是由于力作动器的带宽有限，高频力能够通过力作动器传递，在采用液压作动器时尤为显著。在实际应用中，低频性能也经常受到限制，因为要求力作动器具有大位移，因而该作动器通常不便采用磁致伸缩和压电陶瓷材料，而采用气动、液压或电磁作动器。但采用气动、液压或电磁作动器后，随之而来的是气动或液压驱动的流体供应不方便的问题。当力作动器作用于振动体或作用于支承结构时，由于系统最差的情况等效于一被动系统，因此，高频性能的损失便不再成为问题。但是，大型设备的隔振，需要配备具有巨大惯性质量的力作动器来提供所需的控制力，在某些情况下，这种做法是不可行的。但如果要控制的频率范围限制在很低的频率以下或非常窄的带宽内，所需的驱动力就会显著减小。在这种情况下，用力作动器为最佳，因为实际应用的力作动器具有相对高的力性能和较低的位移能力。

图 8-6(f)的结构即使采用有限带宽的力作动器也不会产生高频性能损失，但是力作动器必须要大到能支承整个振动设备和被动悬挂系统。如果支承结构是非刚性的，从控制系统稳定性的角度看，该结构的最大优点是主动系统和支承结构的动态特性隔离。

如果要限制特定设备或结构的单频振动，可安装主动吸振器（图 8-6(g)）。与被动吸振器相比，主动吸振器的优点是可以通过调节主动吸振器以跟踪由于设备速度变化而引起的激励频率的改变。

3．全主动隔振控制系统

全主动系统不包含被动元件，通常有图 8-7 所示的两种形式。同样，为清晰起见，驱动作动器的控制系统和振动传感器在图中被略去。

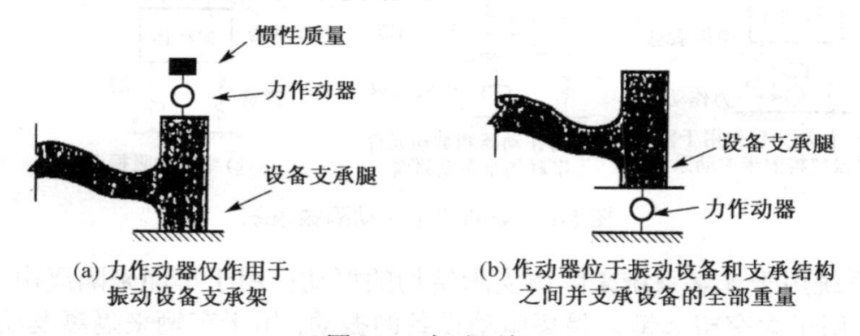

图 8-7　主动隔振

图 8-7 所示的两种配置结构可用来降低从机器设备到支承结构的振动传递，也可用来减小从支承结构到固定在它上面的设备（例如，显微镜和望远镜等光学设备）的振动传递。

图 8-7(a)所示系统的优点是设备可被刚性支承，没有被移动的危险，并且不会产生振动。但是，对大型设备来说，需要巨大的作动器和振动质量，因为需要力作动器产生足够大的动态力来抵消设备产生的振动力。对图 8-7（b）所示的系统来说，力作动器必须能够稳定地支承设备的重量，这种结构的缺点是在减小支承结构的振动过程中，有时力作动器会在设备上产生过度振动。

应用主动隔振系统，必须保证全面考虑所有的振动传递路径，若只控制一条传递路径而对其他的路径不加控制，可能会导致需要隔振的位置振动量级的增加。因为在某些情况下，由不同路径到达某一位置的振动能量会相互抵消，如果去掉一条传递路径会减小相消作用，从而导致振动量级的增加，旋转或往复机械产生周期振动的情况尤为严重。应用主隔振系统还需要控制其他可能的传递路径（或边缘路径），如由固定支座传递的水平或旋转振动，空气声激励支承结构的振动，通过管道或其他直接连接部件到支承结构的振动传递。

当隔振或结构控制用于降低自由空间或密闭空间的声辐射时，识别边缘路径尤其重要。例如，小汽车的内部噪声，主要的振动传递路径是发动机和齿轮箱的隔振部件，同时也存在其他的边缘路径，如通过其他接触机械部件或通过进、排气口的声传播途径。Quinlan（1992）演示了一个控制内部噪声的例子，表明了采用主动发动机隔振器来控制主要传递路径的有效性，并在内部放置了两只扬声器，进一步降低内部噪声。该系统还使用了一个加速度误差传感器，四只固定在内部的误差麦克风和一个多通道前馈控制系统，主要是用来控制发动机基频处的周期噪声。

尽管 Quinlan 的研究表明，仅在一个方向上采用单个含有主动元件的隔振器，就能很好隔离发动机的低频周期振动，但通常需要三个平移和三个旋转方向的隔振部件，尤其当隔离潜艇装备平台和艇壳之间的高频噪声时，这个问题显得尤为重要。

设计隔振装置时，经常要兼顾隔振效果和可接受的静刚度。在隔振系统中，采用主动元件有助于克服这个问题。为了降低装置的复杂性，在振动传递最大的方向上采用主动元件，而在其他方向上设计被动元件来提供较好的隔振效果。

4. 前馈和反馈控制对比

在噪声和振动主动控制系统中一直采用两种不同的控制方法，即前馈控制和反馈控制。前馈控制就是把与初级干扰有关的信号输入给控制器，而控制器产生一信号驱动控制作动器来抵消初级干扰。而反馈控制则是使在初始扰动下已被放大的系统响应信号，经过一补偿电路来控制作动器，从而消除初始扰动引起的剩余影响。

只要控制器能获得与初级干扰输入相关性好的信号，那么前馈控制的效果便优于反馈控制效果。如旋转机械产生的周期激励或隔振器离振源足够远时，都很容易获得这种相关性良好的信号，从而使控制系统在干扰输入到达作动器之前有时间对其做出反应。对于隔振器离振源足够远的情况，既可以隔离周期噪声也可以隔离随机干扰。但在不能获得与初级干扰输入相关的信号时，必须采用反馈控制系统，例如，主动车辆悬挂系统，高灵敏度设备、振动支承结构的主动隔振等。

实际应用于噪声或振动控制的前馈系统要求是自适应的，以适应被控系统参数的改变，如结构中随温度变化的声速。自适应前馈隔振系统最好采用数字滤波器，滤波器的权系数由把初始干扰信号和误差传感器信号作为输入的算法来控制。误差传感器测量残余振动功率的传递或被控结构上的振动。测量的干扰信号通过滤波器输入给控制器，以产生需要的控制力来控制结构的残余振动。

反馈控制系统的一个固有缺点是当设定的反馈增益较高时，系统将趋于不稳定，然而具有良好性能的主动噪声和振动控制系统却需要高的反馈增益。另外，由于控制器的作用，反馈信号的幅值会减小到不再起作用为止，这就限制了反馈系统的潜在性能，因此，只要能获得与干扰输入相关性好的信号，最好采用前馈控制。与反馈系统不同，前馈系统不会改变受控系统的动态响应，而且具有更好的稳定性。然而在某些情况下，反馈控制是唯一可用的方法，在使用中必须仔细考虑限制反馈增益，以使受控系统在整个可能的输入范围和动态特性的变化范围内（例如环境温度的变化）保持稳定。

5．柔性和刚性支承结构对比

柔性支承结构在需要隔振的频率范围内，存在不同的振动模态。在这种情况下，被动隔振系统效果很差，尤其在与支承结构的共振频率相吻合的频率附近效果更差，即使采用主动隔振系统（典型的有多个力作动器）也不可能把每一连接点的结构响应降低为零。因为振动能量可以通过力和力矩并且沿与隔振器轴线成90°方向传递到支承结构。因此，对于由若干个隔振器支承的机器，驱动作动器的控制力是不独立的，必须由多通道控制系统来产生，有时也需要水平控制力。因此，在许多情况下，不能单独设计驱动每个主动隔振器的控制系统，通常需要设计一个多通道控制器。但对于汽车悬挂系统的情况不同，因为四个车轮的悬挂系统在很大程度上是独立的。

8.2.5 反馈控制在主动隔振中的应用

在主动隔振控制系统中，反馈控制主要用于车辆悬挂系统（主动和半主动）、由刚性固定的机械设备向刚性支承的振动传递、由支承结构向安装在其上部的精密设备的振动传递以及高层建筑的振动控制等。实际上，在上述许多应用场合中前馈控制同样适合，只要控制器能提前获得与干扰输入相关的参考信号，以便控制器计算出控制信号，这样控制信号便可以与原始干扰信号同时到达误差传感器。对于周期性干扰信号，采用前馈控制实际上更为有效，因为不需要提前获得参考信号以使控制器的输出信号满足因果关系。

1．车辆悬挂系统

车辆悬挂系统可分为四类：被动、半主动、慢主动和全主动系统。

（1）全主动系统

全主动与半主动系统的主要区别在于：全主动系统既能将能量输入悬挂系统又能耗散能量，而半主动系统只能通过改变系统的阻尼来耗散能量。

全主动系统通常由液压作动器提供悬挂系统所需的控制力。在实际的系统中，作动器通常与被动弹簧并列放置。这样它无需支承车辆的重量，从而大大减少了作动器所需的静态力。若使用具有很宽频带的作动器来降低传递到车辆的高频和低频载荷，则这种作动器的价格便会非常昂贵。比较理想的替代方法是将窄带作动器和被动弹簧串联（慢主动系统），在该系统中被动弹簧在高频时起隔振作用，而作动器在低频时起振动控制作用（通常低于3Hz）。

全主动系统的最大优点是其能够适应各种不同的工况，同时能够充分利用悬挂系统的行程空间，来满足乘坐舒适性以及操纵性、路面附着性等性能要求。尽管主动悬挂系统中的窄带作动器所需功率较小（通常为2～3kW），但其不足之处是使车辆的功率损失过大，通常约为10kW。

（2）半主动系统

半主动系统可进一步划分为连续型和开关型两种。在前一种系统中，阻尼力在应用中随时间而连续改变；在后一种系统中，阻尼力在某一时间内保持不变。当不需要阻尼力时，两种类型的系统均在关闭的状态下持续一段时间，决定何时施加或不施加阻尼力的准则称为控制律。

由于半主动系统只需驱动传感器、阻尼阀和控制器，无需提供控制力，因此，所需要的能量远远小于全主动系统，而且半主动系统只是耗散能量，因而更安全可靠。此外，半主动系统无需液压泵、蓄能器、高性能的滤波器、作动器和伺服阀，只需可调阻尼器，所以，费用比全主动系统便宜得多。

（3）悬挂系统性能的评价

悬挂系统的性能除了根据乘坐舒适性，即根据车轮向车体传递振动的程度进行评价外，也可以通过以下性能参数进行评价：① 操纵性能，即由转弯或刹车而引起的俯仰和侧倾程度来评价；② 路面附着性能，即由车轮与地面之间的接触力来评价，接触力越大，附着性能越好；③ 悬挂系统行程，即在车辆设计中，悬挂系统行程的容许极限将直接影响悬挂系统的性能；④ 可变负荷引起的静变形。

2．刚性连接主动隔振

在不允许有低频机械运动的场合，有时有必要使机器刚性连接到支承基础上，同时降低由于机器振动而作用在支承点上的力。在这些场合，可通过附加在支承点处的激振器驱动惯性质量块来降低作用在连接点上的振动能量。

图 8-8 为实际应用于锻锤上的刚性连接主动隔振系统的简单示意图。该系统采用液压作动器，系统在实际应用过程中取得了很好的效果。图中 LVDT（线性可变差动变换器）用来测量液压缸中作动器杆的相对位移，防止它逐渐接近于极限位置；B 为最优补偿器。

3．光学设备隔振

精密光学设备在其支承结构上的隔振问题与车辆悬挂系统的隔振问题相似，只是隔振频率范围稍高。20 世纪 80 年代初，研究者们成功地实现了太空望远镜在其支承结构上的隔振。他们仅采用一种简单类型的速度反馈控制就达到了预期的要求。近年来，他们又开发出一种集成化六自由度磁性隔振器，该隔振器通过非线性反馈控制系统来使微重力实验设备与空间站的运动和振动隔离。另外，一些从事空间轨道上微重力实验设备隔振的专家也设计了一种具有简单位移反馈的六自由度隔振器。由于飞船发射时，实验设备是固定在飞船上的，当宇宙飞船到达预定轨道释放实验平台时，这些系统仍然存在一些问题。

4．高层建筑的减振

由于地震或风力的影响，高层建筑会产生过度振动（或低频摆动）。自适应质量阻尼器（或自适应吸振器）可以控制高层建筑的这些振动，也可以在建筑的每一层采用张拉缆绳（见图 8-9）来达到减振目的。缆绳（有时也称为主动加强筋）中的张力由液压作动器控制。

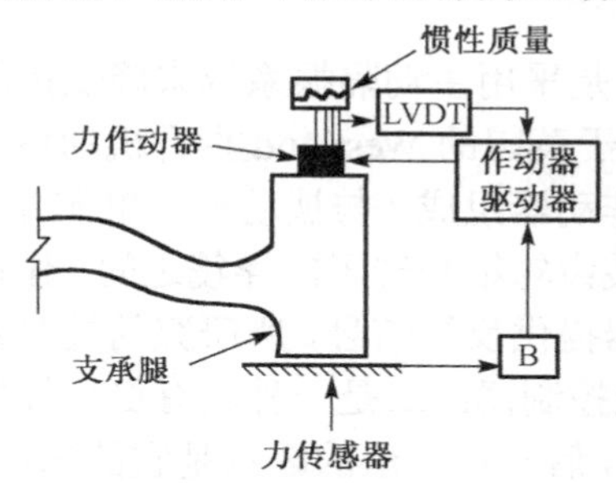

图 8-8　刚性连接机器的主动隔振器

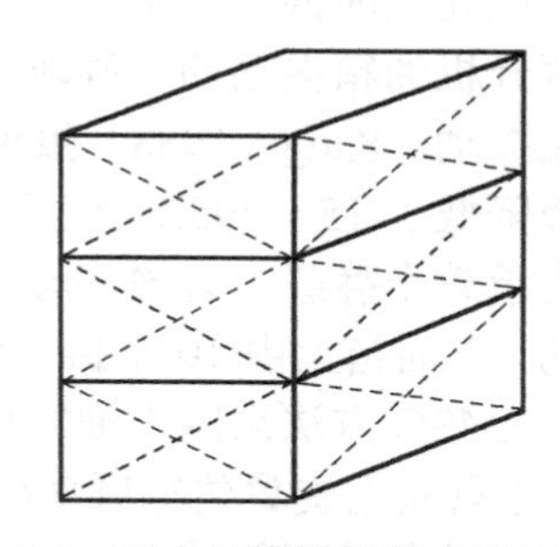

图 8-9　用张拉缆绳控制建筑物摆动

5．柔性结构上设备的主动隔振——发动机支座

发动机支座的原理与半主动悬挂系统相似，其阻尼可通过调整溢流孔大小而改变，如图 8-10(a)所示。

支座的衬套用来连接支座和发动机，支座的底板与车体连接。两个液压缸充满密度为 ρ，黏度为 μ 的流体。液压缸的体积容量为 c_2，流体泻放管的长度为 l，管径为 d，则支座的有效阻尼比为

$$\xi = \frac{32\mu l}{d^3\sqrt{2\pi\rho / c_2}} \tag{8-2}$$

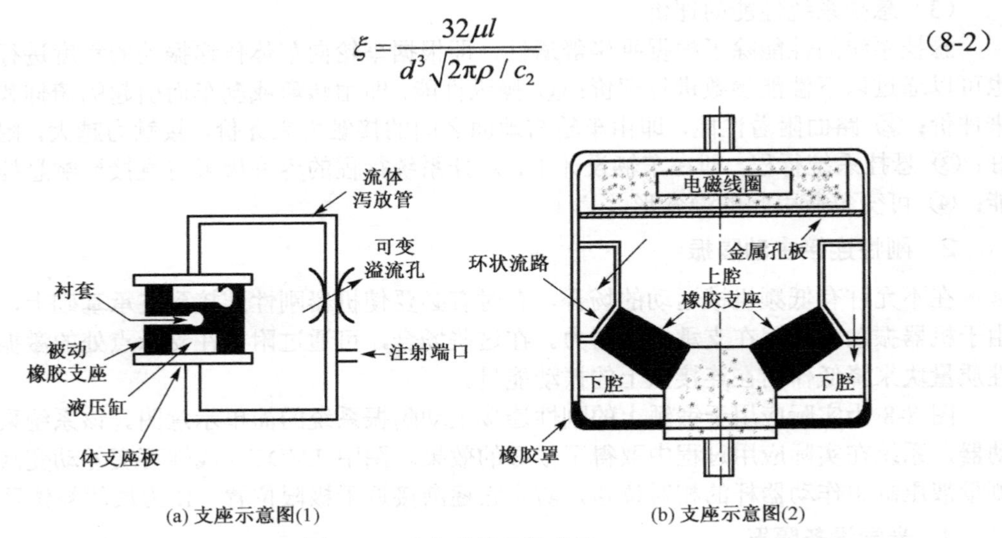

(a) 支座示意图(1)　　(b) 支座示意图(2)

图 8-10　半主动发动机支座

图 8-10(b)为另一种类型的半主动发动机支座。其中，主橡胶单元支承发动机的重量，当频率为 20Hz 以下时，该系统与传统的液压支座一样工作，即通过环状流路把上腔的流体用泵送到下腔来耗散振动能量。在高频情况下，流体的惯性使流体不能大量的流过溢流孔，这时，电子控制器驱动的电磁环通过作用在金属膜片上来补偿发动机产生的力。

6．直升机振动控制

直升机振动控制的研究始于 20 世纪 60 年代，由转子和齿轮箱引起直升机油箱振动的主动控制问题一直是人们关心的焦点。

“高次谐波控制”法或称为“HHC”法，在这一问题的研究过程中取得了一定的进展。这种方法采用反馈控制系统，以远高于转子基频的谐波频率来激励旋翼，并在此基础上进行了风洞和飞行实验。总之，这一领域的研究工作都是基于采用反馈控制系统驱动作动器，减小机身一点或几点的振动水平。

降低直升机油箱振动的一种较为有效的方法，是采用主动隔振系统来降低齿轮箱和转子引起的油箱振动。King（1988）报道了该系统应用于英国的 Westland 直升机的情况，它使油箱振动量级降低了 15～20dB。该系统由四个液压作动器组成（与被动橡胶单元并联放置，使被动系统支承整个静载荷），作动器置于机架与安装齿轮箱和转子的浮筏之间。作动器由电子控制器驱动，在油箱上由 10 个振动传感器为控制器提供反馈信号，所研究的控制器有两种类型，一是用 IMSC 方法来减小油箱模态振动的时域控制器；二是一种具有更好控制效果的频域控制器，它只在主旋翼传输频率处抑制振动传递。后一种方法的缺点是它的响应速度很慢，这就使快速机动条件下的减振性能受到一定的影响。

King 所采用的控制系统如图 8-11 所示，图中油箱上的振动传感器输出信号首先由快速傅里叶变换（FFT）转换为频域信号，然后在信号处理单元提取转子旋翼的传输频率成分。用参数估计器来估计传递函数矩阵 T，接着，由最优控制器计算出要求使性能函数最小化的最优作动力。来自作动器的力反馈用来补偿作动器的动态特性，如图中作动器闭环模块所示。然后把在频域内计算得到的作动器信号，采用 DFT 的逆变换转换成时域信号，以用来控制作动器。

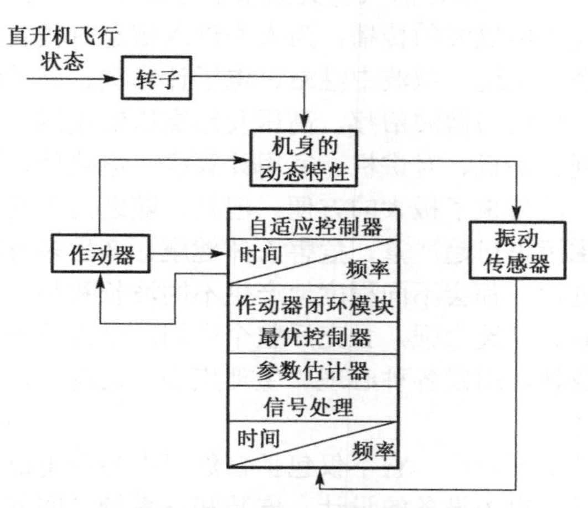

图 8-11　直升机振动主动控制系统简图

习　题　8

1．噪声主动控制系统由哪些因素构成？

2．噪声主控控制方法有哪些，各有什么样的用途。

3．主动控制系统有什么特点，请结合当前噪声环境现状分析主动隔振系统应用范围。

第 9 章 电磁辐射污染及其防治

19 世纪 60 年代，麦克斯韦尔在前人研究成果的基础上预言了电磁波的存在，20 年后德国物理学家赫兹首先实现了电磁波的传播，为人类进入信息时代奠定了基础。在电气化高度发展的今天，无线电广播、雷达、微波中继站、电子计算机、高频淬火、焊接、熔炼、塑料热合、微波加热与干燥、短波与微波治疗、高压及超高压输电网、变电站，以及目前与人们日常生活密切相关的电视、手机、对讲机、家用计算机、电热毯、微波炉等家用电器的广泛应用，给人们的学习、生活带来了极大的方便。但是，随之而来的各式各样的电磁波充斥着人类生存的空间，使电磁污染日趋严重，危害人体健康，产生多方面的严重负面效应。家用电器、电子设备在使用过程中都会不同程度地产生不同波长和频率的电磁波。这些电磁波无色无味、看不见、摸不着、穿透力强，且充斥整个空间，令人防不胜防，成为一种新的污染源，悄悄地威胁着人类身体，引发各种心理、生理疾病。据统计，电磁辐射已成为当今危害人类健康的主要致病源之一。

环境电磁学研究涉及范围较广。它不仅包括自然界中各种电磁现象，而且包括各种电器电磁干扰，以及各种电器、电子设备的设计、安装和各系统之间的电磁干扰等。因为干扰源日益增多，干扰的途径也是多种多样的。在很多行业普遍存在电磁干扰问题，控制技术难度大。电磁干扰对系统和设备是非常有害的，有的钢铁制造厂和化工厂就是因为控制系统被电磁干扰，致使产品质量得不到保证，每年损失数亿元。

伴随着环境电磁辐射污染的发生，环境电磁辐射污染及控制工程应运而生。它主要是以电气、电子科学理论为基础，是一门涉及工程学、物理学、医学、无线电学及社会科学的综合学科。主要研究环境电磁辐射污染的来源、电磁辐射污染在环境中的分布特点和规律、环境电磁辐射质量监测与评价、环境电磁辐射污染对环境的干扰和对人类生活环境的影响以及电磁污染控制方法和措施。在电气化高度发展的今天，该学科所涉及的范围非常广泛、研究的内容十分丰富，日益显现出它强大的生命力和发展前景。在不久的将来，会有更多的新技术应用于电磁辐射防治。

9.1 电磁环境概述

9.1.1 电磁环境与电磁辐射污染

所谓电磁环境是指某个存在电磁辐射的空间范围内，电磁辐射以电磁波的形式在空间环境中传播。

电磁辐射污染是指人类使用产生电磁辐射的器具而泄漏的电磁能量传播到室内外空间中，超出环境本底值，且其性质、频率、强度和持续时间等综合影响引起周围受辐射影响人群的不适，使人体健康和生态环境受到损害的现象。

9.1.2 电磁辐射污染的来源

电磁场源主要包括两大类，天然电磁场源与人工电磁场源。

1．天然电磁辐射污染源

天然的电磁辐射来自地球的热辐射、太阳热辐射、宇宙射线和雷电等，是某些自然现象引起的，所以又称为宇宙辐射，最常见的是雷电。由于自然界发生某些变化，常常在大气层中引起电荷的电离，发生电荷的蓄积，当达到一定程度后引起火花放电，火花放电频带很宽，可以从几千赫兹一直到几百兆赫兹。但是，通常情况下，天然电磁辐射的强度一般对人类的影响不大，但可能局部地区雷电在瞬间的冲击放电造成人畜的死亡、家电的损坏。天然电磁辐射对短波电磁干扰特别严重。天然电磁场分类及来源如表 9-1 所示。

表 9-1　天然电磁场分类及来源

分类	来源
大气与空气电磁源	自然界的火花放电、雷电、台风、火山喷发等
太阳电磁场源	太阳的黑子活动与黑体放射等
宇宙电磁场源	银河系恒星的爆发、宇宙间电子移动等

2．人为电磁辐射污染源

人为电磁辐射是人工制造的若干系统、电子设备与电气装置产生的，主要来自广播、电视、雷达、通信基站及电磁能在工业、科学、医疗和生活中的应用设备等。人工电磁场产生于人工电磁场源，按频率不同又可分为工频场源与射频场源。工频场源中，以大功率输电线路所产生的电磁污染为主，同时也包括若干种放电型场源。射频场源主要是指由于无线电设备或射频设备工作过程中所产生的电磁感应与电磁辐射。人为电磁场分类及来源见表 9-2。

表 9-2　人为电磁场分类及来源

分类		设备名称	污染来源与部件
放电所致场源	电晕放电	电力线（送配电线）	高电压、大电流而引起静电感应、电磁感应、大地泄漏电流所造成
	辉光放电	放电管	白炽灯、高压汞灯及其他放电管
	弧光放电	开关、电气铁道、放电管	点火系统、发电机、整流器
	火花放电	电气设备、发动机、冷藏车、汽车	发电机、整流器、点火系统、放电管
工频感应场源		大功率输电线、电气设备、电气铁道无线电发射机、雷达	高电压、大电流的电场电气设备、广播、电视与通风设备的振荡与发射系统
射频感应场源		高频加热设备、热合机、微波干燥机	工业用射频利用设备的工作电路与振荡系统
		理疗机、治疗机	医学用射频利用设备的工作电路与振荡系统

人为辐射的产生源种类、产生的时间和地区以及频率分布特性是多种多样的。若根据辐射源的规模对人为辐射进行分类，可分为三类。

（1）城市杂波辐射

城市杂波辐射是指即使在附近没有特定的人为辐射源，也可能有发生于远处多数辐射源合成的杂波。城市杂波与各辐射源电波波形和产生机构等方面的关系不大，但它与城市规模和利用电器的文化活动、生产服务以及家用电器等因素有直接的正比例关系。城市杂波没有特殊的极化面，大致可以看成连续波。

在我国，城市杂波辐射就是环境电磁辐射，它是评价大环境质量的一个重要参数，也是城市规划与治理等方面的一个重要依据。

（2）建筑物杂波

在变电站所、工厂厂房和大型建筑物以及构筑物中多数辐射源会产生一种杂波，这种来自上述建筑物的杂波称为建筑物杂波。这种杂波多从接收机之外的部分传入到接收机中，产生干扰。建筑物杂波一般呈冲击性与周期性波形，可以认为是冲击波。

（3）单一杂波辐射

特定的电器设备与电子装置工作产生的杂波辐射，因设备与装置的不同而具有特殊的波形和强度。单一杂波辐射的主要成分是工业、科研、医疗设备（简称 ISM 设备）的电磁辐射，这类设备对信号的干扰程度与该设备的构造、频率、发射天线形式、设备与接收机的距离以及周围地形地貌有密切关系。

9.1.3 电磁辐射污染的途径

当电磁辐射体运行时，便产生或释放电磁能量，随着其功率、频率变化产生的电磁辐射强度不同，近区场和远区场的状况也不同。但不管何种频率或波长的电磁波，其在空中的传播速率是相同的，即 3×10^8m/s，这些电磁波可传得很远。可是在近区场的电磁场却随着与发射中心距离的增加急剧衰减。

电力系统工业设备、电气化铁道系统、广播电视和微波发射系统、电磁冶炼系统及电加热设备等均能产生电磁辐射。以电磁冶炼系统为例，电磁冶炼采用的是感应加热，即将需要加热的对象置于工作频率为 200～300kHz 的电磁场中，利用涡流损耗进行加热。感应加热设备的辐射源一般是指感应加热器、馈电线以及高频变压器等元器件，尤其是高频感应加热设备在工作时会产生强大的电磁感应场和辐射场，辐射场内的基波与谐波往往造成比较严重的环境污染。

电磁辐射所造成的环境污染途径大体上可分为空间辐射、导线传播和复合污染。电磁辐射的污染途径如图 9-1 所示。

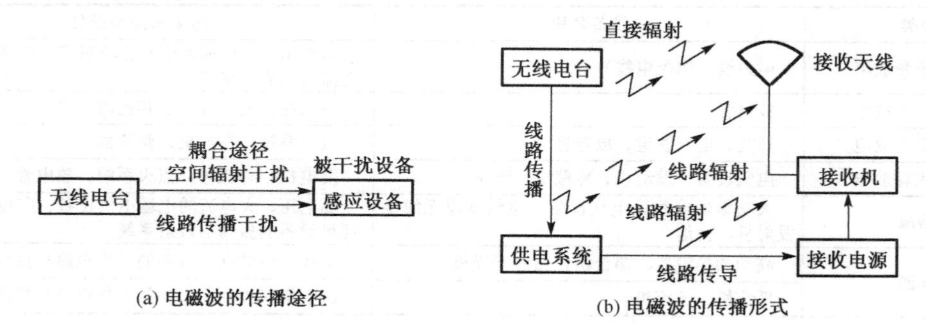

图 9-1 电磁辐射的污染途径

（1）空间辐射

当电子设备或电气装置工作时，会不断地向空间辐射电磁能量。

由射频设备所形成的空间辐射，分为两种：一种是以场源为中心，半径为一个波长的范围之内的电磁能量，该能量主要以电磁感应方式施加于附近的仪器仪表、电子设备和人体上；另一种是半径为一个波长的范围之外的电磁能量的传播，通过空间放射方式将能量施加于敏感元件和人体之上。

（2）导线传播

当射频设备与其他设备共用一个电源供电时，或者它们之间有电器连接时，那么电磁能量（信号）就会通过导线进行传播。此外，信号的输出/输入电路等也能在强电磁场中“拾取”信号，并将所有“拾取”的信号再进行传播。

（3）复合污染

复合污染是指同时存在空间辐射与导线传播所造成的电磁污染。

9.1.4 电磁辐射污染的危害

在信息社会中，电磁波是传递信息的最快捷方式。于是，大量的广播站、电视台、雷达站、导航站、地面站、微波中继站、天线通信、移动通信等如雨后春笋般出现。从接收和传递信息来说，这些设备发出的电磁波信号，能达到信息传播的目的；但同时也不可避免地增加了环境中的电磁辐射水平，形成了环境污染。再加上其他工农业众多经济领域中广泛应用电磁辐射设备和电气设备等辐射出的电磁波更加重了环境电磁辐射污染程度。一般认为电磁辐射污染主要危害为干扰危害、对人体健康的危害和引爆引燃的危害。

1. 电磁辐射对人体的影响与危害

电磁辐射对人体的危害与波长有关。长波对人体的危害较弱，随着波长的缩短，对人体的危害逐渐加大，而微波的危害最大。一般认为，微波辐射对内分泌和免疫系统的作用有两方面，小剂量、短时间作用是兴奋效应，大剂量、长时间作用是抑制效应。另外，微波辐射可使毛细血管内皮细胞的胞体内小泡增多，使其胞饮作用加强，导致血脑屏障渗透性增高。一般来说，这种增高对机体是不利的。

电磁辐射对人体健康的影响，主要表现在以下几个方面。

（1）电磁辐射的致癌和治癌作用

大部分实验动物经微波作用后，可以使癌症的发生率上升。调查表明，在2mGs（$1Gs=10^{-4}T$）以上电磁场中，人群患白血病的概率为正常的2.93倍，肌肉肿瘤的概率为正常的3.26倍。一些微波生物学家的实验表明，电磁辐射会促使人体内的遗传基因微粒细胞染色体发生突变和有丝分裂异常，而使某些组织出现病理性增生过程，使正常细胞变为癌细胞。美国洛杉矶地区的研究人员曾经研究了14岁以下儿童血癌的发生原因。研究人员在儿童的房间内以24h的监督器来监督电磁波强度，发现当儿童房间中电磁波强度的平均值大于2.68mGs时，这些儿童得血癌的概率较一般儿童高出约48%。另一方面，微波照射会对人体组织产生致热，使癌组织中心温度上升，破坏癌细胞的增生。因此，微波可以用来进行理疗和治疗癌症。

（2）对视觉系统的影响

眼组织含有大量的水分，易吸收电磁辐射，而且眼的血流量少，故在电磁辐射作用下，眼球的温度易升高。温度上升导致眼晶状体蛋白质凝固，产生白内障。较低强度的微波长期作用，可以加速晶状体的衰老和混浊，并有可能使有色视野缩小和暗适应时间延长，造成某些视觉障碍。长期低强度电磁辐射的作用，可促进视觉疲劳，眼感到不舒适和干燥等现象。强度在$100mW/cm^2$的微波照射眼睛几分钟，就可使晶状体出现水肿，严重的则成为白内障。强度更高的微波，则会使视力完全消失。

（3）对生殖系统和遗传的影响

长期接触超短波发生器的人，男人可出现性机能下降、阳痿，女人出现月经周期紊乱。由于睾丸的血液循环不良，对电磁辐射非常敏感，精子生成受到抑制而影响生育；电磁辐射也会使卵细胞出现变性，破坏排卵过程，而使女性失去生育能力。高强度的电磁辐射可以产生遗传效应，使睾丸染色体出现畸变和有丝分裂异常。妊娠妇女在早期或在妊娠前，接受短波透热疗法，会使子代出现先天性出生缺陷（畸形婴儿）。

（4）对血液系统的影响

在电磁辐射的作用下，人体血液中白细胞含量下降，红细胞的生成受到抑制，网状红细胞减少。操纵雷达的人多数出现白细胞降低的现象。此外，当无线电波和放射线同时作用于人体时，对血液系统的作用较单一因素作用可产生更明显的伤害。

（5）对机体免疫功能的危害

动物实验相对人群受辐射作用的研究与调查表明，人体的白细胞吞噬细菌的百分率和吞噬的细菌数均下降。此外，受电磁辐射长期作用的人，其抗体形成受到明显抑制，使身体抵抗力下降。

（6）引起心血管疾病

受电磁辐射作用的人常发生血流动力学失调，血管通透性和张力降低。由于植物神经调节功能受到影响，人们多数出现心动过缓症状，少数呈现心动过速。受害者出现血压波动，开始升高，后又回复至正常，最后血压偏低，迷走神经发生过敏反应，更早、更易促使心血管系统疾病的发生和发展。

（7）对中枢神经系统的危害

神经系统对电磁辐射的作用很敏感，受其低强度反复作用后，中枢神经机能发生改变，出现神经衰弱症候群，主要表现有头痛、头晕、无力、失眠、多梦或嗜睡、打瞌睡、易激动、多汗、心悸、胸闷、脱发等，还表现有短时间记忆力减退、视觉运动反应时间明显延长、手脑协调动作差等，尤其是入睡困难、无力、多汗和记忆力减退更为突出。这些均说明大脑是抑制过程占优势。

瑞典的研究发现，只要职场工作环境电磁波强度大于 2mGs，得阿尔茨海默病（老年前期痴呆）的机会会比一般人高出 4 倍。美国北卡罗来纳大学的研究人员发现，工程师、广播设备架设人员、电厂联络人员、电线及电话线架设人员以及电厂中的仪器操作员等，死于老年痴呆症及帕金森病的比例较一般人高出 1.5～3.8 倍。

（8）对胎儿的影响

世界卫生组织认为，计算机、电视机、移动电话等产生的电磁辐射对胎儿有不良影响。孕妇在怀孕期的前三个月尤其要避免接触电磁辐射。因为当胎儿在母体内时，对有害因素的毒性作用比成人敏感，受到电磁辐射后，将产生不良的影响。如果是在胚胎形成期受到电磁辐射，有可能导致流产；如果是在胎儿的发育期受到辐射，也可能损伤中枢神经系统，导致婴儿智力低下。据最新调查显示，我国每年出生的2000万婴儿中，有35万为缺陷儿，其中25万为智力残缺，有专家认为，电磁辐射也是影响因素之一。

2．电磁辐射对仪器装置和设备的影响

电磁辐射除对生活环境造成污染，对生物体构成一定危害之外，也会对各种装置和仪器设备产生干扰，导致引燃引爆事故的发生。

（1）对通信、电视等信号的干扰与破坏

射频设备和广播发射机振荡回路的电磁泄漏，以及电源线、馈线和天线等向外辐射的电磁能，不仅对周围操作人员的健康造成影响，而且可以干扰位于这个区域范围内的各种电子设备的正常工作。如无线电通信、无线电计量、雷达导航、电视、电子计算机及电气医疗设备等电子系统，造成通信信息失误或中断，使电子仪器、精密仪表不能正常工作；铁路自控信号失误；使飞机飞行指示信号失误，引起误航，甚至造成导弹与人造卫星的失控。电视机受到射频辐射的干扰后，将会引起图像上有活动波纹、雪花等，使图像很不清楚，严重的根本不能收看。

射频设备，特别是大功率的射频设备，其能量输出，即使是高次谐波也是非常强的，而且，在它的整个工作期间所形成的射频辐射，更是强大。所有这些，必然对工作在射频设备附近的其他电子仪表、精密仪器和通信信号等产生严重的干扰，影响上述设备的正常工作。这种由于射频设备工作过程中所形成电磁泄露与辐射而造成的干扰现象，称为高频干扰，它属于射频干扰的一种。

（2）电磁辐射对易爆物质和装置的危害

火药、炸药及雷管等都具有较低的燃烧能点，遇到摩擦、碰撞、冲击等情况，很容易发生爆炸，同样在辐射能作用下，可以发生意外的爆炸。另一方面，许多常规兵器采用电气引爆装置，如遇高电平的电磁感应和辐射，可能造成控制机构的误动，从而使控制失灵，发生意外的爆炸，如高频辐射场能够使导弹制导系统控制失灵，电爆管的效应提前或滞后。

（3）电磁辐射对通信电子设备的危害

高强度电磁辐射会造成通信电子设备永久的物理性损坏。导致射频能量损害设备的机理是复杂的。通常，受损的是电路器件，即三极管、二极管等，受损情况由辐照的类型、电平和时间、受辐照的器件或零件、电磁场性质，以及许多其他因素来确定。设备损坏可能因其直接受辐照引起发热所致，而更多的则是由于天线端、线路连线、元件端子、电源线等感应的电压或电流所致。

固体电路对峰值电平及电压和电流变化率极其敏感。例如，晶体管击穿数据表明，使设备损坏的能量阈限值是 10^{-4}～10^{-6}（以单个脉冲为基准）。因为几毫秒内就能将管子击穿，所以像旋转或扫描天线产生的辐照就有潜在的危险。继电器触点、天线偶合器以及其他元件都会因为感应高电压后引起电弧和电晕放电而损坏。

（4）电磁辐射对元器件的危害

电磁辐射对使用场效应管作为射频放大器的接收机输入元件，雷达收发机中的开关二极管，心电图设备和脑电摄影设备等的元件均会产生不良影响。后两种设备只有在屏蔽室内才能得到保护和进行工作。这些设备对电磁场相当敏感，以至于最佳的接地方案也不足以保护元件。

绝缘体尤其是表面受污染的绝缘体，可能因介质损耗引起发热而造成损坏，或者因通道绝缘体电晕放电或其他形式放电而造成损坏，使灾难性失效可能发生于一旦；反之，长周期的绝缘退化则可能为一种较缓慢的失效过程。绝缘体可能内部击穿，这种击穿是以局部发热和化学变质来表征的，它会导致几何性延伸的累积性损坏。绝缘体内小空隙两端出现的高电位梯度可能会引起空隙内气态放电，导致延伸性损坏。有机材料绝缘体通常因碳化和烧焦使绝缘性能降低；对于无机材料绝缘体，则发生还原成金属氧化物的情况；这些氧化物具有负温度系数，它导致过热、机械裂缝和飞弧。

半导体和固体元件如晶体管和其他半导体元件，包括集成电路在内，对快速瞬变极其敏感，如果感应的峰值电压超过器件的最大额定值，则器件损坏。这些均是对温度敏感的结果。电子管与半导体不同，电子管能承受过高压。工作在强电磁场中的充气电子管可能会在无法预测的时间里导通，从而导致系统损坏。

对雷达接收机上用的晶体来讲，常见的危害是：该接收机在保护晶体的收发转换开关和收发管有故障时，接收其他雷达发射的强信号，将晶体烧毁；此时，收发转换开关设计频带之外的频率信号在几乎没有衰减的情况下直接通过晶体。

医疗设备最近的调查表明，如心脏起搏器、助听器、人工测度仪这样一类医疗设备对电磁场也很敏感。例如，就心脏起搏器而言，实验证明射频发射机能抑制心脏起搏器产生心脏起搏脉冲。心脏起搏器损坏或即使暂时停止工作都会造成病员的死亡。在这些设备的有害电平和有害频率的正式标准还未建立的情况下，最明智的做法是不让使用这类装置的人进入已知有较强电磁辐射的环境或采用穿屏蔽防护服的办法。

（5）电磁辐射对挥发性物质的危害

挥发性液体和气体，例如酒精、煤油、液化石油气等易燃物质，在高电平电磁感应和辐射作用下，可发生燃烧现象，特别是在静电危害方面尤为突出。

3．移动电话的电磁辐射污染

在电脑前拨通移动电话，电脑屏幕会闪烁不停；在打开的收音机前拨动移动电话，收音机也受到很大的干扰，可见，移动电话的电磁波其实是很强的。移动电话的影响和危害一方面体现在对飞机和汽车等交通工具的危害，另一方面，对人体也有不利的影响。

（1）移动电话对交通工具的影响

移动电话是高频无线通信，其发射频率多在800MHz以上，而飞机上的导航系统又最害怕高频干扰，飞行中若有人用移动电话，就极有可能导致飞机的电子控制系统出现误动，使飞机失控，发生重大事故。这样的惨痛教训有很多。

1991年英国劳达航空公司的空难造成223人死亡。据有关部门分析，这次空难极有可能是机上有人使用移动电话、笔记本电脑等便携式电子设备，它释放的频率信号启动了飞机的反向推动器，致使机毁人亡。1996年10月巴西TAM航空公司的一架“霍克—100”飞机也莫名其妙地坠毁了，机上人员全部遇难，甚至地面上的市民也有数名惨遭不幸。专家们调查事故原因后认为，机上乘客使用移动电话极有可能是造成飞机坠毁的元凶。也就是源于这次空难，巴西空军部民航局制定了一项关于严格限制旅客在飞机飞行时使用移动电话的法案。我国也有类似的事情发生。例如，1998年初，台湾华航一班机坠毁，参与调查的法国专家怀疑有人在飞机坠毁前打移动电话，导致通信受到干扰，致使飞机与控制塔失去联络，最后坠毁。同年由上海飞广州的CZ3504航班的南航2566号飞机准备降落时，由于有四五名旅客使用移动电话致使飞机一度偏离正常航轨。无独有偶，一架南航2564号飞机从杭州飞回广州时，在着陆前4min发现飞机偏离正常航道6°，当时也是有人使用移动电话。这两起事例虽然没有酿成大祸，但让人后怕。从对以上几次比较典型的空难事故的分析来看，事故原因都极有可能与使用移动电话等便携电子设备有关。因此，世界各国都相继制定了限制在飞机上使用移动电话的规定。1997年初，中国民航总局发出通知，在飞行中，严禁旅客在机舱内使用移动电话等电子设备。它不仅关系到飞机的安全，也直接关系到机上数十人乃至数百人的生命财产安全。

移动电话所产生的电磁波对汽车上的电动装置也有一定影响，会使行驶中的汽车电动装置“自动跳闸”。所以尽可能不要在汽车内使用移动电话，汽车生产厂家也应提高汽车内部电子设备的抗电磁干扰能力。

（2）移动电话对人体的危害

移动电话使用时靠近人体对电磁辐射敏感的大脑和眼睛，对机体的健康效应已引起人们重视。手机无线电波和自然界的可见光、医疗用的X射线以及微波炉所产生的微波，都属于电磁波，只是频率各不相同。X射线的频率可超过百万兆赫兹，至于手机所用的无线电波，则大约只有数千兆赫兹。通话时手机的无线电波有20%～80%会被使用者吸收。通过几种类型不同的移动电话天线距离5～10cm范围内的辐射强度分析，其场强平均超过我国国家标准规定限值（$50\mu W/cm^2$）的4～6倍之多。有一种类型手机天线近场区场强度竟高达$5.97mW/cm^2$，超过标准近120倍，在高辐射场强长期反复作用下，可以肯定会造成危害和影响。

近来有越来越多的证据指出手机所使用的无线电波被人体吸收后，会使局部组织的温度升高，出现热效应。若一次通话过久，而且姿势保持不变，也会使局部温度升高，造成病变。另外也有研究发现，经常使用手机，会有头痛、健忘等症状，主要由于手机无线电波所形成的热效应所造成。使用手机越频繁，产生头痛的概率就越大。每天使用 2～15min 的人，头痛的概率会高于使用少于 2min 人的 2 倍，而使用 15～60min 的人会高出 3 倍，超过 1h 的人则会高出 6 倍。由于手机的热效应具有潜在的危险性，所以使用手机每次通话时间不宜过长；此外，一些免持听筒的装置，可避免天线过于贴近身体，可减低无线电波被身体吸收的比例。电磁波被人体全部或部分吸收后均会使人体全部或部分体温上升。通常人体内的血流会引起扩散，而起到排除热能的作用，但眼球部分很难由血流来排除热能，所以容易产生白内障。据报道，在瑞典，有 4 个人长期使用手机，结果造成与惯用耳朵接听同侧的眼角膜溃烂产生血块，进而造成单眼失明。

研究显示，手机电磁波是有累积效应的，以 200 只老鼠做实验，100 只接受电磁波照射，另 100 只没有，经过一年半后，受电磁波照射的老鼠死了。医生解剖发现，其脑瘤 9 个月后即已显现，且逐渐增加。依此推论，人体的累积效应十年后才会显现出来，而得肿瘤的概率大幅度提高。

移动电话电磁辐射属近场电磁辐射污染，基本上只对使用者产生电磁辐射危害。为保护公众健康，我国于 2007 年颁布了《移动电话电磁辐射局部暴露限值》（GB 21288—2007），对移动电话的电磁辐射局部暴露限值进行了规定。

4．计算机的辐射与污染

计算机的视频终端，即我们通常所说的显示器是对人体健康产生危害的主要场源。视频终端是计算机系统的重要显示部件，它肩负着信息输入/输出显示，以及人机对话等功能。随着电子技术的发展，社会的信息化、自动化、现代化的程度不断提高，计算机越来越广泛地应用于工农业生产、国防工程、科学研究及教学的各个领域中，越来越多的人需要操作管理计算机，终日和计算机打交道，特别是和视频终端打交道，而且操作距离越来越近，时间越来越长。作为电子计算机的终端设备——阴极射线管式视屏终端显示器以及家用电视机对人体健康的影响，尤其是对整日沉溺于游戏机的青少年眼睛的伤害，已越来越多地引起了人们的关注。

计算机辐射可对信号造成严重干扰。由于计算机系统电磁辐射具有一定的强度，因而当高灵敏度的仪器、仪表与敏感设备位于附近时，必然发生干扰危害。例如，就连辐射能量很小的袖珍计算器都会成为某些高灵敏设备（如导航仪）的干扰源。

由于计算机的工作频率范围在 150kHz～500MHz，包括了中波、短波、超短波与微波等频率的宽带辐射。按标准评价，计算机的主要辐射部位上部与两侧等部位辐射场强均超标。一般超标几倍，最高达 45 倍。视频终端显示器辐射场强限值在国家标准中做了规定。

世界卫生组织（WHO）早在 1985 年就已经指出：VDT 及其周围空间在其工作过程中存在有电磁辐射，包括 X 射线、紫外线、可见光、红外线与射频辐射，并认为 VDT 的电磁辐射对人体存在潜在的危险性。美国科学家洛蒂尔，对 10 种常用的电脑显示器产生的电磁波进行了分析，结果表明在距荧光屏 10cm 时，有的电脑所产生的射线强度达到足以使儿童患上癌症的射线强度的 10 倍，并指出最强的射线来自电脑的两侧、后部和顶部。

人们千万不要小看计算机的电磁辐射，它们的能量作用是惊人的。一些无序的和非法的电磁辐射，造成电磁场环境恶化，对卫星紧急无线电定位标、航空导航通信和水上移动通信等存在潜在干扰危险，就会像一颗随时引爆的定时炸弹，能要人命。由于计算机是一种电磁敏感体，它在工程过程中，易受外界强电磁场的干扰和破坏，工作程序失误，而引发事故。1988年，苏联曾发生一起震惊世界的计算机杀人事件。国际象棋大师尼古拉·古德科夫与一台超级计算机对弈，在连克三局之后，突然被计算机释放的强大电流所击中，毙于众目睽睽之下。调查证实，其罪魁祸首是外来的电磁波干扰了计算机中已经编好了的程序，从而导致了计算机运作失误而突然放出强电流作用于人体，酿成悲剧。

关于视频终端显示器电磁辐射对人体健康的影响与危害，世界上诸如美国、法国、英国、德国、加拿大、日本、瑞典、新加坡、挪威、澳大利亚等发达国家研究发现：计算机主要对眼睛、头部、骨骼肌、皮肤等器官和部位产生危害作用，见表9-3。

表9-3 计算机对人体健康危害

视力衰退	近视、散光、眨眼、斜视等由电视强光及反射光所造成。荧光屏上的不固定眩光，不断地闪烁、放大缩小，人们的瞳孔也随着放大缩小，造成各种眼睛疾病
胚胎组织	荧光所产生的低频辐射，能渗透人体，并伤害女性的染色体，触发婴儿畸形发育，低智能、自发性流产、死胎、初生婴儿死亡等意外，也可能导致不育
白内障	荧光屏上的强光、反射光及眩光造成眼睛疲劳，加上低频辐射影响眼球视网膜及水晶体，形成白内障
皮肤老化	荧光屏产生的正电荷，刺激皮肤长出橙红色皮疹及色素沉积产生色斑，加速皮肤老化
呼吸困难	荧光屏表面的静电产生的正离子，会把周围的负离子除去，并会夹带着污物、灰尘、细菌和烟灰、朝人体撞击，造成呼吸不顺畅，新陈代谢不平衡
腰酸背痛	正电离子影响人类中枢系统，尤其是老年人，容易造成腰酸背痛，并使记忆力减退
心情烦躁	正电离子影响人们的心理反应和神经系统，使人心情烦躁
头痛	长期面对电视和电脑荧光屏，容易使人疲倦并造成头痛

9.1.5 电磁辐射污染的特点及现状

1．环境电磁辐射污染特点

（1）有用信号与污染共生

水、气、声、渣等污染要素，与其产品是分开的。例如，生产纸的过程中会排出污水。而电磁辐射不同，发射的就是有用信号，但其对公众健康来讲，同时具有污染的特性。在一定程度上，电磁波的有用信号和污染是共生的，其污染不能单独治理。

（2）产生的污染可以预见

电磁辐射设备对环境的辐射能量密度可根据其设备性能和发射方式进行估算，具有可预见性。在设计阶段，对于不同方案，可以初步估算出对环境污染的不同结果，由此可以进行方案的比较和取舍。

（3）产生的污染可以控制

电磁辐射设备向环境发射的电磁能量，可以通过改变发射功率、改变增益等技术手段来控制。一旦断电，其污染立即消除，而且与周围建筑物的布局和人群分布有关。所以，为了最大限度地发挥电磁辐射的经济性能，减少对环境的污染，必须对电磁辐射设施的建设项目进行环境影响评价。

2．我国环境电磁辐射污染现状

我国对电磁环境方面的研究起步较晚。进入20世纪90年代，随着我国高科技产业和国民经济迅速发展，电磁环境监测方面的要求也随之提高。因此，一批电磁环境实验测试中心相继建立。但是，目前我国对电磁环境方面的研究大多停留在某一实际干扰问题的防护水平上，比较成熟的电磁环境分析和预测软件尚不完善。由于我国电磁环境近场测量设备的研制工作开展比较晚，目前国产的近场测量仪器及设备存在屏蔽性能差、灵敏度低、频带范围窄、测量费工费时、精度差等问题。

根据长期的管理和监测数据结果，大部分情况都基本保持在本底水平的涨落范围内。但在一些大型电磁辐射设施周围，也有超标甚至严重超标的情况。对于这些设施，要采取相应的管理措施，消除污染。随着经济的高速发展，电磁辐射设施急剧增加，电磁辐射环境管理的任务将越来越重。

9.2 电磁辐射基础

电磁辐射是物质的一种形式。现对一些常用名词、术语等进行简略介绍。

9.2.1 电磁场

1. 交流电

交流电是交替地即周期性地改变流动方向和数值的电流。如果我们将电源的两个极，即正极与负极迅速而有规律地变换位置，那么电子就会随着这种变化的节奏而改变自己的流动方向。开始时电子向一个方向流动，以后又改向与开始流动方向相反的方向流动，如此交替重复进行，这种电流就是交流电，如图 9-2 所示。

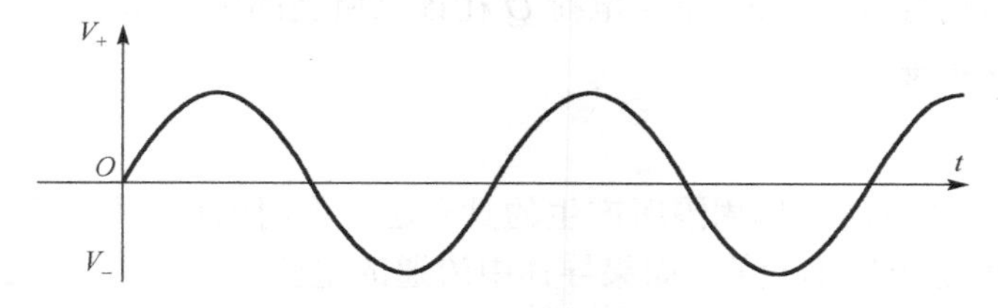

图 9-2　交流电周期性变化

在交流电中，电子在导线内不断地振动，从电子开始向一个方向运动起，至回到原点的平行位置时，这一运动过程，称为电流的一次完全振动。发生一次完全振动所需要的时间称为一个周期。半个振动所需要的时间，称为二分之一周期或半周期。

所有物体都是由大量的和分离的微小粒子所组成的，这些粒子有的带正电，有的带负电，也有图 9-2 交流电周期性变化的不带电。所有的粒子都在不断地运动，并被它们以一定的速度传播的电磁场所包围着，所以带电粒子及其电磁场是物质的一种特殊形态。

2. 电场与电场强度

（1）电场

物体之间相互作用的力一般分为两大类，一类是物体的直接接触发生的力，叫接触力，例如碰撞力、摩擦力等均属于这一类；另一类是不需要接触就可以发生的力，称为场力，例如电场力、磁场力、重力等。

近代物理学表明：电荷的周围存在着一种特殊的物质叫做电场。电荷存在于一切物体中，但通常正、负电荷的作用正好互相抵消，因此平常不被人们所察觉。两个电荷之间的相互作用并不是电荷之间的直接作用，而是电荷与电荷之间通过电场发生作用，也就是说在电荷周围的空间里，总是有电场力在作用着，电荷与电场是不可分割的整体。电荷静止不动时，电场也静止不变，这种现象称为静电场。运动电荷周围的电场也在变化运动，这种电场称为动电场。起电的过程，也就是电场建立的过程。起电后，当我们分离正负电荷时，需用外力做功。举个简单的例子，如用一块绒或绸子去摩擦梳子，梳子就会带电，也就是说梳子上面产生了电荷，这种带电的梳子在一定的距离内，就可以吸起小纸屑。这个现象告诉我们，在带电的梳子附近有电场在起作用。如果将其所带电荷做交变运动，那么它的电场也是交变的。

（2）电场强度

电场强度（E）是用来表示电场中各个点电场的强弱和方向的物理量，电荷的强弱可由单位电荷在电场中所受力的大小来表示。同一电荷在电场中受力大的地方电场就强，反之受力弱的地方电场就弱。距离带电体近的地方则电场强，反之就弱。

电场强度的物理单位一般用伏/米（V/m），毫伏/米（mV/m），微伏/米（μV/m）等表示。在输电线路和高压电器设备附近的工频电场强度通常用 kV/m 表示，而家用电器设备附近电场强度相对较低，通常用 V/m 表示。场强的表示也可用分贝（dB）表示，常用于干扰大小的表示数量上。

电场强度是一个矢量，它的方向为试验电荷（带有微量电荷的物体）在该点所受力的方向，在量值与方向上等于一个单位正电荷在该点所受的力。

基本公式为

$$E = F / Q \tag{9-1}$$

式中，E—某点的电场强度，V/m；F—电荷 Q 在该点所受的力，N。

3. 磁场与磁场强度

（1）磁场

磁场是电流在它通过的导体周围所产生的具有磁力作用的场，如果导体中流通的电流是直流电，那么磁场也是恒定不变的；如果导体中流通的电流是交流电，那么磁场也是变化的。电流的频率越高，其磁场变化的频率也就越高。

（2）磁场强度

磁场的强弱用磁场强度来表示，它是一个矢量。磁场强度的大小，即磁场中某点的磁场强度在数值上等于在该点上单位磁极所受的力。常用表示单位为安/米（A/m）、毫安/米（mA/m）、微安/米（μA/m）。如果单位磁极所受的力正好是 1dyn（达因，1dyn=10^{-5}N），那么这点的场强度就是 1Oe（奥斯特）。

4. 电磁场

任何交流电路其周围一定范围空间均存在交变电磁场，交变电场周围又会产生新的磁场，两者相互作用、方向相互垂直，并与自己的运动方向垂直。这种交替产生的具有电场与磁场作用的物质空间，就是我们所说的电磁场。该电磁场的频率与交流电的频率相同。

一般存在于某一空间的静止电场和静止磁场，不能叫做电磁场。在这种情况下，电场与磁场各自独立地发生作用，两者之间没有关系。我们通常所称的电磁场，是交变的电场与交变的磁场的组合，他们彼此之间相互作用，相互维持。这种相互联系，说明了电磁场能在空间里运动的原理。电场的变化，会在导体及电场周围的空间形成磁场。由于电场在不停地变化着，因而形成的磁场也必然不停地变化着。这样，变化的磁场又在它自己的周围空间里形成了新的电场，电磁场就这样反复下去。由此可见，电磁场是一个振荡过程，电磁波本身是具有能量的，因而会辐射到空间中去。正如麦克斯韦尔的电磁理论所述：除静止的电荷所产生的无旋的电场外，变化的磁场也要产生涡旋的电场；变化的电场和传导电流一样产生涡旋的磁场。他们不是彼此孤立的，而是相互联系，相互激发而组成一个统一的电磁场。

研究电磁场，首先就要了解它的物质性。电磁场是一种基本的场物质形态，是一种特殊的物质，与实物相比，具有以下不同点：实物具有一定的形状和体积，而电磁场弥漫整个空间，没有固定的形状和体积；实物具有不可叠加性，而电磁场具有叠加性，在同一个空间范围内，可以同时容纳若干种不同的电磁场；实物可以作用于人的各种感官，而电磁场则看不见，摸不着，嗅不到；实物的速度远远小于光速，而电磁波在真空中的速度等于光速；实物的密度、质量较大，而电磁场的密度、质量较小；实物在外力作用下可以被加速，具有加速度，而电磁场没有加速度；实物可以选为参考系，而电磁场则不能作为参考系。电磁场也具有一定的能量、动量、动量矩，并遵守能量、动量和动量矩守恒定律，电磁场也能从一种形式转化为另一种形式，但不能创造或消灭。

9.2.2 电磁辐射

电磁辐射是指能量以电磁波形式由源发射到空间的现象。

1. 电磁波

电磁场由近及远，相互垂直，并以与自己的运动方向垂直的一定速度在空间传播，在其传播过程中不断向周围空间辐射能量，此能量称为电磁辐射，也称为电磁波。电磁波的产生原理如图 9-3 所示。

电磁波类似于水波。当丢一块石子到水里时，水里就会泛起水波，一浪推一浪地向四周扩张开来。水分子上下的振动就形成了所看见的水波。当利用发射机把强大的高频率电流输送到发射天线上时，电流就会在天线中振荡，从而在天线的周围产生了高速度变化的电磁场。电磁波的传播如图 9-4 所示。

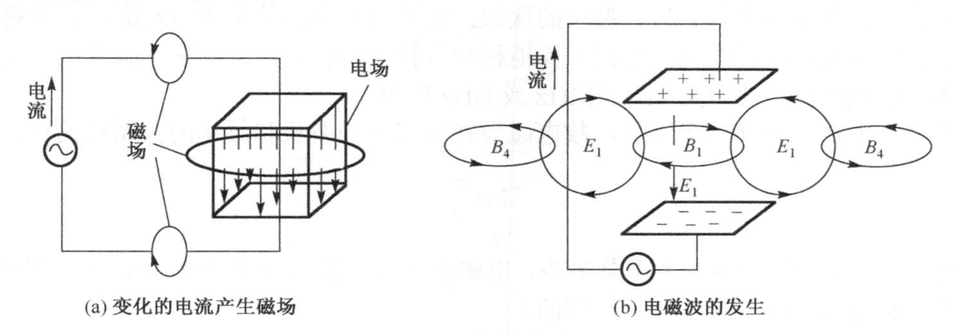

(a) 变化的电流产生磁场　　(b) 电磁波的发生

图 9-3　电磁波的产生原理

2. 电磁波的波长（λ）

波长是电磁波在完成 1 周期的时间内所经过的距离，其单位为 m、μm 或 nm 等。

3. 电磁被的波速（c）

电磁波通过介质的传播速度与介质的电和磁的特性有关，如介质的介电常数 ε 和磁导率 μ。相对介电常数 ε_r 是无因次量，其大小用具有介质的平板电容器的电容量与其空中同一平板电容器电容量之比来表示。真空介电常数ε_0值为 8.85×10^{-12}F/m。在实际应用中，常以空气代表真空。磁导率μ是描述介质对磁场的影响的量。相对磁导率μ_r是介质的磁导率与真空磁导率之比，是一个无因次量。真空磁导率μ_0为 1.257×10^{-6}H/m。在介质中，电磁波的传播速度 c 为：

$$c=\frac{c_0}{\sqrt{\varepsilon_r\mu_r}} \tag{9-2}$$

式中，c_0—真空中的光速，2.993×10^8m/s。

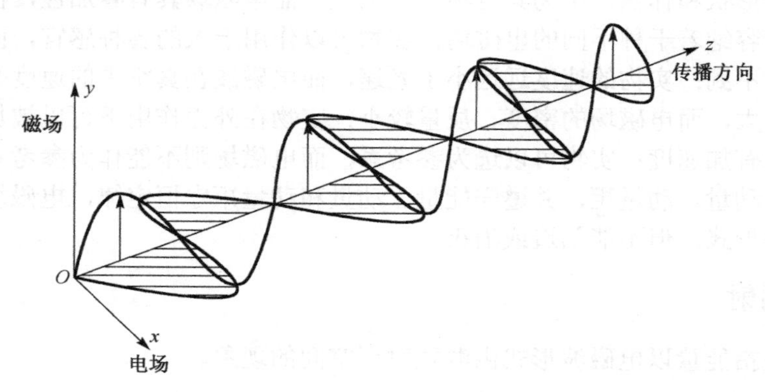

图 9-4　电磁波的传播

4．电磁波的频率（f）和周期（T）。

尽管电磁波跑得很快，可是它却不一定能跑得很远。要使它跑得很远就必须有迅速变化的电场与磁场，也就是要有很高的振荡频率。

在交流电中，电子在导线内不断地振动。从电子开始向一个方向运动起，由正值到负值然后又回到原点的平行位置。这一运动过程，称为电流的一次完全振动。发生一次完全振动所需时间，称为一个周期。

频率是电流在导体内每一秒钟振动的次数。交流电频率的单位为 Hz 或 s^{-1}。电荷在导体内来回不停地奔跑，就好像钟摆来回不停地摆动一样，每秒钟内电荷来回奔跑的次数，就是频率。微波的频率高，通常用 kHz、MHz 或 GHz 作单位。

由于空气中ε_r和μ_r的值均为 1，故电磁波在空气中的波长和频率的关系可简化为：

$$\lambda=\frac{c}{f} \tag{9-3}$$

在空气中，不论电磁波的频率是多少，电磁波每秒传播的距离总是 3×10^8m。因此，频率越高，波长就越短，两者是互为反比例的。

9.2.3　射频电磁场

一般交流电的频率在 50Hz 左右，当交流电的频率为 10^5Hz 以上时，其周围便形成了高频的电场和磁场，称为射频电磁场。而一般将每秒钟振荡 10^5 次以上的交流电叫做高频电流，因此射频电磁场也称为高频电磁场。

由于无线电广播、电视以及微波技术等迅速地普及，射频设备的功率成倍提高，电磁辐射大幅度增加，目前已达到可以直接威胁人身健康的程度。通常射频电磁场按频率可划分为不同的频段，如表 9-4 所示。

表 9-4　射频电磁场的频段

名称	符号	频率	波长
甚低频（甚长波）	VLF	30 kHz 以下	10 km 以上
低频（长波）	LF	30～300 kHz	1～10 km
中频（中波）	MF	300～3000 kHz	100～1000m
高频（短波）	HF	3～30 MHz	10～100m
甚高频（超短波）	VHF	30～300 MHz	1～10m
特高频（分米波）	UHF	300～3 000 MHz	10～100cm
超高频（厘米波）	SHF（微波）	3 000～30 000MHz	1～10cm
极高频（毫米波）	EHF	30 000～300 000 MHz	1～10mm
极高频（亚毫米波）		>300 000MHz	<1mm

无线电被的波长为 10^{-3}～10^{4}m。继无线电波之后为红外线、可见光、紫外线、X 射线，大致划分如图 9-5 所示。

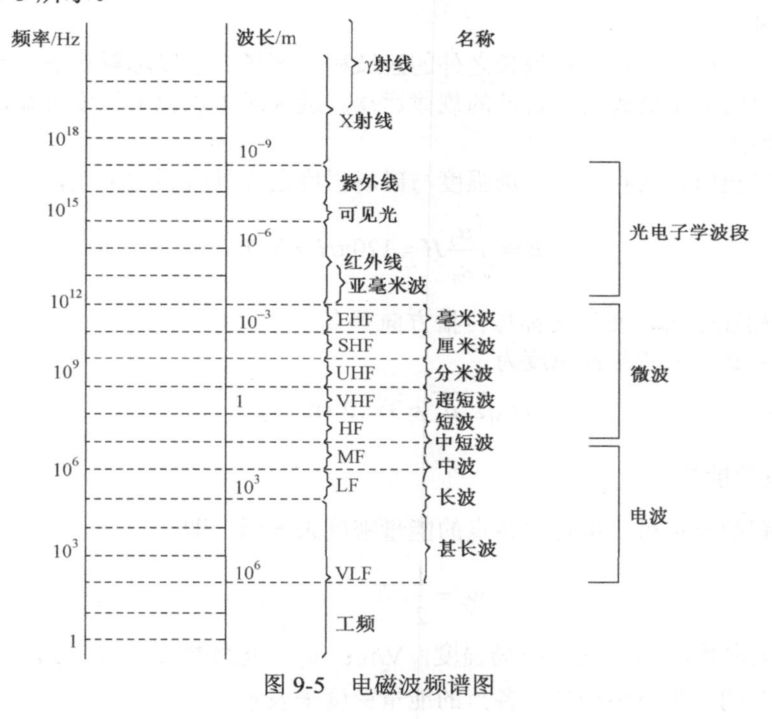

图 9-5　电磁波频谱图

1．场区分类及特点

任何射频电磁场的发生源周围均有两个作用场存在着，即以感应为主的近区场（又称感应区）和以辐射为主的远区场（又称辐射场）。

近区场与远区场的划分，只是在电荷电流交变的情况下才能成立。一方面，这种分布在电荷电流附近的场依然存在，即感应场；另一方面，又出现了一种新的电磁场成分，它脱离了电荷电流并以波的形式向外传播。换言之，在交变情况下，电磁场可以看做两个成分：一个分布在电荷电流的周围，当距离 R 增大时，它至少以 $1/R^2$ 衰减，这一部分场是依附着电荷电流而存在的，这就是近区场，又称为感应场；另一部分是脱离了电荷电流而以波的形式向外传播的场，它从场源发射出以后，即按自己的规律运动，而与场源无关，它按 $1/R^2$ 衰减，这就是远区场，又称为辐射场。

（1）近区场

以场源为零点或中心，在 1/6 波长范围之内的区域，统称为近区场。由于作用方式为电磁感应，所以又称作感应场，感应场受场源距离的限制。在感应场内，电磁能量将随着离开场源距离的增大而比较快地衰减。

近区场特点如下：

①在近区场内，电场强度 E 与磁场强度 H 的大小没有确定的比例关系。一般情况下，电场强度值比较大，而磁场强度值则比较小，有时很小；只是在槽路线圈等部位的附近，磁场强度值很大，而电场强度值则很小。总的来看，电压高电流小的场源（如天线、馈线等），电场强度比磁场强度大得多，电压低电流大的场源（如电流线圈），磁场强度又远大于电场强度。

②近区场电磁场强度要比远区场电磁场强度大得多，而且近区场电磁场强度比远区场电磁场强度衰减速度快。

③近区场电磁感应现象与场源密切相关，近区场不能脱离场源而独立存在。

（2）远区场

相对于近区场而言，在 1/6 波长之外的区域称远区场。它以辐射状态出现，所以也称辐射场，远区场已脱离了场源而按自己的规律运动。远区场电磁辐射强度衰减比近区要缓慢。

远区场的特点如下：

①远区场以辐射形式存在，电场强度与磁场强度之间具有固定关系，

$$E=\sqrt{\frac{\mu_0}{\varepsilon_0}}H=120\pi H\approx 377H \qquad (9\text{-}4)$$

②E 与 H 相互垂直，而且又都与传播方向垂直。

③电磁波在真空中的传播速度为

$$c=1/\sqrt{\varepsilon_0\mu_0}\approx 3\times10^8(\mathrm{m/s}) \qquad (9\text{-}5)$$

2．电磁场的能量

电场所具有的能量可用电场中各点的能量密度来表示，即

$$w_\mathrm{e}=\frac{1}{2}\varepsilon E^2 \qquad (9\text{-}6)$$

式中，ε—介电常数，F/m；E—电场强度，V/m；w_e—电场能量密度，J/m^3。

磁场所具有的能量可用磁场中各点的能量密度来表示，即

$$w_\mathrm{m}=\frac{1}{2}\mu H^2 \qquad (9\text{-}7)$$

式中，μ—磁导率，H/m；H—磁场强度，A/m；w_m—磁场能量密度，J/m^3。

电磁场的能量密度 w 等于各点电场能量密度和磁场能量密度之和，即

$$w=w_\mathrm{e}+w_\mathrm{m}=1/2(\varepsilon E^2+\mu H^2) \qquad (9\text{-}8)$$

辐射能与波源的结构和频率密切相关。辐射能的平均辐射功率（单位时间内辐射的能量）与振荡电流频率的四次方成正比；如恒定电磁场频率为零，不存在辐射；低频场变化缓慢，频率很低，辐射也很弱。对实用的辐射系统来说，波源的最低频率在 10^5Hz 以上，低频场才会产生有效辐射。

3. 场强影响参数

射频电磁场强度与许多因素有关，我们将这些因素称之为场强影响参数。它们构成了场强变化规律。场强影响参数如下。

（1）功率

对于同一设备或其他条件相同而功率不同的设备进行场强测试的结果表明，设备的功率越大，其辐射强度越高，反之则小，功率与场强变化成正比关系。

（2）与场源的间距

一般而言，与场源的距离加大，场强衰减增大。例如，在某设备的操作台附近场强为170～240V/m；距操作台0.5m后，场强衰减到53～65V/m；距操作台1m后，场强衰减为24～31V/m；距操作台2m后，场强衰减到极小值。因此，屏蔽防护重点应在设备附近。

（3）屏蔽与接地

实施屏蔽（或吸收）与接地是防止电磁泄露的主要手段。屏蔽与接地的程序不同，是造成高频场或微波辐射强度大小及其在空间分布不均匀性的直接原因。加强屏蔽与接地，就能大幅度地降低电磁辐射场强。

（4）空间内有无干扰设施

由于金属体是良导体，所以在电磁场作用下，极易感应生成涡流；由于感生电流的作用，便产生新的电磁辐射，致使在金属周围形成又一新的电磁作用场，即所谓二次辐射。二次辐射，会造成某些空间场强的增大。例如，某短波设备附近因有暖气片，由于二次辐射的结果，使之场强加大，高达220V/m。所以，在射频作业环境中要尽量减少金属天线以及金属物体，防止二次辐射。

9.2.4 电磁波的传播特性

（1）电场分量与磁场分量

若做简谐振动的平面电磁波沿着z方向传播时，作为x分量的电场E_x的表达式为

$$E_x = E_m \cos(\omega t - kz) \tag{9-9}$$

式中，E_m—电磁波电场的振幅，V/m；$k=\frac{2\pi}{\lambda}=\frac{\omega}{v}=2\pi f\sqrt{\varepsilon \cdot \mu_0}$

y分量的磁场H_y的表达式为

$$H_y = E_x / \eta \tag{9-10}$$

式中，η—介质的本征阻抗，其值为$E_x / H_y = \sqrt{\frac{\mu}{\varepsilon}}$。

（2）电磁波的传播方向

电场强度E和磁场强度H互相垂直的关系可以用右手螺旋法则来描述，即右手四指由电场强度方向转向磁场强度方向时，垂直伸直的大拇指的方向就是电磁波的传播方向，用矢量S来表示，即

$$S = E \times H \tag{9-11}$$

（3）波的极化

所谓波的极化是指电场E的取向，由电场的方向来决定。电场的水平分量和垂直分量的相位相同或相反时为直线极化波；电场的水平分量和垂直分量振幅相等，而相位相差90°或

者 270°，则称为圆极化波；若电场两个分量的振幅和相位都不相等，则为椭圆极化波。工程上常使用的是直线极化波与圆极化波。

（4）电磁波在不同介质中的衰减

均匀介质（如空气）中，由于没有能量损耗，电磁波的波形不随距离改变。电场和磁场在时间上同相，在空间上互相垂直，均做正弦函数形式的周期性变化，而且也都与传播方向垂直，如图 9-6 所示。

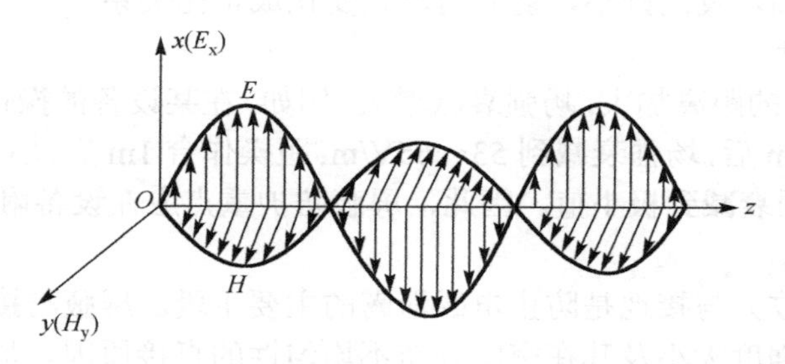

图 9-6　电磁波在无损耗介质中的传播

金属等传导介质有大量自由电子，在电磁场的作用下形成定向运动而产生电流，形成的电流在传导介质中做功产生焦耳热，引起电磁波能量的损耗、衰减。金属由于电导率很大，导体内的电荷密度为零，电荷只能分布在导体的表面层，加之电磁波在导体内强烈衰减，不能深入到导体内层，所以，电磁波在传导介质中的传播，实际上只在传导介质的表面层或界面上进行。电磁波在传导介质中传播会强烈衰减，波形为如图 9-7 所示的衰减正弦波。

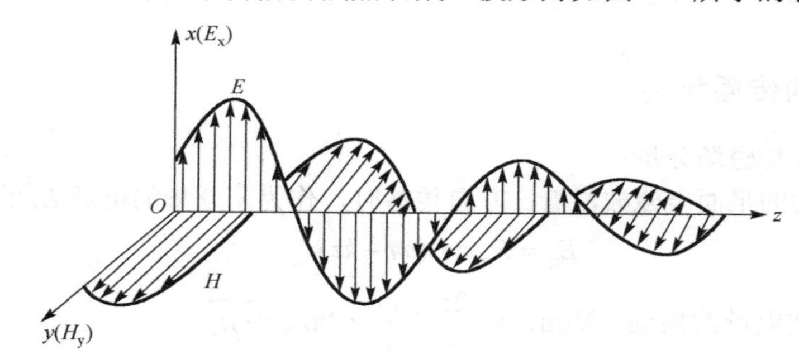

图 9-7　电磁波在有损耗介质中的衰减

电磁波在良导体（金属）中衰减很快，通常只能在表面层或界面上传播，尤其在频率很高的情况下，只能透入良导体中一薄层。电磁波能够穿入金属的深度常用趋肤厚度（又称穿透深度）来表示，即：

$$\delta = \frac{1}{\sqrt{\pi \cdot f \mu \sigma}} \tag{9-12}$$

式中，δ—穿透深度，m；μ—介质的磁导率，H/m；σ—介质的电导率，m/s。

电磁波频率越低，进入良导体的厚度即穿透深度越大。

（5）电磁波的反射和透射

当电磁波在传播途中遇到分界面时，会发生反射和透射，如图 9-8 所示。

特别是平面波在理想导电平面上垂直入射时，其反射系数 R 和传输系数 T（又称透射系数）分别表示为

$$R=\frac{\eta_2-\eta_1}{\eta_2+\eta_1} \tag{9-13}$$

$$T=\frac{2\eta_2}{\eta_2+\eta_1} \tag{9-14}$$

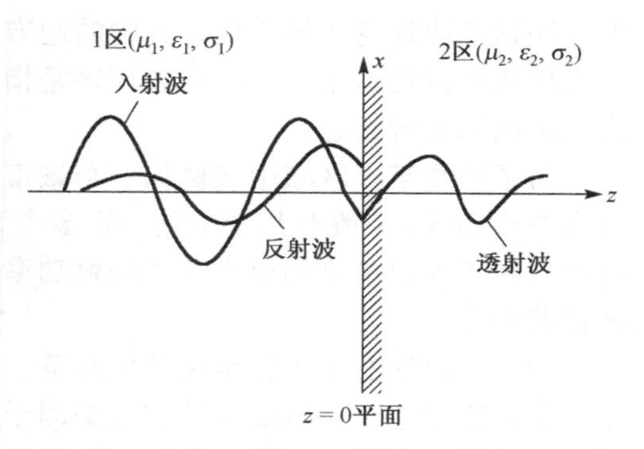

图 9-8 电磁波的反射和透射

（6）电磁波的相速与群速

电磁波相位变化的速度称为相速度 v_p，表示为

$$v_p=\frac{\omega}{k} \tag{9-15}$$

电磁波信号传播的速度，也就是能量传播的速度称为群速度 v_g，可表示为

$$v_g=\frac{d\omega}{dk} \tag{9-16}$$

式中，ω—电磁波的角频率，rad/s。

只有相速度不随频率变化时，相速度才等于群速度，例如电磁波在自由空间里传播的情况。

9.3 电磁辐射污染的监测及评价

9.3.1 电磁辐射监测技术

1. 电磁污染源的调查

（1）调查目的和内容

电磁污染的调查研究主要应包括：①目标地区主要人工电磁污染源的种类、数量以及设备使用情况；②在污染源与射频设备使用情况调查的基础上，在专门单位统一指导下，按行业系统对主要污染源的辐射强度进行测量，以了解射频设备的电磁场泄露，感应和辐射情况，摸清工作环境场强分布与生活环境电磁污染水平对人体的影响，进而确定射频设备的漏场等级和治理重点；③在调查的最初阶段，应以电磁辐射对电视信号的干扰为主。以所测定的污染源为中心，取东西南北四个方位，在每个方位上间隔 10m 选取一户为调查点，深入到各户调查点，详细了解电视机接收情况，包括图像与伴音两个方面，是否受到干扰。

（2）调查程序

电磁污染的调查研究主要应包括：①设计各类调查表并进行调查；②定点测量；③测试数据整理以及综合分析与绘制辐射图。将场强测试结果按强度大小、频率高低进行分类整理，通过定点距离与场强关系值，场强与频率及时间变化关系特性表（或曲线），作出各种特性曲线和绘制辐射图。

2. 电磁污染的监测方法

（1）一般电磁环境的测量

一般电磁环境的测量可以采用方格法布点。以主要的交通干线为参考基准线，把所要测量的区域划分为 1km×1km 的方格，原则上选每个方格的中线点作为测试点，以该点的测量值代表该方格区域内的电磁辐射水平。实际选择测试点时，还应该考虑附近地形、地物的影响。测试点应选在比较平坦、开阔的地方，尽量避开高压线和其他导电物体，避开建筑物和高大树木的遮挡。由于一般电磁环境是指该区域内电磁辐射的背景值，因此测量点不要距离大功率的辐射源太近。

为了监测某一区域中（例如一个城市的市区）电磁辐射的水平，被测区域可能被划分为许多方格小区（一般有几十个到一百多个）。所有小区都设监测点工作量太大，也是不必要的。可以采用“人口密度加权”和“辐射功率加权”的方格选择其中部分典型的、有代表性的小区设监测点。

（2）交流输变电工程电磁环境测量

交流输变电工程电磁环境的监测因子为工频电场和工频磁场，监测指标为工频电场强度和工频磁感应强度（或磁场强度）。监测点应选择在地势平坦、远离树木且没有其他电力线路、通信线路及广播线路的空地上。监测仪器的探头应架设在地面（或立足平面）上方 1.5m 高度处。监测工频电场时，监测人员与监测仪器探头的距离应不小于 2.5m，监测仪探头与固定物体的距离应不小于 1m。采用一维探头监测工频磁场时，应调整探头使其位置在监测最大值的方向。根据架空输电线路和地下输电线缆类型不同，具体监测布点可以参照交流输变电工程电磁环境监测方法（HJ681-2013）执行。

（3）其他电磁环境测量

工业、科研和医用射频设备辐射强度的测量方法与一般电磁环境不同。基于它们所造成的污染是由这些设备在工作过程中产生的电磁辐射引起的，因此，对于这类设备辐射强度的测量可以一次性进行。测量方法大体如下。

当设备工作时，以辐射源为中心确定东、南、西、北、东北、东南、西北、西南 8 个方向（间隔 45° 角）做近区场与远区场的测量。

近区场场强的测量方法为：①首先计算近区场的作用范围；②感应区场强的测定。由于射频电磁场感应区中电场强度与磁场强度不呈固定关系的特点，应分别进行电场强度与磁场强度的测定。测定时需要注意：①采用经有关部门检定合格的射频电磁场（近区）强度测定仪进行测定。测定前应按产品说明书规定，关好机柜门，上好盖门，拧紧螺栓，使设备处于完好状态。测定时，射频设备必须按说明书规定处于正常工作状态。②在每个方位上，以设备面板为相对水平零点，分别选取 10cm、0.5m、1m、2m、3m、10m、50m 为测定距离，一直测到近区场边界为止。③取三种测定高度，即头部，离地面 150～170cm 处；胸部，离地面 110～130cm 处；下腹部，离地面 70～90cm 处。④测定方向以测定点上的天线中心点为中心，全方向转动探头，以指示最大的方向为测定方向。现场为复合场时，暂以测定点上的最强方向上的最大值为准（若出现几个最大点时，以其中最大的一点为准）。⑤应避免人体对测定的影响。测定电场时，测试者不应站在电场天线的延伸线方向上；测定磁场时，测试者不应与磁场探头的环状天线平面相平行。操作者应尽量离天线远些，测试天线附近 1m 范围内除操作者外避免站人或放置金属物体。⑥测定部位附近应尽量避开对电磁波有吸收或反射作用的物体。

远区场场强的测量方法为：①根据计算，确定远区场起始边界。②可以只测磁场或电场强度。③在 8 个方位上分别选取 3m、11m、30m、50m、100m、150m、200m、300m 作为测定距离。④测定高度均取 2m。如有高层建筑，则分别选取 1、3、5、7、10、15 等层测量高度。所用的测定仪器为标定合格的远场仪并选取场仪所示的准峰值。

3．电磁污染测量仪器

电磁污染测量仪器有非选频式辐射测量仪和选频式辐射测量仪两类。

（1）非选频式辐射测量仪

具有各向同性响应或有方向性探头的宽带辐射测量仪属于非选频式辐射测量仪。用有方向性探头时，应调整探头方向以测出最大辐射电平。

（2）选频式辐射测量仪

各种专门用于 EMI 测量的场强仪，干扰测试接收机，以及用频谱仪、接收机、天线自行测量系统经标准场校准后可用于此目的。测量误差小于±3dB，频率误差应小于被测频率的 10^{-3} 数量级。该测量系统经模/数转换与微机连接后，通过编制专用测量软件可组成自动测试系统，达到数据自动采集和统计。

自动测试系统中，测量仪可设置于平均值（适用于较平稳的辐射测量）或准峰值（适用于脉冲辐射测量）检波方式。每次测量时间为 8～10mim，数据采集取样率为 2 次/秒，进行连续取样。

另外，根据电磁场特征不同，需要分别采用近区场强仪、超高频近区电场测量仪、远场仪与干扰仪等不同仪器测量。

9.3.2 电磁辐射评价标准及方法

1. 国际电磁辐射标准

（1）工频电场卫生标准

目前，大约已有数十个国家制定了工频电场的电磁辐射标准。有的是国家标准，有的是组织和地方制定的标准。表 9-5 为一些国家的工频电场标准。

表 9-5 不同国家的工频电场强度限值

国别	类别	容许电场强度/（kV/m）	暴露时间	区域
俄罗斯	国家标准	<5 >25	工作日 短时	运行区 维护区
德国	工业标准	≤20 ≤30	长期 短期	 维护工作区
捷克	国家标准	≤15	长期	变电所
波兰		≤15 ≤20	长期 短期	变电所 变电所
西班牙	导则	≤20		

（2）工频磁场卫生标准

国际辐射防护协会所属国际非电离辐射委员会（IRPA/INIRC）于 1990 年向各国推荐频率为 50/60Hz 电场和磁场限值临时导则，见表 9-6。

表 9-6 IRPA/INIRC 50/60 Hz 电磁场限制

受照群体		电场强度/（kV/m），rms	磁通量密度/mT，rms
职业群体	整工作日内 每天不超过 2h 局限于四肢	10 30 —	0.5 5 25
公众群体	每天最多达 24h 每天数小时内	5 10	0.1 1

职业照射受照射时间计算公式为:

$$t \leqslant 80/E \tag{9-17}$$

式中，t—时间，h；E—电场强度，kV/m。

公众照射容许受照射的时间仅每天数分钟，且此时体内感应电流密度不大于 $2mA/m^2$；如果磁通量密度大于 1mT 时，受照射时间必须限制在每天数分钟以内。

（3）射频电磁辐射标准

国际辐射防护协会（IRPA）对射频电磁辐射标准规定见表 9-7 和表 9-8。

表 9-7　射频电磁辐射职业暴露限值

频率/MHz	电场强度/（V/m）	磁场强度/（A/m）	功率密度/（mW/cm^2）
0.1～1	614	1.6	-
1～10	$614/f$	$1.6/f$	-
10～400	61	0.16	1
400～2 000	$3f^{1/2}$	$0.008f^{1/2}$	$f/4\,000$
2 000～30 000	137	0.36	5

注：表中 f 为频率，MHz。

表 9-8　IRPA 射频电磁辐射公共暴露限值

频率/MH_z	电场强度/（V/m）	磁场强度/（A/m）	功率密度/（mW/cm^2）
0.1～1	87	0.23	-
1～10	$87/f^{1/2}$	$0.23/f$	-
10～400	27.5	0.073	0.2
400～2 000	$1.375f^{1/2}$	$0.0037f^{1/2}$	$f/2\,000$
2 000～30 000	61	0.16	1

注：表中 f 为频率，MHz。

（4）无线通信标准

人们在无线通信环境中工作和生活受到长时间辐射，即使场强不高，也有可能造成对人体的慢性危害，产生慢性累积效应。因此，为保护职业人群和公众人群的安全与健康，应当制定无线通信容许限值。国际非电离辐射防护委员会（IC-NPR）制定的《无线通信标准》被世界卫生组织和越来越多的国家、地区逐步采用。

（5）磁场标准

国外一些个人和研究机构对恒定磁场职业暴露标准提出了一些建议或推荐限值，但尚未得到公认，仅具有参考价值。

2．我国电磁辐射标准

我国自 20 世纪 80 年代以来先后制定了作业场所电磁辐射安全卫生标准、电磁辐射环境安全卫生标准和干扰控制标准三类标准。

（1）公众电磁环境防护规定

针对电磁环境的管理和防护，国家环保总局和国家技术监督局曾发布过《电磁辐射防护规定》（GB8702—1988）和《环境电磁波卫生标准》（GB9175—1988）国家标准对电磁环境控制限值进行了规定。2014 年 9 月，环境保护部和国家质量监督检验检疫总局对上述标准进行了整合修订，颁布了《电磁环境控制限值》（GB8702—2014）标准，并于 2015 年 1 月 1 日开始实施。新标准规定了电磁环境中控制公众曝露的电场、磁场、电磁场（1Hz～300GHz）的场量限值及其评价方法。该标准适用于一切人群经常居住和活动场所的环境电磁辐射，不包括以治疗和诊断为目的所致病人或陪护人员以及无线通信终端、家用电器等对使用者曝露的评价管理。根据频率范围不同，公众曝露控制限值见表 9-9 和 9-10。

表 9-9　100kHz 以下公众曝露控制限值

频率范围	电场强度 E/(V/m)	磁场强度 H/(A/m)	磁感应强度 B(μT)
1Hz～8Hz	8000	$32000/f^2$	$40000/f^2$
8Hz～25Hz	8000	$4000/f$	$5000/f$
25Hz～1.2kHz	$200/f$	$4/f$	$5/f$
1.2kHz～2.9kHz	$200/f$	3.3	4.1
2.9kHz～57kHz	70	$10/f$	$12/f$
57kHz～100kHz	$4000/f$	$10/f$	$12/f$

注：架空输电线路线下的耕地、园地、牧草地、畜禽饲养地、养殖水面、道路等场所，其频率 50Hz 的电场强度控制限值为 10kV/m；表中 f 是频率，其单位为所在行中第一栏的单位。

表 9-10　100kHz 以上公众曝露控制限值

频率范围（MHz）	电场强度 E/(V/m)	磁场强度 H/(A/m)	磁感应强度 B(μT)	等效平面波功率密度 /(W/m²)
0.1～3	40	0.1	0.12	4
3～30	$67/f^{1/2}$	$0.17/f^{1/2}$	$0.21/f^{1/2}$	$12/f$
30～3000	12	0.032	0.04	0.4
3000～15000	$0.22/f^{1/2}$	$0.00059/f^{1/2}$	$0.00074/f^{1/2}$	$f/7500$
15000～300000	27	0.073	0.092	2

注：在近场区，电场强度和磁场强度同时限制，在远场区，可以只限制电场强度或磁场强度，或等效平面波功率密度；表中场量参数是任意连续 6min 内的方均根值；f 是频率，MHz。

公众曝露在多个频率的电场、磁场、电磁场中时，应综合考虑共同影响，当频率在 0.1MHz～300GHz 之间，应满足下式：

$$\sum_{i=1\text{Hz}}^{300\text{GHz}} \frac{A_i}{A_{L,i}} \leqslant 1 \tag{9-18}$$

式中，A_i —频率为 i 的电场强度（或磁感应强度）水平；$A_{L,i}$ —表 9-9 和表 9-10 中对应于频率为 i 的电场强度（或磁感应强度）限值。

可豁免设施（设备）的等效辐射功率见表 9-11。

表 9-11　可豁免设施（设备）的等效辐射功率

频率范围（MHz）	等效辐射功率（W）
0.1～3	300
＞3～300000	100

（2）作业场所微波辐射卫生防护

《作业场所微波辐射卫生标准》（GB10436—1989）规定了作业场所微波辐射卫生标准及测试方法，适用于接触微波辐射的各类作业（除居民所受环境辐射及接受微波诊断或治疗的辐射外）。此标准规定的内容相对较多。该标准的主要内容见表 9-12。

（3）作业场所超高频辐射卫生防护

《作业场所超高频辐射卫生标准》（GB10437—1989）规定了作业场所超高频辐射（30～300MHz）的容许限值及测试方法，分为连续波和脉冲波，暴露时间分为两级，具体见表 9-13。

表 9-12　作业场所微波辐射卫生防护容许限值

辐射条件	每日接触时间为 8h 时日容许功率密度/（μW/cm²）	剂量限值/（μW·h/cm²）	每日接触时间小于 8h 时日容许功率密度/（μW/cm²）
连续波或脉冲波非固定辐射	50	400	400/t
脉冲波固定辐射	25	200	200/t
仅肢体辐射	500	4000	4000/t

表 9-13　作业场所超高频辐射卫生标准限值

辐射条件	每日辐射时间/h	容许功率密度/（mW/cm²）	相应电场强度/（V/m）
连续波	8	0.05	14
	4	0.1	19
脉冲波	8	0.025	10
	4	0.05	14

（4）作业场所工频电场卫生防护

《作业场所工频电场卫生标准》（GB16203—1996）规定了作业场所工频电场 8h 最高容许量为 5kV/m。因工作需要必须进入超过最高容许量的地点或延长接触时间时，应采取有效防护措施。带电作业人员应该在“全封闭式”的屏蔽装置中操作，或应穿包括面部的屏蔽服。

（5）工业企业设计卫生防护

我国卫生部 2010 年 1 月 22 日颁布实施的《工业企业设计卫生标准》（GBZl—2010）对工业企业电磁辐射的标准做了规定。

①防非电离辐射（射频辐射）

a. 生产工艺过程有可能产生微波或高频电磁场的设备应采取有效地防止电磁辐射能的泄漏措施。

b．工作地点微波（300MHz～300GHz）电磁辐射强度不允许超过表 9-14 规定的限值。

表 9-14　工作地点微波辐射职业接触限值

类型		日剂量（μW·h/cm²）	8h 平均功率密度/（μW/cm²）	短时间接触功率密度/（mW/cm²）
全身辐射	连续微波	400	50	5
	脉冲微波	200	25	5
肢体局部辐射	连续微波或脉冲微波	4000	500	5

注：t 为受辐照时间，h。

工作日接触连续波时间小于 8h 可按下式计算：

$$P_{\mathrm{d}}=400/t \tag{9-19}$$

式中，P_{d}—容许辐射的平均功率密度，μW/cm²；t—接触辐射时间，h。

工作日接触脉冲波时间小于 8h，容许辐射的平均功率密度按下式计算：

$$P_{\mathrm{d}}=200/t \tag{9-20}$$

c．短时间接触时卫生限值不得大于 5mW/cm²，同时需要使用个体防护用具。

d．高频电磁辐射（频率 100kHz～30MHz）工作地点 8h 辐射强度卫生限值不应超过表 9-15 的规定。

表 9-15 工作场所高频电磁场职业接触限值

频率（MHz）	电场强度/（V/m）	磁场强度/（A/m）
0.1~3.0	50	5
3.0~30	25	-

e．产生非电离辐射的设备应有良好的屏蔽措施。

②工频超高压电场的防护

a．产生工频超高压电场的设备应有必要的防护措施。

b．产生工频超高压电场的设备安装地址（位置）的选择应与居住区、学校、医院、幼儿园等生活、工作区保持一定的距离。上述地区的电场强度不应超过 1kV/m。

c．从事工频高压电作业场所的电场强度不应超过 5kV/m。

d．超高压输电设备，在人通常不去的地方，应当用屏蔽网、罩等设备遮挡起来。

（6）国家军用标准

我国曾先后制定了多部辐射作业安全限制标准，目前主要执行的军用标准为《水面舰艇磁场对人体作用安全限值》（GJB2779—1996）和《电磁辐射暴露限值和测量方法》（GJB5313—2004）。其安全限值分别见表 9-16 和表 9-17。

表 9-16 水面舰艇磁场对人体作用安全限值

舱室	最大允许磁感应强度/（mT）	允许暴露时间
生活舱	5	8h/日，每周 5 日，连续不超过 4 周
一般工作舱	7	8h/日，每周 5 日，连续不超过 4 周
强磁场设备舱	40	连续不超过 4h
	40	1h/日，每周 5 日，连续不超过 4 周
	80	30min/日，每周 5 日，连续不超过 4 周
	200	10min/日，每周 5 日，连续不超过 4 周

注：①生活舱包括居住舱、会议室、餐厅等生活与休息舱室；②一般工作舱指除强磁场设备舱以外的各种作业舱室。

表 9-17 作业区和生活区短波、超短波和微波连续波暴露限值

辐射条件		频率（f）/MHz				
		短波 3～30	超短波 30～300	微波		
				$300\sim3\times10^3$	$3\times10^3\sim10^4$	$10^4\sim3\times10^5$
作业区	连续暴露平均电场强度/（V/m）	$82.5/\sqrt{f}$	15	15	$0.274/\sqrt{f}$	27.4
	连续暴露平均功率密度/（W/m^2）	$18/f$	0.6	0.6	$f/5000$	2
	间断暴露一日剂量/（$W\,h/m^2$）	$144/f$	4.8	4.8	$f/625$	16
生活区	平均电场强度/（V/m）	$58.5/\sqrt{f}$	10.6	10.6	$0.194/\sqrt{f}$	19.4
	平均功率密度/（W/m^2）	$9/f$	0.3	0.3	$f/10000$	1

注：作业区间接暴露最高允许限值：3～10MHz 时为 $610/f$ V/m；10～400MHz 时为 $10W/m^2$；$400\sim2\times10^3$MHz 时为 $f/40W/m^2$；$2\times10^3\sim3\times10^5$MHz 时为 $50W/m^2$。

3．电磁辐射评价测量范围

对电磁辐射进行评价的测量范围一般如表 9-18 所示。

表 9-18 电磁辐射进行评价的测量范围

电磁辐射设备	防护测量范围
功率 P>200kW 的发射设备	以发射天线为中心，半径 1km 的范围；若最大辐射场强点处于 1km 外，则范围扩大至最大场强处，直至场强值低于标准限值为止

（续表）

电磁辐射设备	防护测量范围	
功率 200kW≥P>100kW 的发射设备	以天线为中心、半径为 1km 的范围	对于有方向的天线，范围可以从天线辐射主瓣的半功率角内扩大到 0.5km；如有高层建筑的部分楼层进入天线辐射主瓣的半功率角内时，应选择不同高度对这些楼层进行室内或室外场强测量
功率 P≤100kW 的发射设备	以天线为中心、半径为 0.5km 的范围	
工业、科教、医疗电磁辐射设备	以设备为中心，半径为 250m 的范围	
高压运输电线路和电气化铁道	以有代表性为准，对具体线路作认真详尽分析后，确定其具体范围	
可移动式电磁辐射设备	一般按移动设备载体的移动范围来确定；对于可能进入人口稠密区的陆上可移动设备，尚需考虑对公众的影响，来确定其具体范围	

9.4　电磁辐射的预测

为了控制环境电磁污染，应预测和预评价一些典型的辐射源对环境的影响。根据预测结果，可以合理规划、合理布局，达到保护环境和实现电磁兼容的目的。预测一个辐射源对电磁环境的影响，除了要考虑辐射功率、频率特性、辐射体高度、传播距离、极化方式等因素外，还需要考虑地形和建筑物的影响、季节和气候的影响等随机因素。因此，在理论计算的基础上还要使用统计方法。随着测量技术、计算机技术和统计方法的发展，预测方法的应用会越来越广泛。本节主要介绍一些典型辐射源辐射场强的预测方法。

9.4.1　电磁波的传播

1．自由空间电磁波的传播和衰减

自由空间是指无损耗的理想空间，严格的自由空间是真空。设一各向同性天线置于自由空间中，天线的输入功率为 P_T(W)，效率为 100%，则在距离天线 r(m)处的辐射功率密度为：

$$S=\frac{P_T}{4\pi r^2}(\mathrm{W/m^2}) \tag{9-21}$$

在天线的远区又有

$$S=\frac{E^2}{120\pi} \tag{9-22}$$

可以求出距天线 r 处的电场强度，即

$$E=\frac{\sqrt{30P_{\mathrm{T}}}}{r}(\mathrm{V/m}) \tag{9-23}$$

若天线的增益为 G_{T}，则在最大辐射方向上

$$E=\frac{\sqrt{30P_{\mathrm{T}}G_{\mathrm{T}}}}{r}(\mathrm{V/m}) \tag{9-24}$$

上述各式中场强均为有效值。

对于自由空间的传播衰减，在距离足够远时，可以近似地把接收天线的电磁波视为平面波。如果接收天线的有效接收面积为 A_{e}，则天线接收到信号的功率为：

$$P_R = A_e S = \frac{\lambda^2}{4\pi} G_r \cdot \frac{P_T}{4\pi r^2} G_T = \left(\frac{\lambda}{4\pi r}\right)^2 P_T G_T G_r (\mathrm{W}) \tag{9-25}$$

式中，G_r是接收天线的增益。

于是，可以得到两天线之间在自由空间中传播衰减为：

$$L_{bf} = \frac{P_T}{P_R} = \left(\frac{4\pi r}{\lambda}\right)^2 \cdot \frac{1}{G_T G_r} \tag{9-26}$$

若用分贝表示

$$L_{bf} = 20\lg\frac{4\pi r}{\lambda} - G_T - G_r (\mathrm{dB}) \tag{9-27}$$

从式（9-27）可见，自由空间传播衰减L_{bf}只与频率和传播距离有关。当频率增大一倍或距离增大一倍时，传播衰减L_{bf}分别增加6dB。

实际上，电磁波是在有损耗的媒质中传播的，这种损耗可能是由于大气对电波的吸收或散射引起的，也可能是由于障碍物的绕射引起的。考虑媒质的衰减，电波的传播损耗可以得出

$$L(\mathrm{dB}) = 20\lg\frac{4\pi r}{\lambda} - G_T(\mathrm{dB}) - G_r(\mathrm{dB}) - A(\mathrm{dB}) \tag{9-28}$$

式中，A—损耗因子，与辐射频率、传播距离、地面参数、气候条件等因素有关，可表示为：

$$A(\mathrm{dB}) = 20\lg\frac{|E|}{E_0} \tag{9-29}$$

式中，E—接收点的实际场强；E_0—该点的自由空间场强。

2．空间电磁波传播的主要途径

电磁辐射的传播方式包括地面波传播、天波（电离层）传播、视距传播、散射和绕射传播等。在分析预测电磁环境时，通常取其中一种或几种作为主要的传播途径。

（1）地面波传播

天线低架于地面（天线架设高度比波长小得多），电波从发射天线发射后，沿地表面传播的那一部分电波称为地面波。地面波受地面参数影响很大，频率越高地面对电波吸收损耗越大，所以它适于低频率（30kHz～30MHz）的电波传播（例如长波和中波）。我国的中波广播主要属于这类传播方式，地面波主要是垂直极化波。

（2）天波传播

天线发出的电波，在高空被电离层反射后到达地面接收点，称天波传播。长波、中波、短波都可以利用天波传播。采用天波传播方式，由于发射天线方向对着电离层，电波经反射或散射后到达地面，传播距离很远，到达地面的场强已不太强。需要注意的是强功率、低仰角发射天线的正前方的近距离内，地面上场强很高，对人体可能造成危害。

（3）视距传播

在超短波和微波段，由于频率很高，电波沿地面传播损耗很大，又不能被电离层反射，所以主要采用视距传播方式。视距传播是指在发射天线和接收天线能相互“看得见”的距离内，电波直接从发射天线传播到接收点，也称直接波或空间波传播。其传播模式主要是直射波和反射波的叠加，如图9-9所示。电视、调频广播、移动通信、微波接力通信都属于这种传播方式。

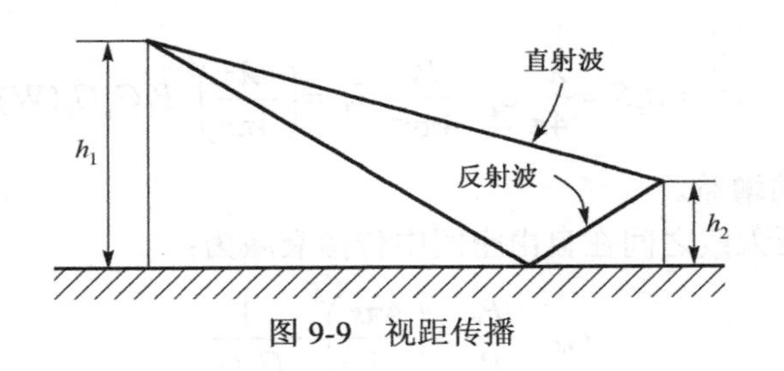

图 9-9　视距传播

（4）绕射传播

电波绕过传播路径上障碍物的现象称为绕射。辐射波遇到地面上的障碍物时（如山冈、凹地、高大建筑物等）发生绕射传播——波长越长，绕射能力越强。因此，长波、中波和短波绕射能力比较强。电视、调频广播和微波段的电波遇到障碍物的阻挡也能产生绕射，但绕射区的场强一般较弱。

3．高大建筑物对环境电磁辐射的影响

城市建筑物对环境电磁辐射的影响很大，主要表现在建筑物对辐射波的反射、绕射和吸收。由于建筑物的结构很复杂，而且各不相同，影响程度很难进行精确的理论计算，必须通过不同条件下的大量测试并进行统计分析得出统计结果。美国纽约市的测试表明，在 40～450MHz 范围内，建筑物对电磁辐射的影响随频率变化不明显。纽约市曼哈顿区街道上的中值场强大约比相应开阔地面上的数值低 25dB；北京市的测试结果表明，在 150MHz 时，市区街道上的中值场强比相应开阔地面上的数值低 20dB 左右。有人曾对单栋建筑物对 192.25MHz 的电磁辐射的影响进行系统的测量发现，建筑物的反射使建筑物前的场强增大 3～5dB，辐射场呈行驻波状态。

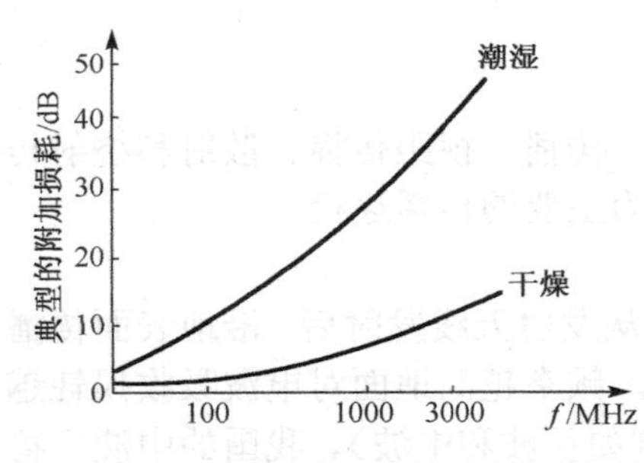

图 9-10　电磁波穿透墙壁的损耗

建筑物后主要是绕射波和透射波。电磁波的波长越短，绕射的能力越差，经过几道墙壁的反射和衰减，透射波变得很弱，所以建筑物后的辐射场衰减很大。单栋建筑物对电磁波的衰减量大约在 15～20dB 左右。建筑物后主要是绕射波，建筑物后影响的范围与建筑物的高度、建筑物至辐射源的距离及辐射体的高度等因素有关。

建筑物内主要是透射波，也有通过门窗的绕射波。电磁波穿透墙壁的损耗视墙壁的结构及干湿状况有所不同。估计电磁波穿透到建筑物内的场强是有实际意义的，因为人们活动的时间有相当多是在室内，广播与电视的接收天线许多也在室内。根据日本对 15 个典型的建筑物的测试，穿透损耗与建筑物的结构因素（例如门窗的大小、天花板的高度、墙壁的材料及厚度等）有关。测量结果表明，一道墙壁对高频电磁波的衰减量约为 5～10dB。在 30～3000MHz 范围内，电磁波穿透墙壁的损耗如图 9-10 所示。从图中可以看出某一频率的电磁波衰减的大致范围。

9.4.2　环境电磁场预测方法

环境电磁场的预测主要从对人体辐射防护和电磁兼容两方面考虑。对窄带辐射源（如广播、电视发射塔），只要与通信设备的频率不同，就不易产生电磁干扰，这时主要考虑近区场强对人体的危害；对宽带辐射源（如 ISM 设备），除了要考虑近区场强对人体的危害外，也要考虑远区场强对通信设备和广播、电视接收的干扰。

环境电磁场预测主要是估算给定区域中电磁辐射的强度（场强或辐射功率密度），预测的方法主要有以下几种。

（1）理论计算

对一些由天线辐射的电磁波，可用天线理论算出辐射场的分布，然后根据传播路径上障碍物的分布和预测点周围的环境条件等因素加以修正，给出预测点的场强。

（2）统计模型

对一些并非天线发出的电磁波（如 ISM 设备），由于设备的功率、辐射部位的屏蔽效果等因素，很难给出精确的理论公式，只能在测量和分析的基础上，用统计的方法分析辐射特性或给出经验公式来预测辐射场强。

（3）近场测量技术

根据惠更斯菲涅尔原理，一辐射源的辐射场可以用包围辐射源的任意闭合曲面上的各次级子波源产生的辐射场来计算。因此，可以用一个特性已知的探头测量辐射源近区某一表面上场的分布、表面电流密度和表面电荷密度的分布，然后通过数学变换式来推算远区场的特性。这种方法克服了远区场测量中的“有限距离误差”，不需要很大的室外测试场，不受气候条件的限制，测试精度也很高，与理论计算相结合，是一种很有前途的预测方法。当然，近区测量的结果，也要根据电波传播路径上障碍物的分布和预测点周围的环境条件等因素加以修正。

（4）模拟测量

在对大、中型广播及电视、通信台站的电磁环境进行预评价时，除了理论计算外，还可以根据拟建台站的有关数据及拟建地点周围环境条件，选择一个与之类似的已建成的台站，对其周围的辐射进行模拟测量，然后根据理论计算公式、模拟测量的结果、模拟台站和拟建台的主要参数（工作频率、辐射功率、发射天线的增益和架设高度等），即可对拟建台站的电磁辐射环境进行预评价。

9.4.3 电磁辐射场强的预测

这里主要介绍对一些典型辐射的辐射场进行预测时常用的理论计算公式和经验公式，计算的结果一般还要根据障碍物的分布和预测点周围环境的影响加以修正。

1. 地面波场强

中波广播信号主要以地面波方式传播，距离辐射源 r 处地面波场强的计算公式为：

$$E=\frac{300\sqrt{P_{\mathrm{T}}\eta G_{\mathrm{T}}}}{r}AF(h)F(\varDelta)\ (\mathrm{mV/m}) \tag{9-30}$$

式中，P_{T}—天线输入功率，kW；η—天线效率，%；G_{T}—为天线增益（倍数）；r—距离，km；A—地面波衰减因子；$F(h)$—发射天线高度因子；$F(\varDelta)$—垂直面内的方向函数。

地面衰减因子 A 由下式计算：

$$A=\frac{2+0.3\rho}{2+\rho+0.6\rho^2} \tag{9-31}$$

式中，ρ 为数值距离，是一个无量纲的量。由于地面波主要是垂直极化波，数值距离可表示为：

$$\rho\approx\frac{\pi r}{60\lambda^2\sigma} \tag{9-32}$$

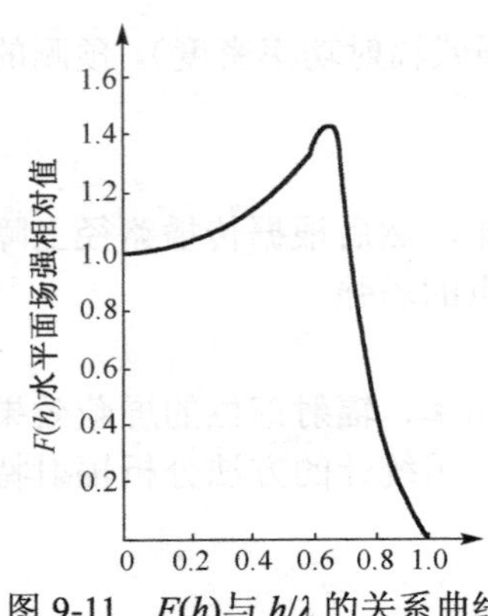

图 9-11 $F(h)$与 h/λ 的关系曲线

式中，λ—自由空间的工作波长，m；r—距离，km；σ—大地电导率，一般取为 $10^{-2}\sim10^{-3}/\Omega\cdot m$。

发射天线的高度因子 $F(h)$可由 $F(h)$与 h/λ 的关系曲线查出，如图 9-11 所示。h 为发射塔的电气高度，是实际高度的 1.05～1.2 倍，具体取值与发射塔截面的大小有关。

发射天线在垂直面内的归一化方向函数 $F(\varDelta)$ 对单塔天线可表示为：

$$F(\varDelta)=\frac{\cos\left(\frac{2\pi}{\lambda}h\sin\varDelta\right)-\cos\left(\frac{2\pi}{\lambda}h\right)}{f_{\mathrm{M}}\cdot\cos\varDelta} \quad (9\text{-}33)$$

式中，$\varDelta$ 为辐射场中某一点相对于发射天线底部的仰角；f_{M} 为 $f(\varDelta)=\frac{\cos\left(\frac{2\pi}{\lambda}h\sin\varDelta\right)-\cos\left(\frac{2\pi}{\lambda}h\right)}{\cos\varDelta}$ 最大值时的发射天线在垂直面内的归一化因子。对常用的广播单塔天线，$h=\lambda/2$(150kW) 或 $h=\lambda/4$(10kW)，在地面附近 $\varDelta\approx0$，$F(\varDelta)\approx1$。

2. 超短波场强

调频广播、电视广播和移动通信属于超短波，在 30～1000MHz 频段内。其传播模式主要为直射波和地面反射波。计算超短波场强首先要判断被计算点离辐射源距离是在几何视距以内还是几何视距以外。几何视距为：

$$r_0=\sqrt{h_1(h_1+2R)}+\sqrt{h_2(h_2+2R)}\,(\mathrm{km}) \quad (9\text{-}34)$$

式中，h_1—辐射源天线高度，km；h_2—接收天线高度，km；R—地球半径，6371.23km。

被计算点离辐射源距离在 $0.8r_0$ 以外的场强一般较弱，这里不讨论。$0.8r_0$ 以内距离计算场强可分以下三种情况讨论。

（1）辐射天线和接收天线都比较低，在天线最小有效高度的 10 倍以下，大地可视为平面，计算场强公式为：

$$E=2.18\times\frac{\sqrt{P_{\mathrm{T}}G_{\mathrm{T}}\eta G_{\mathrm{R}}(h_1^2+h_0^2)(h_2^2+h_0^2)}}{r^2\lambda}\,(\mathrm{mV/m}) \quad (9\text{-}35)$$

式中，P_{T}—辐射天线输入功率，kW；r—距离，m；G_{T}—辐射天线增益；G_{R}—接收天线增益；h_1—辐射天线高度，m；h_2—接收天线高度，m；h_0—天线最小有效高度，m，其值由图 9-12 给出；λ—辐射源工作波长，m。

（2）辐射天线和接收天线的高度均大于天线的最小有效高度 10 倍以上，计算时可将 h_0 忽略，这时可用下式：

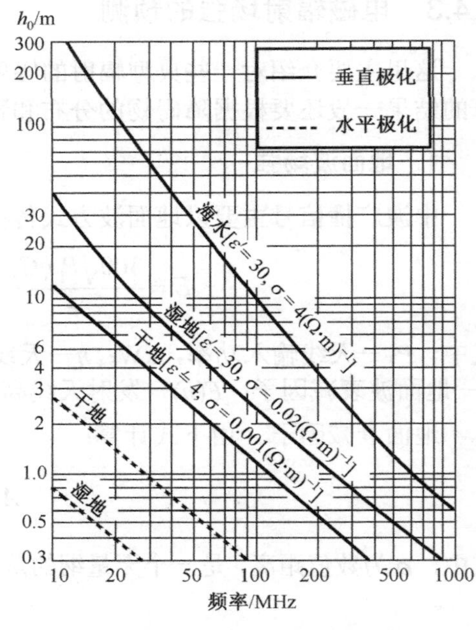

图 9-12 天线最小有效高度 h_0 与频率的关系

$$E = \frac{2.18\sqrt{P_T G_T \eta G_R}}{r^2 \lambda} h_1 h_2 \,(\text{mV/m}) \tag{9-36}$$

式中符号意义和单位与式（9-35）相同。

（3）电视和调频广播的发射天线是城市中超短波主要的辐射源。可用下式计算距发射天线 r(km)处可能达到的最大场强

$$E = \frac{222\sqrt{P_T G_T \eta}}{r} F(\varDelta, \ \varphi) \times 2 \,(\text{mV/m}) \tag{9-37}$$

式中，P_T—发射天线输入功率，kW；η—发射天线效率，%；G_T—发射天线增益；$F(\varDelta, \ \varphi)$—归一化方向函数；r—距离，km。

电视发射普遍采用蝙蝠翼天线。当发射天线架设足够高时，天线塔附近居民活动范围在天线的辐射场主瓣以外，$F(\varDelta, \ \varphi)$ 的值约为 0.1～0.2；若天线架设较低，居民活动进入主瓣，$F(\varDelta, \ \varphi)$ 的值接近 1。

3．微波辐射

微波辐射近区场和远区场的计算公式不同，需要分别计算。近区场和远区场分界距离一般公认为：

$$R = \frac{2D^2}{\lambda} \tag{9-38}$$

式中，D 为天线口径的最大线尺寸。

微波天线辐射方向性很强，主瓣波束很窄，在主要辐射方向上（天线轴线方向），近区辐射功率密度可表示为：

$$S = P + \eta - 2.93 - 20\lg D(\text{dB}) \tag{9-39}$$

式中，P—发射机输出功率；η —发射机与天线之间的效率。

远区辐射功率密度为：

$$S = P + \eta + G - 21 - 20\lg r(\text{dB}) \tag{9-40}$$

式中，G—天线的增益；r—传播距离。

偏离天线主要辐射方向，辐射功率迅速减小。对于非天线微波辐射（如微波泄漏），可利用近场测量技术或通过模拟测量预测。

4．工业、科学、医疗（ISM）设备

根据 ISM 设备的工作原理和干扰特性，可分为 LC 高频振荡式和火花塞 LC 高频振荡式两大类。前一类产生射频干扰，后者产生频带很宽的无线电噪声干扰。对于 ISM 设备的电磁辐射，在近区主要考虑对人体的危害；在远区主要考虑对广播电视和其他通信设备产生的干扰。

对 ISM 设备电磁辐射的预测，一般以距设备（或距厂房边界）30m 处的干扰场强为基准。由于 ISM 设备的辐射功率、辐射部位、屏蔽效果等因素的影响，30m 处场强无法通过理论计算得到，一般是通过实测得到 30m 处的干扰场强，再根据干扰信号的传播衰减特性预测 30m 以外的场强。

场强随距离衰减规律与地形和障碍物的分布等因素有关，通常衰减随频率升高而增大。

但对 30～1000MHz 频段而言，仍可取平均衰减系数。当离干扰源 30m 以外，在给定高度上的预测场强（或中值场强）可由下式计算；

$$E_{\mathrm{R}} = E_{30}\left(\frac{R}{30}\right)^{-n} \tag{9-41}$$

式中，E_{R}—离辐射源 R(m)处的场强；E_{30}—距辐射源 30m 处的场强；n—平均衰减指数。

表 9-19 给出不同地区的 n 和标准偏差允许值 S。表中，市区没有 400～1000MHz 频段的衰减指数，是由于建筑物群的分布没有规律性，需要根据具体情况确定。

表 9-19　不同地区的几种标准偏差允许值

频段/MHz	乡村		郊（住宅）区		市区	
	n	标准偏差允许值 S/dB	n	标准偏差允许值 S/dB	n	标准偏差允许值 S/dB
30～400	2.2	6	2.8	7	3.5	9
400～1000	2.8	7	3.5	9	—	—

5. 高压输电系统

架空电力线附近电磁环境的预测包括无线电干扰噪声的预测和工频电磁场的预测。

（1）无线电干扰噪声的预测

电力线路造成无线电干扰主要有两个原因：一是导线表面的电晕放电；二是由于接触不良或导线侵蚀等原因而产生的弧光放电和火花放电。下面介绍电晕放电所产生的干扰噪声特性。

①频率特性

频率为 f 的噪声电平 $E(f)$可表示为：

$$E(f) = E_0 + 5[1-2(\lg f)^2]\ (\mathrm{dB}) \tag{9-42}$$

式中，E_0—f 为 0.5MHz 时的噪声电平，dB；f—频率，MHz。

②横向传播特性

噪声电平随距离电力线横向距离的变化可表示为：

$$E = E_0 + 20n\lg\frac{r_0}{r}(\mathrm{dB}) \tag{9-43}$$

式中，E_0—距电力线边相导线 r_0=20m 时的噪声电平；n—介于 1 与 2 之间，它与导线的种类和频率范围有关；r—距电力线边相导线的距离。

表 9-20 给出了 f= 0.5MHz 时在不同高压范围下的干扰区间和噪声电平；对于其他频率和距离时的干扰噪声可利用式（9-42）和式（9-43）进行计算。

表 9-20　f_0=0.5MHz 时不同高压范围下的电力线干扰区间和噪声电平

电压/kV	干燥天气时的噪声电平/dB·μV·m^{-1}	干扰区间/m
220	40～48	40～50
420	50～58	60～80
750	50～64	100～120

（2）工频电、磁场的预测

输电线下工频电场预测计算一般用等效电荷法。根据“国际大电网会议第 36.01 工作组”

推荐的方法，利用等效电荷法计算高压送电线（单相和三相高压进电线）下空间工频电场强度。首先计算单位长度导线 E 的等效电荷，进而计算由这些等效电荷产生的电场。

①单位长度导线上等效电荷的计算

高压送电线上的等效电荷是线电荷，由于高压送电线半径 r 远远小于架设高度 h，所以等效电荷的位置可以认为是在送电导线的几何中心。

设送电线路为无限长并且平行于地面，地面可视为良导体，利用镜像法计算送电线上的等效电荷。

为了计算多导线线路中导线上的等效电荷，可写出下列矩阵方程：

$$\begin{bmatrix} U_1 \\ U_2 \\ \vdots \\ U_n \end{bmatrix} = \begin{bmatrix} \lambda_{11} & \lambda_{12} & \cdots & \lambda_{1n} \\ \lambda_{21} & \lambda_{22} & \cdots & \lambda_{2n} \\ \vdots & \vdots & \vdots & \vdots \\ \lambda_{n1} & \lambda_{n2} & \cdots & \lambda_{nn} \end{bmatrix} = \begin{bmatrix} Q_1 \\ Q_2 \\ \vdots \\ Q_n \end{bmatrix} \tag{9-44}$$

式中，$[U]$—各导线对地电压的单列矩阵；$[Q]$—各导线上等效电荷的单列矩阵；$[\lambda]$—各导线的电位系数组成的 n 阶方阵（n 为导线数目）。

$[U]$矩阵可由送电线的电压和相位确定，从环境保护考虑以额定电压的 1.05 倍作为计算电压。$[\lambda]$矩阵由镜像原理求得。地面为电位等于零的平面地面的感应电荷，可由对应地面导线的镜像电荷代替，用 i，j…表示相应平行的实际导线，用 i'，j' …表示它们的镜像，如图 9-13 所示，电位系数可写为：

$$\begin{aligned} \lambda_{ii} &= \frac{1}{2\pi\varepsilon_0}\ln\frac{2h_i}{R_i} \\ \lambda_{ij} &= \frac{1}{2\pi\varepsilon_0}\ln\frac{L'_{ij}}{L_{ij}} \\ \lambda_{ij} &= \lambda_{ji} \end{aligned} \tag{9-45}$$

式中，ε_0—空气介电常数，$\varepsilon_0 = \frac{1}{36\pi}10^{-9}$ F/m；R_i—送电导线半径，对于分裂导线可用等效单根导线半径代入，其计算式为：

$$R_i = R\sqrt[n]{\frac{nr}{R}}$$

式中，R—分裂导线半径，如图 9-14 所示；n—次导线根数；r—次导线半径。

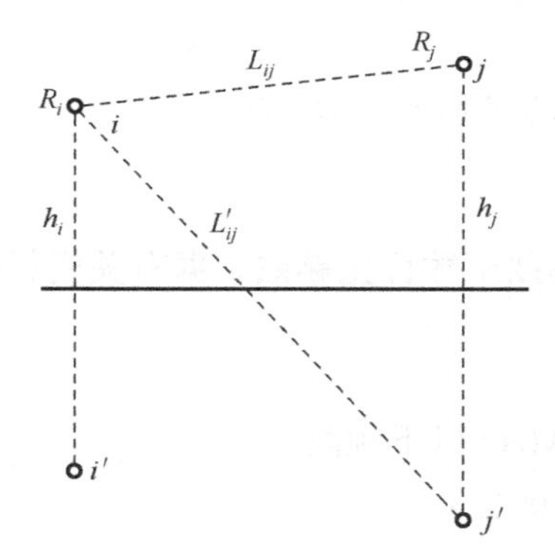

图 9-13　电位系数计算图

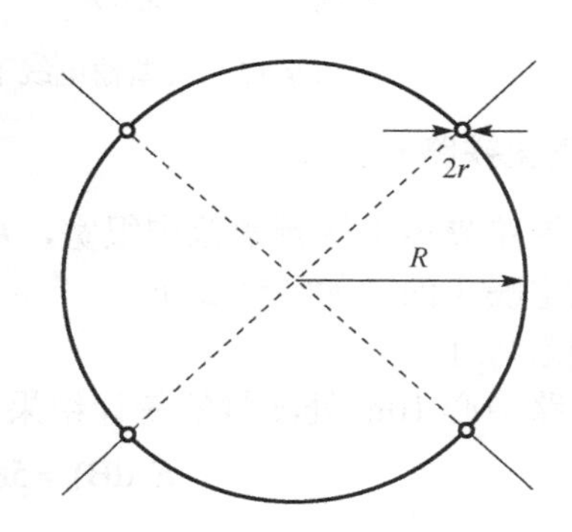

图 9-14　等效半径计算图

由$[U]$矩阵和$[\lambda]$矩阵，利用式（9-44）即可解出$[Q]$矩阵。

对于三相交流线路，由于电压为时间向量，计算各相导线的电压时要用复数表示：

$$\overline{U_i} = U_{i\mathrm{R}} + \mathrm{j}U_{i\mathrm{I}}$$

相应地电荷也是复数量：

$$\overline{Q_i} = Q_{i\mathrm{R}} + \mathrm{j}Q_{i\mathrm{I}}$$

式（9-44）的矩阵关系即分别表示了复数量的实数和虚数两部分：

$$\begin{aligned}[U_{\mathrm{R}}] &= [\lambda][Q_{\mathrm{R}}] \\ [U_{\mathrm{I}}] &= [\lambda][Q_{\mathrm{I}}]\end{aligned} \tag{9-46}$$

②输电线附近的电场

输电线附近的电场可由高斯定理求出：

$$E = \sum_i \frac{q_i}{2\pi\varepsilon_0 r_i} r_i \tag{9-47}$$

式中，q_i—导线或镜像单位长度上的等效电荷；r_i—从计算点到导线或镜像的距离。

对于多相系数电场强度要用复数表示。一种典型输电线下离地面 2m 处横截面上电场的计算结果如图 9-15 所示。输电线下的房屋对工频电场具有屏蔽作用，室内的场强可减少到无房屋时的 1/10～1/20。

电力线路或电力设备产生的工频磁场很弱，在地面附近一般和大地磁场同一数量级。

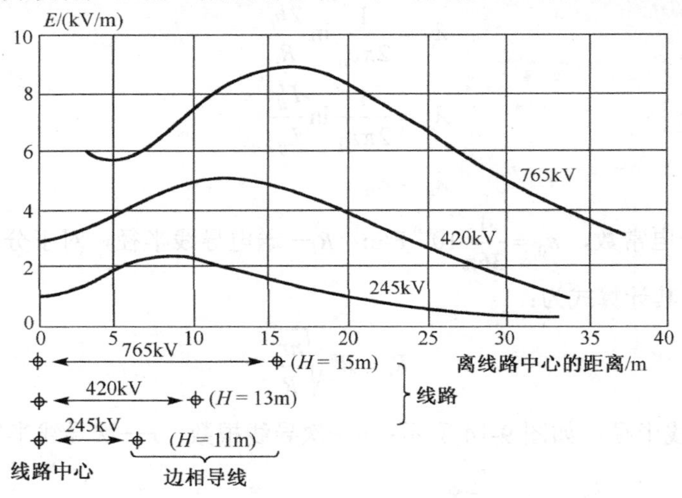

图 9-15　典型输电线下离地 2m 横截面上的电场强度

6. 电气化铁路

电气化铁路噪声干扰频谱范围很宽，从数兆赫兹至数百兆赫兹。据有关资料报道，电气化铁路无线电噪声的辐射特性如下。

（1）频谱特性

在距铁路中心 10m 处测量的统计结果，对 30MHz 以下频段有：

$$E(\mathrm{dB}) = 58.55 - 14.09\lg f \tag{9-48}$$

对 30MHz 以上频段有：

$$E(\text{dB}) = 65.27 - 11.50\lg f \tag{9-49}$$

式中，f为频率，MHz。

（2）横向特性

对于 30MHz 以下，可采用类似于高压架空线的衰减特性，见式（9-43），n 取 1.65，对 30～300MHz 频段，在开阔地段 n 可为 1.3，在建筑物密集地区 n 可为 2.9。

7．机动车辆的无线电噪声

汽车的电磁噪声为垂直极化波，就整体而言，噪声幅值具有正态分布形式。每个汽车所产生的电磁干扰幅值与点火系统的类型，老化、磨损情况以及车速、负载情况有关。观察表明小轿车的电磁噪声比卡车低约 10dB，而摩托车和卡车差不多。由实验数据可知，在距离小轿车十几米远的辐射干扰场强约为 10μV/m。经验表明，若车辆密度增加一倍，干扰噪声功率谱密度增加 3～6dB。

国外资料中介绍了预测汽车噪声对通信设备影响的数字模型，在 100～1000MHz 范围内计算公式为

$$E = 34 + 10\lg B_{\text{R}} + 17\lg C - 20\lg R - 10\lg f \ (\text{dB}) \tag{9-50}$$

式中，E—中值（50%概率）场强，dB·μV/m；B_{R}—接收机带宽，kHz；C—车流速度，辆/min；R—接收机到街道中心的距离，m；f—接收机工作频率，MHz。

9.5　电磁辐射污染防治技术

随着科学技术的发展，各种电气、电子设备（比如超高压输电线、雷达、家用电器、移动通信设备、广播电视发射塔、感应加热器等）在工作时产生的电磁波已经成为有较大危害且不易防护的污染源。这种电磁辐射与人类生存环境有密切关系，成为威胁到人类健康的主要污染源。为防止电磁辐射污染环境，影响人体健康，除了制定出适当的安全卫生标准外，还要对高频设备进行有效的屏蔽防护，选定的无线电台场地要符合有关规定，新增设电视发射塔要考虑到对环境的影响。在微波应用方面，也要采取防护措施，减少对人体的危害和对环境的污染。

电磁辐射防护与治理的目的是为了减少、避免或者消除电磁辐射对人体健康和各种电子设备产生的不良影响或危害，以保护人群身体健康、保护环境。基于这目的，就要对各种产生电磁辐射的设备，从设计、制造到使用都要特别注意到电磁辐射的污染问题，既要做到制造出各种低电磁辐射设备、或符合电磁辐射产品标准的设备，又要对运行中的设备检查，完善其防护与治理。

9.5.1　电磁辐射污染防护的基本原则

制定电磁辐射防护技术措施的基本原则：一是主动防护与治理，抑制电磁辐射源，包括所有电子设备以及电子系统，如设备设计应尽量合理，加强电磁兼容性设计的审查和管理，做好模拟预测和危害分析等。其次是做好被动防护与治理，即从被辐射方面着手进行防护，如采用调频、编码等方法防治干扰，对特定区域和特定人群进行屏蔽防护。具体可采取的方式：①屏蔽辐射源或辐射单元；②屏蔽工作点；③采用吸收材料，减少辐射源的直接辐射；

④清除工作现场二次辐射，避免或减少二次辐射；⑤屏蔽设施必须有很好的单独接地；⑥加强个人防护，如穿具屏蔽功能的工作服、戴具屏蔽功能的工作帽等。

根据上述电磁辐射防护技术原则，可将电磁辐射防护的形式分为两大类：①在泄漏和辐射源层面采取防护措施，减少设备的电磁漏场和电磁漏能，使泄露到空间的电磁场强度和功率密度降低到最小程度；②采取防护措施，对作业人员进行保护，增加电磁波在介质中的传播衰减，使到达人体的场强和能量水平降到电磁波照射卫生标准以下。

9.5.2 电磁辐射污染的防治措施

为了防止、减少或避免高频电磁辐射对人体健康的危害和对环境的污染，应当采取防护与治理措施，其中很重要的是对高频电磁设备采取屏蔽、接地、滤波、阻波抑制等技术方法。

1. 电磁屏蔽

电磁干扰过程必须具备三要素：电磁干扰源、传播途径和接受者。屏蔽的目的就是使电磁辐射体的电磁辐射能量被限定在所规定的空间之内，阻止其传播与扩散。更具体地说，屏蔽就是采取一切技术措施，将电磁辐射的作用与影响限制在规定的空间范围以内。电磁屏蔽措施主要是从电磁干扰源及传播途径两方面来防治电磁辐射：一方面抑制屏蔽室内电磁波外泄即抑制电磁干扰源；另一方面阻断电磁波的传播途径以防止外部电磁波进入室内。

所谓屏蔽体（shield body），是指用来消除场源空间内的辐射和限制其能量，而在场源直接占据的体积内所设置的零件的组合。要求一定要结构严密，接触良好。

（1）电磁屏蔽的类型

按照屏蔽的方法分为主动场屏蔽与被动场屏蔽。两者的区别在于场源与屏蔽体的位置不同。前者场源位于屏蔽体之内，用来限制场源对外部空间的影响；后者场源位于屏蔽体之外，主要用于防治外界电磁场对屏蔽室内的影响。

按照屏蔽的内容分为电磁屏蔽、静电屏蔽和磁屏蔽三种。在电磁场中存在有电磁感应，消除这种电磁感应的影响的措施称为电磁屏蔽。静电屏蔽是对静电场以及变化很慢的交变电场的屏蔽。这种屏蔽现象是由屏蔽体表面的电荷运动而产生的，在外界电场的作用下电荷重新分布，直到屏蔽体的内部电场均为零时停止运动。高压带电作业工人所穿的带电作业服就是利用这个原理研制的。静电屏蔽的作用就是对高频、微波电磁场的屏蔽，利用静电场的特性，使电场线终止于屏蔽的表面上，从而抑制电场的干扰。磁屏蔽是对静磁场以及变化很慢的交变磁场的屏蔽。与静电屏蔽不同的是，它使用的材料不是钢网，而是有较高磁导率的磁性材料。防磁功能手表就是基于这一原理制造的。若电磁波的频率达到百万赫兹或者亿万赫兹，此时射向导体壳的电磁波就像光波射向镜面一样被反射回来，另外还有一小部分电磁波能量被消耗掉，即外部电磁波很难穿过屏蔽体进入内部；同样地，屏蔽体内部的电磁波也很难穿透出去。实际防治工作中采用最多的是电磁屏蔽。

（2）电磁屏蔽机理

电磁感应是通过磁力线的交联耦合来实现的。很显然，若要把电磁场局限在某个空间之内，使它不影响到外部空间，那就必须使该电磁场在外部空间的磁力线等于零；反之，若要使外部电磁场不影响到某一空间内部，就必须使外部电磁场在某一空间内部的磁力线等于零。为此，电磁屏蔽就必须采用高导电率的金属材料做成屏蔽体。于是在某外来电磁场作用下，根据电磁感应定律，在屏蔽壳体上产生感应电流，而这些感应电流又产生了与外来电磁场方向相反的磁力线，并在所屏蔽的空间内抵消了该电磁场的磁力线，使总磁力线接近于零，即达到了屏蔽的目的。

电磁屏蔽是基于在外来电磁场作用下，通过电磁感应在屏蔽壳体上产生感应电流。在低频时感应电流很小，它所产生的磁力线不足以抵消电磁场的磁力线，因此，电磁屏蔽只适用于高频。在电磁屏蔽情况下，应保证屏蔽壳体具有良好的电气连接，使得感应电流能够在屏蔽壳体上畅流，以便产生足够大的磁力线来抵消外电磁场的磁力线，否则将会影响屏蔽效果。

电磁屏蔽主要依靠屏蔽体的吸收和反射起作用。吸收主要是通过电损耗、磁损耗及介质损耗等作用，转化为热消耗，损耗在屏蔽体内，从而达到阻止电磁辐射和防止电磁干扰的目的。反射主要利用介质（空气）与金属的波阻抗不一致而使一部分电磁波被反射回空气介质中，但仍有一部分能穿透屏蔽体。穿透的电磁波由于屏蔽体在电磁场中产生的电损耗、磁损耗及介电损耗等而消耗部分能量，即部分电磁波被吸收，剩余的电磁波在到达屏蔽体另一表面时，同样由于阻抗不匹配又会有部分电磁波反射回屏蔽体内，形成在屏蔽体内的多次反射，而剩余部分则穿透屏蔽体进入空气介质。

（3）电磁屏蔽室的设计制作

按统一规格制造，便于拆装运输的电磁屏蔽包围物统称电磁屏蔽室，按其结构可以分成板型屏蔽室和网型屏蔽室两类。

板型屏蔽室由若干块金属薄板制成，对于毫米波段，只能采用这类屏蔽室；网型屏蔽室由若干块金属网或板拉网等嵌在金属骨架上装配或焊接制成。

影响电磁屏蔽室屏蔽效果的因素有：①孔洞及缝隙：屏蔽壳体上出现的各种不连续孔洞的大小及其分布密度、屏蔽体上的焊接缝隙、可拆卸板或镶板缝隙及门缝等。②屏蔽材料：所选屏蔽材料的种类或材质、电气性能，如电导率和磁导率等。③空腔谐振：当封闭的屏蔽壳体受到大功率高频设备泄漏的相关频率电磁能量的激励时，将产生空腔谐振；甚至壳体中的一些大功率脉冲（当脉冲的前后沿非常陡峭时）也能导致这种谐振的出现，从而降低屏蔽效能。④混合屏蔽及天线效应：不同种屏蔽材料在屏蔽壳体中混合使用，各种金属导线引入屏蔽体空间内，会影响屏蔽效果。⑤辐射源的距离、辐射频率等因素也对屏蔽效果有影响。

为了获得理想的屏蔽效果，屏蔽室结构设计要注意以下内容。

①屏蔽材料的选择。由于各种材料对电磁波的吸收和反射效果不同，材料的选择成为屏蔽效果好坏的关键。材料内部电场强度与磁场强度在传播过程中均按指数规律迅速衰减，电磁波的衰减系数值越大，衰减得越快，屏蔽效果越好。屏蔽材料必须选用导电性和透磁性高的材料。由中波与短波各频段实验结果可知，铜、铝、铁均具有较好的屏蔽效果。对于超短波和微波频段，一般采用屏蔽材料与吸收材料制成复合材料，用来防止电磁辐射。

②屏蔽结构的设计。设计时，要求尽量减少不必要的开孔、缝隙以及尖端突出物。电磁屏蔽室内通常有各种仪器设备。工作人员需要进出，因而要求屏蔽室设有门、通风孔、照明孔等配套设施，使屏蔽室内出现不连续部位。孔洞上接金属套管可以减小孔洞的影响，套管与孔洞周围要有可靠的电气设备连接；孔洞的尺寸要小于干扰电磁波的波长。另外，屏蔽室的每一条焊缝都应做到电磁屏蔽。

③屏蔽厚度的选用。一般认为，接地良好时，屏蔽效率随屏蔽厚度的增加而增大。但鉴于射频（特别是高频波段）的特性，当屏蔽厚度达 1mm 以上时，其屏蔽效率的差别不显著。

④屏蔽网孔大小（目数）及间距的确定。如选用屏蔽金属网，对于中短波，一般网目数小些就可以保证屏蔽效果；而对于超短波、微波来说，屏蔽网目数一定要大。由实验得知屏蔽网的网孔越密，网丝的直径越粗，其屏蔽效率越高；对于相同直径的网材，铜网的屏蔽效

率大于相同规格的铁网；一般随频率增加，屏蔽材料的屏蔽效率也相应增大，当频率达到 3×10^{8}Hz 左右时，出现最大屏蔽效率，而后随频率增加呈急剧下降趋势；一般双层金属网屏蔽效率大于单层网，当金属网间距在 5cm 以上时，双层网的衰减量相当于单层网的 2 倍。

一般情况下，屏蔽间距越大，电磁场强度的衰减就越快。为了提高屏蔽效果，需确定适当的屏蔽体与场源的间距。间距太小，很可能达不到要求的屏蔽效果；间距过大，一方面会使屏蔽失去意义，另一方面会增加不必要的空间体积，给工作带来不便。一些常用设备主要部件的屏蔽间距为：高频输出变压器的水平屏蔽间距为 20～30cm，垂直间距为 50～60cm；在能保证屏蔽体有良好的高频电气接触性能与射频接地的条件下，振荡回路的屏蔽间距可缩小到 10～20cm；输出馈线是一个强辐射体，为了保证馈线输出匹配良好，一般将屏蔽馈线所用的屏蔽馈筒到传输线之间的距离选择为 1/4 工作波长的奇数倍。

2. 接地技术

（1）接地抑制电磁辐射的机理

接地有射频接地和高频接地两类。射频接地是将场源屏蔽体或屏蔽体部件内感应电流加以迅速的引流以形成等电势分布，避免屏蔽体产生二次辐射，是实践中常用的一种方法。高频接地是将设备屏蔽体和大地之间，或者与大地上可以看做公共点的某些构件之间，采用低电阻导体连接起来，形成电流通路，使屏蔽系统与大地之间形成一个等电势分布。

（2）接地系统的设计与实施

接地系统包括接地线、接地极。其结构如图 9-16 所示。

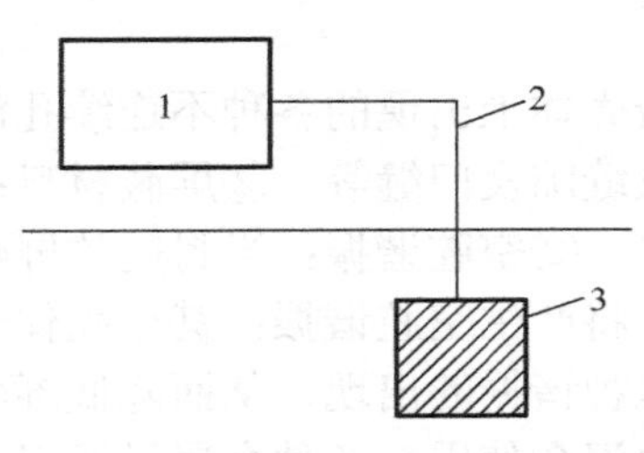

图 9-16　接地系统结构组成

1—射频设备；2—接地线；3—接地极

①接地线

射频电流存在趋肤效应，故屏蔽体的接地系统表面积要足够大，以宽为 10cm 的铜带为宜。a.设备的接地原则上要求每台设备应当有各自的接地连接，不应采用汇流排线，以避免引起干扰的耦合效应发生；b.屏蔽部件的接地应使用宽的金属带作为接地线并进行多点接地，且均与接地极良好连接；c.电缆的金属屏蔽是产生射频电磁场设备的电流回路，故要求电缆的屏蔽外皮要妥善接地。

②接地极

接地极主要有三种方式：接地铜板、接地格网板、嵌入接地棒。地面下的管道（如水管、煤气管等）是可以充分利用的自然接地体。这种方法简单、节省费用，但是接地电阻较大，只适用于要求不高的场合。

③单点接地与多点接地

如果射频设备本身进行“接地”处理，最好的选择是实行单点接地。否则，当有两个以上接地点时，从这些点到外部构成干扰通路，在屏蔽线外皮上有干扰电流通过，使得屏蔽外皮各点电势不同而产生干扰。若对射频场源本身实行屏蔽，则要求分别用接地线与接地极相连接，即采取共用接地极而分用接地线的办法，屏蔽体可以实行多点接地。无论采取单点接地或多点接地，都须注意接地体本身所具有的天线效应问题，否则，当接地不完善时会大量辐射电磁能量，造成干扰等危害。

射频接地系统设计时还要注意几点：为了保证接地系统的阻抗足够低，接地线要尽可能短；要保证接地系统有良好的作用，接地线长度应当避开 1/4 波长的奇数倍；无论采取何种接地方式，都要求有足够的厚度，以便于维持一定的机械强度和耐腐蚀性。

（3）接地效果

在中短波段接地正确与否对电场屏蔽效果的影响很大，接地状态下的屏蔽效能与不接地状态下的屏蔽效能相比，两者有显著的差异，可相差 30dB 之多，对磁场屏蔽效能则无明显影响。在短波段，特别是 20～30MHz 频段以上，接地作用不太明显。对于微波段，屏蔽接地作用则更小。接地与不接地状态下的屏蔽效果比较见表 9-21 和表 9-22。

表 9-21　中波段接地与不接地状态下的屏蔽效果比较

实验材料号	实验电场强度/（V/m）	屏蔽不接地		屏蔽接地		实验磁场强度/（A/m）	屏蔽不接地		屏蔽接地	
		屏蔽后电场强度/（V/m）	屏效/dB	屏蔽后电场强度/（V/m）	屏效/dB		屏蔽后磁场强度/（A/m）	屏效/dB	屏蔽后磁场强度/（A/m）	屏效/dB
1	800	250	10.19	5	44.10	20	4.5	12.40	1	26.02
2	800	220	11.21	6	42.50	20	0.2	38.20	0.2	38.20
3	800	300	8.6	6	42.50	20	1	26.02	3	16.48
4	800	300	8.6	8	40.00	20	0.3	36.46	0.3	36.46
5	800	220	11.21	7	41.16	20	1	26.02	1	26.02
6	800	250	10.19	6	42.50	20	0.5	32.04	0.5	32.04

表 9-22　短波接地与不接地状态下的屏蔽效果比较

实验材料号	实验电场强度/（V/m）	屏蔽不接地		屏蔽接地	
		屏蔽后电场强度/（V/m）	屏效/dB	屏蔽后电场强度/（V/m）	屏效/dB
1	300	30	90	25	91.6
2	400	60	85	50	87.5
3	800	80	90	70～80	90
4	50	35	30	28	44
5	60	35～40	33.3	32	46.7

3．滤波

（1）滤波的机理

滤波是抵制电磁干扰最有效的手段之一。滤波即在电磁波的所有频谱中分离出一定频率范围内的有用波段。线路滤波的作用是保证有用信号通过的同时阻止无用信号通过。

（2）滤波器

滤波器是一种具有分离频带作用的无源选择性网络。所谓选择性就是它具有能够从输入端（或输出端）电流的所有频谱中分离出一定频率范围内有用电流的能力。即在一个给定的通频带范围内，滤波器具有非常小的衰减，能让电能（电流）很容易通过；而在此频带之外滤波器具有极大的衰减，能抑制电能（电流）通过。电源网络的所有引入线在屏蔽室入口处必须装设滤波器。若导线分别引入屏蔽室，则要求对每根导线都必须进行单独滤波。在电磁干扰信号的传导和某些辐射干扰方面，电源电磁干扰滤波器是相当有效的器件。

（3）滤波器的设计要点

滤波器是由电阻、电容和电感组成的一种网络器件。滤波器在电路中的位置设置根据干扰侵入途径来确定。滤波器的设计需遵循如下几点。

①截止频率的确定。鉴于滤波器所允许通过的电流为工频 50Hz 电流，比所要滤除的杂波电流频率低得多，为了使其在衰减区域之前的衰减量尽可能地少，在衰减区域内的衰减量尽可能地大，则必须妥善地选定截止频率、k 值等参数。若要得到更大的衰减常数，那么截止频率一定要取低些。

②阻抗的确定。基于滤波器允许通过的工频电流要比需要滤除的高频电流的频率低得多，因此在通频带中的阻抗匹配问题就显得不十分重要了，电源滤波器的阻抗匹配无须考虑；但滤波器阻频带区域的衰减值却要认真对待，尽量提高其衰减值。在实际应用中，当滤波器的对象阻抗与终结阻抗的绝对值相等或接近时，便产生了接近共扼匹配状态，因而衰减值降低。为避免这种现象，应在保证最大衰减值的条件下，使滤波器的对象阻抗极大或极小。考虑到滤波器的对象阻抗值不能高于线圈自身的特性阻抗值，所以滤波器的对象阻抗要取最小数值。

③阻频带宽的确定。为了获得比较宽的阻抗带，k 值（k 为 π 型网络的旁路电容与总分布电容的比值）的选择必须大一些。例如，当 $k=40$ 时，基波与二次谐波的抑制在 40dB 左右；而当 $k=4000$ 时，从基波到几十次高谐波均可被抑制在 40dB。

④线圈 Q 值的确定。若线圈有损耗，那么其工程衰减值将为常量。理论分析可知，通频带愈宽，工作衰减值愈小；Q 值愈大，工作衰减值愈小。相移系数 α 和衰减常数 β 与 Q 的关系是：

$$\beta=\frac{2\alpha}{Q} \tag{9-51}$$

除此以外，设计滤波器时还应考虑线路与结构、屏蔽及接地形式等因素。

（4）滤波器的安装准则

滤波器的安装需要注意：①滤波器一定要接到每一根馈入到屏蔽室内电源线的各个单独配线上。为了少用滤波器，必须科学地设计电源线系统，尽量使引入线减至最少。②各电源线的滤波器应当分别屏蔽，在可能的条件下应当对整体滤波器施行总屏蔽，且屏蔽体一定要接地良好。③为了避免滤波器置于强磁场中，应当将滤波器的主要零件放在室外，如必须将滤波器放入屏蔽室内，务必放在场强较弱的地方。④必须完全隔断滤波器输入端与输出端的杂乱耦合，如可将滤波器两端头分别置在屏蔽室内外。⑤应在滤波器屏蔽壳下面接地，以便尽可能减少感应电磁场对电源线的影响。⑥滤波器的屏蔽壳应与屏蔽室的壳有良好的电气接触。⑦将电源线放置在滤波器的两侧，并装在金属导管之中，或者使用靠近地面的铅皮电缆，尽可能将之埋入一定深度的土壤中。⑧在使用接地线的情况下，接地线应尽可能地短，并直接接到高频电源的回线上，或者在接地电阻十分低的地方接地，并且高频电源插座亦要有良好的接地。⑨电源线必须垂直引入滤波器输入端，以减少电源线上的干扰电压与屏蔽壳体耦合。⑩一般情况下，可将电源线中的零线接到屏蔽室的接地芯柱，而将火线通过滤波器引入到屏蔽室内。⑪滤波器装在屏蔽的容器内，网路的分隔部分用金属板隔开，其目的是消除回路中的各部分相互耦合，用一根裸铜线穿过每一隔板，并将每一穿过的地方焊牢。⑫滤波器最好在靠近需要滤波的部位安装。

4．其他措施

电磁辐射防治还可采用其他方法：①采用电磁辐射阻波抑制器，通过反作用场的作用，在一定程度上抑制无用的电磁辐射；②新产品和新设备的设计制造时，尽可能使用低辐射产品；③从规划着手，对各种电磁辐射设备进行合理安排和布局，并采用机械化或自动化作业，减少作业人员直接进入强电磁辐射区的次数或工作时间。另外，加强个体防护和安排适当的饮食，也可以抵抗电磁辐射的伤害。

9.5.3 电磁辐射防治技术

1．广播、电视发射台的电磁辐射防护

广播、电视发射台的电磁辐射防护首先应该在项目建设前，以《电磁环境控制限值》为标准，进行电磁辐射环境影响评价，实行预防性卫生监督，提出包括防护带要求等预防性防护措施。对于业已建成的发射台对周围区域造成的较强场强，一般可考虑以下防护措施。

（1）在条件许可的情况下，采取措施，减少对人群密集居住方位的辐射强度，如改变发射天线的结构和方向角。

（2）在中波发射天线周围场强大约为 15V/m，短波场强为 6V/m 的范围设置绿化带。

（3）调整住房用途。将在中波发射天线周围场强大约为 10V/m，短波场源周围场强为 4V/m 的范围内的住房，改为非生活用房。

（4）利用建筑材料对电磁辐射的吸收或反射特性，在辐射频率较高的波段，使用不同的建筑材料，如用钢筋混凝土或金属材料覆盖建筑物，以衰减室内场强。

2．微波设备的电磁辐射防护

为了防止和避免微波辐射对环境的“污染”而造成公害，影响人体健康，在微波辐射的安全防护方面，主要的措施有以下三方面。

（1）减少源的辐射或泄漏

根据微波传输原理，采用合理的微波设备结构，正确设计并采用适当的措施，完全可以将设备的泄漏水平控制在安全标准以下。在合理设计的微波设备制成之后，应对泄漏进行必要的测定，合理地使用微波设备。为了减少不必要的伤害，需要规定维修制度和操作规程。

在进行雷达等大功率发射设备的调整和试验时，可利用等效天线或大功率吸收负载的方法来减少从微波天线泄漏的直接辐射。利用功率吸收器（等效天线）可将电磁能转化为热能耗散掉。

（2）实行屏蔽和吸收

为了防止微波在工作地点的辐射，可采用反射型和吸收型两种屏蔽方法。

①反射微波辐射的屏蔽。使用板状、片状和网状的金属组成的屏蔽设施来反射、散射微波，可以较大地衰减微波辐射作用。板、片状的屏蔽壁比网状的屏蔽壁效果好，也有人用涂银尼龙布来屏蔽，亦有不错的效果。

②吸收微波辐射的屏蔽。微波吸收的方案有两个：一是仅用吸收材料贴附在罩体或障板上，将辐射电磁波吸收；二是把吸收材料贴附在屏蔽材料罩体和障板上，进一步削弱射频电磁波的透射。对于射频，特别是微波辐射，也常利用吸收材料进行微波吸收。

吸收材料是一种既能吸收电磁波，又对电磁波的发射和散射都极小的材料。目前电磁辐射吸收材料可分为两类。一类为谐振型吸收材料，是利用某些材料的谐振特性制成的吸收材料。这种吸收材料厚度小，对频率范围较窄的微波辐射有较好的吸收效率。另一类为匹配型吸收材料，是利用某些材料和自由空间的阻抗匹配，达到吸收微波辐射能的目的。

人们最早使用的吸收材料是一种厚度很薄的空隙布。这层薄布不是任意的编制物，它具有 377Ω 的表面电阻率，并且是用炭或碳化物浸过的。如果把炭黑、石墨羰基铁和铁氧体等，按一定的配方比例填入塑料中，即可以制成较好的窄带电波吸收体。为了使材料具有较好的机械性能或耐高温等性能，可以把这些吸收物质填入橡胶、玻璃钢等物体内。

微波炉在使用时会产生电磁波。通常，微波炉的炉体和炉门之间，是可能泄漏电磁波的主要部位，在其间装有金属弹簧片以减小缝隙，然而这个缝隙的减小程度是有限度的。由于经常开、关炉门，而附有灰尘杂物和金属氧化膜等，使微波炉泄漏仍然存在。为此，人们采用导电橡胶来防泄漏。由于长期使用，重复加热，橡胶会老化，从而失去弹性，以至缝隙又出现了。目前，人们用微波吸收材料来代替导电橡胶，这样一来，即使在炉门与炉体之间有缝隙，也不会产生微波泄漏。这种吸收材料由铁氧体与橡胶混合而成，它具有良好的弹性和柔软性，容易制成所需的结构形状和尺寸，使用时相当方便。

另外，微波辐射能量随距离加大而衰减，且波束方向狭窄，传播集中，可以加大微波场源与工作人员或生活区的距离，达到保护人民群众健康的目的。

（3）微波作业人员的防护

必须进入微波辐射强度超过照射卫生标准的微波环境操作人员，可采取的防护措施有：①穿微波防护服。根据屏蔽和吸收原理设计成三层金属膜布防护服。内层是牢固棉布层，防止微波从衣缝中泄漏照射人体；中间层为涂金属的反射层，反射从空间射来的微波能量；外层为介电绝缘材料，用以介电绝缘和防蚀，并采用电密性拉锁，袖口、领口、裤角口处使用松紧扣结构。也可用直径很细的钢丝、铝丝、柞蚕丝、棉线等混织金属丝布制作防护服。②戴防护面具。面具可制作成封闭型（罩上整个头部）或半边型（只罩头部的后面和面部）。③戴防护眼镜。眼镜可用金属网或薄膜做成风镜式。较受欢迎的是金属膜防目镜。

3．高频设备的电磁辐射防护

高频设备的电磁辐射防护的频率范围一般是指 0.1～300MHz。其防护技术有电磁屏蔽、接地技术及滤波等几种。由于感应电流和频率成正比，低频时感应电流很小，所产生的磁感线不足以抵消外来电磁场的磁感线，因此电磁屏蔽只适用于高频设备。

4．环境静电污染防治

频率为零时的电磁场即为静电场。静电场中没有辐射，然而高压静电放电也能引爆引燃易燃气体和易燃物品，对人体健康、电子仪器等产生重大危害。当静电积累到一定程度并引起放电，且能量超过物质的引燃点时，就会发生火灾。

防止和消除静电危害，控制和减少静电灾害的发生，主要从三个方面入手：一是尽量减少静电的产生；二是在静电产生不可避免的情况下，采取加速释放静电的措施，以减少静电的积累；三是当静电的产生、积累都无法避免时，要积极采取防止放电着火的措施。

（1）防止或减少静电的产生

为了防止或减少静电的产生，应做到：①选材时尽量考虑采用物性类同或导电性能相近的材料，尽量采用导体材料，不用或少用高绝缘材料。②改善装卸和运输方式，尽量减少摩擦和碰撞。③防止和减少不同物质的混合和杂质的混入。④控制速度（传动速度、流动速度、气体输送速度、排放速度等）。⑤增大接触面的平滑度，减小摩擦力。

对于各种油料的防静电措施有：①液体易燃物质在流量大、流速高的情况下，可使油面静电电位很快上升，达到引燃点而引起着火，因此，要控制输送流量、速度。②采用合适的进油方式，尽量避免上部喷注，宜采用底部进油。③防止混入其他油料、水以及杂质，确保油料清洁。④油料搅拌时要均匀。⑤改善过滤条件，过滤器材料的选用、孔径安装部位都要符合规定，控制流过过滤器的速度和压力。⑥放料时避免泄喷，在需要放出油料时，开口都要大些，喷出压力应在 10×10^5Pa 以下。⑦严格执行清洗规程。

（2）加速静电释放

加速静电荷的释放，可采用中和消除静电和良好的接地措施。中和消除静电是指用极性相反的电荷去抵消积累的电荷，如采用不同极性的缓冲器。消除静电是用人为的方法产生相反极性的电荷来消除原来积累的电荷，可采用自感应式静电消除器、外加电源式静电消除器以及同位素静电消除器等。改善材料的导电性等方法可以迅速的释放静电荷，如使用防静电添加剂、涂刷或者镀上防静电层、增加环境的相对湿度等。

（3）防止放电着火

防止放电着火的措施有：①安装放电器。在设备的合适位置上预先设置放电器，以便于释放积累的静电，如飞机的机翼后沿有多组放电器，以避免过载放电着火。②屏蔽带电体。采用隔离的办法来限制带电体对周围物体产生电气作用及放电现象。③加强静电的测量和报警。安装静电的测量和报警系统，及早发现危险，及时采取有效措施，防止静电着火发生。④防止或减少可燃性混合物的形成。控制可燃物的浓度，从而降低着火的概率。

5．手机电磁辐射防治

手机已相当普及，随之而来的手机电磁辐射问题也引起了人们的普遍关注。经测试表明：①手机呼出时与网络最初取得联系的几秒钟内电磁辐射最大，随着振铃第一声响过，此辐射逐渐减小，达到一个稳态值。通话过程中辐射值一般低于最大值而高于稳态值。②待机状态下，虽然手机不时发射信号与基站保持联系，但电磁辐射很小。专家认为，手机放于衣袋中或挂于腰带上，不会影响人体健康。③CDMA 类手机的电磁辐射较低，仅为 GSM 手机的几十分之一到十分之一。④对天线内置式手机而言，以手机背面的电磁辐射为大，前面板也有辐射，但仅为背面的几分之一。⑤对天线外置式手机而言，机体虽也有电磁辐射，但仍以天线周围的电磁辐射为最大。

为此手机用户在享受手机带来方便的同时，谨防手机电磁辐射可能对健康造成的危害，可采取的防护措施有：①手机呼出时在最初几秒时最好不要马上将手机贴耳接听。②使用分离耳机和分离话筒。手机电磁辐射强度与距离的平方成反比，使用分离耳机和分离话筒，加大头部与天线的距离，降低头部受到的电磁辐射。③在信号不好的地方使用手机，拉出天线改善通话质量，使手机在较低功率水平上工作。功率越低，电磁辐射强度越低。④身边如有其他电话可用，就不要使用手机。⑤尽量减少通话时间。使用手机者应尽量长话短说，尽量减少每一次通话时间，如一次通话确需要较长时间，那么中间不妨停一停，分成两次或三次交谈。⑥政府主管部门加强手机电磁辐射的监管，严格执行《移动电话电磁辐射局部暴露限值》规定。国内外手机生产厂家应积极开发生产适应消费者需要的“绿色手机”，在享受科技带来的便捷时，也能安心享受健康和安全。

6．室内电磁辐射的防护

对于室内环境中办公设备、家用电器和手机带来的电磁辐射危害，人们应自觉遵守国家标准，正确使用电脑、手机、微波炉等办公设备和家用电器；电器摆放不能过于集中；在卧室中，要尽量少放，甚至不放电器；电器使用时间不宜过长，尽量避免同时使用多台电器；注意人与电器的距离，能远则远；尽量缩短使用电剃须刀和吹风机的时间；长时间坐在计算机前工作，最好穿防辐射大褂或马甲、围裙等防护用品；在视频显示终端，要加装荧光屏防护网；经常饮茶或服用螺旋藻片，加强机体抵抗电磁辐射的能力；对辐射较大的家用电器，如电热毯、微波炉、电磁炉等，可采用不锈钢纤维布做成罩子，或进行化学镀膜来反射和吸收阻隔电磁辐射。

7．电力机车辐射的抑制技术

电力机车一般具有牵引力大、速度快、污染少等优势，但其电磁辐射污染问题较为突出，亟待治理。有学者提出利用高频铁氧体磁性材料抑制电力机车受电弓离线产生的部分干扰电磁辐射。高频铁氧体磁环对电磁辐射的抑制作用机制主要是利用铁氧体高频区域的畴壁共振损耗来抑制电磁波的辐射。这是一种从源方面降低无线电干扰的方法。

电力机车产生的无线电干扰其频域很宽，一部分由受电弓向外辐射，在受电弓上套装铁氧体磁环后，使干扰电磁波首先射入铁氧体，然后穿过铁氧体向外辐射，在此过程中干扰电磁波的辐射能量就会适当减少。另外，受电弓在干扰辐射过程中起着天线作用，由于在上面套装磁性材料，则必然对这个“天线”的参数有一定影响，也会使某些频段的干扰辐射能量相应减少，从而起到一定的抑制作用。将高频铁氧体磁环套装在电力机车受电弓上，可有效减轻电气化铁道对沿线两侧无线电设施的影响。

9.5.4 高频感应加热设备的屏蔽防护应用实例

高频感应加热设备在工业企业中用途很广，为了防止其对环境的污染，必须采取经济有效的屏蔽防护措施。高频感应加热设备常用的屏蔽防护措施主要有局部屏蔽、整体屏蔽、远程操作三种形式。

局部屏蔽是指对高频设备主要辐射部件，如高频馈线、感应线圈等用铝板或铜网等屏蔽起来，并对屏蔽罩采取良好接地。

整体屏蔽是把整个高频设备或若干台高频设备放在一个金属网屏蔽室内，对屏蔽室采取良好接地。工作时，工作人员一般不进入屏蔽室，控制台放在屏蔽室外。

远程操作是利用电磁波随距离加大而衰减的特性，把控制台放在远离设备的低场强区域，通过远程控制进行操作。对高频设备本身只需采取简单的屏蔽措施即可。

1．屏蔽装置构成及主要技术参数

GP-100-C3 型设备是常用的国产高频感应加热设备，其输出功率为 100kW，频率为 200～300kHz。该屏蔽装置结构（见图 9-17）由以下几部分构成。

（1）淬火变压器屏蔽罩。采用 2mm 厚铝板做屏蔽罩，其罩直径为淬火变压器直径的 1.8 倍以上，高度为直径的 3 倍，顶端宜采用圆弧曲面，屏蔽罩的几何形状尽可能采取平缓曲面的设计，以免棱角突出引起尖端辐射。

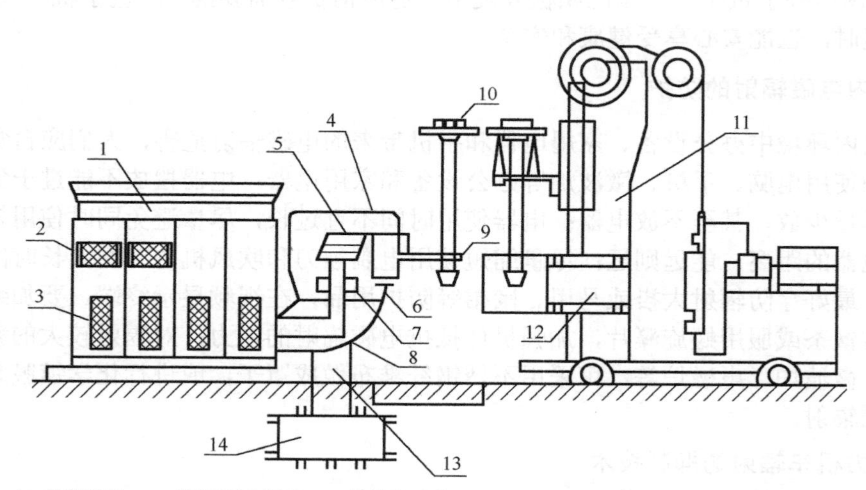

1—振荡器柜；2—窥视窗屏蔽网；3—散热窗屏蔽网；4—淬火变压器屏蔽罩；5—淬火变压器；6—馈线屏蔽罩；7—馈线安装检修窗；8—输出馈线；9—感应器；10—淬火工作；11—淬火机床；12—感应器屏蔽板；13—接地线；14—接地板

图 9-17 屏蔽罩装置示意图

（2）馈线屏蔽罩。采用 2mm 厚铝板，罩为圆锥桶形，大端直径为 560mm，小端直径为 350mm，并与直径为 350mm 的 90° 弯桶组合而成为一个整体罩。在圆锥桶的对称两侧，开两个活动梯形检修窗（上底为 220 mm，下底为 180mm，高为 150 mm）。

（3）感应器屏蔽板。采用 2mm 厚铝板，两面对称安装，在板上安装四个滚轮，可往返活动，行程 600mm，板长 900mm，宽 700mm，板的安装中心高度距地面 950mm，板上装一反光镜。工作时拉过屏蔽板即可起到屏蔽感应器的作用，又可通过反光镜观察工作的淬火状况。

（4）窥视窗及散热窗屏蔽网。两者均采用 32～40 目铜网，以框架的形式安装在振荡器柜内。拆装方便且不影响工作时的观察。

（5）屏蔽装置接地线。接地引线采用 90mm 宽、2mm 厚的紫铜板，在避开波长整数倍的前提下尽可能缩短其长度。接地板采用埋深 2m 的 $1m^2$ 铜板，以保证接地电阻小于 1Ω（实际测得电阻为 0.2Ω）。

2．屏蔽罩原理

屏蔽罩装置工作原理如下：利用导电性能好、磁导率高的铝板和铜网做成所需不同几何形状的屏蔽体 2、3、4、6、12，辐射源 1、5、8、9 辐射的电磁能量一方面引起屏蔽体 2、3、4、6、12 的电磁感应，生成与场源 1、5、8、9 相同的电荷，通过接地线 13、接地极 14 流入大地；另一方面，由于场源 1、5、8、9 的磁场变化，使得屏蔽体 2、3、4、6、12 感应出涡流，产生与原来的磁通方向相反的磁通，两者方向相反引起相互抵消，从而起到屏蔽作用。

3．屏蔽效果

在上述高频感应加热设备末屏蔽之前工作带的电场强度为 50～100V/m，这一数值比我国《作业场所辐射卫生标准》规定的 20V/m 值高出 2.5～4 倍，经屏蔽后各工作点的电场强度降为 1V/m，主要部位屏蔽效率达到了 98.5%。屏蔽效果见表 9-23。

表 9-23　GP-100-C3 型高频感应加热设备的屏蔽性能与效果

测试部位距离	测试高度	屏蔽前		屏蔽后		屏蔽效率	
		E（V/m）	H（A/m）	E（V/m）	H（A/m）	η_E（%）	η_H（%）
淬火变压器 30m 处	头部	75	0.5	1	未测出	98.6	100
	胸部	100	0.5	1	未测出	99	100
	下腹部	50	0.5	1	未测出	98	100
工人操作位	头部	40	0.5	1	未测出	97.5	100
	胸部	50	0.5	1	未测出	99	100
	下腹部	75	0.5	0.5	未测出	99	100
振荡器柜 20cm 处	头部	9	未测出	1	未测出	67	-
	胸部	10	未测出	1	未测出	70	-
	下腹部	8	未测出	1	未测出	75	-
淬火变压器 10cm 处	上部	1500	未测出	1	未测出	99.6	-
	下部	750	未测出	1	未测出	99.5	-

该屏蔽装置将固定式屏蔽板改为装有滚动滑轮的活动板，便于操作，安装了反光镜，减轻操作者劳动强度，同时便于操作者观察到工作的淬火状况。高频馈线的绝缘支架必须符合高压标准以保证屏蔽效果。胶木板易被击穿，造成高频无栅流，改用高压瓶就可解决这个问题；屏蔽后振荡柜和槽路柜之间用金属外壳隔离，以避免产生的热将柜子烧红；屏蔽以后高频输出会增加，对柜路和反馈线需重新调整以保证工作。

习　题　9

1. 什么是电磁辐射污染?电磁污染源可分为哪几类?各有何特性?
2. 电磁波的传播途径有哪些?
3. 电磁辐射评价包括哪些内容，评价的具体方法有哪些?
4. 电磁辐射预测方法有哪些?如何进行预测。
5. 电磁辐射防治有哪些措施，各自的适用条件是什么?

第 10 章　放射性污染及其防治

自从 19 世纪九十年代发现 X 射线和镭元素后，原子能科学飞速发展。1942 年美国科学家首次实现了铀的链式核裂变反应，标志着人类“原子时代”的开端。近几十年来，由于世界化石能源的日益减少，作为可能的替代能源之一，核能的研究日益深入。核工业的迅速发展也带来了放射性污染方面的环境问题。

10.1　概　　述

10.1.1　放射性污染

环境放射性污染是指因人类的生产、生活排放的放射性物质所产生的电离辐射超过环境放射标准时，产生放射性污染而危害人体健康的一种现象。电离辐射指的是可引起物质电离的辐射，如宇宙射线、α射线、β射线、γ射线、中子辐射、X 射线、氡等。

α射线是由粒子组成，实际上是带 2 个正电荷、质量数为 4 的氦离子。尽管它们从原子核发射出来的速度在(1.4～2.0）$\times 10^{11}$cm/s 之间变化。但它们在室温时，在空气中的行程不超过 10cm，用一张普通纸就能够挡住。在射程范围内α粒子具有极强的电离作用。

β射线是由带负电的β粒子组成的，其运动速度是光速的 30%～90%。β粒子实际上是电子，通常，在空气中能够飞行上百米。用几毫米的铝片屏蔽就可以挡住β射线。β粒子的穿透能力随着它们的运动速度而变化。由于β粒子质量轻，所以其电离能比α粒子弱得多。

γ射线实际上就是光子，速度与光速相同，它与 X 射线都具有很强的穿透力，对人的危害最大，往往用铁、铅和混凝土屏蔽。医用诊断 X 射线在整个医疗照射中占很大比例，γ射线的应用也越来越广。但是过量的长时间的 X 射线、γ射线的照射会对人体产生危害性的生物效应，甚至影响下一代的生长，产生遗传效应；过量的 X 射线、γ射线的照射对红骨髓造血功能有明显的损伤，诱发白血病，使眼晶体混浊等。因此对居民所生活的环境进行 X 射线、γ射线剂量率的测量，对环境进行评价是关系到居民健康生活的必要措施。

10.1.2　放射性污染的来源

1．天然放射性污染源

地球本身就是一个辐射体，地球形成时就包含了许多天然放射性物质。因此，地球上任何形式的生物都不可避免地受到天然辐射源的照射，也就是说，地球上的每一个角落、每一种介质（空气、岩石、土壤、水、动植物）无不包含天然放射性物质。所以，放射性是一种极普遍的现象，人类正是在天然放射性环境中进化、生存和发展的。

人类受到天然辐射有两种不同的来源，即来自地球以外的辐射源和来自地球的辐射。前者是指宇宙射线，后者是指地球本身所含各种天然放射性元素，即原生放射性核素所造成的辐射。

（1）宇宙射线

宇宙射线是一种来自宇宙空间的高能粒子流，习惯上又把宇宙射线分为初级宇宙射线和次级宇宙射线两种。所谓初级宇宙射线是指从星际空间发射到地球大气层上部的原始射线，其组成比较恒定，约 83%～89%为质子，10%左右是α粒子，此外还有较少量的重粒子、高能粒子、光子和中微子。这种初级宇宙射线从各个方向均匀地向地球照射，其强度随太阳活动周期呈周期性变化。

当初级宇宙射线和地球大气中元素的原子核相互作用时，将产生中子、质子、介子以及许多其他反应产物（宇宙核素），如 ^{8}H、^{7}Be、^{22}Na 等，通称为次级宇宙射线，其中介子约占 70%。

在 15km 以下的高空，初级宇宙射线已大部分转变为次级宇宙射线。在海平面附近，次级宇宙射线的强度已降低了许多，同时，这一区域宇宙射线的强度已不受太阳活动的影响了。

（2）地球辐射

地球辐射是地球本身因包含各种原生放射性核素（即天然放射性核素）而造成的辐射。如土壤、水、空气和人体内均具有一定的放射性。

①土壤中的天然放射性

土壤主要由岩石的侵蚀和风化作用而产生，可见，其中的放射性是从岩石转移而来的。由于岩石的种类很多，受到自然条件作用程度也不尽相同，可以预见土壤中天然放射性核素的浓度变化范围是很大的。土壤的地理位置、地质来源、水文条件、气候以及农业历史等都是影响土壤中天然放射性核素含量的重要因素。农肥施用情况的影响尤为明显，例如钾肥中含有一定量 ^{40}K，磷酸中含铀和镭的水平较高，使用这些肥料显然会增加农田土壤中放射性核素的浓度；另一方面，肥料对于土壤中天然放射性核素的化学形态也有一定作用。因此，核素的物理迁移行为以及被生物体吸收的性质也要受到影响。据报道，土壤中 ^{288}U、^{282}Th 和 ^{40}K 三个主要天然放射性核素的平均浓度分别为 25Bq/kg、25Bq/kg 和 370Bq/kg。

②地表水中的放射性

地表水系含有的放射性往往由水流类型决定。海水中含有大量的 ^{40}K，天然泉水中则有相当数量的铀、钍和镭。水中天然放射性的浓度与水所接触的岩石、土壤中该元素的含量有关。据报道，各种内陆河中天然铀的浓度范围在 0.3～10μg/L，平均为 0.5μg/L。地球上任何一个地方的水或多或少都含有一定量的放射性，并通过饮用对人体构成内照射。

③空气存在的放射性

空气中的天然放射性主要是由于地壳中铀系和钍系的子代产物氡和钍放射性气体的扩散，其他天然放射性核素的含量甚微。这些放射性气体很容易附着在空气颗粒上，而形成放射性气溶胶。空气中的天然放射性浓度受季节的影响较大。在冬季较大的工业城市往往空气中的放射性浓度较高，在夏季最低。当然山洞、地下矿穴，铀和钍矿中的放射性浓度都高。另外，室内空气中的放射性浓度比室外高，这主要和建筑物及室内通风情况有关。

④人体内的放射性

人体内的放射性是由于大气、土壤和水中含有的一定量的放射性核素，通过人的呼吸、饮水和食物不断地把放射性核素摄入到体内引起的。进入人体的微量放射性核素分布在全身各个器官和组织，对人体产生内照射剂量。

宇宙放射性核素对人体能够产生较显著剂量的有 ^{14}C、^{7}Be、^{22}Na 和 ^{3}H，以 ^{14}C 为例，体内 ^{14}C 的平均浓度为 227Bq/kg。^{3}H 在体内的平均浓度与地表水的浓度接近为 400 Bq/m^{3} 水。由于钾是构成人体重要的生理元素，^{40}K 是对人体产生较大内照射剂量的天然放射性核素之一。

天然铀、钍和其子体也是人体内照射剂量的重要来源。它们进入人体的主要途径是食物。在肌肉中天然铀、钍的平均浓度分别是0.19μg/ kg和0.9μg/ kg。在骨骼中的平均浓度为7μg/ kg和3.1μg/ kg。镭进入人体的主要途径是食物，混合食物中的^{226}Ra浓度约为数十mBq/kg，70%～90%镭沉积在骨中，其余部分大体平均分配在软组织中。根据26个国家人体骨骼中^{226}Ra含量的测定结果，按人口加权平均，钙中含^{226}Ra的中值为0.85Bq/kg。氡及其短寿命子体对人体产生内照剂量的主要途径是吸入，氡气对人的内照射剂量贡献很小，主要是吸入并沉积在呼吸道内的短寿命子体发射的α粒子对气管支气管上皮基底细胞产生的照射剂量。

天然放射线对人类生活没有什么不良影响，人类一直生活在这种环境中。

2．人工放射性污染源

对人类影响最大的是人工放射性污染源，主要来源有以下几个方面。

（1）核试验的沉降物

核试验是全球放射性污染的主要来源。在大气层中进行核试验时，带有放射性的颗粒沉降物最后沉降到地面，造成对大气、海洋、地面、动植物和人体的污染，而且这种污染由于大气的扩散将污染全球环境。这些进入平流层的碎片几乎全部沉积在地球表面，其中未衰变完全的放射性物质，大部分尚存在于土壤、农作物和动物组织中。1963年后，美国、前苏联等国家将核试验转入地下，由于发生“冒顶”和其他泄漏事故，仍然对人类环境造成污染。

放射性沉降物的性质与核武器装料、爆炸方式、核武器吨位、爆炸地区土壤的成分、与爆炸中心的距离，以及爆后间隔的时间等有关。

早期沉降物的性质如下：

①粒子形状及结构。沉降物粒子的形状和结构与爆炸区土壤及爆炸方式有关。陆地爆炸粒子多为黑褐色，部分小粒子为贫褐色，表面圆滑，多呈球形或椭圆形，粒子内部有的呈蜂窝状或空心球状，多为均匀的玻璃体结构，易被压碎。②密度。放射性沉降物的密度接近于爆炸区土壤的密度（2.6g/cm^3），一般在2.0～3.0g/cm^{3}范围之内。③粒子大小和分散度。放射性沉降物的粒子大小及其分散度与爆炸方式、当量、距离爆炸中心远近等条件有关。爆炸产生的沉降物粒子最大可达到2000μm，空爆时最大则只有几十微米。沉降物中1μm至几微米的粒子占大多数。离爆炸中心较远的地区，其沉降粒子多在几微米至几十微米之间。④溶解度。沉降物的溶解度与粒子的大小和溶剂的酸碱度有关。溶剂的酸度愈高，粒子愈小，愈容易溶解。⑤化学成分。放射性沉降物的放射性成分主要是核裂变产物。早期沉降物中主要的放射性核素有^{239}Np、放射性稀土元素、^{140}Ba、^{99}Mo、^{131}I、^{132}I、^{133}I、^{135}I、^{195}Ir、^{197}Ir、^{90}Sr等。氢弹爆炸还有一定数量的^{237}U和^{14}C等。⑥β能量和衰变。在核武器的装料（^{236}U、^{238}U、^{239}Pu）发生裂变后，生成几十种元素的200多种放射性核素。放射性强度随时间的推移很快减弱。放射性沉降物中β粒子的能量随核爆炸后时间不同而异。

（2）核工业对环境的污染

原子能工业在核燃料的生产、使用与回收的核燃料循环过程中均会产生“三废”，对周围环境带来污染，对环境造成的影响如下。

①核燃料的生产过程包括铀矿开采、冶炼、核燃料精制与加工过程产生的放射性废物。从铀矿的开采、冶炼直到燃料元件制出，所涉及的主要天然放射性核素是铀、镭、氡等。铀矿山的主要放射性影响源于^{222}Rn及其子体。即使在矿山退役后，这种影响还会持续一段时间。铀矿石在水法冶炼厂进行提取的过程中产生的污染源主要是气态的含铀粉尘、氡以及液

态的含铀废水和废渣。水法冶炼厂的尾矿渣量很大，尾矿渣及浆液占地面积和对环境造成的污染是一个很严重的问题。目前，尚缺乏妥善的处置办法。

②核反应堆运行过程包括生产性反应堆、核电站与其他核动力装置的运行过程产生的放射性废物。核燃料在反应堆中燃烧，反应堆属封闭系统，对人体的辐照主要来自气载核素，如碘、氪、氙等惰性物。实测资料表明，由放射性惰性气体造成的剂量当量为0.05～0.10mSv。排出的废水中含有一定量的中子活化产物，如^{60}Co、^{51}Cr、^{54}Mn等。另外还可能含有由于燃料元件外壳破损逸出，或因外壳表面被少量铀沾染通过核反应而产生的裂变产物。

③核燃料处理过程包括废燃料元件的切割、脱壳、酸溶与燃料的分离与净化过程产生的放射性废物。经反应堆辐照一定时间后的乏燃料仍具极高的放射性活度。通常乏燃料被储存在冷却池中以待其大部分核素衰变。但当其被送往后处理厂时，仍含有大量半衰期长的裂变产物，如锶、铯和锕系核素，其活度在10^{17}Bq级。因此，在乏燃料的存放、运输、处理、转化及回收处置等过程中均需特别重视其防护工作，以免造成危害。自核燃料后处理厂排出的氚和氪，在环境中将产生积累，成为潜在的污染源。

核动力舰艇和核潜艇的迅速发展，对海洋的污染又增加了一个新的污染源。核潜艇产生的放射性废物有净化器上的活化产物，如^{50}Fe、^{60}Co、^{51}Cr等。此外，在启动和一次回路以及辅助系统中排出和泄漏的水中均含有一定的放射性物质。

（3）核事故对环境的污染

操作使用放射性物质的单位，出现异常情况或意想不到的失控状态称为核事故。事故状态引起放射性物质向环境大量的无节制的排放，造成非常严重的污染。

半个世纪以来，曾发生过多次核泄漏事件：①1966年1月15日，美国战略空军司令部的一架B-52轰炸机和一架KC-135空中加油机，在西班牙沿海的比利亚里科斯村和帕洛玛雷斯村的上空进行空中加油训练，在31000英尺的高空相撞。轰炸机发生爆炸解体，变成了一团巨大的、烈焰奔腾的火球，加油机摇摇摆摆地向前飞行一会儿，也开始解体，200多吨燃烧着的飞机残片，零乱地散布在空中，其中，有4枚威力巨大的氢弹。②1968年1月21日，一架美国B-52轰炸机机舱起火，机组人员被迫选择放弃轰炸机。轰炸机坠毁在格陵兰图勒空军基地附近的海冰上，造成飞机装载的核弹破裂，导致大范围的放射性污染。③在美国停止地面核试验转入地下后，在美国内华达州丝兰山脉共进行了500次左右的地下核爆炸，其中有62次发生了程度不同的事故。根据美国能源部的事故分类，53次属于辐射“泄漏或渗漏”，7次属于“严重辐射泄漏”。其中最严重的一次是1970年12月18日爆炸的代号为“贝恩巴里”的1万吨级核弹。这颗核弹安置在深900英尺、直径86英寸的竖井中，爆炸以后，相当于300万居里的放射性物质，在24小时内喷射到8000英尺高的大气层，其放射性尘埃一直飘到北达科他州。④1979年3月28日在美国宾夕法尼亚州萨斯奎哈河三哩岛核电站发生严重放射性物质泄漏事故。三哩岛核泄漏事故是核能史上第一起反应堆堆芯融化事故。⑤1985年8月，苏联“K-431”号巡航导弹核潜艇在符拉迪沃斯托克港加油，在船坞内排除故障时误操作引起反应堆爆炸，造成10余人死亡，49人被发现有辐射损伤，环境受到污染，艇体严重损坏。⑥1986年4月26日，切尔诺贝利核电站4号反应堆发生爆炸，8吨多强辐射物质混合着炙热的石墨残片和核燃料碎片喷涌而出。据估算，核泄漏事故后产生的放射污染相当于日本广岛原子弹爆炸产生的放射污染的100倍。切尔诺贝利最后一个反应堆已于2000年12月15日正式关闭。⑦1987年9月，巴西戈亚尼亚一家私人放射治疗研究所乔迁，将铯-137远距治疗装置留在原地。两个清洁工进入该建筑，将源组件从机器的辐射头上拆下来带回家拆卸，造成源盒破裂，产生污染：14人受到过度照射，4人4周内死亡，249人发现受到辐射，85 间房发现被污染。整个去污活动产生 5000m^3 放射性废物，社会影响巨大。⑧1993 年 4 月，托木斯克市西伯利亚化学企业公司的后处理设施对反应堆乏燃料进行后处理时使后处理设备和建筑物损坏，导致放射性核素（包括钚-239）释出。该设施的部分场地和周围乡村的很大区域受到放射性核素污染。虽然污染程度较低，但建筑物和道路去污很费力。⑨1999 年 9 月 30 日，日本东海村 JCO 公司的一座铀转换厂发生了核临界事故。该事故引起国际有关组织的关注。⑩2011 年 3 月 11 日，日本东北部海域发生大地震并引发海啸，导致日本福岛第一核电站发生核泄漏事故。这是自 1986 年切尔诺贝利核事故以来世界上最严重的核灾难。

为了对核事件进行准确评定，国际原子能机构将发生的核事件分为 7 个等级。七级为特大事故，指核裂变废物外泄在广大地区，具有广泛的、长期的健康和环境影响，如 1986 年发生在前苏联的切尔诺贝利核电厂事故。六级为重大事故，指核裂变产物外泄，需实施全面应急计划，如 1957 年发生在前苏联客什姆特的后处理厂事故。五级具有厂外危险的事故，核裂变产物外泄，需实施部分应急计划，如 1979 年发生在美国的三哩岛电厂事故。四级发生在设备内的事故，有放射性外泄，工作人员受照射严重影响健康，如 1999 年 9 月 30 日在日本发生的核泄漏事故。三级为少量放射性外泄，工作人员受到辐射，产生急性健康效应，如 1989 年在西班牙范德略核电厂发生的事故。二级不影响动力厂安全。一级超出许可运行范围的异常事件，无风险，但安全措施功能异常。低于以上 7 级的为零级，叫偏离，安全上无重要意义。

（4）其他放射性污染

①医疗照射引起的放射性污染

由于辐射在医学上的广泛应用，医用射线源已成为主要的人工辐射污染源。辐射在医学上主要用于对癌症的诊断和治疗方面。在诊断检查过程中，各个患者所受的局部剂量差别较大，大约比天然辐射源的年平均剂量高 50 倍；而在辐射治疗中，个人所受剂量又比诊断时高出数千倍，并且通常是在几周内集中施加于人体的某一部分。诊断与治疗所用的辐射绝大多数为外照射，而服用带有放射性的药物则造成了内照射。近几十年来，由于人们逐渐认识到医疗照射的潜在危险，已把更多的注意力放在既能满足诊断放射学的要求，又使患者所受的剂量最小，甚至免受辐射的方法上，并取得了一定的研究进展。

1984 年 1 月，在美国的一座治疗癌症的医院，存放装有 40 多磅放射性 ^{60}Co 的金属桶被人运走，桶盖被撬开，桶被弄碎，当即有 6000 多颗发亮的小圆粒——具有强放射性的 ^{60}Co 小丸滚落出来，散落在附近场地上，通过人们的各种活动造成大面积的污染。许多接触 ^{60}Co 小丸的人一个月后出现了严重的受害症状，牙龈和鼻子出血，指甲发黑等。有的表面上没有什么症状，但经化验发现白细胞数、精子数等大大减少。此污染事件虽然当时没有造成人员死亡，但接触 ^{60}Co 放射性污染的人，患癌症的可能性要大得多。

②一般居民消费用品

一般居民消费用品包括含有天然或人工放射性核素的产品，如放射性发光表盘、夜光表及彩电等。虽然它们对环境造成的污染很小，但也有研究的必要。

10.1.3 辐射的生物效应

细胞主要由水组成，辐射作用于人体细胞将使水分子发生电离，形成一种对染色体有害的物质，产生染色体畸变。这种损伤使细胞的结构和功能发生变化，使人体呈现放射病、眼晶体白内障或晚发性癌等临床症状。

核辐射与物质相互作用的主要效应是使其原子发生电离和激发。产生辐射损伤的过程极其复杂，大致分为 4 个阶段，如图 10-1 所示。

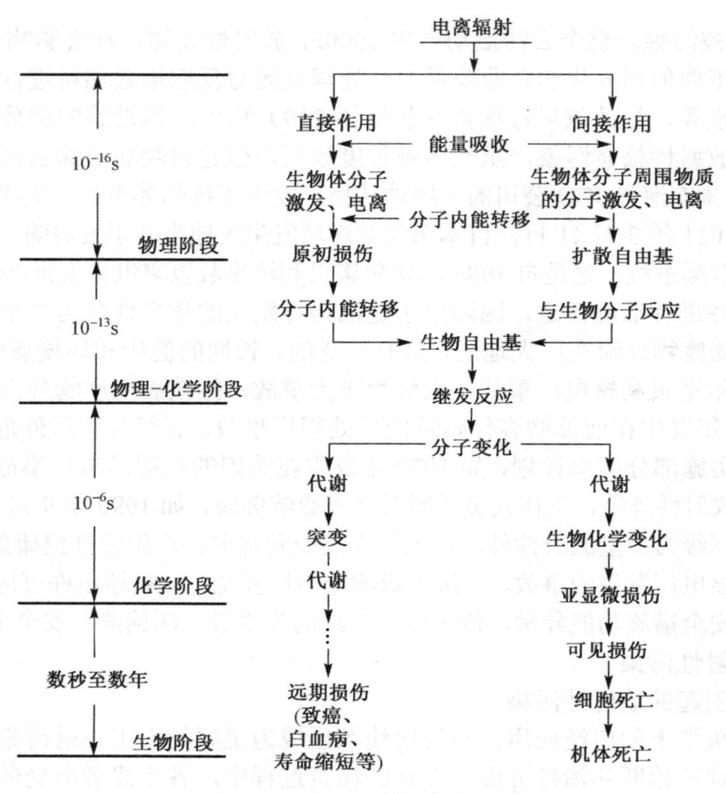

图 10-1　产生辐射损伤的过程

（1）物理阶段

该阶段只持续很短时间（约 $10^{-16}s$），此时能量在细胞内聚集并引起电离，在水中的作用过程为

$$H_2O \xrightarrow{\text{辐射}} H_2O^+ + e^-$$

（2）物理-化学阶段

该阶段大约持续 $10^{-13}s$，离子和其他水分子作用形成新的产物。正离子分解，或负离子附着在水分子上，然后分解。

$$H_2O^+ \longrightarrow H^+ + OH^*$$

$$H_2O + e^- \longrightarrow H_2O^-$$

$$H_2O^- \longrightarrow H^* + OH^-$$

这里的 H^*和 OH^*称为自由基，它们有不成对的电子，化学活性很大。OH^*和 OH^*可生成强氧化剂 H_2O_2。H^+、OH^-不参加以后的反应。

（3）化学阶段

该阶段往往持续 $10^{-6}s$，此时，反应产物和细胞的重要有机分子相互作用。自由基和强氧化剂破坏构成染色体的复杂分子。

（4）生物阶段

该阶段时间从数秒至数年，可能导致细胞的早期死亡，阻止细胞分裂或延迟细胞分裂，细胞永久变态，一直可持续到子代细胞。

辐射对人体的效应是出于单位细胞受到损伤所致。辐射的躯体效应是由于人类普通细胞受到损伤引起的，并且只影响到受照人本身。遗传效应是由于性腺中的细胞受到损伤引起的，这种损伤能影响到受照人的子孙。

（1）躯体效应

根据这种效应发生的早晚，又分为急性效应和远期效应。受照者在一次或短时间内接受大剂量照射时所发生的效应，称为辐射的急性效应。在核工业的正常运行中，或工作人员遵守操作规程的日常工作中，一般是不会产生这种照射的。只有在发生超临界事故，或违反操作规程而受到辐射源的大剂量照射；或者是核爆时距爆心较近而无防护的情况下才有可能发生。发生这种情况时，在受照射后几周内出现的早期效应，主要损伤人体的各组织、器官和系统，可出现恶心、呕吐、腹痛、腹泻、头昏、全身无力、嗜睡等初期症状。受照剂量不同，症状出现的轻重也不一样，剂量特别大的，其后还会出现皮肤、内脏出血，骨髓空虚等，个别的病人衰竭、死亡等。

辐射的远期效应是指受照射后数年内的效应，当受急性照射恢复后或长期接受超容许水平的低剂量照射时，可能产生远期效应。这主要指辐射诱发的癌症、白血病和寿命缩短等。

（2）遗传效应

人体中能够决定遗传因子的是基因，它是具有一定遗传功能的一段 DNA 序列。基因通常是稳定的，但是只要它发生任何变化或突变就可以改变遗传特性。遗传特征的变化可以是各种射线的照射所致，也可以是其他因素所引起。这种改变不是辐射特有的，辐射只是增加这种改变的可能性。即使在受到大剂量的照射下，遗传特征改变的频率也是不大的，这样就给研究辐射的遗传效应带来了很多困难，需要大量的研究对象，并且要观察许多代才能得到一定的规律。对人来说这种研究困难更大，因为有些遗传效应在第一代后裔表现出来，有些遗传效应在以后若干代才有所表现，加之照射人群的数量有限，所以现有许多结论都来自动物实验。动物受照后的效应可能与人的效应相似，但是根据实验动物的资料，用于人也可能会引起误差。遗传物质的突变，可为染色体突变，也可为基因突变。基因的突变是由于细胞内 DNA 分子间上某一小段，由于辐射而引起的分子结构的变化，这些突变可使后代发生畸形、遗传性疾病，或不适于生存而死亡。

10.1.4 放射性污染的危害

过量的放射性物质可以通过空气、饮用水和复杂的食物链等多种途径进入人体（即过量的内照射剂量），会发生急性的或慢性的放射病，引起恶性肿瘤、白血病，或损害其他器官，如骨髓、生殖腺等。因此，应注意研究放射性同位素在环境中的分布、转移和进入人体的危害等问题。鱼及许多水生动植物都可富集水中的放射性物质，如某些茶叶中天然钍含量偏高，一些冶炼厂、化工厂、综合医院等使用射线区域内的蔬菜，放射性物质含量也都普遍偏高。烟叶中含有 ^{225}Ra、^{210}Po、^{210}Pb 等放射性物质，其中以 ^{210}Po 为甚。一个每天吸一包半香烟的人，其肺脏一年所接受的放射性物质量相当于接受 300 次胸部 X 射线照射。

氡的危害有两个特点：隐蔽性和随机性。作为一种化学物质，氡无色、无味，含量极低，难以察觉；氡的危害主要是核辐射生物效应，它的直接作用（对生命物质的破坏或传输的能量）相对机械力伤害、烫伤、触电而言是很微小的，但由此引发的复杂生物化学过程可以导致严重的伤害。例如，短期接受 1Sv 剂量的照射时，在生物体内产生的电离，激发分子的比例只有 10^{-8}，传输的能量相当于 8.4×10^{-4}J/g。这本身是微小而难以觉察的，但它可以导致明显的放射病症状（呕吐、疲倦、血象变化等）。氡的照射一般是慢性的，一年内有 0.1Sv 就算是高的，其直接作用不可能觉察，但它仍可能引发肺癌。氡通过呼吸进入人体，衰变时产生的短寿命放射性核素会沉积在支气管、肺和肾组织中。当这些短寿命放射性核素衰变时，释放出的α粒子对内照射损伤最大，可使呼吸系统上皮细胞受到辐射。长期的体内照射可能引起局部组织损伤，甚至诱发肺癌和支气管癌等。据估算，人的一生中，如果在氡浓度为370Bq/m^{3}的室内环境中生活，每千人中将有30～120人死于肺癌。氡及其子体在衰变时还会同时放出穿透力极强的γ射线，对人体造成外照射。1922年，埃及多名考古学家发掘古埃及杜唐阁法老陵墓，其后离奇死亡，自此法老毒咒之说不胫而走。人们都传说古埃及人在金字塔里下了毒咒，使得擅自闯入金字塔的人中毒咒而送命。最近，加拿大及埃及的室内环境专家破解了这个困扰人们近80年的毒咒之谜。他们发现，是金字塔台有大量具有危险程度的氡气，使接触者患肺癌而死亡。专家研究发现，这种令人致命的氡气是建筑金字塔石块及泥土内所含的衰变铀元素释放出来的。含氡气最高的三处古埃及建筑依次是开罗以南的沙喀姆喀特金字塔、阿比斯隧道及萨拉比尤姆陵墓。室内环境专家巴克斯特指出，是高含量氡气损害了当年埃及考古学家的健康。

长期从事放射性工作的人员，体内往往为某些微量的放射性核素所污染，但只有积累到了一定剂量时才显出损伤效应。例如，对从事铀作业的职工的健康做了多年的大量调查，发现肝炎发生率和白细胞数及分类的异常与铀作业工龄长短、空气中铀尘浓度的高低之间无明显差异，对某单位的铀作业职工的白细胞值统计了8年，没有发现有逐渐升高或下降的趋势。所以一般环境中存在的极微量的放射性核素进入人体是不会因照射而引起机体损伤的，只有放射性核素因事故进入人体才可能对机体造成危害。不同辐射量照射的后果及不同场合所受的辐射量如标10-1所示。

表10-1 不同辐射量照射的后果及不同场合所受的辐射量

辐射量/Sv	后果
4.5～8.0	30天内将进入垂死状态
2.0～4.5	掉头发，血液发生严重病变，一些人在2～6周内死亡
0.6～1.0	出现各种辐射疾病
0.1	患癌症的可能性为1/130
5×10^{-2}	每年工作所遭受的核辐射量
7×10^{-3}	大脑扫描的核辐射量
6×10^{-4}	人体内的辐射量
1×10^{-4}	乘飞机时遭受的辐射量
8×10^{-5}	建筑材料每年所产生的辐射量
1×10^{-5}	腿部或者手臂进行X射线检查时的辐射量

（1）急性放射病

急性放射病是由大剂量的急性照射所引起，多为意外核事故、核战争造成的。主要临床症状及经过如表10-2所示。按射线的作用范围，短期大剂量外照射引起的辐射损伤可分为全身性辐射损伤和局部性辐射损伤。

全身性辐射损伤指在机体全身受到均匀或不均匀大剂量急性照射引起的一种全身性疾病，一般在照射后的数小时或数周内出现。根据剂量大小，主要症状、病程特点和严重程度可分为骨髓型放射病、肠型放射病和脑型放射病三类。局部性辐射损伤是指机体某一器官或组织受到外照射时出现的某种损伤，在放射治疗中可能出现这类损伤。例如单次接受3Gyβ射线或低能γ射线的照射，皮肤将产生红斑，剂量更大时将出现水泡、皮肤溃疡等病变。

表 10-2　急性放射病主要临床症状及经过

<table>
<tr><td rowspan="2">受辐射照射后经过的时间</td><td colspan="3">症状</td></tr>
<tr><td>700R 以上</td><td>300～550R</td><td>100～250R</td></tr>
<tr><td>第一周</td><td>最初数小时恶心、呕吐、腹泻</td><td>最初数小时恶心、呕吐、腹泻</td><td>第一天发生恶心、呕吐、腹泻</td></tr>
<tr><td>第二周</td><td>潜伏期（无明显症状）</td><td>潜伏期（无明显症状）</td><td>潜伏期（无明显症状）</td></tr>
<tr><td>第三周</td><td rowspan="2">腹泻、内脏出血、絮凝、口腔或咽喉炎、发热、急性衰弱、死亡（不经治疗时死亡率为 100%）</td><td rowspan="2">脱毛、食欲减退、全身不适、内脏出血、紫斑、皮下出血、鼻血、苍白、口腔或咽喉炎、腹泻、衰弱、消瘦，更严重者死亡（不经治疗时 450R 的死亡率为 50%）</td><td rowspan="2">脱毛、食欲减退、不安、喉炎、内出血、紫斑、皮下出血、苍白、腹泻、轻度衰弱、如无并发症，三个月后恢复</td></tr>
<tr><td>第四周</td></tr>
</table>

（2）远期影响

远期影响主要是慢性放射病和长期小剂量照射对人体健康的影响。

慢性放射病是由于多次照射、长期积累的结果。受辐射的人在数年或数十年后，可能出现白血病、恶性肿瘤、白内障、生长发育迟缓、生育力降低等远期躯体效应；还可能出现胎儿性别比例变化、先天畸形、流产、死产等遗传效应。慢性放射病的辐射危害取决于受辐射的时间和辐射量，属于随机效应。

小剂量外照射一般指剂量限值以下的职业性照射，医疗诊断的射线照射，放射性物质污染环境对广大居民的照射以及高本底地区居民受到的照射。这些小剂量慢性照射的生物效应主要是远期效应，它是非特异性的，多数有一个很长的潜伏期，发生率很低。因而要估计小剂量辐射对人体可能产生的影响，常用统计学的方法，对人数众多的群体进行调查。另外，还可以用动物实验进行研究，以估计对人体的影响。慢性小剂量照射引起的生物效应，如机体的损伤与修复，细胞、组织或机体适应与否，敏感与抵抗等之间的关系都比较复杂。在某些条件下，受辐射损伤较轻的机体，并不表现出损伤的症状，已受损伤的部分可以依靠自身的修复而恢复正常；如果较重时，将表现出辐射损伤的症状，随着剂量的加大，损伤的范围可以从细胞水平到分子水平。关于人的小剂量辐射效应的直接数据很少，要定量地了解小剂量照射对人体的影响，还必须进行大量的科学实验、调查研究和长期的观察，积累资料并进行科学的分析。

10.2　放射性基础

10.2.1　放射性辐射的基本知识

（1）放射性强度（activity）

放射性强度又称为放射源活度，是指单位时间内发生核衰变的数目。

$$A = \mathrm{d}N / \mathrm{d}t \qquad (10\text{-}1)$$

式中，$\mathrm{d}N$—在时间间隔 $\mathrm{d}t$ 内该核素从该能态发生自发核跃迁数目的期望值，放射性活度单位是秒的倒数（s^{-1}），称为贝可（Bq），1Bq 表示每秒钟发生一次核转变。

新旧常用放射性单位见表 10-3。

（2）半衰期（half-life）

半衰期是指当放射性元素的原子核因衰变而减少到原来的一半时所需的时间：

$$T_{1/2} = 0.693 / \lambda \qquad (10\text{-}2)$$

表 10-3 新旧常用放射性单位对照表

量的单位及符号	SI 单位名称及符号	表示式	曾用单位	换算关系
活度 A	Bq（贝可）	s^{-1}	Ci（居里）	1 Ci=3.7×10^{10}Bq
照射量 X	—	C/kg	R（伦琴）	1 R=2.58×10^{4} C/kg
吸收剂量 D	Gy（戈瑞）	J/kg	rad（拉德）	1 rad=0.01 Gy
剂量当量 H	Sv（希沃特）	J/kg	rem（雷姆）	1 rem=0.01 Sv

（3）照射量（exposure dose）

照射量是对射线在空气中电离量的一种量度，是 X、γ 辐射场的定量描述，而不是剂量的量度。

$$X = \frac{dQ}{dm} \tag{10-3}$$

式中，X—照射量，C/kg；dQ—射线在质量为 dm 的空气中释放出来的全部电子被空气完全阻止时，在空气中产生的一种符号离子的总电荷量；dm—受照空气的质量，kg。

（4）吸收剂量（absorbed dose）

吸收剂量 D 是表示在电离辐射与物质发生相互作用时单位质量的物质吸收电离辐射能量大小的物理量。

$$D = \frac{d\varepsilon}{dm} \tag{10-4}$$

式中，D—吸收剂量，Gy；$d\varepsilon$—电离辐射授予质量为 dm 的物质的平均能量；dm—体积元中物质的质量。

吸收剂量有时用吸收剂量率 P 来表示。它定义为单位时间内的吸收剂量，即 $P=dQ/dt$，单位为 Gy/s 或 rad/s。

（5）剂量当量（equivalent dose）

生物效应受辐射类型与能量、剂量与剂量率的大小、照射条件及个体差异等因素的影响，相同的吸收剂量未必产生同等程度的生物效应。为了用同一尺度表示不同类型和能量的辐射照射对人体造成的生物效应的严重程度或发生概率的大小，辐射防护上采用剂量这一辐射量。组织内某一点的当量剂量 $H_{T,R}$ 定义为：

$$H_{T,R} = D_{T,R} \cdot \omega_R \tag{10-5}$$

式中，$D_{T,R}$—辐射 R 在器官或组织 T 内产生的平均吸收剂量；ω_R—辐射 R 的辐射权重因数（radiation weighting factor），见表 10-4。当量剂量的单位是 J/kg，称为希沃特，Sv。

表 10-4 不同辐射类型的辐射权重因数

辐射的类型及能量范围	辐射权重因数 ω_R
光子，所有能量	1
电子及介子，所有能量	1
中子，能量<10keV	5
10keV～100keV	10
100keV～2MeV	20
2MeV～20MeV	10
>20MeV	5
质子（不包括反冲质子），能量>2MeV	5
α 粒子，裂变碎片、重核	20

当辐射场是由具有不同 ω_R 值的不同类型的辐射所组成时，当量剂量为：

$$H_T = \sum_R \omega_R \cdot D_{T,R} \tag{10-6}$$

（6）有效剂量当量（effective dose）

有效剂量当量 H_ε 是指人体各组织或器官的当量剂量乘以相应的组织权重因数后的和，即

$$H_\varepsilon = \sum_T \omega_T H_T \tag{10-7}$$

式中，H_ε—有效剂量当量，单位 Sv；H_T—器官或组织 T 所接受的剂量当量；ω_T—器官或组织 T 组织权重因数（tissue weighting factor）。

《中华人民共和国电离辐射防护与辐射源安全基本标准》（GB18871-2002）给出了不同器官和组织的 ω_T 值，见表 10-5。

表 10-5　不同器官或组织的权重因数

组织或器官	组织的权重因数	组织或器官	组织的权重因数
性腺	0.20	肝	0.05
（红）骨髓	0.12	食道	0.05
结肠[a]	0.12	甲状腺	0.05
肺	0.12	皮肤	0.01
胃	0.12	骨表面	0.01
膀胱	0.05	其余组织或器官[b]	0.05
乳腺	0.05		

注：a.结肠的权重因数适用于在大肠上部和下部肠壁中当量剂量的质量平均。b. 为进行计算用表中其余组织或器官包括肾上腺、小肠、肾、肌肉、胰、脾、胸腺和子宫。在上述其余组织或器官中有一单个组织或器官受到超过 12 个规定了权重因数的器官的最高当量剂量的例外情况下，该组织或器官应取权重因数 0.025，而余下的上列其余组织或器官所受的平均当量剂量亦应取权重因数 0.025。

（7）待积剂量当量（committed equivalent dose）

待积剂量当量 $H_{50,T}$ 是指单次摄入某种放射性核素后，在 50 年期间该组织或器官所接受的总剂量当量。待积当量剂量是内照射剂量学非常重要的基本量。放射性核素进入体内以后，蓄积此核素的器官称源器官（S），从它内部发射的射线粒子使周围的靶器官（T）受到照射，接受的剂量用待积当量剂量表示。$H_{50,T}$ 的计算由下式表示：

$$H_{50,T} = U_S \cdot \mathrm{SEE}(T \leftarrow S) \tag{10-8}$$

式中，U_s—源器官 S 摄入放射性核素后 50 年内发生的总衰变数；SEE(T←S)—源器官中的放射性粒子传输给其他质量靶器官的有效能量；T←S 表示由源器官 S 传输给靶器官 T。

（8）年摄入量限值

年摄入量限值（ALI）表示在一年时间内，来自单次或多次摄入的某一放射性核素的累积摄入量，参考人的待积当量剂量达到职业性照射的年剂量当量限值（50mSv）。

（9）导出空气浓度

导出空气浓度（DAC）为年摄入量限值（ALI）除以参考人在一年工作时间中吸入的空气体积所得的商，即

$$\mathrm{DAC} = \frac{\mathrm{ALI}}{2.4 \times 10^3} \tag{10-9}$$

式中，2.4×10^3——参考人在一年工作时间内吸入的空气体积 m^3。

10.2.2 放射性环境保护的相关概念

（1）集体剂量当量与集体有效剂量（collective effective done）

一次大的放射性试验或放射性事故，会涉及许多人，因此采用集体剂量当量可以定量衡量总的危害程度。集体剂量为受某一辐射源照射的群体的成员数与他们所受的平均辐射剂量的乘积，单位用人–希沃特（人·Sv）表示。

$$S = \sum_i H_i \cdot N_i \tag{10-10}$$

式中，H_i—受照射群体中第 i 组内人均剂量当量；N_i—该组人数。

对于一给定的辐射源受照群体所受的总有效剂量 S 为，

$$S = \sum_i E_i \cdot N_i \tag{10-11}$$

式中，E_i—群体分组 i 中成员的平均有效剂量；N_i—该分组的成员数。

（2）剂量当量负荷和集体剂量当量负荷

在某种情况下，群体受到某种辐射源长时间的持续照射，为了评价现时的辐射实践在未来造成的照射，引入剂量当量负荷 H_c。群体所受的剂量当量率是随时间变化的，对某一特定的群体受某一辐射实践的剂量当量负荷，是按平均每人的某个器官或组织所受的剂量当量率 H_t 在无限长的时间内的积分，即

$$H_c = \int_0^\infty H_t \mathrm{d}t \tag{10-12}$$

受照射的人群数不一定保持恒定，其中也包括实行这种实践以后所生的人。同样，对于特定的群体，只要将集体剂量当量率进行积分，可以定义出集体剂量当量负荷。

（3）关键居民组

关键居民组是从群体中选出的具有某些特征的组，他们从某一辐射实践中受到的照射水平高于受照群体中其他成员。因此，在放射性环境保护中以关键居民组的照射剂量衡量该实践对群体产生的照射水平。

（4）关键照射途径

关键照射途径指某种辐射实践对人产生照射剂量的各种途径(如食入、吸入和外照射等)，其中某一种照射途径比其他途径有更为重要的意义。

（5）关键核素

某种辐射实践可能向环境中释放几种放射性核素，对受照人体或人体若干个器官或组织而言，其中一种核素比其他核素有更为重要的意义时，称该核素为关键核素。

10.2.3 辐射效应的有关概念

（1）随机效应和非随机效应

辐射对人的有害效应分为随机效应和非随机效应。

①随机效应

随机效应是指辐射引起有害效应的概率（不是指效应的严重程度）与所受剂量大小成比例的效应。这种效应没有阈值，所以剂量和效应呈线性无阈的关系。躯体的随机效应主要是辐射诱发的各种恶性肿瘤（癌症），辐射所致遗传效应也是随机效应。

②非随机效应

非随机效应是指效应严重程度与所受剂量大小成比例的效应，存在着阈值剂量。某些非随机效应是特殊的器官或组织所独有的，例如眼晶体的白内障、皮肤的良性损伤以及性细胞的损伤引起生育能力的损害等。

（2）危险度和危害

①危险度

危险度是指某个组织或器官接受单位剂量照射后引起第 i 种有害效应的概率。ICRP 规定，全身均匀受照时的危险度为 10^{-2}/Sv，表 10-6 给出了几种辐射敏感度较高的器官或组织诱发致死性癌症的危险度。

表 10-6 几种对辐射敏感器官的危险度

器官或组织	性腺	乳腺	红骨髓	肺	甲状腺	骨	其余五个组织总合	总计
危险度/(Sv^{-1})	0.0040	0.0025	0.0020	0.0020	0.0005	0.0005	0.0050	0.0165

②危害

危害是指有害效应的发生频数与效应的严重程度的乘积，

$$G = \sum h_i \cdot r_i g_i \qquad (10\text{-}13)$$

式中，G—危害；h_i—第 i 组人群接受的平均剂量当量；$h_i r_i$—第 i 组发生有害效应的频数；g_i—严重程度，对可治愈的癌症，$g_i = 0$；对致死癌症，$g_i=1$。

10.3 放射性污染的测量及评价

10.3.1 放射性污染的监测方法

1．放射性监测的分类

放射性监测按照监测对象包括：①现场监测，即对放射性物质生产或应用单位内部工作区域所做的监测。②个人剂量监测，即对放射性专业工作人员或公众做内照射和外照射的剂量监测。③环境监测，即对放射性生产和应用单位外部环境，包括空气、水体、土壤、生物、固体废物等所做的监测。

2．放射性监测的内容

在环境监测中，主要测定的放射性核素有：①α 放射性核素，即 ^{239}Pu、^{226}Ra、^{222}Rn、^{224}Ra、^{210}Po、^{222}Th、^{234}U 和 ^{236}U。②β 放射性核素，即 ^{3}H、^{90}Sr、^{89}Sr、^{134}Cs、^{137}Cs 和 ^{60}C。这些核素在环境中出现的可能性较大，其毒性也较大。

对放射性核素具体测量的内容包括：①放射源强度、半衰期、射线种类及能量。②环境和人体受放射性物质含量、放射性强度、空间照射量或电离辐射剂量。

3．放射性监测方法

监测的一般步骤包括采样、样品预处理、样品总放射性或放射性核素的测定。

（1）样品的采集

首先对放射性沉降物进行采集，沉降物包括干沉降物和湿沉降物，主要来源于大气层核爆炸所产生的放射性尘埃，小部分来源于人工放射性微粒：对于放射性干沉降物样品可用水盘法、粘纸法和高罐法采集。湿沉降物是指随雨（雪）降落的沉降物。其采集方法除上述方法外，常用一种能同时对雨水中核素进行浓集的采样器。放射性气溶胶的采集常用滤料阻留采样法，其原理与大气中颗粒物的采集相同。

（2）样品预处理

对样品进行预处理的目的是将样品处理成适于测量的状态，将样品的欲测核素转变成适于测量的形态并进行浓集，以及去除干扰核素。常用的样品预处理方法有衰变法、有机溶剂溶解法、蒸馏法、灰化法、溶剂萃取法、离子交换法、共沉淀法和电化学法等。

衰变法是指采样后，将其放置一段时间，让样品中一些短寿命的非欲测核素衰变除去，然后再进行放射性测量的方法。例如，测定大气中气溶胶的总α和总β放射性时常用这种方法，即用过滤法采样后，放置 4～5h。共沉淀法是用一般化学沉淀法分离环境样品中放射性核素时，因核素含量很低，不能达到分离目的，如果加入与该分离放射性核素性质相近的非放射性元素载体，使二者之间发生共沉淀或吸附共沉淀作用，载体把放射性核素载带下来，达到分离和富集目的的方法。例如，用 ^{59}Co 作载体沉淀 ^{60}Co，则发生共沉淀；用新沉淀出来的水合二氧化锰作载体沉淀水样中的钚，则两者间发生吸附共沉淀。这种分离富集方法具有简便、实验条件容易满足等优点。灰化法，对于蒸干的水样或固体样品，可在瓷坩埚内于 500℃马弗炉中灰化，冷却后称重，再转入测量盘中铺成薄层检测其放射性。电化学法是通过电解将放射性核素沉积在阴极上，或以氧化物形式沉积在阳极上的方法。如果使放射性核素沉积在惰性金属片电极上，可直接进行放射性测量；如果将其沉积在惰性金属丝电极上，可先将沉积物溶出，再制备成样品源。

（3）样品的测定

①水样中总γ放射性活度的测定

取一定体积水样，过滤除去固体物质，滤液加硫酸酸化，蒸发至干，在不超过 350℃温度下灰化，将灰化后的样品移入测量盘中并铺成均匀薄层，用闪烁检测器测量水样的总放射性活度，其计算公式为

$$Q_0 = \frac{n_e - n_b}{n_s V} \tag{10-14}$$

式中，Q_0—总比放射性活度，Bq/L；n_e—用闪烁检测器测量水样得到的计数率，计数/min；n_b—空测量盘的本底计数率，计数/min；n_s—根据标准源的活度计数率计算出的检测器的计数率，计数/(Bq·min)；V—所取水样体积，L。

②水样中总β放射性活度的测定

与总α放射性活度测定步骤基本相同，但检测器用低本底的盖革计数管，且以含 ^{60}K 的化合物作标准源。

③土壤中总α、β放射性活度的测定

在采样点选定的范围内，沿直线每隔一定距离采集一份土壤样品，共采集 4～5 份。采样时用取土器或小刀取 10cm×10cm 深 1cm 的表土。除去土壤中的石块、草类等杂物，在实验室内晾干或烘干，移至干净的平板上压碎，铺成 1～2cm 厚的方块，用四分法反复缩分，直到剩余 200～300g 土样，再于 500℃灼烧，待冷却后研细、过筛备用。称取适量制备好的土样放于测量盘中，铺成均匀的样品层，用相应的探测器分别测量。

④大气中氡的测定

^{222}Rn 是 ^{226}Rn 的衰变产物，为一种放射性情性气体。用电流电离室通过测量电离电流测定其浓度，也可用闪烁检测器记录由衰变时所放出的粒子计算其含量。

$$A_{\mathrm{Rn}}=\frac{K(J_{\mathrm{c}}-J_{\mathrm{b}})}{V}f \tag{10-15}$$

式中，A_{Rn}—空气中 ^{222}Rn 的含量，Bq/L；J_{b}—电离室本底电离电流，格/min；J_{c}—引入 ^{222}Rn 后的总电离电流，格/min；V—采气体积，L；K—检测仪器格值，Bq·min/格；f—换算系数，据 ^{222}Rn 导入电离室后静置时间而定。

⑤大气中各种形态 ^{131}I 的测定

碘的同位素很多，除 ^{131}I 是天然存在的稳定性同位素外，其余都是放射性同位素。大气中的 ^{131}I 以元素、化合物等各种化学形态和蒸气、气溶胶等不同状态存在，因此采样方法各不相同。该采样器由粒子过滤器、元素碘吸附器、次碘酸吸附器、甲基碘吸附器和炭吸附床组成。对于例行环境监测，可在低流速下连续采样一周或一周以上，然后用 γ 谱仪定量测定各种化学形态的 ^{131}I。

⑥个人外照射剂量的测定

个人外照射剂量监测是指用救援人员佩带的剂量计所进行的测量并对这些测量结果作出评价。这种监测的主要目的是估算明显受到照射的器官或组织所接受的剂量当量，评价是否符合有关放射性防护标准，是否须进一步采取措施。此外，还可探究人员所受剂量的趋势和场所条件，以及在特殊照射与事故照射下的有关信息。

个人外照射剂量的对象是一年内所受外照射剂量可能超过个人剂量限值的30%的救援人员。剂量计的选择与佩带位置应当首先考虑监测目的与评价方法，如监测的辐射类型、能量、剂量当量的大小与强度及准确度要求。佩带的位置根据需要监测的部位而定。使用剂量计时应当佩带在躯干表面受照射最强的部位上。当四肢特别是手部所受剂量较大时应在手指部佩带附加的剂量计。穿着防护服工作时要用两个剂量计，一个佩带在防护服的内侧，用来估算有效剂量当量，另一个佩带在防护服外侧，用来估算皮肤的剂量当量。在照射量较高事故区域内进行应急处置时，通常要求采用附加的剂量计，及早获取剂量当量的信息。简易的直读式剂量计和声光报警仪在此类操作中具有重要作用。

在个人外照射剂量监测中，最常用的个人剂量计有热释光剂量计、胶片剂量计、辐射光致发光剂量计。目前，热释光剂量计应用最为广泛。

⑦内照射监测方法

内照射是由于体内放射性物质污染造成的，通常根据事故现场的监测结果估算吸入放射性物质的可能性来确定需要监测的人员。内照射监测方法分生物检验法和体外直接测量法两类，可以根据放射性污染物质在人体内的代谢规律、辐射性质等来判断采用哪种方法。生物检验法设备简单，操作方便，可采集多个样品重复测量，但误差较大。体外直接测量法快速、准确，但设备复杂，价格昂贵。

生物检验法最有实际意义的样品是尿，其次是粪便。必要时可收集呼出气和鼻擦拭样品等。尿比较容易收集，尿中的放射性核素的含量可以同体内含量联系起来。通常先用化学方法除去干扰核素，再制成一定规格的测量样品，进行活度测量，并估算体内的放射性物质的含量。

体外直接测量法是用全身计量装置直接测量体内能发射射线的放射性物质的含量。某些不易转移的核素主要沉积在肺部，吸入后相当长时间不易从尿中监测到，这时采用全身计数器对准肺部测量即可。放射性碘主要积聚在甲状腺中，除了可用全身计数器测定全身负荷量外，常可利用较为简单的甲状腺计数器直接测量。

10.3.2　放射性污染测量仪器

最常用的检测器有电离型检测器、闪烁检测器和半导体检测器。

（1）电离型检测器

电离型检测器是利用射线通过气体介质，使气体发生电离的原理制成的探测器。包括电流电离室（见图 10-2）、正比计数管和盖革计数管（见图 10-3）三种。

①电流电离室。电流电离室测量由于电离作用而产生的电离电流，适用于测量强放射性，不能用于甄别射线类型。②正比计数管。正比计数管用于 α 粒子和 β 粒子计数，具有性能稳定、本底响应低等优点。③盖革计数管。常见的盖革计数管是应用最广泛的放射性检测器，用于检测 β 射线和 γ 射线强度。这种计数器对进入灵敏区域的粒子有效计数率接近 100%，对不同射线都给出大小相同的脉冲，但不能用于区别不同的射线。

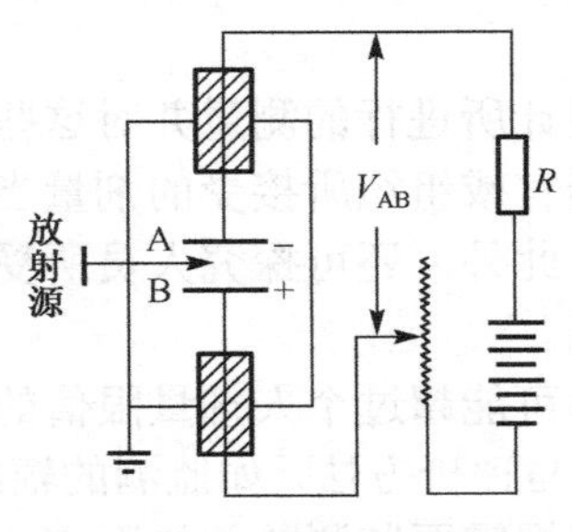

图 10-2　电流电离室示意图

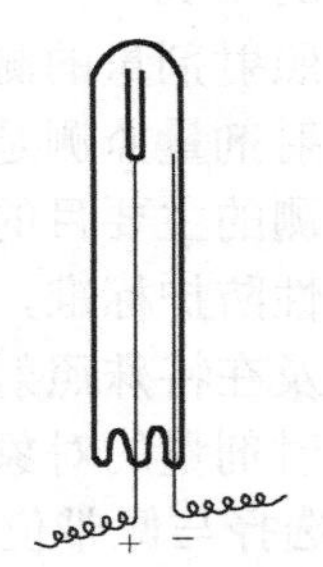

图 10-3　盖革计数管

（2）闪烁检测器

闪烁检测器是利用射线与物质作用发生闪光的仪器。它具有一个受带电粒子作用后其内部原子或分子被激发而发射光子的闪烁体。当射线照在闪光体上时，便发射出荧光光子，并且利用光导和反光材料使大部分光子收集在光电倍增管的光阴极上。光子在灵敏阴极上打出光电子，经过倍增放大后在阳极上产生电压脉冲，此脉冲还是很小的，需再经电子线路放大和处理后记录下来。

（3）半导体检测器

半导体检测器的原理是当放射性粒子射入这种元件后，产生电子—空穴对，电子和空穴受外加电场的作用，分别向两极运动，并被电极所收集，从而产生脉冲电流，再经放大后，由多道分析器或计数器记录。半导体检测器可用于测量 α、β 和 γ 射线的辐射。常用放射性检测器及其特点见表 10-7。

表 10-7　常用放射性检测器的特点

射线种类	检测器	特点
α	闪烁检测器	检测灵敏度低、探测面积大
	正比计数管	探测效率高，技术要求高
	半导体检测器	本底小，灵敏度高，探测面积小
	电流电离室	检测较大放射性活度

（续表）

射线种类	检测器	特点
β	正比计数管 盖革计数管 闪烁检测器 半导体检测器	检测效率较高，装置体积较大 检测效率较高，装置体积较大 检测效率较低，本底小 检测面积小，装置体积小
γ	闪烁检测器 半导体检测器	检测效率高，能量分辨能力强 能量分辨能力强，装置体积小

10.3.3 放射性评价标准

第二次世界大战，十几万人在日本广岛、长崎遭受原子弹的袭击中死亡，辐射的巨大破坏力使人惊骇。加上核工业及和平利用原子能的迅速发展，放射污染的潜在危害受到世界各国的普遍重视，促使一些国家开始制定有关辐射防护的法规。20 世纪 50 年代，许多国家就颁布了原子能法，随之还制定了各种各样的辐射防护法规、标准。正是由于有了现代先进技术的保证和完善的辐射防护法规标准的制定、执行，才能够使辐射性事故的发生率降至极低。

1960 年 2 月，我国第一次发布了放射卫生法规《放射性工作卫生防护暂行规定》。依据这个法规同时发布了《电离辐射的最大容许标准》、《放射性同位素工作的卫生防护细则》和《放射工作人员的健康检查须知》三个执行细则。

1964 年 1 月，我国发布了《放射性同位素工作卫生防护管理办法》。该法规明确规定了卫生公安劳动部门和国家科委有责任根据《放射性工作卫生防护暂行规定》，对《放射性同位素工作卫生防护管理办法》执行情况进行检查和监督，同时规定了放射性同位素实验室基建工程的预防监督、放射性同位素工作的申请及许可和登记、放射工作单位的卫生防护组织和计量监督、放射性事故的处理等办法。

1974 年 5 月，我国颁布了《放射防护规定》（GN8—1974）。《放射防护规定》集管理法规和标准为一体，其中包括 7 章共 48 条和 5 个附录。在《放射防护规定》中，有关人体器官分类和剂量当量限值主要采用了当时国际放射防护委员会的建议，但对眼晶体采取了较为严格的限制。

1984 年 9 月 5 日，我国颁发了《核电站基本建设环境保护管理办法》，规定建设单位及其主管部门必须负责做好核电站基本建设过程中的环境保护工作，认真执行防止污染和生态破坏的设施与主体工程同时设计、同时施工、同时投产的规定，严格遵守国家和地方环境保护法规、标准，对电离辐射的防护工作从建设开始做起。在此法律的指导之下我国成功开展了大亚湾和秦山核电站的建设。

1989 年 10 月 24 日，我国施行《放射性同位素与射线装置放射防护条例》，2005 年 9 月修订为《放射性同位素与射线装置安全和防护条例》，包括总则、许可和备案、安全和防护、辐射事故应急处理、监督检查、法律责任和附则等 7 章内容。环保部根据上述《防护条例》于 2011 年颁布了《放射性同位素与射线装置安全和防护管理办法》。

近年来，我国对辐射防护标准进行了修订并出台了一些新的符合我国国情的标准，我国强制执行的关于辐射防护的国家标准及规定主要如下。

《低中水平放射性固体废物的浅地层处置规定》（GB 9132—1988）

《轻水堆核电厂放射性固体废物处理系统技术规定》（GB 9134—1988）

《轻水堆核电厂放射性废液处理系统技术规定》（GB 9135—1988）

《轻水堆核电厂放射性废气处理系统技术规定》（GB 9136—1988）
《铀、钍矿冶放射性废物安全管理技术规定》（GB14585—1993）
《铀矿设施退役环境管理技术规定》（GB14586—1993）
《反应堆退役环境管理技术规定》（GB 14588—1993）
《核电厂低、中水平放射性固体废物暂时贮存技术规定》（GB14589—1993）
《核辐射环境质量评价一般规定》（GB11215—1989）
《核设施流出物和环境放射性监测质量保证计划的一般要求》（GB11216—1989）
《核设施流出物监测的一般规定》（GB11217—1989）
《辐射环境监测技术规范》（HJ/T 61—2001）
《电离辐射防护与辐射源安全基本标准》（GB18871—2002）
《油（气）田非密封型放射源测井卫生防护标准》（GBZ118—2002）
《核电厂放射性液态流出物排放技术要求》（GB 14587—2011）
《低、中水平放射性废物固化体性能要求－水泥固化体》（GB 14569.1—2011）
《核动力厂环境辐射防护规定》（GB 6249—2011）

10.3.4 放射性评价方法

1．评价辐射环境的指标

评价辐射环境的指标有以下几种。

（1）关键居民组所接受的平均有效剂量当量

在广大群体中选择出具有某些特征的组，这一特征使得他们从某一给定的实践中受到的照射剂量高于群体中其他成员。所以，一般以关键居民组的平均有效剂量当量进行辐射环境评价，因为关键组成员接受的照射剂量作为辐射实践对公众辐射影响的上限值，安全可靠程度较高。

（2）集体剂量当量

集体剂量当量是描述某个给定的辐射实践施加给整个群体的剂量当量总和，用于评价群体可能因辐射产生的附加危害，并评价防护水平是否达到最优化。

（3）剂量当量负荷和集体剂量当量负荷

剂量当量负荷和集体剂量当量负荷用于评价放射性环境污染在将来对人群可能产生的危害。这两个量是把整个受照射群体所接受的平均剂量当量率或群体的集体当量率对全部时间进行积分求得的。两种平均剂量当量都是在规定的时间内 t（一般在一年内）进行某一实践造成的。假定一切有关的因素都保持恒定不变，那么，年平均剂量当量和集体剂量当量分别等于一年实践所给出的剂量当量负荷和集体剂量当量负荷。需要保持恒定的条件，包括进行实践的速率、环境条件、受照射群体中的人数以及人们接触环境的方式。在某些情况下，不可能使这一实践保持足够长时间恒定不变，即年剂量当量率达不到平衡值，采用剂量当量率积分就可求出负荷量。

（4）每基本单元所用的集体剂量当量

以核动力电站为例，通常以每兆瓦年（电）所产生的集体剂量当量来比较和衡量所获得一定经济利益所产生的危害。

2．评价整体模式

评价放射性核素排放到环境后对环境质量的影响，其主要内容就是估算关键居民组中的个人平均接受的有效剂量当量和剂量当量负荷，并与相应的剂量限值作比较。这就需要把放射性核素进入环境后使人受到照射的各种途径用一些由合理假定构成的模式近似地表征出来。整个模式要求能表征出待排入环境放射性核素的物理化学性质、状态、载带介质输运和弥散能力、照射途径及食物链的特征以及人对放射性核素摄入和代谢等方面的资料。通过模式进行计算要得到剂量当量值（或集体剂量当量）和由模式参数的不确定性造成预示剂量的离散程度两个结果。

为满足以上要求，整体模式应包括三部分：①载带介质对放射性核素的输运和弥散，可根据排放资料计算载带介质的放射性比活度和外照射水平；②生物链的转移可由载带介质中的活度推算出人体的摄入量；③人体代谢模式可根据摄入量计算出各器官或组织受到的剂量。

确定评价整体模式的全过程由下述五个步骤组成。

（1）确定整体模式的目的

要达到这个目的必须考虑三种途径：①污染空气和土壤使人直接受到的外照射剂量；②吸入污染空气受到的内照射剂量；③食入污染的粮食和动植物使人们接受的内照射剂量。

（2）绘制方框图

把放射性核素在环境中转移的动态过程涉及的环境体系及生态体系简化成均匀的、分立的单元，然后把这些单元用有标记的方框来表示，方框和方框间的箭头表示位移方向和途径。

（3）鉴别和确定位移参数

这些参数（包括转移参数和消费参数）要根据野外调查及实验资料来确定。

（4）预示体系的响应

预示体系的响应有两种方法，即浓集因子法和系统分析方法。

浓集因子法适用于缓慢连续排放的情况。它假定从核设施向环境排放的比活度与原来环境中的放射性比活度之间存在着平衡关系，于是，各库空间的比活度和时间无关，相邻库空间放射性活度之比为常数，称为浓集因子。根据各库室的比活度、公众暴露于该核素和介质的时间、对该核素的摄入率，估算出公众对该核素的年摄入量和年剂量当量。系统分析方法是用一组相连的库室模拟放射性核素在特定环境中的动力学行为。

（5）模式和参数的检验

可采用参数的灵敏度分析和模式的可靠度分析两种方法。

参数的灵敏度分析法要求在确定模式的每一步中都应当对参数的灵敏度进行分析。由于把灵敏度分析技术用于最初选定的那些途径的初步数据，所以可以推断出各种照射途径的相对重要性。而后可以从理论上确定真实系统中哪些途径需要优先进行实验研究。模式的可靠度分析可定量地说明模式的所有参数不确定度联合造成总的结果的离散程度。

上述只是原则上简单地介绍了辐射环境评价方法的指导思想，实际工作相当复杂，工作量非常大。

10.4 放射性污染防护

10.4.1 环境放射性污染特点

根据我国辐射防护规定，把放射性核素含量超过国家规定限位的固体、液体和气体废弃物，统称为放射性废物。放射性废物具有以下特点。

（1）放射性废物中含有的放射性物质，一般采用物理、化学和生物方法不能使其含量减少，只能利用自然衰变的方法，使它们消失掉。因此，放射性“三废”的处理方法有稀释分散、减容存储和回收利用。

（2）放射性废物中的放射性物质不但会对人体产生内、外照射的危害，同时放射性的热效应使废物温度升高。所以处理放射性废物必须采取复杂的屏蔽和封闭措施，并应采取远距离操作及通风冷却措施。

（3）某些放射性核素的毒性比非放射性核素大许多倍，因此，放射性废物处理比非放射性废物处理要严格、困难得多。

（4）废物中放射性核素含量非常小，一般都处在高度稀释状态，因此要采取极其复杂的处理手段进行多次处理才能达到要求。

（5）放射性和非放射性有害废物同时兼容，所以在处理放射性废物的同时必须兼顾非放射性废物的处理。

10.4.2 放射性废物的分类

从处理和处置的角度，按比活度和半衰期将放射性废物分为高放长寿命、中放长寿命、低放长寿命、中放短寿命和低放短寿命五类。寿命长短的区分按半衰期30年为限。我国的分类系统与它们要求的屏蔽措施及处置方法以及这些废物的来源见表10-8。国际原子能机构（IAEA）推荐的分类标准见表10-9。

表 10-8 我国推荐的放射性废物分类标准

按物理状态分类	分级类别	特 征	
废气	高放射性	工艺废气	需要分离、衰变储存、过滤等综合处理
	低放射性	放射性厂房或放化实验室排风	需要过滤和（或）稀释处理
废水	高放射性	β、λ高于 3.7×10^5Bq/L，α高于或低于超铀废物标准	需要厚屏蔽、冷却、特殊处理
	中放射性	β、λ为 3.7×10^3～3.7×10^5Bq/L，α低于超铀废物标准	需要适当屏蔽和处理
	低放射性	β、λ为 3.7～3.7×10^3Bq/L，α低于超铀废物标准	不需要屏蔽或只简单屏蔽，处理较简单
	一般超铀废液	β、λ中/低，α超标	不需要屏蔽或只简单屏蔽，要特殊处理
固体废物	高放长寿命	显著α，高毒性，高发热量	深地层处置，例如高放固化体、乏燃料元件、超铀废物等
	中放长寿命	显著α，中等毒性，低发热量	深地层处置（也可采用矿坑、岩穴处置），如包壳废物、超铀废物等
	低放长寿命	显著α，低/中毒性，微发热量	深地层处置（也可采用矿坑、岩穴处置），如超铀废物等
	中放短寿命	微量α，中等毒性，低发热量	浅地层埋藏、矿坑、岩穴处置，如核电站废物等
	低放短寿命	显著α，低毒性，微发热量	浅地层埋藏、矿坑、岩穴处置，如城市放射性废物

注：超铀废物指原子序数大于92，半衰期大于20年，比活度大于3700Bq/g的废物，固体废物长、短寿命的限值为30年。

表 10-9 国际原子能机构推荐的分类标准

废物种类	类别	放射性浓度	说 明
液体废物	1	≤10^{-9} Ci/L	一般可不处理，直接排入环境
	2	10^{-9}～10^{-6} Ci/L	采用一般蒸发方法处理，设备不需屏蔽
	3	10^{-6}～10^{-4} Ci/L	离子交换法处理，部分设备需屏蔽
	4	10^{-4}～10 Ci/L	处理设备必须屏蔽
	5	>10 Ci/L	必须在冷却下存储

（续表）

废物种类	类别	放射性浓度	说　明	
气体废物	1	≤10^{-10} Ci/m^3	一般可不处理	
	2	10^{-10}～10^{-6} Ci/m^3	一般要用过滤方法处理	
	3	>10^{-6} Ci/m^3	一般要用综合法处理	
固体废物	1	≤0.2 R/h	不必采用特殊防护	主要为β、γ放射体，α放射体可忽略不计
	2	0.2～2 R/h	需薄层混凝土或铝屏蔽防护	
	3	>2 R/h	需特殊的防护装置	
	4	α放射性固体废物 Ci/m^3	主要为α放射体，需防止超临界问题	

10.4.3　放射性污染防护的基本原则

为了防止发生非随机效应，并将随机效应的发生率降低到可以接受的水平，ICRP 提出了下述剂量限值体系（辐射防护三原则），对正常照射加以限制。

（1）辐射实践正当性

在施行伴有辐射照射的任何实践之前，必须经过正当性判断，确认这种实践具有正当的理由，获得的利益大于代价（包括健康损害和非健康损害的代价）。

（2）辐射防护最优化

应该避免一切不必要的辐射，在考虑到经济和社会因素的条件下，所有辐射都应保持在可合理达到的水平。

（3）个人剂量的限值

用剂量限值对个人所受的照射加以限制。

10.4.4　放射性的防护措施

放射性照射分外照射和内照射，根据其照射类型的不同，需要采取不同的防护措施。

1. 外照射防护

外照射的防护方法主要包括时间防护、距离防护和屏蔽防护。

（1）时间防护

由于人体所受的辐射剂量与受照射的时间成正比，所以熟练掌握操作技能，缩短受照射时间，是实现防护的有效办法。

（2）距离防护

点状放射源周围的辐射剂量与距离的平方成反比。因此，尽可能远离放射源是减少吸收量的有效办法。

（3）屏蔽防护

在放射性物质和人体之间放置能够吸收或减弱射线强度的屏蔽材料，以达到防护目的。屏蔽材料的选择及厚度与射线的性质和强度有关。

①α射线的屏蔽。由于α粒子质量大，因此它的穿透能力弱，在空气中经过 3-8cm 距离就被吸收了，几乎不用考虑对其进行外照射屏蔽。但在操作强度较大的α射线时需要戴上封闭式手套。②β射线的屏蔽。β射线在物质中的穿透能力比α射线强，在空气中可穿过几米至十几米距离。一般采用低原子序数的材料如铝、塑料、有机玻璃等屏蔽β射线，外面再加高原子序数的材料如铁、铅等减弱和吸收放射辐射。③x 射线和γ射线的屏蔽。x 射线和γ射线都有很强的穿透能力，屏蔽材料的密度越大，屏蔽效果越好。常用的屏蔽材料有水、水泥、

铁、铅等。④中子的屏蔽。中子的穿透能力也很强。对于快中子，可用含氢多的水和石蜡作减速剂；对于热中子，常用镉、锂和硼作吸收剂。屏蔽层的厚度要随着中子通量和能量的增加而增加。

注意，上述屏蔽方法只是针对单一射线的防护。在放射源不止放出一种射线时必须综合考虑。

2. 内照射防护

工作场所或环境中的放射性物质一旦进入人体，它就会长期沉积在某些组织或器官中，既难以探测或准确监测，又难以排出体外，从而造成终生伤害。因此，必须严格防止内照射的发生。

内照射防护的基本原则和措施是切断放射性物质进入体内的各个途径，具体方法有：制定各种必要的规章制度；工作场所通风换气，在放射性工作场所严禁吸烟、吃东西和饮水；在操作放射性物质时要戴上个人防护用具；加强放射性物质的管理；严密监视放射性物质的污染情况，发现情况时尽早采取措施，防止污染范围扩大；布局设计要合理，防止交叉污染等。

10.5 放射性废物处理技术

10.5.1 放射性废物的处理原则

放射性废物管理不当会在现在或将来对人体健康和环境产生不利影响，因此，放射性废物管理必须履行旨在保护人类健康和管理的各项措施。国际原子能机构（IAEA）在征集成员国意见的基础上，经理事会批准，于 1995 年发布了放射性废物管理九条基本原则：①放射性废物管理必须确保对人体健康的保护达到可接受水平；②放射性废物管理必须提供环境保护达到可接受水平；③放射性废物管理必须考虑对人体健康和环境的超越国界可能的影响；④放射性废物管理必须保证对后代预期的健康影响不大于当今可接受的有关水平；⑤不给后代造成不适当负担；⑥纳入国家法律框架；⑦控制放射性废物产生；⑧兼顾放射性废物产生和管理各阶段间的相依性；⑨保证废物管理设施安全。

10.5.2 放射性废物处理技术

目前主要依据废物的形态，即废水、废气、固体废物，分别进行放射性污染的治理。放射性废物处理体系包括废物的收集、废液废气的净化浓集和固体废物的减容、存储、固化、包装及运输处置等。放射性废物的处置是废物处理的最后工序，所有的处理过程均应为废物的处置创造条件。

1. 放射性废液的处理

放射性废液的处理非常重要。现在已经发展起来很多有效的废液处理技术，如化学处理、离子交换、吸附法、膜分离法、生物处理、蒸发浓缩等。根据放射性比活度的高低、废水量的大小及水质和不同的处置方式，可选择上述一种方法或几种方法联合使用，达到理想的处理效果。

放射性废液处理应遵循以下原则：处理目标技术可行、经济合理和法规许可，废液应在产生场地就地分类收集，处理方法应与处理方案相适应，尽可能实现闭路循环，尽量减少向环境排放放射性物质，在处理运行和设备维修期间应使工作人员受到的照射降低到“可合理达到的最低水平”。

（1）放射性废液的收集

放射性废液在处理或排放前，必须具备废液收集系统。废液的收集要根据废液的来源、数量、特征及类属设计废液收集系统。对强放射废液（比活度> 3.7×10^9Bq/L），收集废液的管道和容器需要专门的设计和建造。中放废液（放射性活度在（3.7×10^5～3.7×10^9Bq/L）采用具有屏蔽的管道输入专门的收集容器等待处理。对低放废液（比活度<3.7×10^5Bq/L）的收集系统防护考虑比较简单。值得注意的是超铀放射性废液因其寿命长、毒性大需慎重考虑。

（2）高放废液的处理

目前对高放废液处理的技术方案有：①把现存的和将来产生的高放废液全都利用玻璃、水泥、陶瓷或沥青固化起来，进行最终处置而不考虑综合利用；②从高放废液中分离出在国民经济中很有用的锕系元素，然后将高放废液固化起来进行处置；③从高放废液中提取有用的核素，其他废液作固化处理；④把所有的放射性核素全部提取出来。对高放废液的处理目前各国都处在研究试验阶段。

（3）中放和低放废液的处理

对中低放射性水平的废液处理首先应该考虑采取以下三种措施，即尽可能多的截留水中的放射性物质，使大体积水得到净化；把放射性废液浓缩，尽量减少需要储存的体积及控制放射性废液的体积；把放射性废液转变成不会弥散的状态或固化块。

目前应用于实践的中低放射性废液处理方法很多，常用化学沉淀、离子交换、吸附、蒸发的方法进行处理。

①化学沉淀法

化学沉淀法是向废水中投放一定量的化学凝聚剂，如硫酸锰、硫酸铝钾、硫酸钠、硫酸铁、氯化铁、碳酸钠等。助凝剂有活性二氧化硅、黏土、方解石和聚合电解质等，使废水中胶体物质失去稳定而凝聚成细小的可沉淀的颗粒，并能与水中原有的悬浮物结合为疏松绒粒。该绒粒对水中放射性核素具有很强的吸附能力，从而净化了水中的放射性物质。

化学沉淀法的特点是：方法简便，对设备要求不高，在去除放射性物质的同时，还可去除悬浮物、胶体、常量盐、有机物和微生物等。一般与其他方法联用时作为预处理方法。去除放射性的效率为 50%～70%。

②离子交换法

离子交换树脂有阳离子、阴离子和两性交换树脂。离子交换法处理放射性废液的原理是，当废液通过离子交换树脂时，放射性粒子交换到树脂上，使废液得到净化。

离子交换法已广泛的应用在核工业生产工艺及废水处理工艺。一些放射性试验室的废水处理也采用了这种方法，使废水得到了净化。值得注意的是待处理废液中的放射性核素必须呈离子状态，而且是可以交换的，呈胶体状态是不能交换的。

③吸附法

吸附法是用多孔性的固体吸附剂处理放射性废液，使其中所含的一种或数种核素吸附在它的表面上。从而达到去除有害元素的目的。吸附剂有三大类：天然无机材料，如蒙脱石和天然沸石等；人工无机材料，如金属的水合氢氧化物和氧化物，多价金属难溶盐基吸附剂，杂多酸盐基吸附剂，硅酸，合成沸石和一些金属粉末；天然有机吸附剂，如磺化煤及活性炭等。

吸附剂不但可以吸附分子，还可以吸附离子。吸附作用主要是基于固体表面的吸附能力，被吸附的物质以不同的方式固着在固体表面。例如，活性炭就是较好的吸附剂。吸附剂应具备很大的内表面，其次是对不同的核素有不同的选择性。

④膜分离技术

膜分离是指借助膜的选择渗透作用，在外界能量或化学位差的推动下对混合物中溶质和溶剂进行分离、分级、提纯和富集。与其他传统的分离方法相比，膜分离具有过程简单、无相变、分离系数较大、节能高效、可在常温下连续操作等特点。由于膜材料、操作条件和物质通过膜传递的机理和方式不同，可分为反渗透、电渗析、微滤和超滤等。

a. 反渗透：是利用压力通过半渗透膜从溶液中分离溶剂和溶质的一种方法。反渗透对从含高盐分的溶液中去除放射性核素是非常有效的。b. 电渗析：电渗析装置采用的选择性渗透膜是一类离子交换膜。电渗析装置用于废水除盐相当有效，作为离子交换的前级处理使用，可大大提高树脂对放射性核素的吸附交换容量，延长树脂的再生周期。而且，电渗析对废水中放射性离子也有相当的去除效果，但对胶体状态的核素去除效果极差。c. 微滤和超滤：对于放射性废液中颗粒更大和浓度很高的悬浮固体，利用控制孔径的有机合成膜的微滤和超滤膜分离技术，能够有效地去除废液中附在不溶物或腔体微粒上的放射性组分。

⑤过滤技术

含有放射性颗粒的水被收集在澄清槽内，当槽中水充满后，经过一段时间（数小时至数十小时），颗粒物就沉降下来。上清液分离处理或排放，槽底部的水（或泥浆）可用作水泥固化时的供水。在蒸发和除盐处理之前除去悬浮的固体微粒，蒸发器将减少结垢，而离子交换树脂的交换容量也会提高。

过滤介质一般用砂、活性炭、滤布、玻璃纤维、金属丝和其他各种材料制成。如果在过滤介质表面预先涂上一层不可压缩的大颗粒材料，如硅藻土，则可提高过滤速度。

⑥蒸发

蒸发工艺较多用于高、中水平放射性废液的处理，其主要目的是将放射性物质浓缩、减少废液的体积，以便降低贮存或后处理的费用。在某些情况下通过蒸发操作还可回收有用的化学物质（如硝酸等），而二次蒸汽的冷凝水若放射性相当低，则可直接排放或经其他方法处理后排放。蒸发法的突出优点是净化效率较高，一般去污系数可达到 10^5，但蒸发不适合处理含易起泡物质和易挥发核素的废水，且蒸发耗能大，处理费用较高。

常用于放射性废液处理的主要有强制循环蒸发器和自然循环蒸发器。废水在蒸发器内被加热沸腾，水分逐渐蒸发，形成水蒸气，而后冷凝成水，废水中所含非挥发性放射性核素及其他各种化学杂质大部分残留在蒸发浓缩液中，冷凝水的污染程度大为降低，蒸发浓缩液则去进一步固化处理。

2. 放射性废气的处理

放射性污染物在废气中存在的形态包括放射性气体、放射性气溶胶和放射性粉尘，对挥发性放射性气体可以用吸附或者稀释的方法进行治理。对于放射性气溶胶，可用除尘技术进行净化。通常，放射性污染物用高效过滤器过滤、吸附等方法使空气净化后经高烟囱排放，如果放射性活度在允许限值范围，可直接由烟囱排放。

（1）放射性粉尘的处理

对于产生放射性粉尘工作场所排出的气体，可用干式或湿式除尘器捕集粉尘。常用的干式除尘器有旋风分离器，泡沫除尘器和喷射式洗涤器等。例如生产浓缩铀的气体扩散工厂产生的放射性气体在经过高烟囱排入大气前，先使废气经过旋风分离器、玻璃丝过滤器除掉含铀粉尘，然后经过高烟囱排放。

（2）放射性气溶胶的处理

放射性气溶胶的处理是采用各种高效过滤器捕集气溶胶粒子。为了提高捕集效率，过滤器的填充材料多采用各种高效滤材，如玻璃纤维、石棉、聚氯乙烯纤维、陶瓷纤维和高效滤布等。

（3）放射性气体的处理

由于放射性气体的来源和性质不同，处理方法也不相同。常用的方法是吸附，即选用对某种放射性气体有吸附能力的材料做成吸附塔。经过吸附处理的气体再排入烟囱。吸附材料吸附饱和后需再生后才可继续用于放射性气体的处理。

对 ^{85}Kr、^{133}Xe、^{222}Rn、^{41}Y 等惰性气体核素一般可采用活性炭滞留、液体吸收、低温分馏装置及储存衰变等方法去除。

活性炭滞留床是利用活性炭的吸附特性，将放射性废气中的隋性气体在活性炭滞留床中滞留一定的时间，使惰性气体核素衰变到所要求的水平。活性炭对 ^{85}Kr、^{133}Xe 有良好的吸附选择性，滞留床为常温操作，操作压力低，保持干燥状态的滞留床可长期使用，不需再生和更换活性炭。液体吸收装置利用各种气体成分在有机溶剂中的溶解度不同，使用制冷剂吸收溶解度较高的惰性气体，再用洗涤法从中回收惰性气体。这一方法制冷成本低，溶剂价廉易得，稳定性好。低温分馏装置是将气载废物在−170℃低温下液化，通过分馏使惰性气体从气体中分离并得以浓集，这种方法对 ^{85}Kr 的回收率大于 99%。

核电厂废气中大多数放射性核素的半衰期小于 1d，通过储存衰变，可使惰性气体核素的活度水平大为降低。储存 30min，惰性气体混合物的活度可降低 50 倍；储存衰变 3d，对 ^{85}Kr 去污系数达 10^3；衰变 35～40d，对 ^{133}Xe 的去污系数也可达 10^3。储存衰变对于短寿命放射性核素是有效、经济的处理方法。

放射性废气中主要的挥发性放射性核素碘同位素（^{131}I、^{129}I）采用活性炭吸附器进行处理。活性炭既能吸附元素碘，又能吸附有机碘。如要从湿空气中去除有机碘，活性炭须用碘化钾或三乙烯二胺（TEDA）等化学药剂浸渍处理。活性炭吸附器对碘的吸附容易随时间而下降，其原因是空气中碳氢化合物及水分占据了活性炭表面的活性位置，或与浸渍剂反应而导致活性炭"中毒"，浸渍剂的挥发也会导致吸附容量降低。因此，长期不用的吸附器使用前应更换新活化的活性炭。

（4）高烟囱排放

高烟囱排放是借助大气稀释作用处理放射性气体常用的方法，用于处理放射性气体浓度低的场合。烟囱的高度对废气的扩散有很大的影响，必须根据实际情况（排放方式、排放量、地形及气象条件）来设计，并选择有利的气象条件排放。

3．放射性固体废物的处理

含有放射性物质的固体废物以外照射或通过其他途径进入人体产生内照射的方式危害人体健康。随着核能源的日益发展，放射性固体废物量迅速增加，因此，控制和防止环境中放射性固体废物污染，是保护环境的一个重要方面。对于放射性固体废物，目前常用的处理技术主要有固化和减容。

（1）固化技术

固化的途径是将放射性核素通过化学转变，引入到某种稳定固体物质的晶格中去；或者通过物理过程把放射性核素直接掺入惰性基材中。

固化的目标是使废物转变成适宜于最终处置的稳定的废物体，固化材料及固化工艺的选择应保证固化体的质量，应能满足长期安全处置的要求和进行工业规模生产的需要，对废物的包容量要大，工艺过程及设备应简单、可靠、安全、经济。对固化工艺的一般要求，高放废物的固化应能进行远距离控制和维修；低、中放废物的固化操作过程应简单，处理费用应低廉。理想的废物固化体要具有阻止所含放射性核素释放的特性，其主要特性指标有低浸出率、高热导率、高耐辐射性、高生化稳定性和耐腐蚀性、高机械强度和高减容比。

①水泥固化

水泥固化适用于中、低放废水浓缩物的固化。泥浆、废树脂等均可拌入水泥搅拌均匀，待凝固后即成为固化体。目前进行水泥固化的放射性废物主要是轻水堆核电站的浓缩废液、废离子交换树脂和滤渣等及核燃料处理厂或其他核设施产生的各种放射性废物。

水泥固化的优点是工艺、设备简单，投资费用少，既可连续操作，又可直接在储存容器中固化。缺点是增容大（所得到的固化物体积约为掺入废物体积的 1.67 倍），放射性核素的浸出率较高。

水泥固化的基本方法是桶内混合和在线混台，也有其他特殊的方法用于废物处理。

a. 桶内混合：具体有两种方法：一是将可升降的搅拌器降到储桶中去搅拌；在使用这种方法的系统中废物和预定数量的水泥分别加入到运输桶中，然后在加盖前用机械搅拌装置搅动使其混合；另一种方法是在贮桶中加入水泥和能起捣动作用的重物，泵入要处理的废物后，加盖封严，送至滚翻或振动台架上使废物和水泥混合。前者混合均匀，但需清洗搅拌器，并容易污染；后者操作简单，但混合均匀程度差。图 10-4 所示是靠重锤或在桶上下翻转时搅拌混合物的“混合棒”进行混合的系统。

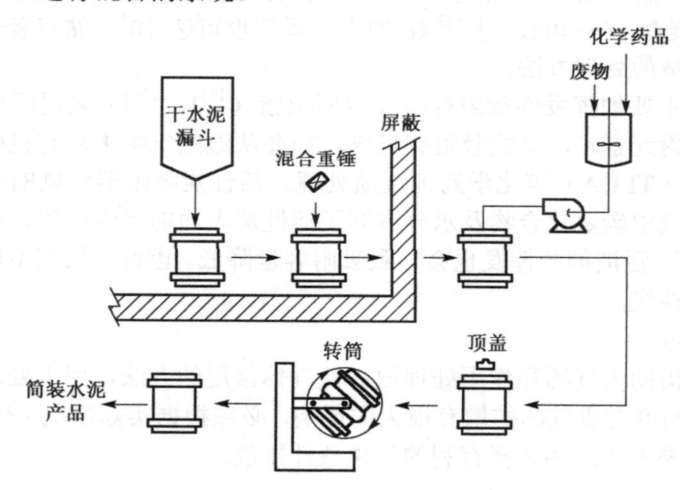

图 10-4　桶内混合系统的废物水泥固化

b. 在线混合：将计量好的废物和水泥送入在线混合送料机（通常是螺旋形），使水泥和废物在混合器里混合好后再装入储桶。此法优点是可以进行连续生产，搅拌均匀，缺点是停车后清洗工作麻烦。

c. 其他方法：水力压裂地下水泥固化法是利用石油开采技术，选择地下 200～400m 深的不渗透的页岩层作为预定处置场址，把由中放废液、水泥和添加剂组成的灰浆，连续以约 15～30MPa 的注射压力注入页岩层压出的裂缝中，使灰浆渗入到页岩层中去凝结固化，同时完成放射性废物的处理和处置。

大体积浇注水泥固化是低、中放废物处置场就地进行水泥固化的方法，适用于处置场附近废物量大的核设施。该法的关键是对水泥凝结速度的控制，对固化配方的要求较高。

②沥青固化

适宜于处理低、中放射性蒸发残液、化学沉淀物、焚烧炉灰分等。沥青固化的产物具有很低的渗透性以及在水中很低的溶解度，与绝大多数环境条件兼容，浸出率低，减容大，经济代价较小。但沥青中不能含有硝酸盐及亚硝酸盐等氧化性物质，沥青固化温度不应超过180～230℃，否则固化体可能燃烧。

沥青固化工艺主要包括废物的预处理、废物与沥青的热混合以及二次蒸汽的净化处理。放射性废物沥青固化的基本方法有高温熔化混合蒸发法和乳化法两种。

a．高温熔化蒸发法：将放射性浓缩废液与熔融沥青连续加入刮板薄膜蒸发器，废液和沥青在降膜式刮板作用下成膜状旋转下降，同时被加热脱水和搅拌混合，从蒸发器底部流入桶中，待冷却凝固后存入处置库。为提高蒸发效率和缩短加热时间，对于水分大的污泥，在进行沥青固化之前，可通过冷冻、离心分离等脱水方法使水分降低。

b．乳化法：首先使放射性污泥浆、沥青与表面活性剂混合成乳浆状，保持温度为90℃，固体物质与沥青产生混合和包容两种作用，通过机械的方法使废物中90%的水分与混合物分离；在螺旋器的作用下强制循环，使物料分布在加热表面上成一薄膜，升温至110～150℃干燥，使混合物脱水，水分减至0.5%以下，最后将混合物排至桶内。

c．化学乳化法：是在常温下将放射性废物与乳化沥青混合加热，以蒸发掉水分和易挥发的有机组分，再将脱水干燥后的混合物排入废物容器，待冷却硬化后即形成沥青固化体。化学乳化法不适于处理含硝酸盐和亚硝酸盐的废物。

③塑料固化

塑料固化是将放射性废物浓缩物（如树脂、泥浆、蒸残液、焚烧灰等）掺入有机聚合物而固化的方法。用于废物处理的聚合物有脲甲醛、聚乙烯、苯乙烯-二乙烯苯共聚物（用于蒸残液）、环氧树脂（用于废离子交换树脂）、聚酯、聚氯乙烯、聚氯基甲酸乙酯等。

与沥青固化相比，塑料固化的优点是处理过程在室温下进行，水可与放射性组分一同掺入聚合物；对硝酸盐、硫酸盐等可溶性盐有很高的掺和效率；固化体浸出率低，并与可溶性盐的组分关系不大；最终固体产品的体积小，密度小，不可燃。缺点是某些有机聚合物能被生物降解；固化物老化破碎后，可能造成二次污染；固化材料价格昂贵等。

④玻璃固化

玻璃固化已经成为处理高放废液的标准工艺流程，有一步法和两步法。一步法是将废液直接注入熔融的硼硅酸盐玻璃中，称为液体进料的陶瓷（或金属）熔炉法；两步法是先使高放废液蒸发和煅烧，然后将烧结后的残渣熔入硼硅酸盐玻璃中，称为煅烧-熔融法。玻璃固化在所有的固化方法中效果最好，固化体中有害组分的浸出速率最低，固化体的增容比最小。但由于烧结过程需要在1200℃左右的高温下进行，会有大量有害气体产生，其中不乏挥发金属元素，因此要求配备尾气处理系统。同时，由于在高温下操作，会给工艺带来一系列困难，增加处理成本。需要注意的是，玻璃为非晶体物质，经过一定时间后会发霉长花、晶化，特别是含硼玻璃易被微生物降解。

（2）减容技术

固体废物减容的目的是减少体积，降低废物包装、储存、运输和处置的费用。处理方法主要有压缩或焚烧两种工艺。

①压缩

压缩是指将装满可压缩固体废物的标准金属圆桶放置在挤压机平台上，然后由液压机将挤压机圆盘压进金属桶，重复多次直到金属桶装满为止。根据压缩过程中使用的压力不同，分常规压缩和超级压缩。当液压挤压机的动作压力在 1～100MPa 之间时为常规压缩，当压力大于 100MPa 时为超级压缩。

压缩是依靠机械力作用，使废物密实化，减少废物体积。虽然压缩处理可获得的减容倍数比较低（2～10），但与焚烧处理相比，压缩处理操作简单，设备投资和运行成本低，所以压缩处理在核电厂应用相当普遍。

②焚烧

焚烧是将可燃性废物氧化处理成灰烬（或残渣）的过程。焚烧可获得很大减容比（10～100 倍），可使废物向无机化转变，免除热分解、腐烂、发酵和着火等危险，还可以回收钚、铀等有用物质。

焚烧分为干法焚烧和湿法焚烧两大类，前者如过剩空气焚烧、控制空气焚烧、裂解等，所有的设备有焚烧炉、流化床、熔盐炉等；后者如酸煮解、过氧化氢分解等。对放射性废物焚烧，要求采用专门设计的焚烧炉，炉内维持一定负压，配置完善的排气净化系统。经焚烧，70%以上放射性物质进入炉灰渣中，对焚烧灰渣应进行固化处理或直接装入高度整体性容器中进行处置。

（3）处理处置措施

放射性固体废物管理的根本问题是最终处置，根据放射性固体废物种类和性质不同，可以有针对性地采取不同的处置措施。

①核工业废渣处置

核工业废渣一般指采矿过程的废石渣及铀前处理工艺中的废渣。这种废渣的放射性活度很低而体积庞大，迄今采用的处理方法主要堆放弃置，或者回填矿井。通过筑坝堆放，用土壤或岩石掩埋，种上植被加以覆盖，或者将它们回填到废弃矿坑。有些国家正在研究其他解决的方法。例如对于铀矿渣处置提出地下浸出和就地堆浸技术，只把浸出液送往水冶厂提取金属铀。此外，还研究尾矿渣的固结和造粒技术；利用各种化学药品和植被使尾矿坝层稳定。

②放射性沾染的固体废物处置

放射性沾染的固体废物系指被放射性沾污而不能再使用的物品，例如工作服、手套、废纸、塑料和报废的设备、仪表、管道、过滤器等。对于此类沾有人工或天然放射性核素的各种器物，就其比放射性的强弱分为高水平和中、低水平两类；就其性质则区别为可燃性和非燃烧性两种。对此应根据放射性活度和燃烧性分类存放，然后分别处理。

这类固体废物主要的处理和处置方法有：

a．去污：受放射性沾污的设备、器皿、仪器等，如果使用适当的洗涤剂、络合剂或其他溶液在一定部位擦拭或浸渍去污，大部分放射性物质可被清洗下来。这种处理，虽然又产生了需要处理的放射性废液等，但若操作得当，体积可能缩小，经过去污的器物还能继续使用。另外，采用电解和喷镀方法也可消除某些被沾污表面的放射性。

b．压缩：将可压缩的放射性固体废物装进金属或非金属容器并用压缩机紧压。体积可显著缩小，废纸、破硬纸壳等可缩小到 1/3 至 1/7。玻璃器皿先行破碎，金属物件则先行切割，然后装进容器压缩，也可以缩小体积，便于运输和贮存。

c．焚烧：可燃性固体废物如纸、布、塑料、木制品等，采用专用的焚烧炉焚烧减容，经过焚烧，体积一般能缩小到 1/10 至 1/15，最高可达 1/40。焚烧要在焚烧炉内进行。焚烧炉要防腐蚀，并要有完善的废气处理系统，以收集逸出的带有放射性的微粒、挥发性气溶胶和可溶性物质。焚烧后，放射性物质绝大部分聚积在灰烬中，灰烬残渣要妥加管理，密封于专用容器，贴上放射性标准符号标签，并写上放射性含量、状态等。已收集的灰烬一般装入密封的金属容器，或掺入水泥、沥青和玻璃等介质中。焚烧法由于控制放射性污染的要求很高，费用很大，实际应用受到一定限制。

d. 埋藏：经过处理的固体放射性废物，应采用区域性的浅地层废物埋藏场进行处置。选择埋藏地点的原则是：对环境的影响在容许范围以内；能经常监督；该地区不得进行生产活动；埋藏在地沟或槽穴内能用土壤或混凝土覆盖等。场地的地质条件须符合：①埋藏处没有地表水；②埋藏地的地下水不通往地表水；③预先测得放射性在土壤内的滞留时间为数百年，其水文系统简单并有可靠的预定滞留期；④埋藏地应高于最高地下水位数米。

有些国家认为天然盐层比较适宜作为这种废物的贮存库。理由是盐层的吸湿性良好，对容器的腐蚀性较小，易于开挖，时间久了，有可能形成密封的整体，对长期贮存更为安全。德意志联邦共和国正在一座废弃的阿瑟盐矿进行试验，美国国立橡树岭实验室（ORNL）提出了理想的盐穴贮藏库的模型。

e. 海洋处置：近海国家采用桶装废物掷进深水区和大陆架以外海域的海洋处置法。要求盛装容器具有足够的下沉重量，能经受住海底的碰撞，能抵御深水区的高压作用，并能防止腐蚀和减少放射性的浸出量。经过实践认为，处置区必须远离海岸、潮汐活动区和水产养殖场。此法对公海会造成潜在危害，国际已经禁止使用。

③放射性废液固化处置

对放射性废液处理后的浓集废液及残渣，可以用水泥、沥青、玻璃、陶瓷及塑料固化处理而转化成放射性固体废物，将这些固化块以浅地层埋藏为主，作为半永久性或永久性的储存，认为这样能保证安全。依照所含放射性强度的自发热情况，低水平废物可直接埋在地沟内；中等水平的则埋藏在地下垂直的混凝土管或钢管内；高水平固体废物每立方米的自发热量可达 430 千卡/小时以上，必须用多重屏障体系：第一层屏障是把废物转变成为一种惰性的、不溶的固化体，第二层屏障是将固化体放在稳定的、不渗透的容器中；第三层屏障是选择在有利的地质条件下埋藏。

④高放废物的最终处置

高放固体废物主要指的是核电站的乏燃料、后处理厂的高放废液固化块等。这些固体废物的最终处置是将其完全与生物圈隔绝，避免其对人类和自然环境造成危害。然而，它的最终处置是至今尚未解决的重大问题。世界各学术团体和不少学者经过多年研究提出过不少方案，目前在探讨中的最终处置方法有：将重要的放射性核素如 ^{137}铯、^{90}锶、^{85}氪和 ^{129}碘等置于反应堆中照射，使之转变成尽快衰变的短寿命核素或转变成稳定性核素；利用远程火箭将放射性物质运载到地球引力以外的太空中去；投放到深海或在深海钻井的处置方案；或是置于南极冰上，利用其释放的热能溶化冰块形成一井穴而将废物封锢等。这些设想，涉及国际条约，并且有技术和经济上的困难，近期内难于实现。

最近美国一所大学的科学家实施了一项生物基因工程，将异常球菌培养成“超级细菌”，由于超强的抗辐射能力而被微生物专家誉为“世界上最坚韧的生物体”，它们可以吞噬和消化核原料留下的有毒物质。基因学家把其他种类细菌的基因注入异常球菌，将使其成为一种“超级细菌”。这种“超级细菌”具备消化和分解核武器中常见的汞化合物的能力，并能将有毒的汞化合物转化为危害性较小的其他形式的化合物。

4. 放射性表面污染的去除

放射性表面污染是指空气中放射性气溶胶沉降于物体表面造成表面污染，是造成内照射危害的途径之一。由于通风和人员走动，可能使这些污染物重新悬浮于空气中，被吸入人体后形成内照射。所以，必须对地面、墙壁、设备及服装表面的放射性污染加以控制。表面污染的去除一般采用酸碱溶解、络合、离子交换、氧化及吸收等方法。不同污染表面所用的去污剂及其使用方法不同。

对于铀矿石和废矿渣，主要是提高铀、镭等资源的回收率和回收提炼过程中所使用的化学药品等。至于大量裂变产物和一些超铀元素的回收必须先把它们从废液或灰烬的浸出液中分离，然后根据核素的性质和丰度分别或统一纯化，作为能源、辐照源或其他热源、光源等使用，也可考虑把高水平的放射性固体废物制成固体辐射源，用于工业、农业及卫生方面。

10.5.3 某核电厂放射性污染的防治实例

1991～1994年间，我国相继建成并投运的秦山核电厂和大亚湾核电站，先后通过了国际原子能机构和国家的检查和验收，“三废”处理达到了国家规定的要求。

目前，我国上述两个核电站的实践，在放射性废液处理方面采取了相同的方法和相似的流程，在此按照“合理、可行、尽量低”的原则和相关法规要求，对放射性废液处理系统（TEU）的防治实例进行简要的介绍。

（1）放射性废液的来源

放射性废液主要来自由核岛疏排系统（RPE）分别收集的下列三种废水。

①工艺废水

工艺废水来自回路化学和容积控制系统（RCV）、反应堆水池和乏燃料水池的冷却和处理系统（PTR）、硼回收系统（TEP）、TEU 各系统除盐器和过滤器的泄漏、冲洗与疏排及固体废物处理系统（TES）废树脂箱，燃料运输通道、乏燃料容器、TE 中间储存箱和浓缩液箱的疏排。这种废水含有少量可溶化学杂质（例如硼、钠、锂等），放射性浓度较高，约为 5×10^8Bq/m^3。

②化学废水

化学废水来自核取样系统（REN）、放射性废水回收系统（SRE）与热实验室的疏排，核岛设备与乏燃料容器的清洗，反应堆厂房地坑与 TEU 浓缩液储槽的疏排。这种废水含有较高浓度的化学产物，放射性浓度也较高，约为 1.4×10^8Bq/m^3。

③地面废水

地面废水来自设备泄漏、核岛厂房地面冲洗、设备冷却水系统与热实验室的疏排、蒸汽发生器排污系统（APG）除盐器的冲洗与树脂再生。这种废水含有各种化学产物，放射性浓度较低，约为 6×10^6Bq/m^3（此值低于技术规格书中规定的排放阈值 1.85×10^7Bq/m^3）。

另外，还有洗衣房的服务废水，放射性浓度和化学产物含量均很低。

（2）处理方法

放射性废液处理流程如图 10-5 所示。根据各类废水中的放射性浓度和化学产物含量选择各自所需的处理工艺，如表 10-10 所示。

上述三种待处理的废水被疏排系统选择分装于各自的储槽中，以便使每种废水得到各自的处理。工艺废水带有较高放射性，含有少量化学产物，宜采用离子交换除盐法处理；化学废水带有较高放射性，含有较高浓度的化学产物，主要采用蒸发法处理；地面废水放射性浓度通常低于排放阈值，主要采用过滤法处理。各类废水的处理方法在流程配置上具有灵活性，可互相补充。

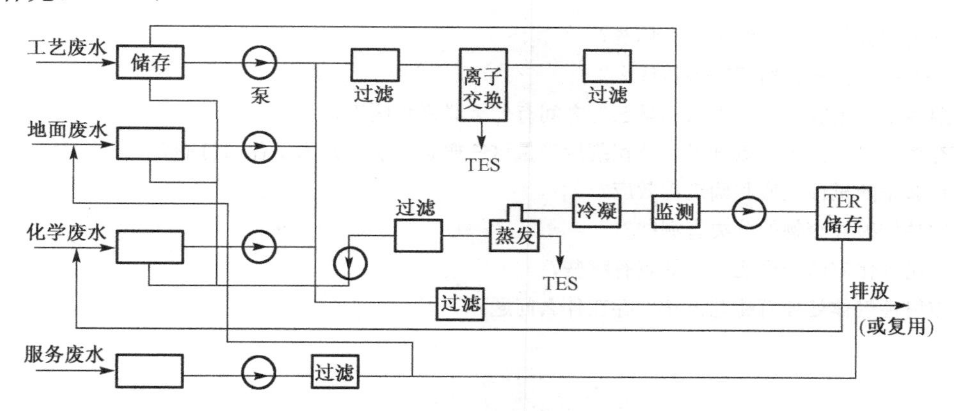

图 10-5　放射性废液处理示意流程

表 10-10　各类废水处理工艺

化学产物含量	处理工艺	
	<1.85×10^7Bq/m^3	>1.85×10^7Bq/m^3
低	过滤	除盐（离子交换）
高	过滤	蒸发

服务废水可不经处理直接排放（有监测），但当放射性浓度和化学产物含量较高时，也可采用上述方法处理。

各类废水在处理前均要在储槽内进行一次放射性浓度和化学组分的监测，处理后的废水经监测槽监测合格后排放或复用，不合格废液由废液排放系统（TER）储槽接纳，供返回再处理。在排放总管上设有累计活度监测仪。蒸发浓缩液送往固体废物处理系统（TES）进行水泥固化。

（3）运行结果

①处理后废液满足排放要求。经过滤除盐后的废水和经蒸发后的馏出液中放射性浓度低于 1.85×10^7Bq/m^3，通过废液排放的放射比活度均低于国家环保部规定的限值，仅占很小的份额。

②系统设计容量基本上满足预期运行要求。在大亚湾核电站试运行期间，由于设备暴露问题多，停堆检修多，地面污染冲洗多，加上运行管理不严，废水产生量较多。按照我国《辐射防护规定》，低放废液必须采用槽式排放，则原设计的 2×30 m^3 监测槽显得太小，使监测人员来不及测量。为此，于 1993 年底大亚湾核电站增设了 3×500 m^3 储槽作为 TER 排放槽，利用原 3×500m^{3}TER 槽作为监测槽，解决了此问题。另外，由于通风系统进风除湿产生的大量凝结水（无放射性）误排入地面废水前置储槽，使该储槽容量不足，经常满槽，将这股凝结水直接排故后，这个问题也得到了解决。

可见，TEU 系统能够满足核电站正常运行和预期的废液处理要求，并使释放到环境去的放射性物质减少到合理、可行、尽量低的水平，符合处理能力的要求，也符合关于废液采用槽式排放和排放的放射性活度低于限值的要求。因此，TEU 系统的运行是安全的。

习 题 10

1．环境中放射性的来源主要有哪些？
2．辐射对人体的作用和危害是什么？
3．照射量、吸收剂量、当量剂量三者之间有什么联系和区别？
4．有效剂量、集体有效剂量、待积剂量当量这些概念的引入是为了什么目的？
5．什么是随机性效应和确定性效应？
6．固体放射性废物的分类有哪些？
7．常用固化方法的适应性和缺点有哪些？
8．放射性气体处理有哪些方法？存在什么问题？

第 11 章　热污染及其防治

11.1　概　　述

11.1.1　热环境

环境热学是环境物理学的一个分支，是研究热环境及其对人体的影响，以及人类活动对热环境的影响的学科。热环境又称环境热特性，是指提供给人类生产、生活及生命活动的生存空间的温度环境，它主要是指自然环境、城市环境和建筑环境的热特性。太阳能量辐射创造了人类生存空间的大的热环境，而各种能源提供的能量则对人类生存的小的热环境作进一步的调整，使之更适宜于人类的生存。热环境除太阳辐射的直接影响外，还受许多因素如相对湿度和风速等的影响，是一个反映温度、湿度和风速等条件的综合性指标。

根据热源不同，热环境分为自然热环境和人工热环境。自然热环境热源主要来自太阳，它以电磁波的方式不断向地球辐射能量，其热特性取决于环境接收太阳辐射的情况，并与环境中大气同地表间的热交换状况有关，也受气象条件的影响；人工热环境主要指人类为了防御、缓和外界环境剧烈的热特性变化，创造的更适于生存的热环境所使用的人为热源，如屋内的火炉、机械和化学等设备运转过程中辐射出来的热能，即人类在生产、生活和生命过程中产生的热量。人类的各种生产、生活和生命活动都是在人类创造的人工热环境中进行的。

影响地球接受太阳辐射的因素主要有两个方面，一是地壳以外的大气层，二是地表形态。太阳辐射中到达地表的主要是短波辐射，其中距地表 20～50km 的臭氧层主要吸收对地球生命系统构成极大危害的紫外线，而较少量的长波辐射被大气下层中的水蒸气和二氧化碳所吸收。大气中的其他分子尘埃和云则对大气辐射起反射作用，大的微粒主要起反射作用，小的微粒对短波辐射的散射作用较强。地表的形态决定了吸收和反射太阳辐射能量之间的比例关系，不同的地表类型差异较大。地表在吸收部分太阳辐射的同时，又对太阳辐射起反射作用，且吸热后温度升高的地表也同样以长波的形式向外辐射能量。

11.1.2　热环境对人的影响

1．热环境与人的关系

人与其所处的环境之间不断地进行着热交换。人体内食物的氧化代谢不断产生大量的能量，然而人的体温要保持在 37℃左右，因此人体内部产生的热量要及时向环境散发以保持人体内部的热量平衡。

人体与环境之间热交换一般有两种方式：①对外做功（W，如人体运动过程及各种器官有机协调过程的能量消耗）；②转换为体内热（H），并不断传递到体表，最终以热辐射或热传导的方式释放到环境中。如果体内热不能及时得到释放，人体就要依靠自身的热调节系统（如皮肤、汗腺分泌），加强与环境之间的热交换，从而建立与环境间新的热平衡以保持体温稳定。

空气温度的下降降低辐射，空气流速的增加增大对流传热，这两者都会增加人体对外的散热量。为了保持体温稳定，人体会发生自然的生理反应，通过血管收缩，减少流向皮肤的血液流量，从而减小皮层的传热系数，降低体内热的外辐射量。如果环境温度继续降低，人就要加快体内物质代谢速率以提供体内热，或依靠衣物以及外部的能量补给，以阻止体温的进一步降低。此时人体的生理反应为肌肉伸张，表现为打冷颤，这一温度区间称为行为调节区。如果外界环境温度再度降低，即进入人体冷却区，人体的各种生理功能难以协调发挥作用，感觉是比较冷。有记载的人体存在的最低环境温度为–75℃，而通过穿着高效保温服能保证进行正常工作的温度低限为–35℃。

人体所能适应的最适温度范围（25～29℃）称为中性区。在中性区人体的各种生理机能能够得到较好的发挥，从而可以达到较高的工作效率。中性区的中点称为人的中性点。

环境温度高于中心点以上有一较窄的温度范围，被称为抗热血管温度调节区。在此温度范围内，人体会加大传至体表的血液流量（比在中性点时高出大约2～3倍的血液量），此时体表的温度仅比体内低一度，从而加大体表外辐射量。环境温度继续升高时，人的体表分泌和蒸发更多的汗液，以潜热的方式向环境释放体内热，此温度范围称为蒸发调节区。在此温度范围区内，环境的水蒸气分压和体表的空气流速是影响身体调节功能的决定性因素。而后随着环境温度的进一步升高，人体将进入受热区，人体处于热量的耐受状态。

2．高温热环境

人类生产、生活和生命活动所需要的适宜的环境温度相对较窄，而超过中性点温度环境都可以称之为高温环境。但是只有环境温度超过29℃以上时，才会对人体的生理机能产生影响，降低人的工作效率。

（1）高温热环境热量来源

人类的许多生产和生活活动，都是高温热环境的热量来源：①各种燃料燃烧过程中产生的燃烧热，以热的三种传导方式与环境进行热交换，改变热环境。如锅炉、冶炼工厂、窑厂等的燃料燃烧。②各种大功率的电器机械装置在运转过程中，以副作用的形式向环境中释放热能。如电动机、发动机、各种电器装置等。③放热的化学反应过程。如化工厂的化学反应炉和核反应堆中的化学反应。太阳本身巨大的能量来源—氢核聚变就是一化学反应过程。④夏季和热带、沙漠地区强烈的太阳辐射。⑤各种军事活动中的爆炸物产生的巨大的能量。⑥密集人群释放的辐射能量。一个成年人体对外辐射的能量相当于一个146W发热器所散发的能量。如在密闭的潜水舱内，由于人体辐射和烹饪等所产生的能量的积累可以使舱内的温度达到50℃的高温。

（2）高温热环境对人体的影响

高温热环境会对人体产生危害，主要表现有：①当皮肤温度高达41～44℃时，人就会有灼痛感。如果温度继续升高，就会伤害皮肤基础组织。②如果长时间在高温环境中停留，由于热传导的作用，体温会逐渐升高。当体温高达38℃以上时，人就会产生高温不适反应。人的深部体温是以肛温为代表的。人体可耐受的肛温为 38.4～38.6℃，体力劳动时，此值为38.5～38.8℃。高温极端不适反应的肛温临界值为39.1～39.5℃。当高温环境温度超过这一限值时，汗液和皮肤表面的热蒸发就都不足以满足人体和周围环境之间热交换的需要，从而不能将体内热及时释放到环境中去。人体对高温的适应能力达到极限，将会产生高温生理反应现象。体内温度超过正常值（37℃）2℃时，人体的机能就开始丧失。体温升高到43℃以上，只需要几分钟的时间，就会导致人的死亡。高温生理反应的主要表现症状为：头晕、头疼、胸闷、心悸、视觉障碍（眼花）、恶心、呕吐、癫痫抽搐等；体征表现为虚脱、肢体僵直、大小便失禁、昏厥、烧伤、昏迷，甚至死亡。

为防止高温热环境对人体的局部灼伤，一般采用由隔热耐火材料制成的防护手套、头盔和鞋袜等防护物。对于全身性高温环境，其防护措施为采用全身性降温的防护服。研究表明，头部和脊柱的高温冷却防护对于提高人体的高温耐力具有重要的价值和意义。其次，全身冷水浴和大量饮水，也可以对抗高温起到很好的作用。另外，有意识经常性的在高温环境中锻炼，人体就会产生“高温习服”现象，从而更加耐受高温环境。高温习服的上限温度为49℃。随着科技水平的不断发展，高温环境中的工作将会逐渐由机械完成（如机器人）。在必须有人类参与的高温环境中，普遍采用环境调节装置调节环境温度，以更适宜于人类的生产、生活和生命活动。

11.2 热污染及其影响

11.2.1 热污染

热污染即工农业生产和人类生活中排放出的废热造成的环境热化，损害环境质量，进而又影响人类生产、生活的一种增温效应。热污染发生在城市、工厂、火电站、原子能电站等人口稠密和能源消耗大的地区。20世纪50年代以来，由于社会生产力的迅速发展和人民生活水平不断提高，消耗了大量的化石燃料和核能染料。在能源转化和消费过程中不仅产生直接危害人类的污染物，而且还会产生对人体无直接危害的CO_2、水蒸气和热废水等，这些成分排入环境后导致环境温度产生不利变化，达到损害环境质量的程度，形成热污染。

（1）热污染的类型

热污染可以污染大气和水体，根据污染对象的不同，可将热污染分为水体热污染和大气热污染。

工厂的循环冷却水排出的热水以及工业废水中都含有大量废热。废热排入湖泊河流后，造成水温骤升，导致水中溶解氧锐减，引发鱼类等水生动植物死亡。目前，向水体排放热污染的人工设施主要有热电厂、核电站、钢铁厂等的循环冷却系统，以及石油、化工、铸造、造纸等工业排放的含有大量废热的废水。一般以煤为燃料的火电站热能利用率仅40%，轻水堆核电站仅为31%～33%，且核电站冷却水耗量较火电站多50%以上。废热随冷却水或工业废水排入地表水体，导致水温急剧升高，改变水体理化性质，对水生生物造成危害。

对于大气环境，城市大量燃料燃烧过程及高温产品、炉渣和化学反应产生的废热不断地排入大气环境，导致大气中含热量增加。目前关于大气热污染的研究主要集中于城市“热岛效应”和“温室效应”。温室气体的排放抑制了废热向地球大气层外扩散，更加剧了大气的升温过程，影响到全球气候变化。目前虽然还不能定量确定热污染对自然环境造成的破坏作用以及长远影响，但是热污染能使大气和水系产生增温效应。如全球性的气温升高可能会使业已控制的有害微生物和昆虫得以繁殖，使河流、湖泊水分蒸发量增多，水位下降，影响灌溉。

随着现代工业的迅速发展和人口的不断增长，环境热污染将日趋严重。目前热污染正逐渐引起人们的重视，但至今仍没有确定的指标用以衡量其污染程度，也没有关于热污染的控制标准。因此，热污染对生物的直接或潜在威胁及其长期效应，尚需进一步研究，并应加强对热污染的控制与防治。

（2）热污染的成因

环境热污染主要是由人类活动造成的，如表11-1所示。人类活动对热环境的改变主要通过直接向环境释放热量、改变大气的组成、改变地表形态来实现。表 11-2 和表 11-3 是世界主要地区 CO_2 的总排放量和年人均排放量情况，表 11-4 列出了城市下垫面对热环境的影响。

表 11-1 热污染的成因

成　因		说　明
向环境释放热量		能源未能有效利用，余热排入环境后直接引起环境温度升高，根据热力学原理，转化成有用功的能量最终也会转化成热，而传入大气
改变大气层组成和结构	CO_2 含量剧增	CO_2 是温室效应的主要贡献者
	颗粒物大量增加	大气中颗粒物可对太阳辐射起反射作用，也有对地表长波辐射的吸收作用，对环境温度的升降效果主要取决于颗粒物的粒度、成分、停留高度、下部云层和地表的反射率等多种因素
	对流层水蒸气增多	在对流层上部亚声速喷气式飞机飞行排出的大量水蒸气积聚可存留 1～3 年，并形成卷云，白天吸收地面辐射，抑制热量向太空扩散；夜晚又会向外辐射能量，使环境温度升高
	平流层臭氧减少	平流层的臭氧可以过滤掉大部分紫外线，现代工业向大气中释放的大量氟氯烃（CFCs）和含溴卤化烃哈龙（Halon）是造成臭氧层破坏的主要原因
改变地表形态	植被破坏	地表植被破坏，增强地表的蒸发强度，提高其反射率，降低植物吸收 CO_2 和太阳辐射的能力，减弱了植被对气候的调节作用
	下垫层改变	城市化发展导致大面积钢筋混凝土构筑物取代了田野和土地等自然下垫面，地表的反射率和蓄热能力，以及地表和大气之间的换热过程改变，破坏环境热平衡
	海洋面受热性质改变	石油泄露可显著改变海面的受热性质，冰面或水面被石油覆盖，使其对太阳辐射的反射率降低，吸收能力增加

*该表取自陈杰瑢的《物理性污染控制》。

表 11-2 世界 CO_2 排放总量情况

时间	CO_2（百万吨）	时间	CO_2（百万吨）
1975	15 693	2006	28 024
1980	18 071	2007	28 945
1985	18 644	2008	29 888
1990	20 965	2009	31629
1995	21 794	2010	33508
2000	23 497	2011	34182
2005	27 129	2012	34503

表 11-3 世界主要地区 CO_2 排放情况（数据来自 UNPD、CDIAC 和世界银行 WDI 数据库）

国家和地区	二氧化碳排放总量（百万吨）				人均二氧化碳排放量（吨）			
	2000	2005	2010	2012	2000	2005	2010	2012
世　界	23497	27129	33508	34503	4.1	4.5	4.9	
美　国	5646.3	5776.4	5492.2	5200	20.6	19.5	17.6	16.4
中　国	3337.7	5547.8	8241.0	9900	2.6	4.3	6.4	7.1
俄罗斯联邦	1435.0	1503.3	1688.7	1770	11.3	10.5	11.9	12.4
日　本	1204.1	1230.0	1138.4	1320	10.2	9.6	9.7	10.4
印　度	1160.8	1402.4	2069.7	1970	1.1	1.3	1.5	1.6
德　国	798.3	784.0	762.5	810	10.4	9.5	9.9	9.7
英　国	546.0	546.4	493.2	490	9.2	9.1	8.2	7.7
加拿大	518.3	537.5	518.5	430	17.9	16.6	16.2	16.0
韩　国	433.0	452.2	563.1	640	9.2	9.4	12.2	13.0
意大利	429.3	452.1	407.9	390	8.1	7.7	6.9	6.3
南　非	368.4	408.8	451.8	330	6.9	6.7	6.4	6.3
澳大利亚	328.4	368.9	365.5	430	18.5	18.1	19.4	18.8

表 11-4 城市下垫面对热环境的影响

项目	与农村比较结果	项目	与农村比较结果
年平均温度	高 0.5～1.5℃	夏季相对湿度	低 8%
冬季平均最低气温	高 1.0～2.0℃	冬季相对湿度	低 2%
地面总辐射	少 15%～20%	云量	多 5%～10%
紫外辐射	低 5%～30%	降水	多 5%～10%
平均风速	低 20%～30%		

11.2.2 热污染对水体的影响

由于向水体排放温热水，使水体温度升高，当温度升高到影响水生生物的生态结构，使水质恶化，并影响人类生产、生活的使用时，称为水体的热污染。在环境之中，人类的用水，不论是天然的还是非天然的都受到水温的影响。环境中的水温会影响到陆地上的生活用水和游泳、运动等人类活动；水生生物的种类和活动也都受到水温的影响，环境中的水温也会影响到工业用水和冷却用水。因此，水温是一个重要的物理参数。

1．水体热污染的热量来源

工业冷却水是水体热污染的主要热源，其中以电力工业为主，其次为冶金、化工、石油、造纸和机械工业。另外，核电站也是水体热污染的重要来源之一。在工业发达的美国，每天所排放的冷却用水达 4.5 亿 m^3，接近全国用水量的 1/3，含热量足够使 25 亿 m^3 水温升高 10℃。在美国佛罗里达州的一座火力发电厂，其热水排放量超过 2000m^3/min，导致附近 10 多公顷的水域表层温度上升 4～5℃。一个 10 万千瓦的火力发电厂，每秒钟产生 7t 的热水，使用后水温上升 6～8℃。我国发电行业的冷却水量也占到总冷却水量的 70%左右。

近年来，随着社会经济建设的需要，发电工业迅速发展，同时核电站日益增加，全世界动工的核反应堆已经 500 多个。火力发电站产生的废热 10%～5%从烟囱排入大气，而核电站的废热则几乎全部从冷却水排出，因此核电站的飞速发展已经变成水体热污染的一个重要热源。核反应堆芯部分热量的 2/3 都被释放到核电站附近的水体环境中，对周围环境水体温度的上升及其对水生生物的影响和危害越来越严重。

2．水体热污染的危害

水体热污染会影响水质和水生生物的生态，给人类带来间接危害。

（1）降低水体溶解氧，威胁水生生物生存

随着水体升温，水中溶解氧含量降低，而水生生物的新陈代谢加快，在 0～40℃内温度每升高 10℃，水生生物的生化反应速率会增加 1 倍。同时，微生物分解有机物的能力随温度升高而增强，从而提高了其生化需氧量，导致水体缺氧更加严重，加重了水体污染。此外，水体升温还可提高有毒物质的毒性以及水生生物对有害物质的富集能力，并改变鱼类的进食习性和繁殖状况等。热效力综合作用很容易引起鱼类和其他水生生物的死亡。不同鱼类的生长繁殖受温度影响情况如表 11-5 和图 11-1 所示。

在温带地区，废热水扩散稀释较快，水体升温幅度相对较小；在热带和亚热带地区，夏季水温本来就高，废热水稀释较为困难，导致水温进一步升高，对水生生物的影响较温带地区更大。

表 11-5　一些鱼类的生长最佳温度、致死上限温度和最大周平均温度

种群	最佳生长温度/℃	致死上限温度/℃	最大周平均温度/℃	种群	最佳生长温度/℃	致死上限温度/℃	最大周平均温度/℃
渠道鲶鱼	30	33	32.7	冬季比目鱼	18	29.1	21.8
大嘴鲈鱼鱼苗	27.5	36.4	30.5	虹鳟鱼、鲑鱼	15	25	18.3
小嘴鲈鱼	27.3	35	29.9	小河鲑鱼	14.5	25.5	18.2
白色鲫鱼	27	29.3	27.8	棕色鲑鱼	12.5	23.5	16.2
青鳃鱼	22	33.8	25.9				

（2）加剧水体富营养化

热污染使河湖水体严重缺氧，引起厌氧菌大量繁殖，有机物腐败严重，使水体变黑发臭。研究表明，水温超过 30℃时，硅藻大量死亡，而绿藻、蓝藻迅速生长繁殖并占绝对优势，不同藻类种群密度随温度的变化见图 11-2。温排水还会促进底泥中营养物质的释放，导致水体的离子总量，特别是 N、P 含量增高，加剧水体富营养化。

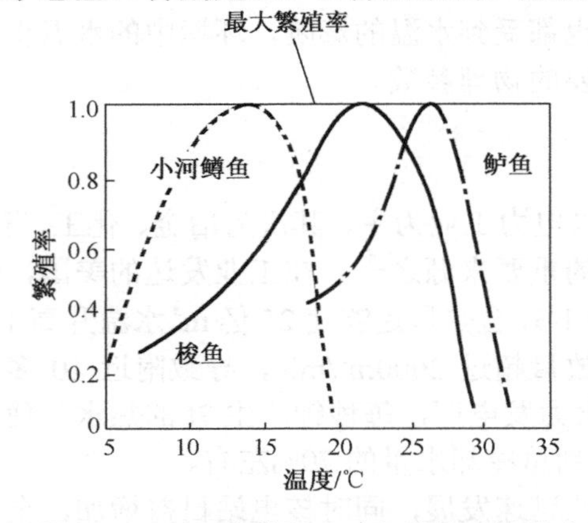

图 11-1　不同水体温度对鱼类繁殖的影响

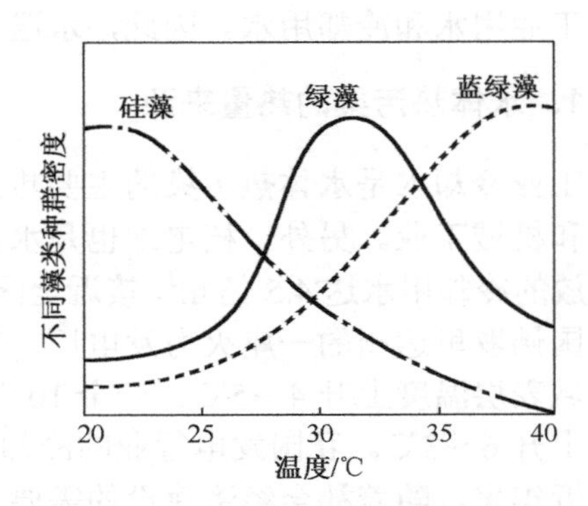

图 11-2　不同藻类种群密度随温度的变化

（3）引发流行性疾病，危害人体健康

温度的上升，全面降低人体生理的正常免疫功能，给致病微生物如蚊子、苍蝇、蟑螂、跳蚤和其它传病昆虫和病原体微生物提供了繁衍的人工温床，导致其大量滋生、泛滥，形成“互感连锁反应”，引起各种新传染病，引发疟疾、登革热、血吸虫病和流行性脑膜炎等流行性疾病。例如 1965 年，澳大利亚曾流行的一种脑膜炎，经科学家研究证实，是由于电厂排放的冷却水使水温增高，促进一种变形虫大量滋生繁衍而污染水源，经人类饮水、烹饪或洗涤等途径进入人体，导致发病。2002 年 3 月初，美国纽约也新发现一种有蚊子感染的“西尼罗河病毒”导致的怪病。

（4）增强温室效应

水温升高会加快水体的蒸发速度，使大气中的水蒸气和二氧化碳含量增加，从而增强温室效应，引起地表和大气下层温度上升，影响大气循环，甚至导致气候异常。

11.2.3　热污染对大气的影响

水蒸气吸收从地表辐射的红外线，悬浮在空气中的微粒能吸收从太阳辐射来的能量，这些都能使大气温度升高。在以化石燃料作为能源的消耗过程中，产生的 CO_2 等气体也会对大气环境温度产生不良影响。

1．温室效应与温室气体

温室效应是地球大气层的一种物理特性。大气层对于太阳短波辐射吸收很少，地表接收大量的太阳短波辐射而升温，并以长波形式向外辐射能量。地面长波辐射绝大部分被大气中的水蒸气和二氧化碳吸收，使大气升温。吸收了热量的CO_2层还能够将热量再次通过长波辐射能量，其中很大一部分辐射能又返回地表，使得近地层温度升高（如图 11-3 所示）。因此，地面温度不会下降太快，地表年均气温保持在 15℃左右，这种类似于农业上的温室的保温作用被称为“温室效应”。若无自然温室效应，来自太阳的能量会很快从地表释放出去，地球温度也将降至−18℃左右，成为冷寂的世界。大气的存在使地表气温上升了 33℃，所以适度的温室效应创造了适宜生物生存的地球热环境。

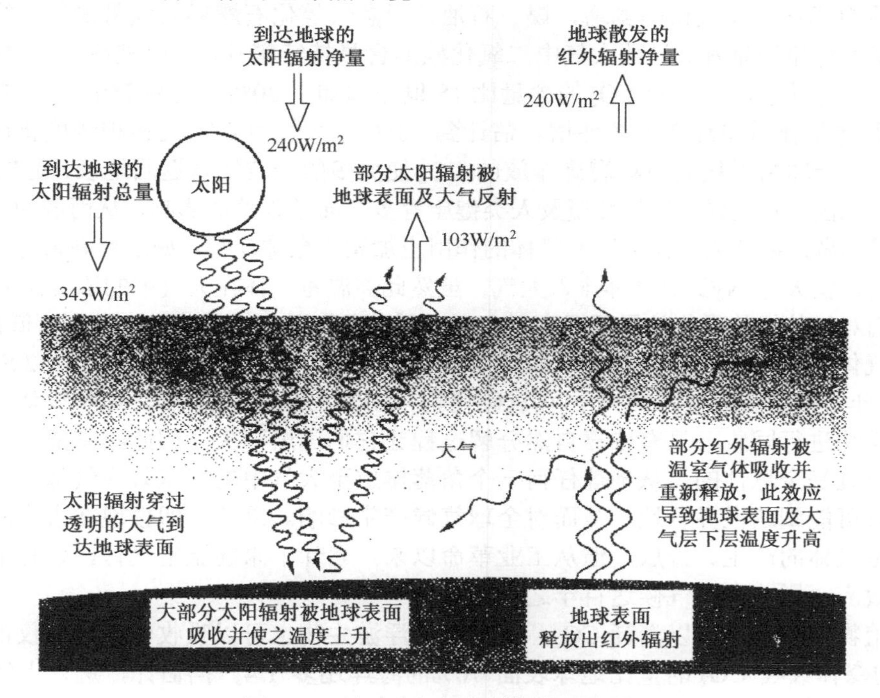

图 11-3　地球大气层热量辐射平衡图

引起温室效应的温室气体主要有二氧化碳（CO_2）、甲烷（CH_4）、一氧化碳（CO）、各种氟氯烃（CFCs）、氮氧化物（N_2O）和臭氧（O_3）等。其中 CO_2 的全球变暖潜能最小，但其含量远远超过其他气体，因此是温室效应中的最大贡献者。

大气中的水蒸气也是自然温室效应的主要原因之一，其含量比CO_2和其他温室气体的总和还高许多，因此自然温室效应主要是水蒸气在起作用，而CO_2正好吸收这段波长的红外线。据一项科学调查表明，在中纬度地区晴朗天气下，水蒸气对温室效应的影响占 60%～70%，CO_2仅占 25%。但由于水蒸气在大气中的含量相对稳定，因此目前普遍认为大气中的水蒸气不直接受人类活动的影响。相反，大气中CO_2的浓度却在持续上升，并成为人们最关注的温室气体。

2．温室效应的加剧

地球大气的温度效应创造了适宜于生命存在的热环境。如果没有大气层的存在，地球也将是一个寂静的世界。除 CO_2 外，能够产生温室效应的气体还有水蒸气、甲烷（CH_4）、氧化亚氮（N_2O）、O_3、SO_2、CO 以及非自然过程产生的氟氯碳化物（CFCs）、氢氟化碳（HFCs）、过氟化碳（PFCs）等。HFCs 和 PFCs 吸收能力最大；甲烷的吸热能力超过二氧化碳 21 倍；而氧化亚氮的吸热能力比 CO_2 的吸收能力高 270 倍。空气中水蒸气的含量比 CO_2 和其他温室气体的总和还要高出很多，所以大气温室效应的保温效果主要还是由水蒸气产生的。但是有部分波长的红外线是水蒸气所不能吸收的，而二氧化碳所吸收的红外线波长则刚好填补了这个空隙波长。

自然条件下，温室气体在大气层中的含量不足 1%，但由于人类活动的影响，导致大气中温室气体，特别是 CO_2 的含量不断增加。尤其是自从欧洲工业革命以来，随着城市化、工业化、交通现代化以及人口的剧增，煤、石油、天然气等化石燃料的大量消耗，排入大气的 CO_2 等温室气体迅速增加，导致大气中二氧化碳的含量持续攀升，从而破坏自然界的碳循环。20 世纪 80 年代以来，大气中 CO_2 的含量比 18 世纪增加了 30%，达到 150 年来的最高水平，目前 CO_2 每年的排放量还在持续递增。估计到 2050 年大气中 CO_2 的体积浓度将达到工业化之前的 2 倍。全球由于化石燃料燃烧排放的 CO_2 使更多的长波辐射返回地表，是“温室效应”加剧的主要原因，对气候、生态环境及人类健康等多方面带来负面影响，从而成为一个全球性的生态环境问题。近年来，其他温室气体的作用也加剧了全球变暖。如现代高密集农业种植中化肥的施用，使大量 N_2O 等气体排入大气，虽然此类温室气体在大气中的浓度比 CO_2 要低很多，但它们对红外线的吸收效果要远高于 CO_2，所以它们潜在的影响力也是不可低估的。

温室气体在大气中的停留时间（即生命期）都很长。CO_2 的生命期为 50～200 年，甲烷为 12～17 年，氧化亚氮为 120 年，氟氯碳化物（CFC-12）为 102 年。这些气体一旦进入大气，几乎无法进行回收，只有依靠自然分解过程让它们逐渐消失。因此温室效应气体的影响是长久的而且是全球性的。从地球任何一个角落排放至大气中的温室效应气体，在它的生命期中，都有可能到达世界各地，从而对全球气候产生影响。因此，即使现在人类立即停止所有人造温室气体的产生、排放，但从工业革命以来，累计下来的温室气体，仍将继续发挥他们的温室效应，影响全球气候达百年之久。

绿色植物光合作用可以消耗 CO_2，海洋中的浮游生物也可以吸收 CO_2，但仅占地球表面 6%～7%的森林吸收 CO_2 的量比地球表面 70%的海洋还多 1/4。据估计，进入大气中的 CO_2 约有 2/3 可被植物吸收，但人类大量砍伐森林，使地球上的森林，特别是热带雨林的面积急剧减少，对 CO_2 的吸收能力大大降低，导致大气中 CO_2 浓度日趋升高。据估计，目前因全球森林植被破坏引起的 CO_2 浓度上升约占 CO_2 增加总量的 1/4。

3．温室效应的危害

全球气温气候的变化与温室气体 CO_2 和 CH_4 含量呈现正相关关系（见图 11-4）。近年来，大气层温室效应的加剧，已导致了严重的全球变暖，气候变化已成为限制人类生存和发展的重要因素。

（1）冰川消退，海平面上升

长期的观测结果表明，由于近百年来气温的升高和气候的变暖，使极地及高山冰川融化，海平面上升了约 2～6cm。据统计，格陵兰岛的冰雪融化已使全球海平面上升了约 2.5cm。冰川的存在对维持全球的能量平衡起到至关重要的作用。如果两极冰川持续消融，会对地球上的生命产生难以预知的严重后果。气温升高最直接的结果是冰川消融、海水受热膨胀，从而导致海平面上升，再加上近年来某些地区地下水的过量开采造成的地面下沉，人类将会失去更多的土地。观测表明，近100多年来海平面上升了14～15cm，预测21世纪海平面将继续上升，比现在上升50cm甚至更多（见表11-6）。海平面上升可直接导致低地被淹，海岸侵蚀加重，排洪不畅，土地盐渍化和海水倒灌等问题。若地球温度按现在的速度继续升高，推测到2050年南北极冰山将大幅融化，上海、东京、纽约和悉尼等沿海城市将被淹没。

表11-6　未来海平面变化的预测

预测机构	预测年份	上升量/cm
世界气象组织（WMO）	2050	20～140
Mercer	2030	50
日本环境厅	2030	26～165
Bloom	2030	100
欧共体	21世纪末	20～165
Barth&Titus	2050	13～55
联合国环境规划署（UNEP）	21世纪末	65

（2）气候带北移，危害地球生命系统

据估计，若气温升高1℃，北半球的气候带将平均北移约100km；若气温升高3.5℃，则会向北移动5个纬度左右。这样占陆地面积3%的苔原带将不复存在，冰岛的气候可能与苏格兰相似，而我国徐州、郑州冬季的气温也将与现在的武汉或杭州差不多。

如果物种迁移适应的速度落后于环境的变化，则该物种就可能濒于灭绝。据世界自然保护基金会（WWF）的报告，若全球变暖的趋势不能有效遏制，到2100年全世界将有1/3的动植物栖息地发生根本性变化，这将导致大量物种因不能适应新的生存环境而灭绝。

气候变暖很可能造成某些地区虫害与病菌传播范围扩大，昆虫群体密度增加，使多种业已灭绝的病毒细菌死灰复燃。气温升高会使热带虫害和病菌向较高纬度蔓延，使中纬度面临热带病虫害的威胁。同时，气温升高可能使这些病虫的分布区扩大、生长季节加长，并使多世代害虫繁殖代数增加，一年中危害时间延长，从而加重农林灾害。

（3）区域性自然灾害加重

全球变暖，会加大海洋和陆地水的蒸发速度，从而改变降水量和降水频率在时间和空间上的分配。研究表明，全球变暖使世界上缺水地区的降水和地表径流减少，加重这些地区的旱灾，也加快土地荒漠化的速度。目前，世界土地沙化的速率是6万km^2/年。另一方面，气候变暖又使雨量较大的热带地区如东南亚一带降水量进一步增大，从而加剧洪涝灾害的发生。这些情况都会直接影响到自然生态系统和农业生产活动。此外，全球变暖还会使局部地区在短时间内发生急剧的天气变化，导致气候异常，造成高温、热浪、热带风暴、龙卷风等自然灾害加重。

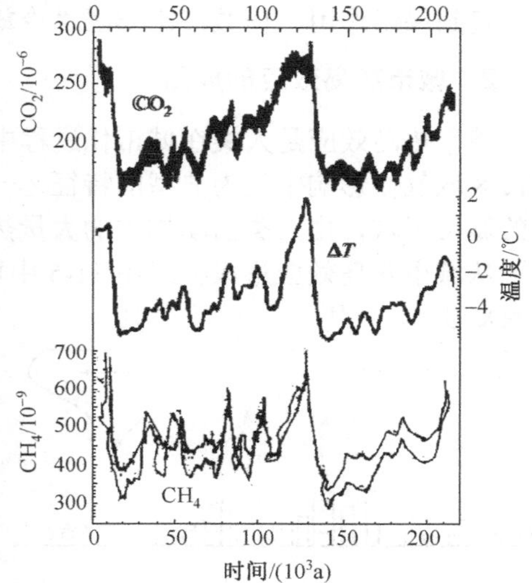

图11-4　近代全球气温变化与CO_2和CH_4含量的关系

（4）危害人类健康

温室效应导致极热天气出现频率增加，使人类自身的免疫能力降低，使心血管和呼吸系统疾病的发病率上升，同时还会促进流行性疾病的传播和扩散，从而直接威胁人类健康。

已有的研究表明，地球演化史上曾多次发生变暖-变冷的气候波动，但都是由人类不可抗拒的自然力引起的，而这一次却是由于人类活动引起的温室效应加剧导致的。当然，全球变暖、CO_2 含量升高，有利于植物的光合作用，可扩大植物的生长范围，从而提高植物的生产力。但整体来看，温室效应及其引发的全球变暖是弊多于利，因此，需要采取各种措施来控制温室效应，抑制全球变暖。

11.2.4 热岛效应

1．城市热岛现象

在人口稠密、工业集中的城市地区，由人类活动排放的大量热量与其他自然条件共同作用致使城区气温由内向外逐渐降低，就像突出海面的岛屿。19 世纪初，英国气候学家赖克·霍德华在《伦敦的气候》一书中把这种气候特征称为“热岛效应”，即城市热岛效应（Urban Heat Island Effect），其强度以城区平均气温和郊区平均气温之差表示。随着城市建设的高速发展，城市热岛效应也变得越来越明显。城市热岛效应导致城区年平均气温高出郊区农村 0.5～1.5℃左右，一般冬季城区平均最低气温比郊区高 1～2℃，城市中心区气温比郊区高 2～3℃，最大可相差 5℃，而夏季城市局部地区的气温有时甚至比郊区高出 6℃以上。城市热岛效应最早在伦敦发现，其热岛强度是夜间大于白天，日落以后城郊温差迅速增大，日出以后又明显减少。我国观测到的热岛效应最大的城市是北京（9.0℃）和上海（6.8℃），而世界上曾出现的最大的城市热岛为德国的柏林（13.3℃）和加拿大的温哥华（11℃）。

城市热岛效应是城市化气候效应的主要特征之一，大气污染在城市热岛效应中起着相当复杂特殊的作用。来自工业生产、交通运输以及日常生活中的大气污染物在城区浓度特别大，它像一张厚厚的毯子覆盖在城市上空，白天它大大地削弱了太阳直接辐射，城区升温减缓，有时可在城市产生“冷岛”效应。夜间它将大大减少城区地表有效长波辐射所造成的热量损耗，起到保温作用，使城市比郊区“冷却”得慢，形成夜间热岛现象。

2．城市热岛效应的成因

城市热岛效应是人类在城市化进程中无意识地对局地气候所产生的影响，是人类活动对城市区域气候影响中最为典型的特征之一。城市热岛效应主要出现在人口高度密集、工业集中的城市区域，由人类活动排放的大量热量与其他自然条件综合作用的结果。

从城市热岛效应形成模式图 11-5 中可以看出，白天，在太阳辐射下构筑物表面迅速升温，积蓄大量热能并传递给周围大气，夜晚又向空气中辐射热量，使近地继续保持相对较高的温度，形成“城市热岛”。另外，由于建筑密集，地面长波辐射在建筑物表面多次反射，使得向宇宙空间散失的热量大大减少，日落后降温也很缓慢。引起城市热岛效应的原因主要为城市下垫面和大气成分的变化以及人为热释放等方面。

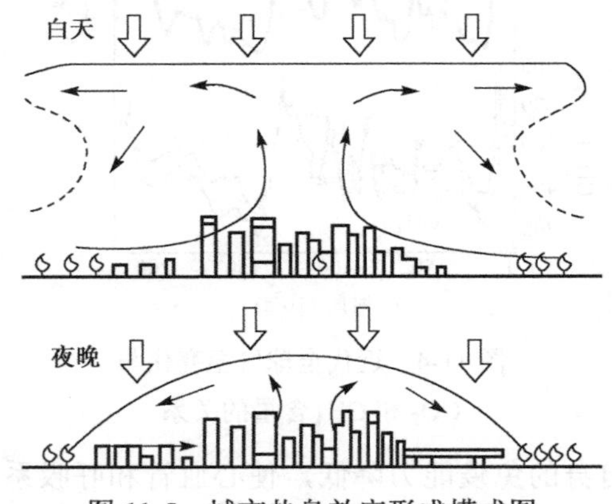

图 11-5 城市热岛效应形成模式图

（1）城市下垫面的变化

下垫面是影响气候变化的重要因素。随着城市化进程的发展，原来的林地、草地、农田、牧场和水塘等自然生态环境逐渐被大量的人工材料如混凝土、柏油地面和各种建筑墙面等取代。这些人工构筑物吸热快、传热快，改变了城市下垫面的热特征。在相同的太阳辐射下，城市下垫面比自然下垫面升温快，其表面温度显著高于自然下垫面。白天，受热构筑物面把温度迅速传给大气；日落后，受热的构筑物，仍缓慢向市区空气中辐射热量，使得近地气温升高。如夏天当草坪温度32℃、树冠温度30℃时，水泥地面的温度可达57℃，而柏油路面则更是高达63℃，这些构筑物形成巨大的热源，影响周围的大气环境。

城市中植被面积减少，不透水面积增大，导致储水能力降低，蒸发（蒸腾）强度减小，从而蒸发消耗的潜热少，地表吸收的热量大都用于下垫面增温。同时由于城市构筑物增加，下垫面粗糙度增大，高耸入云的建筑物造成近地表风速减小，阻碍空气流通，不利于热量扩散，因此白天蓄热多，晚上散热慢，加剧了城市热岛效应。

（2）人为热源的影响

人为热是指人类活动以及生物新陈代谢所产生的热量。工业生产、居民生活制冷、家庭炉灶、采暖、交通运输、人群等流动热源不断向外释放废热，从而改变了城市地区的热量平衡，是热岛效应形成的重要原因之一。城市能耗越大，热岛效应越强。在冬季和高纬度地区的城市人为热的排放量甚至超过太阳的净辐射量。

（3）城市大气成分的变化

城市地区能源消耗量大，城市中的机动车辆、工业生产以及人群活动排放大量的CO_2、NO_X、CH_4等温室气体和粉尘等，致使城市上空大气组成改变，降低了城市空气的透明度，这些物质大量的吸收太阳辐射和地表长波辐射，造成大气逆辐射增强，引起大气的进一步升温，加剧了大气的温室效应，从而强化了城市热岛效应。

3．城市热岛效应的影响

城市热岛效应给人类带来的影响主要表现为以下几方面。

（1）城市热岛效应使得城区冬季缩短，霜雪减少，有时甚至出现城外降雪城内雨的现象，从而可以降低城区冬季采暖耗能。

（2）城市热岛效应会增大用水量，加剧城市的能耗，造成更多的废热排到环境中，进一步加剧城市热岛效应，导致恶性循环。理论上讲，城市热岛效应一年四季都是存在的，只是对居民生活和消费构成影响的主要体现在夏季高温天气下的热岛效应。热岛效应导致夏季持续高温，为了降低室温和提高空气流动速度，人们普遍使用空调、电扇等电器，增加城市耗能。例如美国洛杉矶市城乡温差增加2.8℃后，全市因空调降温多耗电10亿瓦，每小时合15万美元。据此推算，全美国夏季因热岛效应每小时多耗降温费可达数百万美元。目前美国每年1/6的电力消费用于降温目的，为此需付400多亿美元。

（3）城市热岛效应在夏季加剧城区高温天气，不仅降低人们的工作效率，还会引起中暑和死亡人数的增加。医学研究表明，环境温度与人体的生理活动密切相关，当温度高于28℃时，人会有不舒适感；温度再高就易导致烦躁、中暑和精神紊乱等；如果气温高于34℃并加以热浪侵袭还可引发一系列疾病，特别是心脏病、脑血管和呼吸系统疾病，使死亡率显著增加。

（4）城市热岛效应可能引起暴雨、飓风和云雾等异常天气现象，即所谓的“雨岛效应”、“雾岛效应”和“城市风”。受热岛效应的影响，夏季经常发生市区降雨而远离市区却干燥的现象。美国宇航局“热带降雨测量”卫星的观测数据显示，城市顺风地带的月均降雨次数比顶风区多28%～51%，而降雨强度最高可高出1倍以上。该现象最早发现于美国印第安纳州拉波特镇，该镇位于大钢铁企业下风向，因此也被称为“拉波特效应”。2000年，上海市区汛期雨量比远郊多出50mm以上。城市云雾是工业生产和生活中排放的各种污染物所形成的酸雾、油雾、烟雾和光化学雾等的混合物，热岛效应阻碍了这些物质向宇宙太空逸散，从而加重它们对生物和城市交通的危害。城区中心空气受热上升，周围郊区冷空气向市区汇流补充，而城区上升的空气在向四周扩散的过程中又在郊区沉降下来，从而形成城市热岛环流，这样会使扩散到郊区的废气、烟尘等污染物重新聚集在市区的上空，不利于污染物向下风向迁移扩散，加剧城市大气污染（见图 11-6），导致城市雾霾现象越来越多。

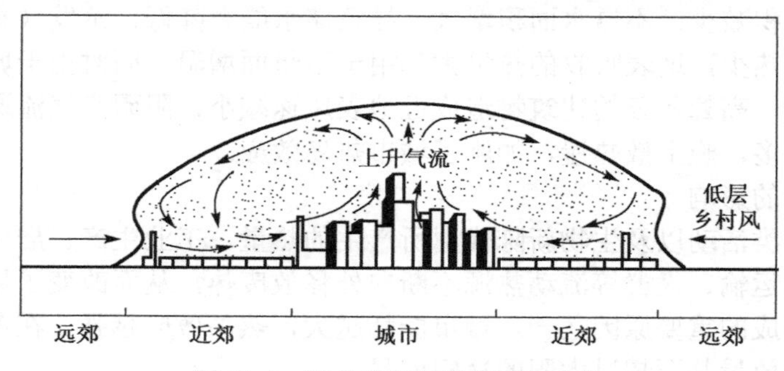

图 11-6　城市热岛环流模式和尘盖

（5）城市热岛效应会造成局部地区水灾。城市产生的上升热气流与潮湿的海陆气流相遇，会在局部地区上空形成乱积云，而后降下暴雨，每小时降水量可达 100mm 以上，从而在某些地区引发洪水，造成山体滑坡和道路塌陷等。

此外，城市热岛效应还会加重城市供水紧张，导致火灾多发，导致气候、物候失常，为细菌病毒等的孳生蔓延提供温床，甚至威胁到一些生物的生存并破坏整个城市的生态平衡。

由于热岛中心区域近地面气温高，大气做上升运动，与周围地区形成气压差异，周围地区近地面大气向中心区辐合，从而在城市中心区域形成一个低压旋涡，结果就势必造成人们生活、工业生产、交通工具运转中燃烧石化燃料而形成的硫氧化物、氮氧化物、碳氧化物、碳氢化合物等大气污染物质在热岛中心区域聚集，危害人们的身体健康甚至生命。

（1）大量污染物在热岛中心聚集，浓度剧增，直接刺激人们的呼吸道粘膜，轻者引起咳嗽流涕，重者会诱发呼吸系统疾病，尤其是患慢性支气管炎、肺气肿、哮喘病的中老年人还会引发心脏病，死亡率高，如英国伦敦在 1952 年 12 月份，因为这个原因死亡 4000 余人。另外，大气污染物还会刺激皮肤，导致皮炎，甚而引起皮肤癌。有的物质如铬等，若进入眼内会刺激结膜，引起炎症，重者可导致失明。汞可损害人的肾脏，引起剧烈腹痛、呕吐，汞慢性中毒还会损害人的神经系统。

（2）长期生活在热岛中心区的人们会表现为情绪烦躁不安、精神萎靡、忧郁压抑、记忆力下降、失眠、食欲减退、消化不良、溃疡增多、胃肠疾病复发等，给城市人们的工作和生活带来烦恼。在中国，素有“火炉城市”之称的南京、武汉、重庆等许多大城市在发展中都不同程度地出现了以上这些现象，所以，城市热岛效应已成为城市发展中应正确面对、亟待解决的问题。

11.3　热污染评价与标准

11.3.1　水体热环境评价与标准

《地表水环境质量标准》（GB 3838—2002）中规定人为造成的环境水温变化应限制在：

周平均最大温升≤1；周平均最大温降≤2。制定水体的温度限制值要兼顾社会、经济和环境三方面的效益，由冷却水排放造成的水体热污染的控制标准通常以鱼类生长的最高周平均温度来确定。该指标是根据最高起始致死温度（UILT）和最适温度制定的一项综合指标。计算式为：

$$\text{MWAT} = \text{最适温度} + (\text{UILT} - \text{最适温度})/3 \quad (11\text{-}1)$$

其中起始致死温度（incipient lethal temperature）即50%的驯化个体能够无限期存活下去的温度值，通常以LT50表示。随驯化温度升高，LT50亦升高，但驯化温度升至一定程度时，LT50将不再升高，而是固定在某一温度值上，即最高致死温度。

最适温度即最适宜鱼类生长的温度。各种鱼不同生活阶段最适温度也各不相同。由于最适温度的测定条件（光照、饲料量、溶解氧等）要求很苛刻，测试时间也很长，通常以与活动或代谢有关的某种特殊功能的最适温度来代替。

实际上最理想的高温限值应该是零净生长率温度（鱼的同化速率与异化速率相同时的温度）和最适温度的平均值，此值至少可以保证鱼的生长速率不低于最高值的80%。但由于这一数值很难获得，而生长的最高周平均温度被认为很接近该平均值，因此，在国内外将最高周平均温度作为水体的评价标准。

11.3.2 大气热环境评价与标准

1. 环境温度的测量方法

大气热环境在很大程度上受湿度和风速的影响。因其反映环境温度的性质不同，测量方法有干球温度（T_a）法、湿球温度（T_w）法和黑球温度（T_g）法。

（1）干球温度法

干球温度法又称为气温法，将水银温度计的水银球直接放置到环境中进行测量，记录得到大气的温度。

（2）湿球温度法

湿球温度法将水银温度计的水银球用湿纱布包裹起来，放置到环境中进行测量，所测温度为饱和湿度下的大气温度，干球温度和湿球温度的差值反映了环境的湿度状况。

湿球温度与气温、空气中水蒸气分压间存在着一定的关系。

$$h_e(P_w - P_a) = h_c(T_a - T_w) \quad (11\text{-}2)$$

式中，h_e—热蒸发系数；P_w—湿球温度下的饱和水蒸汽分压（湿球表面的水蒸气的压强），Pa；P_a—环境中的水蒸气分压，Pa；h_c—热对流系数；T_a—干球温度，℃；T_w—湿球温度，℃。

（3）黑球温度法

黑球温度法是将温度计的水银球放入一个直径为15cm，外表面涂黑的空心铜球中心进行测量，所测温度可以反映出环境热辐射的状况，关系式为：

$$T_g = (h_c T_a + h_\gamma T_\gamma)/(h_\gamma + h_c) \quad (11\text{-}3)$$

式中，T_g—黑球温度；T_γ—平均辐射温度；h_γ—热辐射系数。

三种方法测定的温度值各代表一定的物理意义，其值之间存在较大差异。因此，在表示环境温度时，必须注明测定时所采用的方法。

2. 生理热环境指标

环境温度对于人体产生的生理效应，除与环境温度的高低有关外，还与环境湿度、风速等因素有关。环境生理学上常采用温度—湿度—风速的综合指标来表示环境温度，并称之为生理热环境指标。常用的生理热环境指标主要有以下几种。

（1）有效温度（effective temperature，ET）

有效温度是将干球温度、湿度、空气流速对人体温暖感或冷感的影响综合成一个单一数值的任意指标，数值上等于产生相同感觉的静止饱和空气的温度。有效温度在低温时过分强调了湿度的影响，而在高温时对湿度的影响强调得不够，现在已不再推荐使用。目前，一般采用 Gagge 等人根据人体热调节系统数学模型提出的新有效温度（或标准有效温度，SET），指相对湿度 50%的假想封闭环境中相同作用的温度。该指标同时考虑了辐射、对流和蒸发三种因素的影响，将真实环境下的空气温度、相对湿度和平均辐射温度规整为一个温度参数，是一个等效的干球温度，主要用于确定人的热舒适标准，进而指导室内热环境的设计。

（2）操作温度（operative temperature，OT）

操作温度是平均辐射温度和空气温度关于各自对应的换热系数的加权平均值。

$$\mathrm{OT}=(h_\gamma T_{\mathrm{wa}}+h_\mathrm{c}T_\mathrm{a})/(h_\gamma+h_\mathrm{c}) \tag{11-4}$$

式中，T_{wa}—平均辐射温度（舱室墙壁温度）；h_γ —热辐射系数；h_c —热对流系数。

（3）干—湿—黑球温度

该温度值是干球温度法、湿球温度法和黑球温度法测得的温度值按一定比例的加权平均值，可以反映出环境温度对人体生理影响的程度。

①湿球黑球温度指数（wet black globe temperature index，WBGT），计算式如下：

$$\mathrm{WBGT}=0.7T_{\mathrm{nw}}+0.2T_\mathrm{g}+0.1T_\mathrm{a}\text{（室外有太阳辐射）} \tag{11-5}$$

或

$$\mathrm{WBGT}=0.7T_{\mathrm{nw}}+0.2T\text{（室内外无太阳辐射）} \tag{11-6}$$

式中，T_{nw}—自然湿球温度，即把湿球温度计暴露于无人工通风的热辐射环境条件下测得的湿球温度值。

WBGT 指数是综合评价人体接触作业环境热负荷的一个基本参量，用以评价人体的平均热负荷。同样的 WBGT 指数，当人体代谢水平不同时给人的热负荷强度也不同，因此其评价标准与人的能量代谢有关，具体见表 11-7。

表 11-7　WBGT 指数评价指标

平均能量代谢等级	WBGT 指数/℃			
	好	中	差	很差
0	≤33	≤34	≤35	>35
1	≤30	≤31	≤32	>32
2	≤28	≤29	≤30	>30
3	≤26	≤27	≤28	>28
4	≤25	≤26	≤27	>27

人体的能量代谢等级可通过测量来获得，没有能量代谢数据的情况下也可根据劳动强度将其划分为相应的 5 个等级，即休息、低代谢率、中代谢率、高代谢率和极高代谢率（见表 11-8）。

② 湿度指数（temperature humidity index，THI）

湿度指数 THI 计算式为

$$\mathrm{THI}=0.4(T_\mathrm{w}+T_\mathrm{a})+15 \tag{11-7}$$

或 $$THI = T_a - 0.55(1-f)(T_a - 14.47) \quad (11\text{-}8)$$

式中，f —相对湿度，%。

表 11-8 能量代谢率分级

级别	平均能量代谢率 M			示例
	W/m²	kcal/（min·m²）	kJ/（min·m²）	
0 休息	≤65	≤0.930	≤3.982	休息
1 低	65～130	0.930～1.859	3.892～7.778	坐姿：轻手工作业（书写、打字、绘画、缝纫、记账），手和臂劳动（小修理工具、材料的检验、组装或分类），臂和腿劳动（正常情况驾驶车辆脚踏开关或踏脚） 立姿：钻孔（小型），碾磨机（小件），绕线圈，小功率工具加工，闲步（速度<3.5km/h）
2 中	130～200	1.859～2.862	7.778～11.974	手和臂持续动作（敲钉子或填充），臂和腿的工作（卡车、拖拉机或建筑设备等非运输操作），臂和躯干工作（风动工具操作，拖拉机装配、粉刷、间断搬运中等重物、除草、锄田、摘水果和蔬菜），推或拉轻型独轮或双轮小车（速度 3.5～5.5km/h），锻造
3 高	200～260	2.862～3.721	11.974～15.565	臂和躯干重负荷工作，搬重物、铲、锤锻、锯刨或凿硬木，割草、挖掘、以 5.5～7km/h 速度行走，推或拉重型独轮或双轮车，清砂、安装混凝土板块
4 极高	>260	>3.721	>15.565	快到极限节律的极强活动，劈砍工作，大强度的挖掘，爬梯、小步急行、奔跑、行走速度超过 7km/h

根据 THI 进行热环境评价见表 11-9。

表 11-9 温度指数（THI）的评价标准

范围/℃	感觉程度	范围/℃	感觉程度
>28.0	炎热	17.0～24.9	舒服
27.0～28.0	热	15.0～16.9	凉
25.0～26.9	暖	<15.0	冷

（4）预测平均热反应指标（predicted mean value，PMV）

PMV 由丹麦工业大学 P.O.Fanger 等（1972）在 ISO-7730 标准《室内热环境 PMV 与 PPD 指数的确定及热舒适条件的确定》中提出，其计算式为

$$PMV = [0.303\exp(-0.036M)+0.0275]S \quad (11\text{-}9)$$

式中，M—人体的新陈代谢率，S—人体热负荷，W/m²。

PMV 的值在−3～+3 之间，负值表示产生冷感觉，正值表示产生热感觉。PMV 指标代表了对同一环境绝大多数人的舒适感觉，根据其结果可对室内热环境做出评价（见表 11-10）。

表 11-10 PMV 指数对热环境的判断

−3	−2	−1	0	1	2	3
很冷	冷	凉	适中	温暖	热	很热

（5）热平衡数（heat balance，HB）

我国学者叶海等在 2004 年提出，表示显热散热占总产热量的比值，可以用于普通热环境的客观评价，也可以作为 PMV 的一种简易计算方法，计算式为：

$$HB=\frac{33.5-[A\cdot T_a+(1-A)\cdot T_{wa}]}{M(I_{cl}+0.1)} \tag{11-10}$$

式中，I_{cl}—服装的基本热阻。

HB 包含了影响热舒适的 5 个基本参数（空气温度、平均辐射温度、风速、活动量和服装热阻），可用于对热环境进行客观评价，其值在 0～1 之间。值越高，表示环境给人的热感觉越凉（见表 11-11）。

表 11-11　HB 的热感觉等级

HB	热感觉	PMV	HB	热感觉	PMV
0.91	稍凉	−1	0.55	微暖	0.38
0.83	略凉	−0.69	0.46	略暖	0.69
0.75	微凉	−0.83	0.38	稍暖	1
0.65	热中性	0			

11.4　热污染防治

除 11.2 节所述热污染的成因外，太阳能、核能和风能等新能源动力工程都会产生热污染。彻底消除热污染是不可能的。热污染的综合防治的目标应是如何减少热污染，将其控制在环境可承受的范围内，以及如何对其进行资源化利用。针对不同的热污染类型，可以采取不同的防治方式。

11.4.1　水体热污染防治

水体热污染的防治，主要是通过改进冷却方式、减少温排水的排放和利用废热三种途径进行。

（1）设计和改进冷却系统，减少废热入水

水体热污染的主要污染源是电力工业排放的冷却水，要实现水域热污染的综合治理，首先要控制冷却水进入水体的质和量。一般电厂（站）的冷却水都经过冷却池或冷却塔系统，以除去水中的废热，并且把它们返回到换热器（冷凝器）中循环使用，提高水的利用效率。

目前采用的冷却塔有干式塔、湿式塔和干湿式塔三种。干式塔是封闭系统，通过热传导和对流来达到冷却水的目的，因基建投资费用高，现在很少采用。湿式塔是通过水的喷淋、蒸发来进行冷却，在电站中应用较广泛。图 11-7 为湿式塔循环冷却系统图，图 11-8 为干式冷却塔和干湿式冷却塔的示意图。

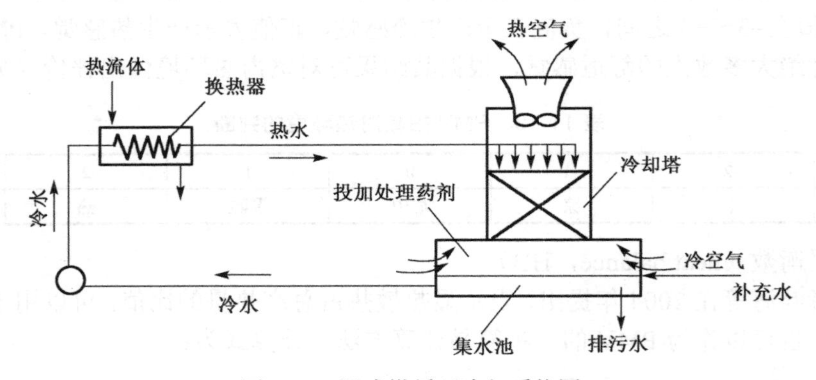

图 11-7　湿式塔循环冷却系统图

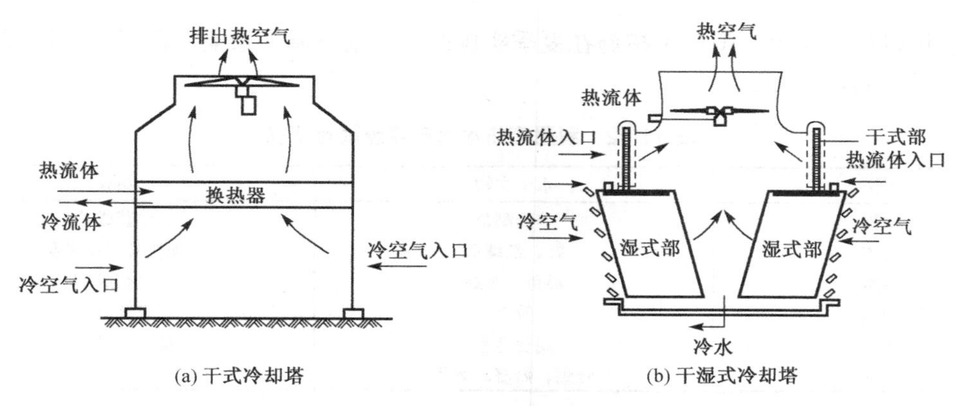

图 11-8　干式和干湿式冷却塔的示意图

根据塔中气流产生的方式不同，可将湿式塔分为自然通风和机械通风两种类型。自然通风性冷却塔要保证塔体的气流抽吸力，同时使所形成的水雾在经过一段距离扩散后到达地面时能够分散开，因此要求塔体比较庞大，造成其基建费用较大。在气温较高、湿度较大的地区常采用机械通风型冷却塔。这种塔的基建投资较小，而运行费用较高。机械通风冷却塔塔体比较低，但有较强烈的噪声（大于 95dB），因此常常被设置在离开电站一定距离的地方。为了防止被水汽饱和了的空气排出后重新被吸入冷却塔形成"短路"，在机械通风冷却塔上部通常再设置一定高度的排风塔。

冷却水池、冷却塔在使用过程中产生的大量水蒸汽，在气温较低的冬天，会使下风向数百米以内区域大气中出现结雾，路面出现结冰的现象。排出的水蒸汽对当地的气候也有较大的影响。由于湿式冷却塔饱和的湿空气由塔顶排出并与周围空气混合后，气温急速下降，水汽形成雾滴，所以开发了一种干湿式冷却塔，亦称除雾式冷却塔。其构造是在一般的湿塔上部设置翅管形热交换器，温热水先进入热交换器管内加热湿塔的排气，再进入湿塔喷淋、蒸发。在湿塔中空气被加温、增湿变成饱和状态，而在干塔中被进一步加热到过热状态。由于塔顶风机的抽力，在干塔内就有一部分空气和湿塔排气相混合，调节干、湿塔两段空气量的分配率，就可形成水雾。

在冷却水循环使用过程中，为了避免化学物质和固体颗粒过多的积累，系统中需要连续的或周期的"排污"，排出一部分冷却水，其量约为总循环水量的 5%，这一部分冷却水同样会对水体造成热污染，在排放时仍须加以控制。

为了进一步减少电站废热的排放，电厂、核电站等工业部门仍需继续改进冷却系统，通过冷却水的循环利用或改进冷却方式，减少冷却水用量、降低排水温度，从而减少进入水体的废热量。同时应合理选择取水、排水的位置，并对取、排水方式进行合理设计，如采用多口排放或远距离排放等，减轻废热对受纳水体的影响。

（2）废热综合利用

排入水体的废热均为可再利用的二次能源。目前，国内外都在利用电站排放的温热水进行水产养殖试验，并在许多鱼种方面取得了成功。表 11-12 中给出了在水产养殖方面取得的成果。

农业也是温热水有效利用的一个途径。在冬季，用温热水灌溉能促进种子发芽和生长，延长适于作物种植的时间。直接利用废热水在温带的暖房中进行灌溉，可在温室中种植蔬菜、花卉等，并能培育出一些热带和亚热带的植物。也可将冷却水引入水田以调节水温，或排入港口或航道以防止结冰。但以上措施在夏季实施时须考虑气温的影响，同时还需进行成本效益分析，确定其可行性。

表 11-12 利用废热水水产养殖试验状况

国别	水生生物	结果
中国	非洲鲫鱼	已获成功
日本	虾、红绸鱼	加快其增长速度
日本	鳗鱼、对虾	已获成功
美国	鲶鱼	已获成功
美国	观赏性鱼	提高其成活率
美国	牡蛎、螃蟹、淡菜	增加其产卵量

利用电厂（站）排出的温热水，在冬季供暖和在夏季作为吸收型空调设备的能源前景非常乐观。作为区域性供暖，在瑞典、芬兰、法国和美国都已经取得成功。

将废热水引入污水处理系统中，能够调节水温，加速微生物酶促反应，提高其降解有机物的能力，从而提高污水处理效果。特别是在冬天水处理系统温度较低的情况下，如果能将温排水热量引入到污水处理系统中去，将是一举两得的处理方案。

（3）加强管理

有关部门应严格执行水温排放标准，同时将热污染纳入建设项目的环境影响评价中，同时各地方部门需加强对受纳水体的管理，例如禁止在河岸或海滨开垦土地、破坏植被，通过植树造林，避免土壤侵蚀等对水体热污染的综合防治也具有重要意义。

11.4.2 大气热污染防治

热污染会导致大气环境升温，产生温室效应，其防治应主要从两方面入手，一是减少温室气体的排放，二是植树造林，保护地表植被。

（1）控制温室气体排放

众所周知，要减少温室气体的排放必须控制矿物燃料的使用量，提高燃料燃烧的完全性，提高能源利用效率，研究开发高效节能的能源利用技术、方法和装置，降低废热排放量。为此必须调整能源结构，增加核能、太阳能、生物能和地热能等可再生能源的使用比例。此外，还需要提高能源利用率，特别是发电和其他能源转换的效率以及各工业生产部门和交通运输部门的能源使用效率。

目前矿物燃料仍然是最主要的能量来源，因此有效控制 CO_2 的排放量，需要世界各国协调保护与发展的关系，主动承担其责任，并互相合作、联合行动。自 20 世纪 80 年代末期以来，在联合国的组织下召开了多次国际会议，形成了两个最重要的决议《联合国气候变化框架公约》和《京都议定书》。其中，1997 年的《京都议定书》结合各国的经济、社会、环境和历史等具体情况，规定了发达国家“有差别的减排”。为此，荷兰率先征收“碳素税”，即按二氧化碳的排放量来征税，而日本也制定了类似的税收制度。我国通过煤炭和能源工业改革，CO_2 和 CH_4 排放量逐年降低。

此外，发展清洁型和可再生替代能源，充分利用太阳能、风能和水电等清洁能源，减少化石性能源的使用量，也能减轻对环境的热污染。清洁能源的使用是清洁生产的主要内容之一。所谓清洁型能源就是指他们的利用不产生或者极少产生对人类生存环境造成影响的污染物。目前可供开发的新能源和可再生能源主要有太阳能、风能、地热能、生物质能、潮汐能和水能。

由于现阶段大量使用的矿物能源不可能被清洁能源马上代替，因此，现阶段清洁能源的使用可以从包括清洁能源的开发利用、矿物能源的高效利用和能源节约利用几方面进行努力。

（2）增加温室气体的吸收

保护森林资源，通过植树造林提高森林覆盖面积，可以有效提高植物对 CO_2 的吸收量。试验表明，每公顷森林每天可以吸收大约 1t 的 CO_2，并释放出 0.73t 的 O_2。这样地球上所有植物每年为人类处理的 CO_2 可达近千亿吨。此外，森林植被可以防风固沙，滞留空气中的粉尘，从而进一步抑制温室效应。每公顷森林每年可滞留粉尘 2.2t，降低大气含尘量约 50%。另外，树木、植物还能起到调节地区气温的目的。盛夏季节，草地、水面的气温，要比水泥路面温度低 10℃以上。在阳光照射下，建筑物只能吸收 10%的热量，而树木却能吸收 50%。夏季，绿化区的温度一般可比建筑物地区低 3～5℃。

加强二氧化碳捕集、封存和利用技术的研究。CO_2 可与其他化学原料发生许多化学反应，可将其作为碳或碳氧资源加以利用，用于合成高分子材料。所合成的新型材料具有完全生物降解的特性，这样既可以减少大气中 CO_2 的含量，同时也可减少环境污染特别是“白色污染”问题。

（3）适应气候变化

通过培育新的农林作物品种、调整农业生产结构、规划和防止海岸侵蚀的工程等来适应气候变化。此外，加强温室效应和全球变暖的机理及其对自然界和人类的影响研究，控制人口数量，加强环境保护的宣传教育等对温室效应的控制也具有重要意义。

11.4.3 热岛效应的防治

城市中人工构筑物的增加、自然下垫面的减少是加剧城市热岛效应的主要原因。因此，在城市中通过增加自然下垫面的比例，大力发展城市绿化，营造各种“城市绿岛”是缓解城市热岛效应的有效措施。对于城市热岛效应的防治，可以从设计规划和城市绿化等多方面综合考虑，以减轻热岛效应。

（1）根据城市所处地形和气象条件，进行合理设计，以及完善环境监察制度等来综合防治热岛效应。要统筹规划公路、高空走廊和街道这些温室气体排放较为密集的地区的绿化，营造绿色通风系统，把市外新鲜空气引进市内，以改善小气候。如北京市位于平原中部，三面环山。由于山谷风的影响，盛行南、北转换的风向。夜间多偏北风，白天多偏南风。因此，在扩建新市区或改建旧城区时，应适当拓宽南北走向的街道，以加强城市通风，减小城市热岛强度。

（2）市区人口稠密也是热岛效应形成的重要原因之一。城市热岛强度随着城市发展而加强，因此在控制城市发展的同时，要控制城市人口密度、建筑物密度。因为人口高密度区也是建筑物高密度区和能量高消耗区，常形成气温的高值区。所以，在今后的新城市规划时，可以考虑，在市中心只保留中央政府和市政府、旅游、金融等部门，其余部门应迁往卫星城，再通过环城地铁连接各卫星城。

（3）居住区的绿化管理要建立绿化与环境相结合的管理机制并且建立相关的地方性行政法规，以保证绿化用地。因为城区的水体、绿地对减弱夏季城市热岛效应起着十分可观的作用。城市绿地是城区自然下垫面的主要组成部分，它所吸收的太阳辐射能量一部分用于蒸腾耗热，一部分在光合作用中被转化为化学能储存起来，因而用于提高环境温度的热量则大大减少，可以有效缓解城市热岛效应。研究表明，每公顷绿地平均每天可从周围环境中吸收 81.8 MJ 的热量，相当于 189 台空调的制冷作用。1 公顷绿地中的园林植物每天平均可以吸收 1.8t

CO_2。当绿化覆盖率大于 30%时，热岛效应将得到明显的削弱，覆盖率达 50%时削弱作用非常明显。规模大于 3 公顷且绿化覆盖率达 60%以上的城市下垫面的气温与郊区自然下垫面相当。例如，在新加坡、吉隆坡等花园城市，热岛效应基本不存在。因此，大力发展城市绿化，保护并增大城区的绿地、水体面积，是减轻热岛影响的关键措施。如选择高效美观的绿化形式、包括街心公园、屋顶绿化和墙壁垂直绿化及水景设置，可有效地降低热岛效应，获得清新宜人的室内外环境；增加人工湿地，加强屋顶和墙壁绿化，通过建设若干条林荫大道，使其构成城区的带状绿色通道和城市“通风道”，逐步形成以绿色为隔离带的城区组团布局，减弱热岛效应。如我国素有“火炉”之称的武汉市，通过城市绿化，建设“通风道”的方式，带走城市中的热量，降低了市区温度，有效地缓解了火炉现象和城市热岛效应。

（4）把消除裸地、消灭扬尘作为城市管理的重要内容。除建筑物、硬路面和林木之外，全部地表应为草坪所覆盖，甚至在树冠投影处草坪难以生长的地方，也应用碎玉米秸和锯木小块加以遮蔽，或者铺设反射率高，吸热率低、隔热性能好的新型环保建筑材料，以提高地表的比热容。

（5）加强工业整治及机动车尾气治理，限制大气污染物的排放，减少对城市大气组成的影响。同时要调整能源结构，提高能源利用率，通过发展清洁燃料、改燃煤为燃气、开发利用太阳能等新能源，减少向环境中排放人为热。

另外，在城市现有基础上，也可以通过其它措施减缓城市热岛效应：①控制使用空调器，提高建筑物隔热材料的质量，以减少人工热量的排放；②建筑物淡色化以增加热量的反射；③改善市区道路的保水性性能，用透水性强的新型柏油铺设公路，以储存雨水，降低路面温度；④提高人工水蒸发补给，例如喷泉、喷雾、细水雾浇灌；⑤形成环市水系，调节市区气候。因为水的比热大于混凝土的比热，所以在吸收相同的热量的条件下，两者升高的温度不同而形成温差，这就必然加大热力环流的循环速度，而在大气的循环过程中，环市水系又起到了二次降温的作用，这样就可以使城区温度不致过高，可以达到防止城市热岛效应的目的。

综上所述，热岛效应给人们带来的危害的确不小，但若能够正确利用已有的技术，控制城市的过快发展，合理规划城市，这个问题并非不可解决。

11.4.4 余热利用

煤炭、石油、各种可燃气等一次能源用于冶炼、加热、转换等工艺过程后都会产生各种形式的余热；矿物的焙烧、化工流程中的放热反应也会产生大量余热。这些余热寄存于气体、液体和固体等三种物态形式之中，其中绝大部分的余热都是以物质的物理显热形式出现的，以气体和液体形式包含的余热有时也含有一部分可燃物质。余热属于二次能源，余热利用对于环境改善，节约能源具有重要意义。

1. 工业炉窑高温排烟余热的利用

工业炉窑高温排烟气态余热的利用，对于固态和液态余热利用来说，是比较容易实现的。其主要的余热利用设备为预热空气的换热设备和加热热水或产生蒸汽的余热锅炉。安装余热利用设备后，不仅可以使设备热效率提高，同时可以提高系统的燃料利用率。

有些工业炉窑，如纯氧炼钢炉、硫铁矿焙烧炉、电极加热炉、炼油厂裂解炉、制氢设备等，都产生高温烟气，都可利用余热锅炉回收排烟余热，以提高整个系统的燃料利用率。即使是已经利用余热预热空气的炉窑，也往往还需要通过余热锅炉进一步回收排烟余热。对于需要用能用热的部门来说，余热锅炉更是提高经济效益的有效办法。余热锅炉的工作介质是水和蒸汽，水的热容量大，设备的体积相对来说比较小，用材（主要是碳钢）不受高温烟气的限制。

工业炉窑余热锅炉有烟道式和管壳式两大类。烟道式的余热锅炉烟气侧处于负压或微压状态。管壳式余热锅炉的受热面均在内外受压的状况下运行。烟道式余热锅炉要保证主要生产过程在停用锅炉的情况下仍能正常运行，为此，在系统布置上要注意在工业炉窑和余热锅炉之间设置旁通烟道（也有特例）。余热锅炉的特点是单台设计、单台审批，主要是由于与之配套的工业炉窑不同所致。

工业上用的各种炉窑、化工设备、动力机械，由于燃料和生产过程不同，它们的排烟温度以及排烟的性质也有所不同。从烟气的性质来说，以重油、天然气或煤气等作为燃料，从上述设备排出的烟气是比较干净的；但是冶炼炉、玻璃熔窑、水泥窑、电极熔化炉等由于炉料的因素，烟气中含有大量的粉尘，还伴有各种有害气体，它们属于比较不易处理的一类高温烟气。因此在进行余热利用的时候需要注意。

2．冶金烟气的余热利用

（1）有色冶金余热利用现状

煤是我国目前的主要动力资源，它与人民生活密切相连，在国民经济中占有重要的地位。冶金工业为耗煤大户，约占全国燃料分配总量的1/3（不含炼焦用煤）。冶金余热资源相当丰富（如有色冶炼中各种炉窑产出烟气的热值约占总热值的30%～50%，有的甚至更高），主要来自高温烟气余热、汽化冷却和水冷却余热、高温产品和高温炉渣的余热、可燃气体余热等。充分利用这些余热资源，可直接加热物料，蒸汽发电或直接作燃料、化工原料，以及生活取暖用气等。所以，搞好余热利用，对节约燃料，减轻运输量，节省运输费用，减少大气污染，改善劳动条件，以致减少占地面积，增加产量，提高质量，提高冶金炉的热效率，促进企业内部热力平衡，降低生产成本等都有着十分重要的意义。

有色金属冶炼厂的余热利用虽取得一定成效，但利用余热的巨大潜力仍有待于进一步挖掘。目前余热利用主要是在有色冶金炉及烟道上装设汽化冷却器或余热锅炉来生产蒸汽，供生产和生活应用，有的厂还将余热用于发电。

（2）有色冶金余热锅炉

对大多数火法冶炼厂而言，在生产过程中都会产生大量有害的高温烟气。这些烟气对操作人员的身体健康、周围环境以及农作物等都有不同程度的影响，而高温烟气中的有价金属粉尘，必须经过冷却措施冷却方能净化回收。过去，大多数烟气都采用水冷却，既浪费了热能和消耗了大量冷却水，又消耗了相当多的电能。在水质不良的情况下，因水耗大、水处理费用高等原因，对水不作处理就使用，致使设备损坏比较严重，检修周期短，维护频繁，给生产带来不利影响。由于有色冶金炉所排出的高温烟气的烟气量、烟气温度及烟气性质会随冶金炉结构，冶炼精矿（渣）成分、产量，使用的燃料种类等变化，且其腐蚀性大，烟尘黏结性也较强，故在利用时也有一定的困难。经过不断的生产实践和技术的发展，余热锅炉的设计日趋完善，在各工业部门的余热利用中应用也越来越多。

有色冶金余热锅炉是以工业生产过程中产生的余热为热源，吸收其热量后产生一定压力和温度的蒸汽和热水的装置。余热锅炉结构与一般锅炉相似，但由于余热载体成分、特性等与燃料燃烧所生成的烟气有显著的差异，并且各种余热载体也千差万别，因而所设计的余热锅炉在不同的应用场所也各具特色，结构上也有一定差异。

根据有色冶炼烟气特性，余热锅炉有多通道和单通道之分。多通道采用强制循环或混合循环，翅片管受热面，轻型炉墙，采用伸缩清灰或振打清灰；单通道多属卧式，有强制或自然循环，全膜式冷壁敷管炉墙，全振打清灰。

近年来，余热锅炉在钢铁、石油、化工、建材、有色、纺织、轻工、煤炭、机械等工业部门的应用日趋广泛。但在技术上的难度，设备费用的昂贵，遏制了余热锅炉在冶金烟气余热利用中的应用。因此，应尽快研制生产出适应冶金烟气特性，价格适宜的余热锅炉去开拓余热利用的广阔天地。随着余热锅炉技术的发展和生产工艺的完善，冶金烟气余热利用大有可为，余热锅炉在余热利用中大显身手。

3．城市固体废物的焚烧处理和废热利用

随着垃圾的逐年增长，城市垃圾的处理日显重要，如日本采用焚烧处理所占比例也在逐年增长。经过焚烧处理，固体废物及下水污泥达到了稳定化、减容化、无害化，焚烧时产生的热量的利用问题一直为世界各国环保工作者瞩目。

目前用于焚烧处理城市垃圾的装置根据其燃烧方式的不同分为固定床燃烧，流化床燃烧、浮游式燃烧及喷雾式燃烧等几种。处理垃圾的热利用形式有回收热量（如热气体、蒸汽、热水），发电及直接转换为动力三大类型。

回收利用焚烧炉的热形式有蒸汽供热，高温水供热及低温水供热等形式。焚烧垃圾用于发电的设施也是逐年增加。垃圾焚烧处理的余热利用要适应社会经济发展，既通过各种方式利用余热，同时要提高利用率。另外需要注意的是，垃圾焚烧过程产生的烟气污染等问题。

焚烧设施的热回收利用方面除考虑热利用方式的选择、发热量与回收热量的变化、设施的运转条件及设备容量外，还应考虑提高回收热利用率。此外，还应考虑其它方面。使可燃性垃圾达到减容化、稳定化的目的，且无二次污染发生；在降温过程中强化热回收利用。降温过程（从850～950℃降至300℃）产生的大量热量除部分用于预热燃烧空气，加温热水外，主要通过废热锅炉尽可能回收利用废热蒸汽；要防止排放空气带来的影响，如排放空气中含水率高造成对金属的腐蚀，以及烟尘的堆积堵塞通风管道等。

11.4.5 新型热污染控制技术

随着科学技术的发展，出现了许多新型的热污染控制技术，如采用新型的技术、设备与材料，提高了热能利用率，大大减少了热量的排放，对控制热污染起到了明显的作用。

1．节能技术与设备

（1）热泵

热泵即将热由低温位传输到高温位的装置，是一种高效、节能、环保技术，其理论基础起源于19世纪关于卡诺循环的论文。它利用机械能、热能等外部能量，通过传热工质把低温热源中无法被利用的潜热和生活生产中排放的废热，通过热泵机组集中后再传递给要加热的物质。其工作原理如图11-9所示。热泵设备的开发利用始于20世纪二三十年代，直到70年代能源危机的出现，热泵技术才得以迅速发展。目前热泵主要用于住宅取暖和提供生活热水，在北美洲和欧洲的应用很广。在工业中，热泵技术可用于食品加工中的干燥、木材和种子干燥及工业锅炉的蒸汽加热等。

热泵的热量来源可以是空气、水、地热和太阳能。其中以各种废水、废气为热源的余热回收型热泵不仅可以节能，同时也可以直接减少人为热的排放，减轻环境热污染。采用热泵与直接用电加热相比，可节电 80%以上；对于 100℃以下的热量，采用热泵比锅炉供热可节约燃料 50%。

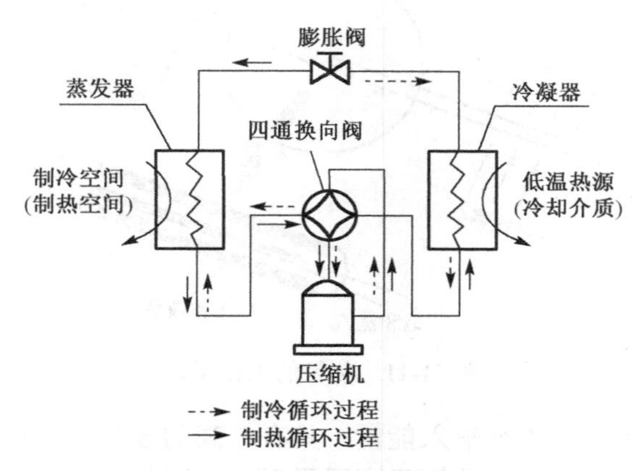

图 11-9　典型压缩式热泵的工作原理

图 11-10 是莫斯科市乌赫托姆斯基小区的电—热—冷三联供系统，整个系统的能量都来自当地的“二次能源”。该小区有一根城市污水地下干管通过，而且附近 5 个热电站产生大量冷却水，这些废水处理后可作为压缩式热泵系统的低温热源。此外，两个大型天然气分配站，把天然气的压力由 2 MPa 减至 0.3～0.6 MPa，利用这一压降驱动涡轮机发电，既可以保证热泵使用，又能满足小区其他用电。整个系统不需消耗任何化石燃料，便可满足住宅楼、行政、文化、商业等建筑物的供电、供热，室内游泳池供热，人工滑冰场及各种冷库的制冷，同时还可用于路面下融雪装置的供热。该工程施工量巨大，全部投资预计在 35 年内收回。

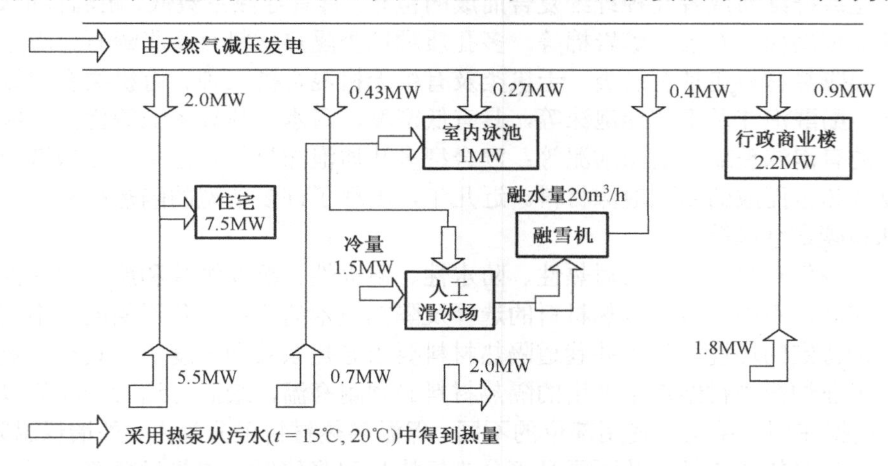

图 11-10　乌赫托斯基生活小区电一热一冷三联供系统的能源及功率分配

（2）热管

美国 Los Alamos 国家实验室的 G.M.Crover 于 1963 年最先发明了热管，它是利用密闭管内工质的蒸发和冷凝进行传热的装置。常见的热管由管壳、吸液芯（毛细多孔材料构成）和工质（传递热能的液体）三部分组成。热管一端为蒸发端，另外一端为冷凝端。当一端受热时，毛细管中的液体迅速蒸发，蒸气在微小的压力差下流向另外一端，并释放出热量，重新凝结成液体，液体再沿多孔材料靠毛细作用流回蒸发段（见图 11-11）。如此循环不止，便可将各种分散的热量集中起来。

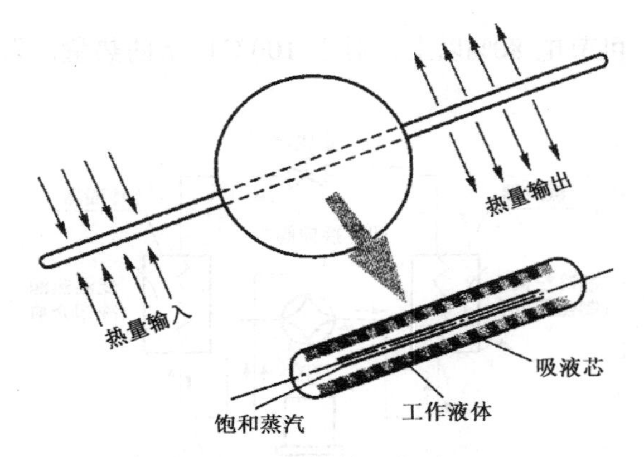

图 11-11　热管的工作原理

与热泵相比，热管不需从外部输入能量，具有极高的导热性、良好的等温性，而且热传输量大，可以远距离传热。目前，热管已广泛用于余热回收，主要用作空气预热器、工业锅炉和加热生活用水。此外，在太阳能集热器、地热温室等方面都取得了很好的效益。

（3）隔热材料

设备及管道不断向周围环境散发热量，有时可以达到相当大的数量。所以，隔热保温即可节约能源，也可在一定程度上减少热污染。另外，在高温作业环境中使用隔热材料，还能显著降低对人体的伤害。

隔热材料的种类很多，根据隔热材料内部组织和构造的差异，可分为多孔纤维质隔热材料、多孔质颗粒类隔热材料和发泡类隔热材料三类。多孔纤维质隔热材料是由无机纤维制成的单一纤维毡或纤维布或者几种纤维复合而成的毡布。具有导热系数低、耐温性能好的特点。常见的有超细玻璃棉、石棉、矿岩棉等。多孔质颗粒类隔热材料有膨胀蛭石、膨胀珍珠岩等材料。发泡类隔热材料包括有机类、无机类及有机无机混合类三种。有机类有聚氯脂泡沫、聚乙烯泡沫、酚醛泡沫及聚胺酯泡沫等，具有低密度、耐水、热导率低等优点，应用较广；无机类常见的有泡沫玻璃、泡沫水泥等；混合型多孔质泡沫材料是由空心玻璃微球或陶瓷微球与树脂复合热压而成的闭孔泡沫材料。近几年，出现了许多新型的隔热材料，如用于高温的空心微珠和碳素纤维等。

某些使用条件对隔热材料的耐热性、防水性、耐火性、抗腐蚀性和施工方便性等也有一定的要求。因此，不同领域中隔热材料的选择及隔热技术的应用也各不相同，不同的隔热材料一般都用于特定的环境。如矿井巷道隔热材料要求导热系数和密度小，具有一定的强度和防水性能。工业炉窑炉衬结构中使用的隔热材料必须耐高温，最高可达 2 000℃以上。在建筑工程中，根据在围护结构中使用部位的不同，保温隔热材料可分为内、外墙保温隔热材料；根据节能保温材料的状态及工艺不同又可分为板块状和浆体保温隔热材料等。不同的隔热材料，即使具有同样的热阻和导热性能，降温所需时间也可能相差很大。隔热材料的蓄热系数越大，冷却降温速度越慢。因此不同低温工程对隔热材料的要求也有所差异。通常速冻间选择蓄热系数小的材料做隔热内层，有利于提高降温速度，减少冷负荷，节省投资和运行费用。对冻结物或冷却物的冷藏间，则应选用蓄热系数较大的隔热材料，以减少库内壁表面的温度波动，保持库内温度稳定，从而节省动力消耗。

（4）空冷技术

工业过程中的冷却问题，如火电厂的冷凝器、冷却塔、化工设备中的洗涤塔、大型活塞式压缩机的中间冷却器等，大多采用水冷方式。而冷却水排放正是造成水体热污染的主要污染源，采用空冷技术可以显著节约水资源，同时也有助于控制水体热污染。但空冷技术耗电量大，会提高燃料消耗，因此在能源丰富而水源短缺的地区比较适用。

2．生物能技术

（1）生物能的特点及开发现状

生物能即以生物质为载体的能量，是太阳能以化学能形式贮存在生物中的一种能量形式。生物质能的载体是有机物，是以实物形式存在的，也是唯一一种能够贮存和运输的可再生资源。以生物质资源替代化石燃料，不仅可以减少化石燃料的消耗，同时也可减少 CO_2、SO_2 和 NO_2 等污染物的排放量。另外，生物能分布最广，不受天气和自然条件的限制，经过转化后几乎可应用于人类工业生产和社会生活的各个方面，因此生物能的开发和利用对常规能源具有很大的替代潜力。

生物质包括植物、动物及其排泄物、有机垃圾和有机废水几大类。目前其开发利用主要集中在三方面：一是建立以沼气为中心的农村新能源；二是建立“能量林场”、“能量农场”和“海洋能量农场”，以植物为能源发电，常用的能源植物或作物有绿玉树、续随子等；三是种植甘蔗、木薯、海草、玉米、甜菜、甜高粱等，发展食品工业的同时，用残渣制造酒精来代替石油。

（2）生物质压缩成型技术

由于植物生理方面的原因，生物质原料的结构通常比较疏松，密度较小，利用各种模具，可制成不同规格尺寸的成型燃料品。成型燃料的固体排放量、对大气的污染和锅炉的腐蚀程度、使用费用及其他性能都优于煤和木屑，其工艺流程见图 11-12。

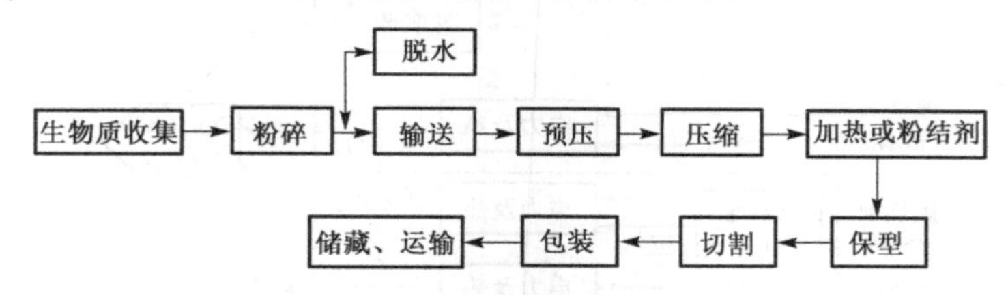

图 11-12　生物质压缩成型工艺流程

（3）生物质气化技术

生物质气化是在一定的热力条件下，将组成生物质的碳氢化合物转化为含一氧化碳和氢气等可燃气体的过程，其工艺系统见图 11-13。生物质经气化后排出的燃气中常含有一些杂质，叫做粗燃气，直接进入供气系统会影响供气、用气设施和管网的运行，因此必须进行净化。整个系统的运行和启、停均由燃气输送机控制，同时提供使燃气流动的压力。

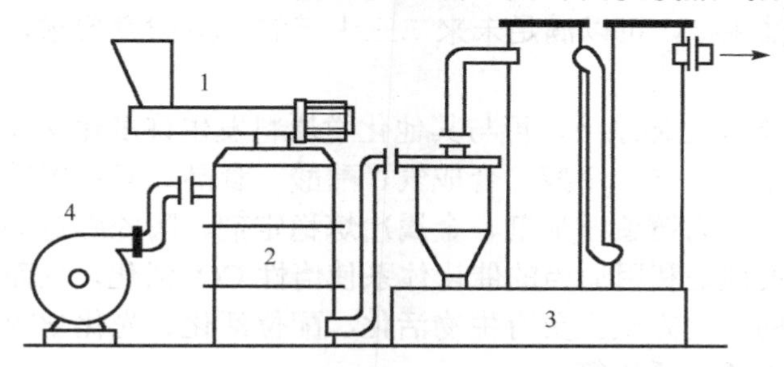

1—加料器；2—气化器；3—净化器；4—燃气输送机

图 11-13　燃气发生的工艺系统（*本图来自：生物质能现代化利用技术）

国内采用生物质集中供气系统的投资与天然气基本相当，但其环境效益和社会效益高得多，因此更具应用前景。此外，生物质气化后还可用于发电，而且该系统具有技术灵活、环境污染少等特点，其综合发电成本已接近典型常规能源的发电水平。目前，中型气化发电系统已经成熟。

（4）生物质燃料酒精

含有木质素的生物质废弃物是生产燃料酒精的主要原料来源。燃烧酒精放出的有害气体比汽油少得多，CO_2 净排放量也很少。汽油中掺入 10%～15%的酒精可使汽油燃烧更完全，减少 CO_2 的排放，因此也可以作为添加制使用。以生物质生产燃料酒精常用的工艺有酸水解、酶水解和发酵。

另外还有生物热解技术，生物质在缺氧条件下热裂解为液体生物油、可燃气体和固体生物质碳三种成分。控制热裂解条件（主要是反应温度、升温速率等）可以得到不同的热裂解产品。

3．二氧化碳捕集、利用和封存技术

二氧化碳的捕集和封存（CCS）又称为“掩蔽”（sequestration）技术，其基本思路是利用吸附、吸收、低温及膜系统等现已较为成熟的工艺技术将废气中的二氧化碳捕集下来，并进行长期或永久性的储存。目前正在大力开发的二氧化碳捕集技术有燃烧前脱碳、富氧燃烧和燃烧后脱碳技术，封存方式有地下储存、海洋储存以及森林和陆地生态储存。

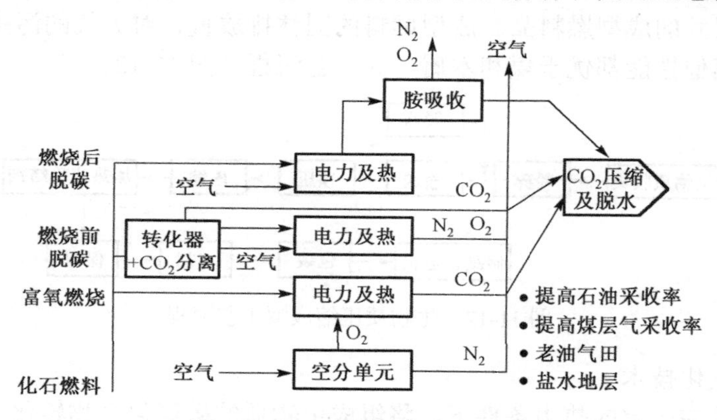

图 11-14　CO_2 的捕集工艺过程

麻省理工学院能源倡议组织（MIT Energy Initiative，MITEI）2010 年在《提高石油采收率在 CCS 技术研究中的作用》中提出，在煤炭行业充分实现 CO_2 捕集、运输与应用可提高石油采收率，促进石油生产，可以满足未来二三十年的 CO_2 封存要求，实现温室气体减排和建设低碳世界的目标。

捕集的 CO_2 在特殊催化体系下，可与其他化学原料发生许多化学反应，从而可固定为高分子材料，也可用于生产尿素、甲醇、合成气、醋酸、食品二氧化碳等，同时还有其他较为广泛的工业用途，如可作为铸造添加剂、金属冶炼稳定剂、陶瓷固定剂、食品添加剂、消防灭火剂等。该技术的关键是利用适当的催化体系使惰性 CO_2 活化，从而作为碳或碳氧资源加以利用。目前，CO_2 的活化方式主要有生物活化、配位活化、光化学辐射活化、电化学还原活化、热解活化及化学还原活化等。

我国的研究表明，在稀土二元催化剂或多种羧酸锌类催化剂的作用下，利用 CO_2 生产出

的二氧化碳基塑料具有良好的阻气性、透明性和生物降解性等特点，而且生产成本比现有万吨级生产的聚乳酸（一种由玉米淀粉发酵制备的全生物分解塑料）低 30%～50%，有望部分取代偏氟乙烯、聚氯乙烯等医用和食用包装材料。

习 题 11

1．分析热污染的概念及其热量来源。
2．简述热污染的概念与类型。
3．引起热污染的主要原因有哪些？热污染会造成什么样的危害？
4．什么是温室效应?主要的温室气体有哪些?温室效应的主要危害有哪些？
5．什么是城市热岛效应?它是如何形成的?热岛强度的变化与哪些因素有关？
6．城市热岛效应会产生什么样的影响，如何进行防治？
7．简述大气环境温度的表示方法及相应的测定方法。
8．热污染的预防和治理措施主要有哪些?

第 12 章　光污染及其防治

光是一切生物赖以生存的能源。我们人类获得的绝大部分信息都是通过眼睛感受到的光信息。除了视觉作用外，环境光能把足够的光量穿透哺乳动物的颅骨，使得埋在大脑组织中的光电细胞活跃起来。自然界就是利用光通过皮肤、眼睛的组织和大脑本身影响整个身体。随着科技的发展，现代的光源与照明给人类带来了辉煌的光文化，能使夜间亮如白昼。但是光源的过度开发建设以及不合理的规划设计，给人们的工作和生活带来许多不便，甚至妨碍了我们的正常生活，常常使人精神不安，心情烦乱，甚至由于心理机能失调而引起各种疾病。1996 年上海出现了第一起因城市建筑物玻璃幕墙反射引起光污染的环保投诉，随后各地有关玻璃幕墙光污染的投诉不断增多。所以，有必要以环境光学为依据，从各种光学角度来分析现代人类的光源利用对光环境的影响，探讨光污染的产生、危害和防治，减少甚至避免对人类的危害。

12.1　光　环　境

12.1.1　概述

光环境（luminous environment）设计是现代建筑设计的一个有机组成部分，其目的是追求合理的设计标准和照明设备，节约能源，使科学与艺术融为一体。对建筑物来说，光环境是由光照射于其内外空间所形成的环境。光环境包括室外光环境和室内光环境两类。室外光环境是在室外由光照射而形成的环境。它的功能既要满足物理、生理（视觉）、心理、美学等要求，又要兼顾节能和绿色照明等社会方面的要求。室内光环境主要是指在室内空间由光（如照度水平和分布、照明的形式和颜色）与颜色（如色调、色饱和度、室内颜色分布、颜色显现）在室内建立的同房间形状有关的生理和心理环境。室内光环境同样要满足物理、生理（视觉）、心理、人体功效学及美学等方面的要求。光环境中的光源包括天然光源和人工光源。

光线的好与坏会影响人对外界环境的认识，主要是影响人主动探索信息的过程。人每到一个新环境，总是情不自禁地环顾周围，明确自身所在的位置，判断外界是否对自己有不良的影响，否则就会使人烦躁不安。所以，在环境的设计中既要创造使人能集中注意力的光环境，又要降低目标物体周围的亮度，同时也不能太暗，使人能够明确自己的空间位置，看清周围的物体。因此，房间的墙一般采用白色或者明亮的颜色，而不是用深颜色或者黑色，这里不仅包含美学，同时也包含光学意义。

从视觉心理上讲，要提高工作的效率，就要使工作环境能够提供使注意力集中在目标物体上的光。不同的光环境对人的注意力的集中是有一定影响的。每当我们进入一个色彩斑斓的环境空间，由于装饰绚丽夺目，同时存在各种引人注目的物体和图形，这样就会产生对比强烈和亮度突出的感觉，会使人不自觉地将注意力投向这些地方。假如在这种光环境下进行要求高度集中注意力的工作，比如说看书学习，注意力就不容易集中，会影响学习工作的效率。在光环境学中称这种影响注意力的视觉信息为视觉“噪声”。因此，在建筑环境的设计中，注意避免声学“噪声”的同时也要注意避免光学的“噪声”。图书馆阅览室的周围环境不能设计得太豪华，应该注意朴素恬静。在舞厅夜总会等人们休闲的场所，灯光要尽量绚丽多彩，分散人们的注意力从而放松精神。乒乓球、台球室，要将光主要投射在桌面及周围落球的区域内，这样既能节能，又能让运动员将精力集中在球上。

在我们生活的空间中尽可能地创造既能满足视觉需要的光环境，提高视觉和识别能力，同时也要创造适合不同工作需要的心理因素的光环境，满足人的视觉心理。如果能将二者结合到一起，就会对人的生理健康和心理健康提供保障，提高工作效率。

12.1.2 光环境的影响因素

光环境的状态受很多因素的影响。

（1）照度和亮度

保证光环境的光量和光质量的基本条件是照度和亮度。在光环境中辨认物体的条件有：①物体的大小；②照度或亮度；③亮度或色度对比；④时间。这四项条件是互相关连、相辅相成的。其中只有照度和亮度容易调节，其他三项较难调节。可以说，照度和亮度是明视的基本条件。

照度的均匀度对光环境有直接影响，因为它对室内空间中人们的行为、活动能产生实际效果。但是以创造光环境的气氛为主时，不应偏重于保持照度的均匀度。

（2）光色

光色指光源的颜色，例如天然光、灯光等的颜色。按照国际照明委员会（CIE）标准表色体系，将三种单色光（例如红光、绿光、蓝光）混合，各自进行加减，就能匹配出感觉到与任意光的颜色相同的光。此外，人工光源还有显色性，表现出它照射到物体时的可见度。在光环境中光还能激发人们的心理反应，如温暖、清爽、明快等，因此在光环境中应考虑光色的影响。

混光是将两种不同光色的光源进行混合，通过灯具照射到被照对象上，呈现出已经混合的光。在光环境中往往也用混光。

激光是某些物质的原子中的粒子受到光或电的激发时由低能级的原子跃迁为高能级的原子。由于后者的数目大于前者的数目，一旦从高能级跃迁回低能级时，便放射出相位、频率、方向完全相同的光。它的颜色的纯度极高，能量和发射方向也非常集中。激光常用于舞厅、歌厅以及节日庆典的光环境中。

（3）周围亮度

人们观看物体时，眼睛注视的范围与周围物体的亮度有关系。根据实验，容易看到注视点的最佳环境是周围亮度大约等于注视点亮度。美国照明学会提出周围的平均亮度为视觉对象的 1/3~3。就一般经验而论，周围环境较暗，容易看清楚物体，周围环境过亮，便不容易看清楚。因此，在光环境中周围亮度比视觉对象暗些为宜。

（4）视野外的亮度分布

视野以外的亮度分布指室内顶棚、墙面、地面、家具等表面的亮度分布。在光环境中它们的亮度各不相同，因而构成丰富的亮度层次。这种对比当然会受到各个表面亮度的制约。

（5）眩光

在视野中由于亮度的分布或范围不当，或在时空方面存在着亮度的悬殊对比，以致引起不舒适感觉或降低观看细部或目标的能力，这样的视觉现象称为眩光。它在光环境中是有害因素，故应设法控制或避免。

（6）阴影

在光环境中，无论光源是天然光或人工光，当光存在时，就会存在着阴影。在空间中由于阴影的存在，才能突出物体的外形和深度，丰富了物体的视觉效果。在光环境中希望存在着较为柔和的阴影，而要避免浓重的阴影。

12.1.3 光源及其类型

光源分为自然光源和人工光源。自然光源指日光和月光；人工光源就其发光机理，可归纳为热辐射光源、气体放电光源和其他光源（激光光源、场致发光光源、半导体光源和化学光源）。

1. 天然光源

太阳光是最重要的自然光源。太阳光一部分是直射阳光，光的方向随着季节及时间做规律的变化，另一部分是整个天空的扩散光。太阳光是一种电磁波，分为可见光和不可见光。可见光是指肉眼看到的，波长在 0.38～0.78μm 之间，如太阳光中的红、橙、黄、绿、蓝、靛、紫；不可见光是指肉眼看不到的，如紫外线、红外线等。紫外线波长在 0.20～0.38μm 之间，红外线在 0.78～1000μm 之间，红外线分近红外线、中红外线和远红外线等。在总能量中，紫外线占总能量的 3%，可见光为 44%，红外线最多，为 53%。经过光的透射、折射、反射及物体的吸收，仅剩很少的一部分远红外线维系着地球上一切生物的生存，包括人类的成长和生命的延续，因此，远红外线被称为“生育光线”。

太阳光的最大辐射强度分布在 0.5μm 左右，该部分为可见光。不同波长的光所起的作用如图 12-1 表示。图中横坐标代表波长，纵坐标代表用波长归一的光强。①是太阳电磁辐射能分布，阴影部分代表由水蒸气、二氧化碳、臭氧、尘埃和灰粒等引起的反射、散射、折射和吸收所导致的损失，这部分光被转变成为太阳光的扩散光，使天空具有亮度。②是太阳辐射到达地面的部分。③是可见光区。从图中可以看出，大部分到达地球表面的光分布在可见光的波长范围内。由于可见光的光谱比较均匀（见图 12-2），因此人眼睛能感觉到的可见光是“白色”的，正是因为这个原因，在日光下观察物体才能看到它的天然颜色。

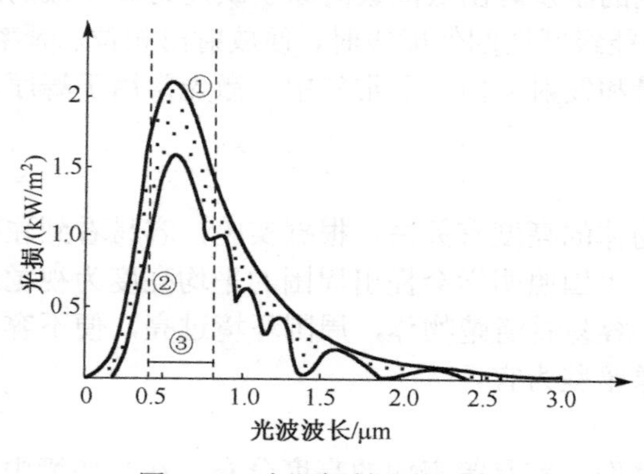

图 12-1 太阳辐射光的强度

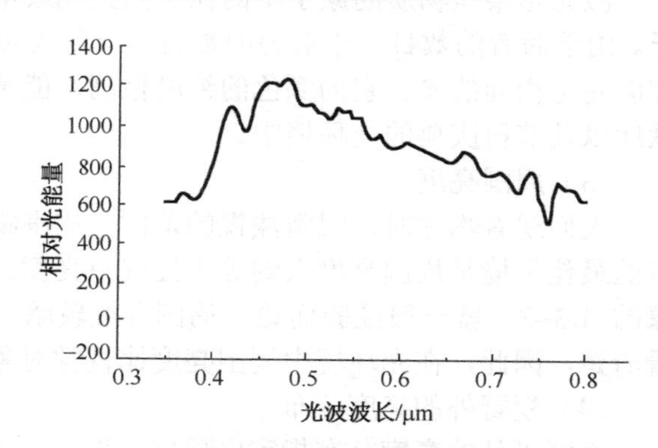

图 12-2 日光光谱能量的相对分布

直射阳光能促进人的新陈代谢，杀菌，因而能带来生气，给人增添情调，使人享受阳光明媚的感觉。在一些特定的场所，像学校、医院、住宅、幼儿园、度假村等建筑要有建筑中庭或者大厅，并且要求每天都有一定的阳光直射时间。同时多变的直射光也可以表现建筑的艺术氛围，材料的质感，对渲染环境气氛都有很大的影响。但是直射阳光由于强度高，变化快，容易产生眩光或者导致室内过热，因此在一些车间、计算机房、体育比赛场馆及一些展室中往往需要遮蔽阳光，这样在采光计算中就忽略了阳光的奉献。

天空的散射光是比较稳定、柔和的，建筑的采光模式就是以此为依据的。因此，在决定建筑的采光时要明确天空的亮度。天空的亮度与天气情况和季节的变化有关。当天空非常晴朗时，亮度大约为 8000cd/m^2，略阴时约为 4700cd/m^2，浓雾天气约为 800cd/m^2。在世界不同地区，由于气象因素如太阳高度、云状、云量、日照率、地面反射和大气污染程度的差异，光环境的特性也不同。因此，需要对一个国家和地区的日光进行常年连续的观测、统计和分析，以取得区域性日光数据，从而为建筑和环境工程提供资料。

为了利用日光创造美好舒适的光环境，可以采用新的光学材料和光学系统控制日光，将它们应用在建筑采光工程中。如通过日镜、反射镜和透镜系统，或者用光导纤维将日光远距离输送的设备，使建筑物的深处，以致地下、水下都能得到日光照明。

2．人工光环境

虽然天然光是人们在长期生活中习惯的光源，而且充分利用天然光还可以节约常规能源，但是目前人们对天然光的利用还受到时间及空间的限制，例如，天黑以后，以及距离采光口较远、天然光很难到达的地方，都需要人工光来补充。自 1879 年爱迪生发明白炽灯以来，电光源迅速普及和发展，现在不同规格的电光源已有数千种。这些成果对人类社会的物质生产，生活方式和精神文明的进步都产生了深远影响。现代照明用的电光源主要分为热辐射光源和气体放电光源两类。

（1）热辐射光源

热辐射光源是依靠电流通过灯丝发热到白炽程度而发光的电光源，主要有白炽灯、卤钨灯等。

白炽灯的大小不等，小的可以像一粒麦粒，大的输入功率可以达到 5000W。白炽灯灯丝为细钨丝线圈。为减少灯丝的蒸发，灯泡中充入氩气之类的气体。普通白炽灯显色性好、光谱连续、结构简单、易于制造、价格低廉、使用方便，是利用最早最广的一种电光源；但其主要缺点是能量转换效率低，大部分能量转化为红外辐射而损失，可见光不多，使用寿命短。近年发展起来的涂白白炽灯、氪（Kr）气白炽灯和红外反射膜白炽灯发光效率提高，寿命延长。

卤钨灯是灯泡内含有一定比例卤化物的改进型白炽灯。卤钨丝在灯泡内除充填惰性气体外，还充入少量的卤族元素，如氟（F）、氯（Cl）、溴（Br）、碘（I）或与其相应的卤化物，使之在灯泡内形成卤钨再循环过程，以防止钨沉积在玻璃内壳上，降低灯丝的老化速度。卤钨灯与普通白炽灯相比，发光效率可提高到 30%左右，高质量的卤钨灯寿命可提高到普通白炽灯寿命的 3 倍左右。在公共建筑、交通和影视照明等方面得到了广泛的应用。

（2）气体放电光源

气体放电光源比热辐射光源的发光效率高得多，应用广泛。气体放电灯为冷光源。气体放电光源是电极在电场作用下，电流通过一种或几种气体或金属蒸气而发光的电光源。气体发电光源按充气压力大小可分为低压气体放电灯和高压气体放电灯。高压气体放电灯主要有高压汞灯和高压钠灯，高压汞灯中使用最多的是荧光高压汞灯和金属卤化物灯两种。低压气体放电灯主要有荧光灯和低压钠灯，在荧光灯中使用最多的是直管型、环管型和紧凑型荧光灯三种。近年来欧美国家习惯用灯的发光管壁负荷对气体放电灯进行分类：凡管壁负荷大于 3W/cm^2 的称为高强度气体灯，简称 HID 灯，包括高压汞灯、金属卤化物灯，高压钠灯等。

①荧光灯

荧光灯又称日光灯，是由一根充有氩气和微量汞的玻璃管构成的，灯的两极用钨丝制成。通过低压汞（Hg）蒸气放电产生的紫外线，激发涂在灯管内壁上的荧光粉而转化为可见光的电光源，其发光效率是普通白炽灯的3倍以上，使用寿命大约为普通白炽灯的4倍，且灯壁温度很低，发光比较均匀柔和，应用领域极为广泛。缺点是在使用电感镇流器时的功率因数颇低，还有频闪效应。

直管荧光灯有粗管灯（直径 38mm）和细管灯（直径 26mm）两种类型。粗管灯的灯管内壁一般涂以卤磷酸盐荧光粉，细管灯的灯管内壁涂以三基色荧光粉，三基色荧光粉能把紫外线转换成更多的可见光，因而发光效率高。根据灯管内壁的荧光粉的性质，可制成不同颜色的荧光灯，如红光可涂硼酸镉，绿光可涂硅酸锌，涂有混合物的时候可以发出白光。

紧凑型荧光灯是镇流器和灯管一体化的新型电光源，可以配电感镇流器，也可以配电子镇流器。我国常把配电子镇流器的紧凑型荧光灯称为电子节能灯。这种灯使用三基色荧光粉，可获得很高的发光效率和明显的节电效果，显色性好，大幅改善频闪效应，提高启动性能，兼有白炽灯和荧光灯的主要优点。

②高压汞灯

高压汞灯是利用汞放电时产生的高气压获得可见光的电光源，内部充有汞和氩气，有的内壳涂以荧光粉，有的是完全透明的。其发光效率与普通荧光灯差不多，使用寿命却比较长。缺点是显色性差些，发出蓝绿色的光，由于缺少红色成分，除照到绿色物体上外，其他多呈灰暗色，而且不能瞬时启动。

③金属卤化物灯

金属卤化物灯是通电后，使金属汞（Hg）蒸气和钠（Na）、铊（Tl）、铟（In）、钪（Sc）、镝（Dy）、铯（Cs）、锂（Li）等金属卤化物分解物的混合体辐射而发光的电光源，是在高压汞灯的基础上发展起来的一个新灯种，结构与高压汞灯相似，但发光效率高得多，显色性较好，使用寿命也比较长，为避免影响光电特性，使用中有位置朝向要求。金属卤化物灯除可替代高压汞灯外，还可以用在要求显色性较好的场所。

④钠灯

钠灯是一个平均波长为589.3nm的很强的黄光光源。其灯管用特种玻璃制成，不会受钠的侵蚀。电极密封在管内，每一电极是一发射电子的灯丝，以通过惰性气体来维持放电。当管内温度升高到某一数值时，钠蒸气压升高到足以使相当多的钠原子发射出钠的特征黄光。钠灯经济耐用，可以作为路灯使用。钠灯所发出的几乎是单一的特征黄光，对眼睛没有色差，视敏度也较高。

根据钠蒸气的压力不同，钠灯分为高压钠灯和低压钠灯。高压钠灯是利用高压钠蒸气放电发光的电光源，发光管内除充有适量的汞和氩气或氙气外，并加入过量的钠，钠的激发电位比汞低，以钠的放电发光为主。高压钠灯发出的是金黄色的光，发光效率比高压汞灯要高出1倍左右，是发光效率很高的一种电光源，使用寿命也比高压汞灯要长些；主要缺点是显色性差。目前已经出现了比普通型高压汞灯显色性好的改进型和高显色性钠灯。低压钠灯是利用低压钠蒸气放电发光的电光源，在玻璃外壳内涂敷红外线反射膜，是光衰较小和发光效率最高的电光源。低压钠灯发出的是单色黄光，显色性很差，用于对光色没有要求的场所，但其透雾性好，能使人清晰地看到色差比较小的物体。为保证正常工作和避免减少使用寿命，点燃时不宜移动，尽量减少开闭次数。低压钠灯也是替代高压汞灯节约用电的一种高效灯种，应用场所也在不断扩大。

（3）LED 光源

LED（Light Emitting Diode，发光二极管）是一种能够将电能直接转化为光的固态的半导体器件。它的基本结构是一块电致发光的半导体材料芯片，用银胶或白胶固化到支架上，一端是负极，另一端连接电源的正极，四周用环氧树脂密封。半导体晶片由两部分组成，一部分是 P 型半导体，另一端是 N 型半导体，这两种半导体之间形成一个 P-N 结。当电流通过导线作用于这个晶片的时候，其利用电流顺向流通到半导体 P-N 结耦合处，再由半导体中分离的带负电的电子与带正电的空穴两种载流子相互结合后，而产生光子发射。不同种类的 LED 能够发出从红外线到蓝光之间不同波长的光线。

1998 年 GaN 芯片和钇铝石榴石（YAG）被封装在一起做成了发白光的 LED，为 LED 光源的发展奠定了基础。通过改变 YAG 荧光粉的化学组成和调节荧光粉层的厚度，可以获得色温 3500～10000K 的各色白光。从 1907 年 LED 效应发现到 1999 年 LED 灯正式商业化使用，LED 经历了将近一百年时间的发展。LED 光源的灯泡体积小、重量轻、多色发光，并以环氧树脂封装，可承受高强度机械冲击和震动，不易破碎，且亮度衰减周期长，所以其使用寿命可长达 50 000～100 000 小时，远超过传统钨丝灯泡的 1 000 小时及荧光灯管的 10 000 小时。LED 照明灯具分为室内照明和室外照明两个部分，其类型有 LED 大功率模组模块路灯、LED 射灯、LED 灯泡、LED 日光灯、LED 电视、LED 背光、LED 车灯、LED 投光灯、LED 橱柜灯、LED 隧道灯等各种各样的产品。LED 灯具的出现，极大地降低了照明所需要的电力，LED 光源使用低压电源、耗能少，同样瓦数的 LED 灯，所需电力只有白炽灯泡的 1/10，节能灯的 1/4；LED 灯属于冷光源，适用性强、稳定性高、响应时间短，不怕振动，运输安装方便；LED 灯绿色环保，不含铅、汞等污染元素，同时 LED 灯价格也在不断的降低。2012 年，我国政府宣布，全面禁止销售和进口 100 瓦以上的普通照明用白炽灯，陪伴老一辈中国人几十年的白炽灯即将走到历史的尽头。正如在诺贝尔物理学奖颁奖词中写到的那样：“白炽灯照亮 20 世纪，而 LED 灯将照亮 21 世纪。

随着我国城市化进程的加快，为满足城市形象建设要求，LED 的应用已蔚然成风，LED 光源产品在过去的几年内不断增加，各种 LED 灯具和大型的 LED 显示屏开始广泛应用于城市建筑物外观照明，景观照明，标识与指示性照明，室内空间展示照明，娱乐场所及舞台照明，视频屏幕和车辆指示灯照明。如上海浦东陆家嘴金融中心的震旦国际总部，整个朝向浦西的建筑立面镶上了长 100m 的超大型 LED 屏，总计面积达到 3600m^2，堪称世界第一。

除上述几种人工光源外，激光器是一种可供广泛使用的特殊光源。激光器是利用受激辐射原理使光在某些受激发的物质中放大或振荡发射的器件。它具有极强的窄光束，并可用透镜全部截收并聚焦到物体上，有很高强度的功率，以致可以用来切割钢材，进行焊接，并引起在物理学、化学、生物学和工程科学中至关重要的许多其他效应。在激光器内所发生的过程是产生一束具备高强度，定向性和单色性的射线。近几年，激光器的种类很多，有固体、气体、液体和半导体等多种类型。

3．电光源的主要性能指标

电光源的主要性能指标有发光效率、光源寿命、光源颜色和显色系数等。

（1）发光效率

发光效率，简称光效，是电光源发出的光通量和所用电功率之比，单位是 1m/W（流明/瓦），是评价电光源用电效率最主要的技术参数。发光效率与电光源种类有关，也与光源发出的光通量有关。一般光源的发光效率随着光通量的增加而增长。

（2）光源寿命

光源寿命，又称为光源寿期，一般以小时计。电光源的寿命通常用有效寿命和平均寿命两个指标来表示。有效寿命指灯开始点燃至灯的光通量衰减到额定光通量的某一百分比时所经历的点灯时数，一般规定在 70%～80%之间，常用于荧光灯和白炽灯；平均寿命指一组试验样灯，从点燃到其中的50%的灯失效时，所经历的点灯时数，常用于高强度的放电灯。

（3）平均亮度

灯的发光体的平均亮度用坎德拉表示，cd/m^2。不同的光源发光体不同，如普通白炽灯的发光体为灯丝，有色灯泡的发光体为有色玻璃壳，荧光灯的发光体为灯的管壁等。

（4）显色指数

显色指数是指在光源照到物体后，与参照光源相比（一般以日光或接近日光的人工光源为参照光源），对颜色相符程度的度量参数，是衡量光源显色性优劣或在视觉上失真程度的指标。参照光源的显色指数定为100，其他光源的显色指数均小于100，符号是 Ra。Ra 越小，显色性越差，反之显色性越好。

国际照明委员会（CIE）用显色指数把光源的显色性分为优、良、中、差四组作为判别光源显色性能的等级标准（见表 12-1）。

表 12-1　显色性的等级标准

显色性组别	优	良	中	差
显色指数范围 Ra	80~100	60~79	40~59	20~39
应用场所	需要色彩精确对比（90～100）和正确判断（80～89）的场所	需要中等显色性的场所	对显色性的要求较低，色差较小的场所	对显色性无具体要求的场所

显色性是择用光源的一项重要因素，对显色性要求很高的照明用途，例如，美术品、艺术品、古玩、高档衣料等的展示销售，为避免颜色失真，不宜采用显色性较差的光源。但在显色性要求不高，而要求彩色调节的场所，可利用显色性的差异来增加明亮提神的气氛。光源中效率最高的是低压钠灯，几乎没有显色性能（计算得出的是无意义的负值）；相反，白炽灯及卤钨灯显色性极好，但发光效率很低。

（5）光源色表

光源的颜色，简称光色。灯光颜色给人的直观感觉，有冷暖区别（见表 12-2），用色温和显色指数两个指标来度量。当光源的发光颜色与把黑体（能全部吸收光能的物体）加热到某一温度所发出的光色相同（对于气体放电等为相似）时，该温度称为光源的色温。色温用热力学温度来表示，单位是开尔文，符号为 K。

光源的色温与光源的实际温度无关。不同的色温给人不同的冷暖感觉。一般地说，在低照度下采用低色温的光源会感到温馨快活；在高照度下采用高色温的光源则感到清爽舒适。在热带地区宜采用高色温冷感光源，在工作房间宜采用中间色温，在寒冷地区宜采用低色温暖感光源。

表 12-2　色温与感觉的关系

色温/K	>5000	3300~5000	<3300
感觉	冷	中间	暖

（6）光源启动性能

光源的发光需要一个逐渐由暗变亮的过程。光源的启动性能是指灯的启动和再启动特性，用启动和再启动所需要的时间来度量。热辐射电光源的启动性能最好，能瞬时启动发光，也不受再启动时间的限制。有的光源在合上开关后要过一段时间才能逐渐亮起来，如钠灯。有的光源熄灭后不能马上启动，要等光源冷却后才能再启动，如金属卤化物灯。有的气体放电灯的启动时间至少在 4 min 以上，再启动时间最少也需要 3min 以上。

12.1.4 光污染

1. 光污染的产生

光污染是现代社会中伴随着新技术的发展而出现的环境问题。当光辐射过量时，就会对人们的生活、工作环境以及人体健康产生不利影响，称之为光污染。光污染随距离的增加而迅速减弱，在环境中不存在残余物，光源消失，污染即消失。随着我国现代化城市建设的不断发展，特别是越来越多的城市大量兴建玻璃幕墙建筑和实施“灯亮工程”、“光彩工程”，使城市的“光污染”问题日益突出。

光污染问题最早于 20 世纪三十年代由国际天文界提出，他们认为光污染是城市室外照明使天空发亮对天文观测造成负面影响。后来英美等国称之为“干扰光”，在日本则称为“光害”。

广义的光污染包括一切可能对人的视觉环境和身体健康产生不良影响的事物。光污染所包含的范围非常广泛，主要由人工光源导致的违背人的生理与心理需求或有损于生理与心理健康的现象，包括眩光污染、射线污染、光泛滥、视单调、视屏蔽、频闪等。生活中常见的书本纸张、墙面涂料的反光甚至是路边彩色广告的“光芒”亦可算在此列。狭义的光污染指干扰光的有害影响，主要是对于已形成的良好的照明环境，由于逸散光而产生被损害的状况，又由于这种损害的状况而产生的有害影响。逸散光指从照明器具发出的，使本不应是照射目的的物体被照射到的光。干扰光是指在逸散光中，由于光量和光方向，使人的活动、生物等受到有害影响，即产生有害影响的逸散光。

在日常生活中，人们常见的光污染的状况多为由镜面建筑反光所导致。全国科学技术名词审定委员会也对光污染的定义分了两类：一是过量的光辐射对人类生活和生产环境造成不良影响的现象，包括可见光、红外线和紫外线造成的污染；二是影响光学望远镜所能检测到的最暗天体极限的现象，通常指天文台上空的大气辉光、黄道光和银河系背景光、城市夜天光等使星空背景变亮的效应。

现在一般认为，光污染泛指影响自然环境，对人类正常生活、工作、休息和娱乐带来不利影响，损害人们观察物体的能力，引起人体不舒适感和损害人体健康的各种光。人的眼睛由于瞳孔的调节作用，对于一定范围内的光辐射都能适应，但光辐射增至一定量时，将会对人体健康产生不良影响，这称为“光污染”。从波长 10nm 至 1mm 的光辐射，即紫外辐射、可见光和红外辐射，在不同的条件下都可能造成光污染。

2. 光污染的来源

光污染主要来自以下几个方面：一是指城市建筑物采用大面积镜面式铝合金装饰的外墙、玻璃幕墙所形成的光污染；二是指城市夜景照明、广告标识照明和建筑工地照明所形成的光污染；三是城市道路照明和交通设施照明所形成的光污染。此外，由于家庭装潢引起的室内光污染也开始引起人们的重视。随着城市现代化的迅速发展，形成了严重的光污染，如大气光污染、侵扰光污染、眩光污染、颜色污染等新型城市污染源。

由玻璃幕墙导致的光污染主要是由于现代建筑中使用了大面积高反射率镀膜玻璃。在特定的太阳光照角度和特定时间下，玻璃幕墙等装饰反射光线，明晃白亮、眩眼夺目，对人产生影响。光污染的程度与玻璃幕墙的方向、位置及高度有密切关系。人的视角在 2m 高左右与 150°夹角之内影响最大，光反射的强度与反射物到人眼的距离的平方成反比。所以，直射日光的反射光的产生方向取决于玻璃面对太阳的几何位置关系。

夜景照明、广告标识照明和建筑工地照明，特别是大功率高强度气体放电光源的泛光照明和五彩缤纷、闪烁耀眼的霓虹灯照明，过高的亮度以及夜景照明和广告标识照明的泛滥使用，严重影响人们的工作和休息，形成“人工白昼”，使人昼夜不分，打乱了正常的生物节律，形成光污染。

城市道路和交通设施照明光污染主要是城市的迅速发展，各城市加紧实施“亮化工程”，使城市越来越亮，对交通安全、居民休息和生态系统产生越来越严重的影响。曾经有一架国际航空公司的航班到达南京，由于当时南京市绕城公路灯光强度大，而机场跑道灯光较暗，飞行员在准备着陆时，误把绕城公路灯光当成跑道灯光，于是飞机从高空一路降落，直奔绕城公路而去，飞机险些降落在公路上。

室内光污染一方面由于室内装修采用镜面、釉面砖墙、磨光大理石以及各种涂料等装饰反射光线，明晃白亮，炫眼夺目；另一方面，室内灯光配置设计的不合理性，也会使室内光线过亮或过暗。人眼感觉到的眩光与光源的种类和位置也有很大关系。室内的一些常用光源其照明亮度和眩光效应各不相同，光源选择和布置不合理会造成不同程度的眩光污染；另外，夜间室外照明，特别是建筑物的泛光照明产生的干扰光，有的直射到人眼造成眩光，有的通过窗户照射到室内，把房间照得很亮，影响人们的正常生活。同时也会使室内出现不同程度的眩光，影响人们的视觉环境，进而威胁到人类的健康生活和工作效率。

3．光污染的分类

光波如按波长划分可分为可见光、红外线和紫外线，光源按流动性可分为固定源和流动源，按视觉划分可分为可见光和非可见光（红外和紫外）。

（1）可见光污染

光对人的作用既包括生理上的也包括心理上的。光能引起人在感觉上和生理上的兴奋，通过神经系统能刺激各种生命机能，增进食欲，加速循环等，并通过这些系统又加强了光对疾病发展过程中的生理影响。目前，国际上一般将该类光污染分成白亮污染、人工白昼和彩光污染三类。在日常生活中，能够被人们肉眼发觉到的光污染主要是可见光污染。

①白亮污染（white light pollution）

进入 21 世纪，玻璃幕墙作为一种新型的装饰材料，越来越多地被广泛采用。不少豪华写字楼、商厦、酒店的外装饰都采用了大面积的玻璃幕墙。但是，由于近年来一些不合理的规划和设计，使得人们的正常生活被打乱，住宅光照时间和受照量受玻璃幕墙和镜面的影响而增加，使这些美观、华丽的建筑物给人类的健康带来了许多危害。

当太阳光照射强烈时，城市里建筑物的玻璃幕墙、釉面砖墙、磨光大理石和各种涂料等装饰反射光线，明晃白亮、眩眼夺目。据光学专家研究，一般白粉墙的光反射系数为 69～80%，镜面玻璃的光反射系数为 82～88%，特别光滑的粉墙和洁白的纸张的光反射系数高达 90%，比草地、森林或毛面装饰物面高 10 倍左右，这个数值大大超过了人体所能承受的生理适应范围。长时间在白色光亮污染环境下工作和生活的人，视网膜和虹膜都会受到程度不同的损害，视力急剧下降，白内障的发病率高达 45%。另外，白色光亮污染还会使人头昏心烦，甚至发生失眠、食欲下降、情绪低落、身体乏力等类似神经衰弱的症状，使人的正常生理及心理发生变化，长期下去会诱发许多疾病。玻璃幕墙产生的反射光不仅使居民的居住休息环境受到影响，所产生的热量也会使空调的使用时间延长。为此，国内外有关专家进行了大量的研究工作。北京市气象台曾对王府井大街南口拐角处进行调查，发现被玻璃幕墙反射光覆盖的街道上气温为38.0℃；避开玻璃幕墙的反射区，气温为37.4℃；进入台基厂大街树荫中气温仅为35.8℃。夏天，玻璃幕墙强烈的反射光进入附近居民楼房内，破坏室内原有的良好气氛，也会使室温平均升高4℃～6℃，影响正常的生活。有些玻璃幕墙是半圆形的，反射光汇聚还容易引起火灾。烈日下驾车行驶的司机会出其不意地遭到玻璃幕墙反射光的突然袭击，眼睛受到强烈刺激，很容易诱发车祸。因此，关注视觉污染，改善视觉环境成为21世纪的重要课题。专家预计，由光污染引发的视觉环境保护技术的研究、开发护眼产品等将会是21世纪的一大热点，并逐渐形成一个前景广阔的新兴产业，进而产生巨大的经济效益和社会效益。

除了玻璃幕墙造成扰民之外，可见光污染比较多见的是眩光污染（glare pollution）。如视野中的道路照明、广告照明、体育照明、标识照明等产生的直接眩光和雨后地面、玻璃墙面等光泽表面的反射眩光都会引起视觉的不适、疲劳及视觉障碍，严重时会损害视力甚至造成交通事故。机动车夜间行驶照明用的车前灯、厂房车间中的不合理的照明布置都会产生眩光。某些工作场所，例如火车站和机场以及自动化企业的中央控制室，过多和过分复杂的信号灯系统也会造成工作人员视觉锐度的下降，从而影响工作效率。电焊时产生的弧光，若不注意防护会使眼睛受到伤害。另外，长期在强光条件下工作的工人如冶炼工、熔烧工、吹玻璃工等炉前操作工，也会因熔烧过程中产生的强光致使眼睛受损。

②人工白昼

华灯溢彩，霓虹闪烁，越来越多的城市夜景绚丽多彩。城市更亮了，夜色更美了，“让城市亮起来”成为一句非常时尚的口号。但是，在美丽夜景之下，人工白昼所形成的光污染一直被人们所忽视。夜幕降临后，商场、酒店上的广告灯、霓虹灯闪烁夺目，令人眼花缭乱。夜间照明过度，使得夜晚如同白天一样，即所谓人工白昼。据国际上的一项调查显示，有84%的人反应影响夜间睡眠。由于强光反射，会把附近的居室也照得亮如白日。为了避免强光刺眼，人们不得不将卧室的窗户封闭，或者装上暗色的窗帘。在这样的“不夜城”里，人体正常的生物钟被扰乱，导致人们夜晚难以入睡，白天工作效率低下。人工白昼还会伤害鸟类和昆虫，强光可能破坏昆虫在夜间的正常繁殖过程。据天文学统计，在夜晚天空不受光污染的情况下，可以看到的星星约为7000个，而在大城市，过多使用灯光，路灯、背景灯、景观灯乱射，使天空太亮，只能看到大约20～60个星星，影响了天文观测、航空等，很多天文台因此被迫停止工作。

③彩光污染

舞厅、夜总会安装的黑光灯、旋转灯、荧光灯以及闪烁的彩色光源构成了彩光污染。随着人们追求时尚，对生活质量的高要求，夜生活已逐渐成为人们生活中不可缺少的一部分。到了夜间，各种娱乐场所人头攒动，热闹非凡。商业街的霓虹灯、灯箱广告和灯光标志等越来越多，规模也越来越大，亮度越来越高，从而加速了彩光污染的形成，尤其是作为夜生活主要场所的歌舞厅中，人们在尽情享受着音乐节奏的快乐时，任凭五颜六色的彩光挥洒在身上，刺激着自己的神经和视觉，却忽视了身心健康也在欢乐中慢慢透支。

彩色光源让人眼花缭乱，不仅对眼睛不利，而且干扰大脑中枢神经，使人感到头晕目眩，出现恶心呕吐、失眠等症状。科学家研究表明，彩光污染不仅有损人的生理功能，而且对人的心理也有影响。“光谱光色度效应”测定显示，如以白色光的心理影响为100，则蓝色光为152，紫色光为155，红色光为158，黑色光最高，为187。要是人们长期处在彩光灯的照射下，其心理积累效应也会不同程度地引起倦怠无力、头晕、神经衰弱等身心方面的病症。据测定，黑光灯同时会产生紫外线，其强度大大高于太阳光中的紫外线，且对人体有害影响持续时间长。人如果长期接受这种照射，可诱发流鼻血、脱牙、白内障，甚至导致白血病和其他癌变。

（2）红外线污染

红外线辐射指波长从760nm～1mm范围的电磁辐射，也就是热辐射。自然界中主要的红外线来源是太阳，人工的红外线来源是加热金属、熔融玻璃、红外激光器等。物体的温度越高，其辐射波长越短，发射的热量就越高。红外线近年来在军事、人造卫星、工业，卫生及科研等方面应用较多，因此，红外线污染问题也随之产生。红外线是一种热辐射，正如人们至今仍在应用波长较长的红外仪做热透疗法那样，会在人体内产生热量，对人体造成高温伤害，其症状与烫伤相似，最初是灼痛，然后是造成烧伤。红外线还会对眼底视网膜、角膜、虹膜产生伤害。人的眼睛如果长期暴露于红外线可引起白内障。在终日与火接触的焊工和玻璃工等工人中的白内障疾病就是由红外线的作用而引起的。此外，红外线还会影响紫外线的杀菌功能，破坏维生素的抗佝偻作用。

（3）紫外线污染

紫外线按波长可分为三种类型，波长在0.32～0.4μm之间为紫外A段（UV-A），在0.28～0.32μm之间为紫外B段（UV-B），在0.18～0.28μm之间为紫外C段（UV-C），其中紫外B段散射辐射所占比例最高达80%。过量的紫外线将使人的免疫系统受到抑制，从而导致疾病发病率增加。对人体的主要伤害是0.25～0.305μm波长范围，其中0.288μm波长的作用最强。紫外线会对人体和生物产生不良影响，对人的皮肤和眼睛造成伤害，杀死水中浮游生物，使塑料制品老化。

近年来，为了方便杀菌消毒，紫外灯使用较为普遍。但是，由于使用不当，污染事故多有发生。临川市某酒店在有人就餐的情况下开启紫外灯，使20位直接位于紫外灯照射的就餐者被照2h左右，最终出现眼痛、流泪、怕光等为主要特征的电光眼性眼炎。宁波市某小学借用某幼儿园教室，由于阴雨天气光线暗淡，上课时将两盏紫外杀菌灯和日光灯同时开启，致使49名学生和2名老师均出现皮肤刺痛、眼睛红肿、流泪等症状，个别学生面部有水疱，角膜红肿。经测定辐射强度为90μW/cm²。某单位160余人在某夜总会参加竞赛活动，由于8个高压汞灯中有两个灯罩破损，使21人发病，诊断为急性电光眼和急性电光性皮肤炎。

另外，随着科学技术的发展，激光在医学，生物学、物理学、化学、天文学、环境监测以及工业方面的应用日益广泛，由此带来的激光污染也逐渐受到人们的关注。

4．光污染的影响

（1）光污染对人类环境的影响

①影响周围居民

当商业、公益性广告或街道和体育场等处的照明设备的出射光线直接侵入附近居民的窗户时，就很可能对居民的正常生活产生负面的影响。如照明设备产生的入射光线使居民的睡眠受到影响，商业性照明产生闪烁的光线或停车场上进出车辆的灯光使房屋内的居民感到烦躁，影响正常的工作和生活。曾有居民投诉，马路对面路灯把家里的卧室照得亮堂堂的，到了晚上家里不需要开灯，拉上窗帘却起不到遮光作用，反而像电影幕布一样闪闪发光，根本无法休息，打开放在窗口的电视机，觉得屏幕还没窗帘亮。

②影响行人安全

当道路照明或广告照明设备安装不合理时，会对附近的行人产生眩光，导致降低或完全丧失正常的视觉功能，如安装的不合理的道路或广告照明灯具，其本身产生的眩光使行人感到不舒适，甚至降低视觉功能。当灯具本身的亮度或灯具照射路面等处产生的高亮度反射面出现在行人的视野范围内时，行人将无法看清周围较暗的地方，影响到行人对周围环境的认知，使之成为犯罪分子的藏身之处，不利于行人及时发现并制止犯罪，增加发生犯罪或交通事故的危险性。

③影响交通系统

各种交通线路上的照明设备或附近的体育场和商业照明设备发出的光线都会对车辆的驾驶者产生影响，降低交通的安全性。主要表现在：a. 灯具或亮度对比很大的表面产生眩光，影响驾驶者的视觉功能，使驾驶者应对突发事件的反应滞后，使各种交通信号的可见度降低，从而更容易发生交通事故。b. 规则布置的灯具会对高速行驶车辆的驾驶者产生闪烁，当闪烁的频率出现在一定的范围内时，会使驾驶者产生不舒适感，甚至产生催眠作用。在隧道等场所的照明中应尽量避免这种闪烁引起的视觉功能的降低。c. 光污染对轮船和航空也会产生不良影响，因为这两种交通方式在夜间对灯塔等灯光导航系统有更高的依赖性，不合适的照明设备会使驾驶人员产生误导。安装在道路或桥梁上的灯具发出的光线，经水面反射后也会对驾驶人员产生影响，使其无法看清通路，易于引发交通事故。曾经有一架大型客机夜间准备在武汉机场降落时，由于机场跑道灯光亮度不如长江大桥灯光的亮度，飞行员误将大桥当成机场跑道，飞机险些降落在长江大桥上。

④对人体直接伤害

红外线、紫外线和激光等光污染会直接对人体造成伤害。红外线可造成皮肤灼痛，烧伤，可造成眼底视网膜，虹膜的伤害。紫外线也会造成角膜白斑伤害，导致眼睛剧痛、流泪、眼睑痉挛、眼睫膜充血和睫状肌抽搐，严重时可能引起白内障。电焊时，电焊弧光及熔化的金属，能发射很强的紫外线，电弧炼钢炭弧灯、水银灯都有较强的紫外线；冬季雪地也会反射太阳光的紫外线，这些都可引起角膜、结膜发炎。紫外线会引起皮肤红斑和小水疱，严重时会使表皮坏死或脱皮。

激光方向性强、能量集中、颜色单一，通过人眼晶状体的聚焦作用后，到达眼底时的光强度可增大几百至几万倍，会伤害眼结膜、虹膜和晶状体。功率很大的激光能危害人体深层组织和神经系统。

⑤对天文观测的影响

天文观测依赖于夜间天空的亮度和被观测星体的亮度，夜空的亮度越低，就越有利于天文观测的进行。各种照明设备发出的光线由于空气和大气中悬浮尘埃的散射使夜空亮度增加，从而对天文观测产生不利影响。

（2）光污染对生态环境的影响

①对动物的影响

动物的生存离不开光照，与人类不同的是动物没有科学思维的能力，依靠本能生存。由于光污染具有不同于自然光照的特点，以及发光的不确定性等因素，必然会造成一些生物不能适应光环境的变化，使生物钟混乱，影响觅食、迁移、生殖等诸方面。很多动物受到过多的人工光线照射时生活习性和新陈代谢都会受到影响，有时会引发一些异常行为，如马和羊等牲畜的繁殖具有明显的季节。当人工光线的照射使它们失去对季节的把握时，其生殖周期就会被破坏，无法正常繁殖；用激光照射鸡蛋，培育出的鸡胚是畸形的，也就是光污染将影响遗传因子。光污染改变了鸟类的生活习性，影响鸟的飞行方向，一些候鸟在飞经城市上空时往往会迷失方向，尤其是阴雨天，鸟类往往看不清楚星空，而看到的是城市的灯光；田地、森林或河流湖泊附近的人工照明光线会吸引更多的昆虫，从而危害到当地的自然环境和生态平衡；在捕鱼业中经常使用人工光来吸引鱼群，过量光线对鱼类和水生态环境也会造成影响。由于光化学反应，一些昆虫、浮游生物可以直接被紫外线杀死，大大降低了水产品的生产力，破坏鱼类的食物链，导致水中蛋白质减少，影响人类的食物供应。

②对植物的影响

种植在街道两侧的树木、绿篱或花卉会受到路灯的影响。当植物在夜间受到过多的人工光线照射时，其自然生命周期受到干扰，破坏植物体内的生物钟节律，导致其茎或叶变色，甚至枯死，并会影响植物休眠和冬芽的形成；过多的紫外线会使陆生作物（如某些豆类）减产，如夜间人工光线的照明会使水稻的成熟期推迟，其生长状态比没有受到人工光线照射的水稻差；菠菜在夜间受到过多人工光线照射时，会过早结种，产量降低。

另外，与上述直接光污染相比，光污染形成的同时，也同时出现对电能的浪费，从而需要更多的电力供应，导致电厂排出的 CO_2、SO_2 和其他有害物增多，加重了环境的污染，直接影响到地球的生态。

12.2 光学基础及测量仪器

12.2.1 照明单位及度量

光环境的设计、应用和评价离不开定量的分析，需要借助光度量来描述光源和光环境的特征。常用的光的基本物理量有光通量（luminous flux）、发光强度（luminous intensity）、照度（illuminance）和亮度（luminance）等。

1．光通量

为了描述由不同波长组成的辐射能量被人眼接收后所引起的总的视觉效应，引入一个新的物理量光通量 $\varPhi$，来评价光的辐射通量，其计算公式为：

$$\varPhi(\lambda)=P(\lambda)V(\lambda)K_{\mathrm{m}} \tag{12-1}$$

式中，$\varPhi(\lambda)$—波长为 λ 的光通量，lm（流明）；$P(\lambda)$—波长为 λ 的辐射能通量（辐射源在单位时间内发射的能量），W；$V(\lambda)$—波长为 λ 的光谱光视效率，见图 12-3；K_{m}—最大光谱光视效能，对明视觉，在 $\lambda=555$nm 处，其值为 683lm/W。

多色光的光通量为各单色光之和，即

$$\varPhi(\lambda_n)=\varPhi(\lambda_1)+\varPhi(\lambda_2)+\cdots=K_{\mathrm{m}}\sum\left[P(\lambda)V(\lambda)\right] \tag{12-2}$$

光通量是说明某一光源向四周发射出的光能总量。不同光源发出的光通量在空间分布是不同的。例如一个 100W 的白炽灯，发出 1250lm 光通量。用灯罩后，灯罩将光向下反射，使向下的光通量增加，就会感到桌面上亮一些。

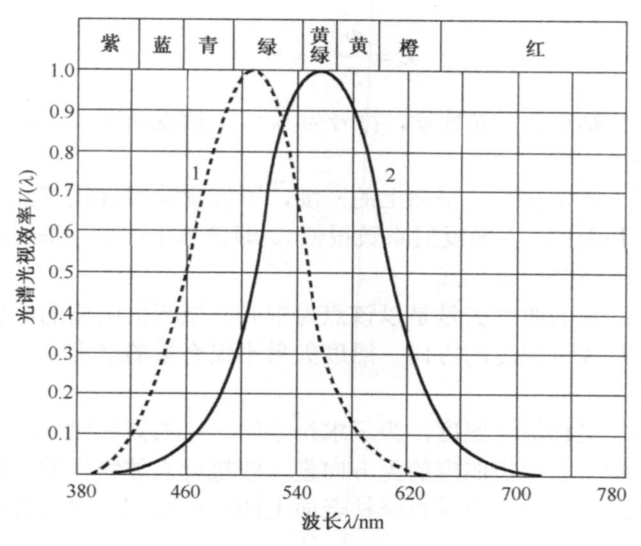

图 12-3　光谱光视效率曲线 $V(\lambda)$

1-暗视觉；2-明视觉

2．发光强度

光源在空间某一方向上光通量的空间密度，称为光源在这一方向上的发光强度，以符号 I 表示，单位为坎德拉（cd）。若光源在某一方向的微小立体角 $d\Omega$ 内发出的光通量为 $d\Phi$，则该方向的发光强度 I 为

$$I = \frac{d\Phi}{d\Omega} \tag{12-3}$$

式中，Φ—光通量，lm；Ω—立体角，sr；I—发光强度，cd（坎德拉）。

若取平均值，则有

$$I = \frac{\Phi}{\Omega} \tag{12-4}$$

因此，光源在确定方向上的发光强度是指光源 1 sr 立体角内发射出 1lm 的光通量，立体角 Ω 的含义为球的表面积 S 对球心所形成的角，即以表面积 S 与球径平方之比来度量，即

$$\Omega = \frac{S}{r^2} \tag{12-5}$$

当 $S = r^2$ 时，对球心所形成的立体角 Ω=1sr。

大多数光源的发光强度因方向而异。如 40W 的灯泡加上不透光的搪瓷灯罩后，光通量更加集中，原来向上发出的光通量大都被灯罩朝下反射，光强由 30cd 增至 73cd。为了区别不同的部位，故在发光强度符号 I 的右下角标注角度数字，如 40W 白炽灯在光轴线处，即正下方的发光强度表示为 I_o=30cd；而 I_{180}=0，则表示沿光轴往上转 180°即正上方处的发光强度。

3．照度

（1）照度的定义

照度（E）为光通量与受照射面积的比值，即被照面上的光通量密度，用以表示被照面的照射程度。定义式为：

$$E = \frac{\Phi}{S} \tag{12-6}$$

照度的常用单位是勒克斯（简称勒，符号为 lx），1 勒克斯等于 1 流明的光通量均匀分布在 1 平方米的被照面上。

平面照度只说明光通量在某一平面上的密度，不能反映照度在整个空间的分布情况。如一房间具有暗色墙壁和天棚（表面反射系数很低），即使水平照度很高，我们仍会感到房间很暗。因此，常出现以下一些照度形式。

①照度矢量：某一点的照度矢量是以该点为中心的微圆盘两侧的照度最大值，而在这个最大值的法线方向就是矢量照度的方向。照度矢量不仅有量的概念，还带有方向性，这对说明阴影状况更为有利。

②平均球面照度：又称标量照度，为了求得空间一点的被照射量，可用此点上一小球表面上的平均照度来表示，它给出照度的无方向量，较接近立体物件的视感。

③平均柱面照度：表示一个小垂直圆柱表面上的平均照度，更接近对室内照明丰满度的主观感觉。

（2）照度和光强的关系

当光源直径与被照面距离相比足够小时，可把该光源视为点光源。设光源在某一方向上的发光强度为 I，被照表面与点光源距离为 r，则由式（12-4）～式（12-6）可得：

$$E = \frac{I}{r^2} \tag{12-7}$$

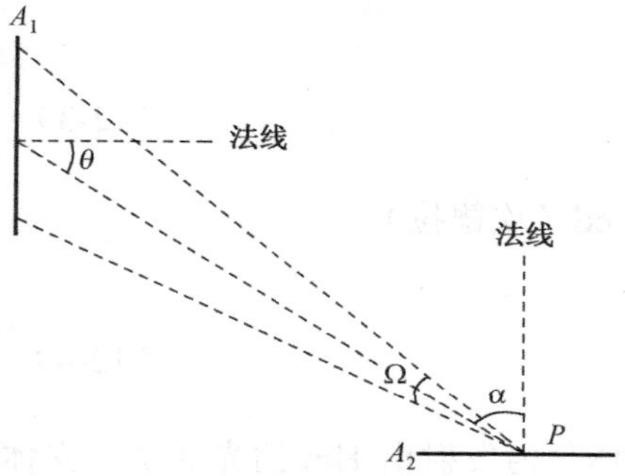

图 12-4　亮度与照度

式（12-7）表明，某表面的照度与点光源在该方向上的光强成正比，与表面与点光源距离 r 的平方成反比。这是计算点光源产生照度的基本公式，称为距离平方反比定律。该公式是指光纤垂直射到被照表面，即入射角为零时的情况。当入射角不为零时，即光线与被照面的法线成 α 角时（见图 12-4），照度由下式计算：

$$E = \frac{I}{r^2}\cos\alpha \tag{12-8}$$

式（12-8）表明，光线与表面法线成 α 角处的照度，与光线至点光源距离的平方成反比，与光源在 α 方向的光强和入射角 α 的余弦成正比。

因此，对同一光源来说，光源离光照面越远，光照面上的照度越小；光源离光照面越近，光照面上的照度越大。光源与光照面距离一定的条件下，垂直照射的照度越大；光线越倾斜，照度越小。

【例 12-1】 如图 12-5 所示，在桌面上方 2m 处挂一带搪瓷伞形罩的 40W 白炽灯，发光强度 I = 73 cd，求灯下桌面点 1 处照度值 E_1 及点 2 处照度值 E_2。

解： 40W 带搪瓷伞形罩的白炽灯下的发光强度 I = 73cd，由图 12-5 得，

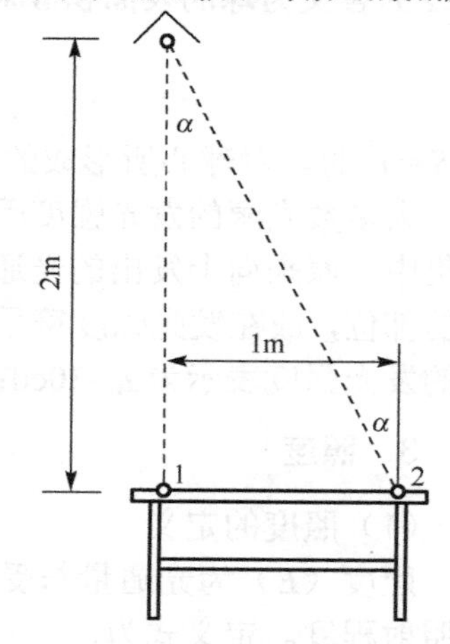

图 12-5 点光源在桌面上的照度

$$\cos\alpha = \frac{2}{\sqrt{2^2+1^2}} = 0.8944$$

由式（12-8），在点 1 处

$$E_1 = \frac{I}{r_1^2} = \frac{73}{2^2} = 18.25\text{lx}$$

在点 2 处

$$E_2 = \frac{I}{r_2^2}\cos\alpha = \frac{73}{2^2+1^2}\times 0.8944 = 13.06\text{lx}$$

4．亮度

发光体在视网膜上成像所形成的视感觉与视网膜上物像的照度成正比，物像的照度越大，就会感觉越亮。而该物像的照度与发光体在视线方向的投影面积成反比，与发光体在视线方向的发光强度成正比。故亮度 L_α 可表示为

$$L_\alpha = \frac{\mathrm{d}I_\alpha}{\mathrm{d}S_{\cos\alpha}} \tag{12-9}$$

对于平均值，则有

$$L_\alpha = \frac{I_\alpha}{S_{\cos\alpha}} \tag{12-10}$$

由于物体的表面亮度在各个方向上不一定相等，因此常在亮度符号的右下侧注明角度 α，指明物体表面的法线与光线之间的夹角。亮度的曾用国际单位为 nt（尼特），意义为 1 m^2 表面积上，沿法线方向（$\alpha = 0°$）产生 lcd 的发光强度，即：$1\text{nt} = 1\text{cd}/\text{m}^2$。

有时也用另一较大的单位 sb（熙提）表示每 1cm^2 面积上发出 lcd 发光强度时的亮度单位：$1\text{sb} = 10^4\text{nt}$。

12.2.2 光环境测量仪器

1．照度计

光环境测量常用的物理测光仪器是照度计。最简单的照度计是由硒光电池和微电流计构成。当光照到光电元件上时，就会产生光电效应。硒光电池是把光能转化成电能的光电元件。不同强度的光能够产生不同的光生电动势。如果接上外电路，就会产生电流。观察产生电流的大小就可以判断光的强度。如图 12-6 所示。

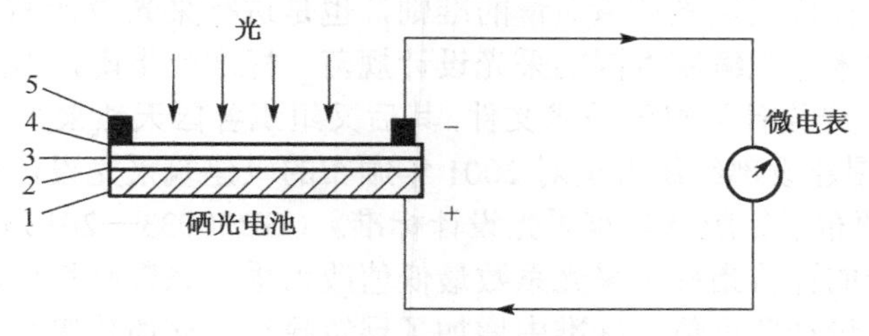

1—金属底板；2—硒层；3—分界层；4—金属薄膜；5—集电环

图 12-6　硒光电池照度计原理图

2. 亮度计

测量光环境亮度或光源亮度用的亮度计有两类。

一类是遮筒式亮度计，适用于测量面积较大，亮度较高的目标，其构造原理如图 12-7 所示。筒的内壁是无光泽的黑色装饰面，桶内设有若干个光阑遮蔽杂散反射光。在筒的一端有一圆形窗口，面积为 A；另一端设有接受光的光电池 C。通过窗口，光电池可以接受到亮度为 L 的光源照射。若窗口的亮度为 L，照度为 E，则窗口的光强 I 为 $L \times A$，则亮度 L 计算公式为：

$$L = \frac{El^2}{A}(\text{cd/m}^2) \tag{12-11}$$

当被测目标较小或者距离较远时，采用透镜式亮度计。这类亮度计设有目视系统，便于测量人员瞄准被测目标，如图 12-8 所示。光辐射由物镜接收并成像于带孔反射板，光辐射在带孔反射板上分成两部分：一部分经反射镜反射进入目视系统；另一部分通过小孔，积分镜进入光探测器。

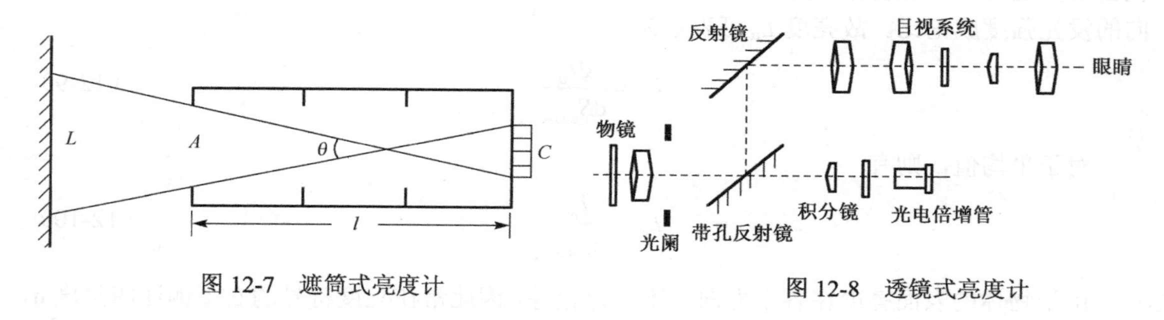

图 12-7　遮筒式亮度计　　　　图 12-8　透镜式亮度计

12.3　光环境的质量评价

评价光环境质量的好与坏，主要是依靠人的视觉效应，但是这只是一种感觉，不同年龄不同性质的人感觉不同，没有具体的物理指标来评定。为了使人的生理和光环境达成和谐一致，世界各国的科学家都进行了大量的研究工作，他们的研究成果被世界各国列入照明规范、照明标准或者照明设计指南，成为光环境设计和评价的准则。光环境分为天然光环境和人工光环境，由于两者差别较大，因而其质量评价方法和评价标准不同。

12.3.1　天然光环境质量评价

天然光强度高，变化快，不易控制，因此其质量评价方法和评价标准有许多不同于人工照明的地方。

采光设计标准是评价天然光环境质量的准则，也是进行采光设计的主要依据。工业发达国家大都通过照明学术组织编制本国的采光设计规范、标准或指南，国际照明委员会（CIE）1970 年曾发表有关采光设计计算的技术文件，其后又组织各国天然采光专家合作编写了《CIE 天然采光指南》，我国建设部组织人员对 2001 年颁布的《建筑采光设计标准》进行了修订，并于 2012 年 12 月颁布了新版《建筑采光设计标准》（GB50033—2013），新标准有 7 章和 5 个附录，将侧面采光的评价指标由采光系数最低值改为采光系数平均值，室内天然光临界照度值改为室内天然光设计照度值，标准中增加了展览建筑、交通建筑和体育建筑的采光标准值，并补充了采光节能专章及计算方法。

1. 采光系数（daylight factor）

室内天然光照度水平与室外照度密切相关。天然采光的数量指标，称为采光系数，是指室内某一点直接或间接接受天空漫射光所形成的照度与同一时间该天空半球在室外无遮挡水平面上产生的天空漫射光照度之比，符号为 C，以百分数表示，计算公式为：

$$C = \frac{E_n}{E_w} \times 100\% \tag{12-12}$$

式中，E_n —室内某点的天然光照度，lx；E_w—与 E_n 同一时间，室内无遮挡的天空在水平面上产生的照度，lx。

由于两个照度值均不包括直射日光的作用，在晴天或多云天气，在不同方位上的天亮度有差别，因此，该采光系数概念计算的结果与实测采光系数值会有一定的偏差。

2. 采光系数标准（standard value of daylight factor）

作为采光设计目标的采光系数标准值，是根据视觉工作的难度和室外的有效照度确定的。室外有效照度也称临界照度，是人为设定的一个照度值。当室外照度高于临界照度时，才考虑室内完全用天然光照明，以此规定最低限度的采光系数标准。

我国建设部及相关部门在天然光视觉试验及对现有建筑采光现状普查分析的基础上，根据光气候特征及经济发展水平在《建筑采光设计标准》（GB 50033—2013）中对不同采光等级参考平面上的采光标准值进行了规定（见表 12-3，表 12-4），并根据建筑物的用途，如居住、办公、学校、工业等建筑，分别对其采光等级和采光系数值进行了明确的界定。

表 12-3　不同采光等级参考平面上的采光标准值

采光等级	侧面采光		顶部采光	
	室内天然光照度标准值/lx	采光系数标准值/%	室内天然光照度标准值/lx	采光系数标准值/%
Ⅰ	750	5	750	5
Ⅱ	600	4	450	3
Ⅲ	450	3	300	2
Ⅳ	300	2	150	1
Ⅴ	150	1	75	0.5

注：①表中所列采光系数标准值适用于我国Ⅲ类光气候区，采光系数标准值是根据室外设计照度值 15000lx 制订的。②工业建筑参考平面取距地面 1m，民用建筑取距地面 0.75m，公用场所取地面。③采光标准的上限值不宜高于上一采光等级的级差，采光系数值不宜高于 7%。

住宅建筑的卧室、起居室和厨房应有直接采光，卧室、起居室的采光不应低于采光等级Ⅳ级的采光标准值，侧面采光系数不应低于 2.0%，室内天然光照度不应低于 300lx。

表 12-4　住宅建筑的采光标准值

采光等级	场所名称	侧面采光	
		采光系数标准值（%）	室内天然光照度标准值（lx）
Ⅳ	厨房	2.0	300
Ⅴ	卫生间、过道、楼梯间、餐厅	1.0	150

民用建筑的采光系数标准值多数是按照建筑功能要求规定的。例如德国的采光规范（DIN5034）规定住宅居室内 0.85m 高水平面上，位于 1/2 进深处，距两面侧墙 1 m 远的两点采光系数最低值不得小于 0.75%，且其平均值至少应达到 0.9%，如果相邻的两面墙上都开窗，

表 12-5　窗地面积比

采光等级	侧面采光	顶部采光
Ⅰ	1/3	1/6
Ⅱ	1/4	1/8
Ⅲ	1/5	1/10
Ⅳ	1/6	1/13
Ⅴ	1/10	1/23

上述两点的采光系数平均值不应小于 1.0%。在我国指定的标准中，根据建筑尺寸不同，对相对应的窗地面积比进行了规定，见表 12-5。

对于不同建筑，室内各表面反射比的加权平均值取值不同，Ⅰ～Ⅲ级取 0.5，Ⅳ级取 0.4，Ⅴ级取 0.3。顶部采光为平天窗采光，对于锯齿形天窗和矩形天窗的窗地面积比可分别按照平天窗的 1.5 倍和 2 倍取值。

3．日照时间标准

太阳光对于人们尤其是儿童的健康十分重要，能够促进钙的吸收，促进某些营养成分的合成。长期缺少阳光儿童会得软骨病，皮肤苍白，体制虚弱。同时太阳光中的紫外线具有杀毒灭菌的作用。所以在建筑设计中时刻要注意日照时间的保证问题。

决定居住区住宅建筑日照标准的主要因素，一是所处地理纬度及其气候特征；二是所处城市的规模大小。我国地域广大，南北方维度相差约 50 余度，同一日照标准的正午影长率相差 3～4 倍，所以在高纬度的北方地区，日照间距要比维度低的南方地区大得多，达到日照标准的难度也就大得多。表 12-6 为住宅建筑日照标准。

表 12-6　住宅建筑日照标准

建筑气候区划	Ⅰ、Ⅱ、Ⅲ、Ⅶ气候区		Ⅳ气候区		Ⅴ、Ⅵ气候区
	大城市	中小城市	大城市	中小城市	
日照标准/日	大寒日			冬至日	
日照时数/h	≥2	≥3		≥1	
有效日照时间带/h	8~16			9~15	
计算起点	底层窗台面（距室内地坪 0.9m 高的外墙位置）				

12.3.2　人工光环境质量评价

为了建立人对光环境的主观评价与客观的物理指标之间的对应关系，世界各国的科学工作者通过大量视觉功效的心理物理实验，找出了评价光环境质量的客观标准，为制订光环境设计标准提供了依据。

1．适当的照度水平

人对外界环境的明暗差异的直觉，取决于外界景物的亮度，照度太低使人感到不舒适，黑暗的光环境使人看不清周围的环境，不能正确的判断自己所处的位置，缺乏安全感。但是规定适当的亮度水平相当复杂，因为它涉及各种物体不同的发光特性，因此在实际中一般以照度水平作为灯管照明的数量指标。不同工作性质的场所对照度值的要求不同，适宜的照度应当是在某具体工作条件下，大多数人都感觉比较满意且保证工作效率和精度均较高的照度值。照度过大，会使物体过亮，容易引起视觉疲劳和眼睛灵敏度的下降。如夏日在室外看书时，若亮度超过 16sb，就会感到刺眼，不能长久坚持工作。

（1）照度标准

确定照度标准要综合考虑视觉功效、舒适感与经济、节能等因素。照度并非越高越好，提高照度水平对视觉功效只能改善到一定程度。无论从视觉功效还是从舒适感考虑选择的理想照度，最终都要受经济水平，特别是能源供应的限制。所以，实际应用的照度标准都是经过综合考虑的取值。

任何照明装置获得的照度，在使用过程中都有一个衰减的过程，产生衰减的原因是灯的光通量的衰减，灯、灯具和房间的表面受到污染使透过系数和反射系数发生变化等因素所致。要想恢复到原来的照度水平就得更换灯，清洗灯具，甚至需要重新粉刷房间的墙壁，但是不可能恢复到原来的水平。所以一般不以初始照度作为设计的标准，而是采取使用照度或维持照度来制订设计标准。使用照度是灯在一个维护周期内照度变化曲线的中间值，西欧一些国家采取的是使用照度标准；维持照度是在必须更换光源或在预期清洗灯具和清扫房间周期终止前，或者同时进行上述维护时所应保持的平均照度，通常维护照度不应低于使用照度的80%。采用维持照度标准的国家有美国、俄罗斯和中国。灯的照度衰减曲线和使用照度、维持照度的位置见图 12-9。在没有专门规定工作位置的情况下，通常以假想的水平工作面照度作为设计标准。对于站立的工作人员水平面距地 0.90m；对于坐着的人是 0.75m（或 0.80m）。

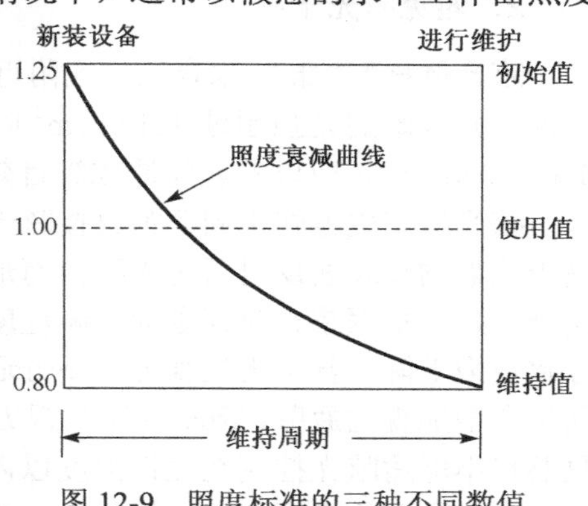

图 12-9　照度标准的三种不同数值

我国工业和民用建筑现行标准为建设部 2004 年颁布的《建筑照明设计标准》（CB50034—2004），该标准替代了 1990 年和 1992 年发布的《民用建筑照明设计标准》（CBJ133—90）和《工业企业照明设计标准》（CB50034—92）。新标准中将照度标准值分为 0.5、1、3、5、10、15、20、30、50、75、100、150、200、300、500、750、1000、1500、2000、3000、5000lx 等级别。并且为不同作业和活动都推荐了照度标准，规定了每种作业的照度范围，以便设计师根据具体情况选择适当的数值。住宅建筑照明标准见表 12-7。

表 12-7　住宅建筑照明标准

类别		参考平面及其高度	照度标准值/lx	Ra
起居室	一般活动	0.75m 水平面	100	80
	书写、阅读		300*	
卧室	床头阅读	0.75m 水平面	75	80
	精细工作		150*	
餐厅		0.75m 餐桌面	150	80
厨房	一般活动	0.75m 水平面	100	80
	操作台	台面	150*	
卫生间		0.75m 水平面	100	80

注：*宜用混合照明

（2）照度均匀度

在某些情况下，如看书时台灯照明，对工作物要求特别照明，以增加工作效率。在一般情况下，必须兼顾周围环境的照度，以消除不舒适感觉，所以要求照度均匀。照度均匀度是表示给定平面上照度分布的量。照度均匀度可用工作面最低照度与平均照度之比表示，这个值不能小于 0.7，而作业面临近周围的照度均匀度不应低于 0.5。在满足这个要求的同时还需要满足房间其他非作业区域的一般照明的照度值不宜低于作业区域一般照明照度的 1/3。但是在一些特殊的工种中则要求有特殊照明，如精密车床、钟表工的照明是希望光线集中的；医生外科手术则要求没有阴影。

（3）空间照度

在大多数场合，如交通区、休息区、大多数的公共建筑等公共场所，以及居室生活，照明效果往往用人的容貌是否清晰和自然来评价。在这些场所，适当的垂直照明比水平面的照度更为重要。《建筑照明设计标准》（CB50034—2004）中对体育场馆等场地的垂直照度和水平照度提出了不同的要求。平均柱面照度与水平面照度之比为 0.3～3，垂直照度与水平照度之比为 0.5 时（至少应为 0.25），可获得较好的造型立体感效果。除造型立体感效果以外，光的方向性对作业可见度的影响也不容忽视。一般来说，照明光线的方向性不能太强，否则会出现生硬的阴影，令人心情不愉快。

2．避免眩光干扰

眩光俗称“晃眼”，来自工作区附近的强烈光源或者光滑表面的反射光，是一种视觉条件。当入射到人眼的光强超过 $0.1\mathrm{cd/cm^2}$ 时，就能引起耀目效应。例如，日光灯管的亮度一般在 $0.6\sim1.0\mathrm{cd/cm^2}$，所以它就能造成耀目效应。

眩光按产生方式不同分为直接眩光和反射眩光。前者是光线直接进入眼内而产生，后者是光线被物体表面反射后进入眼内而形成。反射眩光又分光幕反射、伸展反射、弥漫反射和混合反射。根据眩光对视觉的影响程度，可分为失能眩光和不舒适眩光。失能眩光的出现会导致视力下降，甚至丧失视力。不舒适眩光的存在使人感到不舒服，影响注意力的集中，时间长会增加视觉疲劳，但不会影响视力。对室内光环境来说，遇到的基本上都是不舒适眩光。只要将不舒适眩光控制在允许限度以内，失能眩光也就自然消除了。

眩光是评价光环境舒适性的一个重要指标。多年来，许多国家对不舒适眩光问题各自提出了实用的眩光评价方法。其中主要有英国的眩光指数法（HGI 法），美国的视觉舒适概率（VCP）法，德国的亮度曲线法，以及澳大利亚标准协会（SAA）的灯具亮度限制法等。目前各国共同使用的是 CIE 总结的研究成果，眩光指数（CCI）公式。

CIE 眩光公式以眩光指数 CGI 为定量评价不舒适眩光的尺度。一个单位整数是一个眩光等级。一个房间内照明装置的眩光指数计算规则是以观测者坐在房间中线上靠后墙的位置平视时作为计算条件，即

$$\mathrm{CGI}=8\lg 2\left[\frac{1+\dfrac{E_\mathrm{d}}{500}}{E_\mathrm{i}+E_\mathrm{d}}\sum\frac{L^2W}{P^2}\right] \tag{12-13}$$

式中，E_d—全部照明装置在观测者眼睛垂直面上的直射照度，lx；E_i—全部照明装置在观测者眼睛垂直面上的间接照度，lx；W—观测者眼睛同一个灯具构成的立体角，Sr；L—此灯具在观测者眼睛方向上的亮度，$\mathrm{cd/m^2}$；P—考虑灯具与观测者视线相关位置的一个系数。

此公式只是一个过渡性公式，后来对公式进行了简化。我国目前采用统一眩光指数（Unified Glare Rating，UGR）函数式对眩光干扰进行评价，计算公式如下：

$$\mathrm{UGR}=a\lg\left[\frac{b}{L_\mathrm{b}}\times\sum\frac{L_n^2\times\Omega_n}{P_\mathrm{n}^2}\right] \tag{12-14}$$

单个灯具不舒适眩光值的计算公式：

$$\mathrm{UGR}=8\lg\left[\frac{0.25}{L_{\mathrm{b}}}\times\frac{L^2\times\Omega}{P^2}\right] \tag{12-15}$$

式中，UGR—统一眩光指数；L_b —背景亮度，cd/m^2；L_n—观测点方向灯具的亮度，cd/m^2；8—UGR 计算系数；Ω —灯具有效发光面积对测试点形成的可视立体角，sr；P—灯具的位置指数；0.25 —背景亮度系数。

3．舒适的亮度比

舒适的亮度比和亮度分布是对工作面照度的重要补充。人眼的视野很宽，除工作对象外，工作面、顶棚、墙、窗户和灯具等都会同时进入眼中，这些物体的亮度水平和亮度对比构成人眼周围视野的适应亮度，这些方面对视觉有重要影响。若亮度相差过大，则会加重眼睛瞬时适应的负担，或产生眩光，降低视觉功效；此外，房间主要表面的平均亮度，形成房间明亮程度的总印象，其亮度分布使人产生不同的心理感受。因此，为了舒适的观察，要突出工作对象的亮度，即主要表面亮度应合理分布，才有利于提高工作效率。

在工作房间，作业近邻环境的亮度应当尽可能低于作业本身亮度，但最好不低于作业亮度的 1/3。而周围视野（包括顶棚、墙、窗子等）的平均亮度，应尽可能不低于作业亮度的 1/10 。灯和白天的窗子亮度，则应控制在作业亮度的 40 倍以内。要实现这个目标，需要统筹考虑照度和反射比这两个因素，因为亮度与两者的乘积大致成正比。墙壁的反射比，最好在 0.3～0.7 之间，其照度达到作业照度的 1/2 为宜。照度水平高的房间要选低一点的反射比，应在 0.1～0.3 之间。非工作房间，例如装饰水准高的公共建筑大厅亮度分布，往往涉及建筑美学，渲染特定气氛，突出空间或结构的形象，所以不受上述参数的限制。这类环境亮度水平与前面有所不同，但也应考虑视觉的舒适感。

4．光色影响

光源色表的选择取决于光环境所要形成的气氛。不同光色可以给人不同的感觉。如低色温的暖色光能在室内创造温馨、亲切、轻松的气氛；冷色光通过提供较高的照度，为工作间创造紧张、活跃、精神振奋的氛围。而有些场合需要良好的自然光色，以便于精确辨色，如商店、医院、纺织厂的印染车间，美术馆等。在其他色度要求不高的场所可以和节能结合起来选择光源，比如在办公室用显色性好，显色指数大于 90 的灯，和用显色性差的灯产生一样的照明效果，照度可以降低 25%，同时做到了节能。显色指数是反映各种颜色的光波能量是否均匀的指标。表 12-8 列出了灯的显色类别。

表 12-8 灯的显色类别及应用

显色类别	相关色温（K）	色表特征	适用场所
Ⅰ	<3300	暖	客房、卧室、病房、酒吧、餐厅
Ⅱ	3300～5300	中间	办公室、教室、阅览室、诊室、检验室、机加工车间、仪表装配
Ⅲ	>5300	冷	热加工车间、高照度诊所

光源的颜色质量常用两个性质不同的术语，即光源的表观颜色（色表）和显色性来同时表征：前者常用色温定量表示，后者是指灯光对被照物体颜色的影响作用，两者都取决于光源的光谱组成，但不同光谱组成的光源可能具有相同的色表，而其显色性却大不相同；同样，色表完全不同的光源可能具有相等的显色性。在选择灯的显色指数时，需要考虑光效，有些高显色指数的灯光效不高，如白炽灯，有些光效高的灯显色指数又很低，如钠灯。

所以，在实际工程要两者兼顾。当发生矛盾时可以采用显色性和光效各有所长的灯结合使用。例如：用光效高、显色性较差的高压汞灯和显色性高、光效差的白炽灯组合使用达到理想的照明效果。

12.4 光污染防治技术

12.4.1 可见光污染防治

光污染按照光波波长分为可见光污染、红外线污染和紫外线污染三类，对于不同的污染类型，可以采用不同的防治技术。

可见光污染中危害最大的是眩光污染。眩光污染是城市中光污染的最主要形式，是影响照明质量最重要的因素之一。

根据眩光产生的方式分为直接眩光和反射眩光，反射眩光又分为一次反射和二次反射眩光两种。眩光程度主要与灯具发光面大小、发光面亮度、背景亮度、房间尺寸、视看方向和位置等因素有关，还与眼睛的适应能力有关。所以眩光的限制应分别从光源、灯具、照明方式等方面进行。

眩光的限制等级分为三级，如表 12-9 所示。

表 12-9 眩光限制等级

炫光限制等级		眩光程度	适用场合
I	高质量	眩光	阅览室、办公室、计算机房、美工房、化妆室、商业营业厅的重点陈列室、调度室、体育比赛馆
II	中等质量	有轻微眩光	会议厅、接待厅、宴会厅、游艺厅、候车厅、影剧院进口大厅、商业营业厅、体育馆训练
III	低质量	有眩光感觉	储藏室、站前广场、厕所、开水房

不同的光源类型，会产生不同的眩光效应。一般规律是光源越亮，眩光的效应越大。不同光源对应的眩光效应如表 12-10 所示。

表 12-10 光源和眩光效应

照明用电光源	亮度	眩光效应	用途
白炽灯	较大	较大	室内外照明
柔和白炽灯	小	无	室内照明
镜面白炽灯	小	无	定向照明
卤钨灯	小	大	舞台、电影电视照明
荧光灯	小	极小	室外照明
高压钠灯	较大	小于高压汞灯	室外照明
高压汞灯	较大	较大	室外照明
金属卤化物	较大	较大	室内外照明
氙灯	大	大	室外照明

1. 直接眩光的消除

直接眩光就是光源直接将光投入眼帘引起的眩光。例如路灯或施工工地灯的位置太低时，光投射得较平，过往驾驶员或工人就会感到刺目的眩光，很容易出事故。如果要避免这种眩光的产生，需要提高光源位置，像广场、码头上用的高杆灯，足球场上的照明都采用这种方法。若因空间的限制而无法将光源提高，可以用灯罩限制光线投射的角度（如图 12-10 所示）。当视线与光源的位置小于保护角时，眼睛都不能直接看到发亮的灯丝，保护角不得小于 14°。

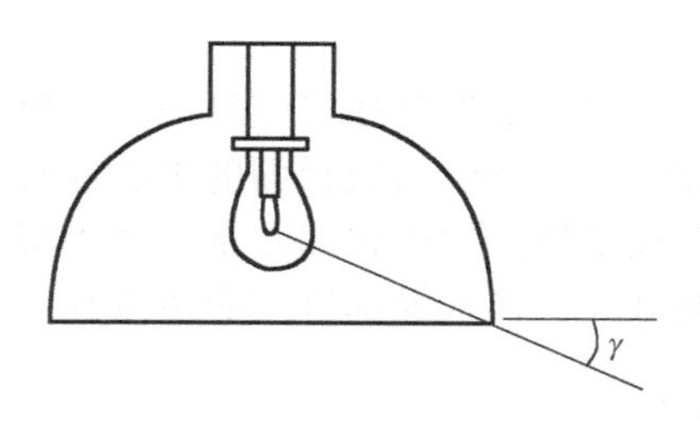

图 12-10　光源的保护角

而另一种方法是降低光源亮度，如在灯泡外面加上乳白灯罩等。

（1）光源的眩光限制

对于照明光源，其限制方法首先应该从光源本身的构造和工艺上采取措施：在玻璃壳内壁镀金属层，例如镀铝，以挡住高亮度灯丝；用遮光材料制作玻璃壳，例如制成乳白色灯泡；在灯管内壁涂以荧光物质，并增大发光表面；在灯管中选用适应眼睛敏锐度的光色等。

（2）灯具的眩光限制

灯具出现眩光与灯具的材料、构造、数量和位置等很多方面都有关系，可以分别采取不同的措施予以消除。由材料亮度引起的眩光，可以降低材料的表面亮度，如采用乳白玻璃、磨砂玻璃、塑料等。由灯具构造产生的眩光，可把灯具做成遮光罩或格栅，使它们具有遮挡灯光的遮光角。由灯具的数量过多引起的眩光，可以通过减少灯具数量消除眩光。当房间尺寸不变时，提高灯具的安装高度可以减少眩光，反之则增加眩光。根据观看方向，改变灯具侧面和底面的亮度。侧面可做成亮面或暗面，如果侧面不是亮面，灯具的眩光不会受观看方向的影响；如果侧面是亮面，则从横向观看比从端部观看感到眩光显著。在照明的布置方面应以隐蔽光源和降低亮度为基本原则来限制眩光。为了降低眩光，照明方式可采用暗灯槽、光檐、满天星式下射灯、格栅式发光顶棚等，灯具侧面可做成亮面或暗面。

（3）窗的眩光限制

窗的眩光限制是保证良好的室内天然光环境的重要措施之一。为了限制眩光，应该尽量的改善室外环境，为防止眩光创造条件，并从窗的布置、大小、形状、材料等各方面加以考虑。室外良好的环境条件是室内避免出现眩光的重要影响因素，室内的光环境通过窗受直射日光或天空自然光线的影响，加之高层建筑的出现，使得室内出现眩光的几率大为提高。要创造良好的室外条件，首先要对建筑物的设计进行精心的安排，特别要注意建筑物的位置和朝向，如南北向的建筑物可以比东西向的减少太阳直射的机会。合理的建筑物之间的距离不仅可以使每个建筑物都可以获得充足的日照，还有利于防止由邻近建筑物产生的反射眩光。住宅小区内的绿化不但可以美化环境，而且对于眩光也有较好的限制作用。如小区中的树木可以在一定程度上减少直射的阳光。其次，窗的设计对限制眩光也有一定的影响。根据当地的气候、室外环境条件的现状和建筑物的功能要求来合理的确定窗的朝向、窗的采光部位、相邻间距和数量，将会对眩光起到积极的抑制作用。此外，天然光在室内的分布取决于窗的形状和面积。一般来说，面积大的窗更容易产生眩光效应，因此还应该重视对窗的面积和形状的确定，在保证正常的室内采光和美观的条件下，尽量避免眩光的出现。最后，窗的制造材料不同，对眩光出现几率的影响也不一样。目前常见的有色玻璃、热反射玻璃、普通的磨砂玻璃都有较好的限制眩光的作用。

（4）各类建筑的眩光限制

①住宅建筑的眩光限制

进行窗口设计时，对于大面积的窗或玻璃墙幕慎用，在窗外要有一定的遮阳措施，窗内可设置窗帘等遮光装置；室内各种装修材料的颜色要求高明度、无光泽，以避免出现眩光；采用间接照明时，使灯光直接射向顶棚，经一次反射后来满足室内的采光要求；采用深照明灯具，并且要求灯具材料具有扩散性时，可采用乳色玻璃或塑料；采用悬挂式荧光灯可适当的提高光源的位置。

②教室的眩光限制

教室常采用的白炽灯和荧光灯都不要裸露使用，可安装蝠翼形或渐开线形灯具；黑板照明的灯具和教师的视线夹角要大于60°，在学生一侧要有40°的遮光角，与黑板面的中心线夹角在 45°左右为宜；要根据不同季节，尤其是天气、时间合理安排灯的位置和数量，达到节能和实用的目的，同时也减少眩光；定期对教室粉刷，更换灯具。黑板面的垂直照度要高，一般宜做成磨砂玻璃黑板，减少反射眩光。

③办公建筑的眩光限制

全面的考虑窗的布置，适当的减少窗的尺寸，可采用有色或透射系数低的玻璃；在大面积的玻璃窗上设置窗帘或百叶窗；室内的各种装饰材料应无光泽，宜采用明度大的扩散性材料；在室内不宜采用大面积发光顶棚，在安装局部照明时，要采用上射式或下射式灯具；灯具宜用大面积、低亮度、扩散性材料的灯具，适当的提高灯具的位置，并将灯具做成吸顶式。

④商店建筑的眩光限制

在橱窗前设置遮阳板、遮棚等装置，在橱窗内部可做有暗灯槽、隔栅等将过亮的照明光源遮挡起来；橱窗的玻璃要有一定的角度，或做成曲面，以避免眩光的发生；在陈列橱内的顶部、底部及背景都要采用扩散性材料，橱内如镜子之类可产生镜面反射的物品要适当的倾斜排放；顶棚的灯具要安装在柜台前方，柜内的过亮照明灯具要进行遮蔽。

⑤旅馆建筑的眩光限制

宾馆的大厅外可根据气候的要求设置遮阳板或做成凹阳台，厅内可设置百叶窗或窗帘，并尽量提高灯具的悬挂位置，如使用吸顶棚等；若采用吊灯灯具则要使用扩散性材料；庭院绿化时应将地面上的泛光照明设备用灌木加以遮蔽。客房内的大面积玻璃要采取遮光措施，室内要有良好的亮度分布控制，灯具和镜子之间的相对位置要设计好，避免眩光的出现。

⑥医院建筑的眩光限制

病房布置要有较好的朝向，既可以保证足够的光照又可以避免眩光的出现；病房内宜采用间接的照明方式，使病人看不到眩光光源；灯具要采用扩散性材料和封闭式构造，防止直接眩光；病房内的色彩要谐调，以中等明度为主，材料无光泽；窗外要有遮阳设施，防止日光直射，里面设置遮光窗帘，防止院内汽车灯光的干扰；医疗器械避免有光泽；走廊内的灯具亮度应该加以限制，防止光线进入病房。

⑦博览建筑的眩光限制

尽量设法消除反射眩光，可改变展品的位置和排列方式，改变光的投射角度，改变展品光滑面的位置和角度；也可利用照明或自然光的增加来提高场所的照度，缩小展品与橱窗玻璃间的位置，在橱窗玻璃上涂上一层防止眩光的薄膜；改善展品的背景，使其背后没有反光或刺眼的物件，置于玻璃后的展品避免用深暗色；减少陈列厅的亮度对比，采用窗帘、百叶窗等阻止日光直射，利用局部照明来增加暗处展品的亮度。

⑧体育馆的眩光限制

体育馆的侧窗宜布置成南北走向，窗内设置窗帘、百叶窗等遮光设施，室内不采用有光泽的装饰材料；馆内的光源可采用高强气体放电灯，比赛时光源的显色指数要求大于80；光源与室内的亮度分布要合理，如光源与顶棚的亮度比为20∶1，墙面与球类的亮度比为3∶1；光源与视线的夹角要尽量的大；灯具可采用铝制外壁的敞口混光灯具，若采用顶部采光，则顶部也要设置遮阳设施。

⑨工厂厂房的眩光限制

车间的侧窗要选用透光材料、安装扩散性强的玻璃，如磨砂玻璃，窗内要有由半透明或扩散性材料做成的百叶式或隔栅式遮光设施；车间的天窗尽量采用分散式采光罩、采光板，选用半透明材料的玻璃；车间的顶棚、墙面、地面及机械设备的表面的颜色和反射系数要很好的选择，限制眩光的发生；对于具有光泽面的器械，可在其表面采取施加油漆等措施；车间内的灯具宜采用深照型、广照型、密封型以及截光型等，其安装高度应避免靠近视线；为避免眩光可适当的提高环境亮度，并且根据视觉工作的要求，要适当限制光源本身的亮度。

2．反射眩光的消除

当强光投射在观看的目标物上，目标物像镜面一样将此强光反射入眼中，使目标物被亮光淹没无法看清，这样就会形成反射眩光。反射眩光分一次反射眩光和二次反射眩光。

一次反射眩光指的是一强光直接投射到被观看的物体上，由于目标物体的表面光滑产生镜面反射，将强光投入眼中。当光源的亮度超过所观看物体的亮度时，所观看物体就被光源的像或者一团光亮所淹没。例如，将一个镜子挂在窗户的对面墙上，当阳光从窗户射入时，我们观看镜框内的东西时就会产生光斑，这种光斑实际上是侧窗的像。如图 12-11 所示是一次反射眩光的防治情况。

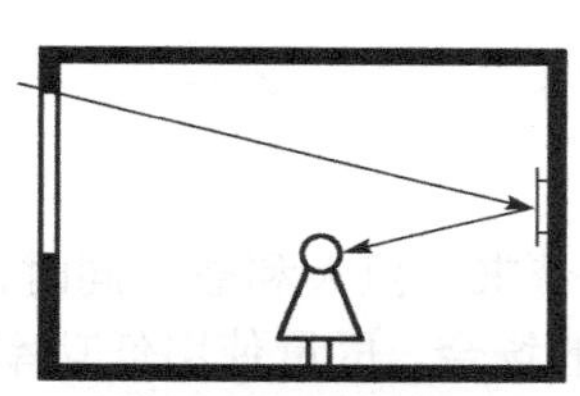

(a)反射光正好射入观测者眼中

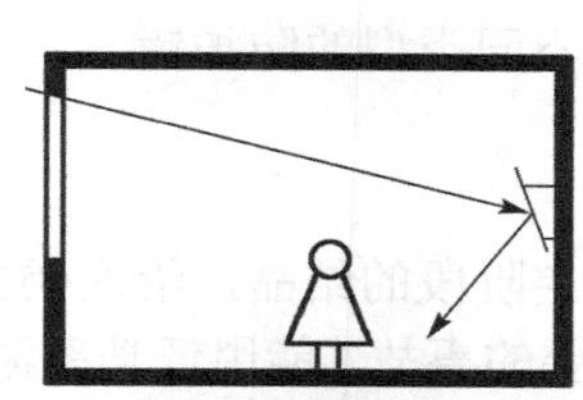

(b)改变反射面的角度，而使反射光不射入人眼

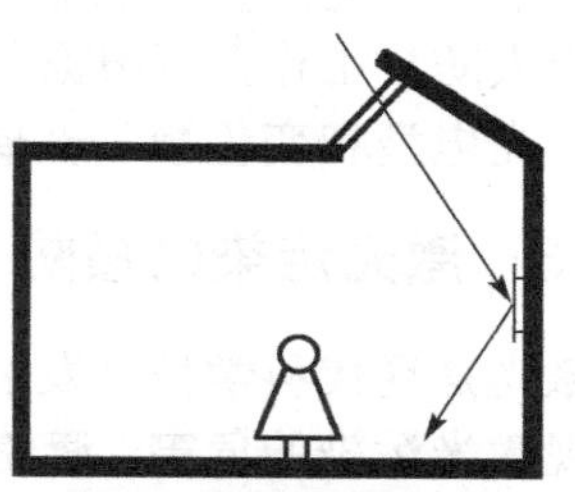

(c)通过改变光源的位置使反射光不射入人眼

图 12-11　一次反射眩光的消除

当人们站在一个玻璃的陈列柜前想看陈列品时，往往看到的是自己的影子，这种现象称为二次反射眩光。产生这种现象的原因是观察者所处位置的亮度大大超过了陈列品的亮度。所以我们在陈列室设计时，不要一味追求室内空间的亮度，相反要注意陈列品所在位置的亮度避免眩光的产生。但是有些场合不便降低观看者所在位置的亮度时，如商店橱窗等，其解决办法一是提高展品的亮度，二是改变橱窗玻璃位置、倾角和形状予以消除，如图 12-12 所示。

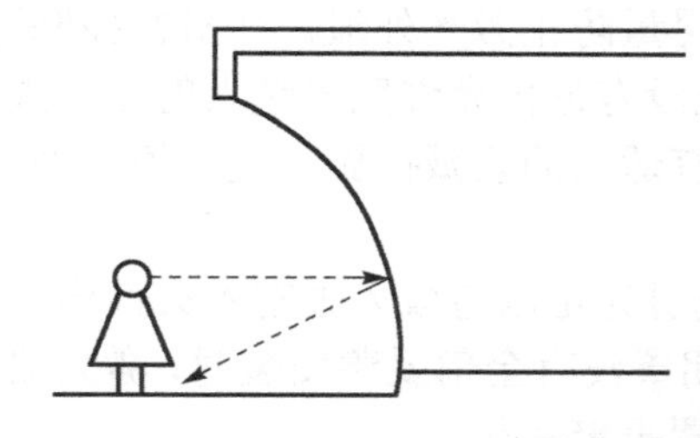

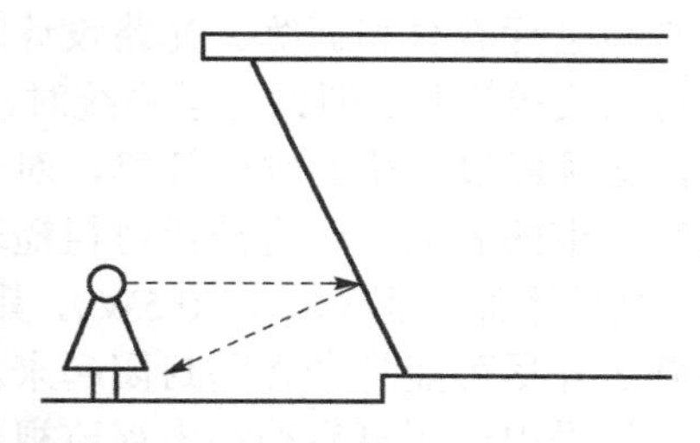

图 12-12　改变橱窗玻璃的倾角及形状以消除眩光

光幕反射是目前被普遍忽视的一种眩光，它是在本来呈现漫反射的表面上又附加了镜面反射，以致眼睛无论如何都看不清物体的细节或整个部分。

光幕反射的形成受反射物体的表面（即呈定向扩散反射，如光滑的纸、黑板及油漆表面）、光源面积（面积越大，它形成光锥的区域越大）、光源、反射面、观察者三者之间的相互位置以及光源亮度等因素影响。为了减小光幕反射，不要在墙面上使用反光太强烈的材料，尽可能减少干扰区来的光，加强干扰区以外的光，以增加有效照明。干扰区是指顶棚上的一个区域，在此区域内光源发射的光线经由作业表面规则反射后均可能进入观察者视野内。因此，应尽量避开在此区域布置灯具，或者使作业区避开来自光源的规则反射。

眩光是衡量照明质量的主要特征，也是环境是否舒适的重要因素。应按照限制眩光的要求来选择灯具的型号和功率，考虑到它在空间的效果以及舒适感，使灯具有一定的保护角，并选择适当的安装位置和悬挂高度，限制其表面亮度；同时把光引向所需的方向，而在可能引起不舒适眩光的方向则减少光线，以期创造一个舒适的视觉环境.

12.4.2 红外线、紫外线污染防治

对红外线和紫外线污染，应加强管理和制度建设，对紫外消毒设施要定期检查，发现灯罩破损要立即更换，并确保在无人状态下进行消毒，更要杜绝将紫外灯作为照明灯使用。对产生红外线的设备，也要定期检查和维护，严防误照。

对于从事电焊、玻璃加工、冶炼等产生强烈眩光、红外线和紫外线的工作人员，应十分重视个人防护工作，可根据具体情况佩戴反射型、光化学反应型、反射-吸收型、爆炸型、吸收型、光电型和变色微晶玻璃型等不同类型的防护镜。

12.4.3 激光污染的预防

激光是现代科学技术发展到一定阶段的结晶，给人类文明带来了巨大利益。同时，我们要重视激光污染的危害，避免不必要的事故。能用低功率激光的场合，尽量使用低功率激光，能够使用短脉冲激光不使用长脉冲激光。只要我们正视激光污染，采取相应措施，将其降低到最低限度，那么我们可以充分利用激光这一工具，为人类创造更加美好的明天。

激光器的种类很多，不同种类的激光对人眼的危害程度是不一样的，根据激光器的危险性级别，可以采取不同的措施。

第一级，无害免控激光器（功率$\leqslant 4\times 10^{-7}$W），包括直视以及用一般光学仪器观察对眼没有伤害。例如，He-Ne 激光器，不需要任何管理措施。但是，应该指出，只要不是需要应避免眼睛直视激光器。

第二级，低功率激光器（10^{-7} W～10^{-3}W），在严格控制照射量的条件下，可以直视激光。

第三级，激光器功率为 10^{-3}W～0.5W 时，应设置显示牌，不要直视激光。使用这类激光器工作人员必须进行教育和训练。光路设计时，尽量防止激光外泄，严格在控制区使用，无关人员不得进入实验现场。调试光学系统时，保证没有最大允许照射量入射工作人员的眼睛。使用仪器时，必须经过严格的安全计算，对光能有适当的衰减措施。装上警告牌、装设联销开关等。接触光束的表面，应是漫反射粗糙表面。

第四级，高功率激光器（功率>0.5W），其漫反射光足以造成人眼睛永久性伤害的激光器。除了三级措施之外尽可能将全光路封闭起来。封闭罩没有全部妥善安装时，激光器不能触发。只要有可能尽量采用远距离启动和电视监视，装置报警系统。

为了防止意外事件的发生，必须戴上激光防护镜。光线射入到眼睛，因条件反射闭眼，这一过程至少要 0.1s，而开关脉冲激光器在 10^{-9}～10^{-12}s 就将全部能量辐射出来，因此眼睛受到激光照射后，还来不及闭眼，已有很大的激光能量进入眼睛。因此，为了防止高功率激光对人眼的伤害，必须依靠激光防护镜。

12.5 光污染的防治管理

仅仅有防止各类光污染的技术还是远远不够的。治理光污染，这不单纯是建筑部门和环保部门的事情，更应该将之变成政府行为。只有得到国家和政府部门的足够支持和协助，我们才能够有理有据的防治光污染，才能更好地限制光污染的发生，解决光污染问题。

12.5.1 光污染防治相关政策和法律法规

光污染未被列入环境防治范畴，但是它的危害显而易见，并在日益加重和蔓延。但由于缺少相应的污染标准与立法，因而不能形成较完整的环境质量要求与防范措施。因此，人们在生活中应注意，防止各种光污染对健康的危害，避免过长时间接触污染。

防治光污染，是一项社会系统工程，需要有关部门制定必要的法律和规定，采取相应的防护措施。首先，在企业、卫生、环保等部门，一定要对光的污染有一个清醒的认识，要注意控制光污染的源头，要加强预防性卫生监督，做到防患于未然；科研人员在科学技术上也要探索有利于减少光污染的方法。在设计方案上，合理选择光源。要教育人们科学地合理使用灯光，注意调整亮度，不可滥用光源，不要再扩大光的污染。其次，对于个人来说要增加环保意识，注意个人保健。个人如果不能避免长期处于光污染的工作环境中，应该考虑到防止光污染的问题，采用个人防护措施，如戴防护镜和防护面罩，穿防护服等。把光污染的危害消除在萌芽状态。已出现症状的应定期去医院眼科作检查，及时发现病情，以防为主，防治结合。

为限制光污染而制定法规、规范和指南，国外早在20世纪70年代已出现，而我国一直处在“光污染”环境立法的空白点。1972年苏格兰的安德鲁天文台和澳大利亚堪培拉的斯托姆诺天文台就已提出天空光影响天文现象的问题。1980年国际天文联合会和国际照明委员会联合发表了“减少靠近天文台城市的天空光”的文章。然而在我国正式制定相关法规，是上海市制定的首部限定灯光污染的地方标准-《城市环境装饰照明规范》，并于2004年9月1日起正式实施。但从“光污染第一案”案例不了了之来看，“规范”仅是一部地方行业技术规范，根本不具有法律强制力，对于灯光使用单位没有强制力，同样环卫部门也没有处罚权。2004年以后，国家先后修订并颁布了《建筑照明设计标准》（GB50034—2004）和《建筑采光设计标准》（GB50033—2013），但是，对于光污染的“环境影响评测”直到现在也没有出台。据了解，目前在国家环境影响评价的有关法规里，对于建设项目可能会对周围环境带来影响的各项指标中，并没有对光污染的明确规定。正如前面提到的，光污染是一个可以测量的东西，同时作为一种新生的污染源，光线到底会产生多严重的危害性，应该有具体的数字指标。然而，目前这些在环评中都是空白的，由于缺乏标准和技术支持，环保部门现在还无法操作，难以将光污染加到对建设项目的实际环评中。

环境保护法律、法规中有关光污染防治的规定不仅在实体内容上缺乏，其程序上更是一片空白，这源于我国环境法体系不完善的现状。现行环境法以实体法为主，程序性法律规范很少且多分散于各实体法中，而有关光污染防治的实体法规定极不健全，更不必说相关的程序法内容了。

12.5.2 光污染防治对策与管理

光污染已经成为现代社会的公害之一，对人们的危害也日益严重。世界各国全面、系统的光污染研究尚在起步阶段，对光污染的认定缺乏相应的法律和提供参考的环境标准。其对人体和环境的影响在短期内不易被觉察，目前主要采取预防为主的防治方法。需要尽快制订光污染防治的法规。

国外某些国家已经有了针对光污染的一些法律条文。日本各地相继出台了防治光污染的条例，推广诸如安装向路面聚光的街灯，实施禁止探照灯向空中照射等各种防治光污染的措施。最早出台防止光污染条例的是冈山县，该县规定禁止使用探照灯向空中照射，违反者将受到处罚。熊本县城南町从2001年开始安装一种路灯，其光源外装有反光板，上方不漏光，由于反光板的聚光作用，灯光不再四处扩散，而路面却变得更加明亮，同时还能节约能源。

德国采取种种有效措施来降低光污染程度。在许多城市已使用光线比较柔和的水银高压灯代替容易诱引昆虫的钠蒸气灯，对昆虫的诱引率降低了90%。新一代经过改进的钠蒸气灯降低了功率，采用了让人舒适的光色。对固定照明设计进行合理的遮盖，并将散射光的圆形灯改为不散光的平底灯，让灯光照向需要照射的地方，照向天空的光源都得到了纠正。为了避免昆虫和鸟类误撞灯体而死亡，发明了可调节光线强度的技术，并根据昆虫和鸟类活动的规律安装了警戒装置等。

目前，我国还没有专门防治光污染的法律法规，也没有相关部门负责解决灯光扰民的问题。北京市2010年颁布实施的《室外照明干扰光限制规范》（DB11/T731—2010）地方标准，对城市道路照明、夜景照明、交通设施照明、广告标识照明、室外工作区照明等干扰光进行了限制，但大量的其他光污染源仍然没有明确的法律法规来约束，同时对动物、植物等生物的干扰光限制并未进行规定。由于目前光污染的法律法规不成体系，因此对于光污染的防治措施并无强制要求。不过从长远考虑，为了减少光污染对人的影响，需要做好相关工作。

城市建设管理部门，要出台具有强制力和可操作性的《城市环境照明规范》，对照明灯具的性质、种类、应用范围和时间以及分类光照照度、色度及光照区域等做出规定，并认真监督其实施。不仅要求照亮，而且还要防止光污染的产生。要尽快制定城市照明规划建设标准和光污染控制标准，引导城市照明向"高效、节能、环保、健康"的方向发展。环境保护部门，更要将光污染防治纳入工作范围。力促出台单行法及其配套的行政规章，并积极建议修改环境保护法，增加防治光污染内容。在日常的环境保护科研和管理工作中，积极防治光污染，为人们创造舒适的光环境。

要控制光污染，为人们创造舒适的光环境，就必须对光环境进行管理。管理光环境，应从两个方面入手：污染源和环境。从污染源出发，就要区分光照目的，进行分类管理，提出光照限值；从环境出发，首先就要进行光环境功能区划，然后制订出环境标准。

要加强建设、设计管理。防治光污染应做到事前合理规划，事后加强管理。合理的城市规划和建筑设计可以有效地减少光污染。限建或少建带有玻璃幕墙的建筑并尽可能避开居民居住区。装饰高楼大厦的外墙、装修室内环境以及生产日用产品时应尽量避免使用刺眼的颜色。已经建成的高层建筑尽可能减少玻璃幕墙的面积并避免太阳光反射光照到居民区。应选择反射系数较小的材料。加强城市绿化也可以减少光污染。对夜景照明和广告标识照明，应加强生态设计，加强灯火管制。如区分生活区和商业区，关闭夜间电影院、广场、广告牌等的照明，减少过度照明，降低光污染和能量损失。

从长远考虑，为了减少光污染对人的影响，需要做好环境功能区划。根据社会经济发展的需要和不同地区在环境结构、环境状态和使用功能上的差异，对区域进行合理的划分，确定具体的环境目标，同时也便于目标的执行和管理。根据各类区域对光的不同要求，对选定区域进行合理划分，并对每个子区域制定合适的光环境目标，从而使光环境在符合人们需要的同时又尽可能少的带来负面影响，这就是光环境功能区划。通过功能划分，把光环境功能区分为无光区、暗视觉区、中视觉区和明视觉区几类，并制定不同的光环境标准。

光环境功能区划需要注意：①以有效地控制光污染的程度和范围，保护生活环境和生态环境，保障人体健康以及动植物正常生存和生长为宗旨；②不得降低现状使用功能，以主导功能划定区域；③统筹考虑各个功能区之间的衔接；④实用可行，便于管理。

另外，为了避免光污染的产生，改善生产、生活环境，可以采取以下的方式来解决：①各有关部门做好光污染的宣传工作，让广大人民对光污染有所了解，尽快制定相应技术标准和法律法规，采取综合的防治措施；（2）在城市规划和建设时，考虑光环境问题，注意白天可能造成反射的建筑物表面，加强预防性卫生监督，竣工验收时卫生、环保部门要积极参与，并且要开展日常的监督措施；③各城市尽快制定夜间照明规划，使该亮的地方亮起来，但一定不能过亮；④灯具开发、制造部门要树立生态、环保、节能的理念，大力开发并应用节能新光源和新灯具，提高灯具的光转化效率，并对灯具进行适当遮挡，改善灯具的光照范围和效果；⑤要以节约能源、保护环境、促进健康为宗旨，积极推广绿色照明，抓好城市绿色照明示范工程，提高城市照明质量，努力改善城市人居环境；⑥对城市广告牌、霓虹灯等应加强科学指导和管理，应采取发光系数小的材料制作；⑦强化自我保护意识，注意工作环境中的紫外、红外及高强度眩光的损伤，劳逸结合，夜间尽量少到强光污染的场所活动；⑧要提倡人们科学合理地使用灯光，注意调整亮度，白天提倡使用自然光；⑨使用电脑、电视时，要注意保护眼睛，距光源保持一定的距离并适当休息，同时安装一定的防辐射措施；⑩特殊部门在建设选址（比如说天文台）时要注意光环境因素，避免选址错误。

习　题　12

1．什么是光环境，有哪些影响因素？

2．已知钠灯发出的波长为 589nm 的单色光，其辐射能通量为 10.3W，试计算其发出的光通量。

3．什么是光污染，有哪些类型？

4．试说明光通量与发光强度、照度和亮度之间的区别和联系。

5．如何评价天然光环境和人工光环境？

6．可见光污染主要有哪几类，有什么危害？

7．什么是眩光污染，分析其产生的原因、危害及消除措施。

参考文献

1. 郑长聚. 环境噪声控制. 北京：冶金工业出版社，1995
2. 赵松龄. 噪声的降低与隔离. 上海：同济大学出版社. 1989
3. 方丹群等噪声控制. 北京：北京出版社，1986
4. 张邦俊，翟国庆，潘仲麟. 环境噪声学. 杭州：浙江大学出版社，2001
5. 马大猷主编. 噪声控制学. 北京：科学出版社，1987
6. 徐世勤，王樯. 工业噪声与振动控制. 北京：冶金工业出版社，1999
7. 盛美萍，王敏庆，孙进才噪声与振动控制基础. 北京：科学出版社，2001
8. 车世光等. 建筑声学. 北京：清华大学出版社，1988
9. 杜功焕，朱哲民，龚秀芬. 声学基础. 上海：上海科学技术出版社. 1981
10. 戴德沛阻尼技术的工程应用. 北京：清华大学出版社，1991
11. 张阿舟，姚起航. 振动控制工程. 北京：航空工业出版社，1989
12. 黄其柏. 工程噪声控制学. 武汉：华中理工大学出版社，1999
13. 国家环保局. 工业噪声治理技术. 北京：中国环境科学出版社. 1993
14. CH 汉森，SD 斯奈德. 噪声和振动的主动控制. 北京：科学出版社. 2002
15. 章句才，工业噪声测量指南. 北京：计量出版社，1984
16. 刘惠玲 环境噪声控制. 哈尔滨：哈尔滨工业大学出版社，2002
17. 张宝杰，乔英杰，赵志伟. 环境物理性污染控制. 北京：化学工业出版社. 2003.
18. 任连海. 环境物理性污染控制工程. 北京：化学工业出版社，2008.
19. 陈亢利，钱先友，许浩瀚. 物理性污染与防治. 北京：化学工业出版社，2006.
20. 周新样. 噪声控制技术及其新进展. 北京：冶金工业出版社，2007.
21. 李连山 杨建设. 环境物理性污染控制工程. 武汉：华中科技大学出版社，2009.
22. 陈杰镕. 物理性污染控制. 北京：高等教育出版社，2007
23. 潘仲麟. 翟国庆. 噪声控制技术. 北京：化学工业出版社，2006.
24. 洪宗辉. 环境噪声控制工程. 北京；高等教育出版社，2002.
25. 朱亦仁. 环境污染治理技术. 北京：中国环境科学出版社，2002.
26. 吴邦灿，费龙. 现代环境监测技术. 北京：中国环境科学出版社. 1999.
27. 高红武. 噪声控制工程. 武汉：武汉理工大学出版社. 2006.
28. 国家环境保护总局科技标准司. 中国环境保护标准汇编：土壤、固体废物、噪声和振动分册. 北京：中国环境科学出版社，2001.
29. 王爱民. 张云新. 环保设备及应用. 北京：化学工业出版杜，2004.
30. 吴明红. 包伯荣. 辐射技术在环境保护中的应用. 北京：化学工业出版社，2002.
31. 扬丽芬. 李友虎. 环保工作者实用手册. 北京；冶金工业出版社. 2001.
32. 郑铭. 环保设备——原理・设计・应用 2 版. 北京：化学工业出版社，2007.
33. 赵玉峰，于燕华. 电磁辐射防护学. 北京；中国铁道出版杜，1991.
34. 赵玉峰，越冬平，于燕华，等. 现代环境中的电磁污染. 北京：电子工业出版社，2003.

35．周律，张孟青．环境物理学．北京：中国环境科学出版社．2001.
36．刘宏，赵如金．工业环境工程．北京：化学工业出版杜，2004
37．张继有．物理污染控制．北京：中国建材工业出版社，2005.
38．金岚．水域热影响概论．北京：高等教育出版社，l993.
39．王脂．城市景观格局与城市热岛效应的多尺度分析[D]．雅安：四川农业大学，2007.
40．王才军．基于 RS 的城市热岛效应研究[D]．重庆：重庆师范大学，2006.
41．李琰琰．大气温室效应的热力学机理分析[D]．北京：华北电力大学，2007.
42．高艳玲，张继有．物理污染控制．北京：中国建材工业出版社，2005.
43．刘绍武．浅析噪声污染及其防治．农业与技术，2012，32(2)：146.
44．刘砚华，张朋，高小晋．我国城市噪声污染现状与特征．中国环境监测，2009，25(4)：88-90.
45．邱秋．我国电磁辐射污染防治的法律分析．上海环境科学，2007，26(1)：19-21.
46．赵晓飞，郭振华．浅谈环境污染中的计算机电磁辐射．黑龙江环境通报，2011，35(1)：82-83.
47．赵锋．城市电磁辐射污染现状分析及其防治对策．城市环境与城市生态，2011，24(5)：39-42.
48．王强，王俊，曹兆进，张淑珍，等．移动电话基站射频电磁辐射污染状况调查．环境与健康杂志，2010，27(11)：974-979.
49．赵永刚，金花，武玉焕．警惕室内外环境新杀手一电磁辐射污染．内蒙古环境科学，2007，19(2)：110-112.
50．王新练，杨彬．家庭电磁辐射污染及防护．内蒙古环境科学，2007，19(4)：113-116.
51．张建宏．电磁辐射污染与电磁环境监测．电力学报，2007，22(1)：39-43.
52．李玉俊，粟绍湘，何群，等．牡丹江市环卫科研所利用低放射性处理粪便上清液技术．城市管理与科技，2002，4(2)；30-31.
53．朱智男，金运范．放射性束在固体物理和材料学中的应用．原子核物理评论，1999，16(2)：99-105.
54．尹毅，Courtois G．人造放射性示踪砂在法国的应用．海岸工程，1996，15(4)：92-96.
55．D. B. Smith，尹毅．人造放射性示踪砂在联合王国的应用．海岸工程，199，7，16(4)：72-78.
56．谈德清．我国核电站放射性废物处理与存在的问题．核工程研究与设计，1998(26)：4-10.
57．邵建章．放射性事故的发生场所及放射性监测技术．消防技术与产品信息，2003(7)：34-38.
58．吴邦灿，费龙．现代环境监测技术．北京：中国环境科学出版社，2001.
59．刘扬林．工业废渣生产建筑材料放射性污染分析及危害控制建议．中国资源综合利用．2007，25(1)：33-36
60．梁梅燕．1992-2005 年秦山核电基地外围环境放射性监测．辐射防护通讯．2007，27(5)：6-14.
61．唐秀欢．植物修复—大面积低剂量放射性污染的新治理技术．环境污染与防治，2006，28(4)：275-278
62．孙赛玉．土壤放射性污染的生态效应及生物修复．中国生态农业学报，2008，16(2)：523-528.
63．任庆余．室内放射性污染及其防治．现代预防医学，2006，33(3)；303-305.
64．李芳．固体中总 α，总 β 放射性监测方法研究．辐射防护，2007，27(4)；228-232.
65．杨月娥．美国放射性污染场址整治中土壤的清洁水平．辐射防护通讯，2007，27(2)：8-12.
66．严政，谢水波，苑士超，凌辉．放射性重金属污染水体的植物修复技术．铀矿冶 2012，31(1)：51-56.
67．王新明．放射性核污染的危害及预防措施．中国乡村医药，2011，18(6)：3-4.
68．田军华，曾敏，杨勇，等．放射性核素污染土壤的植物修复．四川环境，2007，26(5)：93-96.
69．胡嘉骢，朱启疆．城市热岛研究进展．北京师范大学学报(自然科学版)，2010，46(2)：186-193.
70．陈爱莲，孙然好，陈利顶．基于景观格局的城市热岛研究进展．生态学报，2012，32(14)：4553-4565.
71．刘鸣，马剑．光污染对生态的影响及防治对策[D]．上海环境科学，2007，26(3)：125-128.
72．王文杰．光污染防治的法律制度研究[D]．太原：山西财经大学，2012.
73．王振．城市光污染防治对策研究[D]．上海：同济大学，2007.